中国旱灾治理简史

主　编　张　强　张存杰　董安祥

气象出版社
China Meteorological Press

内容简介

《中国旱灾治理简史》一书，系统梳理了起自先秦、讫于中华民国的中国历代旱灾治理的实践活动，依照先秦、两汉、魏晋南北朝、隋唐五代、宋代、元代、明代、清代、中华民国等不同历史年代共分为九章。全书从历史气候学的角度，按朝代沿革，分析了中华民族三千年来的旱灾时空分布特征，全面阐述了历代政府与社会对旱灾等自然灾害的认识水平与治理实践，详细叙述了相关的救灾制度、举措与方法。该书可为政府部门防旱减灾工作提供历史经验借鉴，为社会各界了解中国干旱灾害历史演变和人们与自然灾害斗争的历史提供案例。本书可供地理学、气候学、历史学、灾害学等学科的科研和教学人员参考使用，也可作为社会大众的科普读物。

图书在版编目（CIP）数据

中国旱灾治理简史 / 张强, 张存杰, 董安祥主编. 北京 : 气象出版社, 2024. 10. -- ISBN 978-7-5029-8266-9

Ⅰ. P426.616

中国国家版本馆 CIP 数据核字第 20248WE318 号

中国旱灾治理简史

Zhongguo Hanzai Zhili Jianshi

出版发行：气象出版社

地　　址：北京市海淀区中关村南大街 46 号　　**邮政编码**：100081

电　　话：010-68407112（总编室）　010-68408042（发行部）

网　　址：http://www.qxcbs.com　　**E-mail**：qxcbs@cma.gov.cn

责任编辑：隋珂珂　张　斌　　**终　　审**：周　露

责任校对：张硕杰　　**责任技编**：赵相宁

封面设计：博雅锦

印　　刷：北京地大彩印有限公司

开　　本：787 mm×1092 mm　1/16　　**印　　张**：24.75

字　　数：634 千字

版　　次：2024 年 10 月第 1 版　　**印　　次**：2024 年 10 月第 1 次印刷

定　　价：168.00 元

序 言

“善为国者，必先除其五害。”早在上古时代，人们就把水、旱、风雹等自然灾害与治国联系在一起了。五害尽除，则国家太平、百业可兴。先秦有诗云：“旱魃为虐，如惔如焚。我心惮暑，忧心如熏”。纵观中国历史，旱灾给国人带来的灾难，远甚于其他灾害。例如：明朝崇祯年间连续7年干旱，赤地千里，民不聊生，导致明朝灭亡；1922—1932年，黄河流域发生连续11年的干旱，导致几百万人因饥荒死亡。

旱灾不仅影响群众的生产生活，严重的更会影响经济发展和社会稳定，甚至导致朝代更替与文明兴衰。我国古代先民对旱灾治理都十分重视，历代王朝大都设立了专门针对旱灾的管理机构，开展抗旱、赈灾等活动，并且在应对灾害的过程中积累了大量的实践经验，值得当代社会旱灾治理学习借鉴。古人云：“以史为镜，可以知兴替”，张强研究员等编写的《中国旱灾治理简史》一书，系统梳理了我国自先秦至民国时期历朝历代旱灾治理的实践活动，从旱灾史实、认知程度、机构设置、管理制度、救灾实践等多方面系统总结了我国近三千年来旱灾治理的变迁历程与思想传承，客观分析了当时环境下人们对旱灾的认识和治理行为，系统总结了历代政府和社会在抗旱救灾等方面积累的丰富经验与智慧，分析了我国干旱灾害历史演变的基本规律，对当前和未来各级政府和社会公众汲取防旱减灾等方面历史经验和教训、做好灾害防御等工作有重要参考价值。

近10年来，随着全球气候变化，高温、干旱等极端气候事件越来越频繁，影响越来越严重，如2022年，欧洲部分地区遭受近500年来最为严重的干旱，我国长江流域也出现“汛期反枯”的异常现象。持续的高温热浪叠加干旱少雨形成“骤旱”，成为新的常态，气候的多尺度波动所造成的复合灾害也越来越显著。需要以发展的眼光看气候的演变，通过借鉴《中国旱灾治理简史》总结的历史经验，努力探索和发展新时期的干旱防御措施。各部门都需要为应对包括“骤旱”在内的极端气候事件提前做好充足准备，有效减缓和化解干旱灾害给人类社会发展带来的风险和挑战。

丁一汇

前　言

从古至今，重大旱灾事件关系到人类文明兴衰与朝代更迭，也是中华文明发展的重大隐患。干旱不仅是自然科学界研究的焦点科学问题之一，旱灾治理也是世界各国政府和社会公众关注的重大热点问题。全球气候变化引起的沙漠化和生态退化等自然环境问题和人类社会可持续发展问题，已引起各国政府的高度重视和社会公众的广泛关注。中华民族自起源之日起，就是一直在与干旱、洪涝等自然灾害作斗争的过程中求得生存与发展。后羿射日的远古传说，便是先民们抗御高温干旱的英雄壮举。中国历代政府大都设立有专门与自然灾害相关的管理机构，以开展抗灾、赈灾以及灾害案例分析和规律总结等工作。中国历代有关抗旱救灾的认识以及大量的抗旱救灾实践活动，对现代人类社会抗旱防灾工作来说，是一座伟大的知识宝库，系统收集、梳理、总结中国旱灾治理简史对于减轻旱灾的危害、保护环境、实现人类与自然的和谐可持续发展等具有重要意义。

《中国旱灾治理简史》一书，系统梳理了起自先秦、讫于中华民国的中国旱灾治理实践，按照不同历史年代共分九章进行论述，分别对先秦、两汉、魏晋南北朝、隋唐五代、宋代、元代、明代、清代和中华民国九个历史年代的旱灾治理经验进行系统整理和总结，系统分析了每个时期旱灾的时空分布特征，详细阐述了当时政府和社会对旱灾的认识水平、治理思想和实践，以及当时社会建立的救灾制度和采取的救灾举措。本书在编纂过程中坚持唯物主义的辩证思维，既从正面总结了当时政府和社会抗旱救灾的经验与智慧，又分析了人们在当时环境下对旱灾出现时的愚昧落后认识和行为，以及采取的救灾措施所存在的问题。本书系统地总结了中国历代政府抗旱救灾制度的变迁历程，对于人们深入了解中国干旱灾害的历史演变规律，正确认识中国各个历史时期采取的防旱、抗旱和救灾等措施的成功经验和失败教训，具有非常重要的学术价值，可供各级政府和社会各界在防灾、减灾中参考使用，也可作为社会大众提高抗旱防灾意识的科普读物。

本书由张强和张存杰负责全书的策划、审稿、定稿等工作；董安祥负责具体实施、全书修改统稿；乔艳君、林婧婧、宁惠芳参加了全书的修改等工作。本书共分九章。第一章由董安祥、刘丽伟撰稿；第二章和第三章由董安祥、乔艳君撰稿；第四章由董安祥、张馨方撰稿；第五章和第六章由董安祥、林婧婧撰稿；第七章由董安祥、张馨方撰稿；第八章和第九章由张存杰、董安祥撰稿。

本书是国家自然科学基金重点项目"'北方干旱多发带'环流多因子联动与陆-气多过程耦合对重大干旱的协同作用研究"(编号:42230611)和国家重点研发计划项目"区域多尺度气候极端事件风险评估与制图"第三课题"气候极端事件风险防范决策支持系统研制"(编号:2020YFA0608203)的主要研究成果,也得到了国家自然基金项目"气候变暖背景下西北农牧交错带气象干旱演变规律及其影响机制"(编号:41705062)的支持。该项工作由国家气候中心负责,也得到甘肃省气象学会、兰州区域气候中心、兰州市气象局、南京信息工程大学等单位的大力支持。

本书的编纂素材主要来自于大量历史文献以及近现代科技人员的专著和科研论文等,虽然在文中做了大量信息与史料来源的标注,但肯定仍有遗漏,特表歉意(史料来源以页下注的形式标注;有的史料因年代久远,部分信息缺失,个别项目不全;古籍中的异体字和通假字一般依原文照录,有个别缺失字以"□"表示)。本书付梓仓促,虽经再三校核,错漏在所难免,敬请不吝指正,深表感谢。本书提出的许多观点未必成熟,仅供研究和探讨。希望在大家的努力下,将中国的防旱减灾工作推向一个新的水平。

编者

2024 年 8 月

目　录

第一章

先　秦

先秦时期，本书中确定为从原始社会末期的五帝（公元前 3077 年—公元前 2029 年）到公元前 221 年（秦朝统一六国前）的时段作为研究对象。先秦时期中华民族活动的区域（按秦统一图计算）位于 100°—126°E、41°—43°N，主要聚居的地方为黄河中下游地区。这一时期，中国经历了从新石器时代向青铜时代和铁器时代的转变，也经历了从奴隶社会向封建社会的转变。春秋战国时期，是中国古代政治、经济、文化和思想等方面极富创造力的一个重要历史阶段。

中国古代的史籍浩如烟海，资料相当完备。许多人都曾感言中华民族的历史是一部同旱涝等自然灾害作斗争的历史，二十四史详细记载了中华民族的防灾、减灾历史。先秦时期是中国古代防灾、减灾的开创和初步发展阶段，对此后历朝历代的灾害救助思想和方法都有很大的影响和借鉴意义，将这一时期防旱减灾的认识与实践进行分析和总结，对探索适合中国国情的防灾、减灾思想和对策，实现可持续发展，有重要的参考意义。

第一节　旱灾神话

神话是人类童年时期的产物，是上古时代人类思想与感觉的记忆，并且随着人类的成长而发展变化。透过神话我们能够回到原始人生活的世界中，感受他们探索世界、认识自我的艰难历程。原始先民们在面对生存环境时充满着困惑、好奇、畏惧与崇敬，因此他们力图通过自己的原始思维来探求和解释自然界的奥秘，进一步产生对自然的崇拜，从而诞生了人类发展史上这一瑰丽的文化宝藏——神话。可以说神话体现了先民在哲学思想、道德观念、审美意识、科学态度、宗教意识等各方面的知识和心理（杨恬，2012）。

人类早期所经历的自然灾害在神话世界中留下了浓墨重彩的一笔。这些纯粹的灾难神话客观上记录并反映了当时自然灾害的情况以及原始先民对于自然灾害的理解与认识。

最初，先民对干旱的概念基本归结为是太阳的异常，因此旱灾发生后，先民都从太阳的角度入手思考问题，如夸父逐日、后羿射日等。随着生产力的发展，先民逐渐对干旱本身有了拟人化的认识，于是才出现旱神。最早的旱神是旱魃（bá）。在《诗经》中，魃就已经成为旱灾的代名词。

一、夸父逐日

《夸父逐日》是中国上古时代的神话传说故事，据《山海经》记载，夸父形体巨大，右手操青蛇，左手操黄蛇，其存在兽、人、神三种形态。该故事来源于《山海经·海外北经》，其内容如下：

夸父与日逐走，入日。渴欲得饮，饮于河渭，河渭不足，北饮大泽。未至，道渴而死。弃其杖，化为邓林。

夸父逐日是驱逐太阳，赶走人间的干旱与炎热。神话中夸父饮黄河与渭水而不足，暗示了黄河与渭水之间曾经发生过一次大面积的、持续时间极长的严重旱灾，给先民及后人留下了难忘的记忆。夸父奔向大泽路途中被渴死，他的手杖化作桃林，成为桃园。桃林是生命、是水源的象征。夸父神话的精髓之处是锲而不舍、死而不息的执着精神，体现了中华民族不向旱灾屈服并与之抗争的坚强意志。这种精神在《山海经》书中常有体现，夸父坚持不懈的精神正是中华民族信念的体现，他的行为是先民们在同旱灾作斗争过程中的一份精神食粮。

二、逐魃辞

目前知道的最古老的灾害歌谣是出自黄帝时代的祛旱歌谣《逐魃辞》。这是一个古老的战争神话故事。据《山海经·大荒北经》记载：

有系昆之山者，有共工之台，射者不敢北乡。有人衣青衣，名曰黄帝女妭(魃)。蚩(chī)尤作兵伐黄帝，黄帝乃令应龙攻之冀州之野。应龙畜水，蚩尤请风伯雨师，纵大风雨。黄帝乃下天女曰妭(魃)，雨止，遂杀蚩尤。妭(魃)不得复上，所居不雨。叔均言之帝，后置之赤水之北。叔均乃为田祖。妭(魃)时亡之，所欲逐之者，令曰："神北行！"先除水道，决通沟渎(dú)。

黄帝是古华夏部落联盟首领，中国远古时代华夏民族的共主，五帝之首，被尊为中华"人文初祖"。蚩尤是中国神话传说中的部落首领，以在涿鹿之战中与黄帝交战而闻名。蚩尤也是苗族相传的远祖之一。女妭(魃)，相传是不长一根头发的光秃女神，她所居住的地方天不下雨。旱魃的形象最早在这里出现。

在这场战争中，蚩尤发动风伯雨师进行狂风暴雨的攻击，黄帝则请来旱神天女魃收去风雨，杀死了蚩尤。黄帝成为华夏之祖，开创了华夏文明。帮助黄帝战胜蚩尤的天女魃，成为华夏民族千百年来的痛。战争结束后，女魃大概由于用力太猛，身体受到严重损害，结果再也无力飞上天空，只好留住在地上。她居住的地方常常是滴水不降、稼穑无收，人们备受旱灾的折磨。农业之神叔均便驱逐女魃，要她回到她的居住之地——赤水之北去，一边祷告命令"神北行"，一边挖通水道，等待雨水的降临。中国史书中常以"旱魃为虐"记叙旱灾，就出自这里。

该文以神话的形式勾勒出先民认识的旱灾形成原因，因为女魃不得回到天上，致使天下出现了旱灾。

三、后羿射日

后羿(yì)是中国上古神话人物，擅长射箭。《淮南子·本经训》记载的"后羿射日"故事如下：

逮至尧之时，十日并出。焦禾稼，杀草木，而民无所食……尧乃使羿诛凿齿于畴华之野……上射十日而下杀猰貐(yàyǔ),断修蛇于洞庭,禽封豨(xī)于桑林,万民皆喜,置尧以为天子。

后羿射日的故事比夸父的年代要晚一些。后羿是传说中的神射手,他还奉尧之命除去了危害人民的各种恶兽精怪。流传最广、记载最多的则是"后羿射日"的神话。古人认为旱灾的根源是烈日当空,故"旱"字由日与干组成。因此,十日并出的传说是很明显的旱灾迹象。

后羿与夸父的不同之处在于他的英雄形象更加多元与饱满,他是胜利的英雄。羿射九日的远古传说是先民们抗御旱灾的反映,同时也说明自有人类以来,无情的旱灾就开始威胁着人类的生存。

英雄崇拜是先民与自然灾害顽强斗争的精神寄托,他们将这种情感与寄托赋予在神话之中流传至今。"夸父逐日""后羿射日"等古代神话所表现出来的崇高的牺牲与奉献精神、顽强不屈的坚强意志等,都体现了中华民族精神的精髓,并成为中华民族的宝贵财富,这种民族精神一直滋养着中华民族的发展,影响着中华民族的进步和文明。

第二节 旱灾史实与分析

在先秦时期,对人们的生产、生命、财产构成巨大危害的自然灾害主要有水、旱、风雾雹霜、虫、地震、瘟疫等。《管子·度地篇》指出:"水,一害也;旱,一害也;风雾雹霜,一害也;厉,一害也;虫,一害也,此谓五害……五害已除,人乃可治"。这是人们最常见的五类自然灾害,在这五类自然灾害当中,又以旱灾危害最为严重,水灾次之。

我们的祖先来到这个世界上,就开始了同大自然的抗争,也就是说人类历史一经开始,抗灾、减灾的历史也就开始了。

一、气候特征

夏、商、周气候总体上暖湿,但逐渐变冷,且冷、暖波动幅度大。其中,距今4200～4000年出现与全球同步的显著降温事件,距今4000～3500年相对温暖,距今3300～3100年又较暖,距今3100～3000年再次出现显著的降温事件,距今3000～2850年转冷,随后进入春秋暖期和战国凉期。夏、商、周气候特征与当时北半球气候特征基本一致。

暖期中国北方地区降水大多增多,南方地区相对减少,而冷期则往往是中国北方地区降水减少,南方地区降水增多。暖期气候变率减小,洪涝灾害发生的频率和强度将会降低。在北方地区,暖湿气候更有利于农业生产。在中国历史时期,暖期往往对应着繁荣发展阶段,如殷墟暖期的北方商王朝和南方的三星堆文明的兴起,春秋暖期的南方楚国强盛和北方列强。冷期容易产生北旱南涝的格局,对南北地区的农业生产产生不利的影响。如距今4000年降温时期的中原新石器文化的衰落以及距今3050年降温时期的三星堆文明消失(葛全胜 等,2011)。分析表明:气候长时间变暖,赤道地区温度变化小,高纬度地区温度上升幅度大,北半球南北温差变小,气压梯度减小,大气环流经向度减小,气象灾害减少;反之,气候长时间变冷,赤道地区温度变化小,而高纬度地区温度下降幅度大,北半球南北温差变大,气压梯度增大,大气环流经向度变大,气象灾害增多。

二、旱灾史实

关于先秦时期旱灾发生的情况，可将其分为原始社会后期的五帝、夏、殷商、西周和春秋战国时期5个大的历史阶段。

（一）五帝

五帝指黄帝、颛顼(zhuān xū)、帝喾(kù)、尧、舜。关于五帝时期旱灾的情况，仍需借助神话传说和历史传说去了解。

《山海经·海外西经》记载："女丑之尸，生而十日炙杀之。"

《淮南子·本经训》记载："逮至尧之时，十日并出，焦禾稼，杀草木，而民无所食。"

这些记载描绘出了远古旱灾的悲凉景象。女丑的身体，她一生下来被十个太阳烤死。这段文字提到了"十日并出"的现象。"十日并出"意味着什么？《庄子·齐物论》："昔者十日并出，万物皆焦。"《楚辞·招魂》："十日并出，流金铄(shuò)石。""十日并出"代表酷热现象，持续一段时间后，万物枯焦，说明遇到了大旱，旱情异常严重。

这次特大旱灾发生在尧时期。尧，大约在公元前2447年—公元前2307年，也有传说在公元前2377年—公元前2259年。传说中尧是中国原始社会末期的父系氏族社会后期的部落联盟长。

（二）夏朝

夏朝是中国文明形成、国家出现并得到初步发展的时代。夏朝纪年在公元前2070年—公元前1600年，400多年的时段处在"仰韶温暖期"，也就是全新世气候适宜期的后期。并且也是由"仰韶温暖期"的"最佳适宜期"向气候缓慢波动的亚稳定暖温期转变的时期。

《古本竹书纪年》所载："胤(yìn)甲居于河西(今河南)，天有妖孽，十日并出。又言：本有十日，迭次而运照无穷。"可以看出，胤甲时期发生了一次严重的旱灾，对社会产生了巨大的影响。《史记·夏本纪》所载："帝孔甲立，好方鬼神，事淫乱。夏后氏德衰，诸侯叛之。"将之与前述史料综合分析，可以看出孔甲之祸正是由干旱引发。

胤甲(公元前1772年—公元前1711年)，夏朝第13任君主，在位21年。从胤甲开始，夏朝发生了多次连续多年的旱灾，连伊水、洛水都因旱而断流。

尤其到夏桀时期更是旱灾连连。帝癸二十九年，伊、洛一带(今河南)干旱，《今本竹书纪年》记载："三日并出。"《开元占经》六引《尚书考灵耀》记载："黑帝之亡，三日并照。"《开元占经》六引《孝经纬》记载："夏时二日并出，谶(chèn)曰'桀无道，两日照'。"

夏桀末年伊、洛河地区(今河南)发生严重干旱，《今本竹书纪年》记载："(桀)十年……伊、洛竭。"《国语·周语上》记载："昔伊、洛竭而夏亡。"

夏桀时期出现了严重的旱灾，对于已经腐朽的夏王朝而言，是雪上加霜。统治者没有采取积极措施进行救治，而仅是依赖鬼神迷信，加之政治的腐败，阶级矛盾迅速激化，夏朝终于被商汤所灭。

（三）殷商

夏朝末期的旱灾持续到商汤初年。

商汤十八年(公元前1600年)，《通鉴前篇》记载："十有八祀，伐夏桀，放之于南巢；三月，商王践天子位，是岁大旱。"《今本竹书纪年》记载："(汤)十九年(公元前1599年)大旱，氐、羌来贡；二十年大旱，夏桀卒于亭山，禁弦歌舞；二十一年大旱，铸金弊；二十二年大旱；二十三年大旱;二十四年(公元前 1594 年)大旱,王祷于桑林。”

持续 7 年(公元前 1600 年—公元前 1594 年)的特大旱灾,导致商朝初期“民有无粮卖子者”①。这可能是殷商期间 300 年最严重的一次旱灾。太丁三年,洹水(今河南)一日三绝②。帝辛五年(公元前 1079 年)夏……雨土于亳(今河南郑州)③。帝辛五年,还至乎商王纣,天不序其德,祀用失时,兼夜中,十日雨土于薄。

帝辛末年(公元前 1046 年),干旱越来越严重。《国语·周语上》伯阳父曰:“河竭而商亡。”《淮南子·俶真训》载:“逮至殷纣,峣山崩,三川涸。”《览冥训》又记:“峣山崩而薄落之水涸。”当时周文王所在之周原,由于干旱缺水,导致了严重的饥荒,不得不将都城迁徙至程邑(今陕西咸阳市韩家湾乡),3 年后才从程邑迁回丰邑。可见商末干旱的范围之大、影响之严重。

商代出现了较为成熟的文字——甲骨文。甲骨文本是用于占卜情况的记录,给研究商代天气与灾害状况提供了相当可信的资料。卜辞中关于占卜“旱”的辞例颇多,如殷人常贞卜有无旱情:

北土亡旱?(《合》10185)
西土亡旱?(《合》10186)

还有直接卜问天气干旱与否的。如:

丁巳[卜],宾贞,我其旱?(《合》10176)
丙戌卜,争贞:不旱?(《合》10189)
口寅卜,我不旱?(《合》10180)

也有卜问上天会不会降干旱给商朝的。如:

贞,帝不降大旱?九月。(《合》10167)
戊申卜,争贞,帝不我降旱?(《合》10171)

甲骨文中还有很多因旱而求雨的记录:

壬午卜,于河求雨,燎?(《合》12853)
王有岁于帝五臣,正惟亡雨?(《合》30391)
其有燎亳土,有雨?(《合》28108)
癸巳贞:其燎十山,雨?(《合》33233)

诸如以上卜问上天是否有雨,哪里有雨的辞例数量甚多,这里只是摘取了其中的一小部分。但可以从中看出,旱灾在商代确已成为一种极为常见的灾害,且严重影响商民的生活(刘继刚,2005)。

(四)西周

西周(公元前 11 世纪—公元前 770 年)是中国奴隶制的鼎盛时期,其农业生产也较夏、商时期有所发展。西周时期灾害主要是北方的干旱。

---

① 管子:《管子·轻重篇》. 长春:吉林人民出版社,1999.
② 方诗铭:《古本竹书纪年》辑正. 上海:上海古籍出版社,1981.
③ 《今本竹书纪年》. 沈阳:辽宁教育出版社,1997.

西周自第十代君主周厉王起旱灾频繁。

公元前832年—公元前828年(西周厉王二十二—二十六年),西周遇到接连5年的大旱。镐京(今陕西省长安县西南),(厉王)二十二年,大旱…… 二十三年,大旱…… 二十四年,大旱…… 二十五年,大旱……二十六年,大旱……①。这次大旱的景况及其给西周社会政治经济的影响,在《诗·小雅·雨无正》中记载如下:

浩浩昊(hào)天,不骏其德。降丧饥馑,斩伐四国。旻(mín)天疾威,弗虑弗图。舍彼有罪,既伏其事。若此无罪,沦胥以铺。

周宗既灭,靡所止戾(lì)。正大夫离居,莫知我勚,三事大夫。莫肯夙(sù)夜。邦君诸侯,莫肯朝夕。庶曰式臧,覆出为恶。

如何昊天,辟言不信。如彼行迈,则靡所臻(zhēn),凡百君子,各敬尔身。胡不相畏,不畏于天?

戎成不退,饥成不遂。曾我褻御,憯憯(cǎn)日瘁。莫肯用讯。听言则答,谮(zèn)言则退。

共和十年(公元前832年),大旱;共和十四年(公元前828年),自十年大旱至于此年②。《御览》八百七十九引《史记》记载:"共和十四年(公元前828年),大旱,火焚其屋。"王国维《今本竹书纪年疏证》记载:"大旱既久,庐舍俱焚,会汾王崩,卜天大阳,兆曰厉王为祟。周公、召工乃立太子靖。"旱灾之重,引起了房舍失火。大旱持续到宣王继位之后。《帝王世纪》云:"宣王元年(公元前827年),以召穆公为相,是时天下大旱。王以不雨,遇灾而惧,整身修行,期以修去之,祈于群神,六月乃得雨。"《诗经·大雅·云汉》记录了当时的旱情,现摘录如下:

旱既大甚,蕴隆虫虫。不殄(tiǎn)禋(yīn)祀,自郊徂(cú)宫。上下奠瘗(yì),靡神不宗。后稷(jì)不克,上帝不临。耗斁(yì)下土,宁丁我躬。

旱既大甚,则不可推。兢兢业业,如霆如雷。周余黎民,靡有孑遗。昊天上帝,则不我遗。胡不相畏?先祖于摧。

旱既大甚,则不可沮。赫赫炎炎,云我无所。大命近止,靡瞻靡顾。群公先正,则不我助。父母先祖,胡宁忍予。

旱既大甚,涤涤山川。旱魃为虐,如惔(tán)如焚。我心惮(dàn)暑,忧心如熏。群公先正,则不我闻。昊天上帝,宁俾我遯(dùn)。

周宣王统治后期又发生了旱灾,《今本竹书纪年》记载:"(周宣王)二十五年,大旱。王祷于郊庙,遂雨。"

周幽王统治时期旱灾严重,造成了河流干涸。《国语·周语上》记载:"幽王二年(公元前780年)是岁,三川竭,岐山崩。"《今本竹书纪年》记载:"泾、渭、洛竭,岐山崩。"《诗经·大雅·召旻》记录了当时的旱情,痛斥了周幽王荒淫无道、祸国殃民的罪恶。记载如下:

旻天疾威,天笃降丧。瘨(diān)我饥馑,民卒流亡。我居圉(yǔ)卒荒。

天降罪罟(gǔ),蟊(máo)贼内讧。昏椓(zhuó)靡共,溃溃回遹(yù),实靖夷我邦。

① 《今本竹书纪年》.沈阳:辽宁教育出版社,1997.

② 冯君实:《中国历史大事年表》.沈阳:辽宁人民出版社,1985.

皋皋訿訿(zǐ),曾不知其玷(diàn)。兢兢业业,孔填不宁,我位孔贬。

如彼岁旱,草不溃茂,如彼栖苴(jū)。我相此邦,无不溃止。

维昔之富不如时,维今之疚(jiù)不如兹。彼疏斯粺(bài),胡不自替?职兄斯引。

池之竭矣,不云自频。泉之竭矣,不云自中。溥斯害矣,职兄斯弘,不烖(zāi)我躬。

昔先王受命,有如召公,日辟国百里,今也日蹙(cù)国百里。

於乎哀哉!维今之人,不尚有旧!

严重的旱灾动摇了西周的统治地位。公元前771年周幽王死于骊(lí)山脚下,西周灭亡。

(五)春秋战国

春秋时期(公元前770年—公元前476年)是中国历史上一个大的变动时期,铁制农具的使用和耕牛的推广,对旧的耕作制度进行了改进,大幅度提高了生产效率。春秋时期灾害的记录集中体现在《春秋》一书中。《春秋》是春秋时鲁国官修的一部史书,记叙了自鲁隐公元年(公元前722年)至鲁哀公十四年(公元前481年)共计242年的历史。其内容以鲁为主。从《春秋》记录来看,春秋时期共发生:旱灾30次、虫灾18次、火灾18次、水灾11次、震灾7次、霜灾1次、风灾2次、雹灾3次、饥荒12次、瘟疫4次、雪灾2次、天气异常7次、山崩1次、陨石1次。总计灾害种类14种,总灾次达117次之多。可以看出春秋灾害发生之频繁。平均两年左右就有一次灾害,8年左右就有一次旱灾。春秋时期的虫灾和地震往往发生在大旱的年份或紧随其后,如此频繁的灾害对当时生产力低下的人们生活影响极大。春秋时期《左传》有记录的旱灾远多于水灾,而且集中于夏季,与今天的水旱灾害频发于夏季一致。

战国时期(公元前476年—公元前221年)是中国封建社会的开端。战国时期文献记录的旱灾仅有8次,其中晋国5次,魏、韩、秦国各1次。这8次旱灾的史料有4次见于《古本竹书纪年》,而且都是记录晋国发生的灾况,这与《春秋》多记鲁国史实的情况一样,无法摆脱先秦史料的片面性。这8次旱灾对于漫长的战国时期来说,显然与历史的真实存在一定差距,主要是历史资料的缺失。战国时期的8次旱灾记录中,有4次是河流的干涸断流,分别是浍(huì)水(今山西翼城南二十千米浍河)、丹水(丹江,从陕西商县、商南流至河南淅川县南)、河水(扈,即今河南新乡西南)和河、渭交汇处(今陕西潼关一带)(刘继刚,2005)。有关记载如下:

晋出公五年(公元前469年),晋国(今山西),浍绝于梁。丹水三日绝不流。①

晋出公二十二年(公元前452年),河绝于扈。②

晋幽公七年(公元前427年),晋国(今山西)大旱,地长生盐。③

晋穆公时(公元前407年—公元前377年),晋国(今山西)岁旱。④

韩昭候二十五年(公元前334年),韩国(今河南),旱。⑤

魏襄王十年(公元前298年),魏国(今河南),河、渭一日绝。⑥

秦王政十二年(公元前235年),秦国(今陕西),秋……当是之时,天下大旱,六月至八月乃雨⑦。

---

①②③ 方诗铭:《古本竹书纪年》辑正.上海:上海古籍出版社,1981.

④ 杨天宇:《礼记译注·檀弓下》.上海:上海古籍出版社,2004.

⑤ 司马迁:《史记·韩世家》.北京:中华书局,2002.

⑥ 司马迁:《史记·六国年表》.北京:中华书局,2002.

⑦ 司马迁:《史记·秦始皇本纪》.北京:中华书局,2002.

从上述史料可见，战国时期发过多次重大旱灾事件。

三、旱灾特点

先秦时期的灾荒史料比较匮乏，就目前所见史籍资料和考古资料，可大致看出这一时期灾害总的概貌。从灾害发生的次数与危害性而言，在众多的自然灾害中旱灾排在首位。刘继刚（2008）根据有限的史料，绘制了先秦主要自然灾害比例图（图 1.1）。从图中可知，旱灾是最严重的自然灾害，发生比例占 33%，比水灾多 12%。

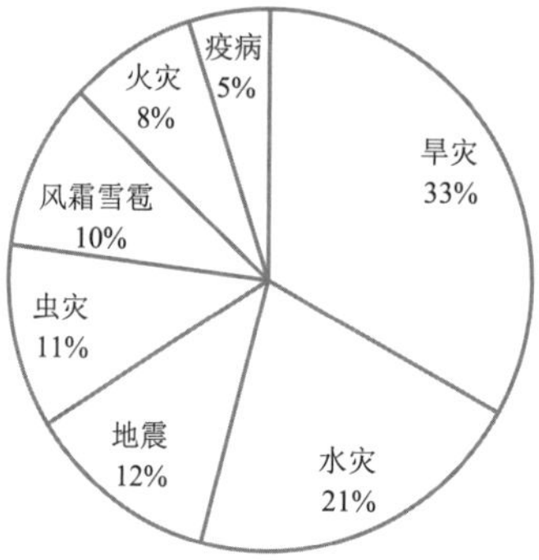

图 1.1　先秦主要自然灾害比例

李伟（2015）统计了先秦时期文学作品中有关气象灾害的数量（表 1.1），从表中可知，旱涝是主要的气象灾害，旱灾占 53%，涝灾占 32%，干旱次数约是洪涝的 1.7 倍。这从另一个侧面表明旱灾是先秦最严重的自然灾害。

表 1.1　先秦文学中气象灾害统计

	干旱	洪涝	冰雹	冰雪	大风	高温	霜雾	雷电
次数/次	91	55	6	6	5	4	3	1
比例/%	53.2	32.2	3.5	3.5	2.9	2.3	1.8	0.6

先秦时期的旱灾主要集中在以下几个阶段：夏代后期至商代初期（夏王胤甲至商汤）、商代末期（商王太丁至商纣）、西周末期（周厉王至周平王）、春秋后期至战国前期（公元前 568 年—公元前 423 年）。

旱灾在年内的分布特征表现为：大多发生在周历（我国古历法之一）的秋季（七、八、九月），相当于农历的夏末秋初（五、六、七月）。

先秦时期旱灾主要分布在北方旱作农业区。具体而言，主要集中分布在现今的山东、山西、河北、河南、陕西等省，基本上以华北平原为中心（刘继刚，2008）。这种分布特征也可能与搜集到的文献纪录局限性有关。

四、战争加重了旱灾的危害

导致先秦时期旱灾形成的主要因素可以从自然因素和社会因素两个方面进行讨论。自然因素有生态地理环境的变迁与东亚季风的多变。社会因素也是先秦旱灾成因中重要的方面，社会因素包括战争、暴政和对森林的乱砍滥伐。本书主要讨论战争的危害。

先秦时期战争的频度极大，从传说时期部落间的战争到春秋战国时期的争霸和统一战争，大小战争有数千次之多。

《史记·五帝本纪》记载："轩辕之时，神龙氏世衰。诸侯相侵伐，暴虐百姓，而神龙氏弗能征。""轩辕乃习用干戈，以征不享。"说明当时部落之间的冲突经常发生。传说原始社会时期大的部落战争共有3次。第一次是共工与蚩尤的战争。第二次是黄帝与蚩尤的战争，战场在涿(zhuō)鹿，史称涿鹿之战，结果蚩尤被战败杀死。第三次是炎黄之战。"(黄帝)与炎帝战于阪(bǎn)泉之野，三战，然后得其志。"①在这次战争后，黄帝还对天下不归顺者"从而征之，平者去之，披山通道，未尝宁居""四罪而天下咸服"②。即使到了尧、舜、禹这个传说中的完美时代，战争也始终存在。《吕氏春秋·召类》记载："兵所自来者久矣。尧战于丹水之浦，以服南蛮；舜却苗民，更易其俗；禹攻曹、魏、屈骜(ào)、有扈，以行其教。三王以上，故皆用兵也。"这些虽不是信史，但至少反映了原始部落之间战争的频繁。在当时的原始状态下，部落相侵伐、暴虐百姓，大大降低了人们抗御天灾的能力，使百姓难以安居。

夏朝建立后，部族之间的战争频繁。主要的战争有夏后启与有扈氏之间的战争、从夏王相到少康与有穷氏部落之间长达数十年的战争以及夏王杼(zhù)与东夷族的战争等。夏朝末年，"桀不修德而武伤百姓，百姓弗堪。"③于是汤率诸侯以伐夏桀。鸣条之战，桀战败流放而死。

商朝的疆域较前朝有所扩大，征伐之事颇多。孟子尝言："汤始征，自葛载，十一征而无敌于天下。"④为了应对战争和维护统治，商朝建立了强大的武装力量。在甲骨文中常有"登人"的《卜辞》，"登人"即征兵。常见的有"登人"三千、五千、一万等。据罗振玉先生考证，《卜辞》记录征伐共六十一次，再加之其他未能收录的则更多。商纣末年，昏乱暴虐。武王率八百诸侯大会于孟津，而纣王也发兵七十万以对抗周军。公元前1046年，周武王取得了牧野之战的胜利，夺取了商纣王的天下。

周王朝建立后，管叔、蔡叔与武庚作乱，史称"三监"之乱。周公旦又东征平叛，战争持续了3年。此后又多次发生战争。幽王末年，因宠爱褒姒(bāo sì)，朝政混乱。公元前771年，申侯联合缯(zēng)和犬戎攻破镐(gǎo)京，平王东迁。

东周时期，由于王室衰微，诸侯争霸战争更是频繁。据《春秋》记载，仅春秋242年间，列国进行的战争共有448次，平均每年有两次战争。整个春秋时代真可谓是无年不征、无年不伐。春秋末期，吴越争霸中，越王勾践为灭吴国，还给吴国送煮过的种子，吴国第二年颗粒无收，不久灭亡。

战国时期，诸侯割据，战争较前期更频繁。战国248年中，大规模的战争达222次之多⑤。这些战争规模较大，极为残酷，有时一场战争死亡达四五十万人，致使劳动力锐减，土地荒芜，饥荒不断。

综上所述，在先秦时期，特别是春秋战国时期，战争直接加剧了旱灾的危害，国家的抗灾和防灾能力大幅度降低，小灾也会变成大灾(刘继刚，2008)。

---

①② 司马迁：《史记·五帝本纪》. 北京：中华书局.

③ 司马迁：《史记·夏本纪》. 北京：中华书局.

④ 焦循：《孟子正义》《孟子·滕文公下》. 北京：中华书局.

⑤ 邓拓：《邓拓文集》(第二卷). 北京：北京出版社，1986.

第三节 防旱救灾的思想基础

在先秦时期，由于干旱等自然灾害频繁发生、兵灾连绵不断、生产力发展水平极其低下，广大人民的生活毫无保障，这就需要由国家和社会提供必要的、及时的救助，使灾民能够暂时渡过难关。先秦时期是中国灾害救助思想的萌芽和初步形成时期。诞生于先秦时期的灾害救助思想为其后历代灾害救助的发展提供了深厚的思想源泉。

一、重民思想

重民思想，或者民本思想，是中国传统灾害救助的重要思想基础。重民思想形成于商代。《尚书・盘庚上》中盘庚曾强调"汝克黜(chù)乃心，施实德于民"和"重我民"。商汤灭夏桀、周武王灭商纣王的历史事实，使西周统治者意识到"天命靡常""天不可信"，即天命鬼神是靠不住的。他们在强调天命的前提下，开始注意到人民群众的重要性，提出了"顺乎天而应乎人"的思想观念，既要顺从天意，也要适应人心。《尚书・康诰(gào)》说"天畏棐(fěi)忱，民情大可见，小人难保"。《尚书・酒诰》云："人无于水监，当于民监。"人心就是统治者进行统治的一面镜子，要把天意与民心联系起来，通过民情去体察天命。

春秋战国时期，轻天重民的思想继续发展。在一些开明的政治家心目中，民是主体，天已处于民的附属地位。《左传・桓公六年》书中(随)季梁说："夫民，神之主也，是以圣王先成民而后致力于神。"《左传・禧公十九年》书中司马子鱼说："祭祀以为人也。民，神之主也。"《左传・庄公三十二年》中虢(guó)国的史嚣说："国将兴，听于民，将亡，听于神。"民是神的依靠，如果只信神而抛弃民，国家就要灭亡。

先秦时期的思想家们已意识到普通民众力量的重要性。《周易・剥卦・象传》曰："君子得舆，民所载也；小人剥庐，终不可用也。"其意思是说，君主的坐车由民众支撑，如果肆意剥削，以至百姓必须扒掉用以容身的破草房来换取食物，那么君主最终也难保平安，就像床脚脱落，自毁基础。孟子明确提出："民为贵，社稷次之，君为轻。是故得乎丘民而为天子，得乎天子为诸侯，得乎诸侯为大夫。诸侯危社稷，则变置。牺牲既成，粢(zī)盛既洁，祭祀以时，然而旱乾水溢，则变置社稷。"[①]在人民、社稷、君主三者之间，人民最重要。如果得不到人民的支持和拥护，就是祭祀做得再丰盛再洁净，也无济于事。荀子则用舟和水来比喻君民的关系，他说："君者、舟也，庶人者、水也；水则载舟，水则覆舟。"[②]

重民就要爱民、保民。首先是要保护人民免于受干旱等自然灾祸。孟子对此极为重视。正因如此，当邹穆公不注意救助灾民，"凶年饥岁，君之民老弱转乎沟壑，壮者散而之四方者，几千人矣；而君之仓廪实，府库充，有司莫以告，是上慢而残下也"时[③]，孟子极其不满并进行严厉斥责，作为君主，"为民父母，使民盻盻然，将终岁勤动，不得以养其父母，又称贷而益之。使老

① 孟子：《孟子・尽心下》. 长春：吉林人民出版社，1999.

② 荀子：《荀子・王制》. 长春：吉林人民出版社，1999.

③ 孟子：《孟子・梁惠王下》. 长春：吉林人民出版社，1999.

稚转乎沟壑，恶在其为民父母也！"[①]这算什么民之父母啊！

对于那些不重视人民的死活、不注意救助贫困的暴君，人民就有权利抛弃他、推翻他。"上不顺天，下不惠民。"这样的君主"不当为君"[②]。"君得罪于民，谁将治之？敢问：桀纣，君诛乎！民诛乎！"[③]像桀、纣这样的暴君就是被"民诛"的活生生的例子吗。"苟营内好私，使财货偏有所聚，藏粟币帛腐于囷(qūn)府，惠不遍加于百姓，公心不周乎万国，则桀纣之所以亡也。"[④]因此当晋侯问道："卫人出其君，不亦甚乎？"师旷就回答："或者其君实甚。良君将赏善而刑淫，养民如子，盖之如天，容之如地。民奉其君，爱之如父母，仰之如日月，敬之如神明，畏之如雷霆，其可出乎。"[⑤]如果卫献公爱民如子，时时刻刻把人民的疾苦放在心上，注意对饥民的社会救助工作，人民就会对他感恩戴德，亲如父母，敬若神明，怎么还会赶他走呢？这完全是卫献公咎由自取，非百姓之过，怨不得卫国的人民(甄尽忠，2006)。

先秦时期的灾害救助思想和爱民、恤民、抚民等思想相互交织，重民思想的逐步形成与发展，为当时灾害救助提供了强有力的思想基础。

二、重农思想

重视农业生产是先秦政治家、思想家们的共识，他们几乎都是农本论者。强调"民事不可缓也"[⑥]"农事缓则贫"[⑦]。"虽上世之圣王，岂能使五谷常收，而水旱不至哉！然无冻饥之民者，何也？其力时急……其生财密也。"[⑧]其意思是说，在上古圣王时期也发生过水旱灾害，但百姓能免于饥寒，主要原因就是圣王都重视农业生产，有足够的粮食储备。因此"耕者不可不益急矣"[⑨]"民事农则田垦，田垦则粟多，粟多则富国"[⑩]。

周王朝建立后，统治者认为农业是民众生存的根本，所以设置了许多官吏来管理农事：大司徒作为农业生产的总负责人，要善于辨别土地的好坏以及其适合种植何种农作物，并且教给农民种植农作物的技艺；小司徒负责农业生产具体事务的推行。"每隔30里有田畯(jùn)督促农事；有载师掌任土之法；有闾师'任农以耕事''任圃以树事''任牧以畜事'；有遂师经牧田野；有遂大夫教稼穑(sè)、修稼政；有遂人教稼穑，通沟洫(xù)；有县正趋民稼事；有酂(cuó)长趋民耕耨；有旅师贷民粟种；有司稼掌辨土壤，择谷种；有里宰合耦于锄，趋民耕耨；有草人掌稼下地，改良土壤，相地宜而为种；有稻人掌土化之法，并利用水利工程，'以潴(zhū)畜水，以防止水'；有庶氏、翦氏、赤苃(bá)氏、蜩(tiáo)氏、壶涿氏除害虫；有山虞、泽虞掌守山泽，以时禁发；野虞有责任教导人民采集野菜、猎取禽兽。"[⑪]通过以上官吏的设定，周代的农业生产基本上形成了一个完整的系统。

---

① 孟子:《孟子·滕文公上》.长春:吉林人民出版社,1999.
② 高诱注:《吕氏春秋·怀宠》.上海:上海书店出版社,1986.
③ 高诱注:《吕氏春秋·外篇上第八》.上海:上海书店出版社,1986.
④ 高诱注:《吕氏春秋·外篇上第七》.上海:上海书店出版社,1986.
⑤ 高士奇:《左传纪事本末》《左传·襄公十四年》.北京:中华书局,1979.
⑥ 孟子:《孟子·公孙丑上》.长春:吉林人民出版社,1999.
⑦ 墨子:《墨子·非儒下》.长春:吉林人民出版社,1999.
⑧ 墨子:《墨子·七患》.长春:吉林人民出版社,1999.
⑨ 墨子:《墨子·贵义》.长春:吉林人民出版社,1999.
⑩ 管子:《管子·治国》.长春:吉林人民出版社,1999.
⑪ 龚书铎:《中国社会通史·先秦卷》.太原:山西教育出版社.

到春秋战国时期,《管子》认为多生产粮食就可以得天下、制天下:

凡有地牧民者,务在四时,守在仓廪。国多财则远者来,地辟举而民留处,仓廪实则知礼节,衣食足则知荣辱……积于不涸之仓者,务五谷也。①

不生粟之国亡,粟生而死者霸,粟生而不死者王。粟也者,民之所归也;粟也者,财之所归也;粟也者,地之所归也。粟多则天下之物尽至矣。②

故耕器具则战器备,农事习则攻战巧矣。③

荀子提出,发展农业政府要有计划地实施,政府要给人民以督促和指导:

量地而立国,计利而畜民,度人力而授事,使民必胜事,事必出利,利足以生民。④

李悝(kuī)在魏国大力主张发展农业生产,给农民制定了生产指标,超产者奖,减产者罚,严格督促人民进行生产。

商鞅变法时强调重本抑末,利用行政手段和经济杠杆来压制商人,促进农业的发展。"僇力本业,耕织致粟帛多者复其身。事末利及怠而贫者,举以为收孥(nú)。"⑤粮食增产者免徭役,因从事商业而没有完成生产指标的,要罚为国家奴隶(王海鹏,2008)。通过实施重农政策,极大地提高了秦国抗灾、救灾的能力和综合国力。

三、忧患意识

"忧患"就是思虑祸疾之意。《周易·系辞下》提到:"《易》之兴也,其于中古乎?作《易》者,其有忧患乎?"此当为"忧患"一词在中国古典文献中的最早出处。

忧患意识就是居安思危、忧虑患难的意识,忧患意识是中国传统文化的一大特点。中国古人用龟甲占卜,进而伏羲氏俯察宇宙万物做成八卦,然后文王推演八卦成六十四卦,也就有了《易经》。春秋时期的孔子乃至汉代的易家,深入研究易经并且进行了系统的解释、归纳,形成《易传》。《易经》中饱含先哲对于后人的告诫与警惕,正如《系辞传》所讲"作易者,其有忧患乎?"孟子讲"生于忧患,死于安乐",屈原说"长太息以掩涕兮,哀民生之多艰",这些皆为后世对古人"忧患意识"的继承和发扬。自古以来,中国人民就有强烈的忧患意识,并积淀到民族心理的深层,演变为中国传统文化的一种内在品格,成为中国传统优秀文化的重要组成部分和宝贵的精神财富。

先秦时期,忧患意识的一个突出的表现是对自然和天灾的忧虑。这种意识起源于远古时期,由于自然灾害有不可抗拒的特征,其突然的到来往往给国家和人民生命、财产都造成巨大损失,而人类在强大的自然灾害面前又是如此的渺小和无能为力。再加上生产力低下,对种种恶劣的自然现象无法进行科学解释,因而对之产生一种畏惧恐慌的心理。商代卜辞中关于对年成、气候的占卜活动皆是商王对自然忧患意识的反映。《诗经·大雅·召旻》中所说的"旻天疾威,天笃降丧。瘨我饥谨,民卒流亡,我居圉卒荒。天降罪罟,蟊贼内讧。昏椓靡共,溃溃回

① 管子:《管子·牧民》.长春:吉林人民出版社,1999.
② 管子:《管子·治国》.长春:吉林人民出版社,1999.
③ 管子:《管子·禁藏》.长春:吉林人民出版社,1999.
④ 荀子:《荀子·富国》.长春:吉林人民出版社,1999.
⑤ 司马迁:《史记》卷68,《商君列传》.北京:中华书局,1959.

逋，实靖夷我邦”。这和《桑柔》中所说的“天降丧乱，灭我立王。降此蟊贼，稼墙卒痒。哀恫中国，具赘卒荒。靡有旅力，以念穹苍”等一样也是这种社会现实和心理的写照。正是这种忧患意识导致了原始宗教的产生。在自然灾害发生前后经常举行的各种祭祀上天和其他神灵的禳天弥灾活动，就是这种社会心理的反映。

先秦时期忧患意识的一个重要内容是忧民，体恤百姓的疾苦，对民瘼充满忧患情怀。具体表现为对底层劳动人民生活苦难的忧虑和同情，这是先秦时期忧患意识的重心。《尚书·康诰》说：“天畏棐忱，民情大可见，小人难保。”要求统治者“先知稼穑之艰难，乃逸，则知小人之依。相小人，厥父母勤劳稼穑”。《尚书·无逸》要求时刻把人民的疾苦放在心上。这种强烈的忧患意识在《尚书》周初八诰中处处可见。忧民意识在春秋战国时期的思想家们的言论中多有阐述：“今世之仁人，蒿目而忧世之患。”《庄子》中最有代表性的是楚国爱国主义诗人屈原在《离骚》中的名言：“长太息以掩涕兮，哀民生之多艰。”对民生的艰难给予了深深的同情。这也促使统治者必须采取一定的措施加强对民生的救助工作。

忧患意识可以提醒统治者要时刻保持警惕，居安思危、未雨绸缪，及早地做好应对灾害的准备和应变工作，这对于维护其统治极为重要。《周易·既济·象传》说：“水在火上既济君子以思患而豫(预)防之。”即作为君子，要有长远眼光，提前考虑到未来可能出现的种种灾祸，及时采取预防措施，防患于未然。

由于先秦时期旱涝等灾害频繁、兵祸连结及潜藏的社会危机等，这都在呼唤着人们的忧患意识，迫使人们必须高度警惕，时常都有一种危机感，就是在社会太平、风调雨顺之时也不能掉以轻心，要考虑到今后可能要发生的灾难，以提前做好防御的准备工作。孔子说：“人无远虑，必有近忧。”①《周易·既济》六四爻辞《象传》说：“终日戒，有所疑也。”整天都要高度戒备，以防止灾祸的发生。《越绝书·计倪内经第五》说：“人之生无几，必先忧积蓄，以备妖祥。”《周易·系辞下》说：“君子安而不忘危，存而不忘亡，治而不忘乱，是以身安而国家可保也。”《左传·襄公十一年》记载：“居安思危，思则有备，有备无患。”只有常有忧患意识，方能长治久安。退一步讲，时刻保持警惕，即使有灾祸发生，也不会造成太大的灾难。“君子终日乾乾，夕惕若，厉，无咎。”②甚至可以转危为安，化险为夷。反之，如贪图享乐、不思进取，没有忧患意识，没有危机感，不注意及早采取措施解决人民的苦难，则迟早会危及自己的统治。盘庚就曾批评那些缺乏忧患意识的人：“汝不谋长，以思乃灾，汝诞劝忧，今其有今罔后，汝何生在上?”其意思是说，你们不作长远打算、不考虑灾害的到来，对忧患习以为常，这样下去，就会有今天而无明天，这样你们怎么能生活在这个世界上呢？故孟子提出了“生于忧患而死于安乐也!”这是《孟子·告子下》里的千古箴言。“是故君子有终身之忧，无一朝之患也。”③忧患才能使人生存发展，安逸则促使人沉沦灭亡。个人如此，国家亦然。所以，忧患意识和减灾的效果密切相关。

综上所述，忧患意识是中国传统优秀文化的重要组成部分，也是先秦时期灾害救助主张的重要思想基础。它使得国家领导层时刻抱有警惕之心和忧患意识，自觉地采取一系列的措施加强防灾、减灾、救灾工作(甄尽忠，2006)。

---

① 孔子：《论语·卫灵公》. 南宁：广西民族出版社，1996.

② 《周易·乾卦》. 沈阳：辽宁人民出版社，1997.

③ 孟子：《孟子·离娄下》. 长春：吉林人民出版社，1999.

四、提倡节约

中国古代生产力极其低下，以当时的生产工具和生产技术从事农业生产，只能勉强维持人们的生计。所以，要想在灾荒之年也能生存下去，人们在平时的日常生活中就要提倡节约，这样才能存下粮食以备灾荒之年所需，并且在灾荒发生之后也要通过节俭才能度过灾荒。

节俭观是中国传统经济伦理思想的重要组成部分。节俭作为个人修身自律和朴素节制的生活方式的道德思想，最早出现在《尚书》中，其第一次运用是帝舜称赞夏禹治水有功时，认为他“克勤于邦，克俭于家”①。此后，“俭”字在先秦典籍中多有出现，成为统治者修身的必备道德。

《逸周书·籴(dí)匡解》中记载：

民饥则勤而不宾，举祭以薄。乐无钟鼓。凡美禁，畜不阜群。车不雕攻，兵备不制，民利不淫。征当商旅，以救穷乏。问随乡，不鬻(yù)熟。分助有匡，以绥无者。于是救困大荒。有祷无祭，国不称乐，企不满壑，刑罚不修，舍用振穹，君亲巡方，卿参告籴，余子倅运，开廪同食，民不藏粮，曰有匡。俾民畜，惟牛羊，于民大疾惑，杀一人无赦，男守疆，戎禁不由，五库不膳，丧礼无度，祭以薄资，礼无乐，宫不帏，嫁娶不以时，宾旅设位有赐。

在《大匡篇》中又记载：

以数度多少省用。祈而不宾祭，服漱不制。国不乡射，乐不墙合，屋有补无作，资农不败务。

这说明当时已有较为完善的节俭救荒的灾害应对机制和灾害救助思想(刘继刚，2008)。

《周易》对于节俭采取支持的态度，认为“君子以俭德辟难”②。节俭而不奢靡，可以防患于未然，也能在生活面临困境的时候渡过难关。《周易》专门辟出“节”卦讲节制俭朴，提出“节：亨；苦节不可，贞”③的观点，认为君子应当制定礼法以节制自身的行为，并将节分为“甘节”和“苦节”，适当节制是吉祥之兆，而过分节制则会影响君子的正常生活(曹卫国 等，2014)。周代规定，在灾荒发生的前后，贵族们都要在饮食、衣着、出行、丧葬等方面厉行节约。天子的饮食要看灾荒程度而定；贵族的衣服都不用纹饰，要“素服”；宫室不用装饰；出行的车子不用雕刻；简化丧葬仪式，缩短丧葬期；灾荒非常严重时乐器都要收起来不使用(王海鹏，2008)。

管子认为节俭是统治者重要的任务，统治者的奢侈之风是导致民贫的重要原因，节俭有其政治意义。节俭是治国理财当务之急。他进一步强调了节俭与统治国家的关系。“国侈而用费，用费则民贫，民贫则奸智生，奸智生则邪巧作。故奸邪之所生，生于匮(kuì)不足；匮不足之所生，生于侈，侈之所生，生于毋(wú)度。”④“故圣人之制事也，能节宫室，适车舆以实藏，则国必富，位必尊。”⑤《管子·八观》中指出：“入国邑，视宫室，观车马衣服而侈俭之国可知也。”他认为从一个国家的宫室、车马、衣服就可以看出这个国家是否奢俭，而且认为执政者应该“审度

---

① 《尚书·虞夏书·大禹谟》.长春：吉林人民出版社，1999.
② 《周易·否》.沈阳：辽宁人民出版社，1997.
③ 《周易·节》.沈阳：辽宁人民出版社，1997.
④ 管子：《管子·八观》.长春：吉林人民出版社，1999.
⑤ 管子：《管子·禁藏》.长春：吉林人民出版社，1999.

量，节衣服，俭财用，禁侈泰，为国之急也”，这样才能使国家富裕，摆脱贫困。

荀子提出了开源节流的思想。荀子认为，应该把节俭的剩余用来不断改进和发展生产。节流指费用的节省。费用的节省理应包含国家财政支出的节约。在《荀子》中，他主张裁汰官员。官员冗余，日常支出必定超标，而且难以控制，并增加财政负担，不利于生产要素投入的持续增加，因而需要适度裁减官员。官员的穿戴和宫廷的装饰都应以实际需要和“礼”的要求为限制，不能毫无限度、铺张浪费，任意挥霍资财。即使在物资丰裕、没有天灾人祸的情况下，也不要吃光、花光、用光，而是要“长虑顾后”“收敛蓄藏”“节用御欲”，避免今后“无以继之”。过度奢靡浪费必然破坏生产发展，威胁统治。

墨子认为，节俭对于经济发展和政治稳定十分重要。“圣人为政一国，一国可倍也；大之为政天下，天下可倍也。其倍之，非外取地也，因其国家去其无用之费，足以倍之。圣王为政，其发令、兴事、使民、用财也，无不加用而为者。是故用财不费，民德不劳，其兴利多矣！去无用之费，行圣王之道，天下之大利也。”①节俭可以使国家利益成倍增加。财富积累是维护经济发展的重要物质前提，如果不做好充分准备即财富的积累，就难以应对突发的天灾人祸，影响生产发展。要使物质财富有所积累，唯一的办法是“力时急而自养俭也”②。

墨子节俭思想丰富而严厉，在先秦诸子中亦较为突出。墨子把消费水平控制在生活必需品这一层面上，并且对衣、食、住、用、行等方面作出了严格制度性规定。

节俭衣服。墨子认为穿衣之道就是冬天加温、夏天清凉，使自己感觉到舒适就好。不应该为了炫耀而追求华美，造成不必要的浪费。他认为：“其为衣裘何以为？冬以圉（yǔ）寒，夏以圉暑，凡为衣裳之道，冬加温，夏加清者，芊□不加者去之。”③古者圣王制为衣服之法，曰：“冬服绀緅（gan zou）之衣，轻且暖；夏服絺綌（chī xì）之衣，轻且清，则止。诸加费不加于民利者，圣王弗为。”④如果衣着打扮做到让身体肌肤舒适，不去追求奢华，人民生活节俭就便于治理，君主节俭也就容易满足，霸王之业可成。反之，百姓则淫僻难治，君主奢侈而难谏。奢侈的君主去管理淫僻的百姓，国家肯定会发生混乱。他阐述了这个观点：“其为衣服，非为身体，皆为观好。是以其民淫僻而难治，其君奢侈而难谏也。夫以奢侈之君，御好淫僻之民，欲用无乱，不可得也。君实欲天下之治而恶其乱，当为衣服不可不节。”⑤

节俭饮食。墨子在饮食上对统治者提出了严厉批评。“今则不然，厚作敛于百姓，以为美食刍豢（huàn），蒸炙鱼鳖。大家累百器，小国累十器，前方丈，目不能遍视，手不能遍操，口不能遍味，冬则冻冰，夏则餲饐（yì ài）。人君为饮食如此，故左右象之，是以富贵者奢侈，孤寡者冻馁，虽欲无乱，不可得也。君实欲天下治而恶其乱，当为饮食不可不节。”⑥墨子指责他们铺张浪费，会导致君民关系紧张。所以，墨子劝诫统治者必须节俭饮食，减轻民众的负担。

节俭宫室。墨子认为建造房屋的目的是为了“便于生，不以为观乐”。只要达到避润湿、圉风寒、别男女就可以了。如果统治者刻意追求高大豪华，那就会耗费甚多，从而掠夺百姓之财，社会贫富分化加剧，社会矛盾冲突增多，并可能引发社会动乱。

节俭舟车。墨子认为舟车的主要功能就是服重致远，统治者如果过度追求舟车的华丽，劳

① 墨子：《墨子·节用上》.长春：吉林人民出版社，1999.
② 墨子：《墨子·七患》.长春：吉林人民出版社，1999.
③ 墨子：《墨子·节俭上》.长春：吉林人民出版社，1999.
④ 墨子：《墨子·节俭中》.长春：吉林人民出版社，1999.
⑤⑥ 墨子：《墨子·辞过》.长春：吉林人民出版社，1999.

民伤财之举会使民众饥寒并至，迫使民众铤而走险。为天下之治，舟车当节俭。“当今之主，其为舟车与此异矣。完固轻利皆已具，必厚作敛于百姓，以饰舟车。饰车以文采，饰舟以刻镂。女子废其纺织而修文采，故民寒；男子离耕稼而修刻镂，故民饥。人君为舟车若此，故左右象之，是以其民饥寒并至，故为奸邪。奸邪多则刑罚深，刑罚深则国乱。君实欲天下之治而恶其乱，当为舟车不可不节。”①

节俭丧葬。墨子反对厚葬是为了“兴天下之利，除天下之害”，故他一针见血地批判“存乎王公大人者，棺椁必重，葬埋必厚，衣衾必多，文绣必繁，丘陇必巨。存乎贱人死者，殆竭家室”②，厚葬久葬使国家、百姓陷于贫困之境，不能抵御虎视眈眈的大国侵扰。不仅如此，墨子指责惨无人道的人殉制度，并否定了丧葬制度中十分烦琐的守丧规定，因其极大地影响了生产劳动。他以古者圣王尧、舜、禹的遗训和事迹作为立论根据，提出短葬薄葬的方法：“棺三寸，足以朽骨；衣三领，足以朽肉。掘地之深，下无菹（zū）漏，气无发泄于上，垄足以期其所，则止矣。哭往哭来，反，从事乎衣食之财，佴乎祭祀，以致孝于亲。今天下之士君子，中诚将欲为仁义，求为上士，上欲中圣王之道，下欲中国家百姓之利，故当若节丧之为政，而不可不察此者也。”③（张娟，2016）

节俭观是中国传统经济伦理思想的重要组成部分。节俭可以将丰补歉，减轻灾害的损失，实现国家的长治久安。

第四节　荒政的政府行为与制度建设

由于旱涝等灾害频繁对社会的震动和影响，产生了中国古代特有的“政府行为”——荒政。荒政，顾名思义，荒，主要指自然灾害导致灾荒；政，即统治阶级采取的各种救济灾荒的政策和措施。

先秦时期，由于生产力发展水平低下，广大人民的生活困苦，在平时不可能有什么积蓄，一旦遇到天灾，主要还是以国家救助为主。实施社会救助是中国古代国家管理或行政的主要特征之一，绝大多数社会救助行为都由国家来实施。

在尧、舜、禹时期，中国就已设置了负责灾害救助事务的职能机构。《尚书・尧典》记载，尧曾以“司徒”之职试之以舜，“慎徽五典，五典克从。”郑玄注：“五典，五教也。盖试以司徒之职。”周秉钧先生在《尚书易解》中说：“五典，五种常法，即《左传》太史克所谓父义、母慈、兄友、弟恭、子孝也。”司徒的职责是主管教化，但当时的教化不仅仅局限于伦理道德方面，还兼管民政方面的工作和处理百姓事务。从有关文献记载来看，殷代也有司徒一职。《礼记・曲礼下》说：“天子之五官，曰司徒、司马、司空、司士、司寇。典司五众。”郑玄注：此“殷时制也”。

西周建立后，制定了一套体系完整的职官制度。《尚书・周官》曰：“立太师、太傅、太保，兹惟三公。论道经邦，燮（xiè）理阴阳，官不必备。惟其人，少师、少傅、少保，曰三孤。贰公弘化，寅亮天地，弼予一人。冢（zhǒng）宰掌邦治，统百官，均四海。司徒掌邦教，敷五典，扰兆民。宗伯掌邦礼，治神人，和上下。司马掌邦政，统六师，平邦国。司寇掌邦禁，诘奸慝（tè），刑暴

---

① 墨子：《墨子・辞过》. 长春：吉林人民出版社，1999.

②③ 墨子：《墨子・节葬下》. 长春：吉林人民出版社，1999.

乱。司空掌邦土，居四民，时地利。六卿分职，各率其属，以倡九牧，阜成兆民。”

六官之名及其职掌在《周礼》一书中记述甚为详备。灾害救助工作主要由地官司徒负责。在大司徒一职中明确规定：“掌建邦之土地之图，与其人民之数，以佐王安抚邦国。”“以荒政十有二聚万民：一曰散利，二曰薄征，三曰缓刑，四曰弛力，五曰舍禁，六曰去几，七曰眚礼，八曰杀哀，九曰蕃乐，十曰多昏，十有一曰索鬼神，十有二曰除盗贼。以保息六养万民：一曰慈幼，二曰养老，三曰赈穷，四曰恤贫，五曰宽疾，六曰安富。”十二荒政和保息六政包括了先秦时期灾害救助、贫困救助和对老幼病残等社会弱势群体的特殊救助等全部内容。从社会历史发展的状况来看，其中的一些做法对我们今天的灾害救助政策和措施仍有一定的影响。

在灾害救助方面，有遗人、廪人、仓人等负责储粮备荒，均人负责减免赋役，司稼、里宰、草人、稻人负责丰歉调剂和基层的农业生产等。

《周礼》关于地方行政组织的设计是“乡”和“遂”制，在天子和诸侯的直属领地内，都城和近郊地区划分为若干乡，长官为乡大夫，乡下设有州、党、族、比等各级组织，都参与灾害救助工作，并规定了由下向上逐级上报的制度。

设立专门、稳定的灾害救助资金，对于搞好灾害救助工作很有必要。在《周礼》一书的规定中，灾害救助的经费主要来源于国家财政拨款。专款专用，专赋专用。灾害救助的经费主要来自“九赋”中的“山泽之赋”（古代对山、林、江湖、池泽所出产品课征赋税的统称），大府一职“掌九贡，九赋，九式之贰……山泽之赋，以待丧纪”①。这笔收入专门用来赈灾救荒（甄尽忠，2006）。

第五节　灾前预防

管仲说：“善为国者，必先除其五害。”何谓五害？“水一害也，旱一害也，风雾雹霜一害也，厉（疾病）一害也，虫一害也”（《管子·度地》）。可见水旱灾害自古以来就是对人们生产和生活威胁最大的灾种。怎样减轻水旱灾害呢？古人想出了许多办法来提前预防，同水旱灾害作斗争。

一、储粮备荒

储粮备荒是中国古代备荒救灾的重要措施。先民很早就意识到，在正常年份储藏一定谷物以预防将来可能发生的自然灾害，这是立国安邦保家的必需。根据考古材料，早在新石器时期，就已有了储存粮食的仓库，承担起储粮备荒的任务。如新石器时期最著名的地下储粮遗址：“河北省磁山文化遗址，已发现有 88 个窖穴，储粮达 13 万多斤”（1 斤＝0.5 千克，下同）。夏代也有储备粮食的仓库。《史记·周本纪》中记载，周武王克商之后，“散鹿台之财，发巨桥之粟”。可见，在商朝也建有粮仓。在甲骨文中有“西仓”②，是商王室都城之西的粮仓。另外还有：

贞勿省在南廪。③

① 冯绍霆：《周礼·天官·大府》. 上海：上海古籍出版社，1997.

② 《屯南》3731.

③ 《合集》5708 正.

南廪，十二月。①

已酉卜，贞令吴省在南廪。②

“南廪”，也是商王室用来储粮的仓库。

周代的仓储制度进一步完善。在《周礼》中，分设各级机构来负责储粮备荒的工作。遗人是管理储粮的总机构，掌管着各个方面的“委积”，“县都之委积，以待凶荒”(《周礼·地官·遗人》)。这里所说的“委积”，就是储备粟米、薪刍的仓库。不同的“委积”分管不同方面的救助事务，“县都之委积”，则是专门用来备荒的。除遗人外还设有廪人一职，“掌九谷之数以待国之匪颁、赒食、稍食。以岁之上下数邦用，以知足否，以诏备用，以治年之凶丰。”③廪人的辖官为仓人，“掌粟入之藏。辨九谷之物，以待邦用。若谷不足，则止余法用；有余则藏之，以待凶而颁之。”④他们的职责都是分管粮储工作，而粮储的主要目的就是“以待凶而颁之”，即在凶荒之年实施赈济。

关于粮食储备的标准，《礼记·王制》中提出：“国无九年之蓄曰不足，无六年之蓄曰急，无三年之蓄曰国非其国也。三年耕，必有一年之食，九年耕，必有三年之食。以三十年之通，虽有凶旱水溢，民无菜色，然后天子食，日举以乐。”其意思就是在正常年份，国家每年要储存三分之一的粮食，三年就可存一年之粮，九年就可存三年之粮，事先有所积蓄，就能较好地应对各种变故，即使出现大的旱涝灾害，先民也不至受饥馑之苦，社会经济也能正常运行。

先秦时期的其他思想家和文献记载都提出了类似的主张。《逸周书·文传篇》说：“有十年之积者王，有五年之积者霸，无一年之积者亡。”《谷梁传·庄公二十八年》说：“国无九年之畜曰不足，无六年之畜曰急，无三年之畜曰国非其国也。”《墨子·兼爱下》引用古《周书》说：“‘国无三年之食者，国非其国也；家无三年之食者，子非其子也’，此之谓国备。”《管子·山权数篇》提出：“故王者岁守十分之参(三)，三年与少半成岁，三十三年而藏十年与少半。”这样即使发生“凶旱水涝”，“民无入于沟壑乞请者也”。这些材料虽出处不同，但基本思想都一样，从不同的角度阐述了当时的储粮备荒思想。

先秦时期的思想家都非常重视储粮对备荒的重要作用。墨子说：“仓无备粟，不可以待凶饥。库无备兵，虽有义不能征无义。”“故备者，国之重也；食者，国之宝也。”⑤国家在平时就要注意储存粮食等物资，只有“府库实满”，有充足的储备，才能“足以待不然”⑥。从而更好地应对灾荒和其他突发事件。荀子也主张：“实仓廪，便备用。”⑦《管子》第一篇《牧民》的第一句话就是“凡有地牧民者，务在四时，守在仓廪”。在《治国篇》又指出：“粟者，王之本事也，人主之大务，有人之涂，治国之道也。”“昔者七十九代之君，法制不一，号令不同，然俱王天下者何也？必国富而粟多也。”有充足的粮食储备是富国和备荒的重要前提。“岁藏一，十年而十也。岁藏二，五年而十也。谷十而守五，绨素满之，五在上。”⑧只有国有常储，才能更好地应对各种灾祸

---

① 《合集》9636、9637同文.

② 《合集》9638.

③ 冯绍霆:《周礼·地官·廪人》. 上海:上海古籍出版社,1997.

④ 冯绍霆:《周礼·地官·仓人》. 上海:上海古籍出版社,1997.

⑤ 墨子:《墨子·七患》. 长春:吉林人民出版社,1999.

⑥ 墨子:《墨子·辞过》. 长春:吉林人民出版社,1999.

⑦ 荀子:《荀子·王制》. 长春:吉林人民出版社,1999.

⑧ 管子:《管子·事语》. 长春:吉林人民出版社,1999.

和突发事件(甄尽忠,2006)。

二、兴修水利

水是一切生命之源,是人类赖以生存的必要条件。水少则旱,水多则涝。因此,加强水利建设、趋利避害,对农业生产起着至关重要的作用,是改良自然条件、有效抵御水旱灾害的积极预防手段。

兴修水利,是人类社会最重要的生产活动之一。在史前时期,先民为治水进行了一系列的努力。考古发现的环壕、城垣、城壕、堌(gù)堆、水井、水池、水渠等遗迹就是史前人类长期同旱涝灾害作斗争的历史见证。

在商代,《国语・鲁语上》有"冥勤其官而水死"。韦昭注:"冥,契后六世孙、根圉之子也,为夏水官,勤于其职而死于水也。"契、冥都是商人的祖先,可见商人也是擅长水利的。《氾胜之书》记载:"汤有旱灾,伊尹作为区田,教民粪种,负水浇稼。"《世本》也记载:"汤旱,伊尹教田头民凿井以灌田。"这说明商代已有了水井灌溉。从"卜辞"来看,"甲骨文中的田、囿(yòu)、疆、畋(tián)等象形字,形象地记录了农田整治的状况,还知道引水灌溉,并有了一定的灌溉系统。"

西周时期,中国已出现了系统的水利灌溉组织。《诗经・小雅・白华》中说:"滮(biāo)池北流,浸彼稻田。""滮池"就是一个引水灌溉稻田的水利设施。《礼记・月令》提出:每年三月,在春耕农忙之前,国君要派人"循行国邑周视原野,修利堤防,道达沟读"。及时做好水利设施的整修工作。

据《周礼・地官・遂人》记载:"凡治野:夫间有遂,遂上有径。十夫有沟,沟上有畛(zhěn)。百夫有洫(xù),洫上有涂。千夫有浍,浍上有道。万夫有川,川上有路。以达于畿(jī)。"这里提到的遂、沟、洫、浍均为田间水道之名,是一套完整的水利系统,并与古代的土地分配制度相联系。《周礼・地官・稻人》记载:"稻人掌稼下地。以潴蓄水,以防止水,以沟荡水,以遂均水,以列舍水,以浍写水。"其意思是稻人掌管在低下泽地种稻事宜,负责用池蓄水、用堤防堵截水、用排水沟排水、用遂分导水、用田间小沟放水、用浍泄水。在田野中,沟渠大小纵横交错,功能各异,构成一套完整的水道体系。

春秋战国时期,为增强抗灾能力,各国都非常重视水利设施的建设:

> 孙叔敖决期思之水,而灌云娄之野。①
>
> 楚相孙叔傲所起芍陂稻田,陂径百里,灌田万顷。②
>
> 西门豹引漳水溉邺,以富魏之河内。③

魏襄王时,"以史起为邺令,遂引漳水溉邺,以富魏之河内。民歌之曰:'邺有贤令兮为史公,决漳水兮灌邺旁,终古舄(xì)卤兮生稻粱。'"④

> 韩闻秦之好兴事,欲罢之,毋令东伐,乃使水工郑国间说秦,令凿泾水自中山西邸(dǐ)瓠

---

① 刘安:《淮南子・人间训》.上海:上海书店出版社,1986.

② (南朝宋)范晔:《后汉书・王景传》.北京:中华书局,1965.

③ 司马迁:《史记・河渠书》.北京:中华书局,1982.

④ 班固:《汉书・沟洫志》.北京:中华书局,1962.

(hǔ)口为渠，并北山东注洛三百余里，欲以溉田。中作而觉，秦欲杀郑国，郑国曰："始臣为间，然渠成亦秦之利也。"秦以为然，卒使就渠。渠就，用注填阏之水，溉泽卤之地四万余顷，收皆亩一钟。于是关中为沃野，无凶年，秦以富强，卒并诸侯，因命曰"郑国渠。"①

以上史书记载的著名的水利工程，个个规模巨大，使大量的农田得到灌溉，促进了当地农业生产的发展，增强了人们抵御水旱灾害的能力，有的至今仍在发挥着功效。

在春秋战国时期，中国还出现了一种新的浇灌工具——桔槔(jié gāo)。《庄子·天地篇》中记载：

子贡南游于楚，反于晋，过汉阴，见一丈人方将为圃畦，凿隧而入井，抱瓮而出灌，搰搰(hú)然用力甚多而见功寡。子贡曰："有械于此，一日浸百畦，用力甚寡而见功多，夫子不欲乎?"为圃者卬(yǎng)而视之曰："奈何?"曰："凿木为机，后重前轻，挈水若抽，数如泆(yì)汤，其名为槔。"

先秦思想家们多次提到要加强农田水利基本建设，以防止水旱灾害的发生。《荀子》提出："修堤梁，通沟浍，行水潦，安水臧，以时决塞，岁虽凶败水旱，使民有所耕耘，司空之事也。"②

为保证水利建设得到切实有效的落实，先秦思想家们主张设置专门的"水官"负责治水。如前面《荀子》中提到的"司空"就是水利建设的总负责人。《管子·立政篇》亦曰："决水潦，通沟读，修障防，安水藏，使时水虽过度，无害于五谷，岁虽凶旱，有所粉获。司空之事也。""请为置水官，令习水者为吏，大夫、大夫佐各一人，率部校长官佐各财足，乃取水左右各一人，使为都匠水工。令之行水道，城郭、堤川、沟池、官府、寺舍及洲中当缮治者，给卒财足。"准备好各种器材，给以充足的人力和财力，在农闲季节，"故事已，新事未起""利以作土功之事"，加固堤坝，"令甲士作堤大水之旁，大其下，小其上，随水而行。地有不生草者，必为之囊，大者为之堤，小者为之防，夹水四道，禾稼不伤。岁蜱增之，树以荆棘，以固其地；杂之以柏杨，以备决水，民得其饶，是谓流膏。"③还通过植树造林，植棘种草，来防止水土流失，固堤护坝(甄尽忠，2006)。

三、保护森林

从古至今，森林一直都在护佑着人类的生存与发展。保护森林有利于调节气候、控制水土流失、防风固沙、增加土壤蓄水能力，对于改善生态环境、减轻旱涝灾害的损失具有积极意义。

(一)充分认识到保护森林对防灾、减灾的重要作用

周定王时单襄公指出，"周制有之曰：列树以表道，立鄙食以守路。国有郊牧，疆有寓望，薮有圃草，囿有林池，所以御灾也。"④这说明周朝统治集团已意识到植树造林对防御灾荒的重要作用。《国语·周语下》记载，周灵王二十二年，"谷、洛斗，将毁王宫。王欲壅之。"太子晋在进谏中讲道："古之长民者，不堕山，不崇薮(sǒu)，不防川，不窦泽。夫山，土之聚也；薮，物之归也；川，气之导也；泽，水之钟也。夫天地成而聚于高，归物于下。疏为川谷，以导其气；陂

① 司马迁:《史记·河渠书》. 北京：中华书局，1982.

② 荀子:《荀子·王制》. 长春：吉林人民出版社，1999.

③④ 《国语·周语中》. 上海：上海古籍出版社，1988.

塘污库，以钟其美。是故聚不阤（tuó）崩，而物有所归；气不沉滞，而亦不散越。是以民生有财用，而死有所葬。然则无夭、昏、札、瘥（chài）之忧而无饥、寒、乏、匮之患，故上下能相固，以待不虞。”太子晋通过引用古代圣王应对灾害的先例，指出只有不破坏山、薮、川、泽之貌，才能避免疾疫和饥荒。

鲁昭公十六年（公元前 526 年），郑国大旱，“使屠击、祝款、竖柎。有事于桑山斩其木，不雨”。子产说：“有事于山，艺山林也。而斩其木，其罪大矣。”①在大旱之时，砍伐山林，不但不会减轻灾害，反而会进一步增强灾害。对此，杨树达先生在其《读左传》中说：“森林足以防旱，古人盖知之矣。”

（二）大力提倡植树造林，保护生态环境

《荀子·王制》提出：“顺州里，定廛（chán）宅，养六畜，间树艺，劝教化，趋孝弟，以时顺修，使百姓顺命，安乐处乡，乡师之事也。”可见，负责、督促种树是“乡师”的工作职责之一。《管子·五辅篇》也提到：“辟田畴，利坛宅。修树艺，劝士民，勉稼穑，修墙屋，此谓厚其生。”《权修篇》又提出：“十年之计，莫如树木。”《地员篇》再次提出：“五沃之土，若在丘在山，在陵在冈，若在陬（zōu）陵之阳，其左其右，宜彼群木，桐柞枎（fú），及彼白梓，其梅其杏，其桃其李，其秀生茎起，其棘其棠，其槐其杨，其榆其桑，其杞其枋，群木数大，条直以长。”在丘陵、山地、平原地区，根据不同的土质、地形而种植不同的树木。

（三）保护森林，反对无节制地滥采滥伐树木

《逸周书·文传解》中说：“山林非时不升斤斧，以成草木之长川；泽非时不入网罟（gǔ），以成鱼鳖之长。”要适时封山育林，不到时节不能随意砍伐，以使林木生长得更加茂盛。曾子主张：“树木以时伐焉，禽兽以时杀焉。”为做到这一点，他引用孔子的话说：“夫子曰：断一树，杀一兽，不以其时，非孝也。”②不按时砍伐捕杀，就是不孝，语气可谓严厉。孟子以齐国都城近郊的牛山为例说：“牛山之木尝美矣，以其郊于大国也，斧斤伐之，可以为美乎？是其日夜之所息，雨露之所润，非无萌糵之生焉，牛羊又从而牧之，是以若彼濯濯（zhuó）也。人见其濯濯也，以为未尝有材焉，此岂山之性也哉？虽存乎人者，岂无仁义之心哉？其所以放其良心者，亦犹斧斤之于木也，旦旦而伐之，可以为美乎？”③牛山本来森林茂密，景色优美，但由于人们无节制地乱砍滥伐和过度放牧牛羊，植被遭到严重破坏，结果变成了一座光秃秃的荒山。荀子提出：“圣王之制也：草木荣华滋硕之时，则斧斤不入山林，不夭其生，不绝其长也。”及“修火宪，养山林薮泽草木、鱼鳖、百索，以时禁发。”④劝告人们注意保护生态环境，禁止乱砍滥伐，严禁放火烧山。《吕氏春秋·上农篇》也提出：“制四时之禁：山不敢伐材下木。”《礼记·月令》规定：“春季树木开始萌芽，须禁止伐木。”“毋竭川泽，毋漉陂池，毋焚山林。”“命野虞无伐桑拓。”《管子·八观》提出：“山林虽广，草木虽美，禁发必有时。”只有按时封禁与砍伐，对自然资源才能取之不尽、用之不竭。《禁藏篇》规定：“毋伐木，毋夭英，毋拊竿，所以息百长也。”《地数篇》又规定：“苟山之见荣者，谨封而为禁，有动封山者，罪死而不赦。有犯令者，左足入，左足断。右足入，右足断。”主张用严厉的法令来保护山林。《七臣七主篇》中，再次规定：“春无杀伐，无割大陵，倮大衍，伐

---

① 高士奇：《左传纪事本末》《左传·昭公十六年》. 北京：中华书局，1979.

② 《礼记·祭义》. 长春：吉林人民出版社，1999.

③ 孟子：《孟子·告子上》. 长春：吉林人民出版社，1999.

④ 荀子：《荀子·王制》. 长春：吉林人民出版社，1999.

大木，斩大山，行大火。”只有到了六月以后，“树木方盛”方可：“命虞人，入山行木。”这些都提到了保护森林和生态环境。

对于乱采滥伐带来的严重后果，先民也有清醒的认识。如子产提到的：“有事于山，艺山林也。而斩其木，其罪大矣。”①就已认识到了砍伐山林只会加重灾情。《管子·七臣七主篇》说：“故春政不禁，则百长不生，夏政不禁，则五谷不成。秋政不禁，则奸邪不胜。冬政不禁，则地气不藏。四者俱犯，则阴阳不和，风雨不时，大水漂州流邑，大风漂屋折树，火暴焚地燋(jiāo)草。天冬雷，地冬霆。草木夏落而秋荣，蛰虫不藏。宜死者生，宜蛰者鸣，苴(jū)多螣(téng)蟆(má)，山多虫蚊。六畜不蕃，民多夭死。”引起这些反常气候和灾难性的后果，完全是由于人们滥伐森林、破坏生态环境造成的。

(四)设立专职的管理山林的官员

《周礼·地官司徒》中设有“山虞”一职，“掌山林之政令”“凡服耜(sì)，斩季材，以时入之，令万民时斩材”。又设“林衡”一职，“掌巡林麓之禁令而平其守”“时计林麓而赏罚之。若斩木材，则受法于山虞”。《礼记·曲礼下》记载：“天子之六府：曰司土、司木、司水、司草、司器、司货。”郑玄注：“司木，山虞也。”《左传·昭公二十年》又记载：“山林之木，衡鹿守之。”及《礼记·月令》中提到的“野虞”、《管子·七臣七主篇》中提到的“虞人”等，都是负责管理林政的官员(甄尽忠，2006)。

四、旱涝灾害预测

(一)天气预报

中国有文字可考的历史是从商代开始的，有关天气预报的文字记录在甲骨文中数量颇丰。周初设立了专门的官吏来负责天气预报，以便于从事各项活动。如《周礼·天官冢宰》中设有大宰之职，其职掌：“祀五帝，则掌百官之誓戒，与其具修。前期十日，帅执事而卜日。”祭祀前的10天，预报未来天气状况会如何。再有《周礼·天官冢宰》中设有大司徒，其职掌：“以土圭(guī)之法测土深。正日景，以求地中。日南则景短，多暑；日北则景长，多寒；日东则景夕，多风；日西则景朝，多阴。日至之景，尺有五寸，谓之地中，天地之所合也，四时之所交也，风雨之所会也，阴阳之所合也。”这些专门机构和官员的设立，表明周代已经具备一定程度的预报天气的能力，这对于减少灾害天气的危害有积极意义(刘继刚，2010)。

根据历史记载，周代预测天气已经总结出10种方法，时称“十辉之法”。如《周礼·春官宗伯》记载：“视祲(jìn)：掌十辉之法，以观妖祥、辨吉凶。一曰祲，二曰象，三曰鑴(xī)，四曰监，五曰闇(àn)，六曰瞢(méng)，七曰弥，八曰叙，九曰隮(jī)，十曰想。掌安宅叙降。正岁则行事，岁终则弊其事。”《隋书卷二十一·志第十六》对“十辉之法”作了明确注解，如下：

一曰祲，谓阴阳五色之气，昆淫相侵。或曰，抱珥(ěr)背璚(jué)之属，如 虹而短是也。通常指日旁云气，古代多指不祥之气。如以五云之物辨吉凶水旱丰荒之祲象，《周礼·保章氏》司农注：“谓日旁云气。”

二曰象，谓云如气，成形象，云如赤乌，夹日以飞之类是也。

三曰镌，日旁气刺日，形如童子所佩之镌也。

① 高士奇：《左传纪事本末》，《左传·昭公十六年》.北京：中华书局，1979.

四曰监，谓云气临在日上也。

五曰闇，谓日月蚀，或日光暗也。

六曰瞢，谓瞢瞢不光明也。

七曰弥，谓白虹弥天而贯日也。

八曰叙，谓气若山而在日上。或曰，冠珥背璚，重叠次序，在于日旁也。

九曰隮，谓晕气也。或曰，虹也。《诗》所谓"朝隮于西"者也。

十曰想，谓气五色，有形想也，青饥，赤兵，白丧，黑忧，黄熟。或曰，想，思也，赤气为人兽之形，可思而知其吉凶。自周已降，术士间出，今采其著者而言之(姜海如 等，2017)。

《诗经》中保存了许多天气预报经验。如《诗经・小雅・弁》记载："如彼雨雪，先集维霰。"雨雪即下雪，霰是米粒般的雪，着地能弹跳起来的小雪粒，它是下雪的先兆。未雪先霰是流传了几千年的预报大雪的经验。

《诗经・小雅・渐渐之石》记载："月离于毕，俾滂沱矣。"意思是月亮到毕宿星座的时候，将会有大雨。

(二)气候预测

1. 预测经验

先秦时期先民除了可以对未来的天气进行预报外，更积累了很多对旱涝灾害气候预测的经验。在《礼记・月令》《吕氏春秋・十二纪》《淮南子・时则训》《山海经》等典籍中均有不少关于灾害预测的记录。

《吕氏春秋》记录有许多预测旱涝等灾害的内容。如：

孟春行夏令(指回暖过早)，则雨水不时，草木蚤落；行秋令则其民大疫，风暴雨总至，藜莠蓬蒿并兴；行冬令(气温偏低，倒春寒)则水潦为败，雪霜大挚(zhì)，首种不入。仲春行秋令，则其国大水，寒气总至；行冬令，则阳气不胜，麦乃不熟，民多相掠；行夏令，则国乃大旱，暖气早来，虫螟为害。季春行冬令，则寒气时发，草木皆肃；行夏令，则民多疾疫，时雨不降，山林不收；行秋令，则天多沉阴，淫雨蚤降。

孟夏行秋令，则苦雨数来，五谷不滋；行冬令，则草木蚤枯，后乃大水；行春令，则蝗虫为灾，暴风来格，秀草不实。仲夏行冬令，则雹冻伤谷，道路不通，暴兵来至；行春令，则五谷晚熟，百螣时起，其国乃饥；行秋令，则草木零落，果实早成，民殃于疫。季夏行春令，则谷实鲜落，国多风咳，民乃迁徙；行秋令则丘隰水潦，禾稼不熟，乃多女灾；行冬令，则风寒不时，鹰隼(sǔn)蚤鸷(zhì)。

孟秋行冬令，则阴气大胜，介虫败谷，戎兵乃来；行春令，则其国乃旱，阳气复还，五谷无实；行夏令，则国多火灾，寒热不节，民多疟疾。仲秋行春令，则秋雨不降，草木生荣；行夏令，则其国乃旱，蛰虫不藏，五谷复生；行冬令，则风灾数起，收雷先行，草木蚤死。季秋行夏令，则其国大水，冬藏殃败，民多鼽(qiú)嚏；行冬令，则国多盗贼，边境不宁；行春令则暖风来至，民气解惰，师兴不居。

孟冬行春令，则冻闭不密，地气上泄，民多流亡；行夏令，则国多暴风，方冬不寒，蛰虫复出；行秋令，则雪霜不时，小兵时起。仲冬行夏令，则其国乃旱，氛雾冥冥，雷乃发声；行秋令，则天时雨汁，瓜瓠不成；行春令，则蝗虫为败，水泉咸竭，民多疥疠。季冬行秋令，则白露早降，介虫为妖，四鄙人保；行春令，则胎夭多伤，国多固疾；行夏令则水潦败国，时雪不降，冰冻消释(姜海

如 等,2017)。

又如:“秋旱寒,则冬必暖矣;春多雨,则夏必旱矣。天地不值两,而况于人类乎?”其中的秋旱寒、冬必暖,春多雨、夏必旱,可以说是人们长期与自然界斗争观察得来的宝贵经验。

《计倪子》中记载了越王与计倪的谈话,回答了越王勾践提出的9个问题。其中与灾害有关部分摘录如下:

(计倪说)“太阴(岁)三岁处金则穰(ráng),三岁处水则毁,三岁处木则康,三岁处火则旱。故散(粜(tiào))有时,积籴有时,领则决万物,不过三岁而发矣。以智论之,以决断之,以道佐之。断长续短,一岁再倍,其次一倍,其次而反,水则资车,旱则资舟,物之理也。”

“天下六岁一穰,六岁一康,凡十二岁一饥,是以民相离也。故圣人早知天地之反,为之预防。昔汤之时,比七年旱而民不饥;禹之时,比九年水而民不流……”

重要的是这里记述了旱涝规律。计倪在分析行星运行规律与气候、年景关系上的方法后,提出了最早的气候规律分析与超长期预报方法。这里的太阴是太岁,即木星的别称,而金、水、木、火则是指这四大行星。穰是丰收年,毁是水毁年,康是平年,旱是旱年。太岁相对于金、水、木、火的运行与年景的穰、毁、康、旱有关。各行星的周期不同,相互位置关系是多变化的,计倪已掌握了计算这些变化的方法和规律。

当时不仅是据此来作超长期预报,而且已经用于实践:好年头积谷,荒年散谷,有三年周期(三岁而发)。计倪还提出了另一些周期规律:穰年、康年的六年周期,饥年的十二年周期等。“早知天地之反,为之预防”就是及时作出超长期预报,做好防灾准备。预防工作做得好,即使汤禹那样的大旱、大涝也能顺利地度过(谢世俊,2016)。

2. 天文星占与旱涝预测

古代天文星占对旱涝灾害预报有很大作用。先秦时期的灾害预报与这一时期较为丰富的天文学知识关系密切。

在先秦时期,国家设有专门官员负责观察日月星辰的变动,以预测吉凶。如《周礼·春官》设有“保障氏”一职,官位世袭。“以志星辰日月之变动,以观天下之迁,辨其吉凶。以星土辨九州之地所封,封域皆有分星,以观妖祥。以十有二岁之相,观天下之妖祥。以五云之物,辨吉凶,水旱降,丰荒之祲象。以十有二风,察天地之和,命乖别之妖祥。凡此五物者,以诏救政,访序事。”保障氏掌管天上的众星,记录日月星辰的运动和变化,以考察尘世的变迁,预测吉凶。他们依照九州与某些特定天体的相互关系,划分出界域。所有的封地和君权分别与不同的星宿相关联,从这些星便可确定各国的繁荣与灾殃。他们能仰观五色云彩确定水旱丰歉的年景,他们能倾听十二月风律感受天地阴阳的和谐,并记录下由此造成的各种吉凶征象。如有灾荒征兆则早做准备。

从西周到东周的500年间,占星术渐渐走向了成熟。一方面,因为当时的文献提供了比前代更多的占星记录;另一方面,也是更重要的原因在于,占星学的全部基础在这时已经建立了起来。

古代以岁星为吉祥之星,故岁星每年所在的星次,它所对应的地面区域便会国泰民安、五谷丰登。与岁星相反,荧惑(火星)在古代星象学上被认为是不祥之星,认为此星为司罚。《史记·天官书》载:“以其舍命国。荧惑为勃乱,残贼、疾、丧、饥、兵。”《史记》之说虽在西汉,但这种说法的原理很早就已出现,“当天下无道时,它出现在某国上空的星次,就是宣布了该国将有灾祸降临”。古人还将日月五星经二十八宿的情形记录下来，以此预测农业的丰歉和政事的吉凶等，这就是所谓的星占预言。星占预言是中国占星术的开端，而占星术又是中国古天文学的主体甚或全部。

鲁国大夫梓慎、昭子认为日食是阴阳之事，可用它来展望未来旱涝。《左传·昭公二十四年》记载：“夏五月乙未朔，日有食之。”梓慎曰：“将水。”昭子说：“旱也。日过分而阳犹不克，克必甚，能无旱乎？”

梓慎认为，凡不在二分、二至发生的日食，都预示有水灾。而昭子反对，他认为将有旱灾，其理由是，夏五月太阳已行过春分点，阳气应当正在旺盛之时，此时却犹不能胜过月阴，而有日食，则阳气必然积聚起来，阴阳相胜，待到阳气胜阴时，郁积的阳气一定发作得很厉害，所以将会有旱灾。事实是这一年“秋八月，大雩（yú），旱也”。昭子预测正确。当然，他凭经验作预报，提出的预测理由是否妥当，可以另行讨论。

先秦时期，先民一直在通过对天文星象的观察，企图找到天象变化与各种自然灾害之间的必然联系，以便提前防范，减少灾害带来的损失。这种预测行为充分表明了人们对自然灾害的高度警惕性，这对于灾害的防范有积极作用（刘继刚，2010）。

第六节 灾后救助

先秦时期的社会救助，大多是针对灾荒而进行的即时性救助。在灾荒发生后主张国家和社会要采取一定的救助措施，帮助灾民渡过难关，恢复生产和正常生活。在加强灾后救助方面，先秦时期主要有以下几个对策。

一、禳天弭灾

（一）祭祀禳灾

天命主义的禳弭（ráng mǐ）论在先秦和整个中国古代社会都极为流行，禳天弭灾是当时统治者用来保障灾民、避免生存危机的主要措施。这种思想源自原始社会“万物有灵”的观念，由于对自然规律的愚昧无知，对自然界中种种灾害束手无策，又无法做出合理的解释，加之生产力发展水平的低下，人们无法克服自然灾害所带来的巨大灾难和恐惧，于是便想象有一种超自然的异己力量控制着大自然和人类，至高无上的“神”就被构想出来，这个“神”足以影响人们的生活，决定人们的吉凶祸福。“神”不仅赐给人们风调雨顺、五谷丰登，也给人们带来了水旱之灾、山崩地裂，使人们饥寒交迫、生灵涂炭。正是出于这种恐惧心理和忧患意识，才产生了禳天弭灾的思想和行为。

从文献记载来看，这种思想在夏代有十分突出的地位。《尚书·召诰》记载：“有夏服（受）天命。”《论语·泰伯》说大禹“致孝乎鬼神”。到了商代，神权思想进一步发展，殷人认为“帝”为最高的神，具有绝对的权威，是管理自然与下国的主宰。一切自然现象都由它来控管，人间的一切灾害饥荒，都是天帝有意降罚人类。因此，各种自然灾害也都被称作“天灾”。另在《尚书·微子》中也有“天毒降灾荒殷邦”的记载。要消除灾害，只有祈祷于上天。

周王朝建立后，以周公旦为代表的统治者已意识到专靠天命是不行的，“天不可信”①。在敬天的同时，开始注意敬德保民，但对天至高无上的权威他们仍不敢有丝毫的怀疑，也认为人间的一切灾祸，都是上天用来处罚人类的，天“命哲、命吉凶、命历年”②。上天不仅把大命赐给圣哲，而且也降下吉凶、四时的变化。“旻天疾威，天笃降丧，瘨我饥馑，民卒流亡，我居圉卒荒，天降罪罟(gǔ)，蟊贼内讧，昏椓(zhuó)靡共，溃溃回遹(yù)，实靖夷我邦。”③“浩浩昊天，不骏其德。降丧饥馑，斩伐四国。”④因此，只有敬天，向天祈祷，求得天的宽恕，才能弭灾去害，风调雨顺。《诗经·大雅。云汉》中的记述给我们留下了深刻的印象，诗人这样描述：

天降丧乱，饥馑荐臻。靡神不举，靡爱斯牲。圭壁既卒，宁莫我听。旱既大甚，蕴隆虫虫。不殄禋(yīn)祀，自郊徂宫。上下奠瘗(yì)，靡神不宗。后稷不克，上帝不临。耗斁下土，宁丁我躬。

……

旱既大甚，黾勉畏去。胡宁瘨(diān)我以旱？憯(cǎn)不知其故。祈年孔夙，方社不莫。昊天上帝，则不我虞。敬恭明神，宜无悔怒。

君主在平时就要举行一定的仪式祭祀天地和各种神灵，以求得他们的佑护。“山川之神，则水旱疠疫之灾，于是乎崇之。日月星辰之神，则雪霜风雨之不时，于是乎崇之。”⑤在立春、春分、立夏、夏至、立秋、秋分、立冬、冬至等节气，都要举行祭祀仪式。《左传·僖公五年》记载：“春，王正月，辛亥朔，日南至。公既视朔，遂登观台以望，而书，礼也。凡分、至、启、闭，必书云物，为备故也。”杨伯峻先生注为：“盖古礼，国君于二分二至及四立之日，必登台以望天象(或曰旁云气之色)，占其吉凶而书之。”“恐有灾荒凶札，早为之备。”《左传·桓公五年》载：“凡祀，启蛰而郊，龙见而雩，始杀而尝，闭蛰而蒸。”即在春二月惊蛰之后，天子要举行祈求五谷丰登的“郊”祭之礼。夏四月，东方苍龙始见，则要举行祈雨之祭。秋七月，新谷开始成熟之时，要举行尝新之礼，并用之祭祀祖先。冬十月，昆虫蛰伏之后，举行“烝”祭。这些仪式，皆为定期举行的祭祀之礼。

在旱涝等自然灾害发生之后，另要举行隆重的禳灾之礼。作为总管国家祭祀的大宗伯，其职责之一是“旅上帝及四望”“以荒礼哀凶札”⑥。“荒礼”泛指为救济荒年、饥馑、疫病而采取的政治、经济措施。“凶”就是荒年，“札”就是疫病。灾害发生后，大宗伯的副手小宗伯等“祷祠于上下神示”⑦。大祝“掌六祝之辞，以事鬼神祇，祈福祥，求永贞”“国有大故，天灾，弥祀社稷、祷祠”⑧。大祝辖官小祝“掌小祭祀则事侯、禳 、祷、祠之祝号，以祈福祥。顺丰年、逆时雨、宁风旱”⑨。大宗伯之佐肆师“掌立国祀之礼”“若国有大故，则令国人祭，岁时之祭祀，亦如

① 《尚书·君奭》.长春：吉林人民出版社，1999.
② 《尚书·召诰》.长春：吉林人民出版社，1999.
③ 《诗经·大雅。召旻》.长春：吉林人民出版社，1999.
④ 《诗经·小雅·节南山》.长春：吉林人民出版社，1999.
⑤ 高士奇：《左传纪事本末》《左传·昭公元年》.北京：中华书局，1979.
⑥ 杨天宇译注：《周礼·春官·大宗伯》.上海：上海古籍出版社，2004.
⑦ 杨天宇译注：《周礼·春官·小宗伯》.上海：上海古籍出版社，2004.
⑧ 杨天宇译注：《周礼·春官·大祝》.上海：上海古籍出版社，2004.
⑨ 杨天宇译注：《周礼·春官·小祝》.上海：上海古籍出版社，2004.

之"①。"大故",据贾公彦疏,为"水旱凶荒"(甄尽忠,2006)。

(二)雩祭礼制

雩祭是古代社会的一种应对旱灾向神灵祈雨的宗教仪式,也是人类古代文明中共有的文化现象。与其他各民族不同的是,中国人将祈雨称之为"雩祭",并且用一套礼法将其加以规范,因此雩祭礼制也就成为中华民族文化类型的一个显著标志。

此外,在旱灾发生时,还有司巫率领众巫师"舞雩","雩"即求雨之祭。《春秋》中曾经多次出现"雩"和"大雩",即是在旱灾发生后举行的祈雨之祀。

雩祭在中国正史中被归为志书中的礼部,属五礼中的吉礼之一,历代都将雩祭列为大祀之礼。有关商代最早的雩祭仪式是商汤祷雨的故事。《吕氏春秋》记载:"汤克夏而正天下,天大旱五年不收,汤乃以身祷于桑林,曰余一人有罪,无及万夫。万夫有罪,在余一人。无以一人之不敏,使上帝鬼神伤民之命。于是剪其发,磨其手,以身为牺牲,用祈福于上帝。民乃甚说,雨乃大至!"此外,《论衡·明雩篇》《荀子》《淮南子》等文献中也都有对汤旱祷雨的相似记载。在早期,国王不但兼有行政权,而且兼有祭祀求雨的法力,这是在世界范围内早期社会所共有的一种现象。

在出土较晚时期的商代甲骨卜辞中,保留了大量有关商人祈雨的占卜记录,如:

贞烄(jiǎo)闻有从雨
贞戊舞雩
王其行侑(yòu)于滴,在右石(沓火),有雨
王其呼戍舞盂,有雨,吉
于楚有雨
甲子卜,其求雨于东方
于丁卯酒南方
庚午,其求雨于山
戠(zhí)鳌(lí),雨,兹用
于帝师有雨
于岳宗酒,有雨
口三羊用,有雨,大吉
口凤口豚,有大雨
庚午,米于岳,有从在雨
戊戌卜,隹烄凤,雨

从这些卜辞记录可以看出,祈雨祭祀在商代中后期已发展得相当成熟,商人鬼神观念很浓,所有的事都要进行占卜问验。其中巫在祈雨中扮演着重要而可悲的角色。他们不但要舞雩向上天鬼神表忠心、许下降雨的愿望,而且也有被当作祭品焚烧致死的可能。此外,商人还烧燎牺牲——把猪、牛、羊等牲畜焚烧祭祀神灵,又举行酒祭、米祭,祭祀诸自然山川百源四方之神等。从卜辞内容中能大致推测商人祈雨仪式的一些行为:占卜问雨;择地祈雨;商王亲祀自然百源神灵;舞雩,供奉祭品,包括焚烧巫奴、烧燎牺牲、举行酒祭或米祭。商代祭祀文化很

---

① 杨天宇译注:《周礼·春宫·肆师》.上海:上海古籍出版社,2004.

发达，雩祭礼制完备。

西周时期，周人对天文星象学已有一些研究成果，可按天文学的规律来安排生产、生活，故形成了固定的祭祀礼制。《左传·桓公五年》记载“龙见而雩”。郑玄注曰：“龙见建巳之月，苍龙宿之体昏见东方，万物始盛，待雨而大，故祭天远为百谷祈膏雨也。”由于周人举行雩祭通常是在苍龙之宿出现的四月，后人也通常将周人雩祀之月叫作“正雩”。

周人雩祭最基本的祭祀对象是“五精帝”，也叫“五方上帝”（即东、南、西、北、中五方上帝，又称为五帝、五方帝、五方天帝、五方天神），由周先祖同祀配享，这种“祭天配祖”的制度也被后代传承沿用。此外，周人还祭祀山川百源之神和先贤功臣，这是周代形成的固定的祭祀组合对象。《礼记·月令》云：“命有司为民祈祀山川百源，乃大雩帝，用盛乐。乃命百县雩祀百辟卿士有益于民者，以祈谷实”。郑玄注释说：“阳气盛而恒旱。山川百源，能兴云致雨者也。众水所出为百源，必先祭其本……祭五精之帝，配以先帝也……百辟卿士，古者上公以下，谓勾龙、后稷之类也。”山川百源是众水所出之本，所以周人祭之古有句龙能平九土的传说，句龙能兴云致雨，故周人祭之五方上帝、古之上公（如禹、后稷之类）也都是与雨水和农业有关的功德贤人。

周代雩祭仪式在周国都南郊举行，周代已设有专门的祈雨坛和官员负责祈雨。周代的雩坛叫作雩祟，有司取代了巫师在这里主持祈雨仪式，巫的地位明显下降，但巫在祈雨仪式中仍扮演着重要的角色。《周礼·司巫》记载：“若国大旱，则帅巫而舞雩。”其中《春官》记载：“女巫旱暵则舞雩，凡邦之大灾歌哭而请。”女巫们踏着音乐的节奏跳起了皇舞，手里挥舞着五彩羽做的帔，嘴里振振有词地念着祈福的歌，希冀神灵能普降甘雨。从这里我们可以看出先民非常重视礼乐在祭祀中的作用。周代礼乐很发达，乐器相当完备，凡有祭祀必有舞乐助阵。周人“大雩帝，用盛乐”①。这样规格的礼乐用于祈雨相当隆重。用这样盛大的礼乐，其目的就在于用动听的乐声愉悦、讨好神灵，以求普降甘雨。祭祀当然也包含着巫术的因素，其中五彩羽做成的帔就含有一种特殊的意义，帔象征天空漂浮的乌云，暗示着下雨的征兆。通过这种联想的运用，似乎雨不久就能降落。此外，与商代相比，巫依然保留着通神性，但女巫媚神的功能似乎比商代要更强烈一些。

春秋战国时期是旱灾出现次数较多的时期，雩祭仪式不仅继承和延续了西周的祈雨传统，而且又有所发展变化。首先，从时间上，这一时期的雩祭仪式的举行出现了不固定性。雩祭礼不再严格按照西周的传统只在建巳之月（四月）举行，而是根据干旱的出现而随机举行。以后各代也相加沿袭。其次，这一时期巫仍被看作是具有通神性的人，但仅是把他们当作沟通的媒介，利用他们所具有的通神性与神灵沟通而已。因此，巫的社会地位在这一时期进一步下降，一些诸侯国甚至出现了焚巫暴尪（wāng）的故事。譬如，鲁缪公曾问县子：“吾欲暴巫而奚若？”“欲徙市，奚如？”②“暴巫”是指要将女性巫者绑在烈日下暴晒。徙市即关闭交易市场之意。这说明巫的社会地位受到严重削弱。最后，这一时期祈雨仪式的政治色彩渐浓，祈雨不再是具有保丰收的意图和宽慰民心的作用，统治者还以祠祀山灵河伯之名滥征赋税、以大旱“伐无道”为借口兼并弱国。如齐国大旱之时，齐景公就召集群臣说：“天不雨久矣，民且有饥色，吾使人卜之，祟在高山广水，寡人欲少赋敛以祠灵山可乎？”晏子不同意景公的做法，他建议景公

① 《礼记·月令》. 长春：吉林人民出版社，1999.

② 杨天宇：《礼记译注·檀弓下》. 上海：上海古籍出版社，2004.

应到野外暴晒为民请雨[1]。景公听从了晏子的建议果而得雨。这虽说是种巧合，但有效制止了景公滥收赋税的行为。再如，“卫大旱，卜，有事于山川不吉。宁庄子说：‘昔周饥，克殷而年丰。今邢方无道，诸侯无伯，天其或者欲使卫讨邢乎？’从之，师兴而雨。”[2]卫国以祷雨责备之名趁机扩张自己的势力范围。综合春秋战国时期各国雩祭实例可以看出，雩祭仪式变化的深层次原因主要是受当时社会动荡的影响，某些政治家借机用雩祭来解决现实政治问题。

春秋战国是诸子百家争鸣时期，一些开明的政治家开始反对焚人求雨。鲁僖公二十一年（公元前639年），据《左传》记载：“夏大旱，公欲焚巫尪（wāng），臧文仲曰：‘非旱备也，修城郭，贬食省用，务穑劝分，此其务也，巫尪何为，天欲杀之，则如勿生，若能为旱，焚之滋甚。’公从之，是岁饥而不害。”在此年的祈雨仪式中，僖公想焚人，臧文仲认为这不是好办法，提出应对旱灾的具体措施：“修城郭、贬食、省用、务穑、劝分，此其务也。”他指出国家遭逢灾祸，无道之国可能乘机进兵，此时要注意守备；同时要节省日用，不误稼穑、坚持农事；还要注意社会调剂，劝有储积者分施于人。这样就不需用焚人求雨这种残忍的办法来缓解旱情。所以“是岁也，饥而不害”，这应该是此年僖公采纳了这些好建议的结果。需要强调的是，在当时的生产力水平和科技条件下，这些方法颇有可取之处，这是社会的进步（宋红玉，2011）。

二、散粟赈民

散粟赈民是中国古代最常见的灾后救助主张之一。对于因天灾或其他原因导致缺衣少食、生活难以为继的饥民，国家或社会要无偿地赈以粮食、衣服或金钱，以帮助他们渡过难关，维持最基本的生计。《周礼·地官·廪人》规定：“廪人掌九谷之数，以待国之匪颁，赒（zhōu）赐稍食。”《管子·入国篇》中提出“岁凶庸：……散仓粟以食之”。

赈济的种类有赈粟、赈钱和赈物等，以赈粟为主。这种思想在西周时期就已出现，在春秋战国时期得到广泛的实施。《左传·僖公二十一年》载：“夏，大旱，公欲焚巫尫。臧文仲说：‘非旱备也，修城郭，贬食省用，务穑，劝分，此其务也。巫尫何为？天欲杀之，则如勿生。若能为旱，焚之滋甚。’公从之，是岁也，饥而不害。”此处臧文仲所说的“劝分”，杜预注解为“劝其有储积者分施之也”，即在发生灾荒时，国家和储积较多的人要开仓放粮，赈济灾民。又如文公十六年“秋，楚大饥”“自庐以往，赈廪同食”[3]。

对饥民不开仓赈济，就要遭到抨击。孟子批评道：“狗彘（zhì）食人食而不知检，涂有饿莩而不知发。”朱熹《孟子集注》解释道：“检，制也。莩，饿死人也。发，发仓廪以赈贷也。”他甚至当面指责梁惠王：“庖有肥肉，厩有肥马，民有饥色，野有饿莩，此率兽而食人也。兽相食，且人恶之，为民父母，行政不免于率兽而食人，恶在其为民父母也！”[4]（甄尽忠，2006）

三、放贷

为安置灾民，使灾民拥有恢复生产的基本条件，放贷也是重要的救助措施。所谓放贷是指

---

① 陈涛译注：《晏子春秋·内篇谏上第一》.北京：中华书局，2007.

② 《春秋左传集解》.上海：上海人民出版社，1977.

③ 高士奇：《左传纪事本末》，《左传·文公十六年》.北京：中华书局，1979.

④ 孟子：《孟子·梁惠王上》.长春：吉林人民出版社，1999.

灾荒之后，幸存的农民因贫乏不能重建家园恢复生产的，国家给以借贷，帮助其恢复生产。借贷的内容主要是钱、粮、生产资料等。《周礼·地官·大司徒》载"以荒政十有二聚万民"中"一曰散利"。郑玄注"散利，贷种食也"。贾公彦疏"丰时敛之，凶时散之，其民无者，从公贷之"。《管子·揆（kuí）度篇》提出"民之无本者，贷之圃彊"。贷给灾民粮食、种子等，帮助其恢复生产。

放贷赈荒在春秋战国时期甚为流行，如宋国的公子鲍，"礼于国人。宋饥，竭其粟而贷之"[①]。《左传·襄公二十九年》载，是年宋饥，"出公粟以贷，使大夫皆贷。司城氏贷而不书，为大夫之无者贷，宋无饥人"。齐国的陈氏，在灾荒之年也进行放贷："以家量贷，而以公量收之。"[②]这些放贷，或出于政治原因，或出于救灾目的，大部分属于赈济性质（甄尽忠，2006）。

四、以工代赈

以工代赈是一种通过灾民自己的劳动获得报酬的有偿赈济方式。通常的做法是由政府组织工役，招募灾民进行工程建设，这既帮助灾民度过灾荒，又发展了生产，调剂了国民经济，是一种公私两利、两全其美的积极救助办法。

《左传·僖公二十一年》中臧文仲提到了"修城郭"："国家凶荒，则无道之国乘而加兵，故修城郭为守备也。"沈钦韩补注解："民艰于食，故修土功，给其稍食，亦救荒之策。"这就是说，在灾荒时期"修城郭"的作用主要有两个方面：一是加固城防，防止无道之国乘虚而入；二是给修城者一定的粮食，帮助他们度过灾荒。从现有的史料来看，这应是中国历史上最早的"以工代赈"的主张。

在先秦时期，以工代赈最典型和最成功的实践是《晏子春秋·内篇杂上第六》的一段记载：

> 景公之时饥，晏子请为民发粟，公不许，当为路寝之台，晏子令吏重其赁（lìn），远其兆，徐其日，而不趋。三年台成而民赈，故上说乎游，民足乎食。

这段说的是在齐景公之时，齐国发生了饥荒，晏子请求开仓放粮救助灾民，但景公不同意。晏子就借景公修筑路台之机，将计就计，故意提高佣酬、延长道路、延缓工期，结果既建成了高台，又使百姓得到救助。因此，人们称赞晏子说："政则晏子欲发粟与民而已，若使不可得，则依物而偶于政。"

春秋时期《管子》也比较早地提出了以工代赈的政策。《管子·侈靡篇》认为："如以予人食者，不如毋夺其事。"意思就是说，与其给他们粮食，不如不让他们失业。"若岁凶旱水佚（yì），民失本，则修宫室台榭，以前无狗、后无彘（zhì）者为庸；故修宫室台榭，非丽其乐也，以平国筴（cè）也。"[③]在灾荒期间，国家大兴土木，修建宫室台榭，并非为了享乐，主要是为了增加灾民就业的机会，并且首先要雇佣那些极度贫困者，使他们能够有一个基本的生活来源，得以养家糊口，维持最低水平的生活（甄尽忠，2006）。

---

① 高士奇：《左传纪事本末》，《左传·文公十六年》．北京：中华书局，1979.

② 高士奇：《左传纪事本末》，《左传·昭公三年》．北京：中华书局，1979.

③ 管子：《管子·乘马数》．长春：吉林人民出版社，1999.

五、节约度荒

在灾害发生之后，因粮食不足、经济困窘，为节约度荒，统治者要“杀邦用”①，即节省政府开支，将其用于赈济灾民。节约救荒是先秦思想家们的一致主张。先秦儒家倡导“节用而爱人”②，即要求国家节约财政开支，使群众有一定的衣食来应对饥荒和贫困。“礼”是孔子思想的核心，为了“节用”，他主张“礼与其奢也，宁俭”③。荀子进一步提出：“务本节用财无极。”“强本而节用，则天不能贫；养备而动时，则天不能病。”④

注意节约也是为了防患于未然，有备方能无患，如果平时不注意节俭，过度消费，不作长远打算，“粮食大侈，不顾其后”。那么，一旦出现灾荒，必“不免于冻饿，操瓢囊为沟壑中瘠者也”⑤。

墨子根据灾情的不同，将灾害分为5个等级：“一谷不收谓之馑，二谷不收谓之旱，三谷不收谓之凶，四谷不收谓之馈，五谷不收谓之饥。”在灾害发生后，统治者要视饥馑的程度，主动减损俸禄，将节省下来的钱财用于救助灾民。“岁馑，则仕者大夫以下皆损禄五分之一。旱，则损五分之二。凶，则损五分之三。馈，则损五分之四。饥，则尽无禄，禀食而已矣。故凶饥存乎国，人君彻鼎食五分之五，大夫彻县，士不入学，君朝之衣不革制，诸侯之客，四邻之使，雍食而不盛，彻驂騑(cān fēi)，涂不芸，马不食粟，婢妾不衣帛，此告不足之至也。”⑥

节约度荒在先秦时期曾得到普遍实行。晋文公执政晋国“省财足用”⑦。韦昭注：“省：减，减国用。足财：备凶年。”晋悼(dào)公即位，也“节器用”⑧。鲁成公五年，梁山崩，晋大夫伯宗建议：“山崩川竭，君为之不举，降服，乘缦(màn)，彻乐，出次。”⑨“不举”即食不杀牲，菜肴不丰盛，不用音乐助食。“降服”杜预注“损盛服”。即不穿华丽的衣服。“乘缦”杜预注解为“车无文”，即不乘彩饰之车。这都是灾后自我贬损之礼(甄尽忠，2006)。

六、调粟赈民

调粟赈民的灾后救助措施在中国由来已久，《尚书·益稷》就提出“懋(mào)迁有无”，《史记·夏本纪》载，大禹“命后稷予众庶难得之食。食少，调有余相给，以均诸侯”。这就是一种调有余以补不足的救助办法。《孟子·梁惠王上》记载梁惠王治国时曾经实施：“河内凶，则移其民于河东，移其粟于河内。河东凶亦然。”朱熹在《孟子集注》中注释道：“河内河东皆魏地。凶，岁不熟也。移民以就食，移粟以给其老稚之不能移者。”这包括了移民就粟和移粟就民两个方面。

调粟赈民的认识在《周礼·地官·大司徒》中有明确规定：“大荒、大札，则令邦国移民通财。”在《周礼·秋官·士师》中又规定：“若邦凶荒，则以荒辩之法治之，令移民通财。”郑玄注：

① 杨天宇译注：《周礼·地官·廪人》.上海：上海古籍出版社，2004.
② 孔子：《论语·为政》.南宁：广西民族出版社，1996.
③ 孔子：《论语·八佾》.南宁：广西民族出版社，1996.
④ 荀子：《荀子·天论》.长春：吉林人民出版社，1999.
⑤ 荀子：《荀子·荣辱》.长春：吉林人民出版社，1999.
⑥ 墨子：《墨子．七患》.长春：吉林人民出版社，1999.
⑦ 《国语·晋语四》.上海：上海古籍出版社，1988.
⑧ 高士奇：《左传纪事本末》，《左传·成公十八年》.北京：中华书局，1979.
⑨ 高士奇：《左传纪事本末》，《左传·成公五年》.北京：中华书局，1979.

“移民，就赈救困也；通财，补不足也。”《周礼·地官·廪人》记载：“若食不能人二鬴(fǔ)，则令邦移民就谷(郑玄注：鬴，六斗四升曰鬴)。”按当时情况，平均每人月食粮四鬴为上等年成，月食粮三鬴为中等年成，月食粮二鬴则为下等年成。如果人均月食粮还不到二鬴，就允许移民就谷。

《管子》主张用经济手段，运用国家的调控能力和财力，使粮食从富余地区向不足地区进行调剂，来达到救荒赈灾的目的。因此，《管子》指出，国家通过控制粮价，以丰补歉，保持粮价稳定。“年谷熟，粜贷贱……当此时也，民富且骄，牧民者厚收善岁，以充仓廪。”“年谷不熟，岁饥，粜贷贵，民疾疫。当此时也，民贫且罢，牧民者发仓廪山林薮(sǒu)泽以共其财，后之以事，先之以恕，以振其罢。”①这样做既富裕了国家又满足了人民，真是高明之举。

与《管子》的方法相类似的还有范蠡(lí)的“平粜法”和李悝的“善平籴”之策。关于范蠡的“平粜法”主要记载在《史记·货殖列传》当中，具体内容是：

故岁在金，穰；水，毁；木，饥；火，旱。旱则资舟，水则资车，物之理也。六岁穰，六岁旱，十二岁一大饥。夫粜，二十病农，九十病末。末病则财不出，农病则草不辟矣。上不过八十，下不减三十，则农末俱利，平粜齐物，关市不乏，治国之道也。

范蠡以备荒抗灾为出发点，总结出“六岁穰，六岁旱，十二岁一大饥”的丰歉循环变化规律。因此，官府在丰年粮价过低时，要以高于市场的价格收购粮食储存起来，在遇到灾年粮价过高时再以低于市场的价格出售存粮，避免粮价的大起大落，达到“平籴齐物”，保持物价稳定。

范蠡指出：斗谷的价格跌至20钱，农民的利益就会受到损害。而到90钱时，工商业者的利益就要受到损害。农民的利益受损，就会挫伤农民的生产积极性，影响农业生产。而工商业者的利益受损，就会影响到社会财富的增加。如果把粮价控制在30～80钱，在一定的范围之内涨落，则比较合理，就可做到“农末俱利”“关市不乏”，市场繁荣，这就是范蠡的“治国之道”。

范蠡提出的“平粜法”为战国时期的李悝(kuī)所继承。李悝的“善平籴”主张，《汉书·食货志》中有比较完整的记述：

是故善平籴者，必谨观岁有上中下孰(shú)。上孰其收自四，余四百石；中孰自三，余三百石；下孰自倍，余百石。小饥则收百石，中饥七十石，故大孰则上籴三而舍一，中孰则籴二，下熟则籴一，使民适足，贾平则止。小饥则发小孰之所敛，中饥则发中孰之所敛，大饥则发大孰之所敛，而粜之。故虽遇饥馑水旱，粜不贵而民不散，取有余以补不足也。行之魏国，国以富强。

李悝为魏文侯作“善平籴”之策，就是由政府在丰年征购粮食储存以待荒年发放的稳定民食的措施。按李悝的核算，正常年份平均亩产一石半，超过这一标准就是丰收，反之就是歉收。丰收年份可分为三等，即“下熟”“中熟”和“上熟”。歉收年份也分为三等，“小饥”“中饥”和“大饥”。在丰收年份，国家按一定价格向农民收购余粮以为储备，不至粮价暴跌。荒年再按一定的价格出售存粮，以丰补歉，保持粮价稳定，由此做到“取有余，补不足”“使民适足，贾平则止”。在遇到水旱饥馑时也能做到“籴不贵而民不散”。

李悝的“善平籴”主张抵御灾荒的目的很明显，对后世的影响更大，是后来历代封建王朝的均输、常平仓等办法的开端(甄尽忠，2006)。

---

① 管子：《管子·国储》.长春：吉林人民出版社，1999.

七、蠲缓

蠲(juān)缓即在灾荒发生后对灾民减赋免役。在旱灾等灾害发生后,国家及政府根据受灾程度,全部或部分免除当年的赋税徭役,以减轻灾民的负担。《周礼·地官司徒》记载的"十二荒政"中的"薄征""弛力"就是这方面的规定。"薄征",郑玄注:"轻租税也"。孔颖达疏记载:"丰年从正,俭有所杀,若今十分之二三,实除减半,减则必有蠲矣。"其含义是,如果减产十分之二三,将按实际收成减半征税。"弛力",郑玄注:"息傜役也"。

关于役赋的减免,由"均人"具体负责,"凡均力政,以岁上下,丰年则公旬用三日焉,中年则公旬用二日焉,无年则公旬用一日焉。凶札(zhá)则无力政。"①即力役的征调丰年为一年三天,平均下来为一年两天。要根据年成的丰歉给以全部或部分减免,以使农民有更多的时间投入到农业生产,抗灾保产。如遇荒年或疾病流行,不但"力政"全部免除,而且"无财赋、不收地守、均积、不均地政"②,地税、山泽农圃等各种杂税也要全部免除。

关于赋税征收的标准,儒家主张实行什一税。《论语·颜渊》记载:当鲁哀公问,"年饥,用不足,如之何?"有若回答说:"盍(hé)彻乎?"彻:郑玄注解为:"周法什一而税,谓之彻。彻,通也,为天下之通法。"这样的税率,既保证国家机器的正常运转,又不过分加重劳动人民的负担,避免农民因过高税收而破产流亡。所以,儒家认为:"什一者,天下之中正也。"③这个税率是合理、公正的。

与此同时,孟子引用龙子的话说:"治地莫善于助,莫不善于贡。贡者校数岁之中以为常。乐岁,粒米狼戾,多取之而不为虐,则寡取之;凶年,粪其田而不足,则必取盈焉。为民父母,使民盻盻然,将终岁勤动,不得以养其父母,又称贷而益之。使老稚转乎沟壑,恶在其为民父母也?"④其含义是,他反对按若干年的平均产量征收,而应该视年成的好坏,实行浮动税率制,丰年多收、灾年少收甚至不收,以避免涸泽而渔、杀鸡取卵的无限制收取,人民的生活才能得到保障。荀子也提出类似的主张,他说:"王者之法:等赋、政事、财万物,所以养万民也。田野什一,关市几而不征,山林泽梁,以时禁发而不税。相地而衰政,理道之远近而致贡。"⑤"相地而衰政",就是视土地的肥瘠和产量的高低来定赋税等级,这和孟子的主张一致。《周礼》也主张根据年成的好坏适当调整税率,司稼:"巡野观稼,以年之上下出敛法。"⑥即在每年秋熟时,司稼要巡视各地年成的好坏,然后决定田税是否调整。调整的原则,郑玄注解:"丰年从正,凶荒则损,若今伤十二、三,实除减半。"按照这个原则,则只有减没有增,丰年仍按原来的税率征收,荒年则减税。

在灾荒发生后,要减赋免役。《管子·大匡篇》说:"按田而税,二岁而税一,上年什取三,中年什取二,下年什取一,岁饥不税。"主张根据年成的好坏灵活地征收农业税,两年收一次税,上成年份收十分之三,一般年份收十分之二,下成年份收十分之一。如果发生灾荒则全部免税。这既有利于尽快恢复社会生产,也帮助了经不起天灾人祸的贫困家庭(甄尽忠,2006)。

---

①② 杨天宇译注:《周礼·地官·均人》.上海:上海古籍出版社,2004.

③ 《公羊传·宣公十五年》,十三经注疏本.北京:中华书局,1982.

④ 孟子:《孟子·滕文公上》.长春:吉林人民出版社,1999.

⑤ 荀子:《荀子·王制》.长春:吉林人民出版社,1999.

⑥ 杨天宇译注:《周礼·地官·司稼》.上海:上海古籍出版社,2004.

八、施粥

《中国荒政全书》说："人生不幸，遭遇饥年，全赖有无相济，庶可生全。此贤臣所以劝其君救灾恤邻、惠养黎民之道也。"书中还说："人当饥馑之时，得惠一餐之粥，即延一日之命。此后得遇生机，皆此一餐之力矣。故为力少而致功大，以此定溢也宜矣。"《糜粥》说得更加简练深刻："盖一粥虽微，得之则生，弗得则死。"施粥是临到灾荒时所实行的一种最急切的办法。一般是由政府或个人出粮，在固定地点煮粥发放，救济灾民。施粥对饥肠辘辘的灾民来讲可解燃眉之急。这种救助办法在中国先秦时期就已出现(李文海 等，2004)。

《礼记·檀(tán)弓下》记载："公叔文子卒，其子戍请谥于君。"君曰："昔者卫国凶饥，夫子为粥与国之饿者，是不亦惠乎。"在卫国发生饥荒的时候，公叔文子煮粥救助灾民，使许多灾民受惠，因此赐谥(shì)号为惠文子。公叔文子为卫献公之孙，死于卫灵公(公元前 534 年—公元前 493 年)之时，这说明施粥之法在春秋时期就已出现，这是中国历史上关于施粥赈灾的最早记载。

以上阐述了 8 种灾后救助措施。天命主义的禳天弭灾在先秦和整个中国古代社会都很流行。这些禳灾的活动对灾害的发生与防灾、减灾起不到任何作用，而只是对人们心理上起到抚慰作用。散粟赈民、以工代赈、调粟赈民、施粥属于遇灾治标之策；放贷、节约度荒、蠲缓属于灾后补救之策。由于缺少严格的法律和制度的约束，这些灾后减灾对策和措施在具体的实施中不稳定，效果差别较大。

第七节　小　结

先秦时期(公元前 3077 年—公元前 221 年)，中国经历了从新石器时代向青铜时代和铁器时代的转变，也经历了从奴隶社会向封建社会的转变。其中春秋战国时期是中国古代政治、经济、文化、科技和思想等各方面极富创造力的一个重要历史阶段。

本章旨在通过对先秦灾害史料的统计，总结先秦旱灾发生的时间和空间规律，分析先民对防旱救灾的认识与实践，以有利于今天的抗灾和减灾工作。本章共包括 6 个部分的内容。

第一，介绍了夸父逐日、逐魃辞和后羿射日三则神话故事。以神话的形式勾勒出先民认识的旱灾形成原因。夸父逐日、后羿射日所表现出来的崇高的牺牲与奉献精神、顽强不屈的坚强意志等，是中华民族宝贵的精神财富。

第二，指出夏、商、周气候总体上暖湿，但逐渐变冷，且冷、暖波动幅度大。旱灾是最严重的自然灾害，年发生比例占 33%，比水灾多 12%。先秦时期的旱灾主要集中发生在以下几个阶段：夏代后期至商代初期(夏王胤甲至商汤)、商代末期(商王太丁至商纣)、西周末期(周厉王至周平王)、春秋后期至战国前期(公元前 568 年—公元前 423 年)。频繁发生的战争破坏了社会生产与民众生活，加重了旱灾的危害。夏桀时期出现了严重的旱灾，是导致腐朽的夏王朝灭亡的重要原因。严重的旱灾动摇了西周的统治地位。

第三，总结了抗旱救灾经验，提出了重民思想、重农思想、忧患意识与提倡节约。先秦时期已意识到普通民众力量的重要性，旱灾救助和爱民、恤民、抚民等思想相互交织，为当时灾害救助提供了强有力的思想基础。发展农业生产，增加粮食储备，是实施旱灾救助、预防旱灾最有效的途径和根本措施。忧患意识是中国传统文化的一大特点，它使得封建王朝时刻抱有警惕之心，自觉地采取措施加强防灾、减灾、救灾工作。节俭观是中国传统经济伦理思想重要的组成部分。节俭可以将丰补歉，减轻灾害的损失，实现国家的长治久安。

第四，叙述了荒政的政府行为与制度建设。绝大多数旱涝等灾害救助行为都是由国家来实施。设置了负责灾害救助事务的职能机构，设立专门、稳定的灾害救助资金，经费主要来源于国家财政拨款，专款专用、专赋专用。

第五，阐明了灾前预防的 4 条措施，即储粮备荒、兴修水利、保护森林和旱涝灾害预测。先秦时期都非常重视储粮对备荒的重要作用，只有国有常储，才能更好地应对各种灾祸和突发事件。加强水利建设是改良自然条件、有效抵御旱涝灾害的积极预防手段。设立专职的管理山林的官员，大力提倡植树造林、保护森林，反对无节制地乱采滥伐树木。先民分析天象变化与旱涝灾害之间的联系，以便提前防范，减少损失。这对于灾害的防范有积极作用。

第六，归纳了灾后救助的 8 个方法，即禳天弭灾、散粟赈民、放贷、以工代赈、节约度荒、调粟赈民、蠲缓与施粥。禳天弭灾是当时统治者荒政中用来防灾减灾、避免生存危机的主要措施，是一种麻痹群众、消极的迷信行为。散粟赈民是中国古代最常见的灾后救助主张之一。放贷也是重要的救助措施。以工代赈是一种公私两利、两全其美的积极救助办法。节约度荒、调粟赈民、蠲缓与施粥等救助方法均有一定效果。上述方法实施程度主要受当时统治阶层的政治素养所支配。

先秦是中国防灾、减灾认识与实践的萌芽和初步发展时期，也是第一个高潮阶段。先秦的政治家和思想家们结合当时的生产和生活方式，提出了一系列有关防灾、减灾的认识和主张，许多已付诸实践，取得了一定成效，初步奠定了中国社会防灾、减灾的基本框架，其中的精华部分传承至今，为其后历代社会防灾、减灾的发展提供了深厚的思想源泉，成为中国传统优秀思想文化的重要组成部分。

参考文献

曹卫国，孟晨，唐琦，2014. 论先秦道家节俭思想[J]. 学术交流(12):34-38.

方诗铭，1981.《古本竹书纪年》辑[M]. 上海：上海古籍出版社.

葛全胜，等，2011. 中国历朝气候变化[M]. 北京：科学出版社.

姜海如，赵同进，彭莹辉，2017. 中国古代气象[M]. 北京：气象出版社.

李伟，2015. 先秦文学中的灾害书写研究[D]. 西安：陕西理工学院.

李文海，夏明方，2004.《中国荒政全书》第二辑第一卷[M]. 北京：北京古籍出版社.

刘继刚，2005. 先秦灾害述论[D]. 郑州：郑州大学.

刘继刚，2008. 中国灾害通史·先秦卷[M]. 郑州：郑州大学出版社.

刘继刚，2010. 先秦时期的天气预报和灾害预报[J]. 中州大学学报，27(3):96-99.

宋红玉，2011. 中国古代雩祭礼制研究[D]. 西安：陕西师范大学.

王海鹏，2008. 先秦秦汉时期的社会救助思想研究[D]. 济南：山东师范大学.

谢世俊，2016. 中国古代气象史稿[M]. 武汉：武汉大学出版社.

杨恬，2012. 中国古代神话综述[D]. 西安：西北大学.

张娟，2016. 先秦节俭观研究[J]. 高教学刊(3):255-258.

甄尽忠，2006. 先秦时期社会救助思想研究[D]. 郑州：郑州大学.

第二章

两 汉

秦朝(公元前 221 年—公元前 207 年)国运祚(zuò)短,仅持续 15 年,无旱灾记载,本书不作讨论。本章收集、统计旱灾发生和救灾对策的时间范围是两汉时期,包括西汉 230 年(公元前 206 年—公元 24 年)、东汉 196 年(公元 25—220 年)共 426 年的历史。为了统计简便,将王莽新朝(公元 9—23 年)和刘玄更始二年(公元 24 年)计入西汉。

从空间范围上讲,两汉灾害主要发生在十三州范围之内。汉代十三州始置于汉武帝时期。西汉有冀州、兖州、青州、徐州、扬州、荆州、豫州、凉州、益州、幽州、并州、朔方、交趾共 13 个刺史部,外加司隶校尉部,共 14 部。东汉将朔方并入并州,改交趾为交州共 12 个刺史部,外加司隶校尉部,共 13 部,俗称为十三州(图 2.1)。

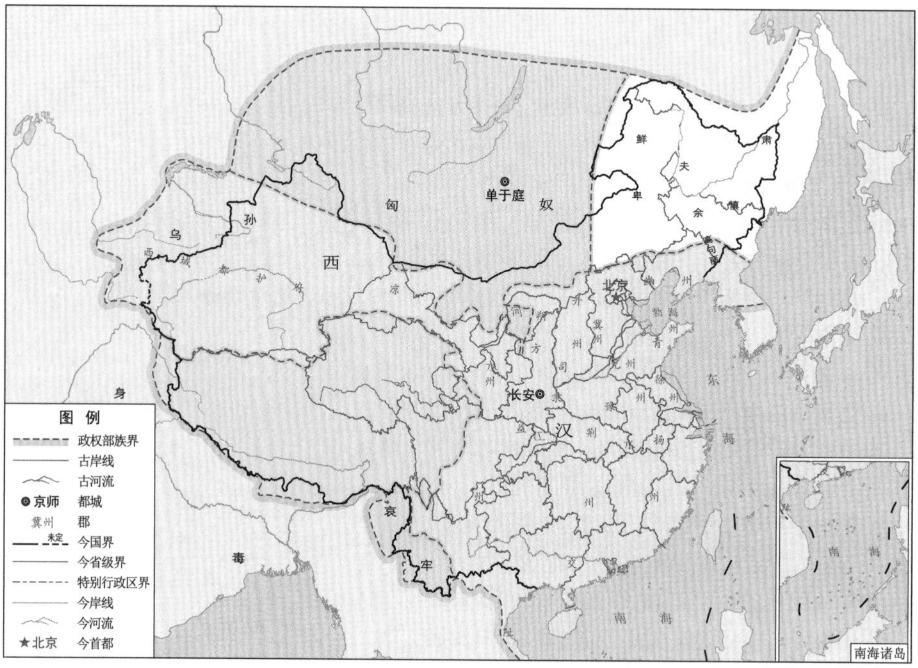

图 2.1 西汉时期全图(谭其骧,1982)

两汉时期(公元前 206 年—公元 220 年)的 426 年间,有灾年份计有 307 个,平均约 1.4 年有 1 个灾害年份:史籍所载各类灾害记录共计 719 次,平均每年约 1.7 次,计有震灾(地震、地裂地陷、山崩等)148 次、旱灾 123 次、水灾(海溢、河决、大雨等)122 次、蝗灾(含螟灾)74 次、火灾 77 次、疫灾(包括牛疫)52 次、雹灾 40 次、风灾 36 次、霜寒灾 27 次、雪灾 20 次(焦培民 等,2009)。从上述可见,震灾、旱灾与水灾是两汉时期主要的自然灾害。

两汉时期的自然灾害,次数究竟是多或是少?在历史中占有什么样的地位?段伟(2005)通过对比得出:"两汉时期自然灾害频率低于魏晋南北朝时期和唐代,更远低于明清时期。但与魏晋南北朝、唐代的灾害频率差距并不大,就震灾、蝗灾、疫灾、霜雪灾来说,其频率甚至都高于魏晋南北朝和唐代。由此可以推断,两汉时期是先秦至唐时期自然灾害的较高发时期。"旱涝灾害也是如此。

本章重点讨论两汉时期旱灾的时空分布特征、危害、成因与防灾、救灾的对策。

第一节　旱灾史实与分析

一、气候特征

两汉时期的中国气候总体温暖。其中,东、中部地区冬半年平均气温较现今(1951—1980 年 30 年平均状况,下同)高约 0.24 ℃,但存在冷暖的多年代际波动,且在波动中趋冷,区域差异显著。最暖的 30 年出现在公元前 210 年—公元前 180 年,冬半年平均气温较现今高 1 ℃左右。最冷的 30 年出现在公元 1—30 年,冬半年平均气温较现今低 0.4 ℃左右;冷暖波动幅度约 1.4 ℃。西北地区气候总体上较为温暖,但有波动趋冷的变化趋势。其中西汉中期(公元前 150 年—公元前 75 年)和两汉之际(公元前 20 年—公元 50 年),可能存在两个相对寒冷时期。青藏高原与东、中部地区的冷暖变化及趋势基本一致。

两汉时期的中国气候总体上是前期偏湿、后期偏干,但存在明显的区域差异。①华北北部气候总体为偏湿转干,而其南部地区总体偏干,东汉后期有转湿的趋势。②华中大部分地区气候总体上为偏湿。③西北大部分地区为半湿润半干旱气候,并存在变干趋势,其西北部则表现为由干转湿的趋势。④西南地区气候干湿变化显示出与东、中部地区相反的特点,即公元前的偏干转为公元后的偏湿。⑤在百年时间尺度上,两汉时期中国大部分地区气候呈暖湿、干冷的组合特征(葛全胜 等,2011)。

二、旱灾史实

两汉时期是中国历史上开始有系统历史灾害文献记载的王朝,《史记》《汉书》《后汉书》等典籍中有关灾害的载录,为后人研究这一时期的灾害提供了诸多便利。《汉书·五行志》首开中国古代文献专记灾害志的先河,《后汉书·五行志》跟随其后。

据统计,两汉共有 123 次旱灾记录,其中西汉(包括王莽更始帝时期)46 次,东汉 77 次。从发生概率看,东汉高于西汉。西汉 230 年间共有 46 次旱灾记录,平均每 5 年发生 1 次旱灾,旱灾发生率为 20%。东汉 196 年间共有 77 次旱灾记录,平均 2.5 年发生 1 次旱灾,旱灾的发生率 39%。

西汉最早的一次旱灾记录是汉惠帝时期的公元前 193 年，最后一次旱灾是王莽地皇三年即公元 22 年。在 215 年间有 42 个旱灾年份，其分布状态是分散的。西汉发生旱灾的年份共计 42 个，旱灾次数 46 次，公元前 158 年发生 3 次旱灾，公元前 147 年发生 2 次旱灾，公元前 105 年发生两次旱灾。旱灾的连年发生情况如下：公元前 138 年—公元前 137 年连续 2 年，公元前 108 年—公元前 107 年连续 2 年，公元前 19 年—公元前 17 年连续 3 年，公元前 14 年—公元前 13 年连续 2 年。连发期 5 个，连发年份 11 个。连发年份占旱灾总年份约 1/4。可见，西汉旱灾的连续发生情况不是很明显。

东汉的 196 年间一共有 75 个旱灾年份，共发生旱灾 77 次。公元 111 年和公元 194 年分别发生两次旱灾。旱灾连续发生两年的年份有：公元 29—30 年、公元 71—72 年、公元 79—80 年、公元 84—85 年、公元 94—95 年、公元 103—104 年、公元 118—119 年、公元 121—122 年、公元 127—128 年、公元 176—177 年、公元 182—183 年；连续发生 3 年的年份有：公元 45—47 年、公元 58—60 年、公元 75—77 年、公元 145—147 年；连续发生 4 年的年份有：公元 132—135 年、公元 194—197 年；连续发生 10 年的时期是公元 107—116 年。旱灾连发期 18 个，连发年份多达 52 个，占旱灾发生总年份的 2/3。连续 2 年者 11 个，连续 3 年者 4 个，连续 4 年者 2 个，连续 10 年者 1 个。可见，东汉旱灾具有明显的连续发生特征。

东汉旱灾的第一个连续发生期是公元 29—30 年，最后一个连续发生期是公元 194—197 年，时间跨度长达 169 年。以 65 年为单位分三段对连续发生期的分布状态进行考察，结果发现：第一个 65 年间有 5 个连续发生期共计 10 个年份；第二个 65 年间有 8 个连续发生期共计 22 个年份；第三个 65 年间有 3 个连续发生期共计 8 个年份。可见，东汉旱灾的年际分布具有整体较分散、小范围集中的特征。

两汉时期，旱灾高发期分别有西汉成帝、哀帝（公元前 32 年—公元前 1 年）时期和东汉光武帝、明帝、章帝、和帝（公元 25—105 年）、安帝、顺帝（公元 107—144 年）、献帝（公元 189—220 年）时期。

西汉成帝、哀帝时期是旱灾相对较多的时期，成帝在位 26 年间有 8 个旱灾年份，平均约 3.3 年有 1 个旱灾年，旱灾发生率约 31%；哀帝在位 6 年间有 2 个旱灾年份，平均 3 年有 1 个旱灾年，旱灾发生率约 33%。都是旱灾发生比较多的时期。

东汉安帝时期是旱灾发生最频繁的时期。安帝在位 19 年有旱灾年份 14 个，平均 1.4 年出现 1 个旱灾年，旱灾发生率约 74%；其间有 1 个连续 10 年（公元 107—116 年）和两个连续 2 年（公元 118—119 年，公元 121—122 年）的连发期，连发年份占该期旱灾总年份的 100%，属于高度集中发生期。章帝时期也是一个旱灾高发期，他在位的 13 年中有 7 个年份发生旱灾，平均约 1.9 年出现 1 个旱灾年，旱灾发生率约 54%；该期存在 3 个连续 2 年的连发期（公元 76—77 年，公元 79—80 年，公元 84—85 年），连发年份约占旱灾总年份的 86%。3 个连发期集中存在是该期的一个明显特征。和帝、顺帝时期也是旱灾频发期，和帝时期平均约 2.1 年出现 1 个旱灾年，顺帝时期平均 2.4 年出现 1 个旱灾年，其旱灾发生率分别为 47% 和 42%。和帝时期有 2 个 2 年的连发期（公元 94—95 年，公元 103—104 年），顺帝时期有 1 个连续 2 年的连发期（公元 127—128 年）和 1 个连续 4 年的连发期（公元 132—135 年）；和帝时期属于分散发生期，顺帝时期属于集中发生期，连发年份约占旱灾总年数的 75%。明帝时期旱灾也较频繁，平均约 2.6 年出现 1 个旱灾年，其发生率约 39%；该期旱灾年份集中度不高，只有 1 个连续 2 年的连发期（公元 71—72 年）。光武帝时期平均约 3 年出现 1 个旱灾年，旱灾发生率约

33%,该期存在1个连续2年(公元29—30年)的连发期和1个连续3年的连发期,是旱灾发生较分散的时期。

西汉惠帝(公元前194年—公元188年)、文帝、景帝、武帝(公元前179年—公元前87年)、平帝(公元1—5年)、王莽(公元8—23年)以及东汉桓帝(公元147—167年)时期是旱灾的一般发生期,这些时期内的旱灾发生率一般都在20%~30%。

西汉昭帝、宣帝(公元前86年—公元前49年)、更始帝(公元23—25年)以及东汉的灵帝(公元168—188年)时期是旱灾相对低发期。高祖(公元前206年—公元前195年)、高后(公元前187年—公元前180年)和章帝(公元76—88年)时期未见有旱灾的记录。

两汉旱灾共有23个连发期,其中15个连续2年、5个连续3年、1个连续4年(公元132—135年)、1个连续5年(公元193—197年),最长1个连续10年(公元107—116年)。

统计表明:两汉春、夏季是旱灾的高发季节,秋季也有发生,冬季较少。旱灾主要发生在黄河中下游地区,司校尉部(今陕西关中、河南西部)是旱灾发生最多的地区(焦培民 等,2009)。

三、旱灾与地震蝗灾的联系

(一)旱灾与地震

汉代地震爆发频繁,是中国地震的一个高发期。汉代历时426年,发生震灾(包括地震、地裂、地陷、山崩)约148次,平均2.9年有1次震灾记录。其中,西汉震灾记录47次,平均4.9年发生1次。东汉震灾记录101次,平均约1.9年发生1次。公元88年以前,两汉为震灾低发期;公元88年以后,两汉为震灾高发期(焦培民 等,2009)。

确切记载的东汉京师洛阳地震有34次,差不多6年就发生1次,频率相当高。汉代共发生了3次7级以上的地震,分别在公元前70年、公元143年和公元180年。顾功叙先生主编的《中国地震目录》记录汉代强震有12次之多。这都说明了汉代强震多。

地震破坏性大。华北地区汉代共发生灾难性地震2次,一次是公元前70年的山东诸城、昌乐一带发生的7级地震,坏城郭,山崩出水,死6000余人。另一次是公元46年河南南阳发生的6.5级地震,坏屋毁垣地裂,压死官民,造成人员伤亡。《汉书》卷二十七下之上《五行志下之上》载:"高后二年(公元前186年)正月,武都山崩,杀七百六十人,地震至八月乃止""宣帝本始四年(公元前70年)四月壬寅,地震河南以东四十九郡,北海琅邪坏祖宗庙城郭,杀六千余人。"《后汉书》志十六《五行四》载:"世祖建武二十二年(公元46年)九月,郡国四十二地震,南阳尤甚,地裂压杀人。"

每次地震破坏并不是表现在某一个方面,往往是多种破坏并存。《汉书》卷二十七下之上《五行志下之上》载:成帝"绥和二年(公元前7年)九月丙辰,地震,自京师至北边郡国三十余坏城郭,凡杀四百一十五人"。《后汉书》志十六《五行四》载:安帝元初"六年(公元119年)二月乙巳,京都、郡国四十二地震,或地裂,涌水,坏败城郭、民室屋,压杀人"。

地震与旱灾紧密相连,旱灾往往是地震爆发的征兆。地震作为地球内部(特别是地壳和上地幔)矛盾运动的产物,直接的因素仍然是地应力集中所致。在孕震过程中,在震源体积内及其前兆异常区域中,可能有由地下放出的热能、电磁能、化学能以及载热、载电的物质流上升到地表,这些都可能造成低空大气出现异常现象。而地下旧有的断裂带和新断裂带在孕震过程中产生的微破裂,有可能提供地下物质和能量上涌的通道。即在大地震孕育过程中,由于地热升高,使近地面出现干热特征,导致空气中水汽含量大幅度降低,平均绝对湿度变小,从而不但改变了云的状况，而且由于缺乏水汽条件，也不易产生降水，出现了地表的干旱局面。经过大量事实验证，旱震关系表现形式为：6级以上大地震的震中区，震前一至三年半时间内往往是旱区。旱区面积随震级大小而有增减，在旱后第3年地震时，震级要比旱后第1年地震强大半级（耿庆国，1985）。

从史料记载看，东汉史料对京师地区记载颇全。根据《后汉书》《三国志》等材料记载的东汉时期京师地区的地震和旱灾考究，得出：东汉京师地区明确记载的地震有34次，其中有24次地震前4年之内有旱灾发生，旱、震相关系数为0.706。据东汉京师地区案例，可以推定：汉代地震引发旱灾的概率相当大（段伟，2005）。

（二）旱灾与蝗灾

两汉时期第一次蝗（螟）灾记录是在文帝后元六年（公元前158年），最后一次蝗（螟）灾记录是在献帝建安十七年（公元212年）。两汉共发生蝗（螟）灾74次，其中西汉20次，东汉54次。西汉平均11.55年发生一次蝗灾，东汉平均3.6年发生一次蝗灾。东汉蝗灾的发生频次明显高于西汉（焦培民 等，2009）。

汉代蝗灾的危害严重。史籍中记载有“大蝗”或爆发范围在十郡国以上的蝗灾至少有19次。《后汉书》志十五《五行三》引《古今注》说：建武“二十八年（公元52年）三月，郡国八十蝗”。据《后汉书》卷一一三《郡国五》记载：“至于孝平、凡郡、国百三，县、邑、道、侯国千五百八十七。世祖中兴，惟官多役烦，乃命并合，省郡、国十，县、邑、道、侯国四百余所。”按光武帝时期郡国是93个推断，当年蝗灾面积占全国面积的86.2%。蝗灾发生范围集中在北方，重灾区为现在的山东、河南、陕西一带。

汉代蝗灾多与旱灾联系在一起。据昆虫学家研究，蝗灾的爆发与水灾、旱灾有密切关系。据统计，西汉19次蝗灾中，与旱相关的有7次，与水灾相关的有1次，蝗灾因水旱原因比率为42.1%；东汉49次蝗灾中，可以明确与旱相关的有14次，还有3次无法判断与旱灾无关，与水灾相关的有7次，与水、旱同时相关的有6次，蝗灾因水旱原因比率为61.2%。从以上数据可以看出，汉代蝗灾爆发与水旱灾害的关系甚大（段伟，2005）。

四、旱灾对社会经济的影响

两汉社会在本质上是小农经济社会。这种独立生产和生活的小农经济因其固有的封闭性、过于独立性和单一性，不可避免地存在着脆弱性这一痼（gù）疾。当灾害多发时，小农经济屡受打击，农民流离失所，人间悲剧每在灾后多有上演。《汉书·食货志》所载将其小农经济的脆弱性及其在灾害打击下的窘境叙述清楚：

> 今农夫五口之家，其服役者不下二人，其能耕者不过百亩，百畮（mǔ）之收不过百石。春耕夏耘，秋获冬藏，伐薪樵，治官府，给傜役；春不得避风尘，夏不得避暑热，秋不得避阴雨，冬不得避寒冻，四时之间亡日休息；又私自送往迎来，吊死问疾，养孤长幼在其中。勤苦如此，尚复被水旱之灾，急政暴赋，赋敛不时，朝令而暮改。当具有者半贾而卖，亡者取倍称之息，于是有卖田宅，鬻（yù）子孙以偿责者矣……农人所以流亡者也。

有学者对汉代普通农民家庭最低的生活消费作推算：一个有两个成年男人的五口之家，一年耕百亩之地，可获粮食200石①左右。全家一年口粮需149石，食盐折粮5.4石，衣服费用

① 石：1石约为30千克斗。

折粮 82 石，基本之需支出计 236.4 石，收支相比尚差 36.4 石。正常年景都有亏欠，灾害年份就更困难。

干旱对小农经济有十分显著的破坏，它的发生严重地影响了农业当年乃至来年再生产的正常进行，轻则农作物减产少收，重则颗粒无收，民失所食，谷价腾升，从而导致饥荒。此类情况，两汉文献中记载随处可见。《后汉书·明帝纪》记载：明帝永平十八年(公元 75 年)"自春以来，时雨不降，宿麦伤旱，秋种未下"。《后汉书·和帝纪》记载：和帝永元十六年(公元 104 年)"秋稼方穗而旱，云雨不沾"；而献帝兴平元年(公元 194 年)四月至七月的三辅大旱，作物无收，"谷一斛五十万，豆麦一斛二十万。"[①]灾民无以自赡，或剥"食榆皮"[②]，或"入野泽，掘凫茈(fú cí)而食之"，饥民常为寻得可食野物而"更相侵夺"[③]。时(公元 27 年)百姓饥饿，人相食，黄金一斤易豆五升，道路断隔，委输不至，军士悉以果实为粮[④]。

在两汉历史上，旱灾发生后，人相食惨景在不同时间、不同地域就多次出现，此举几例：新朝(王莽)帝皇三年(公元 22 年)陕西关中、河南新安，旱、饥死亡大约 20 万人；汉顺帝永和二年(公元 137 年)，河南省因旱死亡 1 万人(陈玉琼 等，1984)。

和帝(公元 105 年)时，人口堪称东汉之巅，达 53256229 人，年增长率为 12.1‰。20 年后，到了安帝延光四年(公元 125 年)，人口却降至 48690789 人，减少了 4565440 人，年增长率为 −4.2‰。与顺帝时人口数相比，桓帝时的人口数也有较大的减幅。人口减少的原因是什么？就安、桓二帝来看，自然灾害的作用当居首位。

安帝在位共 19 年，灾害竟有 82 次之多，平均每年有 4.32 次灾害发生。其中旱灾有 15 次之多，平均每年有 0.8 次旱灾发生，几乎每年都有旱灾。灾害在毁坏农作物的同时，也带来了大量的民众伤亡，例如：《后汉书·五行志》注、《后汉书·周嘉传》：安帝永初二年(公元 108 年)"夏旱……(周)畅因收葬洛城傍客死骸骨凡万余人"(陈业新，2002)。

黄河清是一种罕见的历史水文现象。只有当流域内大范围出现异常情况，如持续干旱少雨、冬季过于寒冷、地震等时，才会导致黄河河水变异，出现黄河清的现象。黄河清是干旱和黄河断流的前兆。就目前掌握的材料看，黄河清现象最早的记载在光武帝建武九年，当年"平原(今山东省平原县一带)河水清"(表 2.1)。

表 2.1　汉代黄河清简表(王星光 等，2002)

年代	朝代	地区	主要情况	参考文献
公元 33 年	东汉建武九年	平原(今山东平原县)	河水清	《古今图书集成·山川典·河部》
公元 165 年	东汉延熹八年四月	济阴(今山东菏泽市定陶区)	济阴、东郡、济北河水清	《后汉书》桓帝本纪；康熙《中牟县志》卷 6；乾隆《荥泽县志》卷 12
公元 166 年	东汉延熹九年四月	济阴	东郡、济北、平原河水清	《后汉书》襄楷传

① 范晔：《后汉书·献帝纪》. 北京：中华书局，1965.
② 班固：《汉书·天文志》. 北京：中华书局，1962.
③ 范晔：《后汉书·刘玄传》. 北京：中华书局，1965.
④ 范晔：《后汉书·冯异传》. 北京：中华书局，1965.

第二节　灾害认识

对旱涝等灾害的认识是人们在长期的灾害经历和减灾实践中形成的，对于减灾行为具有重要的指导作用。汉代继承和发展了先秦时期的灾害思想，但是汉代各种灾害思想体系发展不平衡，有的体系相当完善，如失德天谴思想，就由“失德天谴（成灾思想）—修德弭灾（减灾思想）”两部分构成；时令失序思想也包括逆时生灾—顺时行政两个部分。而有些主张并没有形成完整的体系，自然积贮思想包括灾害自然思想和积贮减灾思想两部分。在汉代这些灾害思想体系中，最重要的是失德天谴思想，它是汉代占统治地位的灾害思想。其次是鬼神为祟思想，在汉代已不占主要地位，但仍然对汉代减灾产生很大影响。其他还有天文示变、时令失序、五行八卦、灾害自然等观点（焦培民 等，2009）。

一、失德天谴

失德天谴思想认为灾害产生于国家政治的失误，是上天对君主政治行为过失的警告或惩罚，只有君主修德改政才能消弭灾害。“失德”一词，这里的德不单纯指道德，而是指德政，因此失德也叫失政。汉代君主最早的自谴诏书，出现于汉文帝时期。失德天谴思想是汉代占统治地位的灾害思想，对汉代灾害认识和减灾起着决定性的指导作用（焦培民 等，2009）。

（一）董仲舒与失德天谴

修德弭灾思想虽然产生很早，但在汉代以前并未占据主导地位，也没有形成系统的思想。失德天谴思想的集大成者是董仲舒。董仲舒（公元前 179 年—公元前 104 年）在上给汉武帝的对策中提出“天人感应”说，认为“刑罚不中，则生邪气；邪气积于下，怨恶畜于上。上下不和，则阴阳缪戾（lì）而妖孽（niè）生矣。此灾异所缘而起也”。又说：“国家将有失道之败，而天乃先出灾害以谴告之，不知自省，又出怪异以警惧之，尚不知变，而伤败乃至。”

董仲舒还对灾与异进行了区分，进而提出了灾小异大，灾先异后的看法。他说：

> 天地之物有不常之变者谓之异，小者谓之灾，灾常先至，而异乃随之。灾者，天之谴也；异者，天之威也。谴之而不知，乃畏之以威。《诗》云：“畏天之威”，殆此谓也。凡灾异之本，尽生于国家之失。国家之失乃始萌芽而天出灾害以谴告之，谴告之而不知变乃见怪异以惊骇之，惊骇之尚不知畏恐，其殃咎（jiù）乃至。以此见天意之仁而不欲陷人也。[①]

汉代灾害与现代自然灾害的概念并不是完全相同的概念，而接近于“灾异”的含义，既包括给人类社会造成危害的自然现象，也包括当时人们并不能正确理解的异常现象。董仲舒将天人格化，认为自然界各种灾异都是上天对君主不德行为的警告和惩罚，他将君主不德导致的行政失误分为 5 类，并提出 5 种相应的补救之法，从而完成了“失德天谴—修德弭灾”的完整的灾害思想。董仲舒的理论既是汉代失德天谴思想的代表，具有普遍性，同时，作为一家之言，又有明显的“五行化”的个性色彩。

（二）汉代对失德天谴思想的普遍信仰

---

① 董仲舒：《春秋繁露》卷 8，《必仁且智》. 上海：上海人民出版社，1999.

基于失德天谴思想，每当灾异发生时，君主总是下诏自谴"为政不德"，认真反省，积极寻求良方，改善政治。这类诏书可以说比比皆是。

文帝于后元元年(公元前163年)春，因水旱疾疫之灾下诏自责反省。诏说：

间者数年比不登，又有水旱疾疫之灾，朕甚忧之。愚而不明，未达其咎。意者朕之政有所失而行有过与？乃天道有不顺，地利或不得，人事多失和，鬼神废不享与？何以至此？将百官之奉养或费，无用之事或多与？何其民食之寡乏也！夫度田非益寡，而计民未加益，以口量地，其于古犹有余，而食之甚不足者，其咎安在？无乃百姓之从事于未以害农者蕃，为酒醪以靡谷者多，六畜之食焉者众与？细大之义，吾未能得其中。其与丞相、列侯、吏二千石、博士议之，有可以佐百姓者，率意远思，无有所隐。①

成帝建始三年(公元前30年)冬十二月诏书中说："盖闻天生众民，不能相治，为之立君以统理之。君道得，则草木、昆虫咸得其所；人君不德，谪见天地，灾异屡发，以告不治。朕涉道日寡，举错不中，乃戊申日蚀、地震，朕甚惧焉。"②

汉代认为，君主修德行政是防止灾异发生的最好办法，也是日常工作。正如西汉扬雄所说："或曰圣人事异乎？曰圣人德之为事，异亚之，故常修德者本也，见异而修德者末也，本末不修而存者未之有也。"③灾异一旦发生，最好的办法是修政弭灾，而不是通过人力消灾。汉代无论是君主或是大臣都有这样的主张，例如，桓帝延熹九年(公元166年)，大臣陈蕃上书桓帝，称"青、徐炎旱，五谷损伤，民物流迁，茹菽不足"，是由于"宫女积于房掖，国用尽于罗纨，外戚私门，贪财受赂"及政治不明所致，认为"天之于汉，悢悢无已，故殷勤示变，以悟陛下。除妖去孽，实在修德"④。

顺帝时，灾异屡现，对于当时发生的旱灾，郎顗明确提出修德弭灾，反对祈禳之术。他说：

《易传》曰："阳无德则旱，阴僭(jiàn)阳亦旱。"阳无德者，人君恩泽不施于人也。阴僭阳者，禄去公室，臣下专权也。自冬涉春，讫无嘉泽，数有西风，反逆时节。朝廷劳心，广为祷祈，荐祭山川，暴龙移市。臣闻皇天感物，不为伪动，灾变应人，要在责己。若令雨可请降，水可禳止，则岁无隔并，太平可待。然而灾害不息者，患不在此也。立春以来，未见朝廷赏录有功，表显有德，存问孤寡，赈恤贫弱，而但见洛阳都官奔车东西，收系纤介，牢狱充盈。臣闻恭陵火处，比有光曜(yào)，明此天灾，非人之咎。丁丑大风，掩蔽天地。风者号令，天之威怒，皆所以感悟人君忠厚之戒。又连月无雨，将害宿麦。若一谷不登，则饥者十三四矣。陛下诚宜广被恩泽，贷赡元元。昔尧遭九年水，人有十载之蓄者，简税防灾，为其方也。愿陛下早宣德泽，以应天功。⑤

汉代社会，在战胜灾害时没有信心，他们宁愿相信道德的力量，并由此制造出许多修德弭灾的神话。修德弭灾并不仅仅是君主一人的行为与信仰，这一观念在汉代已遍及社会各个层面。

① 班固：《汉书》卷4，《文帝纪》. 北京：中华书局，1962.
② 班固：《汉书》卷10，《成帝纪》. 北京：中华书局，1962.
③ 扬雄：《扬子法言》卷10. 沈阳：辽宁教育出版社，1998.
④ 范晔：《后汉书》卷66，《陈蕃传》. 北京：中华书局，1965.
⑤ 范晔：《后汉书》卷30下，《郎□传》. 北京：中华书局，1965.

(三)对失德天谴思想的怀疑和批判

修德弭灾将消灾的重点由神事转向人事,虽然在反对祈禳上有积极的一面,但也有消极的一面。因为它将抗灾的重点不是放在通过人力、技术行为遏止灾害的发生,而是放在与灾害本身无关的道德政治行为方面。修德弭灾是缘木求鱼,这在一定程度上人为地阻碍了减灾的实际进程。失德天谴思想在两汉时期是占统治地位的灾害思想,总体上是唯心主义的神学观念。

董仲舒的观点最初并未为世人全部接受。《盐铁论·水旱》记载了大夫与贤良的论战,大夫说:“禹、汤圣主,后稷、伊尹贤相也,而有水旱之灾。水旱,天之所为;饥穰,阴阳之运也,非人力;故太岁之数在阳为旱,在阴为水,六岁一饥,十二岁一荒,天道固然,殆非独有司之罪也。”大夫认为水旱之灾“天道固然”,是自然界自身变化的结果,与人事无关,发生自然灾害并不是政府部门的责任。而贤良则相信天人感应,认为水旱之灾是政府政教缺失所致,只有修德改政才能消除灾害。贤良说:“古者政有德则阴阳调,星辰理,风雨时,故循行于内,声闻于外。为善于下,福应于天……方今之务,在除饥寒之患,罢盐铁、退权利、分土地、趣本业、养桑麻、尽地力也。寡功节用则民自富,如是则水旱不能忧,凶年不能累也。”

也有个别有识之士对失德天谴、修德弭灾的观念表示怀疑,失德天谴思想也遭到了进步思想的批判。东汉的王充就是批判这种观念最有力的人物。他在《论衡》中阐述了许多自然灾害产生的物质原理,明确提出“天道自然,自然无为”的观点,认为人的行为不可能感应上天。不过,王充的著作并未产生大的影响。

失德天谴与修德弭灾思想在汉代经董仲舒的加工整理,已经理论化和系统化了,并逐渐被社会广泛接受,在汉代占据核心地位,而祝祷禳灾行为和人力抗灾行为都处于次要地位。修德弭灾行为在汉代得到了理论上和实践上的强化,形成了一种系统的传统减灾体制,并一直影响到清末民初(焦培民 等,2009)。

二、天文示变

古代科学的萌芽从天文学与气象学开始,先民白天观看太阳和风云变幻,夜晚观看月亮星辰,根据社会生活的经历,把天象与旱涝等自然灾害相联系。天象变化可能会直接导致自然灾害,也可能通过影响地球、气候系统和地理环境而间接导致自然灾害。导致自然灾害的天象变化主要有太阳活动、日月食、星象变化等。

《汉书·天文志》和《史记·天官书》记载了星象变化与灾害的关系。不过汉代的论述多含天人感应的观念,有唯心主义色彩,许多联系不一定科学,需要甄别。

天文示变思想是流行于汉代的一种灾害观念,认为日月星辰的变化会受到人间行为的影响,并引发人间其他灾异现象,人类只有通过修德改政,才能消除灾异,当时称为变复之道(焦培民 等,2009)。

(一)天文示变知识

汉代天文示变观念影响到了汉代史书的撰写。《史记》中的《天官书》和《汉书》中的《天文志》就是在这个思想指导下完成的。汉代史书构筑了一个天人相应的天文系统,将天上星宿与人间的官员和自然现象联系起来,认为天上星宿的变动与人间官员、自然现象的变动存在着对应和互动关系。因此,《史记》称天上的星宿为天官,而作《史记·天官书》。张衡指出:日、月与五大行星合为七星,再加上二十八宿,共有星官 35 名,共分为五宫。中宫为北斗、北极星所在,东宫为苍龙七宿,南宫为朱雀七宿,西宫为白虎七宿,北宫为玄武七宿。汉代人认为,七星的颜色、形状的变化、运行的方向、速度都有一定的规律,如果出现色形变化及逆行与缓急赢缩等反常现象,则预示着人间将要发生灾异。此外,五星之间聚合,即两个或两个以上的行星同时出现在相近的区域,也被认为是灾异的征兆。《史记·天官书》说:“日变修德,月变省刑,星变结和。凡天变,过度乃占。国君强大有德者昌;弱小饰诈者亡。太上修德,其次修政,其次修救,其次修禳,正下无之。”①

各种各样的天文现象分别与各种人事活动有一定的关联。这里根据《汉书》的注文,首先对各种天文现象进行简单分析。

①伏见早晚,邪正存亡,虚实阔狭。是指金、木、水、火、土五大行星隐没、出现、运行的情况。孟康说:“伏见早晚,谓五星也。日月五星下道为邪,存谓列宿不亏也,亡谓恒星不见。虚实若天牢星,实则囚多,虚则开出之属也。阔狭,若三台星相去远近也。”②

②合散犯守,陵历斗食。主要描述了星体运行时相对位置的变化。孟康说:“合,同舍也。散,五星有变,则其精散为妖星也。犯,七寸以内光芒相及也。陵,相冒过也。食,星月相陵,不见者则所蚀也。”韦昭说:“自下往触之曰犯,居其宿曰守,经之为历,突掩为陵,星相击为斗也。”③

③彗孛(bèi)飞流,日月薄食。是指彗星、流星、日食、月食等现象。张晏说:“彗,所以除旧布新也。孛,气似彗。飞流谓飞星、流星也。”孟康说:“飞,绝迹而去也。流,光迹相连也。日月无光曰薄。”④

④晕适背穴,抱珥(ěr)虹蜺(ní)。主要描述太阳活动的情况,包括太阳风、日珥等。孟康说:“晕,日旁气也。适,日之将食,先有黑之变也。背,形如背字也。穴多作鐍(jué),其形如玉鐍也。抱,气向日也。珥,形点黑也。”如淳说:“螮蝀(dì dōng)谓之虹,表云雄为虹,雌为蜺。凡气在日上为冠为戴,在旁直对为珥,在旁如半环向日为抱,向外为背,有气刺日为鐍,鐍,抉伤也。”不过虹、蜺是大气中一种光的现象,是由大气中的小水滴经日光照射发生折射和反射作用而形成的彩色圆弧,由外圈到内圈呈红、橙、黄、绿、蓝、靛(diàn)、紫七种颜色,出现在和太阳相对着的方向,叫“彩虹”。而古人则将其列入天文现象,还将虹蜺称为雌雄。日晕是日光通过云层中的冰晶时,经折射而形成的光现象,围绕太阳呈环形、彩色。日晕的出现,往往预示天气要发生一定变化。

(二)天文示变的基本内容

天文示变包括两个方面的内容:一是天文变化与政治的关系,二是天文变化与自然灾害的关系。

1. 天文示变是失德天谴的一种表现形式

汉代普遍相信天象变化与政治有直接的关系。据《汉书·李寻传》记载,西汉时哀帝即位,因为“水出地动,日月失度,星辰乱行,灾异仍重”⑤,向方术之士李寻询问,李寻就用天文示变的观念进行了一番解释。他认为,太阳是君王的象征,太阳失明,表明君主不德。李寻说:

> 夫日者,众阳之长,辉光所烛,万里同晷,人君之表也。故日将旦,清风发,群阴伏,君以临朝,不牵于色。日初出,炎以阳,君登朝,佞(nìng)不行,忠直进,不蔽障。日中辉光,君德盛明,

---

① 司马迁:《史记》卷27,《天官书》. 北京:中华书局,1959.

②③④ 班固:《汉书》卷26,《天文志》注. 北京:中华书局,1962.

⑤ 班固:《汉书》卷75,《李寻传》. 北京:中华书局,1962.

大臣奉公。日将入，专以一，君就房，有常节。君不修道，则日失其度，晻昧亡光。各有云为：其于东方作，日初出时，阴云邪气起者，法为牵于女谒（yè），有所畏难；日出后，为近臣乱政；日中，为大臣欺诬；日且入，为妻妾役使所营。间者日尤不精，光明侵夺失色，邪气珥蜺数作。本起于晨，相连至昏，其日出后至日中间差愈。小臣不知内事，窃以日视陛下志操，衰于始初多矣。其咎恐有以守正直言而得罪者，伤嗣害世，不可不慎也。唯陛下执乾刚之德，强志守度，毋听女谒邪臣之态。诸保阿乳母甘言悲辞之托，断而勿听。勉强大谊，绝小不忍；良有不得已，可赐以财货，不可私以官位，诚皇天之禁也。日失其光，则星辰放流。阳不能制阴，阴桀得作。间者太白正昼经天。宜隆德克躬，以执不轨。①

以上说明天文示变是失德天谴思想的另一种表现形式。

2. 天文示变理论对天文变异与自然灾害关系的解释

天文示变不仅建立了政治和天象之间的感应关系，而且在天象变异与灾害之间的关系上建立了复杂的对应系统。为了进一步了解天文示变的内容，将日、月、五星与彗星异变及汉代观念分别介绍如下。

①日。日代表阳，太阳无光预示人间灾异。《春秋感精符》说："君不听明，无知德，为臣下的侵，则日光青赤，后大旱，地动摇。"这就是人君不德，权臣当政会引起太阳颜色变化，并进一步引发旱灾和地震。汉代还有不少人认为日食与旱灾、地震及其他自然灾害有一定的关系。究竟有什么样的关系是需要研究的问题。

②月。汉代人认为月代表阴。月亮颜色的变化也是人间灾异的征兆。京房说："月变色，青为饥与疫，赤为争与兵，黄为德与喜，白为旱与丧，黑为水，民半死。"②在他所列的几种色变中，只有变黄是吉兆，变青会引发瘟疫，变红会引发战争，变白会产生旱灾，变黑会带来水灾，都不是好兆头。京房说："月蚀者，人君行适过时专受所致也，不减则致水害坏城。"这是认为月食是由于君主专权所致，如不改正则会发生水灾，淹坏城郭。不过汉代一般认为，月食是刑罚太滥所致，因而有日食修德、月食修刑的说法。很显然，无论哪一种说法在今天看来都不正确。《史记·天官书》还认为月亮运行要遵守一定的轨道，如有偏离，就会产生灾害，称："月行中道，安宁和平。阴间，多水，阴事。外北三尺，阴星。北三尺，太阴，大水，兵。阳间，骄恣。阳星，多暴狱。太阳，大旱丧也。"③

房宿是二十八宿之一，属东方苍龙（或青龙）七宿（图 2.2），共有 4 颗星组成（图 2.3）。司马贞《索隐》说："中道，房星之中间也。房有四星，若人之房三间有四表然，故曰房。南为阳间，北为阴间，则中道房星之中间也。故房是日、月、五星之行道，然黄道亦经房、心。若月行得中道，故阴阳和平：若行阴间，多阴事；阳间，则人主骄恣；若历阴星、阳星之南北太阴、太阳之道，即有大水若兵，及大旱若丧也。"④按《天官书》的说法，月亮运行通过中道人间会平安无事，如经过阴间，人间就会多雨水，如经过阳间就会出现干旱。阴间外北三尺为阴星，再向北三尺称为太阴道，同样阳星及太阳也在阳间之南各三尺。月亮运行靠近太阴道或太阳道，会分别有严重的水、旱、兵丧之灾发生。《汉书·天文志》也有类似的记载，认为："若月失节度而妄行，出阳

① 班固：《汉书》卷 75，《李寻传》. 北京：中华书局，1962.

② 瞿昙悉达：《开元占经》卷 11. 郑州：中州古籍出版社，1994.

③④ 司马迁：《史记》卷 27，《天官书》. 北京：中华书局，1959.

道则旱风，出阴道则阴雨。”①《汉书·天文志》提到月亮靠近毕宿也会引起大雨：“月去中道，移而西入毕，则多雨。”② 这大概源于春秋前后的说法，因为《诗经》里就有“月离于毕，俾滂沱矣”的说法，《天文志》还记载了“月南入牵牛南戒(界)，民间疾疫”③ 的观点，认为月亮运行到牛宿的位置，民间会出现瘟疫。

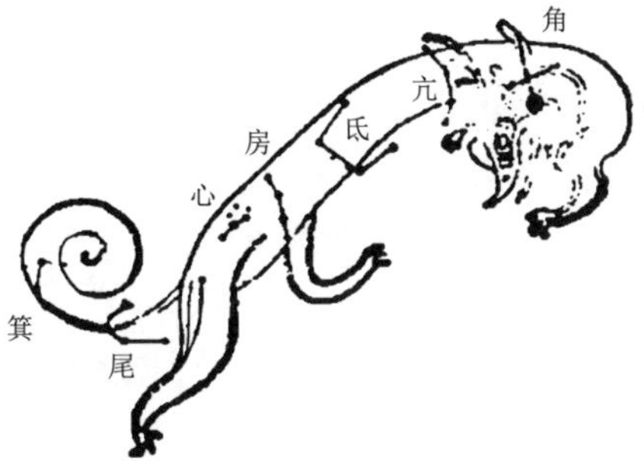

图 2.2　东方苍龙七宿(焦培民 等，2009)

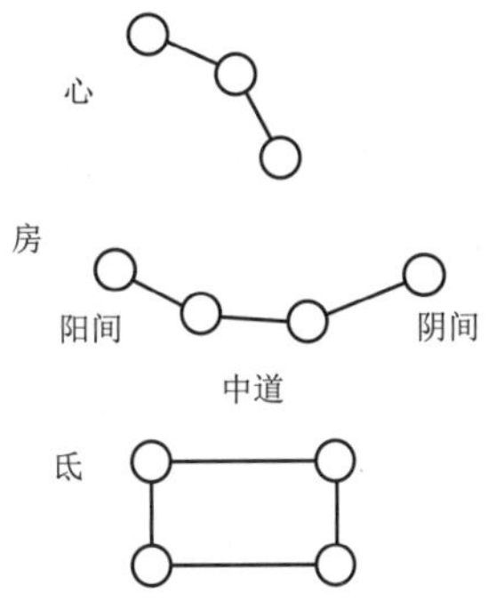

图 2.3　房宿四星(焦培民 等，2009)

③五星。指金、木、水、火、土五大行星。其颜色、形状的变化也被认为是灾异征兆。《史记·天官书》说：“五星色白圆，为丧旱；赤圆，则中不平，为兵；青圆，为忧水；黑圆，为疾，多死；黄圆，则吉。赤角犯我城，黄角地之争，白角哭泣之声，青角有兵忧，黑角则水。”④大意是说：五星呈圆形发白光则有死亡和旱灾，圆形红色则有战争，圆形青色则有水灾，圆形黑色则有大瘟疫。如果五星呈角状，则是战争、死亡、水灾的征兆。此外，汉代还认为，五星不能按时出现也不吉利。如《史记·天官书》就说：水星“春不见，大风，秋则不实。夏不见，有六十日之旱，月蚀。秋不见，有兵，春则不生。冬不见，阴雨六十日，有流邑，夏则不长”⑤。

按汉代的说法，五星之间的会合也是不祥之兆。《史记·天官书》说：“木星与土合，为内乱。饥，主勿用战，败；水则变谋而更事；火为旱；金为白衣会若水。”⑥其含义为：木星与土星会合，将产生内乱与饥荒；木星与水星会合预示有阴谋变乱；木星与火星会合将引起旱灾；木星与金星会合称为“白衣会”，可能引起水灾。

④星孛，孛指彗星的一种。“孛”通“勃”，取其光芒四射的含义。彗就是扫帚，彗星因其形状似扫帚而得名。我国对彗星的记载，传说尧、舜时期就已经有了，甲骨文资料显示，商王武丁时期，已有彗星记录。最可靠的记录是《春秋》的记载：鲁文公十四年“秋七月，有星孛入于北斗”。郑玄注：“孛，彗也。既见而移入北斗非常所有，故书之。”汉代通常认为彗星出现在天空是不祥之兆，因此对彗星的观察、记录和命名、分析非常重视。

汉代将彗星视为妖星，认为彗星出现，人间就会有战乱和灾害。如对于春秋鲁文公十四年出现的彗星，董仲舒就认为：“孛者，恶气之所生也。谓之孛者，言其孛孛有所妨蔽，暗乱不明之貌也。北斗，大国象。后齐、宋、鲁、莒、晋皆弑君。”据《汉书》记载，汉武帝曾因彗星出现进行改元。汉代自元帝始，彗星出现时，皇帝还亲自下诏反省并修德改政。

(三)对汉代天文示变认识的评价

天文示变产生于先秦时期，是先民在长期生产、生活中对天文现象观察、总结的产物，汉代

①②③　司马迁：《史记》卷 26，《天官书》注. 北京：中华书局，1959.
④⑤⑥　司马迁：《史记》卷 27，《天官书》. 北京：中华书局，1959.

继承了这些观念，并将其系统化。天象异常与社会的政治情况显然没有关系，但与自然灾害是否存在着一定的联系呢？首先应该肯定的是，天文环境是人类生活的外部环境之一，必然对人类社会生产、生活产生一定的影响。与人类生存最为密切的环境是人们常说的“五大圈层”，即大气圈、水圈、岩石圈、冰冻圈和生物圈，天文环境可以称得上是宇宙圈。宇宙环境的变化，尤其是太阳系的变化对地球本身影响很大。如太阳活动产生的辐射变化、日月运行产生的地球引力的变化会引起地球大气环流、地理环境的变化，有些可能造成灾害。

大气中一切运动的能量主要来源于太阳辐射，太阳的运动和变化必然会对地球的气候与自然灾害产生影响，太阳黑子是太阳活动表现的一个方面。东汉时太阳黑子出现极小期，公元1世纪中叶至2世纪中叶极小期为公元前649年以后的1800余年间的最小位，属气候状况恶化期，干旱等灾害频繁发生(高建国，1986)。

日食通过影响赤道与两极地区的温度使得大气环流发生改变，大气环流的改变又会导致水旱之灾。灾害天气与日食沙罗周期有较好的一致性(赵得秀，1983)。

对天文示变的认识，在某种程度上揭示了宇宙环境变化与地球气候、地理环境的联系，对于总结自然灾害发生的原因、规律具有启发作用。同时，在这种观念影响下，中国自古以来就比较重视对天文现象的观察、记录和分析，为研究天文现象提供了丰富的资料，这是其积极的一面。但是，从整体上讲，汉代对天文示变的认识具有明显的天人感应色彩，对天文与自然灾害的联系也过于机械，许多认识不可信。这种观念从先秦到明清影响了中国几千年(焦培民等，2009)。

三、时令失序

古人每月都有固定的祭祀、生产、生活甚至国家军政大事等活动的安排，认为必须按照一定的时间顺序行事，将“顺时”作为行事的准则，认为“不顺时”是引发灾害的原因之一。

(一)时令失序认识的两种形式

时令失序认识的表现有两种形式：一是季令失序，二是月令失序。

1. 季令失序

按季节行事，特别是作为一个农业国家来说，这是农业丰收的基本保证，同时也符合人类自身的发展规律。古代宣扬德教，除了祭祀天地之外，重要的一点就是统一政令，所谓政令也就是按“季令”或“月令”行事。上古之德政，是顺应四时，祭祀天地神灵，安排人口婚配生育和农业生产的一个传统。《内经·素问·气交变大论》中则提出金、木、水、火、土五行之德，分别对应五方(东、南、中、西、北)、五季(春、夏、季夏、秋、冬)，这是古代君主施行德政的哲学基础。

夫气之动变，固不常在，而德化政令灾变，不同其候也……

东方生风，风生木，其德敷和，其化生荣，其政舒启，其令风，其变振发，其灾散落。

南方生热，热生火，其德彰显，其化蕃茂，其政明曜，其令热，其变销烁，其灾燔焫(fán ruò)。

中央生湿，湿生土，其德溽蒸，其化丰备，其政安静，其令湿，其变骤注，其灾霖溃。

西方生燥，燥生金，其德清洁，其化紧敛，其政劲切，其令燥，其变肃杀，其灾苍陨。

北方生寒，寒生水，其德凄沧，其化清谧，其政凝肃，其令寒，其变凓冽，其灾冰雪霜雹。是以察其动也，有德有化，有政有令，有变有灾，而物由之，而人应之也。

与上述"德化政令"之说类似,《淮南子·时则训》还有五季政令的说法,将一年分为五季,分别由木、火、土、金、水五行主事,有不同的政令,违反政令将导致灾害(表 2.2)。

表 2.2　五季政令(焦培民 等,2009)

五季及当行政令	行春令	行夏令	行季夏令	行秋令	行冬令
(春季)行柔惠,挺群禁,开阖扇,通障塞,毋伐木(木)		蛰虫早出,故雷早行	胎夭卵毈,鸟虫多伤	有兵	春有霜
(夏季)举贤良,赏有功,立封侯,出货财(火)	地动		霆	夷	雹
(季夏)养长老,存鳏寡,行稃鬻,施恩泽(土)	介虫不为	大旱,苽封熯		五谷有殃	夏寒雨霜
(秋季)缮墙垣,修城廓,审群禁,饰兵甲,儆百官,诛不法(金)	草木再死,再生	草木复荣	岁或存或亡		大刚,鱼不为
(冬季)闭门闾,大搜客,断刑罚,杀当罪,息关梁,禁外徙(水)	冬乃不藏	星坠	蛰虫冬出其乡	冬雷其乡	

汉代仍然遵循着古老的先秦习俗,汉初淮南王刘安所著《淮南子·时则训》有与《月令》类似的规定,《时则训》还提出了违反"季令"会导致灾害的说法:"春行夏令泄,行秋令水,行冬令肃。夏行春令风,行秋令芜,行冬令格。秋行夏令华,行春令荣,行冬令耗。冬行春令泄,行夏令旱,行秋令雾。"

2. 月令失序

月令失序在《礼记·月令》篇中有明显的体现。《礼记·月令》将一年分为四季十二月,每月都固定安排相应的经济、政治和文化活动,如果违反这些规定就会导致灾害发生。现将其片断摘录列于表 2.3。

表 2.3　当行政令及违反月令产生的灾害(焦培民 等,2009)

时间	当行政令及违反月令产生的灾害
孟春之月 正月	"王命布农事,命田舍东郊,皆修封疆,审端经术。善相丘陵阪隰土地所宜,五谷所殖,以教道民,必躬亲之。田事既饬,先定准直,农乃不惑。""孟春行夏令,则雨水不时,草木蚤落,国时有恐。行秋令则民其大疫,风暴雨总至,黎莠蓬蒿并兴。行冬令则水潦为败,雪霜大挚,首种不入。"
仲春之月 二月	"是月也,耕者少舍。乃修阖扇,寝庙毕备。毋作大事,以妨农之事。""仲春行秋令,则其国大水,寒气总至,寇戎来征。行冬令,则阳气不胜,麦乃不熟,民多相掠。行夏令,则国乃大旱,暖气早来,虫螟为害。"
季春之月 三月	"是月也,生气方盛,阳气发泄,句者毕出,萌者尽达。不可以内。天子布德行惠,命有司发仓廪,赐贫穷,振乏绝,开府库,出币帛,周天下。勉诸侯,聘名士,礼贤者。""季春行冬令,则寒气时发,草木皆肃,国有大恐。行夏令,则民多疾疫,时雨不降,山林不收。行秋令,则天多沉阴,淫雨蚤降,兵革并起。"
孟夏之月 四月	"是月也,以立夏。先立夏三日,大史谒之天子曰:'某日立夏,盛德在火。'天子乃齐。立夏之日,天子亲帅三公九卿大夫以迎夏于南郊。还反,行赏,封诸侯,庆赐遂行,无不欣说。乃命乐师,习合礼乐。命太尉,赞桀俊,遂贤良,举长大,行爵出禄,必当其位。""孟夏行秋令,则苦雨数来,五谷不滋,四鄙入保。行冬令,则草木蚤枯,后乃大水,败其城郭。行春令,则煌虫为灾,暴风来格,秀草不实。"

续表

时间	当行政令及违反月令产生的灾害
仲夏之月 五月	“是月也，日长至，阴阳争，死生分。君子齐戒，处必掩身，毋躁，止声色，毋或进，薄滋味，毋致和，节嗜欲，定心气。百官静事毋刑，以定晏阴之所成。”“仲夏行冬令，则雹冻伤谷，道路不通，暴兵来至；行春令，则五谷晚熟，百螣时起，其国乃饥。行秋令，则草木零落，果实早成，民殃于疫。”
季夏之月 六月	“是月也，树木方盛，乃命虞人入山行木，毋有斩伐。不可以兴土功，不可以合诸侯，不可以起兵动众，毋举大事，以摇养气，毋发令而待，以妨神农之事也。水潦盛昌，神农将持功，举大事则有天殃。是月也，土润溽暑，大雨时行，烧雉行水，利以杀草，如以热汤。可以粪田畴，可以美土疆。”“季夏行春令，则谷实鲜落，国多风欬，民乃迁徙。行秋令则丘隰水潦，禾稼不熟，乃多女灾。行冬令，则风寒不时，鹰隼蚤鸷，四鄙入保。”
孟秋之月 七月	“是月也，命有司修法制，缮囹圄，具桎梏，禁止奸，慎罪邪，务搏执。命理瞻伤，察创，视折，审断。决狱讼，必端平。戮有罪，严断刑。天地始肃，不可以赢。”“孟秋行冬令，则阴气大胜，介虫败谷，戎兵乃来。行春令，则其国乃旱，阳气复还，五谷无实。行夏令，则国多火灾，寒热不节，民多疟疾。”
仲秋之月 八月	“是月也，可以筑城郭，建都邑，穿窦窖，修囷仓。乃命有司，趣民收敛，务畜菜，多积聚。乃劝种麦，毋或失时；其有失时，行罪无疑。”“仲秋行春令，则秋雨不降，草木生荣，国乃有恐。行夏令，则其国乃旱，蛰虫不藏，五谷复生。行冬令，则风灾数起，收雷先行，草木蚤死。”
季秋之月 九月	“是月也，草木黄落，乃伐薪为炭。蛰虫咸俯在内，皆墐其户。乃趣狱刑，毋留有罪。收禄秩之不当，供养之不宜者。是月也，天子乃以犬尝稻，先荐寝庙。”“季秋行夏令，则其国大水，冬藏殃败，民多鼽嚏。行冬令，则国多盗贼，边境不宁，土地分裂。行春令则暖风来至，民气解惰，师兴不居。”
孟冬之月 十月	“是月也，命工师效功，陈祭器，按度程。毋或作为淫巧以荡上心，必功致为上。物勒工名，以考其诚，功有不当，必行其罪，以穷其情。”“孟冬行春令，则冻闭不密，地气上泄，民多流亡。行夏令，则国多暴风，方冬不寒，蛰虫复出。行秋令，则雪霜不时，小兵时起，土地侵削。”
仲冬之月 十一月	“是月也，日短至。阴阳争，诸生荡。君子齐戒，居必掩身。身欲宁，去声色，禁耆欲。安形性，事欲静，以待阴阳之所定。芸始生，荔挺出，蚯蚓结，麋角解，水泉动。日短至，则伐木，取竹箭。是月也，可以罢官之无事，去器之无用者，涂阙廷门闾，筑囹圄，此以助天地之闭藏也。”“仲冬行夏令，则其国乃旱，氛雾冥冥，雷乃发声。行秋令，则天时雨汁，瓜瓠不成，国有大兵。行春令，则煌虫为败，水泉咸竭，民多疥疠。”
季冬之月 十二月	“数将几终，岁且更始。专而农民，毋有所使。天子乃与公卿大夫，共饬国典，论时令，以待来岁之宜。”“季冬行秋令，则白露早降，介虫为妖，四鄙入保；行春令，则胎夭多伤，国多固疾，命之曰逆；行夏令则水潦败国，时雪不降，冰冻消释。”

总体而言，季令失序与月令失序只是表述形式有所不同，其本质是相同的。值得注意的是，《淮南子·时则训》还提出六合的说法，六合即：“孟春与孟秋为合，仲春与仲秋为合，季春与季秋为合，孟夏与孟冬为合，仲夏与仲冬为合，季夏与季冬为合。”这就是说，上述月份存在着对应关系，如果某一月不按月令行事，则必然招致灾害，但出灾时间是与其相合的月份，也就是在半年之后。因此，“正月失政，七月凉风不至。二月失政，八月雷不藏。三月失政，九月不下霜。四月失政，十月不冻。五月失政，十一月蛰虫冬出其乡。六月失政，十二月草木不脱（不脱，叶槁着树，不零落也）。七月失政，正月大寒不解（大寒不解，冻也，不发声也）。八月失政，二月雷不发。九月失政，三月春风不济（济，止也）。十月失政，四月草木不实（实，长也）。十一月失政，五月下雹霜。十二月失政，六月五谷疾狂（疾狂，不华而实也）。”

《淮南子》一书中的各种时令观可能是对社会不同学派的总结，灾害的时令失序在汉代广为流行。

(二)时令失序在汉代的信仰和普及

汉代君臣笃信“顺阴阳四时”之道，他们认为灾害产生多是由于不顺四时月令造成的。西汉宣帝时大臣魏相说：“《易》曰：‘天地以顺动，故日月不过，四时不忒；圣王以顺动，故刑罚清而民服。’……明王谨于尊天，慎于养人，故立羲(xī)和之官以乘四时，节授民事。君动静以道，奉顺阴阳，则日月光明，风雨时节，寒暑调和。三者得叙，则灾害不生，五谷熟，丝麻遂，草木茂，鸟兽蕃，民不夭疾，衣食有余。”①

汉代时令思想不仅深入人心，而且演化为社会规范。其表现在时令的制度化、礼仪化和节日化、风俗化两个方面。

1. 时令制度化、礼仪化

在春生秋杀观念的影响下，汉代顺时行政已经成为定制，春天劝“种树”、赈贫民，秋天“养老施粥”是常见的帝王诏令。汉平帝元始五年(公元5年)，国家还专门颁布了《四时月令五十条》，要求全国各地认真遵守。《后汉书·礼仪志》以一年十二个月为顺序，记载了两汉时期按月令行事的制度。如：立春之日，“制诏三公：方春东作，敬始慎微，动作从之。罪非殊死，且勿案验，皆须麦秋。退贪残，进柔良，下当用者，如故事。”②“日夏至，禁举大火，止炭鼓铸，消石冶皆绝止。至立秋，如故事。是日浚井改水，日冬至。钻燧改火云。”③“仲秋之月，县道皆案户比民。年始七十者，授之以王杖，餔之糜粥。八十、九十，礼有加赐。王杖长九尺，端以鸠(jiū)鸟为饰。”④

2. 时令节日化、风俗化

汉代顺时行政在成为国家礼仪制度的影响下，演化为社会节日风俗，如三月上巳节、八月“老人节”、四“立”(立春、立夏、立秋、立冬)两“至”(夏至、冬至)等均成为汉代重要节日，并形成了相应的风俗。如上巳这一天，“官民皆洁于东流水上，曰洗濯祓除、去宿垢疢为大洁”。⑤“仲夏之月……以五月五日，朱索五色印为门户饰，以难止恶气”。⑥从这些节日风俗看，有的具有明显的辟邪去灾的色彩。由此可见，顺时行事成为汉代上自国家机关、下至平民百姓都普遍遵守的社会规范，古代的月令观念在汉代有了进一步的发展。

(三)对时令认识的评价

对于“月令观”，汉初的太史公司马谈说：“尝窃观阴阳之术，大祥而众忌讳，使人拘而多所畏；然其序四时之大顺，不可失也。”⑦他进一步解释说：“夫阴阳四时、八位、十二度、二十四节各有教令，顺之者昌，逆之者不死则亡，未必然也，故曰‘使人拘而多畏’。夫春生夏长，秋收冬藏，此天道之大经也，弗顺则无以为天下纲纪，故曰‘四时之大顺，不可失也’。”⑧这段对月令观念的评论恰如其分、相当公允，他不赞同古代月令中那样死板的规定，但是认为中国作为一个农业国家，按季节安排农事活动却很有必要。

这种古老的月令传统，在汉代民间则演化成月日禁忌习俗。东汉时王充对这类习俗提出了批评，他说：“世俗既信岁时，而又信日。举事若病、死、患，大则谓之犯岁、月，小则谓之不避日禁。岁、月之传既用，日禁之书亦行。世俗之人，委心信之；辩论之士，亦不能定。是以世人

① 班固：《汉书》卷74，《魏相传》. 北京：中华书局，1962.

②⑤ 范晔：《后汉书》志4，《礼仪上》. 北京：中华书局，1965.

③④⑥ 范晔：《后汉书》志5，《礼仪中》. 北京：中华书局，1965.

⑦⑧ 司马迁：《史记》卷130，《太史公自序》. 北京：中华书局，1959.

举事，不考于心而合于日；不参于义而致于时。”①他批评世人做事不从情理上考虑该不该做，而只是盲目地选择历书上吉利的日子。

时令失序会产生灾异的观念有古老的渊源，可能是违背农时造成农业灾害延伸扩展的结果，其内核有合理性。但是经过阴阳五行系统的演绎，形成了各种繁文缛节的规定，有很多并不合理。一方面，春种夏耘、秋收冬藏是农业发展的基本规律，月令中安排春天播种、冬天修粮仓之类的活动符合农事规律，如果不这样做，肯定会妨碍农业生产，农业歉收就可能造成饥荒。因此，月令有正确的一面。另一方面，月令观认为，违反月令会引发自然灾害则大都不科学。将自然灾害发生的原因扩大到人类的政治行为也不科学，这和失德天谴有类似之处。二者的不同之处在于，失德天谴重点在行为的实质，而时令失序重点在行为的顺序(焦培民 等，2009)。

四、五行八卦

汉代流行五行八卦灾害认识，就是用阴阳、五行、八卦等概念来诠释灾害发生的原因和消弭灾害的办法。这些观念又可细分为阴阳不调、五行逆克、八卦灾害等几种不同的认识。当然，它们之间也存在密切的联系，汉代人在解释灾害时，常常将这些认识综合运用。阴阳五行八卦学说是中国古代的哲学理论体系。汉代的阴阳五行八卦灾害认识，其本质是失德天谴或时令失序。阴阳五行八卦的概念起源很早，相传伏羲草创八卦，距今已经有 7000 年左右的历史，五行概念起源略晚，但殷周之际已经存在。先秦时期已经出现了用阴阳五行八卦解释灾害的思想萌芽，汉代则形成了较为系统的认识(焦培民 等，2009)。

(一)阴阳不调

“阴阳不调”又叫“阴阳不和”，在汉代文献中也称为“阴阳错谬”“阴阳错序”“阴阳差越”。阴阳不调认为自然灾害的产生是由于自然界阴、阳二气失和所致。这包括两个方面：一是阴阳二气不平衡，或阴盛阳衰，或阳盛阴微；二是阴阳相隔，不发生交感。去灾的办法就是调和阴阳，使阴阳平衡或阴阳交感。

汉代君主常常将灾害发生称为阴阳不调，这个现象在汉元帝以来较为普遍。元帝本人曾多次在诏书中提到“阴阳不调”，如初元五年(公元前 44 年)六月诏曰：“间者阴阳错谬，风雨不时。”②元帝以后，西汉、东汉君主的诏书频繁使用阴阳不调之语，都是将调和阴阳作为减灾办法。

汉代在运用阴阳解释灾害产生原因或提出消灾办法时，常常将阴阳概念贯通于自然与人类社会之间，认为人类社会之事可以感应自然界之阴阳，人间阴阳不调导致自然界阴阳不调而形成灾害，用人间的阴阳平衡、交感来感化自然，使之达到阴阳平衡、阴阳交感，从而达到消除灾害的目的。这实际上是天人感应思想，是一种唯心主义的天人感应认识，或者说是失德天谴的另一种表现形式。汉代将阴阳的划分广泛用于人事，认为阴阳是对立统一的双方。“君臣、父子、夫妇之义皆取诸阴阳之道，君为阳，臣为阴；父为阳，子为阴；夫为阳，妻为阴。阴道无所独行，其始也不得专起，其终也不得分功，有所兼之义”③。他们以人事阴阳不调来解释自然界的灾害现象。

---

① (汉)王充：《论衡·讥日篇》. 长沙：岳麓书社，1997.

② 班固：《汉书》卷 9，《元帝纪》. 北京：中华书局，1962.

③ 董仲舒：《春秋繁露》卷 12，《基义》. 北京：中华书局，1992.

阴阳五行灾害说在两汉时期具有较大的市场。依阴阳灾害说，凡灾害之生，皆由阴阳失衡所致，旱灾之生乃阳盛阴弱，阴之蔽于阳："天地之所为，阴阳之所起也……大旱者，阳灭阴也。""夫水旱俱天地阴阳所为也……今大旱者阳气太盛，以厌于阴。阴厌阳，故阳其填也。惟填厌之太甚，使阴不能起也。"只有阴阳平衡、和谐，才能消除旱灾，"阴阳聚而为云，和而为雨，阴阳怒而为风"。因此，可以将天之阴阳用诸于人间之阴阳，以人间人为的阴阳来制衡天之阴阳，从而达到防旱致雨的目的。《春秋繁露·同类相动》记载："阴阳之气，因可以类相益损也。天有阴阳，人亦有阴阳。天地之阴气起，而人之阴气应之而起，人之阴气起，而天地之阴气亦宜应之而起，其道一也。明于此者，欲致雨则动阴以起阴，欲止雨则动阳以起阳，故致雨非神也。"为达到"动阴以起阴"进而以"致雨"的目的，两汉祈雨活动中采取了众多的"动阴以起阴"措施。

东汉的郎顗这样解释旱灾：

《易传》曰："阳无德则旱，阴僭阳亦旱。"阳无德者，人君恩泽不施于人也。阴僭阳者，禄去公室，臣下专权也。①

禁举火。据《汉书·昭帝纪》载，昭帝始元六年（公元前 81 年）"夏，旱，大雩，不得举火。"臣瓒为之注说："不得举火，抑阳助阴也。"按照阴阳灾害学说，旱乃"阳气太盛"所致，火呈阳，若在大旱之年举火，就是阳上加阳，是助阳，如此则不仅不利于求雨，而且会更旱，进而会引起社会的惊恐与不安。

由于雨是"阴阳和"的结果，因此，两汉求雨时在"阴阳和"上大做文章。如《春秋繁露·求雨》曰："四时（求雨）皆以庚子之日，令吏民夫妇皆偶处。凡求雨之大体，丈夫欲藏匿，女子欲和而乐。"丈夫为阳、为旱，女子为阴、为雨，阳胜阴则旱，阴胜阳则淫雨，阴阳和则雨其时。为祈雨消旱，两汉总是在创造"阴阳和"的条件，上句话所引的"丈夫欲藏匿，女子欲和而乐"就是其中之一例（陈业新，2001）。

从以上事例可以看出，汉代阴阳不调产生灾害的观点及调和阴阳的主张，都是失德天谴和修德弭灾认识的另一种形式（焦培民 等，2009）。

（二）五行逆克

汉代除用阴阳不调解释灾害外，还流行五行逆克认识（图 2.4）。五行逆克认为自然由金、木、水、火、土五种元素构成，每种元素在天上都有个对应的星宿，并主宰一个方向或季节，代表君主的一种行为。君主的政令要依从自然五行顺序进行变换。木时行木令，火时行火令，金时行金令，水时行水令，土时行土令。如政令失序逆行，就会造成政令与自然的五行属性不合，发生冲突，称为五行相克或相干，就会造成自然灾害，并导致天上星宿异常。

汉代的董仲舒构造了一个五行相干而产生灾害的庞大体系，他说：

火干木，蛰虫早出，雷早行。土干木，胎夭卵毈（duàn），鸟虫多伤。金干木有兵。水干木春下霜。

土干火，则多雷。金干火，草木夷。水干火，夏雹。木干火，则地动。

金干土，则五谷伤，有殃。水干土，夏寒雨霜。木干土，倮（luǒ）虫不为。火干土，则大旱。

水干金，则鱼不为。木干金，则草木再生。火干金，则草木秋荣。土干金，五谷不成。

① 范晔：《后汉书》卷 30 下，《郎顗传》. 北京：中华书局，1965.

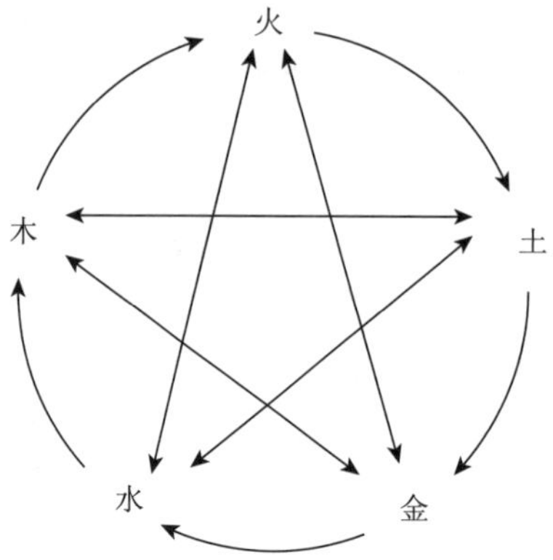

图 2.4　五行逆克图(焦培民 等,2009)

木干水,冬蛰不藏。土干水,则蛰虫冬出。火干水,则星坠。金干水,则冬大寒。①

董仲舒的五行相干学说本质上是时令失序认识的另一种形式,因为五行代表了 5 个季节,五行相干则代表时令失序。例如,"火干木"就是春行夏令,"土干木"就是春行季夏令,"金干木"就是春行秋令,"水干木"就是春行冬令,其他依此类推。董仲舒认为,要消除灾害和星变,君主就要修五行之德,协正五行。他说:

五行变至,当救之以德,施之天下则咎除。不救以德,不出三年天当雨石。

木有变,春凋秋荣木冰,春多雨。此傜役众,赋敛重,百姓贫穷叛去,道多饥人。救者,省傜役,薄赋敛,出仓谷,赈困穷矣。

火有变,冬温夏寒。此王者不明,善者不赏,恶者不绌(chù),不肖在位,贤者伏匿,则寒暑失序而民疾疫。救之者,举贤良,赏有功,封有德。

土有变,大风至五谷伤。此不信仁贤,不敬父兄,淫泆无度,宫室荣。救之者,省宫室,去雕文,举孝悌,恤黎元。

金有变,毕昴为回三覆,有武,多兵,多盗寇。此弃义贪财,轻民命,重货赂,百姓趣利,多奸轨。救之者,举廉洁,立正直,隐武行文,束甲械。

水有变,冬湿多雾,春夏雨雹。此法令缓,刑罚不行。救之者,忧囹圄(líng yǔ),案奸究,诛有罪,搜五日。②

董仲舒五行变救的办法主要包括开仓赈济、省傜薄赋、省刑除罪、举贤赏功、节约省费等方面,将减灾重点转向了人事。由此可以看出,五行逆克认识也是失德天谴的一种表现形式。

汉代建立了一个五星、五方、五行、五常、五事的对应系统。"岁星曰东方春木,于人五常,仁也;五事,貌也。仁亏貌失,逆春令,伤木气,罚见岁星。"③"荧惑曰南方夏火,礼也,视也。礼亏视失,逆夏令,伤火气,罚见荧惑。"④"太白曰西方秋,金,义也,言也。义亏言失,逆秋令,伤金气,罚见太白。"⑤"辰星曰北方冬水,知也,听也。知亏听失,逆冬令,伤水气,罚见辰星。"⑥"填星曰中央季夏,土,信也,思心也。仁义礼智以信为主,貌言视听以心为正,故四星皆失,填

① 董仲舒:《春秋繁露》卷 14,《治乱五行》. 北京:中华书局,1992.

② 董仲舒:《春秋繁露·五行变救》. 北京:中华书局,1992.

③④⑤⑥ 班固:《汉书》卷 26,《天文志》. 北京:中华书局,1962.

星乃为之动。”①在这个基础上，《汉书·五行志》建立了两个灾害系统：一是五行之灾系统（表2.4），二是五事之灾系统（表2.5）。这两个系统都是从《尚书·洪范》演绎出来的。

表2.4　五行之灾系统（焦培民 等，2009）

五星	五行	五季	五方	五常	五事	刘向《洪范五行传》所述五行之灾
岁星	木	春	东	仁	貌	田猎不宿，饮食不享，出入不节，夺民农时，及有奸谋，则木不曲直
荧惑	火	夏	南	礼	视	弃法律，逐功臣，杀太子，以妾以妻，则火不炎上
太白	金	秋	西	义	言	好战攻，轻百姓，饰城郭，侵边境，则金不从革
辰星	水	冬	北	智	听	简宗庙，不祷祠，废祭祀，逆天时，则水不润下
填星	土	季夏	中	信	思	治宫室，饰台榭，内淫乱，犯亲戚，侮父兄，则稼穑不成

表2.5　五事之灾系统（焦培民 等，2009）

五事	休征	咎征	《汉书·五行志》所述五事之灾	五行
貌	肃，时雨若	狂，恒雨若	人君行己，体貌不恭，怠慢骄蹇，则不能敬万事，失在狂易，故其咎狂也。上嫚下暴，则阴气胜，故其罚常雨也	金沴木
言	艾，时阳若	僭，恒阳若	言上号令不顺民心，虚哗愦乱，则不能治海内，失在过差，故其咎僭，僭，差也。刑罚妄加，群阴不附，则阳气胜，故其罚常阳也	木沴金
视	哲，时燠若	舒，恒燠若	言上不明，暗昧蔽惑，则不能知善恶，亲近匀，长同类，亡功者受赏，有罪者不杀，百官废乱，失在舒缓，故其咎舒也。盛夏日长，暑以养物，政弛缓，故其罚常燠也	水沴火
听	谋，时寒若	急，恒寒若	言上偏听不聪，下情隔塞，则不能谋虑利害，失在严急，故其咎急也。盛冬日短，寒以杀物，政促迫，故其罚常寒也	火沴水
思	圣，时风若	霿，恒风若	言上不宽大包容臣下，则不能居圣位。貌言视听，以心为主，四者皆失，则区霿无识，故其咎霿也。雨旱寒燠，亦以风为本，四气皆乱，故其罚常风也	金木水火沴土

1. 五行之灾系统

《尚书·洪范》提到周武王克殷后，向殷商遗臣箕子询问治国之道。箕子向其传授洪范九畴，就是治理国家的九大法宝。其中第一个法宝就是“五行”，为“一曰水，二曰火，三曰木，四曰金，五曰土。水曰润下，火曰炎上，木曰曲直，金曰从革，土曰稼穑”②。《尚书》并未将五行直接与灾害联系。汉代的刘向父子作《洪范五行传》，演绎出木、火、金、水、土五类灾害，对五行之灾的原因进行了演绎。《汉书·五行志》则完全继承了《洪范五行传》的理论体系，并以此对各种灾害进行了分类解说和整理。《洪范五行传》构建的五行灾害系统在搜集研究灾害记录方面不成功，因此《汉书·五行志》还有另外一个“五事之灾”系统。

① 班固：《汉书》卷26，《天文志》. 北京：中华书局，1962.
② 班固：《汉书》卷27上，《五行志上》. 北京：中华书局，1962.

2. 五事之灾系统

箕子向周武王传授的治国九大法宝中的第二个法宝是“敬用五事”。具体为：“五事：一曰貌，二曰言，三曰视，四曰听，五曰思。貌曰恭，言曰从，视曰明，听曰聪，思曰睿(ruì)。恭作肃，从作艾，明作哲，聪作谋，睿作圣。休征：曰肃，时雨若；艾，时阳若；哲，时燠若；谋，时寒若；圣，时风若。咎征；曰狂，恒雨若；僭，恒阳若；舒，恒燠若；急，恒寒若；雺，恒风若。”①《尚书》认为遵从五事，则风雨寒暖适时，如不遵从五事，则风雨寒暖淫过成灾，这里就包含了天人感应的因素，《汉书·五行志》则进一步将这一论述演绎成了五事之灾系统，并将五事之灾用五行加以解释(表 2.5)。

例如，对第一事“貌灾”的解释是：

貌之不恭，是谓不肃。肃，敬也。内曰恭，外曰敬。人君行己，体貌不恭，怠慢骄蹇(jiǎn)，则不能敬万事，失在狂易，故其咎狂也。上嫚下暴，则阴气胜，故其罚常雨也……凡貌伤者病木气，木气病则金沴之，冲气相通也。于《易》，“震”在东方，为春为木也；“兑”在西方，为秋为金也；“离”在南方，为夏为火也；“坎”在北方，为冬为水也。春与秋，日夜分，寒暑平，是以金木之气易以相变，故貌伤则致秋阴常雨，言伤则致春阳常旱也。至于冬夏，日夜相反，寒暑殊绝，水火之气不得相并，故视伤常燠，听伤常寒者，其气然也。②

这个解释既包含天人感应的观念，又有五行相克的观念。天人感应完全是牵强附会，而五行相克观念则包含有朴素的唯物辩证法思想。《五行志》对五事之灾同样进行了分类统计。第一类“貌灾”主要是水雨之灾，与前文“五行之灾”中的“水不润下”相同。第二类“言灾”主要是旱灾。第三类“视灾”主要是冬暖无冰和秋冬桃李开花结果等异常现象。第四类“听灾”主要是雪霜雹和螽(zhōng)蝗灾。第五类“思灾”主要指大风或暴风雨、螟灾、地震山崩等。此外，《五行志》还将上述五事之灾以外的灾异归入“皇之不极”“五行沴天”类，认为“皇之不极，是谓不建”，指“人君貌言视听思心五事皆失，不得其中，则不能立万事，失在眊(mào)悖(bèi)，故其咎眊也。王者自下承天理物。云起于山，而弥于天；天气乱，故其罚常阴也”。而且是“时则有日月乱行，星辰逆行”。此类灾异主要是日食、彗星、陨星等天文事件。总之，《汉书·五行志》中的五事灾害系统要比五行灾害系统全面得多，它几乎囊括了先秦和西汉所有的灾异事件。

《汉书·五行志》建立的“五行”“五事”两个灾害分类系统，其间存在着重复和冲突。这个缺点被《后汉书》的作者注意到并进行了纠正，将两套理论合并论述，统一分类。虽然仍有牵强之处，但相对合理。尽管如此，《汉书》开创《五行志》进行灾害分类分析、统计的做法功不可没。

汉代的五行逆克认识是阴阳认识进一步发展的学说形态，也是时令失序和失德天谴的一种解释体系。它只是上述学说的辅助学说，其使用频率和社会影响远比不上前面几种。在两汉文献中，除《五行志》之外，很少看到汉代君臣用五行认识来解释灾害，可能是由于这种理论过于复杂和抽象，限制了它的社会普及(焦培民 等，2009)。

(三)八卦灾害

汉代除了阴阳五行外，还有用八卦解释灾害。八卦灾害认识不如阴阳五行显著，但也算是一种理论体系。其基本原理是：用乾、坤、坎、离、震、兑、艮(gèn)、巽(xùn)8 种符号代表 8 种方

① 班固：《汉书》卷 27 上，《五行志》. 北京：中华书局，1962.

② 班固：《汉书》卷 27 中，《五行志》. 北京：中华书局，1962.

位、8种时节、8种特性，每种符号主宰一个方向、时节和一套行为规范。《周易·说卦》对八卦的特性有明确的记载：“乾，健也；坤，顺也；震，动也；巽，入也；坎，陷也；离，丽也；艮，止也；兑，说也。”《周易正义》对此专门有解释：“乾象天，天体运转不息，故为健也。坤，顺也。坤象地，地顺承于天，故为顺也。震，动也。震象雷，雷奋动万物，故为动也。巽，入也。巽象风，风行所不入，故为入也。坎，陷也。坎象水，水处险陷，故为陷也。离，丽也。离象火，火必着于物，故为丽也。艮，止也。艮象山，山体静止，故为止也。兑，说也。兑象泽，泽润万物，故为说也。”（表2.6）

表2.6　八卦表(焦培民 等,2009)

	☰	☱	☲	☳	☴	☵	☶	☷
卦名	乾	兑	离	震	巽	坎	艮	坤
卦象	天	泽	火	雷	风	水	山	地
五行	阳金	阴金	火	阳木	阴木	水	阳土	阴土
季节	秋冬	秋	夏	春	春夏	冬	冬春	夏秋
方向	西北	西	南	东	东南	北	东北	西南

与按月令、五行行事的道理一样，按八卦顺序行事也是基本要求，即所谓“人者，继天顺地，序气成物，统八卦，调八风，理八政，正八节，谐八音，舞八佾，监八方，被八荒，以终天地之功”[①]。汉武帝时期的《淮南子》曾经提出根据八风行政令的观点，将一年分为8个时段，每时段45天，由一种风主宰，行一种政令。《淮南子·时则训》载：

何谓八风？距日冬至四十五日，条风至。条风至四十五日，明庶风至。明庶风至四十五日，清明风至。清明风至四十五日，景风至。景风至四十五日，凉风至。凉风至四十五日，阊阖(chāng hé)风至。阊阖风至四十五日，不周风至。不周风至四十五日，广莫风至。条风至，则出轻系，去稽留。明庶风至，则正封疆，修田畴。清明风至，则出币帛，使诸侯。景风至，则爵有位，赏有功。凉风至，则报地德，祀四郊。阊阖风至，则收县垂，琴瑟不张。不周风至，则修宫室，缮边城。广莫风至，则闭关梁，决刑罚。

八风政令与八卦政令相通，八风行政与十二月政令、五行政令存在一定的对应关系。为了简明起见，可表示为图2.5。

西汉宣帝时，大臣魏相将八卦与月令结合在一起解释灾害发生的过程。魏相说：

《易》说：“天地以顺动，故日月不过，四时不忒；圣王以顺动，故刑罚清而民服。”天地变化，必由阴阳，阴阳之分，以日为纪。日冬夏至，则八风之序立，万物之性成，各有常职，不得相干。东方之神太昊，乘“震”执规司春；南方之神炎帝，乘“离”执衡司夏；西方之神少昊，乘“兑”，执矩司秋；北方之神颛顼，乘“坎”执权司冬；中央之神黄帝，乘“坤”“艮”执绳司下土。兹五帝所司，各有时也。东方之卦不可以治西方，南方之卦不可以治北方。春兴“兑”治则饥，秋兴“震”治则华，冬兴“离”治则泄，夏兴“坎”治则雹。明王谨于尊天，慎于养人，故立羲和之官以乘四时，节授民事。君动静以道，奉顺阴阳，则日月光明，风雨时节，寒暑调和。三者得叙，则灾害不生，五

① 班固：《汉书》卷21上，《律历志》．北京：中华书局，1962.

谷熟,丝麻遂,草木茂,鸟兽蕃,民不夭疾,衣食有余。①

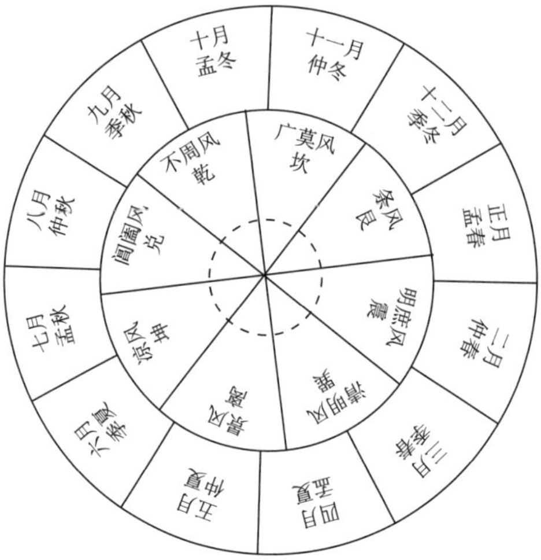

图 2.5　八风与八卦对应图(焦培民 等,2009)

从魏相的上述分析可知,八卦政令与五行政令有相同之处,如果违反就产生灾害。春兴"兑"治,相当于春行秋令,会出现饥荒;秋兴"震"治,即秋行春令,作物只开花不结果;冬兴"离"治,就是冬行夏令,则元气衰泄;夏兴"坎"治,就是夏行冬令,会出现冰雹。这些说法固然不科学,不过,从其表述来看,八卦灾害与五行政令只是形式不同(图 2.6),本质一样,是披着八卦外衣的失德天谴或时令失序认识。

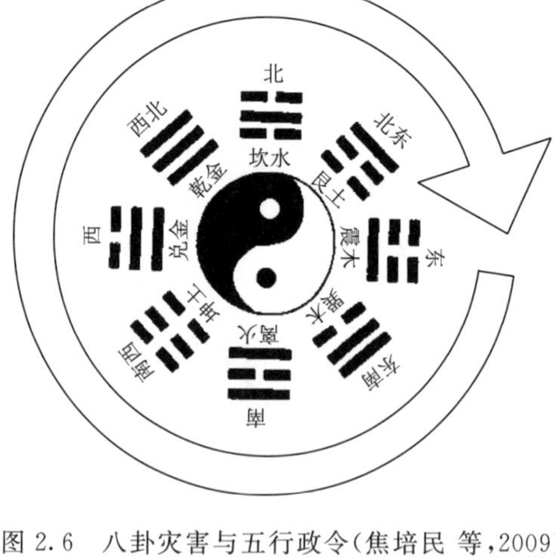

图 2.6　八卦灾害与五行政令(焦培民 等,2009)

通过以上分析,可以得出如下结论:如果说先秦时期的阴阳、五行和八卦认识比较分散和简单,那么汉代则将这些认识联系起来,加以系统化,形成了较为完整的理论框架和知识体系。当然,现在看来,毕竟这些学说和知识并不是科学的观念,五行、八卦的各种说法有明显牵强附

① 班固:《汉书》卷 74,《魏相传》.北京:中华书局,1962.

会之处，彼此矛盾的地方也并不少见。汉代五行、八卦最大的特点就是沟通了天人之间的联系，为天人感应思想服务，它为失德天谴披上了饰有各种物质符号的外衣，使其更具有迷惑性。五行、八卦各有一套复杂的学说体系，后来更加向着术数化的方向发展，成为一些方术之士手中的独有工具，具有神秘主义色彩。由于不易为大众所掌握，其社会影响都比较小(焦培民等，2009)。

五、灾害自然

在天人感应思想盛行的汉代，对于灾害还有一种灾害自然认识，认为灾害是由自然本身的变化而产生的，人不能介入这一变化过程，人类既不能因为失误招致天灾，也不能通过自身行为改变自然。因此，人类面对自然灾害，要积极准备，重视农业、积蓄粮食，力争做到有备无患，至少可以减少灾害的危害程度。

灾害自然认识侧重对灾害产生原因的探讨。战国时期的荀子是灾害自然的代表人物，他说："天行有常，不为尧存，不为桀亡，应之以治则吉，应之以乱则凶。强本而节用，则天不能贫。养备而动时，则天不能病。修道而不贰，则天不能祸。故水旱不能使之饥渴，寒暑不能使之疾，妖怪不能使之凶。本荒而用侈，则天不能使之富。养略而动罕，则天不能使之全。倍道而妄行，则天不能使之吉。故水旱未至而饥渴，寒暑未薄而疾，妖怪未至而凶，受时与治世同，而殃祸与治世异，不可以怨天，其道然也。故明于天人之分则可谓至人矣。"①

荀子提出"天道有常"，水、旱、寒、暑等自然界变化不受人事影响，但是他认为，如果君主发展农业，节俭积蓄，百姓就不会因为有水旱而造成饥荒；如果注意爱护身体，作息有规律，寒暑冷热就不会使百姓生病；如果坚守正道，就不会有妖怪为祸。荀子认为自然界变化引发的灾害后果很大程度上是人的错误行为造成的，但他强调"天人相分"，认为"高者不旱，下者不水，寒暑和节而五谷以时熟，是天下之事也。若夫兼而覆之，兼而爱之，兼而制之，岁虽凶败水旱使百姓无冻馁之患，则是圣君贤相之事也"②。认为天下丰穰之事非由人力，人类只能积极准备，加强自身承受自然变化的能力，减少灾害的发生。他主张："修堤梁，通沟浍，行水潦，安水藏，以时决塞，岁虽凶败水旱，使民有所耘艾。"③

王充是两汉用天道自然解释灾害的代表性人物，他的认识的提出是建立在对当时风行的灾害天谴批评基础之上的。王充的《论衡》就是为披露两汉灾害"天人感应"说的妄诞而作。王充针对灾害"天人感应"说，提出了自己的一套批判该说的"天道自然"的灾害学说。

首先，他针锋相对地提出了一个没有道德标准、主观意志和是非判断能力的"自然"的"天"，以批判"天人感应"说中"天"有喜怒哀乐、能奖善罚恶的认识，认为"夫天者，体也，与地同""夫天，体也，与地无异"，强调"天，体，非气也"。以批驳感应说中以"气"为媒介的"同类通气，性相感动"的"同类相动"感应推理模式。天是自然的，其最大的属性是"无为"："自然无为，天之道也""夫天道自然，自然无为"。为了说明天道的自然性，王充以人来比喻加以论述。他说：

"何以(知)天之自然也？以天无口目也。案有为者，口目之类也。口欲食而目欲视，有嗜

① 荀子：《荀子》卷11，《天论》. 北京：华夏出版社，2002.
② 荀子：《荀子》卷6，《富国》. 北京：华夏出版社，2002.
③ 荀子：《荀子》卷5，《王制》. 北京：华夏出版社，2002.

欲于内，发之于外，口目求之，得以为利，欲之为也。今无口目之欲，于物无所求索，夫何为乎？何以知天无口目也？以地知之。地以土为体，土本无口目。天地，夫妇也，地体无口目，亦知天无口目也。使天体乎？宜与地同，使天气乎？气若云烟，云烟之属，安得口目？”①

其次，王充进一步提出了天、人不相知的认识。他认为有意识的人生在自然的天地之间，自然的天与人没有沟通的渠道，天是不可能感知人世的，天、人不相知，更不可能相感。他说：“人在天地之间，物也；物，亦物也。物之饮食，天不能知；人之饮食，天独知之……天神之处天，犹王者之居也……王者与人相远，不知人之阴恶；天神在四宫之内，何能见人闇过？王者闻人过，以人知；天知人恶，亦宜因鬼。使天问过于鬼神，则其诛之宜使鬼神；如使鬼神，则天怒，鬼神也，非天也。”可见，“人不能以行感天，天亦不随行而应人”②。所以说“天道自然，吉凶偶会”③。

最后，王充有力地批判了灾害天谴说。在《论衡·谴告篇》中，他着重批驳了两汉风行的灾害天谴说，说其“言未必信”；指出天是无意的自然物质实体，“夫天道，自然也，无为。如谴告人，是有为，非自然也”。灾害的发生是一种自然现象。

王充对两汉灾害的天谴说予以有力的驳斥，重申并坚持了荀子的“天人相分”理论，并对灾害的发生作出较为科学的“天道自然”式的解释，这在当时的历史条件下是大胆的，具有进步的意义。正因为其学说与两汉主流思想相反，王充的《论衡》在灾害天谴说盛行的东汉时期没有产生多大的影响，甚至险遭夭折的厄运(陈业新，2001)。

第三节　救灾的行政管理

防灾、救灾是两汉中央政府及其各级地方政府工作的一项重要内容。两汉并无专门的救灾机构，但皇帝及其公卿百官都有救灾职责，并在长期救灾过程中形成一定的制度。

一、救灾机构

汉代救灾机构是中央及地方各级政府。中央以三公九卿为代表，地方以郡守、县令为代表(焦培民 等，2009)。

(一)中央政府

中央政府在抵御旱涝等自然灾害的过程中主要行使以下职能：监视全国旱涝等灾害发生情况，及时了解灾害信息，制定并推行救灾政策，监督救灾措施实施情况。

1. 皇帝

皇帝作为国家的总代表，对救灾负有完整的权力和责任。皇帝参与救灾的方式主要为以下几个方面：①修德政，顺天行事，完成“天子”的使命，用领导行为使天下风调雨顺、国泰民安，减少灾害的发生。②一旦灾害发生，首先反省政治缺失，下诏自责求谏，向臣民询问发生灾害的原因，征求救灾建议，并发布救灾命令。③对中央及地方官员的救灾行为进行领导和监督。

① 王充:《论衡·自然篇》.长沙:岳麓书社，1997.
② 王充:《论衡·谴告篇》.长沙:岳麓书社，1997.
③ 王充:《论衡·商虫篇》.长沙:岳麓书社，1997.

④直接参与救灾。

2. 三公

汉承秦制，以丞相、御史大夫、太尉为三公，成帝时又分别更名为大司徒、大司空、大司马。三公是汉代的最高长官，对灾害负有特殊责任。汉代人认为，丞相不亲小事，主要责任在“调理阴阳”。汉文帝时，宰相陈平就说：“宰相者，上佐天子理阴阳，顺四时，下遂万物之宜。”①汉宣帝时，丙吉为相，也认为“三公典调和阴阳”②。《韩诗外传》卷8总结说：“三公者何？曰：司空、司马、司徒也。司马主天，司空主土，司徒主人，故阴阳不和，四时不节，星辰失度，灾变非常，则责之司马。山陵崩竭，川谷不流，五谷不植，草木不茂，则责之司空。君臣不正，人道不和，国多盗贼，下怨其上，则责之司徒。故三公典其职，忧其分，举其辩，明其隐，此三公之任也。”

3. 九卿

九卿中以太常、郎中令、大司农（治粟内史）、少府与救灾关系密切。

(1)太常

太常。《汉书·百官公卿表》记载：“奉常，秦官，掌宗庙礼仪，有丞。景帝中六年更名太常。属官有太乐、太祝、太宰、太史、太卜、太医六令丞……又博士及诸陵县皆属焉。”③太常掌祭祀之事，灾害发生时，太常负责通过祈禳仪式达到消灾的目的。

太常属官太史负责灾异的解释和记载。《后汉书·百官志》记载：“太史令一人，六百石。”本注说：“掌天时、星历。凡岁将终，奏新年历。凡国祭祀、丧、娶之事，掌奏良日及时节禁忌。凡国有瑞应、灾异，掌记之。”④太史向朝廷解释灾害并陈述救灾之术。

太常另类属官博士在西汉时期常常代皇帝巡视灾区，实行救灾及救灾监督。

(2)郎中令

郎中令后更名为光禄勋，是汉代负责宫廷保卫的机构。《汉书·百官公卿表》记载：“郎中令，秦官，掌宫殿掖门户，有丞。武帝太初元年更名光禄勋。属官有大夫、郎、谒者，皆秦官。又期门、羽林皆属焉。大夫掌论议，有太中大夫、中大夫、谏大夫，皆无员，多至数十人。武帝元狩五年初置谏大夫，秩比八百石，太初元年更名中大夫为光禄大夫，秩比二千石，太中大夫秩比千石如故……谒者掌宾赞受事，员七十人，秩比六百石。”⑤郎中令是皇帝的侍卫官，并无救灾职责。但是其下属太中大夫、中大夫（光禄大夫）、谏大夫、谒者等身为皇帝的侍从，常常出使代行皇帝的救灾职责。

(3)大司农

大司农是国家的财政部门，主要负责国家财政收入与支出，《汉书·百官公卿表》载：“治粟内史，秦官，掌谷货，有两丞。景帝后元年更名大农令，武帝太初元年更名大司农。”⑥大司农在救灾中的作用主要有以下几个方面。

①组织农业生产。董仲舒曾劝汉武帝：“今关中俗不好种麦……愿陛下幸诏大司农，使关中民益种宿麦，令毋后时。”⑦平帝元始元年六月，“大司农部丞十三人，人部一州，劝农桑。”⑧

---

① 班固：《汉书》卷40，《陈平传》. 北京：中华书局，1962.

② 班固：《汉书》卷74，《丙吉传》. 北京：中华书局，1962.

③⑤⑥ 班固：《汉书》卷19上，《百官公卿表》. 北京：中华书局，1962.

④ 范晔：《后汉书》志25，《百官志》. 北京：中华书局，1965.

⑦ 班固：《汉书》卷24上，《食货志》. 北京：中华书局，1962.

⑧ 班固：《汉书》卷12，《平帝纪》. 北京：中华书局，1962.

②大司农还负责救灾物资的筹集和发放。汉平帝时因国内灾荒，王莽上书："愿出钱百万，献田三十顷，付大司农助给贫民。"[①]太皇太后也说："省所食汤沐邑十县，属大司农，常别计其租人，以赡贫民。"[②]

③受灾地区税收的减免。桓帝延熹九年春正月，诏说："比岁不登，民多饥穷，又有水旱疾疫之困……其令大司农绝今岁调度征求，及前年所调未毕者，勿复收责。其灾旱盗贼之郡，勿收租，余郡悉半入。"[③]

(4)少府

少府是汉帝室的财务机构。《汉书·百官公卿表》载："少府，秦官，掌山海池泽之税，以给共养，有六丞。属官有尚书、符节、太医、太官、汤宫、导宫、乐府……成帝建始四年更名中书谒者令为中谒者令，初置尚书，员五人，有四丞。"[④]少府救灾济贫职责主要表现在以下几个方面。

①少府主管的山泽园田在灾害发生时向贫民开放，供百姓捕鱼、采食，度过饥荒。这是少府最普遍的救灾活动。如，元帝初元元年夏四月下诏说："关东今年谷不登，民多困乏。其令郡国被灾害甚者毋出租赋。江、海、陂、湖、园、池属少府者以假贫民，勿租赋。"[⑤]

②少府负责落实灾年的帝王后宫节用措施。太官负责皇帝饮食，灾年节用首当其冲。《后汉书·百官志》载少府有"太官令一人，六百石。左丞、甘丞、汤官丞、果丞各一人"。本注说："掌御饮食。左丞主饮食。甘丞主膳具。汤官丞主酒。果丞主果。"[⑥]景帝二年春，以岁不登，"不受献，减太官，省傜赋，欲天下务农蚕，素有畜积，以备灾害"[⑦]。宣帝本始四年春正月，诏说："盖闻农者兴德之本也，今岁不登，已遣使者赈贷困乏。其令太官损膳省宰，乐府减乐人，使归就农业。"[⑧]

③向百姓发放救灾贷款。汉武帝时，公卿言："郡国颇被灾害，贫民无产业者，募徙广饶之地。陛下损膳省用，出禁钱以振元元，宽贷，而民不齐出南亩，商贾滋众。贫者畜积无有，皆仰县官。"[⑨]"承秦，凡山泽陂池之税，名曰禁钱，属少府。世祖改属司农。"[⑩]实际上，山、泽、陂、池之税如盐铁，从汉武帝时已属大司农，因此，少府这项业务，实行时间较短，或只是汉武帝偶一为之。

④少府属宫太医令，对百姓疫病负有主要责任。太医之官，《汉书·百官公卿表》载有两处，一处在奉常，一处在少府。有学者认为，太常之太医，主治百官之病，少府之太医，则主治宫廷之病。也有学者认为："太医令丞，太常已有之，疑此官先属太常，后属少府，班失刊正。"据《汉官》记载，太医令丞有"员医二百九十三人，员吏十九人"。东汉时，太医在国家发生疫灾时常常派往灾区救治。如，安帝元初六年(公元 119 年)四月，"会稽大疫，遣光禄大夫将太医循行疾病，赐棺木，除田租、田赋"。

---

① 班固:《汉书》卷 99 上,《王莽传》. 北京:中华书局,1962.
② 班固:《汉书》卷 12,《平帝纪》. 北京:中华书局,1962.
③ 范晔:《后汉书》卷 7,《桓帝纪》. 北京:中华书局,1965.
④ 班固:《汉书》卷 19 上,《百官公卿表》. 北京:中华书局,1962.
⑤ 班固:《汉书》卷 9,《元帝纪》. 北京:中华书局,1962.
⑥ 范晔:《后汉书》志 26,《百官三》. 北京:中华书局,1965.
⑦ 班固:《汉书》卷 5,《景帝纪》. 北京:中华书局,1962.
⑧ 班固:《汉书》卷 8,《宣帝纪》. 北京:中华书局,1962.
⑨ 班固:《汉书》卷 24,《食货志》. 北京:中华书局,1962.
⑩ 范晔:《后汉书》志 26,《百官三》. 北京:中华书局,1965.

⑤少府属官侍御史，对灾异上书的监察和落实因灾缓刑措施负有重要责任。《后汉书·百官志》记载："侍御史十五人，六百石。"本注说："掌察举非法，受公卿群吏奏事，有违失举劾之。"①侍御史还对灾区治安负有责任，担当监督地方"除盗"职能。汉代还有因灾缓刑的观念，认为灾害是由于刑罚太重引发，因此每逢灾害都把减轻刑罚作为一种救灾措施。侍御史作为专门的监察官员，也有因灾减刑的职责。如，灵帝熹平五年(公元176年)四月，发生旱灾，灵帝"使侍御史行诏狱亭部，理冤枉，原轻系，休囚徒"②。

(二)地方政府

地方政府在抵御自然灾害的过程中主要行使以下职责：如实上报本辖区灾害发生情况；在中央指挥下积极进行备灾、救灾。

郡守，秦官，掌治其郡，秩二千石。有丞，边郡又有长史，掌兵马，秩皆六百石。景帝中二年更名太守③。《汉官解诂》说："太守专郡，信理庶绩，劝农赈贫，决讼断辟，兴利除害，检能察奸，举善黜恶，诛杀暴残者也。"其中"劝农赈贫""兴利除害"与救灾有直接的关系。安帝永初三年(公元109年)七月，因发生灾荒，"诏长吏案行在所，皆令种宿麦蔬食，务尽地力，其贫者给种饷"④。

诸侯国亦有救灾义务，东汉顺帝、桓帝时常有朝廷向诸侯国借贷之事。桓帝延熹四年(公元161年)七月，因为旱灾，"京师雩。减公卿以下奉，貣王侯半租。占卖关内侯、虎贲、羽林、缇骑营士、五大夫钱各有差"⑤。

县令、长，皆地方官，掌治其县。万户以上为令，秩千石至六百石。减万户为长，秩五百石至三百石。县令受郡国直辖，负责上报灾情，落实救灾对策，并接受监督。

汉代县下设有乡里。《汉书·百宫公卿表》记载："大率十里一亭，亭有长；十亭一乡，乡有三老、有秩、啬夫、游徼。三老掌教化；啬夫职听讼，收赋税；游徼徼循禁贼盗。"⑥乡官也有救灾职责(焦培民 等，2009)。

二、救灾程序

汉代救灾已经形成了一定的程序，大体包括灾害预测、灾情上报、灾情与救灾研究、救灾措施的推行4个步骤。

(一)灾害预测

中国古代就有灾害预测制度。负责灾害预测的主要部门是太常，其属官太史令有通过占卜或观测天文现象预测灾害的义务。《后汉书·百官志》载："太史令一人，六百石。"本注曰："掌天时、星历。凡岁将终，奏新年历。凡国祭祀，丧娶之事，掌奏良日及时节禁忌。凡国有端应、灾异，掌记之。"⑦此外，中央和地方各级官员及平民百姓也可根据自己掌握的知识对灾害作出预测。根据预测原理不同，可以分为卜筮占测、天文占测、气象占测、物理占测、人事占测等5种方法。当然，这些方法包括了大量巫术迷信、天人感应的内容，但也包含一些科学道理，

① 范晔：《后汉书》志26，《百官三》. 北京：中华书局，1965.

② 范晔：《后汉书》卷8，《灵帝纪》. 北京：中华书局，1965.

③⑥ 班固：《汉书》卷19上.《百官公卿表》. 北京：中华书局，1962.

④ 范晔：《后汉书》卷5，《安帝纪》. 北京：中华书局，1965.

⑤ 范晔：《后汉书》卷7，《桓帝纪》. 北京：中华书局，1965.

⑦ 范晔：《后汉书》志25，《百官二》. 北京：中华书局，1965.

应一分为二地看待。

1. 卜筮

《周礼·春官》载有大卜,"掌三兆、三易之等但蓍龟卦兆有生数、成数之鬼神,是鬼神之事"。下属有龟人、占人、筮(shì)人等。《史记·龟策列传》记载了龟卜灾害的方法:"卜岁中禾稼孰不孰。孰,首仰足开,内外自桥外自垂;不孰,足肣(qín)首仰有外。卜岁中民疫不疫。疫,首仰足肣,身节有强外;不疫,身正首仰足开。""卜天雨不雨。雨,首仰有外,外高内下;不雨,首仰足开,若横吉安。卜天雨霁不霁。霁,呈兆足开首仰;不霁,横吉。"①

2. 天文

《周礼·春官》载有大史,《月令》说:"乃命太史守典奉法,司天日月星辰之行,宿离不貣。"其下有冯相氏、保章氏,冯相氏,"冯,乘也;相,视也。世登高台以视天文之次序"。保章氏,"保,守也。世守天文之变"。大史通过日月星辰的运行情况,预言人间吉凶,当然包括对自然灾害的预言。《史记·天官书》记载了观察月亮、土星运行预言灾害的说法:"月所离列宿,日、风、云,占其国。然必察太岁所在。在金,穰;水,毁;木,饥;火,旱。"②这种说法可能并不准确。

3. 气象

通过对云气、风向、阴晴冷暖等气象因素的观察占测灾害。《史记·天官书》记载,西汉魏鲜在"腊明""正月旦"观测风向,预测灾害:"风从南方来,大旱;西南,小旱;西方,有兵;西北,戎菽为,小雨,趣兵;北方,为中岁;东北,为上岁;东方,大水;东南,民有疾疫,岁恶。"③《天官书》还记载了另外一种方法:"从正月旦比数雨。率日食一升,至七升而极;过之,不占。"索隐说:"谓以次数日以候一岁之雨,以知丰穰也。"集解孟康说:"正月一日雨,民有一升之食;二日雨,民有二升之食;如此至七日。"④

4. 物理

通过对植物、动物、非生物的观察,预测自然灾害。《史记·天官书》载,正月初一这一天,如果天气晴好,可以通过测听"都邑人民之声"的办法来预知灾害:"声宫,则岁善,吉;商,则有兵;征,旱;羽,水;角,岁恶。"⑤这个方法现在看来并不科学。另外,王充在《论衡·变动》中说:"天气变于上,人物应于下矣。故天且雨,商羊起舞。(非)使天雨也,商羊者,知雨之物也,天且雨屈其一足起舞矣。故天且雨,蝼蚁徙,蚯蚓出,琴弦缓,固疾发,此物为天所动之验也。故天且风,巢居之虫动;且雨,冗处之物扰。风雨之气感虫物也。"王充所言比较可信。汉代通过物理原理,还发明了一些检测灾害的工具,如观察风向的"䡵(píng)",《淮南子·齐俗》说:"不通于道者……终身隶于人,辟若䡵之见风也,无须臾之间定矣。"高诱注:"䡵,候风者也,世所谓五两。凡候风,以鸡羽重五两,系五丈旗。"此外,运用这一原理的还有东汉张衡发明的检测地震的地动仪等。

5. 人事

汉代相信天人感应观念,常常认为人的不当行为会引发自然灾害,也会根据人事预测自然灾害。这些预言基本不可信。汉代也有一些预测反映了人类破坏生态引发自然灾害的情况。吏治腐败、政令不当导致社会承受自然变异能力下降,也是自然灾害的诱发因素,因此,这方面的预言也有合理的一面。元帝时大臣贡禹说:"今汉家铸钱,及诸铁官皆置吏卒徒,攻山取铜

---

① 司马迁:《史记》卷128,《龟策列传》.北京:中华书局,1959.

②③④⑤ 司马迁:《史记》卷27,《天官书》.北京:中华书局,1959.

铁，一岁功十万人以上，中农食七人，是七十万人常受其饥也。凿地数百丈，销阴气之精，地臧空虚，不能含气出云，斩伐林木亡有时禁，水旱之灾未必不由此也。"[①]贡禹揭示，政府大兴劳役，影响农业生产，可能会引发饥荒。凿山采矿、破坏森林导致生态失衡，引发水旱之灾，他的说法有道理。

(二)灾情上报

汉代地方发生自然灾害，政府必须及时、如实地上报灾害发生情况。秦国在统一六国前就已经建立了以农业为主的灾情上报制度。《秦律十八种·田律》记载："雨为澍，及秀粟，辄以书言澍稼、秀粟及垦田昜无稼者顷数。稼已生后而雨，亦辄言雨少多，所利顷数。旱及暴风雨、水潦、螽虫等，亦辄言其顷数。近县令轻足行其书，远县令邮行之，尽八月口口之。"这是规定，凡下了及时雨以及谷物抽穗，应立即以书面向上级报告受益和抽穗的田亩数和已开垦而未耕种的田亩数。禾稼生长后下了雨，应立即报告雨量多少和受益顷数。如遇水、旱、风、虫等自然灾害，也要及时报告受灾的田亩数。近县派人步行送达，远县由驿站传送，在八月底以前送达。汉代继承秦代的灾害上报制度。汉宣帝时，魏相为丞相，"敕掾史案事郡国及休告从家还至府，辄白四方异闻，或有逆贼风雨灾变，郡不上，相辄奏言之"[②]。灾情的上报是"上计"工作的一项重要内容，并且已经成为各级政府的一项日常工作。如《后汉书·礼仪志》记载，对于旱灾的监控："自立春至立夏尽立秋，郡国上雨泽。"[③]地方各个郡国从立春到立秋都要向中央上报当地降雨情况，如有灾情就采取救灾措施。如果地方政府上报灾情不实，那么这一级政府的首脑或者相关责任人就要受到相应的惩罚。曹褒于和帝永元七年(公元 95 年)出任河内郡太守，"时春夏大旱，粮谷踊贵。褒到，乃省吏并职，退去奸残，澍雨数降。其秋大孰，百姓给足，流冗皆还。后坐上灾害不实免"[④]。

(三)灾情与救灾分析

灾害发生后，一般程序是皇帝下诏求谏，大臣上书，探讨灾害发生原因和救灾方案，最后由皇帝颁布救灾措施。

1. 下诏求谏

求谏选士诏书在灾异发生后由皇帝发布，主要内容有 3 个方面：一是自谴，自认为政失德，招致天灾；二是求谏，希望公卿大臣能够直言进谏，对朝政存在的问题提出批评意见和改进建议；三是选士，要求公卿、二千石向朝廷推荐直言、贤良的人才，或者是明晓阴阳灾异之士。

2. 灾情分析

皇帝求谏选士诏书发布后，公卿百官或亲自上书，或举荐人才上书。朝廷接到上书后，有时接见上书人或与其多次讨论救灾问题，有时集中召见一批。皇帝有时还将灾异奏疏交由大臣讨论。救灾建议是否采纳则有多种结果，有的是赏人而不用策，有的部分采用，有的允许试行，还有因言获罪。有时候，因为灾情严重，朝廷还会召集官员会议，集中讨论，反复商量。

3. 下诏救灾

经过灾情分析，由皇帝下诏采取劝农、禀贷、减免赋税徭役、节用等救灾对策。在实际救灾

---

① 班固：《汉书》卷 72，《贡禹传》. 北京：中华书局，1962.

② 班固：《汉书》卷 74，《魏相传》. 北京：中华书局，1962.

③ 范晔：《后汉书》志 5，《礼仪志中》. 北京：中华书局，1965.

④ 范晔：《后汉书》卷 35，《曹褒传》. 北京：中华书局，1965.

过程中不可能机械地遵守灾情上报、灾情分析、决策救灾“三部曲”，救灾与灾情研究往往同时进行。多数情况是对于常见的或不太严重的水旱灾害并不需要专门研究，朝廷和地方往往“例行救灾故事”，朝廷研究的灾害都是他们认为重大的灾异，如严重的大范围旱灾、疫灾等。

（四）救灾措施的推行

在经过灾情和救灾分析后，皇帝下诏制定救灾措施，并安排各级官员贯彻执行。推行救灾从主体上讲，有皇帝亲自救灾、遣使救灾、地方官救灾 3 种推行方式。

皇帝亲自救灾的情况较少，其中以参与水旱之灾救助较多。东汉有皇帝和皇太后录囚救旱灾的记载，如明帝永平十四年（公元 71 年）天旱，“车驾亲幸洛阳狱录囚徒，理出千余人。时天旱，即大雨”[①]。和帝永元六年（公元 94 年），“时岁灾旱，祈雨不应……明日，和帝召太尉、司徒幸洛阳狱，录囚徒，收洛阳令陈歆（xīn），即大雨三日”[②]。安帝永初二年（公元 108 年），“五月，旱。丙寅，皇太后幸洛阳寺及若庐狱，录囚徒，赐河南尹、廷尉、卿及官属以下各有差，即日降雨”。永初六年（公元 112 年）五月，“旱。戊辰，皇太后幸洛阳寺，录囚徒，理冤狱”[③]。

遣使救灾，从汉武帝到汉献帝，几乎贯穿整个两汉时代。因此，可以认为遣使救灾是汉代一种经常性的救灾方式。使者主要是代表中央政府对灾情进行核实，根据灾情确定救灾的方法或标准，并领导地方政府救灾。举例如下：

顺帝永建三年（公元 128 年），六月，旱，遣使者录囚徒，理轻系。

冲帝永嘉元年（公元 145 年），夏四月壬申，雩。五月甲午，诏曰：“自春涉夏，大旱炎赫，忧心京京，故得祈祷明祀，冀蒙润泽……其令中都管系囚罪非殊死考未竟者，一切任出，以须立秋，郡国有名山大泽能兴云雨者，二千石长吏各洁斋请祷，竭诚尽礼。”

地方官救灾是两汉最常见的救灾方式。地方官的代表就是郡守，其秩级是二千石。因此，汉代诏书中常称他们为二千石。每当发生灾害时，两汉经常有诏书要求地方郡守奉公守法，举荐人才，积极救灾。西汉景帝后元二年（公元前 142 年）春，国内发生饥荒，夏四月，诏说：“欲天下务农蚕，素有畜积，以备灾害……其令二千石各修其职；不事官职、秏乱者，丞相以闻，请其罪。”[④]（焦培民 等，2009）

第四节　救灾对策

两汉时期救灾对策种类繁多，本节主要介绍祈禳救灾、修德救灾、赈济救灾三大类。汉代救灾对策由于指导思想是失德天谴观念，将修德救灾视为主要救灾手段，这对救灾的效果产生了消极影响。

一、祈禳救灾

祈禳救灾是先秦时期救灾的重要方式，虽然现在看来这种方式完全无效。汉代救灾对策

① 司马光：《资治通鉴》. 北京：中华书局，1976.
② 范晔：《后汉书》卷 35，《张奋传》. 北京：中华书局，1965.
③ 范晔：《后汉书》卷 5，《安帝纪》. 北京：中华书局，1965.
④ 班固：《汉书》卷 5，《景帝纪》. 北京：中华书局，1962.

中祈禳救灾占据着重要地位，汉代皇帝与民众普遍相信祈禳救灾。

(一)祈禳救灾的活动形式

汉代祈禳救灾行为分为两种类型：一是常年祭祀祈禳，二是在灾害发生时临时祭祀祈禳。汉代祈禳救灾最典型的仪式之一是求雨。

1. 土龙致雨

作土龙以求雨之事相传早在商汤之时就有。《淮南子·地形训》载："土龙致雨。"高诱注："汤遭旱，作土龙以像云，云从龙，故致雨也。"殷人认为龙具有致雨的能力，这种巫术的理论基础是认定龙与雨有关。关于龙具有致雨的神力，在《山海经》中便有记载："大荒东北隅中有山，名曰'凶犁土丘'。应龙处南极，杀蚩尤与夸父，不得复上，故下数旱。旱而为应龙之状，乃得下雨。"

2. 溺女魃

女魃是旱神或旱鬼，其形象为一年轻女子。女魃原为天女，《山海经·大荒北经》说："有人衣青衣，名曰黄帝女魃。蚩尤作兵伐黄帝，黄帝乃令应龙攻之冀州之野。应龙蓄水，蚩尤请风伯雨师，纵大风雨。黄帝乃下天女曰女魃，雨止，遂杀蚩尤，魃不得复上，所居不雨。"在古代，旱灾造成赤地千里、寸草不长，人们无法抗御，便误认为是有旱鬼作祟。于是，便将它和女魃联系起来，女魃解数用尽不能上天，走到哪里，哪里就旱而不雨。张衡《东京赋》说："囚耕父于清泠，溺女魃于神潢(huáng)。"①《后汉书·礼仪志》引这两句话作注说："耕父、女魃皆旱鬼。恶水，故囚溺于水中，使不能为害。"②

3. 虎食旱魃

为了驱走致旱的女魃，古人就借助于虎。虎被人们认为是能食鬼魅的神物。《风俗通义》说："虎者，阳物，百兽之长也，能执缚挫锐，噬(shì)食鬼魅。"在汉代大傩(nuó)活动中就有以人装扮成十二神兽来驱鬼怪，虎属十二神兽之一。而女魃是危害人类的恶鬼之一。

4. 祭风伯雨师

雨师的神话传说最早来自对雨水的自然崇拜。《独断》说："雨师者，毕星也，其象在天，能兴雨。"风伯是民间对风神的称呼，起初也有被视为某一星体。《独断》说："风伯神，箕星也，其象在天，能兴风。"汉代对风伯、雨师的祭祀已经纳入了国家的祭典，深入到了县、乡基层，成为人们每年必须祭祀的重要神祇之一，民间也都设有风伯、雨师庙。《汉书·郊祀志》说："秦时雍有二十八宿，风伯、雨师之属，百有余庙。"③《后汉书·祭祀志》又说："县邑常以乙未日祠先农于乙地，以丙戌日祠风伯于戌地，以己丑日祠雨师于丑地，用羊豕。"④

5. 雩祭求雨

《通典》记载：汉武帝元封六年(公元前105年)，旱，女子及巫丈夫不入市。这是汉代最早求雨的记载。汉代求雨的仪式，《汉旧仪》有记载："孟夏龙见而始雩，坛在城东南，引龟山为沂水至坛，西南行曰云水曲中，坛上舞雩。旧制求雨太常祷天地宗庙社稷山川，已赛各如具常祭牢礼。四月立夏后旱乃求雨。祷求雨到七月。毕赛之秋、冬、春三时不求雨。"《后汉书·礼仪志》载："自立春至立夏尽立秋，郡国上雨泽。若少，郡县各扫除社稷；其旱也，公卿官长以次行

①② 范晔：《后汉书》志5，《礼仪中》. 北京：中华书局，1965.

③ 班固：《汉书》卷25上，《郊祀志》. 北京：中华书局，1962.

④ 范晔：《后汉书》志9，《祭祀志》. 北京：中华书局，1965.

雩礼求雨。闭诸阳，衣皂，兴土龙，立土人舞僮二佾，七日一变如故事。”①

汉代祈禳救灾活动中，求雨最为典型。汉代祈雨是国家对旱灾采取的制度化、社会化的措施，东汉时期尤其突出。

（二）祈禳救灾的情况

汉代君主大多相信鬼神的存在，汉文帝后元元年（公元前 163 年）诏说：“间者数年比不登，又有水旱疾疫之灾，朕甚忧之。思而不明，未达其咎。意者朕之政有所失而行有过与？乃天道有不顺，地利或不得，人事多失和，鬼神废不享与？何以致此？”②文帝将“鬼神废不享”作为致灾的原因。汉武帝也是一个迷信鬼神的人。武帝元封元年（公元前 110 年），“是岁小旱，上令百官求雨”③。就是命令百官用祈祷的办法求雨。

东汉君主祈禳救灾的措施比西汉明显增多。君主们公开在诏书中号召百官祈祷救灾，并带头祈祷救灾。汉明帝是祈禳救灾的代表。永平三年（公元 60 年）夏旱，明帝说：“汤引六事，咎在一人……比上天降旱，密云数会，朕戚然惭惧，思获嘉应，故分布祷请，窥候风云，北祈明堂，南设雩场。今又敕大匠止作诸宫，减省不急，庶消灾谴。”④明帝永平四年（公元 61 年）春二月，诏说：“朕亲耕藉田，以祈农事。京师冬无宿雪，春不燠（yù）沐，烦劳群司，积精祷求。而比再得时雨，宿麦润泽。其赐公卿半奉。有司勉遵时政，务平刑罚。”⑤一直到他去世的永平十八年（公元 75 年），明帝仍然坚持用这种方式救灾。他说：“自春已来，时雨不降，宿麦伤旱，秋种未下，政失厥中，忧惧而已……理冤狱，录轻系。二千石分祷五岳四渎。郡界有名山大川能兴云致雨者，长吏各洁斋祷请，冀蒙嘉澍（shù）。”⑥

章帝继承了明帝的做法，章帝元和二年（公元 85 年）二月，诏说：“今山川鬼神应典礼者，尚未咸秩。其议增修群祀，以祈丰年。”⑦

顺帝也是一个相信鬼神存在的人，顺帝阳嘉元年（公元 132 年）二月，“京师旱。庚申，敕郡国二千石各祷名山岳渎，遣大夫、谒者诣嵩高、首阳山，并祠河、洛，请雨。戊辰，雩”。又诏说：“政失厥和，阴阳隔并，冬鲜宿雪，春无澍雨。分祷祈请，靡神不禜（cè）。深恐在所慢违‘如在’之义，今遣侍中王辅等，持节分诣岱山、东海、荥阳、河、洛，尽心祈焉。”⑧

冲帝永嘉元年（公元 145 年）五月又发生旱灾，质帝诏说：“自春涉夏，大旱炎赫，忧心京京，故得祷祈明祀，冀蒙润泽……郡国有名山大泽能兴云雨者，二千石长吏各洁斋请祷，竭诚尽礼。”⑨

汉代不仅君主普遍相信祈禳可以消灾，地方官员和普通百姓也是笃信不疑。《后汉书·独行列传》记载：

谅辅，字汉儒，广汉新都人也。仕郡为五官掾。时夏大旱，太守自出祈祷山川，连日而无所降。辅乃自暴庭中，慷慨咒曰：“辅为股肱，不能进谏纳忠，荐贤退恶，和调阴阳，承顺天意，至令

① 范晔：《后汉书》. 北京：中华书局，1965.
② 班固：《汉书》卷 4，《文帝纪》. 北京：中华书局，1962.
③ 班固：《汉书》卷 24 下，《食货志》. 北京：中华书局，1962.
④ 范晔：《后汉书》卷 41，《钟离意传》. 北京：中华书局，1965.
⑤⑥ 范晔：《后汉书》卷 2，《明帝纪》. 北京：中华书局，1965.
⑦ 范晔：《后汉书》卷 3，《章帝纪》. 北京：中华书局，1965.
⑧ 范晔：《后汉书》卷 6，《顺帝纪》. 北京：中华书局，1965.
⑨ 范晔：《后汉书》卷 6，《质帝纪》. 北京：中华书局，1965.

天地否隔，万物焦枯，百姓喁(yóng)喁，无所诉告，咎尽在辅。今郡太守改服责己，为民祈福，精诚恳到，未有感彻。辅今敢自祈请，若至日中不雨，乞以身塞无状。”于是积薪柴聚茭茅以自环，构火其旁，将自焚焉。未及日中时，而天云晦合，须臾澍雨，一郡沾润，世以此称至诚。①

通过以上分析，可以看出祈禳救灾在两汉时期普遍存在，君主、官员和普通百姓们皆相信祈禳的救灾功效，他们不仅日常保持对鬼神的祭祀，在灾害发生时更加注意祈禳。

(三)祈禳救灾的发展

祈禳救灾是先秦时期流传下来的一种救灾之术，在汉代出现了新的发展趋势。一是祈禳仪式的阴阳五行化；二是祈禳的器物化，人们通过装饰、佩带具有祈福避邪功能的象征物来代替举行祈禳避灾仪式；三是祈禳的术数化，出现了一批专业从事驱除灾异的方士，采用类似魔术的手段救灾。

1. 祈禳仪式的阴阳五行化

汉代祈禳仪式采用了阴阳五行生克的原理。例如，董仲舒设立了一种求雨的仪式，一年分春、夏、季夏、秋、冬5个季节，不同季节求雨采用不同的仪式。春季求雨祀社神、忌伐名木，尚东方，数尚八；夏季祀灶，忌举土功，尚南方，数尚七；季夏求雨祀山，不兴土功，尚南方，数尚五；秋季求雨祀门，不举火，尚西方，数尚九；冬季求雨祀井，无壅水，尚北方，数尚六。以下为春季求雨的仪式片段：

春旱求雨，令县邑以水日令民祷社，家祀户。无伐名木，无斩山林。暴巫聚蛇八日于邑东门之外，为四通之坛，方八尺，植苍缯(zēng)八。其神共工祭之以生鱼八元，酒具清酒膊脯。择巫之清洁辩言利辞者以祝，祝斋三日，服苍衣，先再拜乃跪陈，陈已复再拜，乃起祝曰："昊天生五谷以养人，今五谷病旱，恐不成，敬进清酒膊脯。"再拜请雨，雨幸大澍，奉牲祷以甲乙日。为大苍龙一，长八丈，居中央。为小龙七，各长四丈，于东方，皆东乡，其间相去八尺。小童八人皆斋三日，服青衣而舞之。田啬夫亦斋三日，服青衣而立之。②

董仲舒说："四时皆以水为龙，必取洁土为之结盖，龙成而发之，四时皆以庚子之日令吏民夫妇皆偶处，凡求雨之大体，丈夫欲藏匿，女子欲和而乐神，《书》又说：开神山神渊积薪，夜击鼓噪而燔(fán)之，为其旱也。"这里讲的夫妇偶处是用阴阳交合感应上天的巫术，丈夫藏匿，女子和乐，是说男子属阳，女子属阴，旱为阳，雨为阴，藏男现女也就是藏阳现阴，有利于感应求雨。这是同类相感、相生的原理。还说："大雩者何？旱祭也。难者说：大旱雩祭而请雨，大水鸣鼓而攻社，天地之所为阴阳之所起也，或请焉或怒焉者何？答者说：大旱者，阳灭阴也；阳灭阴者，尊压卑也，固其义也，虽大甚，拜请之而已，无敢有加也。大水者，阴灭阳也，阴灭阳者，卑胜尊也，日食亦然，皆下犯上以贱伤贵者，逆节也，故鸣鼓而攻之，朱丝而胁之，为其不义也。"

2. 祈禳的器物化

通过装饰一些具有克灾功能的象征物以达到消灾的目的。这种巫术有时也称为"厌胜"，厌是压制的意思，胜是制服之意，厌胜就是通过某种方法或象征物阻止灾害的发生。汉代人们常常将桃人、苇索、画虎、画神荼、郁垒的像饰于门上，以达到驱鬼免灾的目的。此外，古人佩带的钱币、玉器及其他饰物有些就有厌胜功能。如汉代还有一种习俗，"五月五日以五彩丝系臂

① 范晔:《后汉书》卷81,《独行列传》. 北京:中华书局,1965.

② 董仲舒:《春秋繁露》卷16,《求雨》. 北京:中华书局,1992.

者，辟兵及鬼，令人不病温”①。

3. 祈禳的术数化

祈禳在先秦就是一种职业行为，汉代祈禳救灾之术发展成一类专门的神秘学问，主要门类有七政、元气、风云占候、风角、占卜、天官、星算、图纬、遁甲等，而且涌现出一大批专业术士，这个现象在东汉最为突出，《后汉书》专门将这类人物载入《方术列传》。根据记载，这些人不仅能够预测灾害，而且可以通过神秘的法术消除灾害。例如，任文公西汉哀帝时为益州治中从事。时，天大旱，白刺史说：“五月一日，当有大水。其变已至，不可防救，宜令吏人豫为其备。刺史不听，文公独储大船。百姓或闻，颇有为防者。到其日旱烈，文公急命促载，使白刺史，刺史笑之。日将中，天北云起，须臾大雨，至晡时，前水涌起十余丈，突坏庐舍，所害数千人。”②

东汉还有用法术救灾的记载。明帝时，汝南郡境大旱。高获“素善天文，晓遁甲，能役使鬼神”。郡守鲍昱(yù)自往问何以致雨，获说：“急罢三部督邮，明府当自北出，到三十里亭，雨可致也。昱从之，果得大雨。”③杨厚“建初中为彭城令，一州大旱，统推阴阳消伏，县界蒙泽。太守宗湛使统为郡求雨，亦即降澍”④。

上述神秘预测与消除灾害的记载，从现代科学观点看来，大多不可信。

(四)对祈禳救灾的质疑

汉代普遍相信鬼神的存在，祈禳消灾也是常见的救灾之术，但是也有人怀疑其作用。东汉的王充是汉代批评祈禳救灾的代表。王充曾明确说，旱年举行雩祭是求不到雨的。“雨无形兆，深藏高山，人君雩祭，安耐得之？”他对土龙致雨也提出了质疑，说：“董仲舒申春秋之雩，设土龙以招雨，其意以云龙相致。《易》记载：‘云从龙，风从虎。’以类求之，故设土龙，阴阳从类，云雨自至。”王充批驳这一观点说：“风从虎，谓虎啸而谷风至也，风之与虎亦同气类。设为土虎置之谷中，风能至乎？夫土虎不能而致风，土龙安能而致雨？”

汉顺帝时，灾异屡见，阳嘉二年正月，北海安丘人方士郎顗上疏请顺帝修德弭灾。郎顗明确提出，祈祷禳灾的办法并不能阻止灾害的发生，只有反躬自省，修德改政，才能感动上天，消弭灾祸。当然，现在看来，修德改政也不是直接、科学、有效的救灾办法，但是改良吏治、减轻刑罚、减免赋役多少能起到缓解社会矛盾、稳定社会秩序的作用，在一定程度上增强了社会的承灾能力，客观上减少了灾害对社会的破坏程度，减轻了灾害引起的社会动荡，有一定的积极意义(焦培民 等，2009)。

二、修德救灾

汉代信奉灾异天谴观念，认为发生灾害是君臣失德所致，因而要采取修德救灾的对策。修德救灾是汉代比较典型的救灾方式，其包括因灾避正殿、因灾自责、因灾改元、因灾免官、因灾求谏、因灾选士、因灾恤刑、因灾节用、因灾薄征等几个方面(焦培民 等，2009)。

(一)因灾避正殿

汉代君主在救灾过程中有一种仪式称为“避正殿”，后来也称为“避正寝”，有时简称为“避寝”或“避移”。因灾“避正殿”在汉代比较普遍，对后世影响也很大。

---

① 欧阳询：《艺文类聚》卷4引，《风俗通义》. 北京：中华书局，1965.

②③ 范晔：《后汉书》卷82上，《方术列传》. 北京：中华书局，1965.

④ 范晔：《后汉书》卷30上，《杨厚传》. 北京：中华书局，1965.

1. 因灾避正殿概况

汉代最早的避正殿记载出现于汉景帝三年(公元前 154 年),当时爆发了吴楚七国之乱。如果说这次避正殿是因为兵灾的话,后来记载的 14 个避正殿事例都是因为自然界的灾异,如下。

①明帝永平三年(公元 60 年)夏旱,钟离意上疏:"伏见陛下以天时小旱,忧念元元,降避正殿,躬自克责,而比日密云,遂无大润,岂政有未得应天心者邪?"①

②献帝兴平元年(公元 194 年)秋七月,"三辅大旱,自四月至于是月。帝避正殿请雨,造使者洗囚徒,原轻系"②。

避正殿是汉代普遍实行的救灾仪式。东汉的次数高于西汉。

2. 因灾避正殿的仪式

素服避正殿的仪式包括素服、避正殿、不听事五日和寝兵。

(1) 素服

君主和大臣都要缟冠、素衣、白裳甚至白车、白马,全着白色丧服,表达悲伤、恐惧、自责的心情。这种仪式源于先秦,《周礼·春宫》载:"大札、大荒、大灾素服。"注:"大札,疫病也;大荒,饥馑也;大灾,水火为害。君臣素服、缟(gǎo)冠。"

(2)避正殿

君主不在正殿朝会,而是"坐东西堂"。正殿是君主处理政务的地方,离开正殿表示不处理政事。

(3)不听事五日

不听事五日是汉代惯例,又叫辍朝五日,五天不再处理政事,表示对失政的反省改过。现代社会在事故发生后,官员停职反省、企业停业整顿之类的惯例大概起源于这种仪式。

(4)寝兵

寝是止息的意思,兵指战事。寝兵即停止战事。寝兵也是五日,与不听事同时进行,同样表达反省之意。寝兵息政,不仅是救灾的一种仪式,同时也是古代一种顺应时令的行为。

素服避正殿行为在灾害时期起到安定和鼓励人心的作用,在汉代救灾过程中的积极作用值得肯定。从对后世的影响看,汉代的因灾避正殿被历代王朝所沿袭,成为中国君主传统的救灾仪式。

(二)因灾自责

汉代人普遍相信天降灾害是朝廷失德所致,因此每当灾害发生,君主首先要下诏自责,反省朝政之失。这类诏书比比皆是。如建初五年(公元 80 年)春二月发生了日食和旱灾,章帝下诏说:"联新离供养,愆(qiān)咎众著,上天降异,大变随之。"又说:"去秋雨泽不适,今时复旱,如炎如焚。凶年无时,而为备未至。朕之不德,上累三光,震栗忉忉,痛心疾首。"③

三公也有因灾自责的表现。两汉普遍认为三公作为国家皇帝之下的最高长官,具有协理阴阳的职责,对灾害的产生负有重要责任。发生灾害,为三公失职。三公自责的表现就是主动上书皇帝,承认不称职,请求治罪、辞职或退休。

---

① 范晔:《后汉书》卷 41,《钟离意传》. 北京:中华书局,1965.

② 范晔:《后汉书》卷 9,《献帝纪》. 北京:中华书局,1965.

③ 范晔:《后汉书》卷 3,《章帝纪》. 北京:中华书局,1965.

地方官员如果其辖区内发生灾害，官员也会认为是自身失职所致，会通过各种方式谢过。东汉时的广汉郡五官掾(yuàn)谅辅因为旱灾，祈禳救灾时，就有自责之词，自称身为辅臣，"不能进谏纳忠，荐贤退恶，和调阴阳，承顺天意，至令天地否隔，万物焦枯，百姓喁喁，无所诉告，咎尽在辅"。①

因灾自责是修德弭灾的一种表现，汉代从皇帝、三公到各级官员都存在着这种观念。

(三)因灾改元

因灾改元，就是因灾异发生，用更换年号的办法达到消除灾害的目的。

汉代改元目的只有一个，都是为了昭告上天和万民，祈福去灾。在太初年间，由于发生旱灾，汉武帝打破了六年一更年号的规律，自太初五年始将年号更名为"天汉"。应劭(shào)说："时频年苦旱，故改元为天汉，以祈甘雨。"师古说："《大雅》有《云汉》之诗，周大夫仍叔所作也，以美宣王遇旱灾修德勤政而能致雨，故依以为年号也。"②东汉改元多数根据实际情况作出，其中就有一部分因灾异作出。

(四)因灾免官

在灾害发生后，汉代君主除了自责外，同时也指责当政大臣不尽忠职守，让他们改过自新，或逼迫臣下辞职或自杀，充当替罪羊。

宰相或三公都有管理阴阳的责任，如果出现阴阳失调和灾异，他们当然就难辞其咎。三公范围除丞相、御史大夫、太尉外，还增加了大将军。方式上除策免外，还增加了"责三公"的事例。西汉因灾责免三公的事例如下：

章帝元和元年(公元84年)，因旱，八月甲子，太尉邓彪罢，大司农郑弘为太尉。

顺帝阳嘉三年(公元134年)，是岁河南、三辅大旱，五谷灾伤。"十一月壬寅，司徒刘琦、司空孔扶免。"

灵帝熹平五年(公元176年)，四月，大雩。五月，太尉陈耽罢，司空许训为太尉(焦培民等，2009)。

(五)因灾求谏

在灾异天谴观念的支配下，除因灾自责、因灾免官追究责任外，更重要的是要寻求改良政治，修德去刑，以求重新获得上天的信任，最终达到免灾的目的。因此，在这种心理支配下，每当灾害来临时，君主非常希望臣民能提出意见和建议，寻找天降灾异的原因和改良政治的办法，大臣们也主动提出建议，要求改良政治。后元元年(公元前163年)，文帝下诏求谏："间者数年比不登，又有水旱疾疫之灾，朕甚忧之。愚而不明，未达其咎。意者朕之政有所失而行有过与？乃天道有不顺，地利或不得，人事多失和，鬼神废不享与？何以致此？将百官之奉养或费，无用之事或多与？何其民食之寡乏也！夫度田非益寡，而计民未加益，以口量地，其于古犹有余，而食之甚不足，其咎安在？无乃百姓之从事于末以害农者蕃，为酒醪以靡谷者多，六畜之食焉者众与？细大之义，吾未能得其中。其与丞相、列侯、吏二千石、博士议之，有可以佐百姓者，率意远思，无有所隐。"③

因灾求谏是失德天谴观念的产物，具有迷信色彩，但是这种救灾措施对于统治者反省政治

① 范晔：《后汉书》卷81，《独行列传》. 北京：中华书局，1965.

② 班固：《汉书》卷6，《武帝纪》. 北京：中华书局，1962.

③ 班固：《汉书》卷4，《文帝纪》. 北京：中华书局，1962.

失误、改良吏治起到了积极作用，有利于政府更好地发挥救灾职能，因而这种措施也有一定的积极意义。

（六）因灾选士

汉代常将灾异出现归因于政治选举不良，因而也将选用人才作为修德免灾的措施之一。因灾选士的事例如下：

元帝初元三年（公元前 46 年），因旱，六月，诏曰："……间者阴阳错谬，风雨不时……丞相、御史举天下明阴阳灾异者各三人。"

章帝建初五年（公元 80 年），春二月，诏曰："……久旱伤麦，忧心惨切。公卿已下，其举直言极谏、能指朕过失者各一人，遣诣公车，将亲览问焉。其以岩穴为先，勿取浮华。"

安帝元初元年（公元 114 年），京师及郡国五旱、蝗。诏三公、特进、列侯中二千石郡守举敦厚质直者，各一人（焦培民 等，2009）。

因灾选士与因灾求谏一般同时进行，向朝廷推荐的士人要对灾异和朝政发表对策，皇帝根据策论的水平量才录用，这反映了灾异对汉代用人制度的影响。不过因灾选士与因灾求谏一样，并不能直接产生救灾效果。

（七）因灾恤刑

刑罚苛滥常被汉代人认为是"不德"，因为刑主杀，德为生。灾害出现，君主都要修德去刑，赦免罪犯或减轻对他们的惩罚。因灾恤刑表现为 3 种方式：因灾大赦、因灾录囚、因灾赎罪。

1. 因灾大赦

大赦就是在灾异发生后，将犯人赦免，在押的释放回家。大赦有各种原因，因灾异出现而大赦是其中一种情形。汉代认为刑杀太滥有伤君主之德，而上天降灾异就是警告君主要修德去刑。因此，有灾异出现，君主下诏大赦也是"修德消灾"的一种办法。

大赦是两汉政府消灾的常见手段。据统计，因灾异实行大赦的概率占大赦情况的 1/3 还要多，东汉最后的皇帝汉献帝仍然不停地实行大赦天下，其中就有不少是因灾大赦。

大赦并不能救灾，不过因灾大赦能起到安慰民心的作用。

2. 因灾录囚

录囚的内容表现在三个方面：一是理冤枉，二是原轻系，三是去刑械。理冤枉就是查明并平反冤案，这是录囚的重点。原轻系，也作"出轻系""理轻系""录轻系"。轻系与重囚相对，是指犯轻微罪行的人，重囚则是犯有严重罪行的人。原轻系就是审理轻微犯罪的案件，一般是将犯人释放回家。

《后汉书》记载了两起皇帝和皇后录囚引起大雨，缓解旱情的事例。一是和帝永元六年（公元 94 年），"秋七月，京师旱……（帝）幸洛阳寺，录囚徒，举冤狱。收洛阳令下狱抵罪，司隶校尉、河南尹皆左降。未及还宫而澍雨"①。二是安帝永初二年"五月，旱。丙寅，皇太后幸洛阳寺及若庐狱，录囚徒，赐河南尹、廷尉、卿及官属以下各有差，即日降雨"②。

"录囚降雨"是汉代尤其是东汉从地方到中央都普遍相信的一种观念，东汉更加明确地将灾害尤其是旱灾归因于冤狱，因而将清理冤狱作为求雨的重要手段。光武帝建武五年诏书中

① 范晔：《后汉书》卷 4，《和帝纪》. 北京：中华书局，1965.

② 范晔：《后汉书》卷 5，《安帝纪》. 北京：中华书局，1965.

说:"久旱伤麦,秋种未下,朕甚忧之。将残吏未胜,狱多冤结,元元愁恨,感动天气乎?其令中都官、三辅、郡、国出系囚,罪非犯殊死一切勿案,见徒免为庶人。务进柔良,退贪酷,各正厥事焉。"①顺帝阳嘉三年春"诏以久旱,京师诸狱无轻重皆且勿考竟,须得澍雨"。②

因灾录囚虽然对救灾并无实质帮助,但在一定程度上减轻了统治者对穷苦百姓的残暴统治,客观上对救灾有利。

3. 因灾赎罪

因灾赎罪是指在灾年,特别允许犯人通过向国家交纳粮食或钱、帛等财物的方式,换取减轻或免除所犯罪行。灾害之年允许罪人赎罪,包含两种目的:一是符合因灾缓刑的观念,二是可以筹集部分救灾物资。汉武帝太始二年秋,因为天旱。于九月,"募死罪人赎钱五十万减死一等"③。

(八)因灾节用

汉代节约开支包括减少宫廷消费、减少吏俸、禁止浪费粮食等几个方面。

1. 减少宫廷消费

减少宫廷消费包括减少天子膳食供应、减少太仆养马的消费、减少游乐项目和人员、减少楼台馆阁等游乐设施的建造等。如文帝后元六年(公元前 158 年)"夏四月,大旱,蝗。令诸侯无入贡,弛山泽,减诸服御,损郎吏员"④。宣帝本始四年(公元前 70 年)春正月,诏曰:"今岁不登,已遣使者赈贷困乏。其令太官损膳省宰,乐府减乐人,使归就农业。"⑤

2. 减少吏俸

天凤三年(公元 16 年)五月王莽颁布禄制度说:"予遭阳九之厄,百六之会,国用不足,民人骚动,自公卿以下,一月之禄十緵布二匹或帛一匹。予每念之,未尝不戚焉。今厄会已度,府帑虽未能充,略颇稍给。其以六月朔庚寅始,赋吏禄皆如制度。四辅公卿大夫士,下至舆僚凡十五等。僚禄一岁六十六斛稍以差增,上至四辅而为万斛云……公卿大夫元士食其采,多少之差,咸有条品。岁丰穰则充其礼,有灾害则有所损,与百姓同忧喜也。"⑥从王莽的言论中可以看出,由于国家遭遇灾荒,官吏的俸禄都降到极低,每月只有十緵布二匹,或十緵帛一匹。只有在大灾过去之后,才重新实行正常的俸禄制度。延熹五年(公元 162 年)"八月庚子,诏减虎贲、羽林住寺不任事者半奉,勿与冬衣;其公卿以下给冬衣之半"。刘昭注引《东观记》说:"以京师水旱疫病,帑藏空虚,虎贲、羽林不任事者住寺,减半奉。"⑦

3. 禁止浪费粮食

汉代在灾害之年有禁止用粮食饲马和酿酒的规定,西汉大臣魏相说,每逢灾年,朝廷都要"禁秣马、酤(gū)酒、贮积"⑧。国家之所以禁止灾年秣马、造酒,是因为这两项活动消耗的粮食太多。如景帝中元三年(公元前 147 年)"夏旱,禁酤酒"⑨。景帝后元二年(公元前 142 年)

① 班固:《汉书》卷 1,《光武帝纪》.北京:中华书局,1962.

② 范晔:《后汉书》卷 6,《顺帝纪》.北京:中华书局,1965.

③ 班固:《汉书》卷 6,《武帝纪》.北京:中华书局,1962.

④ 班固:《汉书》卷 4,《文帝纪》.北京:中华书局,1962.

⑤ 班固:《汉书》卷 8,《宣帝纪》.北京:中华书局,1962.

⑥ 班固:《汉书》卷 99 ,《王莽传》.北京:中华书局,1962.

⑦ 范晔:《后汉书》卷 7,《桓帝纪》.北京:中华书局,1965.

⑧ 班固:《汉书》卷 74,《魏相传》.北京:中华书局,1962.

⑨ 班固:《汉书》卷 5,《景帝纪》.北京:中华书局,1962.

“春，以岁不登，禁内郡食马粟，没人之”①。

两汉时期君主及各级统治者在灾荒之年能够倡俭抑奢，多少对社会救灾起到一些正面效果。

(九)因灾薄征

薄征就是减免税收，弛力就是减少兵役、徭役，去几就是不征关税。两汉时期，农民对国家的负担主要有田租、人头税，还要服兵役和徭役。这些负担在平时对一个普通农家来说，是一项沉重的负担。如再遇上灾害，必致家破人亡。因此，汉代政府通常要根据情况减免赋税徭役。

汉代通常减免的方式是“毋出租赋”，租包括田租和刍(chú)稿，赋包括算赋和口赋。“毋出”即全部免除。标准是“被灾甚者”，即受灾比较严重的，一般期限是一年，即受灾当年。宣帝本始三年(公元前 71 年)夏五月，“大旱，郡国伤旱甚者，民毋出租赋。三辅民就贱者，且毋收事，尽四年”。师古说：“收谓租赋也，事谓役使也。尽本始四年而止。”②

“被灾甚者”比较接近的说法是“被灾什四以上”，所谓“什四”是指农业收成 4/10，也就是说如果灾害造成农作物减产 4/10 以上，就构成严重的程度，一般要免除租赋。这个标准形成于汉成帝时期。东汉减免标准更加细化，一是对达到“什四”标准的，大体上分为“不收租”“半收租”两种情况，口赋、算赋不再连同减免。二是补充了“不满者，以实除之”的规定③。和帝永元四年(公元 92 年)十二月壬辰，诏说：“今年郡国秋稼为旱、蝗所伤，其什四以上勿收田租、刍稿；有不满者，以实除之。”有时候，严重受灾是“什五以上”。安帝永初七年(公元 113 年)：“八月丙寅，京师大风，蝗虫飞过洛阳。诏赐民爵，郡国被蝗伤稼十五以上，勿收今年田租；不满者，以实除之。”④

税收减免一般限于受灾地区，也有普遍减免。平帝元始二年(公元 2 年)因“郡国大旱，蝗”，下令“天下民赀不满二万及被灾之郡不满十万，勿租税”⑤。和帝永元九年(公元 97 年)六月，因有蝗、旱灾害，下诏：“今年秋稼为蝗虫所伤，皆勿收租、更、刍稿；若有所损失，以实除之，余当收租者亦半人。”⑥

汉代吏治一直不好，对灾年蠲免的落实也存在问题。武帝、宣帝都曾对上计不实提出过质疑。东汉时期地方豪强割据，不把诏书放在眼里，以致吏治更加败坏。汉安帝元初二年(公元 115 年)五月，“京师旱，河南及郡国十九蝗”⑦。诏书中对隐瞒灾害的官员提出尖锐批评，说：“被蝗以来，七年于兹，而州、郡隐匿，裁言顷亩。今群飞蔽天，为害广远，所言所见，宁相副邪？三司之职，内外是监，既不奏闻，又无举正。天灾至重，欺罔罪大。”⑧在这种情况下，汉代的蠲免政策要打折扣(焦培民 等，2009)。

三、赈济救灾

救灾的关键在于满足灾民衣、食、住以及医疗等方面的基本要求，其中“食”最为重要。一旦发生自然灾害，整个灾区在很短的时间里就陷入了饥饿之中，此时只有指望官府仓储藏粮拯

① 班固：《汉书》卷 5，《景帝纪》. 北京：中华书局，1962.
② 班固：《汉书》卷 8，《宣帝纪》. 北京：中华书局，1962.
③⑥ 范晔：《后汉书》卷 4，《和帝纪》. 北京：中华书局，1965.
④⑦⑧ 范晔：《后汉书》卷 5，《安帝纪》. 北京：中华书局，1965.
⑤ 班固：《汉书》卷 12，《平帝纪》. 北京：中华书局，1962.

救众生。同时，政府还要提供其他一些抚恤、补救措施。汉代赈济救灾措施根据提供物资类型不同，分为施粥、赐爵、赐谷、赐衣帛、赐医药、赐棺钱、假贷耕牛粮种、赋贷园田等几种情况（焦培民 等，2009）。

（一）赈灾物资筹集

汉代的赈济物资一大部分是来自农业和工商业税收，分别由大司农和少府掌管。西汉政府的官员说："王者塞天财，禁关市，执准守时，以轻重御民，丰年岁登则储积以备乏绝，凶年恶岁则行币物流有余而调不足也。""均输之蓄，仓廪之积，战士以奉，饥民以赈，故均输之物，府库之财，非所以贾万民而专奉兵师之用，亦所以赈困乏而备水旱之灾也。"①这些言论表明，两汉时期国家财政收入除了用于军事支出外，另一个重要用途就是救灾。除国家财政外，救灾物资还有一部分来自官民自发捐献或政府的临时筹集。临时筹集救灾物资的方式有：鼓励义赈、卖官鬻爵、假王侯富民等几种。

1. 鼓励义赈

鼓励义赈包括两个方面：一是鼓励民间相互救助，二是鼓励富民向国家捐献救灾物资。这种措施先秦时称为"劝分"。宣帝本始四年（公元前 70 年）春正月，诏说："盖闻农者兴德之本也，今岁不登，已遣使者赈贷困乏。其令太官损膳省宰，乐府减乐人，使归就农业。丞相以下至都官令、丞上书入谷，输长安仓，助贷贫民。民以车船载谷入关者，得毋用传。"②这是汉代灾年国家向官吏派捐的重要记录。

2. 卖官鬻爵

汉代以爵位、官职和除罪作为交换条件筹集救灾物资始于汉文帝时期，当时晁错建议："欲民务农，在于贵粟；贵粟之道，在于使民以粟为赏罚。今募天下入粟县官，得以拜爵，得以除罪"。③ "于是文帝从错之言，令民入粟边，六百石爵上造，稍增至四千石为五大夫，万二千石为大庶长，各以多少级数为差"④。晁错又建议："（今）边食足以支五岁，可令入粟郡、县矣……时有军役，若遭水旱，民不困乏。"⑤当时奖励入粟只是备荒之策，到了景帝时期则成了名副其实的救灾应急措施了，史载景帝时"上郡以西旱，复修卖爵令，而裁其贾以招民，及徒复作，得输粟于县官以除罪"⑥。

卖官最初是为了救灾，后来筹钱用于皇帝的个人花销，大大败坏了吏治。桓帝、灵帝都做过这样的事情。灵帝光和元年"初开西邸卖官，自关内侯、虎贲（bēn）、羽林，入钱各有差。私令左右卖公卿，公千万，卿五百万"⑦。

3. 假王侯富民

假王侯富民即国家向王侯富人借粮食、钱物救灾，过后再归还。这种情况东汉比较突出。东汉顺帝、桓帝时常有朝廷向诸侯国借贷之事。史称"天下饥馑，帑（tǎng）藏虚尽，每出征伐，常减公卿俸禄，假王侯租赋"⑧。有的直接用于救灾，如桓帝永寿元年（公元 155 年）"二月，司隶、冀州饥，人相食。敕州郡赈给贫弱。若王侯吏民有积谷者，一切貣（dài）十分之三，以助禀

---

① 桓宽：《盐铁论》. 北京：华夏出版社，2000.

② 班固：《汉书》卷 8，《宣帝纪》. 北京：中华书局，1962.

③④⑤⑥ 班固：《汉书》卷 24，《食货志》. 北京：中华书局，1962.

⑦ 范晔：《后汉书》卷 8，《灵帝纪》. 北京：中华书局，1965.

⑧ 范晔：《后汉书》卷 38，《冯绲传》. 北京：中华书局，1965.

贷;其百姓吏民者,以见钱雇直。王侯须新租乃偿”①。桓帝延熹四年(公元 161 年)秋七月,因为旱灾,“京师雩。减公卿以下奉,貣王侯半租。占卖关内侯、虎贲、羽林、缇骑营士、五大夫钱各有差”②。

(二)赈济方式

赈济就是通过提供救灾物资的方法以达到救济灾民的目的。从提供方式上可分为禀赐、假贷、工赈,前两种方式比较典型。

1. 禀赐

禀赐指无偿供给或免费发放粮食、衣物、钱帛等,这是救济灾民的主要手段。禀作为一种赈济方式,主要指免费发放粮食。赐则指无偿发放一切有形、无形的物质,其中包括粮食、衣物、棺材、钱、帛等有形财物,也包括爵位等无形资产。

2. 假贷

假和贷意思相同,都是借给粮食、土地、钱帛。假贷与禀赐的区别是,假贷一般要归还,或要收取一定的租税、利息。章帝元和元年(公元 84 年)二月,因为蝗、旱、牛疫等自然灾害,政府下令:“郡国募人无田欲徙它界就肥饶者,恣听之。到在所,赐给公田,为雇耕佣,赁(lìn)种饷,贳与田器,勿收租五岁,除算三年。其后欲还本乡者,勿禁。”③诏书中的“雇耕佣”就是出钱雇人耕作,“赁种饷”,就是借种子,“贳(shì)与田器”就是赊买农具。

汉代假贷一般由使者或地方政府根据实际情况做出。假贷一般适用于恢复生产,汉代文献中称为“振业”。所贷之物主要包括食物、粮种、农具、耕牛、园田等。其对象一般都是贫困人口,一类是弱势人群,一类是遭灾严重的家庭。平帝元始二年(公元 2 年)秋,“郡国大旱,蝗,青州尤甚,民流亡”“罢安定呼池苑,以为安民县,起官寺市里,募徙贫民,县次给食。至徙所,赐阳宅什器,假与犁、牛、种、食。又起五里于长安城中,宅二百区,以居贫民。”④汉代假贷不仅用于农业生产,还可以用于工商业。

3. 工赈

工赈又叫以工代赈,就是政府在灾年吸收灾民参加社会劳动并支付钱物报酬,用这一办法代替直接向灾民无偿发放钱物,或实行假贷。这个办法的好处是,既间接救济灾民,又可利用社会闲散劳动力进行公益性或基础设施建设。平帝元始二年(公元 2 年),发生蝗灾。王莽“遣使者捕蝗,民捕蝗诣吏,以石斗受钱”⑤。就是根据捕蝗多少而给赏钱,这样做既有利于减少蝗灾危害程度,又改善了灾民的生活状况,这就有工赈的性质。王莽地皇三年(公元 22 年)“夏,蝗从东方来,飞蔽天,至长安,入未央宫,缘殿阁。莽发吏民设购赏捕击”⑥。王莽这次设购赏捕蝗与元始二年的做法性质相同。

(三)赈济措施

1. 施粥

施粥就是官府或民间无偿向灾民提供粥食的临时救灾办法。灾荒之年,饥饿是生存面临的首要问题,施舍一口饭往往能救活一条命。古代常将施粥作为灾年临时救急的办法。汉代

---

①② 范晔:《后汉书》卷 7,《桓帝纪》. 北京:中华书局,1965.

③ 范晔:《后汉书》卷 3,《章帝纪》. 北京:中华书局,1965.

④⑤ 班固:《汉书》卷 12,《平帝纪》. 北京:中华书局,1962.

⑥ 班固:《汉书》卷 99,《王莽传》. 北京:中华书局,1962.

关于施粥救灾的例子列举如下。

(1)王莽地皇三年(公元22年)

二月,关东人相食。四月……莽说:"惟阳九之厄,与害气会,究于去年。枯旱霜蝗,饥馑荐臻,百姓困乏,流离道路,于春尤甚,予甚悼之。今使东岳太师特进褒新侯开东方诸仓,赈贷穷乏。太师公所不过道,分遣大夫谒者并开诸仓,以全元元……又多遣大夫谒者分教民煮草木为酪(lào),酪不可食,重为烦费。"①

酪是一种糊状食物,也就是粥。粥一般用五谷熬制而成,或用米、或用豆,王莽教民用"草木"制粥,可能是用野菜、野果、树叶、树皮之物熬汤。

(2)和帝永元四年(公元92年)

"(曹褒(bāo))迁射声校尉……褒在射声,营合有停棺不葬者百余所,褒亲自履行,问其意故。吏对说:'此等多是建武以来绝无后者,不得埋掩。'褒乃怆然,为买空地,悉葬其无主者,设祭以祀之。迁城门校尉,将作大匠。时有疾疫,褒巡行病徒,为致医药,经理饘粥,多蒙济活。七年,出为河内太守。时春、夏大旱,粮谷踊贵。褒到,乃省吏并职,退去奸残,澍雨数降。其秋大孰,百姓给足,流冗皆还。后坐上灾害不实免。"②

《后汉书·百官志》载:"将作大匠一人,二千石。"本注记载:"承秦,曰将作少府,景帝改为将作大匠。掌修作宗庙、路寝、宫室、陵园木土之功,并树桐梓之类列于道侧。"③将作大匠主要负责宫廷建筑工程,与救灾关系不大。此次施粥当属曹褒的个人行为,在永元四年至六年,暂记作四年。

(3)汉献帝兴平元年(公元194年)

"三辅大旱,自四月至于是月。帝避正殿请雨,遣使者洗囚徒,原轻系。是时谷一斛(hú)五十万,豆麦一斛二十万,人相食啖(dàn),白骨委积。帝使侍御史侯汶出太仓米豆,为饥人作糜粥,经日而死者无降。帝疑赋恤有虚,乃亲于御坐前量试作糜,乃知非实,使侍中刘艾出让有司。于是尚书令以下皆诣省阁谢,奏收侯汶考实。诏说:'未忍致汶于理,可杖五十。'自是之后,多得全济。"④

汉代帝王亲自监管施粥,救济灾民,仅此一例。

2. 赐爵粟

爵原是一种酒器,先秦饮酒时讲究礼仪,不同身份的人用爵有不同的规定。后来爵演化成一种身份的标志,军功越多、爵位越高,就可以获得更多的田宅及养老、免除赋役等许多权利,爵位还可以抵罪和卖钱。西汉初年继承了秦的军功赐爵制度,实行二十等爵。后来随着战争的减少,汉代赐爵逐渐演化成一种福利性的赐予,东汉为灾异而赐爵、赐粟的情况不少。现将史料列举如下。

①光武建武六年(公元30年),诏说:"往岁水、旱、蝗虫为灾,谷价腾跃,人用困乏。朕惟百姓无以自赡,恻然愍(mǐn)之。其命郡国有谷者,给禀高年、鳏(guān)、寡、孤、独及笃癃(lóng)、无家属贫不能自存者,如《律》。二千石勉加循抚,无令失职。"⑤

---

① 班固:《汉书》卷99下,《王莽传下》.北京:中华书局,1962.

② 范晔:《后汉书》卷35,《曹褒传》.北京:中华书局,1965.

③ 范晔:《后汉书》志27,《百官四》.北京:中华书局,1965.

④ 范晔:《后汉书》卷9,《献帝纪》.北京:中华书局,1965.

⑤ 范晔:《后汉书》卷1下,《光武帝纪》.北京:中华书局,1965.

②明帝永平十八年(公元75年)四月,诏说:“自春已来,时雨不降,宿麦伤旱,秋种未下,政失厥中,忧惧而已。其赐天下男子爵,人二级,及流民无名数欲占者人一级;鳏、寡、孤、独、笃癃、贫不能自存者粟,人三斛。”①

③和帝永元十二年(100年)春二月,因为旱灾,“诏贷被灾诸郡民种粮。赐下贫、鳏、寡、孤、独、不能自存者及郡国流民,听入陂池渔采,以助蔬食”②。三月又下诏“赐天下男子爵,人二级,三老、孝悌、力田三级,民无名数及流民欲占者人一级;鳏、寡、孤、独、笃癃、贫不能自存者粟,人三斛”。③

3. 赐棺敛葬

灾害中常有死者,国家埋葬尸骨,既是对死者及其家属的一个交代,也是安定社会、恢复生产生活的前提,同时也是国家仁政的体现。汉初规定:“一室二殍(sì)在堂,县官给一棺;三殍在堂,给二棺。”“赐棺椁(guǒ)而受资者,卿以上予棺钱级千、椁级六百;五大夫以下棺钱级六百、椁级三百;无爵者棺钱三百。”这个规定表明,在西汉初年即已形成赐棺敛葬的法律制度。汉代保留了不少关于救灾过程中赐棺敛葬的诏令,现列举如下。

①平帝元始二年(公元2年),“郡国大旱,蝗,青州尤甚,民流亡”“赐死者一家六尸以上葬钱五千,四尸以上三千,二尸以上二千”④。

②冲帝永嘉元年(公元145年)五月因为旱灾,下诏称:“兵役连年,死亡流离,或支骸不敛,或停棺莫收,朕甚愍焉。昔文王葬枯骨,人赖其德。今遣使者案行,若无家属及贫无资者,随宜赐恤,以慰孤魂。”⑤

汉代受失德天谴观念的影响,认为枯骨不收会造成天灾,常将收葬视为消灾的办法。东汉时,“周畅性仁慈,为河南尹,夏旱,久祷无应,因收葬洛阳城旁客死骸骨万余,应时澍雨”。人们就认为,“客骸(hái)暴露,阴气为沴(lì),阴阳不和,旱魃施虐,故泽及枯骨则上天亦降大泽矣”⑥。

(四)移民就食

移民就食是简单、原始的救灾办法,就是统治者引导或放任灾民逃荒。这种办法基本上不需要国家太多投资,但它的最大不足是造成流民大量增加,不便国家控制,容易酿成社会动乱。一般情况下,移民就食有权宜之计的意思,一旦灾情缓解,统治者都要敦促灾民还乡。但有时也鼓励移民垦荒定居。移民就食的内容包括以下几个方面。

1. 允许或鼓励灾民逃荒觅食

历代帝王都允许灾民逃荒。如宣帝本始三年(公元前71年)夏,“大旱,郡国伤旱甚者,民毋出租赋。三辅民就贱者,且毋收事,尽四年”⑦。“就贱”就是移民到物价较低的地方,并对移民免除赋役。鸿嘉四年(公元前17年)春正月,诏说:“水旱为灾,关东流冗者众,青、幽、冀部尤

---

① 范晔:《后汉书》卷2,《明帝纪》.北京:中华书局,1965.

② 范晔:《后汉书》卷2,《和帝纪》.北京:中华书局,1965.

③ 范晔:《后汉书》卷4,《和帝纪》.北京:中华书局,1965.

④ 班固:《汉书》卷12,《平帝纪》.北京:中华书局,1962.

⑤ 范晔:《后汉书》卷6,《冲帝纪》.北京:中华书局,1965.

⑥ 姚之姻:《后汉书补逸·周畅传》.北京:中华书局,1965.

⑦ 班固:《汉书》卷8,《宣帝纪》.北京:中华书局,1962.

剧……流民欲入关,辄(zhé)籍内。所之郡国,谨遇以理,务有以全活之。"①

2. 政府组织灾民转移

在大的饥荒面前,政府一般采取发放借贷物资、减免赋税的办法救济灾民,如果仍不能解决问题,会采取组织移民的办法,护送灾民到指定的地方度过灾荒时期,一般由国家与移入地政府共同发放衣物,安排生产就业等。如高帝二年六月,"关中大饥,米斛万钱,人相食。令民就食蜀、汉"②。

3. 安辑逃荒灾民

统治者采取的办法有赐钱、赐田宅或假田、屯田,减免赋税、赊贷种食等。如章帝元和元年(公元 84 年):"令郡国募人无田欲徙它界就肥饶者……赐给公田,为雇耕佣,赁种饷,贳与田器,勿收租五岁,除算三年。"③这些措施多属救灾。

此外,国家鼓励地方政府接纳救济和安置灾民,一旦灾害造成的危险减轻或解除,政府总是鼓励流民还乡或在逃荒之地著籍,继续成为国家的编户齐民,纳税服役。

移民救灾的办法是古代救灾物资运输和技术抗灾手段都比较落后的情况下采取的一种救灾办法,常常造成人民脱离户籍控制,形成社会不安定因素。随着救灾手段的进步,这种现象已经逐渐减少。

由于汉代旱涝等自然灾害对社会造成了重大影响,故两汉时期的政府采取了一系列的赈灾举措,提高了抗灾、防灾、治灾的能力,有利于及时恢复农业生产和经济发展。表 2.7 为汉代旱灾与政府的赈灾行迹。

表 2.7 汉代旱灾与政府的赈灾行迹(黄今言 等,2000)

公元纪年	皇帝年号	灾情	赈灾对策	备注
公元前 158 年	后元六年	夏四月,大旱,蝗	令诸侯无入贡,弛山泽。发仓庾以赈民	《汉书·文帝纪》
公元前 71 年	本始三年	大旱	郡国伤旱甚者,民毋出租赋。三辅民就贱者,且毋收事,尽四年	《汉书·宣帝纪》
公元前 21 年	阳朔四年	春诏:……水旱为灾,关东流冗者众,青、幽、冀部尤剧	遣使者循行郡国,被灾害什四以上,民赀不满三万,勿出租赋。逋贷未入,皆勿收	《汉书·成帝纪》
公元 2 年	平帝元始二年	郡国大旱,蝗,青州尤甚,民流亡	赐田宅什器,假与犁、牛、种、食	《汉书·平帝纪》
公元 29 年	光武帝建武五年	旱,蝗,久旱伤麦,秋种未下	令中都官、三辅、郡、国出系囚,罪非犯殊死一切勿案,见徒免为庶人	《后汉书·光武帝纪》
公元 30 年	光武帝建武六年	往岁水旱蝗虫为灾,谷价腾跃,人用困乏	其令郡国有谷者,给禀高年、鳏、寡、孤、独及笃癃、无家属贫不能自存者,如律	《后汉书·光武帝纪》

① 班固:《汉书》卷 10,《成帝纪》. 北京:中华书局,1962.

② 班固:《汉书》卷 1,《高帝纪》. 北京:中华书局,1962.

③ 范晔:《后汉书》卷 3,《章帝纪》. 北京:中华书局,1965.

续表

公元纪年	皇帝年号	灾情	赈灾对策	备　注
公元 75 年	永平十八年	牛疫。京师及三十州大旱	诏勿收兖、豫、徐州田租、刍稿，以其见谷赈给贫人	《后汉书·章帝纪》《后汉书·和帝纪》
公元 92 年	和帝永元四年	郡国十三地震。是岁旱，蝗	诏："今年郡国秋稼为旱蝗所伤，其什四以上勿收田租，刍稿，不满者以实除之。"	《后汉书·和帝纪》
公元 97 年	和帝永元九年	陇西地震。旱，蝗	诏："今年秋稼为蝗虫所伤，皆勿收田租、更、刍稿；若有所损失，以实除之，余当收租者亦半人。"	《后汉书·和帝纪》
公元 114 年	安帝元初元年	去年京师及郡国五旱，蝗。河东地陷，郡国十五地震。三辅及并、凉六郡，贫人流冗	诏除三辅三岁田租、更赋、口算	《后汉书·安帝纪》
公元 118 年	安帝元初五年	京师及郡国五旱。是岁，郡国十四地震	诏禀遭旱贫人	《后汉书·安帝纪》
公元 127 年	顺帝永建二年	三月，旱	诏：禀贷荆、豫、兖、冀四州流冗贫人，所在安业之；疾病致医药	《后汉书·顺帝纪》
公元 129 年	顺帝永建四年	夏四月，京师旱	诏郡国贫人被灾者，勿收责今年过更	《后汉书·顺帝纪》
公元 130 年	顺帝永建五年	京师及郡国十二蝗	诏郡国中都官死罪系囚皆减罪一等	《后汉书·顺帝纪》
公元 132 年	顺帝阳嘉元年	京师旱	诏案行禀贷，劝农功，赈乏绝	《后汉书·顺帝纪》
公元 139 年	顺帝永和四年	八月，太原郡旱，民庶流冗	遣光禄大夫案行禀贷，除更赋	《后汉书·顺帝纪》
公元 166 年	桓帝延熹九年	比岁不登，民多饥穷。又有水旱疾疫之困，司隶、豫州饥死者什四、五，至有灭户者	灾旱、盗贼之郡，勿收租，赈禀之	《后汉书·桓帝纪》
公元 194 年	献帝兴平元年	六月，地震。七月，三辅大旱，是时谷一斛五十万，豆麦一斛二十万，人相食啖，白骨委积	帝使侍御史侯汶出太仓米豆，为饥人作糜粥，经日而死者无降	《后汉书·献帝纪》

四、推广抗灾作物

汉代已经注意到作物种植中的防灾问题，要求“种谷必杂五种，以备灾害。田中不得有树，用妨五谷。力耕数耘，收获如寇盗之至。还庐树桑，菜茹有畦，瓜瓠(hù)、果蓏殖于疆易”。[①]除了多种经营外，还特别重视具有抗灾功能作物的推广，包括蔬菜、作物、经济林木等，比较重

① 班固：《汉书》卷 24 上，《食货志》. 北京：中华书局，1962.

要的有以下几种。

（一）冬小麦

小麦是五谷之一，冬小麦越冬生长，避开了水旱较多的夏季，又能在夏初成熟，比一般春种夏收的谷类作物要早，可以接续民食。因此，冬小麦是较好的抗灾作物。汉代冬小麦种植还不是很普遍，政府开始重视推广其种植。汉武帝时“遣谒者劝有水灾郡种宿麦”。颜师古注：“宿麦，谓其苗经冬。”[①]东汉安帝水初三年秋七月，“诏长吏案行在所，皆令种宿麦蔬食，务尽地力，其贫者给种饷”[②]。

（二）大豆

大豆是古代重要的粮食作物之一，古称为菽。《氾胜之书》说：“大豆保岁易为，宜古之所以备凶年也。谨计家口数种大豆，率人五亩，此田之本也。”[③]汉代史书常见的“陨霜杀菽”或“食菽”的记载，说明大豆种植比较普遍。

（三）芜菁

芜菁又叫蔓菁，类似萝卜，根、茎、叶均可食，是灾年充饥的好食物。恒帝永兴二年（公元154年）诏司隶校尉、部刺史曰：“蝗灾为害，水变仍至，五谷不登，人无宿储。其令所伤郡国种芜菁以助人食。”[④]《齐民要术》说，芜菁“干而蒸食，既甜且美”，食之“可以度凶年、救饥馑”“若值凶年，一顷乃活百人耳”[⑤]。

（四）芋

芋是汉代常见的作物，《氾胜之书》载有种芋之法。《齐民要术》中特别强调芋的救荒作用，希望能大力推广。“芋可以救饥馑、度凶年，今中国多不以此为意，后生中有耳目所不闻见者，及水旱风露霜雹之灾，便能饿死满道，白骨交横，知而不种，坐致泯灭，悲夫，人君者安可不督课之也哉。”[⑥]汉代未见统治者推广种芋，但有灾年食芋充饥的记载。《汉书》记载：“初，汝南旧有鸿隙大陂，郡以为饶。成帝时，关东数水，陂溢为害，方进为相，与御史大大孔光共遣掾行视，以为决去陂水，其地肥美，省堤防费而无水忧，遂奏罢之。及翟氏灭，乡里归恶，言方进请陂下良田不得而奏罢陂云。王莽时常枯旱，郡中追怨方进。童谣曰：‘坏陂谁，翟子威。饭我豆食羹芋魁。’”师古曰：“鸿隙，陂名，藉其溉灌及鱼鳖萑蒲之利以多财用。”“田无溉灌而不生杭稻，又无黍稷，但有豆及芋也。豆食者，豆为饭也。羹芋魁者，以芋根为羹也。”[⑦]

（五）桑树

一些地方官积极倡导百姓种植经济林木如桑树、榆树等，以备灾荒，在荒年粮食不足时，树皮、树叶、桑葚、榆钱可以充饥。桑树是重要的经济林木，从先秦时起，种桑养蚕、纺纱织布就是经常性的劳作活动。作为衣物原料，桑树之重要就像五谷对于食物的原料一样。汉代政府将劝课种桑作为一项重要活动。地方官也将劝课农桑作为一种职责。光武帝时，桂阳太守茨充

① 班固：《汉书》卷6，《武帝纪》. 北京：中华书局，1962.
② 范晔：《后汉书》卷5，《安帝纪》. 北京：中华书局，1965.
③ 贾思勰：《齐民要术》卷2，《大豆》. 北京：农业出版社，1982.
④ 范晔：《后汉书》卷7，《桓帝纪》. 北京：中华书局，1965.
⑤ 贾思勰：《齐民要术》卷3，《蔓菁》. 北京：农业出版社，1982.
⑥ 贾思勰：《齐民要术》卷2，《种芋》. 北京：农业出版社，1982.
⑦ 班固：《汉书》卷84，《翟方进传》. 北京：中华书局，1962.

"教民种植桑柘麻紵(zhù)之属,劝令养蚕织屦(jù),民得利益焉"[①]。韦昭注引《东观记》说:

元和(章帝年号,公元 84—86 年)中,荆州刺史上言:臣行部入长沙界,观者皆徒跣,臣问御佐,曰:人无履亦苦之否?御佐对曰:十二月盛寒时并多剖裂血出,燃火燎之,春温或脓溃。建武中,桂阳太守茨充教人种桑蚕,人得其利,至今江南颇知桑蚕织屦,皆充之化也。[②]

桑树除了提供衣物原料外,还提供充饥的食料。东汉末年,"自遭荒乱,率乏粮谷。诸军并起,无终岁之计,饥则寇略,饱则弃余,瓦解流离,无敌自破者不可胜数。袁绍之在河北,军人仰食桑葚"[③]。杨沛为新郑县长。"兴平末,人多饥穷,沛课民益畜干椹(葚),收豋(láo)豆,阅其有余以补不足,如此积得千余斛,藏在小仓。会太祖为兖州刺史,西迎天子,所将千余人皆无粮。过新郑,沛谒见,乃皆进干椹(葚)。"[④]

(六)榆树

榆树同样具有救灾功能,榆钱儿和榆皮均可充饥。榆钱也叫榆荚,是榆树的种子,因为它酷似古代串起来的麻钱,故名榆钱儿。新生出来的榆钱儿脆甜绵软、清香爽口。明周王朱橚(sù)《救荒本草》卷六《木部》介绍:"榆钱树……其木高大,春时未生叶,其枝条间先生榆荚,形状似钱而薄小色白,俗呼为榆钱,后方生叶……榆皮,味甘,性平无毒,救饥。采肥嫩榆叶炸熟,水浸淘净,油盐调食。其榆钱煮糜羹食佳,但令人多睡。或焯过晒干备用,或为酱皆可。食榆皮,刮去其上干燥皴(cun)涩者,取中间软嫩皮,剉碎晒干,炒焙极干,捣磨为面,拌糠麧(hé)草末蒸食,取其滑泽易食。又云榆皮与檀皮为末,服之令人不饥,根皮亦可捣磨为面食。"汉代已经重视榆树的救灾作用。宣帝即位不久,"渤海左右郡岁饥,盗贼并起",大臣推荐龚遂为渤海太守。遂"劝民务农桑,令口种一树榆,百本薤、五十本葱、一畦韭,家二母彘(zhì)、五鸡……春夏不得不趋田亩,秋冬课收敛,益蓄果实菱芡(qiàn)"[⑤]。结果一郡大治。《汉书·天文志》载:"河平元年三月,旱,伤麦,民食榆皮。"[⑥](焦培民 等,2009)

第五节 小 结

两汉时期,包括西汉 230 年(公元前 206 年—公元 24 年)、东汉 196 年(公元 25—220 年)共 426 年的历史。两汉是中国历史上开始有系统历史灾害文献记载的王朝,《汉书·五行志》首开中国古代文献专记灾害的先河。

两汉时的中国气候总体温暖;前期偏湿、后期偏干。据统计,有灾年份计有 307 个,平均约 1.4 年有 1 个灾害年,震灾、旱灾与水灾是两汉时期主要的自然灾害。

两汉共有 123 次旱灾记录,其中西汉(包括王莽更始帝时期)46 次,东汉 77 次。从发生概率看,东汉高于西汉。西汉 230 年间共有 46 次旱灾记录,平均每 5 年发生 1 次旱灾,旱灾发生

① 范晔:《后汉书》卷 76,《茨充传》. 北京:中华书局,1965.
② 范晔:《后汉书》卷 76,《茨充传》. 北京:中华书局,1965.
③ 陈寿:《三国志》卷 1,《魏书·武帝纪》注引《魏书》. 北京:中华书局,1959.
④ 陈寿:《三国志》卷 15,《魏书·杨沛传》引《诸公赞》. 北京:中华书局,1959.
⑤ 班固:《汉书》卷 89,《龚遂传》. 北京:中华书局,1962.
⑥ 班固:《汉书》卷 26,《天文志》. 北京:中华书局,1962.

率为20%。东汉196年间共有77次旱灾记录，平均2.5年发生1次旱灾，旱灾的发生率为39%。统计表明：两汉春、夏季是旱灾的高发季，秋季也有发生，冬季较少。旱灾主要发生在黄河中下游地区，司校尉部（今陕西关中、河南西部）是旱灾发生最多的地区。

汉代地震频繁，是中国地震的一个高发期。地震引发旱灾的概率相当大。蝗灾多与旱灾联系在一起。在两汉历史上，干旱对小农经济有十分显著的破坏性，轻则农作物减产少收，重则颗粒无获，民失所食，谷价腾升，从而导致饥荒。旱灾发生后，人相食惨景在不同时间、不同地域多次出现。

汉代继承和发展了先秦时期的灾害思想，但是汉代各种灾害思想体系发展不平衡，其中最重要的是失德天谴思想，它是汉代占统治地位的灾害思想。其次是天文示变、时令失序、五行八卦、灾害自然等观点。失德天谴思想的集大成者是董仲舒。他认为灾害产生于国家政治的失误，是上天对君主政治行为过失的警告或惩罚，只有君主修德改政才能消弭灾害。其对汉代灾害认识和减灾起着决定性的指导作用。王充对两汉灾害的天谴说予以了有力的驳斥，并对灾害的发生作出了较为科学的“天道自然”式的解释，具有进步意义。但王充之《论衡》在灾害天谴说盛行的东汉没有产生多大的影响。

两汉皇帝及其公卿百官都有救灾职责，并在长期救灾过程中形成一定的制度。汉代救灾机构是中央及地方各级政府。中央以三公九卿为代表，地方以郡守、县令为代表。中央政府在抵御旱涝等自然灾害的过程中主要行使以下职能：监视全国旱涝等灾害发生情况，及时了解灾害信息，制定并推行救灾政策，监督救灾措施实施情况。地方政府在抵御自然灾害的过程中主要行使以下职责：如实上报本辖区灾害发生情况，积极进行备灾、救灾。汉代救灾已经形成了一定的程序，大体包括灾害预测、灾情上报、灾情与救灾研究、救灾推行4个步骤。

中国古代就有灾害预测制度。负责灾害预测的主要部门是太常，其属官太史令，有通过占卜或观测天文现象预测灾害的义务。此外，中央和地方各级官员及平民百姓也可根据自己掌握的知识对灾害作出预测。根据预测原理不同，可以分为卜筮占测、天文占测、气象占测、物理占测、人事占测5种方法。当然，这些方法包括了大量巫术迷信、天人感应的内容，但也包含一些科学道理。应一分为二地看待。

两汉时期救灾对策种类繁多，本章主要介绍了祈禳救灾、修德救灾、赈济救灾三大类。汉代救灾对策由于指导思想是失德天谴观念，将修德弭灾视为主要救灾手段，这对救灾的效果产生了消极影响。

祈禳救灾是两汉时期救灾的重要方式。祈禳救灾的活动形式是：土龙致雨；溺女魃；虎食旱魃；祭风伯雨师；雩祭求雨。祈禳救灾在汉代出现了新的发展趋势：一是祈禳仪式的阴阳五行化；二是祈禳的器物化；三是祈禳的术数化，出现了一批专业从事驱除灾异的方士，采用类似魔术的手段救灾。

汉代信奉灾异天谴观念，认为发生灾害是君臣失德所致，因而要采取修德救灾的对策。修德救灾是汉代比较典型的救灾方式，其包括因灾避正殿、因灾改元、因灾免官、因灾选士、因灾恤刑、因灾节用、因灾薄征、因灾赈济等几个方面。

汉代赈济救灾措施根据提供物资类型不同，分为施粥、赐爵、赐谷、赐衣帛、赐医药、赐棺钱、假贷耕牛粮种、赋贷园田等几种情况。赈济物资一大部分是来自农业和工商业税收，还有一部分来自官民自发捐献或政府的临时筹集。临时筹集救灾物资的方式有：鼓励义赈、卖官鬻爵、假王侯富民等几种。赈济提供方式上可分为禀赐、假贷、工赈3种。

汉代重视具有抗灾功能农作物的推广，包括蔬菜、作物、经济林木等，比较重要的有冬小麦、大豆、芜菁、芋、桑树、榆树。

两汉是中国救灾认识发展的第二个高潮阶段。秦汉时期是中国统一的郡县社会的开端，以中央集权为特征的郡县社会一直延续到明清，长达两千多年。在这种社会里，中央在救灾过程中的权力明显加强，形成了古代中国的旱涝等灾害认识以及防灾和救灾制度、政策、措施等，其影响了中国两千多年。尽管由于历史的局限性，受唯心主义认识论的影响，产生了灾害天谴等不科学观念和迷信巫术的措施，但有一些救灾的制度、政策与措施，仍能给现代社会提供许多宝贵而有意义的借鉴与参考。

参考文献

陈业新，2001. 灾害与两汉社会研究[D]. 武汉：华中师范大学.

陈业新，2002. 两汉时期的灾害及对经济影响的分析[J]. 江海学刊(5)：158-163.

陈玉琼，高建国，1984. 中国历史上死亡一万人以上的重大气候灾害的时间特征[J]. 大自然探索(4)：35.

段伟，2005. 秦汉社会防灾救灾制度研究[D]. 北京：首都师范大学.

高建国，1986. 灾害学概说[J]. 农业考古(2)：281-297.

葛全胜，等，2011. 中国历朝气候变化[M]. 北京：科学出版社.

耿庆国，1985. 中国旱震关系研究[M]. 北京：海洋出版社.

黄今言，温乐平，2000. 汉代自然灾害与政府的赈灾行迹年表[J]. 农业考古(3)：242-252.

焦培民，刘春雨，贺予新，2009. 中国灾害通史·秦汉卷[M]. 郑州：郑州大学出版社.

李学勤，1999. 周礼正义[M]. 北京：北京大学出版社.

谭其骧，1982. 中国历史地图集(第二册)·秦·西汉·东汉时期[M]. 北京：地图出版社.

王星光，彭勇，2002. 历史时期的"黄河清"现象初探[J]. 史学月刊(9)：29-35.

赵得秀，1983. 论水旱灾害的发生与日食效应的关系[J]. 中原地理研究，4(2)：13-22.

第三章

魏晋南北朝

魏晋南北朝时期(公元 220—589 年)是秦汉以来中国历史上最长的动乱年代,历史发展线索错综复杂。为便于分析,将魏晋南北朝时期进一步细分为三国鼎立时期(公元 220 年曹丕称帝建立魏国—公元 265 年西晋统一)、西晋统一时期(公元 266—316 年)、东晋与五胡十六国时期(公元 317—419 年)和南北朝(公元 420—589 年)4 个历史阶段。

在中国历史上,魏晋南北朝时期气候干冷,它是中国封建社会一个空前的政治大动荡、国家大分裂、经济大破坏、民族大冲突与融合的大动乱时代,群雄割据,兵灾战祸不息,政权更迭频繁。这种兵荒马乱、烽火连绵的社会环境,再加上自然灾害频繁、瘟疫猖獗,形成自然灾害与社会灾害朋比为奸、灾荒与兵祸交相荐臻的局面。在这一时期,自然灾害无论就发生的次数之多、频次之高,或是从灾情的严重性与受灾历史之长、破坏之惨烈而论,在古代中国社会均十分罕见。

魏晋南北朝的 370 年间,史籍所载各类灾害记录共计 1120 次,平均每年约 3 次,计有水灾 241 次、旱灾 237 次、震灾 200 次、风灾 150 次、冻灾 77 次、疫灾 75 次、雹灾 75 次、蝗灾 65 次(张美莉 等,2009)。从上述可见,水灾、旱灾与震灾是魏晋南北朝时期最主要的自然灾害。

魏晋南北朝时期对中国古代的荒政起到了承上启下的作用。其主要内容继承了前代秦汉荒政的基本精神、具体内容和措施,新的建树很少。

第一节　旱灾史实与分析

一、气候特征

(一)冷暖变化

魏晋南北朝时期的气候在总体上是以寒冷为主要特征,其是一个可与小冰期相比拟的寒冷气候阶段。气候存在“冷—暖—冷”的世纪波动,其中两个冷谷分别位为 3 世纪 70 年代—4 世纪 50 年代和 5 世纪 50 年代—6 世纪 30 年代,而 4 世纪 60 年代—5 世纪 40 年代则相对温暖。魏晋南北朝时期整个时段的平均温度较现代约低 0.5 ℃,其中最冷的 30 年(5 世纪 80

年代—6 世纪 00 年代)较现代约低 1.2 ℃。而两个明显寒冷时段的温度距平分别较现代低 0.5 ℃(3 世纪 70 年代—4 世纪 50 年代)和 0.9 ℃(5 世纪 50 年代—6 世纪 30 年代)(郑景云 等,2005)。中国西部气候总体偏冷,其中 3 世纪和 5—6 世纪气候显著寒冷,4 世纪气候相对温暖(葛全胜 等,2011)。

魏晋南北朝时期的寒冷可以从一些史料来印证。据记载,魏文帝黄初六年(公元 225 年),"冬十月,(丕)行幸广陵故城,临江观兵,戎卒十余万,旍旗数百里。是岁大寒,水道冰,舟不得入江,乃引还"①。曹丕因天寒终止在广陵(今扬州)的阅兵。晋成帝咸康初(公元 335—343 年),"慕容皝将乘海讨(慕容)仁,群下咸谏,以海道危阻,宜从陆路,皝曰:'旧海水无凌,自仁反已来,冻合者三矣……'乃率三军从昌黎践凌而进。"②当时,渤海湾从昌黎到营口连续 3 年全部结冰,冰上可来往车马及几千人的大部队,年气温比当代低 2~4 ℃。

3 世纪初—6 世纪末,全球共有 9 次大的火山爆发,其中超过四级的就有 6 次,火山多次大爆发也是导致气候寒冷的重要因素(葛全胜 等,2011)。

(二)干湿变化

魏晋南北朝时,中国东、中部地区气候由湿转干,总体上偏于干旱。其中,3 世纪 40—90 年代、5 世纪 10—20 年代、5 世纪 60 年代—6 世纪 20 年代相对湿润。从过去 2000 年尺度上看,公元 221—580 年中国东、中部季风区的干旱程度为秦汉以来之最。

4 世纪初—6 世纪前半叶,黄河以西地区气候长期冷干,内蒙古居延海气候偏凉干,新疆南部的塔里木盆地及其毗邻地区处于总体上干旱的阶段;但是,天山北麓相对湿润。

总之,魏晋南北朝时,干旱是全中国(特别是东部)长时期、大范围存在的普遍现象(葛全胜 等,2011)。

二、旱灾史实

(一)魏晋

魏晋时期(公元 220—419 年)是中国历史上自然灾害发生的集中时期,其数量多、频率高、连锁反应显著、危害严重。200 年共有 82 个年份发生了 112 次旱灾,在这一时期自然灾害各灾种次数中居于首位。旱灾年占魏晋年份的 41%,旱灾次数占全部灾害次数的 21%,平均不到两年就有一次旱灾发生。具体来说,三国时发生旱灾 10 次,有 9 个旱灾年,旱灾年占三国年份的 22%;西晋时发生旱灾 32 次,有 22 个旱灾年,旱灾年占西晋年份的 43%;东晋时发生旱灾 70 次,有 51 个旱灾年,旱灾年占东晋年份的 50%。魏晋初期的 20 年(公元 220—239 年)仅发生旱灾 4 次,魏晋后期的 20 年(公元 400—419 年)发生旱灾高达 18 次,几乎年年都有旱灾,说明魏晋时期的旱灾由轻到重(表 3.1)。

---

① 陈寿:《三国志》卷 2,《魏帝·文帝纪》. 北京:中华书局,1959.

② 房玄龄:《晋书》卷 109,《慕容皝载记》. 北京:中华书局,1974.

表 3.1　魏晋 10 年尺度旱灾次数(张美莉 等,2009)

时间/年	220—229	230—239	240—249	250—259	260—269	270—279	280—289	290—299	300—309	310—319
次数	2	2	3	3	3	5	11	4	5	5
时间/年	320—329	330—339	340—349	350—359	360—369	370—379	380—389	390—399	400—409	410—419
次数	7	11	3	6	7	9	4	4	7	11

在表 3.2 中,有具体月份记录的共 81 次;有季节而无月份的 23 次,其中春季 5 次,夏季 5 次,秋季 2 次,冬季 11 次;既无季节又无月份的记录 8 次。从表中可知,旱灾主要发生在夏季,其次为秋季。但是,春旱、秋旱与冬旱的次数也不少。特别是冬旱,比春旱还多,这是历史上魏晋旱灾的重要特点之一。

表 3.2　魏晋旱灾年内分布(张美莉 等,2009)

	春			夏			秋			冬			不详
月份	一月	二月	三月	四月	五月	六月	七月	八月	九月	十月	十一月	十二月	
次数	2	3	7	11	15	13	12	2	6	4	2	4	8
其他	5			5			2			11			
合计	17			44			22			21			8
比重	15.2%			39.3%			19.6%			18.8%			7.1%

魏晋时期旱灾的发生大体上可划分为少发、多发相互交替的 6 个阶段。

第一阶段,从魏文帝黄初元年(公元 220 年)至西晋五帝太康元年(公元 280 年),为旱灾少发阶段。

在本阶段的 61 年中共有 16 个年份发生 18 次旱灾,45 年无旱灾记录,旱灾年占该阶段年份的 26%,平均每 3.4 年发生 1 次旱灾,远低于整个魏晋时期平均不到两年就发生 1 次旱灾的频率。而且,本阶段里没有发生旱灾的年份集中在 3 个相对较长的时间段里。公元 221—227 年连续 7 年无旱灾记录,公元 243—254 年连续 12 年无旱灾记录,公元 259—265 年又是 7 个年头没有旱灾记录。虽然不排除史籍漏记的可能,但大体还能反映出此段旱灾发生的基本情况。

第二阶段,西晋武帝太康二年(公元 281 年)至晋惠帝元康元年(公元 291 年),为旱灾的多发阶段。

在本阶段的 11 年中,除了公元 283 年无旱灾记录外,其余 10 个年份都有旱灾连续发生,共发生 13 次旱灾,旱灾年占该阶段年份的 91%,平均 10 个月就发生 1 次旱灾。远高于魏晋时期旱灾发生的平均状况。而且本阶段发生旱灾的年份中,有两个灾害年一年中发生数次灾情,即晋武帝太康二年(公元 281 年)两次、太康六年(公元 285 年)3 次旱灾。

第三阶段,晋惠帝元康二年(公元 292 年)至晋愍帝建兴四年(公元 316 年),为旱灾相对少发阶段。

在本阶段的 25 年中,只有 4 个年份发生旱灾,共 9 次。旱灾年占该阶段年份的 16%,平均约 2.8 年发生 1 次旱灾,明显低于魏晋时期旱灾发生的平均水平。相对于第一阶段平均约 4.5 年发生 1 次旱灾的情况而言,这一阶段的旱灾发生率要略高。本阶段没有发生旱灾的年份相对集中于4个较长的时段里，即晋惠帝元康二年（公元292年）至晋惠帝元康六年（公元296年）连续5年没有旱情、惠帝元康八年（公元298年）至惠帝元康十年（公元300年）连续3年无旱灾、晋惠帝永安元年（公元302年）至晋怀帝永嘉二年（公元308年）连续7年无旱灾、晋愍帝建兴元年（公元312年）至愍帝建兴四年（公元316年）又是连续5年没有旱灾发生。

第四个阶段，从司马睿江东建国开始的公元317年起，至晋成帝咸康三年（公元337年），为旱灾的多发阶段。

本阶段的21年中，有14年发生旱灾，共21次。旱灾年占该阶段年份的67%，平均1年发生1次旱灾，高于魏晋时期旱灾发生的平均水平。而且本阶段发生旱灾的年份相对集中。连续两三年的旱灾有：公元317—318年、公元321—322年、公元325—327年、公元330—331年。晋成帝咸和八年（公元333年）至晋成帝咸康三年（公元337年）连续5年发生旱灾，且这5年中有9次旱情发生。

第五阶段，东晋成帝咸康四年（公元338年）至穆帝升平元年（公元357年），为旱灾少发阶段。

在本阶段的20年中，有6年发生旱灾，共7次。旱灾年占该阶段年份的30%，平均2.85年发生1次旱灾，明显低于魏晋朝时期旱灾发生的平均水平。而且，本阶段没有发生旱灾的年份相对集中于两个较长的时段里，即晋成帝咸康四年（公元338年）至成帝咸康八年（公元342年）连续5年的时间里无旱、晋穆帝永和十年（公元354年）至晋穆帝升平元年（公元357年）连续4年无旱灾发生。

第六阶段，晋穆帝升平二年（公元358年）至晋恭帝义熙二年（公元420年），为旱灾多发阶段。

本段时间里，最明显的特点是：旱灾具有间歇性。五年三旱、三年两旱，或连旱几年后，停歇一年、两年，接着又是连旱几年。

在本阶段的63年中，有32年发生旱灾，共44次。旱灾年占该阶段年份的51%，平均近1.4年就发生1次旱灾，高于魏晋时期旱灾发生的平均水平。而且本阶段发生旱灾的年份相对集中于几个连续的时段里，即晋穆帝升平二年（公元358年）至穆帝升平四年（公元360年），连续3年每年都有旱灾发生。晋废帝太和元年（公元366年）、太和二年（公元367）又是连续两年出现旱灾，中间停止一年后，晋废帝太和四年（公元369年）至晋孝武帝宁康三年（公元375年）连续7年有旱灾，且一年中发生多次旱灾，7年中旱灾发生10次之多。晋安帝隆安四年（公元400年）至晋安帝元兴三年（公元404年）连续5年旱灾，也是一年数次旱情，共发生10次。晋安帝义熙八年（公元412年）至安帝义熙十年（公元414年）3年连旱。

上述分析反映了魏晋时期旱灾发生的阶段性特征，而旱灾发生的集中性特征可以进一步从以下两个方面加以说明：其一，魏晋时期共有82个旱灾年，连续3年以上发生旱灾的年份累计达36年，占旱灾年的44%，即魏晋时期发生旱灾的年份中几乎有一半旱灾年里发生的旱灾是3年或3年以上的连旱、大旱。魏晋时期的旱灾集中发生在8个超过3年的时段里。其二，魏晋时期共有118个非旱灾年，连续3年以上未发生旱灾的年份累计达85年，占非旱灾年的72%。魏晋时期未发生旱灾的年份主要集中在18个3年或者3年以上无旱灾的时段里。换言之，多数旱灾年和多数非旱灾年都是集中在一定的时段里，体现了魏晋时期旱灾的集中性特征（张美莉 等，2009）。

（二）南北朝

南北朝时期（公元 420—589 年）是政局动荡不安的年代，也是中国历史上自然灾害发生的集中时期，种类繁多、危害严重。170 年中共发生了 125 次旱灾，在这一时期自然灾害各灾种次数中仅次于水灾，居于第二位。平均 4 年就有 3 次旱灾发生。

表 3.3　南北朝时期（公元 420—589 年）10 年尺度旱灾次数（张美莉 等，2009）

时间/年	420—429	430—439	440—449	450—459	460—469	470—479	480—489	490—499	500—509
次数	5	5	3	3	7	8	12	8	16
时间/年	510—519	520—529	530—539	540—549	550—559	560—569	570—579	580—589	
次数	11	7	7	3	7	14	6	3	

根据表 3.3 的统计，南北朝时期旱灾的年代际变化可以分为 3 个阶段。

第一阶段：公元 420—469 年。这 50 年中每个 10 年之间旱灾发生次数相差不大，以 5 次为中心上下波动，平均 10 年 4.6 次。基本上形成了一个相对独立的旱灾发生阶段，这是南北朝旱灾少发期的第一个阶段。

第二阶段：公元 470—519 年。该时期旱灾比此前 50 年中任何一个 10 年发生次数都明显增多，平均 10 年 11 次，在 50 年中出现了 55 次旱灾。这是南北朝旱灾多发期的第二个阶段。

第三阶段：从公元 520 年开始，到南北朝结束，进入了南北朝干旱灾害变化的第三个时期，平均 10 年 6.7 次，在 6 世纪 40 年代和 80 年代仅出现了 3 次旱灾。这是南北朝旱灾少发期的第三个阶段。

综上所述，南北朝自然灾害变化的总体时间演变为两个低发期和一个高发期，公元 420—469 年，共 50 年，是第一个低发期；公元 470—519 年，共 50 年，是高发期；公元 520—589 年，共 70 年，是第二个低发期。

结合南北朝气候的波动，可以发现一个明显的现象，公元 470—519 年，是南北朝气候波动的一个波谷，其中公元 500—509 年的 10 年间，共发生冻灾 23 次，更是这一低温期的谷点。在这一低温时期各类灾害频繁发生，危害严重。在公元 500—509 年的气温最低值期内，旱灾（16 次）、震灾（16 次）、虫灾（10 次）、沙尘（6 次）都分别达到了各自在南北朝整个时期内的最大值。风灾（12 次）、雹灾（5 次）、疫灾（4 次）均为南北朝整个时期内的次大值（张美莉 等，2009）。

由于地面和空气中露点温度永远低于（或等于）气温，当温度长期下降时，露点温度也长期下降，空气中水汽压（实际水汽量）也不断下降。长期低温导致蒸发量小，空中水汽含量也会下降，从而使得旱灾频繁，危害重。而旱灾的多发成为其他灾害出现的诱发因素，诸如大风、沙尘、冰雹、虫灾等。由上述分析可知，在百年时间尺度上，南北朝时期所发生的旱灾、震灾、风灾、冻灾、虫灾、沙尘、雹灾、疫灾 8 种自然灾害无一例外都与长期气温低存在某种相关，南北朝的寒冷期是多种自然灾害发生的高峰期。

从总体上看，寒冷期是自然灾害的高发期，反映了各类自然灾害与气温尤其是低温存在相关。以公元 500—509 年为例，这 10 年是南北朝时期最为寒冷的 10 年，灾害发生次数达到最高值的灾害类型有旱灾、震灾、冻灾、虫灾和沙尘天气 5 种。由此来看，上述 5 种自然灾害与低温的相关性较强，最容易在寒冷期发生。其中旱灾应该说是与低温关系最为密切的一个灾害类型(张美莉 等,2009)。

关于魏晋南北朝干冷气候的影响,葛全胜等编著的《中国历朝气候变化》一书中已有详细叙述,本书不再介绍。

第二节　灾害认识

魏晋南北朝时期,由于国家分裂,政权更迭频繁,战争内乱连年不息,社会动荡不已,旱涝等自然灾害的发生频度与严重性又远超过前代,造成农业减产、社会矛盾激化,从而严重影响民众生活与社会经济的平稳运行和专制政治的正常统治秩序。这令上至帝王公侯、百官权臣,下至绅商庶民在内的社会各阶层民众都不得不思考和探索灾害成因,研究防灾、救灾对策与措施,由此形成了魏晋南北朝时期的灾害观与防灾、救灾思想。

一、天人感应理论下的灾害认识

带有浓厚神秘主义色彩的天人感应的"灾异天谴说"和"阴阳灾异说",是两汉和魏晋南北朝时期人们对人与自然的关系、自然灾害形成原因最普遍、最权威的认知与解释理论。

(一)灾异天谴论

在天人感应的灾害天谴认识的严重影响下,魏晋南北朝正史在记述灾害现象时,开宗明义地指出:"夫在天成象,圣人是观,日月五星,象之著者,变常舛度,征咎随焉。然则明晦晕蚀,疾余犯守,飞流欻起,彗孛不恒,或皇灵降临,亦谴以戒下,或王化有亏,感达于天路……是故有国有家者之所祗畏也。"①当时各种自然灾害现象都被解释为国家政治有缺失而上天惩戒谴告,以灾害谴告说附会政治,成为这一时期灾害记载的一大特点。"古人有言,夫灾异之生,由人而起。人无衅焉,妖不自作。故人失于下,则变见于上,天事恒象,百代不易。"②

按照天人感应的天谴说理论,旱灾发生的原因:"言《易》之道,西方曰《兑》,为口。人君过差无度,刑法不一,敛从其重,或有师旅,炕阳之节,若动众劳民,是言不从。人君既失众,政令不从,孤阳持治,下畏君之重刑,阳气胜则旱象至,故曰厥罚常阳也。"③《洪范五行传》说:"君持亢阳之节,兴师动众,劳人过度,以起城邑,不顾百姓,臣下悲怨。然而心不能从,故阳气盛而失度,阴气沉而不附。阳气盛,旱灾应也。"由于国家征发徭役,修筑宫室过度遭到上天的报应。例如:"魏明帝太和二年(公元 228 年)五月,大旱。元年以来崇广宫府之应也。"④"吴孙亮五凤二年(公元 254 年),大旱,百姓饥。"这一年因为"征役烦兴,军士怨叛。此亢阳自大,劳役失众之罚也。其役弥岁,故旱亦竟年"⑤。"后齐天保九年(公元 558 年)夏,大旱。先是大发卒筑长城四百余里,劳役之应也"⑥。

在《魏书·王肃列传》中,有一段十分精彩的文字,说明魏晋南北朝的君主们是怎样来证明自己授命于天,又是怎样来对待"天谴"的。北魏孝文帝太和"二十年(公元 496 年)七月,高祖

① 魏收:《魏书》卷 151,《天象志》.北京:中华书局,1972.

② 魏收:《魏书》卷 35,《崔浩传》.北京:中华书局,1972.

③ 萧子显:《南齐书》卷 19,《五行志》.北京:中华书局,1972.

④⑤ 房玄龄:《晋书》卷 28,《五行志中》.北京:中华书局,1974.

⑥ 魏徵:《隋书》卷 22,《五行志上》.北京:中华书局,1973.

以久旱不雨,辍膳三旦,百僚诣阙(què),引在中书省。高祖在崇虚楼,遣舍人提问:'朕知卿等至,不获相见,卿何为而来?'肃对答:'伏承陛下辍膳已经三旦,群臣焦怖,不敢自宁。臣闻尧水汤旱,自然之数,须圣人以济世,不由圣以致灾。是以国储九年,以御九年之变。臣又闻至于八月不雨,然后君不举膳。昨四郊之外已蒙滂澍,唯京城之内微为少泽。蒸民未阙一餐,陛下辍膳三日,臣庶惶惶,无复情地。'高祖遣舍人回答:'昔尧水汤旱,赖圣人以济民,朕虽居群黎之上,道谢前王,今日之旱,无以救恤,应待立秋,克躬自咎。但此月十日已来,炎热焦酷,人物同悴,而连云数日,高风萧条。虽不食数朝,犹自无感,朕诚心未至之所致也。'肃说:'臣闻圣人与凡同者五常,异者神明。昔姑射之神,不食五谷,臣常谓矫。今见陛下,始知其验。且陛下自辍膳以来,若天全无应,臣亦谓上天无知,陛下无感。一昨之前,外有滂泽,此有密云,臣即谓天有知,陛下有感矣。'高祖遣舍人回答说:'昨内外贵贱咸云四郊有雨,朕恐此辈皆勉劝之辞。三覆之慎,必欲使信而有征。比当遣人往行,若果雨也,便命大官欣然进膳。岂可以近郊之内而慷慨要天乎?若其无也,朕之无感,安用朕身以扰民庶!朕志确然,死而后已。'是夜澍雨大降"①。

(二)阴阳五行的灾异观

汉代董仲舒对阴阳五行灾害论的解释是:"大旱者,阳灭阴也……大水者,阴灭阳也""火干木,蛰虫早出……水干木,春下霜……水干火,夏雹。木干火,则地动……水干土,夏旱雨霜。火干土,则大旱……金干水,则冬大寒"②。

汉代的阴阳五行灾异思想,对魏晋南北朝的影响很大,从皇帝到大臣,经常用阴阳五行灾异学说解释在他们身边发生的灾害现象。他们认为许多灾异现象的出现是由"阴阳不和"造成的。

宋文帝在一次罪己诏中认为"阴阳违序,旱疫成患"③。

君王相信阴阳五行灾异说,一般的大臣更是趋之若鹜,在皇帝因遇灾害而与大臣们讨论灾害发生的原因时,往往开口必引经据典,大谈阴阳五行。

晋元帝时郭璞告诫皇帝:"臣去春启事,以囹圄(líng yǔ)充斥,阴阳不和,推之卦理,宜因郊祀作赦,以荡涤瑕秽。不然,将来必有愆阳苦雨之灾,崩震薄蚀之变,狂狡蠢戾(lì)之妖。"④

魏晋南北朝时,天人感应与阴阳五行对当时人的灾害观有深刻影响。君主们对灾害有恐惧心理,寻求弭灾之道,采取了一些赈灾措施维护自己的君权,在客观上有利于防灾、减灾,减轻了灾民的困苦(王亚利,2003)。

二、天道自然观

魏晋南北朝时期,随着大一统局面被打破,国家分裂、政权林立、战乱不息、经济凋敝。因为汉代儒教独尊的地位被打破,导致思想界在一定程度与范围上比较"自由""解放",出现了思想活跃、学术繁荣的局面:玄学清谈兴盛,老庄思想复活,佛、道二教得到空前的发展。这种思想活跃的时代背景,特别是崇尚天道自然的魏晋玄学的兴盛,无疑促进了人们对天人关系的重

① 魏收:《魏书》卷63,《王肃列传》. 北京:中华书局,1972.

② 董仲舒:《春秋繁露·治乱五行》. 北京:中华书局,1992.

③ 沈约:《宋书》卷5,《文帝纪》. 北京:中华书局,1974.

④ 房玄龄:《晋书》卷72,《郭璞传》. 北京:中华书局,1974.

新理解；并且由此从新的思想视角、理论基础上来思考和认识自然灾害。这其中，东汉思想家王充的天人关系学术和魏晋玄学的天道自然观念无疑为魏晋南北朝时期的灾害观吹进了一股具有进步和科学意义的清新之风。

魏晋玄学兴起的主要原因是：①汉儒天人感应学说是依附性地建立在稳定的大一统的社会政治秩序之上，并且其为生存的首要条件，而缺乏自我独立生存机能，因此随着汉魏之际国家分裂，政权并立，大一统政治秩序的崩解，汉儒经学就无可避免地走向衰微。②汉末的党锢之祸和魏晋初期朝廷复杂的争权夺利斗争，使得知识分子噤若寒蝉，深知保命不易，故而寄情酒色，崇尚老庄，隐名避世。③在频繁迭起的自然灾害面前，汉儒天人感应和灾异天谴说显得苍白无力，迫使人们寻找新的神灵，以便沟通与上天的关系，获得上天的庇佑，进而摆脱自然灾害的威胁，于是古代社会的另一位先哲——道家的创始人老子又被请出来充当人们的保护神。

玄学派尊崇道家老庄的清静无为哲学，调和矛盾、化解冲突，达到个人与社会、自然与名教的统一和谐。而在天人关系上，魏晋玄学推崇老庄，讲究天道自然，就必然把天看成没有意识、没有意志、没有喜怒哀乐情感的一种纯属自然的客观存在，也就自然而然地要对天人关系和灾害观念来一番批判、清理和重新解释。

王弼(公元 226—249 年)是魏晋玄学的主要开创者。王弼解释天人关系是本于老子的自然主义，他明确指出天没有意志，无为，批判了天人感应所谓天是有意志的谎言。王弼在《老子》注中说："天地任自然，无为无造。万物自相治理，故不仁也。仁者必造立施化，有恩有为。造立施化，则物失其真；有恩有为，则物不具存。物不具存，则不足以备载矣，地不为兽生刍(chú)而兽食刍，不为人生狗而人食狗。无为于万物而万物各适其所用。"这就是说天地是自然，无为，无造。"不仁"即没有恩意、没有情感、没有赏善惩罚的智力，即天人不同类。天地和人互不干涉。可见王弼的天道观是自然主义的天道观，不是像天人感应论那样，以天是有意志有作为的神灵与性情之物的天道观，他所说的天道是自然而然，没有主宰。王弼在《老子》注中又说："顺自然而行，不造不始，故物得至而无辙迹也。顺物之行，不别不折，故无暇讁可得其门也。"又说："万物以自然为性，故可因而不可为也，可通而不可执也。物有常性，而造为之，故必败也。物有往来而执之，故必失矣。"也就是说，万物顺其自然，生存死灭，变化无穷。万物只有顺从自然之本性，才可以达到无迹无暇，否则，就要失败。在王弼的思想里看不到上天的意志。

同时，玄学家向秀、郭象更进一步阐释了天道自然的观点：

> 天地者，万物之总名也。天地以万物为体，而万物必以自然为正。自然者，不为而自然者也……不为而自能，所以为正也。①
>
> 故天者万物之总名也。莫适为天，谁主役物乎？故物各自生而无所出焉。此天道也。②

他们明确指出天地只是万物的总名，并不是万物之母。万物都是自造，天地并不是造物主。这样一来，既然世间万物都是自然而然自己产生的，那么人道与天道也各不相干，天人感应之论也就没有了理论根据。

魏晋时期对于天人关系的这些新解释，在当时确实是一种思想史上唯物主义的奇光异彩，具有进步意义。既然人类的灾害并不是天的意志，不是天降的惩罚，那么这种灾害的产生必然

① 庄子:《庄子·逍遥游》注.长春:吉林人民出版社,1999.

② 庄子:《庄子·齐物论》注.长春:吉林人民出版社,1999.

在于人类社会在自然界活动中去探求。旱灾、水灾、地震、月蚀、日蚀、风暴、山崩地裂都是自然界运动的产物，都有其自然的法则，人们应当顺从这个法则和认识这个法则。在魏晋南北朝时，也有一些官吏对灾害的发生有正确的认识。例如：晋武帝诏天下举贤良直言之士，其中有一个问题是："灾害屡作，边氓流离，征夫苦役，岂政刑之谬，将有司非其任欤?"而被推举的却洗对曰："若夫水旱之灾，自然理也。故古者三十年耕必有十年之储，尧汤遭之而人不困，有备故也。自顷风雨虽颇不时，考之万国，或境土相接，而丰约不同。或顷亩相连，而成败异流，固非天之必害于人，人实不能均其劳苦。失之于人，而求之于天，则有司惰职而不劝，百姓殆业而咎时，非所以定人志，致丰年也。宜勤人事而已"。①

在当时，坚持天道自然观的玄学家们，对天道自然观之灾害观的认识，往往停留在一种清谈式的坐而论道，虽然有着思想史的价值，但并未对当时社会大众的灾害观产生很大影响，也并不代表整个社会对灾害的思想认识水平。敢于承认灾害是自然现象的大臣毕竟是少数，而大多数人在灾害观问题上仍然停留在"天人感应"的层面（王亚利，2003）。

第三节　政府救灾的行政管理体制

由于儒家在救荒思想中占主导地位，根据"灾异说"，荒政不仅仅是一项简单的社会救济措施，还被认为是统治者能否继续统治的关键所在。因而，救灾、减灾被放在重要的地位。魏晋南北朝时期朝代更迭频繁，但历朝的统治者一旦取得政权，稍有喘息的时机，就会关注荒政。所以，虽然政治动荡、战争频繁，但人们仍然能看到历朝政府在致力于减灾和救荒。这一时期的减灾、救荒政策和措施起到承前启后的作用。

魏晋南北朝时期政府救灾的行政管理体制，虽然没有系统的文字记载，但从实际操作过程来看，其基本的管理体制是：报灾—皇帝下诏（或遣史赈灾）又称"诏敕"—各地开仓赈饥，这是一个高度中央集权的救灾体制。

秦汉以来，每遇灾害发生，地方官员必须逐级上报灾情，以便政府及时救灾。据出土的秦代竹简中《田律》记载，秦代把上报作物生长时期的雨泽及受灾程度，作为一项法令，要求各地严格执行。雨泽报告制度在汉代继续执行《后汉书・礼仪志》，魏晋南北朝时期基本上继承了秦汉的雨泽报告制度。《三国志・吴书・孙皓传》注引江表传说："（会稽太守）（车）浚在公清忠，值郡荒旱，民无资粮，表求赈贷。"从魏晋南北朝救灾的记载来看，在正常情况下，地方官员的灾情报告大多比较及时，对没有及时报灾的批评很少见。

地方政府报告灾情以后，朝廷通常会采取两种方法去处理灾情一是遣使巡行赈恤，这实际上带有核实灾情、酌情救灾的意义。根据记载，派去巡检灾情的通常是御史，有时也有其他官员，南朝宋时还"遣军部赈赡"。二是下诏当地政府直接开仓救灾。

奉旨巡行救灾的大臣，一般都有较大的权利，"许以便宜从事"②。魏晋南北朝救灾大使的职责范围比较广泛，一是了解灾情；二是疏决囚徒，处理刑政；三是纠劾贪官，上奏朝廷；四是赈济蠲免，救助灾民；五是埋瘗(yì)修葺(qì)，重建灾区；六是监督救荒，纠正违失。例如：

① 房玄龄：《晋书》卷52，《卻诜传》. 北京：中华书局，1974.

② 沈约：《宋书》卷63，《沈演之传》. 北京：中华书局，1974.

北周孝闵(mǐn)帝元年(公元557年)三月壬子诏:"浙州去岁不登,厥民饥馑,朕用悯焉。其当州租输未毕者,悉宜免之。兼遣使巡检,有穷馁者,并加赈给。"①

另一种处置办法是皇帝直接下诏,由地方官员就地开仓救灾。例如:

东魏孝静帝天平四年(公元537年),"二月乙酉,神武以并、肆、汾、建、晋、东雍、南汾、泰、陕九州霜旱,人饥流散,请所在开仓赈给"。②

皇帝下诏开仓救灾后,要求地方官员迅速做出反应,立即组织救灾,以使灾民能尽快得到政府的救济。若有关人员在救济的过程中不力则会受到处罚:"若典司之官,分职不均,使上恩不达于下,下民不赡于时,加以重罪,无有攸纵。"③如果造成民众死亡,也要严加惩处,"若济拯不时,以至捐弃者,严加纠劾"④。

皇帝的"诏敕"有时候对赈灾粮食的具体数量有明文规定,这些具体数字是在各地上报"申表"时皇帝与大臣们商议后决定的。"申表"的内容既有灾情报告,又有申请赈灾的要求。地方官员如果没有接到皇帝的"诏敕"而擅开仓者,依法会受到处罚,这种处罚主要是免官或降级。

魏晋南北朝时期高度集权的救荒体制,在当时的情况下有利有弊。有利之处是集中有限的粮食,便于国家宏观调控,减少地方官员及主管官吏滥开粮仓,造成国库空虚的风险。最大的弊端是时效性,从魏晋南北朝大臣救荒的几个典型事例中可知,非有皇帝的诏书是不能开仓的,擅自开仓者将会被革职查办。但是,救灾如救火,这必然会导致延缓救灾的时间而削弱救灾的成效。晋简文帝时的吴兴太守王蕴曾指出过这种制度的弊端,认为:"今百姓嗷然,路有饥馑,若上表须报,何以救将死之命乎?"⑤

与当时死板的中央集权的救荒体制相反,有许多地方的政府官员敢于冒丢掉乌纱帽的风险也要为民请命,擅开粮仓,以救百姓。前面提到的晋时王蕴,为救百姓之命,"且行仁义而败,无所恨也"。庄帝时,杨逸为光州刺史,所在州郡遭水旱之灾,杨逸欲开仓赈给,"而所司惧罪不敢",杨逸说:"国以人为本,人以食为命,假令以此获戾,吾所甘心。"⑥遂出粟,然后申表。

有的地方官员为了救灾民,主动将自己家里的私米拿出来,无偿给予百姓。如:宋时交州刺史杜慧度因"岁荒民饥,则以私禄赈给"⑦。

魏晋南北朝时期战乱频繁,地方官员的救灾积极性和主动性显得尤为重要,有一些好的官员能够爱民如子,其给魏晋南北朝的荒政增添了耀眼的亮点(王亚利,2003)。

第四节 救灾实践

大灾来临,会引起魏晋南北朝政府中少数开明统治者的高度重视,政府也会为之出台和采

① 令孤德棻:《周书》卷3,《孝闵帝纪》.北京:中华书局,1974.
② 李百药:《北齐书》卷2,《神武纪下》.北京:中华书局,1974.
③ 魏收:《魏书》卷5,《文成帝纪》.北京:中华书局,1972.
④ 沈约:《宋书》卷6,《孝武帝纪》.北京:中华书局,1974.
⑤ 房玄龄:《晋书》卷91,《外戚传·王蕴传》.北京:中华书局,1974.
⑥ 李延寿:《北史》卷41,《杨播传附遒弟逸传》.北京:中华书局,1974.
⑦ 沈约:《宋书》卷92,《良吏传·杜慧度传》.北京:中华书局,1974.

取众多的荒政和措施，以期减轻旱涝等自然灾害给人民和国家造成的巨大损失，尽快恢复正常的生产秩序、社会秩序、统治秩序。他们在继承和发展前人总结救灾措施的基础上，从战略的高度相继进行了一系列救灾实践。灾前、灾时和灾后采取一系列备荒、救荒的策略措施，初步形成了一个较为完备的救灾体系，在防灾、减灾中发挥了重要作用。

一、灾前防御

灾前防御主要是指魏晋南北朝统治阶级重视农业生产、兴修水利工程及开设粮仓储备粮食等一系列具体措施。

中国自古以来就是以农立国，农本思想在统治阶级实施统治的过程中起着支配作用。农业收成的好坏直接影响到政权的稳定。农业发展，国家仓廪充实，为防灾救荒奠定了雄厚的物质基础。农事荒废，惰农自安，罔有黍稷，饥荒已至，救之已晚。故重视农业生产是救荒的根本政策之一。具体说来有以下几种措施。

（一）皇帝亲耕籍田

皇帝亲耕，在一定程度上显示了国家重视农业的政策，对民众的心理产生了积极的影响，增强了地方官吏和地方百姓勤事农桑的信心。这样的事例在魏晋时期的史料记载中十分常见。耕籍田，虽是一种礼仪，但被统治者视为非常重要的一件国家大事。

《宋书》卷 14《礼仪一》记载："夫民之大事，在祀与农。是以古之圣王，躬耕帝籍，以供郊庙之粢(zī)粢(zī)盛，且以训化天下。"《礼记·月令》记载："乃择元辰，天子亲载耒耜(lěi sì)，措之于参保介之御间，率三公九卿诸侯大夫躬耕帝籍。"籍田之礼不但是对于先祖礼仪的继承，其率先示农的典范，表明统治者对农业生产的重视。

曹魏时代的几位皇帝曾亲耕籍田。魏明帝太和元年（公元 227 年）二月、五年（公元 231 年）春正月"帝耕于籍田"①。

孙吴政权注重劝课农桑，发展自耕农经济。孙权认为，"国以民为本，民以食为天""君非民不立，民非谷不生"②，并亲自将这种理念付诸实践，举行大规模籍田仪式，并推广牛耕，广增农田。

晋继承了这一礼仪。《晋书》卷 26《食货志》记载：晋武帝泰始四年（公元 268 年）正月，"帝亲耕籍田，庚寅，诏曰：'使四海之内，弃末反本，竞农务功，能奉宣朕志。令百姓劝事乐业者，其唯郡长吏乎！'"晋武帝又在泰始八年春耕于籍田，泰始十年春又耕于籍田，同时在该年的十二月，"置籍田令"③，制定了籍田的法令。太康九年的春三月，就连晋武帝的杨皇后也亲自到京师洛阳的西郊采桑，"皇后亲桑于西郊"，同时"赐帛各有差"④，以显示其母仪天下的风范。前秦的符坚也推行籍田，以显示其重农亲民的形象。"（符）坚起明堂，缮南北郊……亲耕籍田，其妻苟氏亲蚕于近郊。"⑤

从"亲耕籍田"的史料记载可以看出，在魏晋这个乱世中，统治相对清明、皇帝相对有所作为、被史学家所称颂的几个时期都有籍田的记录。如晋武帝统治时进行了 4 次籍田之举，说明

① 陈寿：《三国志》卷 3，《明帝纪》. 北京：中华书局，1959.

② 陈寿：《三国志》卷 47，《孙权传》. 北京：中华书局，1959.

③④ 房玄龄：《晋书》卷 3，《武帝纪》. 北京：中华书局，1974.

⑤ 房玄龄：《晋书》卷 113，《符坚载记》. 北京：中华书局，1974.

了他对农业的重视。

（二）劝课农桑

封建皇帝责成地方官吏大力推行劝课农桑、导民种稼，发展农业生产。曹魏时规定，要按照人口与垦田的比例作为州郡长吏考绩的标准，这样就不得不使一些州郡长吏重视招抚流民，安辑流亡、劝课农桑、发展农业。如杜畿任河东太守，“班下属县……渐课民畜牸牛、草马，下逮鸡豚（tún）犬豕（shǐ），皆有章程。百姓勤农，家家丰实”①。梁习为并州刺史，“边境肃清，百姓布野，勤劝农桑，令行禁止……建安十八年，州并属冀州，更拜议郎，西部都督从事……习表置屯田督尉二人，领客六百夫，于道次耕种菽粟，以给人牛之费。后单于入侍，西北无虞，习之绩也”②。徐邈为凉州刺史，“河右少雨，常苦乏谷，邈上修武威、酒泉盐池以收虏谷，又广开水田，募贫民佃之，家家丰足，仓库盈溢”③。可见，曹魏的一些地方官吏在这方面做出了成绩。

东吴政权在劝课方面做得也不逊色。孙权连下了三道劝农的诏书，“自今以来，督军郡守，其谨察非法，当农桑时，以役事扰民者，举正以闻”④。陆逊任职时，由于连年亢旱，陆逊“劝督农桑，百姓蒙赖”⑤。

晋武帝将伐吴，“是时江南未平，朝廷励精于稼穑。（泰始）四年正月丁亥，帝亲耕籍田”。他下诏鼓励地方官勤于农事：“使四海之内，弃末反本，竟农务功，能奉宣朕志，令百姓劝事乐业者，其唯郡县长吏乎！先之劳之，在于不倦。每念其经营职事，亦为勤矣。其以中左典牧种草马，赐县令长相及郡国丞各一匹。”⑥泰始四年十二月，颁五条诏书于郡国：一曰正身，二曰勤百姓，三曰抚孤寡，四曰敦本息末，五曰去人事。翌年（公元 269 年）春正月癸巳，又“申戒郡国计吏守相令长，务尽地利，禁游食商贩”⑦。

晋元帝以入谷多少来判定地方官吏的成绩。晋元帝在位之初，“时江东草创，农桑弛废”，大臣熊远向元帝建议说：“立春之日，天子祈谷于上帝，乃择元辰，载耒耜，帅（率）三公、九卿、诸侯、大夫，躬耕帝籍，以劝农功。”⑧

为了使劝农得以落到实处，各朝统治者都把劝课农桑列为各地方官吏的首要工作，并把其最终的成效与官员的政绩结合起来，定其殿最、考核勤惰、决定赏罚。晋武帝时采纳司徒石苞的建议，实行殿最之制，增加州郡掾（yuàn）属令史。“州郡农桑未有殿最之制，宜增掾属令史，有所循行。”⑨到司马睿为晋王时，以入谷多少作为考察劝课成绩的标准。“课督农功，诏二千石长吏以入谷多少为殿最。其非宿卫要任，皆宜赴农，使军各自佃作，即以为廪。”⑩对成绩突出者予以褒奖。《晋书》卷 90《良吏传》中记载，王宏“泰始初，为汲郡太守，抚百姓如家，耕桑树艺，屋宇阡陌，莫不躬自教示，曲尽事宜，在郡有殊绩”。晋武帝下诏说：“王宏勤恤百姓，导化有方，督勤开荒五千余顷，而熟田常课顷亩不减，比年普饥，人不足食，而宏郡界独无匮乏，可谓能矣。其赐宏谷千斛，布告天下，咸使闻知。”

---

① 陈寿：《三国志》卷 16，《魏书・杜畿传》. 北京：中华书局，1959.

② 陈寿：《三国志》卷 15，《魏书・梁习传》. 北京：中华书局，1959.

③ 陈寿：《三国志》卷 27，《魏书・徐邈传》. 北京：中华书局，1959.

④ 陈寿：《三国志》卷 47，《吴书・孙权传》. 北京：中华书局，1959.

⑤ 陈寿：《三国志》卷 58，《吴书・陆逊传》. 北京：中华书局，1959.

⑥ 房玄龄：《晋书》卷 26，《食货志》. 北京：中华书局，1974.

⑦ 房玄龄：《晋书》卷 3，《武帝纪》. 北京：中华书局，1974.

⑧ 房玄龄：《晋书》卷 71，《熊远传》. 北京：中华书局，1974.

⑨⑩ 房玄龄：《晋书》卷 26，《食货志》. 北京：中华书局，1974.

后赵石勒时期，以右常侍霍皓为劝课大夫，与典农使者朱表、典劝都尉陆充等巡行州郡，核定户籍，劝课农桑。规定“农桑最修者赐爵五大夫”①。又如十六国时期北燕帝冯跋，“励意农桑，勤心政事，乃下书省徭薄赋，堕农者戮之，力田者褒赏，命尚书纪达为之条制。每遣守宰，必亲见东堂，问为政事之要，令极言无隐，以观其志。于是朝野竞劝焉”②。法令明确、赏罚分明，这些荣誉上和实物上的奖励，调动了地方官吏工作的热情和积极性。

对于不称职的官员，也会给予撤职查办。《晋书》卷106《石季龙载记上》记载：后赵石季龙曾经到长乐、卫国二地视察，见当地“有田畴不辟、桑业不修者，贬其守宰而还”③。

魏晋南北朝虽历代实行勤农政策，但因战乱过于频繁，农业发展并不快，水旱灾害发生时，造成的后果都比较严重。

（三）兴修水利

古人说：“人之所生，衣与食也，衣食所生，水与土也”“水利者，农之本也”。水利是农业的命脉，与农业生产的关系密切，搞好水利建设就可以直接促进农业的发展。晋代傅玄指出，“陆田者，命悬于天。人力虽修，苟水旱不时，则一年功弃矣。田制之由人，人力苟修，则地力可尽。天时不如地利，地利不如人和”，说明了农田水利在农业生产中的地位和作用。这一时期，各朝由于战乱日久，承平日少，水利建设上虽然没有大规模的工程兴建，但对原有水利设施的积极维护和修复取得了显著成效，水利事业比较发达，这与政府的高度重视是分不开的。

魏晋时期水利工程的修建情况如下。

1. 曹魏时的水利工程

《三国志》卷15《魏书·刘馥传》记载：刘馥建安时为扬州刺史，镇合肥，广屯田，修“芍陂及茹陂、七门、吴塘诸堨以溉稻田，官民有蓄”。仅七门一堰就溉田1500顷，芍陂灌溉面积更大，达数万顷之多，历代为利。

《三国志》卷9《魏书·夏侯惇传》记载：夏侯惇在陈留屯田，领陈留、济阴太守，“时大旱，蝗虫起，惇乃断太寿水作陂”，并亲自背土方，率领将士种植稻谷，民赖其利。

《三国志》卷15《魏书·贾逵传》记载：魏文帝时贾逵为豫州刺史，“外修军旅，内治民事，遏鄢、汝，造新陂（bēi），又断山溜长溪水，造小戈阳陂，又通运渠二百余里，所谓贾侯渠也”。

魏明帝时，司马懿于青龙元年（公元233年）主持“开成国渠，自陈仓至槐里；筑临晋陂，引汧（qiān）洛溉舄（xì）卤之地三千余顷，国以充实焉”④。曹魏齐王嘉平二年（公元250年）镇北将军刘靖镇蓟城，“开拓边守，屯据险要。又修广戾陵渠大堨，水灌溉蓟南、北；三更种稻，边民利之”⑤。

孙吴政权也兴筑了大批水利工程。在丘陵区，针对地形造成的无雨干旱、一遇雨又易造成洪灾的特点，修筑了一批陂塘水利工程，拦遏山溪来水，灌溉丘陵高平原区的田地。赤乌年间在句容县修筑赤山湖和在江宁县修筑娄湖。在低洼平原区乐湖区，针对易于内涝及有大量滩涂的特点，兴筑塘堤、围田。孙吴还对江南运河进行了疏通。赤乌八年（公元245年）“遣校尉陈勋将屯田及作士三万人凿句容中道，自小其至云阳西城，通会市，作邸阁”。由陈勋率屯田兵

① 房玄龄：《晋书》卷105,《石勒载记下》. 北京：中华书局，1974.

② 房玄龄：《晋书》卷125,《冯跋载记》. 北京：中华书局，1974.

③ 房玄龄：《晋书》卷106,《石季龙载记上》. 北京：中华书局，1974.

④ 房玄龄：《晋书》卷26,《食货志》. 北京：中华书局，1974.

⑤ 陈寿：《三国志》卷15,《刘馥传附子靖传》. 北京：中华书局，1959.

士三万人开凿句容中道，起于句容小其，向东穿过山冈至今丹阳延陵镇西与江南运河相接，不但改善了建康与会稽间的水道运输条件，而且也为两岸地区带来了充足的灌溉水源，促进了当地农业生产的发展。

2. 两晋时的水利工程

西晋泰始十年（公元 274 年），“光禄勋夏侯和上修新渠、富寿、游陂三渠，凡溉田千五百顷”①。

晋怀帝永嘉初年，李矩为汝阴太守，曾经与汝南太守袁孚率众修缮洛阳“千金堨，以利运漕”②。

东晋初，晋陵内使张闿也“立曲阿新丰塘，溉田八百余顷，每岁丰稔”③。

前秦苻坚也曾“关中水旱不时，议依郑白故事，发其王侯以下及豪望富室僮隶三万人，开泾水上源，凿山起堤，通渠引渎，以溉冈卤之田，及春而成，百姓赖其利”④。

魏晋时期的水利工程有几个明显的特点：灌溉与漕运相结合；注意整顿治理故田及小型坡塘水利工程；重视水利设施的管理。

（四）兴修仓库，储粮备荒

《魏书·食货志》中称：如果仓储充裕，“公私丰赡，虽时有水旱，不为灾也”。魏晋时期大体继承了秦汉仓储说的基本思想，保证中央和地方府库里有粮，常平仓思想未有进展。曹魏、东吴史书中不见常平仓的踪影。西晋武帝泰始四年（公元 268 年）才设常平仓“丰则籴，贱则粜，以利百姓”。仓储粮食的来源一是国家出钱买粮储备。如《晋书·食货志》记载，晋武帝泰始二年（公元 266 年），帝见当时“谷贱而布帛贵”，便下诏恢复汉代的平籴之法，“用布帛市谷，以为粮储”。泰始七年（公元 271 年），匈奴帅刘猛反叛，朝廷诏杜预商议安邦定国之策，杜预又提出要兴常平仓：“预乃奏立藉田，建安边，论处军国之要。又作人排新器，兴常平仓，定谷价，较盐运，制课调，内以利国外以救边者五十余条，皆纳焉。”⑤杜预是晋武帝时有名的大臣，是常平仓有力的推行者之一。咸宁二年（公元 276 年）八月，又“起太仓于城东，常平仓于东西市”⑥。二是鼓励民众百官捐钱捐粮，政府给以适当奖励，以搜集粮食布帛，备荒年急用。

魏晋仓储制度在两汉的基础上进一步完备，仓储众多，如京师仓、太仓、常平仓、敖仓等。地方上也有仓储。如：海西公太和中，郗愔为会稽太守。“六月大旱灾，火烧数千家，延及山阴仓米数百万斛”⑦，这是一个县的仓储。《隋书·食货志》说到东晋仓储时说：“其仓……在外有豫章仓（今江西南昌）、钓矶仓（今江西都仓）、钱塘仓（今浙江杭州），并是大储备之处。”

魏晋南北朝时期国家及诸州郡若干规模不等的各类储粮仓库与常平仓一起，共同构成全国范围的备荒救灾之粮食储备网络，并且在赈济救灾荒时确实发挥了一定的作用。常平仓设置是在丰年平抑物价，保护农业生产者；在荒年通过对物价的调节起到救济灾民的作用（张美莉 等，2009）。

① 房玄龄：《晋书》卷 26，《食货志》. 北京：中华书局，1974.
② 房玄龄：《晋书》卷 63《李矩传》. 北京：中华书局，1974.
③ 房玄龄：《晋书》卷 76，《张闿传》. 北京：中华书局，1974.
④ 房玄龄：《晋书》卷 113，《苻坚载记上》. 北京：中华书局，1974.
⑤ 房玄龄：《晋书》卷 34，《杜预传》. 北京：中华书局，1974.
⑥ 房玄龄：《晋书》卷 3，《武帝纪》. 北京：中华书局，1974.
⑦ 房玄龄：《晋书》卷 27，《五行志上》. 北京：中华书局，1974.

二、灾时赈济

灾害发生后，对于灾民最直接最有效的救济办法就是赈济。通常是政府无偿地发给灾民粮食、布帛、银钱等实物，使他们免于冻馁。这是古代中国最常用的也是最基本的救灾政策。

(一)赈济内容

赈济按内容大体上可以分为三类：施粥、赐谷物衣帛、开放山泽。

1. 施粥

施粥是救济灾民最直接、最简便的应急措施，具有时间的急迫性，也是抗灾法中最具成效的措施。按现行的说法，这是一种人道主义的慈善行为，是中国慈善事业史上的一个重要组成部分。汉代给粥赈济已成为救荒的普遍方策。但到了魏晋时期，此种方法却很少见，只有一些地方官员使用过。

《晋书》卷65《王若传》记载：王导子王荟(huì)，“为吴国内史，时年饥粟贵，人多饿死，荟以私米作饘(zhān)粥，以饴(yí)饿者，所济活甚众”①。这些措施虽能解决一部分饥民的燃眉之急，但其所涉及的范围有限，具有很强的临时性和局限性。

2. 赐谷物衣帛

灾害的后果之一就是严重破坏农业生产，粮食紧缺，出现饥荒，吃饭便成了灾民最急切要解决的问题。魏晋南北朝时期几位相对有政治头脑、统治相对清明的皇帝遇灾害饥荒时，还能够体恤民情、遣使慰问、开仓赈粮、救助灾民。其中，以西晋武帝、东晋孝武帝表现得较好。《三国志》卷1《魏书·武帝纪》记载，建安二十三年(公元218年)曹操颁布《赡给灾民令》：“去冬天降疾疫，民有凋伤，军兴于外，垦田损少，吾甚忧之。其令吏民男女：女年七十以上无夫子，若年十二以下无父母兄弟，及目无所见，手不能作，足不能行，而无妻子父兄产业者，廪食终身。幼者至十二止，贫穷不能自赡者，随口给贷。老耄(mào)须待养者，年九十以上，复不事，家一人。”②这一措施包括救济和减轻徭役两项内容，主要帮助灾民灾后糊口度日，保证他们有一些基本的生活资料。另外，当遇到灾害后，赐予布帛及丝织品，使灾民有蔽体之衣。《晋书·武帝纪》记载：咸宁元年(公元275年)十二月，洛阳发生疾疫，“死者大半”。第二年正月，因之而“废朝”，武帝下诏“赐诸散吏至于士卒丝各有差”。

3. 开放山泽

开放山林川泽，解灾民燃眉之急，也可作为灾时赈济的一种方式。山林川泽，汉时国家就专营其饶利，严禁百姓平时进山入泽进行打猎、砍柴、摘果实、捕鱼，魏晋时期一直沿用其制。只有在国家普遍发生饥荒时，封建政府才弛山泽之禁，允许灾民入山林、下川泽，以便灾民糊口活命。《晋书》卷106《石季龙载记上》记载：晋成帝咸康五年(公元339年)，于时大旱，白虹贯日，后赵石季龙下令“解西山之禁，蒲苇鱼盐除岁供之外，皆无所固。公侯卿牧不得规占山泽，夺百姓之利”③；又如前秦苻坚因358年秋天的大旱而“开山泽之利，公私共之，偃甲息兵，与境内休息”④。

---

① 房玄龄：《晋书》卷65,《王导传附子荟》. 北京：中华书局，1974.

② 陈寿：《三国志》卷1,《魏书·武帝纪》. 北京：中华书局，1959.

③ 房玄龄：《晋书》卷160.《石季龙载记上》. 北京：中华书局，1974.

④ 房玄龄：《晋书》卷113.《符坚载记上》. 北京：中华书局，1974.

（二）赈济方式

从赈济的执行方式上来讲，主要有开仓赈济、遣使赈济和调粟救灾3种。

1. 开仓赈济

开仓赈济主要由地方官吏执行，用地方仓库的储备救灾。

《三国志》卷47《吴书·孙权传》记载：东吴孙权赤乌三年（公元240年）冬十一月，"民饥，诏开仓廪以赈贫穷"。

晋简文帝咸安二年（公元372年），"是岁，三吴大旱，人多饥死，诏所在赈给"。

2. 遣使赈济

遣使赈济是中央官员遵照政府的指示，下到地方宣布赈济诏令，体现皇帝"身居九重，心系百姓"的爱民之心。在灾害发生后，皇帝派遣中央官员或者重要使臣，到地方巡察灾情，督促并参与部署一系列的救灾措施。此制度自秦汉以来都有。魏晋时期有关政府遣使赈济的事例也频频见诸史籍。

《三国志》卷2《魏书·文帝纪》记载：魏文帝黄初三年（公元222年）秋七月，"冀州大蝗，民饥，使尚书杜畿持节开仓廪以赈之"。魏文帝黄初五年（公元224年）十一月庚寅，"以冀州饥，遣使者开仓廪赈之"。

但是，魏晋时期为著名的乱世，战乱频繁，给人民的生活带来了深重的灾难，国家经济受到严重破坏，政府根本无力赈济处于各类自然灾害中的子民，所以，魏晋时期虽然灾害频繁，但真正开仓放粮、遣使赈济的次数和力度与其前的两汉无法相提并论。

3. 调粟济灾

调粟济灾是政府有组织、有目的地对灾民实施赈济的措施之一，其内容包括移粟就民、移民就粟。一般情况下，经过大规模自然灾害的严重破坏，受灾地区往往会出现粮食、衣帛极度匮乏的局面。灾民在衣食无着、饥寒交迫之下，为求生存而被迫离开家园，转移他乡从而由灾民转化为流民、饥民，成为社会动荡的不安定因素。在这种情况下，魏晋统治者为了保持社会稳定，避免因灾民盲目流徙而造成社会动荡，就不得不采取儒家理论，对灾民实行社会救济，保障其基本生活。

《晋书》卷1《宣帝纪》记载，魏明帝青龙三年（公元235年），"关东饥，帝（司马懿）运长安粟五百万斛输于京师（洛阳）"。

当灾区储粮不足、而从外地调粮其组织运输又会遇到许多困难时，政府为了解决燃眉之急，允许甚至组织灾民到邻近的粮食充足地区就食，移民就粟的事件如下。

《晋书》卷9《孝武帝纪》记载：晋孝武帝太元元年（公元376年）冬十月，"移淮北流人于淮南"①。《魏书》卷35《崔浩传》记载：北魏明元帝神瑞二年（公元415年），秋谷不登，崔浩向太宗建议："简穷下之户，诸州就谷。"太宗从之，于是分民"诣山东三州食，出仓谷以禀之"。

当然，移粟就民或移民就粟在这一具体措施的操作过程中也有弊端。运粟救灾时，多数灾民为了生存，便迫不及待地自发流移，而政府又往往听任灾民随丰逐食，便又造成新的社会问题——流民现象；若碰上天气变化，交通困难，关津阻碍，则移粟救民往往达不到预期效果；再者，运粟费用高，既费时又费力，并且有损耗，所能运往灾区的有限。这就给运粟救灾打了一个折扣。移民就粟对于稳定社会秩序有一定的作用，能够省去不少运输费用。但同时也容易导

---

① 房玄龄：《晋书》卷9，《孝武帝纪》．北京：中华书局，1974．

致流民问题，给所到地区增加负担，造成人口过于稠密（张美莉 等，2009）。

三、灾后恢复

（一）安置流民，恢复生产

为了解决流民问题，增加赋税收入，魏晋统治者号召灾民返回家园，积极投入生产，甚至把恢复生产的好坏作为对地方官吏政绩考核的依据。政府为了严谨起见，对于劝课的成绩还定有殿最制度。上者为殿，下者为最，以明赏罚。晋武帝泰始八年，司徒石苞感到州郡农桑没有殿最的制度，不甚妥当，因而奏请皇帝设立这种制度，皇帝采纳了他的建议。晋元帝时，并以人谷多少作为考察劝课成绩的标准。曹魏统一北方后，政府提供各种优惠政策，藉以保持社会秩序之稳定，恢复和发展农业生产。许多流民纷纷返回家乡，曹魏地方官吏大力招徕，使他们重返生产。如《三国志》卷15《魏书·张既传》记载，张既为京兆尹，"招怀流民，兴复县邑"。《三国志》卷16《魏书·苏则传》记载，苏则为金城太守，"与民分粮而食，旬月之间，流民皆归，得数千家"。为了使灾民、流民更多更快地返回故土，各朝政府还采取一些优惠政策，如：赦免前罪、旧债，不再加以追究。东晋孝武帝太元五年（公元380年），"四月大旱，五月大水，六月甲寅震含章殿四柱，并杀内侍二人。甲子，以比岁荒俭，大赦，自太元三年以前逋租宿债皆蠲除之"①。有的还开放官方山林、鱼泽，以便受灾之人采薪、打猎、捕鱼，渡过难关。还有的是政府借贷粮种、耕牛与灾民，帮其生产自救，也不失一种可采之策。据《晋书》卷26《食货志》记载，"建安初，关中百姓流入荆州十余万家，及闻本土安定，皆企望思归，而无以自业"。于是卫凯议为，"盐者，国之大宝，自丧乱以来放散，今宜如旧置使者监卖，以其直益市犁牛，百姓归者以供给之。勤耕积粟，以丰殖关中，远者闻之，必多竞还。魏武遣谒者仆射监盐官，移司隶、校尉居弘农，流人果还，关中丰实"。借贷粮种、耕牛，可使灾民获得最基本的生产资料，安心从事生产，避免再次流亡，对于稳定社会秩序起到了重要作用。

（二）蠲免赋税徭役

这是一项灾后减轻百姓负担、恢复和发展生产的重要措施，在汉代已普遍实施，成为定制，有关此类诏令规定史料记载得很多。魏晋统治者继承了这一荒政措施。

据《晋书》卷3《武帝纪》记载：西晋武帝泰始七年（公元271年）闰五月，"大雩，太官减膳。诏交趾三郡、南中诸郡，无出今年户调"；晋武帝太康三年（公元282年）冬十二月丙申，"诏四方水旱甚者无出田租"；晋成帝咸康二年（公元336年）三月，"旱，诏太官减膳，免所旱郡县徭役"。前秦皇始五年（公元355年），"蝗虫大起，自华泽至陇山，食百草无遗，牛马相啖毛，猛兽及狼食人，行路断绝。（苻）健自蠲百姓租税，减膳撤悬，素服避正殿"②。

东晋不仅赦免百姓受灾前所欠的租税，而且赦免受灾当年或受灾后3年间的租税，力度很大。据《晋书》卷9《孝武帝纪》记载：晋孝武帝宁康二年（公元374年）四月，皇太后因为连年灾异，水旱并至，百姓失业而下诏说："……全除一年租布，其次听除半年，受赈贷者即以赐之。"晋孝武帝太元四年（公元379年）春正月辛酉，大赦，"郡县遭水旱者减租税"。这时减灾力度不仅仅局限于受灾前，也扩及当年和以后的几年。

上述赈济蠲免行动对于帮助灾民度过难关、恢复生产具有积极意义。

---

① 房玄龄：《晋书》卷9，《孝武帝纪》. 北京：中华书局，1974.

② 房玄龄：《晋书》卷112，《苻健载记》. 北京：中华书局，1974.

（三）假借廪贷

为了使灾民在灾后能尽快投入生产而不至于成为四方之流民，政府往往会有条件地将粮种、食物、工具等假贷给灾民，这种方法也叫廪贷。农民在灾年可依靠政府的救助，利用假贷而来的粮种、耕牛、土地等来恢复生产。它与赈济的不同之处在于：赈济是无偿给予，廪贷则有偿给予。

（四）缓刑政策

主要包括遇灾缓刑、减刑等内容。受传统的天人感应观念影响，统治者认为刑罚苛滥会造成灾害，而理冤狱、缓刑罚能消弭灾害。缓刑在客观上能减轻刑狱、缓和阶级矛盾、转移灾民的注意力、一致对抗灾情，有一定的积极作用。晋武帝泰始七年（公元 271 年）五月，“雍、凉、秦三州饥，赦其境内殊死以下”①。晋哀帝隆和元年（公元 362 年）四月，旱，“诏出轻系”②。

（五）节约

由于自然灾害频繁发生，国家救灾物资常常供不应求，各朝政府想方设法尽一切可能筹集物资钱款。节约是历代统治者灾后恢复的主要措施之一。

魏明帝太和年间因灾异屡现而引咎自责并与大臣讨论对策，和洽以为“消复之术，莫大于节俭，太祖建立洪业，奉师徒之费，供军赏之用，吏士丰于资食，仓府衍于谷帛，由不饰无用之宫，绝浮华之费。方今之要，固在息省劳烦之役，损除他余之务，以为军戎之储”③。

东晋咸和初，夏季干旱，诏大臣上书降雨的办法。当时任秘书著作郎的虞预上书中也提到其中一项措施为节俭之策，“臣愚以为轻刑耐罪，宜速决遣，殊死重囚，重加以请。宽徭息役，务遵节俭，砥砺朝臣，使各知禁”④。

“俭以养德”，封建社会的最高统治者带头减膳撤乐，约束自己、减省公费，不仅可以表现他们励精求治的悔过诚心，也可以显示其身先士卒的抗灾、减灾的表率作用。

当灾荒饥馑等灾害发生后，政府积极提倡节约、开源节流，以便度过难关，节约措施主要有以下五方面。

1. 减少皇帝御膳

为了抗御灾害，统治者往往减膳损服，祈求上天的谅解，客观上起到了节约的作用。

据《晋书》诸帝纪记载，晋武帝分别在泰始七年（公元 271 年）、咸宁五年（公元 279 年）两次因为大旱民饥，减膳一半，藉以表示节约，关心人民的疾苦。这是魏晋时期最早的两次皇帝因灾减膳措施。东晋成帝、孝武帝两位最高统治者也有遇灾减膳的举措。

《晋书》卷 3《武帝纪》记载：晋武帝泰始七年（公元 271 年）大饥，闰五月，旱，“大雩，太官减膳”；咸宁五年（公元 279 年）三月，“以百姓饥馑，减御膳之半”。

《晋书》卷 7《成帝纪》记载：咸和九年（公元 334 年），自五月不雨至于八月，“六月大旱，诏太官彻膳，省刑，恤孤寡，贬费节用”。

《晋书》卷 9《孝武帝纪》记载：太元四年（公元 379 年），因连年水旱饥疫，大风雨雹，灾害不断。三月下诏“年谷不登，多姓多匮。其诏御所供，事从俭约，九亲供给，众官廪俸，权可减半。

① 房玄龄：《晋书》卷 3，《武帝纪》. 北京：中华书局，1974.
② 房玄龄：《晋书》卷 8，《哀帝纪》. 北京：中华书局，1974.
③ 陈寿：《三国志》卷 23，《魏书·和洽传》. 北京：中华书局，1959.
④ 房玄龄：《晋书》卷 82，《虞预传》. 北京：中华书局，1974.

凡诸役费,非军国事要,皆宜停省,以周时务"。

前秦的苻坚也因大旱"减膳彻悬,金玉绮绣皆散之戎士,后宫悉去罗纨,衣不曳地"①。

纵览历史上的减膳记载可以看出,凡是对国家、民众有责任心的皇帝,都要在灾害来临时表达一种社会责任感。西晋武帝、东晋成帝和孝武帝三位皇帝比较突出,尤其是东晋孝武帝不但每天自己的"所供事从俭约",减少包括御膳在内的全部所有开销,还要求百官廪俸减半。当然,西晋惠帝时期,未见有采取此种措施的记载。

2. 减少宫廷享乐、珍玩之物,罢游乐活动

从节约粮食的观点出发,魏晋时期有几位开明的统治者曾在灾害发生后以身作则,减少宫廷享乐活动,罢减宴会歌姬和音乐、释放宠物禽兽并下令禁止蓄养。

3. 并官减俸,省并郡县

这一救灾措施,一方面减少了国库的开支,用节余下的财力解决赈灾难题,另一方面减轻了百姓的徭役租税负担,相应地增强了人民抵御灾害的能力,支援了政府的救灾抗灾行动。

晋武帝咸宁初,向朝廷大臣们征求政策的损益。针对当时存在的冗官冗员,司徒左长史傅咸指出:当今"军国未丰,百姓不赡,一岁不登便有菜色者,诚由官众事殷,复除猥滥,蚕食者多而亲农者少也""旧都督有四,今并监军,乃盈于十。夏禹敷土,分为九州,今之刺史,几向一倍。户口比汉十分之一,而置郡县更多。空校牙门,无益宿卫,而虚立军府,动有百数。五等诸侯,复坐置官属。诸所宠给,皆生于百姓。一夫不农,有受其饥,今之不农,不可胜计。纵使五稼普收,仅足相接;暂有灾患,便不继赡。以为当今之急,先并官省事,静事息役,上下用心,惟农是务也"②。

前秦政权,苻坚"以境内旱,课百姓区种。惧岁不登,省节谷帛之费,太官、后宫减常度二等,百债之秩以次降之"③。

简文帝时,范宁上疏说:"今荒小郡县,皆宜并合。不满五千户,不得为郡。不满千户,不得为县。守宰之任,宜得清平之人。顷者选举,惟以恤贫为先,虽制有六年,而富足便退。"这些建议"帝善之"④。从行政设置上节约开支。新的节约措施多少减缓了政府的压力,也是对救灾的有益尝试。

4. 禁止酿酒

因为酿酒造成的粮食浪费之多,不可估量,所以历代每遇灾荒,常禁止酿酒,以便节约粮食,用于救助处于水深火热之中的灾民。

东汉末年群雄割据,军阀混战,曹操曾于建安年间鉴于当时的连年灾荒而"表制酒禁",下禁沽令。建国西南的刘蜀政权也曾历行过酒禁,先主刘备章武二年(公元222年)大旱,禁止酿酒,私自酿造者要被判刑。"时天旱禁酒,酿者有刑",甚至家有酿酒的工具,吏"欲令与作酒者同罚"⑤。

魏晋稍后的刘宋孝武帝孝建年间(公元454—455年),"岁旱民饥",丹阳尹颜峻"上言禁饧

---

① 房玄龄:《晋书》卷113,《苻坚载记上》. 北京:中华书局,1974.

② 房玄龄:《晋书》卷47,《傅咸传》. 北京:中华书局,1974.

③ 房玄龄:《晋书》卷113,《苻坚载记上》. 北京:中华书局,1974.

④ 房玄龄:《晋书》卷75,《范宁传》. 北京:中华书局,1974.

⑤ 陈寿:《三国志》卷38,《蜀书·简雍传》. 北京:中华书局,1959.

一月”①。这次禁酒便节约粮食近万斛。可见，酿酒对谷物的消耗很多。

但是，魏晋时期，节约策略的实施只有个别帝王能做到，如晋元帝、晋武帝等帝王做得较好。还有，魏晋时期节约救灾的明显特征是节约策略在一朝并不能一贯地执行。一些皇帝并不能在其统治的时段里始终如一地贯彻节约政策。即使一段时期由于军事需要或者灾害原因，皇帝躬行节约，但由于大臣执行政策的虚假性，节约成效并不理想。

5. 以工代赈

为调动全社会的救灾积极性，发挥每个人的力量，并减轻国家的负担，政府提倡和奖励义赈，有些地方官吏做得比较好。《晋书》卷 46《刘颂传》记载，刘颂除淮南相“使大小戮力，计工受分”，一方面解决了饥民的生存问题——以工代赈，另一方面使达官显贵与平民百姓同等地负担修建芍坡的劳务。所以“百姓歌其平惠”。虽然这一措施在魏晋时期并不常见，但在一定程度上也发挥了积极作用。

面对自然灾害，当时部分统治者积极采取措施，一种是皇帝引咎自责，群臣乘机进谏，息徭役、省宫费、罢宴乐，从而形成君臣上下检讨政策得失的局面。无论是为了节俭救荒，还是其为了修德去灾，都在一定程度上调整了统治政策，改善了政治风气，对国家和人民度荒救灾来说都是有利无害的。另一种是政府开展肃刑罚、理冤狱、整吏治，要么政府蠲免宿债、临灾赐谷、贷种、施粥、给药等救济活动，尽管大部分措施是一种短期行为，但对处于水深火热中的灾民来说，无异于雪中送炭，免于其进一步破产，免于其家庭的流离失所而成为无家可归的流民。而统治阶级的临灾救济政策虽有一定的局限性和短暂性，但对人民灾后的生产、生活的恢复产生了很大的影响，同时也稳定了社会的政治局面，稳定了统治阶级的政治统治(张美莉 等，2009)。

四、民间救灾

灾害发生后，除了政府的救济外，宗族救济、邻里互助、民众的抗灾自救等，在很大程度上弥补了政府救灾的不足。

(一)各级官员散发私财赈济灾民

自从北魏高祖太和八年(公元 484 年)为百官颁发俸禄以后，各级官吏便拥有了合法收入，除日常消费外，官员们都有一定数量的积蓄。遇到灾年，一部分体察民情的官吏常常把个人积蓄无偿救济灾民。下列所举事例显示了北魏高祖、世宗、肃宗、庄帝各个时期，以地方官为主的灾后个人救助行为。

《魏书》卷 16《道武七王・河南王元曜传附元平原传》载：高祖时，元平原担任齐州刺史，“时岁谷不登，齐民饥馑，平原以私米三千余斛为粥，以全民命”。这是北魏历史上地方官以私人财产救灾的第一次记录。也许由于元平原一直是皇家宗亲，所以实力雄厚、慷慨解囊，大规模地救助了所辖境内的众多饥民。

《魏书》卷 45《韦阆(láng)传附韦朏(fěi)传》载：肃宗时，韦朏担任州主簿，“时属岁俭，朏以家粟造粥，以饲饥人，所活甚众”。

《魏书》卷 69《裴延俊传附裴庆孙传》载：肃宗末，裴庆孙担任郃郡太守，“在郡之日，值岁饥凶，四方游客常有百余，庆孙自以家粮赡之”。

《魏书》卷 56《崔辩传附崔巨伦传》载：庄帝时，崔巨伦担任东汉阳太守，“时河北纷梗，人士

① 沈约：《宋书》卷 75，《颜峻传》. 北京：中华书局，1974.

避贼，多住郡界，岁俭饥乏。巨伦倾资赡恤，务相全济，时类高之”。

以上各级官员散发私财赈济灾民的事迹，多发生在北魏孝文帝统治以后，这也许和孝文诸帝采取的多次整顿吏治，提倡儒家治民、救民思想有关。经过孝文一朝的多次整顿，北魏吏治逐渐清明。宣武、孝明等诸帝基本上沿用了孝文整顿吏治的方法，“黜陟幽明”已成制度。而灾荒年间，各位皇帝又多次下诏要求各级官员体恤民情，组织救灾，并和政绩联系在一起。所有这些整顿吏治的制度、措施，不能不对各级官员产生巨大影响和触动，因此在灾荒之年，官员们在力所能及的情况下，以个人财产救助灾民就成为情理之中的事情了。

（二）宗族散发私财救济灾民

魏晋南北朝时期，战乱频繁。战乱虽然破坏了行使基层行政权力的乡亭组织，却不能破坏自然形成的（以血缘关系为纽带形成的）宗族组织。长期的战乱，使北方地区生产凋敝、交通阻塞，交换经济受到严重破坏，只有自然经济能够适应这一状况。而宗族组织正是植根于自给自足的自然经济基础上的，因而能延续下来。同时，在基层行政制度暂时出现空白的情况下，地主豪强必然要利用宗族组织，以作为继续维持其政治、经济利益的工具；而农民为了不至于在战乱中流离死亡，也不得不依靠宗族组织的保护。这就使宗族组织不仅没有因战乱而消亡，反而更加发展起来。

北魏实行“宗主督护制”主要是为了利用宗族组织，稳定对广大中原地区的统治。当时的民间宗族在灾后采取了诸多措施救济贫困。

《北史》卷 33《李孝伯传附李士谦传》载：[李士谦]家富于财，躬处节俭，每以赈施为务……后出粟万石以贷乡人，属年谷不登，债家无以偿，皆来致谢。士谦说：“吾家余粟，本图赈赡，岂求利哉！”于是悉召债家，为设酒食，对之燔契，曰：“债了矣，幸勿为念也。”各令罢去。明年大熟，债家争来偿，士谦拒之，一无所受。他年饥，多有死者，士谦罄家资为之糜粥，赖以全活者万计；收埋骸骨，所见无遗；至春，又出田粮种子，分给贫乏。赵郡农人德之，抚其子孙说：“此李参军遗惠也。”仁心感物，群犬生子，交共相乳。凶年散谷至万余石，合诸药以救疾疠，如此积三十年。

李氏家族“每以赈施为务”，常常在灾年多行善举，或散发粮食或借贷谷粮（灾民偿还不起就燔契）或“糜粥”或“收埋骸骨”或“出田粮种子”或施药“以救疾疠”，是这一时期民间宗族散发私财救济灾民的典范。

《魏书》卷 47《卢玄传附卢义僖传》载：“义僖少时，幽州频遭水旱，先有谷数万石贷民，义僖以年谷不熟，乃燔其契。州闾悦其恩德。”可见，卢义僖家原本是贷粮给灾民的，但当灾民偿还不起时，就毅然烧毁契书，让灾民无偿享用（李辉，2006）。

（三）寺院、僧人、佛教信徒救灾

何兹全（1986）在《中古时代之中国佛教寺院》一文中曾指出：魏晋以后，无论五胡乱华时期或南北朝时期，在统治阶级除少数几个君主不信佛毁废僧寺外，大多数都是崇信佛教，保护寺院，加敬沙门的。因此，国家、人民各方面的财富就不断地向寺院输进，单是僧尼的生活费用就消费不了。一方面又因交换的不发达不好卖出，于是寺院便以之做起救济贫穷及灾荒的事业，由社会得来的财富，又转而贡献给社会。

北魏高宗和平年间，文成帝答应寺院创建“僧祇粟”之制，特划出一部分人作“僧祇户”，以其每岁课纳专作济贫赈灾之用。《魏书》卷 114《释老志》载：“昙曜奏：平齐户及诸民，有能岁输谷六十斛入僧曹者，即为‘僧祇户’，粟为‘僧祇粟’，至于俭岁，赈给饥民……高宗并许之。于是僧祇户、粟及寺户，遍于州镇矣。”从此，北魏境内各处寺院都拥有了僧祇户、僧祇粟，寺院救灾有了广泛的物质基础。

北朝时期，不但寺院救灾，一些僧人也曾无偿或有偿救灾。其一，僧人贷粮给灾民。《北史》卷86《循吏·苏琼传》载：“琼性清慎，不发私书。道人道研为济州沙门统，资产巨富，在郡多出息，常得郡县为征。及欲求谒，度知其意，每见则谈问玄理。研虽为债数来，无由启口。其弟子问其故，研曰：‘每见府君，径将我入青云间，何由得论地上事。’师徒还归，遂焚责券。”从中可知，僧人道研常常贷粮给当地百姓，当地政府常常帮助征收，但是苏琼在任时，却不配合他，道研无奈只好焚毁债券，变有偿赈济为无偿施舍。其二，僧人卖粮给灾民。北周武帝曾在建德三年(公元574年)下令“诏以往岁年谷不登，民多乏绝，令公私道俗，凡有贮积粟麦者，皆准口听留，以外尽粜”。这里的“私道”应当指的就是僧人，也就是说，国家要求“凡有贮积粟麦者”都要把多余的粮食卖给灾民，其中包括僧人。

寺院、僧人都对灾民有所救助，那么，佛教信徒又是怎样一番表现呢？《魏书》卷67《崔光传附崔敬友传》载：“光弟敬友，本州治中。颇有受纳，御史案之，乃与守者俱逃。后除梁郡太守，会遭所生母忧，不拜。敬友精心佛道，昼夜诵经。免丧之后，遂菜食终世。恭宽接下，修身厉节。自景明已降，频岁不登，饥寒请丐者，皆取足而去。又置逆旅于肃然山南大路之北，设食以供行者。”这说明，崔敬友免官信佛之后，也常以救济饥贫为己任，无偿为灾民提供衣食。

综上所说，魏晋南北朝宗族组织、佛教寺院、僧人、佛教信徒、佛教团体都从不同程度对灾民实施救助。虽然这些民间救助不能与国家组织的大规模救济相提并论，但它毕竟弥补了国家救助之不足，为社会做出了一定贡献(李辉，2006)。

第五节　《齐民要术》的抗御灾害思想及措施

《齐民要术》成书于公元532—534年，作者贾思勰(xié)。该书集周、秦至北魏农业生产知识之大成。全书共10卷92篇，11万多字。它是在前代农学的基础上，全面、系统地总结了当时黄河流域旱地农业生产的经验和成就。由于魏晋南北朝是一个自然灾害的频发期，《齐民要术》也是一部集北方减灾认识和经验之大成的著作。

一、灾害预测

对待自然灾害，抗之不如防之，防之不如避之，对干旱等灾害进行预测成为迫切所需。“尧、舜、汤，皆在预见之明，虽有凶年，而民不穷”①，这体现了贾思勰对灾害预测的重视。灾害预测是抗御灾害体系的重要组成部分。

《齐民要术》卷3《杂说第三十》引《盐铁论》说：“桃李实多者，来年为之穰。”其含义是果实丰盛的桃木可以用来禳除来年的灾祸，即当年桃木果实丰盛，次年灾祸少。

《齐民要术》卷3《杂说第三十》引《物理论》说：“正月望夜占阴阳，阳长即旱，阴长即水。立表以测其长短，审其水旱，表长丈二尺：月影长二尺者以下，大旱；二尺五寸至三尺，小旱；三尺五寸至四尺，调适，高下皆熟；四尺五寸至五尺，小水；五尺五寸至六尺，大水。月影所极，则正

① 贾思勰:《齐民要术》卷3,《杂说第三十》引《越绝书》.北京:团结出版社,1996.

面也;立表中正,乃得其定。”又说:“正月朔旦,四面有黄气,其岁大丰。此黄帝用事,土气黄均,四方并熟。有青气杂黄,有螟虫。赤气,大旱。黑气,大水。正朝占岁星,上有青气,宜桑;赤气,宜豆;黄气,宜稻。”

《齐民要术》卷3《杂说第三十》引《史记天官书》说:“正月旦,决八风;风从南方来,大旱;西南,小旱;西方,有兵;西北,戎菽为,‘戎菽,胡豆也。为,成也。’趣兵;北方,为中岁;东北,为上岁;东方,大水;东南,民有疾疫,岁恶……正月上甲,风从东方来,宜蚕;从西方,若旦黄云,恶。”(那晓凌,2003)

二、旱作农业技术

旱作农业,具体而言就是指在干旱、半干旱和半湿润易旱等地区,即在年降水量200～600毫米的地区,不靠灌溉而采用一系列抗旱农业技术进行生产的农业。我们必须十分重视旱地增产技术的改进。中国北方的降水量小、蒸发量大,年降水变化大,时而出现连年干旱。因此,北方旱作农业有巨大的增产潜力。

《齐民要术》对中国古代北方旱作农业技术的记载颇丰,已经初步形成了古代朴素的旱作农业理念。借鉴古代旱作农业技术,结合现代先进科技,对促进现代旱作农业发展、提高粮食安全具有重大意义。孟祥浩等(2015)对《齐民要术》所载传统旱作农业技术进行了总结与讨论,现摘录如下。

(一)多样性耕地措施,重在蓄水保墒

蓄水保墒,就是指旱作农业地区,用以抵抗干旱灾害、减少土壤水分蒸发、增加土壤湿度、保证农业生产的一套栽培耕作技术体系。古人在长期农业生产实践中,针对不同情况的地块,采取了不同的耕作方式。

《吕氏春秋·任地》中记载:“五耕五耨,必审以尽,其深殖之度,阴土必得。”可见,早在春秋战国时期就已经有了深耕的农事技术。《齐民要术·杂说》中记载:“观其地势,干湿得所。凡秋收了,先耕荞麦地,次耕余地。务遣深细,不得趁多。看干湿随时盖摩著切。无问耕得多少,皆须旋盖摩如法。”观察地势高低和土壤干湿程度,秋收后先把准备种荞麦的地耕了,再耕其余的田地。务必要耕得深些、细些,不要图快、贪多。按其干湿程度随时将土块弄碎耢平。不管耕地多少,都要随时耙耧,才能保墒。按照土壤墒情选择耕种顺序,并且注重深耕、细耕,保持土壤松软透气,有利于蓄水保墒。

土壤质地有松软坚硬之分,不同的农业生产对土壤条件的要求不同,通过不同的农业耕作技术,实现土壤质地“强弱”的转变,达到抗旱保墒高效利用土地的目的。《齐民要术·耕田》记载:“春,地气通,可耕坚硬强地黑垆土。辄平摩其块以生草;草生,复耕之;天有小雨,复耕和之,勿令有块以待时。所谓强土而弱之也。”“杏始华荣,辄耕轻土弱土,望杏花落,复耕,耕者蔺(lìn)之。草生,有雨泽,耕,重蔺之。土甚轻者,以牛羊践之,如此则土强。此谓弱土而强之也。”这就是所说,要把干硬的土块变成松软的土壤和松散的土变成较硬的土的转换方法。

古人不仅对耕地有较为全面系统的耕作保墒之法,而且对于具体作物的耕种之法也有研究,针对不同作物的具体生长特点,应用具体的耕作方式。如对小麦的耕作也有详尽的记载:“凡种小麦地,以五月内耕一遍,看干湿转之,耕三遍为度。亦秋社后即种。至春,能锄得两遍最好。”种小麦的地,要在五月里耕一遍,在干湿适度时再翻一次,耕三次就行了。在立秋后的40～50天以后就下种。等到来年春天,能锄两次最好。小麦生长季多为干旱少雨的季节,多次耕地增强土壤蓄水能力、增加墒情、配合划锄技术，可充分增强小麦的抗旱能力，提高小麦产量。

（二）培肥地力，提高土壤生产能力

合理施用粪肥，提高土壤地力。土壤是作物获取有机质和矿物质的本源，长期的栽培生产，不断对土壤的养分掠夺，使得土壤贫瘠，质地坚硬，不利于农业生产。古代使用农家粪肥，在一定程度上提高了土壤有机质和作物生长所需的元素含量。《齐民要术》中有“凡田地中有良薄者，即须加粪粪之”“秋耕，陷青者为上”。即田地总是有肥有瘦，必须上粪施肥；秋天耕地，可以把青草耕翻到地里去腐烂后作为肥料。《齐民要术·种谷》中有“薄田不能粪者，以原蚕矢杂禾种种之，则禾不虫”。田薄地以致不能上粪的，用蚕粪和在谷种里下种，不仅增加肥力还能保证谷子没有虫害。这是一种既提高肥力又提高抗虫能力的高效抗旱措施。

利用豆科植物固氮蓄肥养地，提高土壤地力。《齐民要术·耕田》中有“凡美田之法，绿豆为上，小豆、胡麻次之”“为春谷田，则亩收十石，其美与蚕矢、熟粪同”。就是说“肥田的方法，种绿豆最好，其次是小豆和胡麻”“第二年春天种谷子，每亩可以收十石，就和施了蚕粪、熟粪一样肥美”。古人已有利用豆科植物固氮蓄肥养地、腐熟秸秆提高地力的实践经验。

增加土壤磷素可提高土壤通气性，增强土壤耐旱性。磷在植物体内参与光合作用、呼吸作用、能量储备和传递细胞分裂等。磷能促进植物早期根系的形成和生长，提高植物适应外界环境条件的能力，有助于植物抗寒、耐旱；磷还能提高许多水果、蔬菜和粮食作物的品质，有助于增强一些植物的抗病性，具有促熟作用，对收获和作物品质非常重要。植物从土壤中吸收磷时，若土壤中没有足够的磷元素或没有足够能够提供植物吸收的磷元素，植物生长将受到极大的限制。《齐民要术·种谷》记载：“取马骨一石，以水三石，煮之三沸，去滓以汁渍附子五枚，三四日去附子，以汁和蚕矢、羊矢各等分，挠令洞洞如稠粥。……至可种时，以余汁溲（sōu）而种之，则禾稼不蝗、虫。无马骨，亦可用雪汁。雪汁者，五谷之精也，使稼耐旱。”这不仅是利用马骨里的磷素来改良土壤，使土壤磷含量提高，促进作物耐旱能力，增加粮食产量，还是一种有效地拌种预防病虫害的好方法。这项农事措施，可谓多层收益。

（三）适时安排农事，抗旱保产

“适时”，主要是指根据季节变化规律安排农事，达到抗旱保产的目的。《孟子》中说：“不违农时，谷可不胜食。”《礼记·月令》说：“仲秋之月，乃劝人种麦。”就是说不违背农作的时令，粮食可以吃不完。早在春秋战国时，古人就已经意识到适时农作、不误农时的重要性了。

耕种根本，在于抓住农时、松和土壤、着重施肥和灌水保墒，适时耕地播种，尽可能早锄早收。《齐民要术·耕田》中有记载：“凡耕之本，在于趣时，和土，务粪泽，早锄，早获。”《齐民要术·杂说》中也有这样的说法，等到黄昏时候，心星尽正在天空当中时，黍就可下种，不必多虑。

《氾胜之书》说：“凡田有六道，麦为首种。种麦得时，无不善。夏至后七十日，可种宿麦。早种则虫而有节；晚种则穗小而少实。”可见，适时播种对小麦防治病虫害、增加产量都有重要作用。

（四）划锄镇压覆盖结合，保墒壮苗

划锄镇压覆盖均是旱作农业抗旱保墒的重要技术。划锄主要是针对松软土质、保墒增温，增强通透性，促进次生根下扎；镇压使作物种子与土壤接触紧密，有利于种子从土壤中吸收水分发芽，增强土壤松软作用，使土壤下层水提升到作物的根系位置，充分利用土壤中的水分；覆盖技术可以蓄水保墒，减少水分蒸发，提高地温，增加土壤养分，改善土壤结构。划锄镇压在现代旱作农业中以广泛应用先进的农机设备，减少了人力物力的投入，同时提高了投入产出比；覆盖技术在花生、棉花种植上应用广泛。地膜覆盖技术的推广，增强了土壤的保温、保水性，提高了水分的利用效率，达到了旱作农业保墒壮苗的目的，大幅度提升了粮食产量。

《氾胜之书》中记载："冬雨雪止，以物辄蔺麦上，掩其雪……麦耐旱，多实……麦生根茂盛，莽锄如宿麦。"其中还谈到区种麦："覆土厚二寸，以足践之，令种土相亲。麦生根成，锄区间秋草。缘以棘柴律土壅(覆)麦根……区间草生，锄之……至五月收，区一亩得百石以上，十亩得千石以上。"冬季雨雪停止后，要立即用辊子在麦苗上辊压，把雪埋在土里，这样就能耐旱增产。可种春麦，麦发芽根茂盛时，就要根锄，与冬麦的管理一样。氾胜之区种麦法：覆土厚二寸，用脚踩实，使麦种和土粒紧密接触。麦发芽，长成后即锄去区间的杂草，沿着区边用酸枣柴搂土压麦根。到五月收麦，区田一亩能收一百石多，十亩能收一千石以上。这是古人利用镇压与划锄技术促进小麦增产增收的实践。

《齐民要术・种谷》中记载："良田率一赤留一科，薄地寻垅蹑之。苗出垄则深锄，锄不厌数，周而复始，勿以无草而暂停"。好田定苗的标准是一尺留一株。瘦薄的田，下种后要沿着地垄用脚踩实。苗的高度冒出地垄时要深锄，锄地不嫌次数多，一区一区地锄遍了，还要接着从头再锄，不要以为没有草就停锄。

(五)种子精细处理技术，意在抗旱防虫保苗

选种栽培要从种子收获开始，种子的精细收获、精细挑选关系到整个作物生长发育过程，影响作物产量。《齐民要术・收种》记载："种伤湿郁热则生虫也。取麦种：候熟可获，择穗大强者斩，立场中之高燥处，曝使极燥。取干艾杂藏之，麦一石，艾一把。藏以瓦器、竹器。顺时种之，则收常倍。取禾种：择高大者，斩一节下，把悬高燥处，苗则不败。"种子受了潮湿或闷热，就会生虫。采麦种的方法是等麦熟收割时，挑选大而强壮的穗，剖下、扎成小捆，直立在场地的高而干燥处，晒透。要避免蛀虫；如果发现已经生虫了，要立即去掉，然后掺入干艾收藏。麦种一石，用艾一把，藏在瓦器或竹器内。这样适时下种，收成会成倍增加。采谷种的方法：挑选株秆高大的，将其第一节连穗割下，扎成小把，悬挂高而干燥处，这样的种子长出的苗不会差。

采用合理科学方式浸种，提高作物耐旱抗虫性。浸泡种子，意在促使种子提早萌动发芽，以保证种子不因干旱而"胎死腹中"，降低因干旱因素对种子发芽率的影响，提高出苗率，也可以起到种衣剂防虫保苗的功效。《齐民要术・种谷》记载："薄田不能粪者，以原蚕矢杂禾种种之，则禾不虫。""又取马骨剉一石，以水三石，煮之三沸，去滓，以汁渍附子五枚，三四日去附子，以汁和蚕矢、羊矢各等分，挠令洞洞如稠粥……至可种时，以余汁溲而种之，则禾稼不蝗、虫。无马骨亦可用雪汁。雪汁者，五谷之精也，使稼耐旱。常以冬藏雪汁器盛，埋于地中。治种如此，则收常倍。"书中介绍了一种拌种浸种方法：田薄地以致不能上粪的，用蚕粪和在谷种里下种，谷子就没有虫害。又可取磨碎的马骨一石，加水三石，煮沸三次，滤去渣滓，把汁和上蚕粪、羊粪各同量，充分搅拌，使调和成浓厚的粥样。到播种时，再把所余的骨汁搅拌谷种后播种，这样的庄稼就不会有蝗虫和别的虫害。没有马骨也可以用雪水。雪水是五谷的精华，能使庄稼耐旱。经常于冬季收藏雪水，盛陶器内藏在地下备用。这样处理种子，收成常可加倍。充分利用粪肥及马骨中磷元素，增加土壤有机质及磷素，提高种子的耐旱防虫性。

(六)旱作农业的轮作理念

轮作是指在同一块田地上，有顺序地在季节间或年间轮换种植不同作物或复种组合的一

种种植方式。中国早在西汉时就实行休闲轮作。《齐民要术》中讲:“每年一易,必莫频种。其杂田地,即是来年谷资。”“凡谷田,绿豆、小豆底为上,麻黍、胡麻次之,芜菁、大豆为下。”“小豆,大率用麦底。”“凡种穄(jì)田,新开荒为上,大豆底为次,谷底为下。”就是指(谷子地)每年要更换一次,一定不能连种。这样其他杂项作物的地就可以作为明年的谷田。种谷时,用上次种绿豆、小豆的田最好,上次种麻、黍的田为次等。同一块地,必须轮种各种农作物才好。连种同一种作物容易引起矿物质养分的流失和病虫害的蔓延。因此,对某种农作物来说,必须经常更换田地进行播种。

(七)发展旱作农业,重视机械应用

现代农业的飞速发展,主要得益于先进农业机械的发展应用,提高了农事操作效率,增加了作物产量,对旱作农业的发展具有重大的推动作用。《齐民要术·杂说》讲:“欲善其事,先利其器。悦以使人,人忘其劳。且须调习器械,务令快利;秣饲牛畜,事须肥健。抚恤其人,常遣欢悦”。讲的是要想把农活做好,必须先把农具修理好。和颜悦色地与劳动中的农民进行交往,农民就不会感到很疲劳。还要把器械调整好,使其锋利、灵活,并进行操作练习。要用清洁的草料喂好牛和其他家畜,使其保持健壮。应当关心民众生活,使其心情舒畅。这体现了古人重视旱作农业机械应用问题。

《齐民要术》被誉为“中国古代农业百科全书”。历经数千年的农业发展,上述理念仍然在一定程度上指导着现代的旱作农业生产。现在,中国农业生产依然面临着严重的干旱威胁,不仅北方有旱灾,南方也频发大旱。借鉴前人的经验,依托现代农业的先进科学技术,对于发展旱作农业具有重要意义(孟祥浩 等,2015)。

三、救荒植物的栽培利用

《齐民要术·种谷篇》引《孟子》说:“五谷虽美,种之不成,不如荑稗(yí bài)之草,其实可食。”这是代粮作物可以救荒的认识。《种芋篇》记载:“按芋可以救饥馑,度凶年。今中国多不以此为意,后至有耳目所不闻见者。及水、旱、风、虫、霜、雹之灾,便能饿死满道,白骨交横。知而不种,坐致泯灭,悲夫!”

救荒代粮作物有生长优势。即对生长环境要求不高,较少甚至无须人力成本投入,其生长结实受自然灾害左右的程度较小;有存储优势,该作物本身或者其经过简单加工,适宜于长期保存。显然这两个条件都是针对“救荒”而言的必要条件。普通瓜菜由于产量受自然灾害左右,这一点与粮食作物区别不大,且一般没有存储优势,故将其排除于救荒作物。

传统意义上理解的救荒代粮食品,一般指在自然状态下无须人力看顾即可生长,且结实可供食用的植物品种。魏晋南北朝灾害频发,救荒食品几乎一日不可缺少。对一些重要的救荒作物,即使在自然灾害发生的间歇期,人们依旧会坚持采集积蓄,甚至种植栽培,不敢稍加忽视和松懈。人们日常对代粮食品采集、积蓄以备荒年和利用其生长优势适当种植栽培,都具有抗灾、减灾意义。而在灾害频繁期,对这些作物的采集和栽培则是救灾过程的主要内容。

魏晋南北朝时期北方地区的农民,在经过与自然灾害的长期斗争后,其救荒代粮作物基本上集中到以下品种。

(一)桑

桑在中国的栽培历史非常悠久。桑葚,在大灾之年堪称救荒代粮作物的首要代表。“袁绍之在河北，军人仰食桑葚。”①“袁术在寿春……百姓饥穷，以桑葚蝗虫为干饭。”但鲜葚不易保存，要用作代粮之用，则必须“曝干之”，才易于存储。在《齐民要术·桑葚篇》里说：“椹(葚)熟时，多收曝干之，凶年粟少，可以当食。”

“椹(葚)……味似菰菜而胜”②，张天锡从北方南下入晋，孝武帝问他：“北方何物可贵?”天锡冲口而出：“桑葚甘香。”③他把桑葚列为可贵者之首，其在北方食品中的重要地位可见一斑。新郑地方长官杨沛，甚至让百姓以干椹(葚)代替税粮。“兴平末，人多饥穷，沛课民益畜干椹(葚)……阅其有馀以补不足，如此积得千馀斛，藏在小仓。”曹操路过新郑，杨沛进奉的干椹(葚)，可供其随从一千多人充饥，“太祖……所将千徐人皆无粮。过新郑，沛谒见，乃皆进干椹(葚)”，为报杨沛干椹(葚)之德，“赐其生口十人，绢百匹”④。

桑树在北方的栽培一直极为广泛。《齐民要术》引《氾胜之书》已详细介绍了种植之法。在魏晋南北朝时，农民甚至以葚的生长程度计算物候并安排农业生产。

(二)榆

榆树的荚、叶、皮都可食用。《齐民要术》专列种榆篇目讲述种榆之法，介绍榆树的特殊抗灾优越性。“斫后复生，不劳更种，所谓一劳永逸。能种一顷，岁收千匹。唯须一人守护、指挥、处分，既无牛、犁、种子、人功之费，不虑水、旱、风、虫之灾，比之谷田，劳逸万倍。”⑤培植不耗人力，适应各种恶劣环境。

遇大灾之年依赖榆树维持生命，无疑会是北方饥民的首选。西汉时，饥民便知道剥取榆皮充饥了，“河平元年三月，旱，伤麦，民食榆皮”⑥。到了魏晋南北朝，灾荒频发，大量饥民的性命多赖榆皮维系。此俗传之久远，唐代大旱之年关中地区仍有“食榆皮蓬实者”⑦。

榆树在北方具有如此显著的救荒效用，显然同其普遍程度有关，从东汉开始榆树的普遍程度类似于桑。此时的榆树已不仅仅局限于野生，人们已经开始有目的地种植。北方栽榆之家，已经很多。龚遂治理渤海地区，其施政命令中就“劝民务农桑，令口种一树榆”⑧。

(三)枣

河北民谚历来有“旱枣涝梨”之说，可见枣是旱灾发生时的重要代粮作物。《齐民要术》分析“其阜劳之地，不任耕稼者，历落种枣则任矣。枣性炒故”⑨，意为枣树比较耐热和耐旱，所以不妨种在高阜之地。枣树不但具有抗旱性，它的果实晒干后还具有良好的易存储性。这无疑使它的广储抗灾效用愈加突出，终于成为典型的救荒代粮作物。晋傅玄曾有诗曰：“饥食野枣实。”⑩

北魏均田令中有特别硬性规定，受田之家必种桑、榆、枣 3 种树若干：

诸初受田者，男夫一人给田二十亩，课莳(shì)余，种桑五十树，枣五株，榆三根。非桑之

---

① 陈寿：《三国志》卷 1，《武帝纪》. 北京：中华书局，1959.

② 沈约：《宋书》卷 67，《谢灵运传》. 北京：中华书局，1974.

③ 刘义庆：《世说新语·言语第二》. 上海：上海古籍出版社，2003.

④ 陈寿：《三国志·魏书》卷 15，《贾逵传》. 北京：中华书局，1959.

⑤ 贾思勰：《齐民要术》卷 5，《种榆白杨第四十》. 北京：团结出版社，1996.

⑥ 班固：《汉书》卷 26，《天文志》. 北京：中华书局，1962.

⑦ 刘昫：《旧唐书》卷 86，《孝敬皇帝弘传》. 北京：中华书局，1975.

⑧ 贾思勰：《齐民要术·序》. 北京：团结出版社，1996.

⑨ 贾思勰：《齐民要术》卷 4，《种枣第三十三》. 北京：团结出版社，1996.

⑩ 欧阳询：《艺文类聚》卷 87，《果部下枣条》. 上海：上海古籍出版社，1982.

土，夫给一亩，依法课莳榆、枣。奴各依良。限三年种毕，不毕，夺其不毕之地。于桑、榆地分杂莳余果及多种桑、榆者不禁。

政府对桑、榆、枣的特别关注，是与饥荒频仍的现实有着密切联系的。桑树必须经过两次移栽，两年后再择善而留之，此过程需三年时间。榆和枣也非当年下种便可，同样需要移栽。枣移栽后质量好，榆仅育苗便需三年时间。可见，均田令中"三年"限期，是由当时的农业生产技术和桑、榆、枣的生长规律决定。这条规定从侧面反映出，经过北方人民与自然灾害的长期斗争，桑、榆、枣这三种作物的救荒代粮作用已得到公认，并被逐渐摸索出生长规律加以利用。

（四）芋

芋本来是种古老的作物，中国很早就有种植。《齐民要术·种芋篇》引《列仙传》明确指出芋具有突出的救灾功效："酒客为梁，使烝民益种芋：'三年当大饥。'卒如其言，梁民不死。"在魏晋南北朝时期，人们对于芋的抗灾效用已经有所认识，李特、李雄起义时，野芋曾起到代替军粮的作用，"于时雄军饥甚，乃率众就谷于郪，掘野芋而食之"[①]。此时北方地区的下层百姓对芋的种植已经比较普遍。《齐民要术》引用《氾胜之书》对种芋之法详加阐述，引用《家政法》"二月可种芋也"，说明种芋的适宜时间此时已经被总结出来。北方地区对种芋的时令和规律已掌握得十分清楚。

芋之所以适于充当救荒代粮作物，与它本身的特点有关。《齐民要术》引《广志》指出："凡此诸芋，皆可干腊，又可藏至夏食之"。大多数的芋类都可以切片晒干，用来贮藏以备不时。另外，芋的保鲜也比较容易，它不需要多加外部处理，只要放于干燥处便不会轻易腐烂。正由于芋的诸多特点作为代粮作物的优越性，贾思勰号召人们广加种植并大发感慨："按芋可以救饥馑，度凶年。今中国多不以此为意，后至有耳目所不闻见者。及水、旱、风、虫、霜、雹之灾，便能饿死满道，白骨交横。知而不种，坐致泯灭，悲夫！人君者，安可不督课之哉？"[②]贾思勰所处之时代，灾荒频仍，这里"后至"的"耳目所不闻见者"显然不可能是指普通百姓，而是指一些不作防患准备的昏聩官吏。

（五）稗

稗草，在农业上一般都将其归入害草范畴，它在水旱地均能生长，生存竞争能力极强。"粮莠(yǒu)秕(pī)稗生于谷，反害谷者也……故农者耘粮莠，簸(bò)秕稗，所以养谷也。"[③]稗虽是害草，《齐民要术》却将其附于《种谷篇》中，强调其果腹充饥之功，"稗中有米，熟时捣取米，炊食之，不减粱米。又可酿作酒。酒势美酽(yàn)，尤逾黍、秫"。又曹操曾有派专人种稗之事，"魏武使典农种之，(稗草)顷收二千斛，斛得米三四斗。大俭可磨食之"[④]。

只有在大灾之年，五谷不收，人们以糊口为第一要事，才会认识到"五谷虽美，种之不成，不如荑稗之草，其实可食"[⑤]。退而求其次，稗子充当救命粮的作用就会自然显现，野生稗草虽然可食，但产量毕竟有限，很难满足所有灾民充饥之需。所以在灾害频仍之年，人们除尽量对其加以广泛采集外，还要有针对性地加以种植。《氾胜之书》专列《种稗篇》记载："稗，既堪水旱，

① 房玄龄：《晋书》卷121，《李雄载记》。北京：中华书局，1974.

② 贾思勰：《齐民要术》卷2，《种芋第十六》。北京：团结出版社，1996.

③ 董诰：《全唐文》卷671，《议文章碑碣词赋》。北京：中华书局，1983.

④ 贾思勰：《齐民要术》卷1，《种谷第三》。北京：团结出版社，1996.

⑤ 孟子：《孟子》卷11，《告子上》。长春：吉林人民出版社，1999.

种无不熟之时，又特滋茂盛，易生芜秽。良田亩得二三十斛。宜种之，备凶年。”“易生芜秽”意为即使在芜秽中，也能生长结实，而不必太花精力管理，大可在常规作物管理之余加以种植，可谓惠而不费。这说明早在西汉时期，人们就有荒年频仍时种稗备荒的传统。

正是由于稗草具有以上种种不被天灾左右的特点，针对东汉末年天灾人祸不断的状况，曹操才会有专门派人种植稗子的举动。稗子正常年景可供饲喂牲畜，灾年可供饥民果腹，理所当然会被看成北方地区的救灾作物。

(六)杏

杏对北方人民的抗灾意义在《齐民要术·种梅杏篇》里有许多记载。贾思勰转引《嵩高山记》：“东北有牛山，其山多杏。至五月，烂然黄茂。自中国丧乱，百姓饥饿，皆资此为命，人人充饱。”①他特别指出了农民种植杏树在当时的抗灾意义。“按杏一种，尚可赈贫穷，救饥馑，而况五果、蓏、菜之饶，岂直助粮而已矣？谚曰：‘木奴千，无凶年。’盖言果实可以市易五谷也。”杏之鲜果可使饥民“人人充饱”“杏子人(即杏仁)，可以为粥”②。

杏之性，耐寒、喜光、抗旱、不耐涝。树龄可达百年以上。杏树的这些不受天灾影响而依旧结实的优势，使其更适于在灾年种植。杏树之种种优势，使其在抗灾代粮作物里无疑占有一席之地。史籍中反映出，北方人民已经对其广加种植。

(七)蓴、藕、莲、芡、芰等

《齐民要术·养鱼篇》详细介绍了栽种蓴、藕、莲、芡(qiàn)、芰(jì)的方法。芰即现今所谓之菱，过去在作物中地位很低，人们食菱不过是聊以果腹，只有在非常时期才会重视。而到了魏晋南北朝时期，对这些作物进行栽培却是常见事。《齐民要术》专列篇幅详细阐述此水生野食的种植之法，这只有熟悉下层百姓在大灾年景对救荒代粮作物的迫切需求，才能解释得通。

正史记载此时的北方地区已有野生藕存在。例如，东魏羊敦虽身为朝廷重臣，但“雅性清俭”，遇饥荒之年，也要靠藕根来充饥，“属岁饥馑，家馈未至，使人外寻破泽，采藕根而食之”③。朝臣巨宦尚且如此，贫苦百姓更可想而知。显见北方地区的下层百姓已将藕用于代粮食用。这里“外寻”所得的“破泽”之藕根显然是野生，但根据《齐民要术》对藕之栽培方法的记载，推测此时已经有人对其开始有针对性的种植。

此外还有“甜且美，自可藉口”的芜菁，它易于存储，可以“干而蒸食”；它成实率很高，“若值凶年，一顷乃活百人耳”④，适于救饥。

上述救荒代粮作物，此前多属难登大雅之堂的野生之物。从《齐民要术》中可以看出，人们在饥饿的驱使下，不拘古礼，对其已经不仅仅局限于采集，甚至开始了有目的的栽种，这是特定历史时期才会出现的现象，它反映出下层劳动者为灾后救饥所做出的努力(那晓凌，2003)。

第六节 小 结

魏晋南北朝时期(公元220—589年)是秦汉以来中国历史上最长的动乱年代，兵灾战祸不

①② 贾思勰：《齐民要术》卷4，《种梅杏第三十六》. 北京：团结出版社，1996.

③ 魏收：《魏书》卷88，《良吏列传》. 北京：中华书局，1972.

④ 贾思勰：《齐民要术》卷3，《蔓菁第十八》. 北京：团结出版社，1996.

息，政权更迭频频，历史发展线索错综复杂。

魏晋南北朝时期气候干冷，自然灾害无论就发生的次数之多、频次之高，还是从灾情的严重性与受灾历史之长、破坏之惨烈而论，在古代中国社会均十分罕见。在370年间，各类灾害记录共计1120次，平均每年约3次，计有水灾241次、旱灾237次、震灾200次。水灾、旱灾与震灾是魏晋南北朝时期最主要的自然灾害。由于自然灾害频繁、瘟疫猖獗，形成自然灾害与社会灾害朋比为奸、灾荒与兵祸交相荐臻的局面。

魏晋时期(公元220—419年)有82个年份发生了112次旱灾。旱灾年占魏晋年份的41%，旱灾次数占全部灾害次数的21%，平均不到两年就有1次旱灾发生。旱灾在这一时期自然灾害各灾种次数中居于首位。魏晋时期的旱灾由轻到重，魏晋后期的20年(公元400—419年)发生旱灾高达18次，几乎年年有旱灾。南北朝时期(公元420—589年)共发生了125次旱灾，平均4年就有3次旱灾发生。旱灾在这一时期自然灾害各灾种次数中仅次于水灾，居于第二位。寒冷期是自然灾害的高发期。以公元500—509年为例，这10年是南北朝时期最为寒冷的10年，灾害发生次数达到最高值的灾害类型有旱灾、震灾、冻灾、虫灾和沙尘天气5种。上述5种自然灾害与低温的相关度较大，最容易在寒冷期发生。其中旱灾应该说是与低温关系最为密切的一个灾害类型。

魏晋南北朝时期，由于政权更迭频繁，旱涝等自然灾害的发生频度与严重性又远超过前代，造成农业减产、社会矛盾激化。这令社会各阶层民众都不得不思考灾害成因，研究防灾救灾对策与措施，由此形成了魏晋南北朝时期的灾害观与防灾、救灾思想。

带有浓厚神秘主义色彩的天人感应的“灾异天谴说”和“阴阳灾异说”，是两汉和魏晋南北朝时期人们对人与自然的关系、自然灾害形成原因最普遍、最权威的认知与解释理论。天人感应与阴阳五行对当时人的灾害观有深刻影响。君主们对灾害有恐惧心理，采取了一些赈灾措施，维护自己的君权，在客观上有利于防灾、减灾，减轻了灾民的困苦。

另外，魏晋玄学的天道自然观念吹进了一股具有进步和科学意义的清新之风。他们推崇老庄，讲究天道自然，把天看成没有意识、没有意志、没有喜怒哀乐情感的一种纯属自然的客观存在。他们明确指出天地只是万物的总名，并不是万物之母。万物都是自造，天地并不是造物主。既然世间万物都是自然而然自己产生的，那么人道与天道也各不相干，天人感应之论也就没有了理论根据。但是，这并未对当时社会大众的灾害观产生很大影响。

魏晋南北朝时期政府救灾的行政管理体制，虽然没有系统的文字记载，但从实际操作过程来看，其基本的管理体制是：报灾—皇帝下诏(或遣史赈灾)又称“诏敕”—各地开仓赈济，这是一个高度中央集权的救灾体制。其有利之处是集中有限的粮食，便于国家宏观调控，减少地方官员及主管官吏滥开粮仓，造成国库空虚的风险。但最大的弊端是时效性差。在魏晋南北朝时期战乱频繁，地方官员的救灾积极性和主动性显得尤为重要，有一些好的官员能够爱民如子，给魏晋南北朝的荒政增添了耀眼的亮点。

重视农业生产是灾前防御的根本政策之一。具体说来有以下几种措施：皇帝亲耕籍田、劝课农桑、兴修水利、兴修仓库和储粮备荒。灾害发生后，对于灾民最直接最有效的救济办法就是赈济。通常是政府无偿地发给灾民粮食、布帛、银钱等实物，使他们免于冻馁。赈济内容分为3类：施粥、赐谷物衣帛、开放山泽。赈济的执行方式主要有开仓赈济、遣使赈济和调粟救灾3种。灾后恢复的措施是：安置流民、恢复生产、蠲免赋税徭役、假借廪贷、缓刑政策和节约。灾害发生后，除了政府的救济外，宗族救济、邻里互助、民众的抗灾自救等，在很大程度上弥补了政府救灾的不足。

《齐民要术》集周、秦至北魏农业生产知识之大成。它在前代农学的基础上，全面、系统地总结了当时黄河流域旱地农业生产的经验和成就。由于魏晋南北朝是一个自然灾害的频发期，《齐民要术》也是一部集北方减灾认识和经验之大成的著作。

总体上，魏晋南北朝时期对中国古代的荒政起到了承上启下的作用。其主要继承了前代秦汉荒政的基本精神、具体内容和措施，新的建树很少。但《齐民要术》被誉为中国古代农业百科全书，对后世影响很大。

参考文献

葛全胜，等，2011. 中国历朝气候变化[M]. 北京：科学出版社.

李辉，2006. 北朝时期的自然灾害及其国家与民间救灾措施研究[D]. 长春：吉林大学.

孟祥浩，林琪，张玉梅，等，2015.《齐民要术》所载传统旱作农业技术分析[J]. 农业考古(6)：293-297.

那晓凌，2003.《齐民要术》所见抗御灾害的思想及措施[D]. 北京：首都师范大学.

王亚利，2003. 魏晋南北朝灾害研究[D]. 成都：四川大学.

张美莉，刘继宪，焦培民，2009. 中国灾害通史・魏晋南北朝卷[M]. 郑州：郑州大学出版社.

郑景云，满志敏，方修琦，等，2005. 魏晋南北朝时期的中国东部温度变化[J]. 第四纪研究，25(2)：129-138.

第四章

隋唐五代

隋唐五代是中国古代社会承前启后的重要时期。公元 581 年，杨坚建立隋朝，结束了魏晋三百多年的战乱纷争。隋末天下群雄并起，李渊于公元 618 年建立唐朝。公元 907 年，朱温废唐自立，五代继起。公元 960 年，赵匡胤陈桥兵变，五代结束。

隋唐是中国历史上继秦汉之后又一个大一统时代，也是富庶强大的王朝之一。唐朝还是中国古代诗歌创作的黄金时代。

隋朝疆域大体为 85°—125°E、18°—45°N，北至大漠、南至中国南海、东到辽东、最西到达且末。唐朝强盛时期的疆域更加辽阔，大体包括 60°—140°E、18°—60°N，西到咸海、最东到日本海、北抵西伯利亚、南到中国南海(图 4.1)。唐朝中后期，受到内乱及吐蕃等少数民族的侵袭，

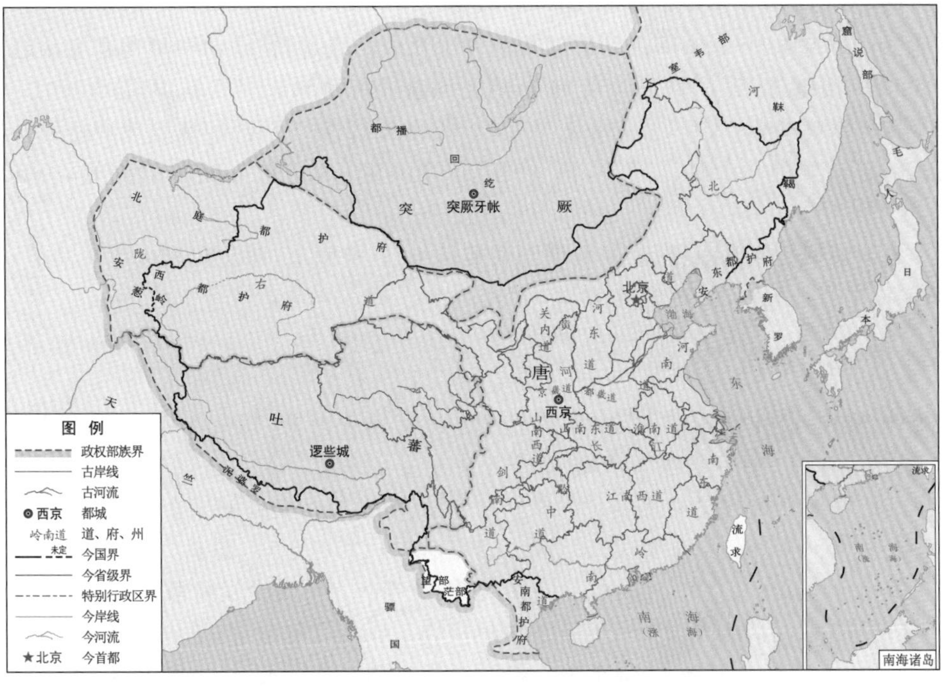

图 4.1　唐开元二十九年(公元 741 年)全国图(谭其骧，1982)

逐渐丧失了陇右道的大部分地区，疆域面积缩小，大体在105°—135°E，南部疆域大体保持稳定。五代十国，其疆域又较唐末减少，尤其是受到北方契丹王朝的压制，北部疆界大体只能控制至40°N。隋代统治重心是关中及黄河流域，灾害记载主要在该地区。而唐代，北自蒙古，南达岭南、西至青藏高原、东达大海都有灾害的记载。五代时期，由于历史原因南方地区灾害记载较少，重要灾害记载多发生在北方。

隋唐五代时期（公元581—960年）的380年间，无灾害记载年份仅47年，平均约1.1年有1个灾害年份，说明这一历史时期灾害频繁。虽然旱涝是主要的自然灾害，但是与其他历史时期相比，发生次数相对较少。该时期，发生水灾206次，占自然灾害的25%；发生旱灾166次，占自然灾害的20%。旱涝灾害相对少，旱灾比水灾明显少，这可能是隋唐五代自然灾害的重要特点。

隋唐五代是中国救灾认识、救灾体制、救灾对策趋于完备的一个时期。当时出现了中国历史上第一次大规模、系统性修筑海塘的高峰，海塘的修建从土筑转为石筑，提高了坚固性。唐太宗大旱之年勇于吞蝗，贞元年间将蝗虫摆上百姓的餐桌，从思想到行动上破除了蝗虫是神虫的迷信。唐中期的刘晏创制和完善了中国最早的政府灾害预警体系。上述创新措施，对防灾、减灾有积极意义，可供后代借鉴（闵祥鹏，2008）。

本章重点讨论隋唐五代时期旱灾的时空分布特征、危害、成因与防灾、减灾的对策。

第一节　旱灾史实与分析

一、气候特征

隋唐五代时期中国东、中部地区的气候总体上比较温暖，但在波动中呈逐步变冷趋势。与1961—2000年相比，公元601—920年冬半年平均温度高约0.22 ℃；其中，公元601—820年冬半年平均温度高约0.52 ℃，公元821—920年低约0.42 ℃。西部地区温度变化的总趋势和特征与东部有较好的一致性。其中，西北地区公元550—800年气候相对温暖，公元800—1000年相对寒冷。

隋和唐朝前期气候略湿，唐朝中后期则明显偏干；在空间上，西北和东南地区偏干，黄淮海平原、长江中上游地区偏湿（葛全胜 等，2011）。

二、旱灾史实

据统计，隋唐五代时期的380年间，共计166年有旱灾记录，其中隋朝9年、唐朝138年、五代19年。平均约2.3年发生1次旱灾，旱灾的年发生率约为44%。

隋唐五代时期旱灾的发生大体上可划分为少发、多发相互交替的5个阶段。7世纪40年代—8世纪10年代，8世纪70年代—9世纪30年代时段相对干旱（图4.2）。

第一阶段，6世纪80年代—7世纪30年代的60年间为旱灾少发阶段。

在本阶段的60年间共有18个年份发生旱灾，42年无旱灾记录，旱灾年占该阶段年份的30%，平均每3.3年有一年旱灾，低于整个隋唐五代时期平均。而且，本阶段里没有发生旱灾的年份集中在两个相对较长的时段里。公元587—593年连续7年无旱灾记录，公元596—

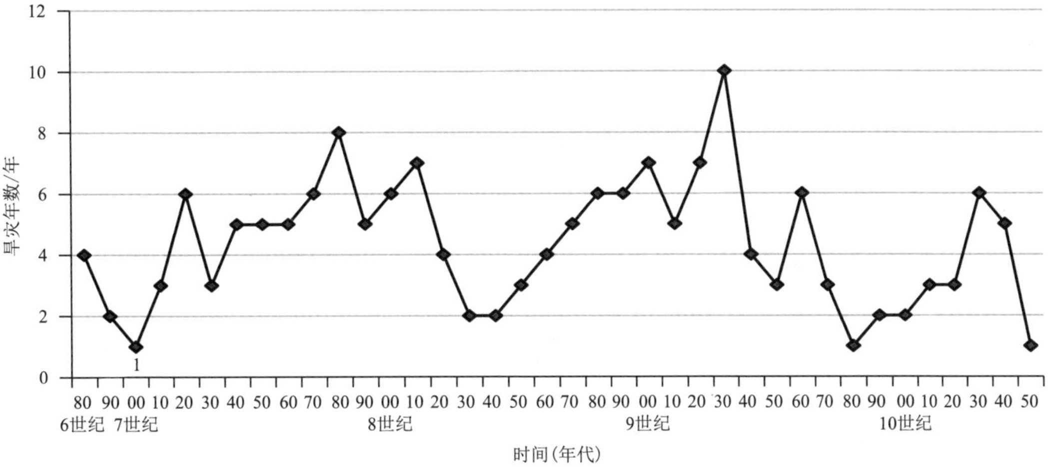

图 4.2　6 世纪 80 年代—10 世纪 50 年代隋唐五代年代际旱灾年数序列

611 年连续 16 年无旱灾记录(仅公元 608 年,燕、代缘边诸郡旱)。

第二阶段,7 世纪 40 年代—8 世纪 10 年代的 80 年间为旱灾多发阶段。

在本阶段的 80 年间共有 51 个年份发生旱灾,旱灾年占该阶段年份的 64%,平均每 1.6 年有一年旱灾,高于整个隋唐五代时期平均。本阶段公元 647—651 年、公元 667—671 年均连续 5 年发生旱灾,在公元 675—697 年的 23 年间有 17 年发生旱灾,占比高达 74%,平均几乎每 4 年有 3 年发生旱灾。在公元 700—719 年的 20 年间有 14 年发生旱灾,占比高达 70%。

第三阶段,8 世纪 20—60 年代的 50 年间为旱灾少发阶段。

在本阶段的 50 年间共有 15 个年份发生旱灾,35 年无旱灾记录,旱灾年占该阶段年份的 30%,平均每 3.3 年有一年旱灾,明显低于整个隋唐五代时期平均。而且,公元 737—758 年连续 22 年,仅其中间断 3 年发生旱灾,长达 19 年无旱灾记录。

第四阶段,8 世纪 70 年代—9 世纪 30 年代的 70 年间为旱灾多发阶段。

在本阶段的 70 年间共有 46 个年份发生旱灾,旱灾年占该阶段年份的 66%,平均每 1.5 年有一年旱灾,明显高于整个隋唐五代时期平均,且是隋唐五代最严重的旱灾时期。本阶段公元 829—840 年连续 12 年发生旱灾,为隋唐五代旱灾连续最长的一次。此外,公元 795—799 年、公元 802—806 年均连续 5 年发生旱灾。公元 812—815 年连续 4 年发生旱灾。

第五阶段,9 世纪 40 年代—10 世纪 50 年代的 120 年间为旱灾少发阶段。

在本阶段的 120 年间共有 39 个年份发生旱灾,81 年无旱灾记录,旱灾年占该阶段年份的 33%,平均每 3 年有一年旱灾,低于整个隋唐五代时期平均。而且本阶段里没有发生旱灾的年份集中在两个相对较长的时段里。公元 881—909 年连续 29 年仅 4 年有旱灾记录,其中,公元 885—892 年连续 8 年、公元 894—899 年连续 6 年、公元 902—909 年连续 8 年无旱灾记录。公元 913—931 年连续 19 年仅 4 年有旱灾记录,其中,公元 913—918 年连续 6 年、公元 927—931 年连续 5 年无旱灾记录。另外,公元 954—960 年连续 7 年无旱灾记录。

隋唐五代旱灾主要的衍生灾害是蝗灾。唐代共有 43 个蝗灾记录的年份,有 27 个年份与旱灾并发,其中 24 个年份的旱灾直接引起了蝗灾。贞观元年至四年的连续旱灾同时伴随连年的蝗灾。而"乾符之际，岁大旱蝗，民愁盗起，其乱遂不可复支"①。被后世学者认为是唐灭亡的自然因素。后汉乾祐元年(公元948年)、二年(公元949年)的旱灾也伴随连年大蝗，仅兖州捕蝗就有二万斛，这是五代时期较为严重的一次旱情。

旱灾还会导致河湖井水干涸，唐代出现了多次这种记载，河湖井水干涸带来饮用水枯竭，迫使缺水地区居民集中到少数取水地，而水源正是唐代疫病重要的传播途径②，一旦这些水源受到污染，必然造成瘟疫横行。另外，现代医学研究也表明在一些低洼盐碱地区，旱灾会造成地下水位改变，影响饮用水中的含盐量和pH值，当水中的pH值与含盐量升高时，利于霍乱菌的繁殖。因此，在一些霍乱疫区，常会因旱灾而造成霍乱的反复发作。隋大业八年(公元612年)、唐永淳元年(公元682年)、景龙元年(公元707年)、宝应二年(公元763年)、贞元六年(公元790年)都是大旱后出现疫病。尤其是贞元六年(公元790年)春、夏间的大旱，淮南、浙西、福建等地区井泉干涸，引起大规模疫病，死者众多，是隋唐五代时期最大的疫灾之一。旱灾还造成农作物减产，引发饥荒，带来物价暴涨。其中永泰元年(公元765年)的春旱致将长安(今陕西西安)的米价提高到"斛至万钱"③"斗一千四百"④，而贞观四年的米价"米斗不过三四钱"，物价涨幅达350倍，即使相比贞元年间的每斗七十钱，物价涨幅也达到了20倍。大旱之后有大荒，灾民无以为继，以致"人相食"的惨景，比比皆是(闵祥鹏，2008)。

需要注意的是，由于社会原因，灾害记载的多发地区具有明显的迁移。隋唐五代灾害多发区伴随政治、经济重心的迁移而不断变动。隋与唐前期，政治、经济区主要在黄河流域。这一时期灾害的多发区为今陕西、河北、河南、山东；京师长安、洛阳市是记载灾害最多的城市。安史之乱以后，经济中心南移，江南、淮南地区成为记载灾害的多发地区，而洛阳因连年战乱，灾害记载骤降。五代以后，河南成为乱世各朝主要粮食供应地，开封、洛阳相继成为都城，上述地区灾害记载不绝于书，而关中、南方各个分裂政权的灾害记载却很少(闵祥鹏，2008)。另外，政权稳定时期灾害记载多，战乱时期灾害记载少。上述原因会导致灾害记载有遗漏，从而使分析结果具有局限性。

第二节　灾害认识

隋唐是中国救灾认识、救灾体制、救灾对策趋于完备的一个时期。隋唐五代灾害的认识主要沿袭了汉代以来天人感应的灾异学说。但当时一些学者，诸如柳宗元、刘禹锡等提出了一些新的观点。唐代的刘晏、陆贽等在救灾实践上有所建树。

一、天人感应说

受到当时科学技术水平的限制，隋唐五代时期仍然沿袭了西汉以来"天人感应"的灾异学说，即所谓"灾者，天之谴也""国家将有失道之败，而天乃先出灾害以谴告之，不知自省，又出怪

① 欧阳修:《新唐书》卷9,《僖宗纪》.北京:中华书局,1975.

② 闵祥鹏:《诗中之意与诗外之"疫"》.《五邑大学学报》,2005.

③④ 刘昫:《旧唐书》卷11,《代宗豫纪》.北京:中华书局,1975.

异以警惧之，尚不知变，而伤败乃至”[①]。灾害是上天关心爱护人君而欲止其乱的警世方式，这是隋唐五代时期占主流的灾害认识。

该认识首先是用来警示君主，实行德政。“君治以道，臣辅克忠，万物咸逐其性，则和气应，休微效，国以安”。若君主失道，导致“小人在位，众庶失常，则乖气应，咎微效，国以亡”。而进行补救的方法则是所谓“人君大臣见灾异，退而自省，责躬修德，共御补过，则消祸而福至”[②]。因此，只有君臣合力、治国修德才能使国家安定、灾害消弭。这种观点也为隋唐五代时期的历代帝王所笃信。每当灾害发生后，皇帝往往下诏自我检讨过失。比如文宗时，连年灾害，而文宗本人也疲于应付，在赈恤之外，他反省自己是否“政理有所未明？人情有所未达邪？”[③]其《赈诸道旱灾敕》中提到：

议狱恤刑，前王所重。苟有冤滞，即伤阳和。应在城诸司诸军诸使，应有囚徒，速以疏理，限七日处分讫奏闻。河南府等八州府，敕到后亦宜准此处分。诸色工役，非灼然急切者，并勒停省。应久旱处，管内名山大川能致风雨者，亦委长吏精诚祷请。水旱之数，虽云常理，导化失节，亦致咎灾。顾惟寡昧，敢忘克责。常参官及外府州长吏如有规谏者，各上封事，极言得失。俟有匡正，期于阜安，咸启乃诚，用致于理，无或有隐，以忝在公。内外官有贪暴残虐蠹（dù）政害人者，宪司宜纠察闻奏。朕为人父母，虔奉丕业。夕惕若厉，夙夜匪宁。减膳彻乐，庶答天诫。咨尔长吏，实分予忧。勉加抚绥，用副恻隐。庶切救灾之义，爰（yuán）申为上之怀，中外臣僚，宜体朕意。[④]

从上文可以看到，除了必要的赈恤外，文宗受“天人感应”思想影响，还实行了其他禳灾方式。第一，平理冤狱，因灾虑囚，因为稍有冤滞，就会伤及阳和。第二，停建一切不必要的工程。第三，祭祀各地能够降风雨的名山大川。第四，要求大臣直谏。第五，实行德政，纠察不法官吏。第六，减膳撤乐。这些措施几乎代表了隋唐五代时期君主主要的自省方式。但文宗在位数年（公元 826—840 年）恰逢灾害多发期，他的这些行为只能部分减轻人们的苦难，但无法阻止灾害的发生。开成四年（公元 839 年）夏大旱，祈祷无应，虽然宰臣安慰他：“星官言天时当尔，乞不过劳圣虑。”但唐文宗心灰意冷说：“朕为人主，无德庇人，比年灾旱，星文谪见。若三日内不雨，朕当退归南内，卿等自选贤明之君以安天下。”[⑤]宰相杨嗣复等呜咽流涕不已。由此可见灾异观对皇帝影响巨大。

唐人魏徵等所作的《隋书·五行志》在每种灾害前面必引《洪范五行传》作为理论依据，将灾害发生后应合的历史事件作为证据，完全抹杀了自然灾害发生的自然原因。比如：

旱灾，梁天监元年，大旱，米斗五千，人多饿死。《洪范五行传》说：“君持亢阳之节，兴师动众，劳人过度，以起城邑，不顾百姓，臣下悲怨。然而心不能从，故阳气盛而失度，阴气沉而不附。阳气盛，旱灾应也。”初，帝起兵襄阳，破张冲，败陈伯之，及平建康，前后连战，百姓劳敝，及即位后，复与魏交兵不止之应也。

蝗灾，后齐天保八年，河北六州、河南十二州煌。畿人皆祭之。帝问魏尹丞崔叔瓒曰：“何

---

① 班固：《汉书》卷 56，《董仲舒传》. 北京：中华书局，1962.

② 房玄玲，猪逐良等：《晋书》卷 27，《五行志上》. 北京：中华书局，1974.

③ 董诰：《全唐文》卷 71，文宗《赈山东水灾诏》. 北京：中华书局，1983.

④ 董诰：《全唐文》卷 74，文宗《赈恤诸道旱灾敕》. 北京：中华书局，1983.

⑤ 刘昫：《旧唐书》卷 36，《天文志下》. 北京：中华书局，1975.

故虫?"叔瓒对曰:"《五行志》说:'土功不时则煌虫为灾。'今外筑长城,内修三台,故致灾也。"帝大怒,殴其颊,擢其发,溷(hùn)中物涂其头。役者不止。九年,山东又蝗,十年,幽州大蝗。《洪范五行传》说:"刑罚暴虐,贪饕(tāo)不厌,兴师动众,取城修邑,而失众心,则虫为灾。"是时帝用刑暴虐,劳役不止之应也。

风灾,梁天监六年八月戊戌,大风折木。京房《易飞侯》说:"角日疾风,天下昏。不出三月中,兵必起。"是岁魏军入钟离。

地震,梁天监五年十一月,京师地震,木、金、水、火沴土也。《洪范五行传》说:"臣下盛,将动而为害。"京房《易飞侯》曰:"地动以冬十一月者,其邑饥亡。"时交州刺史李凯举兵反。明年,霜,岁俭人饥。

雹灾,梁中大通元年四月,大雨雹。《洪范五行传》说:"雹,阴胁阳之象也。"时帝数舍身为奴,拘信佛法,为沙门所制。

韩愈(公元768—824年),字退之,邓州南阳人,是唐朝著名的文学家、哲学家。韩愈认为上天有意志。总体上赞同"天人感应"的唯心主义观点。如在《论今年权停举选状》中认为,臣子失职:"足以致旱。今缘旱而停举选,是使人失职而召灾也。臣又闻君者阳也,臣者阴也,独阳为旱,独阴为水。今者陛下圣明在上,虽尧、舜无以加之。而群臣之贤,不及于古,又不能尽心于国,与陛下同心,助陛下为理。有君无臣,是以久旱。以臣之愚,以为宜求纯信之士,骨鲠(gěng)之臣,忧国如家、忘身奉上者,超其爵位,置在左右。如殷高宗之用傅说,周文王之举太公,齐桓公之拔宁戚,汉武帝之取公孙宏。清闲之余,时赐召间,必能辅宣王化,销殄旱灾。"①也正是在这种认识下,韩愈多次直谏:"京畿诸县,夏逢亢旱,秋又早霜,田种所收,十不存一"。他请求皇帝"租赋之间,例皆蠲免。所征至少,所放至多。"②

隋唐五代时期"天人感应"的灾害观占据了主导地位,上至王公大臣,下到平民百姓,都认为灾害产生是阴阳不调,上天对人类的惩罚。但是,也有柳宗元、刘禹锡等人,他们认真探究"天"与"人"关系。中唐时期针对"天""人"关系展开了较大的争论。下面就介绍一下他们各自的灾害认识(闵祥鹏,2008)。

二、柳宗元的灾害观

柳宗元(公元773—819年),字子厚,河东人,唐朝著名的文学家、哲学家。柳宗元对灾害的认识主要有以下几个方面。

首先,他认为灾害是社会发展的动力。在其著名的哲学著述《贞符》中,他谈到:"孰称古初朴蒙空侗而无争,厥流以讹,越乃奋夺,斗怒振动,专肆为淫威?曰:是不知道。惟人之初,总总而生,林林而群。雪霜风雨雷雹暴其外,于是乃知架巢空穴,挽草木,取皮革;饥渴牝牡之欲驱其内,于是乃噬禽兽,咀果谷。合偶而居,交焉而争,睽(kuí)焉而斗,力大者搏,齿利者啮,爪刚者决,群众者轧,兵良者杀。"③柳宗元不同意太古初开时人类质朴单纯、没有专横放肆的说法。他认为正是由于雪、霜、风、雷、雹等灾害压力,才使得人们为了自身生存需要,去建立房屋、取得食物、相互争斗,直至建立国家等一系列适应自然的生存方式。

---

① 韩愈:《论今年权停举选状》,《全唐文》卷549. 北京:中华书局,1983.

② 韩愈:《御史台上论天旱人饥状》,《全唐文》卷549. 北京:中华书局,1983.

③ 欧阳修:《新唐书》卷168,《柳宗元传》. 北京:中华书局,1975.

其次，关于灾害的原因，柳宗元坚持“天人相分”的观点，与这一时期“天人感应”的唯心主义观点有着鲜明的区别。他认为“生植与灾荒，皆天也；法制与悖乱，皆人也，二之而已。其事各行不相预，而凶丰理乱出焉，究之矣”①。自然灾害的产生都是自然原因，与人事的治乱不相干。他在《时令论（上）》中针对《吕氏春秋·十二纪》和《礼记·月令》抨击了那种必须按照时令行事，如果违反时令，“则有飘风、暴雨、霜雪、水潦、大旱等……”②。种种“天人感应”的论点，认为时令跟人事没有任何关系。

再次，不笃信神灵。柳宗元在《永州龙兴寺息壤记》中记载这样一件事情：永州龙兴寺佛堂内有一土堆，原被削平，但后又重新长高，原先掘平的人都死去，所以人们以为鬼神所为。柳宗元不信土壤中会有神灵，他认为“南方多疫，劳者先死，则彼持锸者，其死于劳且疫也”。他还怕以后研究学问的人来这里相信这些毫无根据的谬论，特意在龙兴寺的佛堂中记述下了这件事情。贞元十九年，柳宗元任监察御史时，曾主持祭祀，每年都要在长安南郊祭祀各地的神灵，以此来祈求风调雨顺。但按照当时的惯例，祭祀之前要询问户部哪些地区发生水灾、旱灾、蝗灾、瘟疫，于是排除对这些地区神灵的祭祀。柳宗元则怀疑神灵的存在，他说：“神之貌乎，吾不可得而见也；祭之飨（xiǎng）乎，吾不可得而知也……非于神也，盖于人也。”③祭祀虽然为神灵而设，却是为了惩戒人事。但当时柳宗元的灾害观存在一定矛盾。他认为“旱乎、水乎、虫蝗乎、疠疫乎，岂人之为耶？故其黜在神。暴乎、眊乎、沓贪乎、罢弱乎，非神为之也，故其罚在人”。自然灾害责任在神，暴虐、贪婪、昏庸，责任却在人，可见当时他还不能完全摆脱有神论的困扰。

最后，灾害源于自然，“雷霆霜雪者，特一气耳”。在柳宗元的《断刑论（下）》中他驳斥了所谓“雪霜者，天之经也；雷霆者，天之权也。非常之罪，不时可以杀，人之权也；当刑者必顺时而杀，人之经也”。他认为雷霆雪霜仅仅是一种元气，即构成雷霆雪霜的细微物质。它们根本没有任何意识。“春夏之有雷霆也，或发而震，破巨石，裂大木，木石岂为非常之罪也哉？秋冬之有霜雪也，举草木而残之，草木岂有非常之罪也哉？彼岂有惩于物也哉？彼无所惩，则效之者惑也。”因此，古人讲天，无非是用来愚弄无知百姓（闵祥鹏，2008）。

三、刘禹锡的灾害观

刘禹锡（公元772—842年），字梦得，彭城人，官至户部尚书。刘禹锡在《天论》中提到天人之间的关系有两种看法。

一种看法是天人感应，作恶得祸、行善得福，恶善为感、祸福为应。另一种看法是天人相分，雷霆击草木等不过是自然发生，草木也没有什么罪过。刘禹锡认为上天没有意识，无法对人事进行干预，这一点与柳宗元的观点相同。但他同时认为人类是自然的一部分，必然受到自然的影响。因此，提出“天之能，人固不能也；人之能，天亦有所不能也。故余曰：天与人交相胜耳”④。刘禹锡强调了人的主观能动性。

刘禹锡的天人观首先承认了天是有形的物质，即天“有形之大者也”，天有阴阳二气，而风

---

① 柳宗元：《答刘禹锡天论书》，《全唐文》卷574. 北京：中华书局，1983.

② 柳宗元：《时令论（上）》，《全唐文》卷582. 北京：中华书局，1983.

③ 柳宗元：《祷说》，《全唐文》卷584. 北京：中华书局，1983.

④ 刘禹锡：《天论（上）》，《全唐文》卷607. 北京：中华书局，1983.

雨雷电是阴阳二气所生，有了风雨雷电，就生出了万物。其次，他将天人明确地区分开来，认为人是动物中最优秀的，天可以做到的人固然不能做到，但人可以做到的天也不能做到。故曰："天之所能者，生万物也。人之所能者，治万物也。"①最后，刘禹锡完全不同意天人感应理论下的"灾害天谴论""天恒执其所能以临乎下，非有预乎治乱云尔"，灾害根本不能预测治乱。而"人恒执其所能以仰乎天，非有预乎寒暑云尔"，人也无法干预寒暑更替（闵祥鹏，2008）。

四、刘晏的灾害观

刘晏（公元718—780年），字本安，曹州南华人，是中国历史上著名的财政专家。在救灾认识上有独到的见解，他不主张单纯的赈济，而强调灾民的生产自救。他还较早地在全国设立了早期灾害预警体系，要求各地的知院官定期上报灾情。刘晏的主要救灾认识集中体现在陈谏对其的评价中：

开元、天宝间天下户千万，至德后残于大兵，饥疫相仍，十耗其九，至晏充使，户不二百万。晏通计天下经费，谨察州、县灾害，蠲除赈救，不使流离死亡。初，州、县取富人督漕挽，谓之'船头'；主邮递，谓之'捉驿'。税外横取，谓之：'白著'。人不堪命，皆去为盗贼。上元、宝应间，如袁晁、陈庄、方清、许钦等乱江淮，十余年乃定。晏始以官船漕，而吏主驿事，罢无名之敛，正盐官法，以裨用度。起广德二年，尽建中元年，黜陟使实天下户，收三百余万。王者爱人，不在赐与，当使之耕耘织纴，常岁平敛之，荒年蠲救之，大率岁增十之一。而晏尤能时其缓急而先后之。每州、县荒歉有端，则计官所赢，先令曰：'蠲某物，贷某户。'民未及困，而奏报已行矣。议者或讥晏不直赈救，而多贱出以济民者，则又不然。善治病者，不使至危惫。善救灾者，勿使至赈给。故赈给少则不足活人，活人多则阙国用，国用阙则复重敛矣。又赈给近侥幸，吏下为奸，强得之多，弱得之少，虽刀锯在前不可禁。以为二害。灾沴之乡，所乏粮耳，它产尚在，贱以出之，易其杂货，因人之力，转于丰处，或官自用，则国计不乏。多出菽粟，恣之粜运，散入村闾，下户力农，不能诣市，转相沾逮，自免阻饥，不待令驱。以为二胜。晏又以常平法，丰则贵取，饥则贱与，率诸州米尝储三百万斛。岂所谓有功于国者邪。②

从以上论述可以看到刘晏的救灾观主要包括以下几个方面。

第一，建立较为完整的早期灾害预警体系。在诸道设立知院官，每旬、月诸道院官都要向上级及时据实报告各地州、县雨雪丰歉情况。依据情况，各地知院官"丰则贵籴，歉则贱粜，或以谷易杂货供官用，及于丰处卖之"。知院官看到歉收的情况，就会自行申报，某月要蠲免，某月需救助，这样就使得刘晏无须等待州、县申请，即可以"奏行之，应民之急，未尝失时，不待其困弊、流亡、饿殍，然后赈之也。由是民得安其居业，户口蕃息"。而刘晏设立的巡院具有极高的办事效率。"自诸道巡院距京师，重价募疾足，置递相望，四方物价之上下，虽极远不四五日知，故食货之重轻，尽权在掌握，朝廷获美利而天下无甚贵甚贱之忧……其部吏居数千里之外，奉教令如在目前，虽寝兴宴语，而无欺绐，四方动静，莫不先知，事有可贺者，必先上章奏。"③即上文提到的"民未及困，而奏报已行矣"，从而，提高了救灾的效率。

第二，救灾坚持以赈贷为主，即所谓"善救灾者，勿使至赈给"。因为赈济少，难以救活更多

① 刘禹锡：《天论（上）》，《全唐文》卷607. 北京：中华书局，1983.

② 欧阳修：《新唐书》卷149，《刘晏传》. 北京：中华书局，1975.

③ 刘昫：《旧唐书》卷123，《刘晏传》. 北京：中华书局，1975.

的灾民；赈济多，则有三方面的弊端。首先，会增加政府的财政负担，财政负担加重则必然要征更多税源加以弥补，形成恶性循环。其次，也会增加灾民的依赖心理。最后，地方官吏营私舞弊，难以使贫者得到更多救济。刘晏认为灾区缺粮，但仍有其他物产，政府可以以粮易物，再将这些物产转运他处出售，或者收为国用。

第三，利用税收调节及常平法，即所谓“常岁平敛之，荒年蠲救之”。这一点充分体现了刘晏理财的出发点——“爱民”，刘晏反对竭泽而渔的聚敛方式，坚决避免在荒年征税。另外，利用常平法调节灾区物价。安史之乱以后，常平制度中断。广德二年（公元 764 年），开始重设常平仓及库使。不久，正式设立常平使，由刘晏及第五琦分领天下常平事务。刘晏在任常平使时，“丰则贵取，饥则贱与，率诸州米常储三百万斛”。另外，其常平的业务范围不再限于粮食，还有盐以及各类杂货等。

第四，改革漕运，使得关中地区即使遭水旱，也不至饥馑。刘晏在广德二年（公元 765 年）上书宰相元载，力陈漕运利弊。元载即将漕事全部委托刘晏。刘晏采用疏通河道、将江南税赋分四段节级运输、高价雇佣船工等措施整顿漕运，每年输粮 110 万石，升斗不溺。

刘晏的救灾观符合当时赈灾实际。安史之乱以后，灾疫连年，户口从开元天宝间的千万户，“十耗其九”，户不满二百万。刘晏“谨察州县灾害，蠲除赈救，不使流离死亡”。到了建中元年，“黜陟使实天下户收三百余万”，刘晏的救灾取得了非常好的效果（闵祥鹏，2008）。

五、陆贽的灾害观

陆贽（zhì）（公元 754—805 年），字敬舆，苏州嘉兴人，官至兵部尚书。德宗的许多赈灾诏书多出自陆贽之手。集中体现陆贽救灾观的是《均节赋税恤百姓六条》。陆贽的救灾观主要有以下几个方面。

首先，应该重视灾前贮备，主张重建义仓。他认为“古者虽有水旱，人无菜色，皆由储蓄不匮（kuì），劝导有方”①。因此，储备完善、考虑周全、措施得当，完全可以“致人于歉乏之外，设备于灾沴之前”。虽遭灾年，亦无须恇惧。陆贽纵观古今防灾体系，引《王制》中记载虞夏殷周四代之法“国无九年之蓄曰不足，无六年之蓄曰急，无三年之蓄曰国非其国也”；《周官》司徒属官“掌乡里之委积，以恤艰厄；县鄙之委积，以待凶荒”；魏用平籴法、汉置常平仓、隋始创社仓；贞观戴胄建议立义仓，丰敛俭散，历高宗之代，五六十载，人赖其资等事例，论证了“储积备灾，圣王之急务也”的观点。陆贽更是将备灾上升到了稳定国家根本的高度。他认为“立国而不先养人，国固不立矣；养人而不先足食，人固不养矣；足食而不先备灾，食固不足矣。为官而备者，人必不赡：为人而备者，官必不穷”②。

国家储备关乎国家兴亡，是国家的根本要务。政治清明的要旨是要抓住国家的根本。如果遭遇灾害之年，国家只供军队，且灾年加赋，必然造成人民卖鬻田庐，流离失所。但由于唐中期以后，天灾流行，赋役繁重，陆贽在《均节赋税恤百姓六条》中具体提出了“请以税茶钱置义仓以备水旱”的建议，即将有司奏请的税茶，每年岁约五十万贯，令贮户部专门用来储粮救济百姓凶饥。下诏转运使总计诸道户口数，将每年所得税茶钱，平均分配各道巡院主管。每至粮食成熟季节，即与观察使计会，在所管州（县）内和籴，置义仓收纳，并委每州录事参专知，除赈给百

① 陆贽：《冬至大礼大赦制》，《全唐文》卷 461. 北京：中华书局，1983.

② 陆贽：《均节赋税恤百姓六条》，《全唐文》卷 465. 北京：中华书局，1983.

姓之外，一律不得贷便支用。“如时当大稔，事至伤农，则优与价钱，广其籴数，谷若稍贵，籴亦便停，所籴少多，与年上下，准平谷价，恒使得中。每遇灾荒，即以赈给，小歉则随事借贷，大饥则录奏分颁，许从便宜，务使周济。循环敛散，遂以为常。”①如此一来，则高利贷、富商大贾就无法利用灾情大发横财，“富不至侈，贫不至饥，农不至伤，籴不至贵……俟人小休，渐劝私积，平籴之法斯在，社仓之制兼行，不出十年之中，必盈三岁之蓄”。

其次，陆贽反对“量出为入”的财政原则，提倡节俭。陆贽坚持自西周以来“量入为出”传统的财政观，“以圣王立程，量入为出，虽遇灾难，下无困穷。理化既衰，则乃反是，量出为入，不恤所无”②。陆贽认为财政收入有固定限度，“取之有度，用之有节，则常足；取之无度，用之无节，则常不足”③。国库充足与否，在于当政者勤俭节约。“所谓能节虽虚必盈之效也。”陆贽以贞观初年为例，天下频遭霜旱，关辅三河之地，米价飞涨。“太宗敦行俭约，抚养困穷，视人如伤，劳徕不倦。百姓有鬻男女者，出御府金帛，赎还其家。严禁贪残，慎节徭赋，弛不急之用，省无事之官，黜损乘舆，斥出宫女。”百官以大内卑湿，请为唐太宗营一阁居住，唐太宗竟不许。因此“以至诚上感，淳化下敷，四方大和，百谷连稔”。贞观八年以后，米斗仅至四五钱，因此陆贽认为当权者力行节俭的态度，必然能保证财政收支平衡，而如果当权者行事奢侈，取用无度，利用“量出为入”肆意扩大税收范围，如遇到荒年，仍然要按照制定好的税额缴税，必然导致民不聊生。

最后，陆贽注意救灾时效性与合理性。他往往结合具体情况，提出合理的救灾措施。陆贽自称：“夫立法裁规，久必生弊，经略之念，始虑贵周。不以积习害机宜，不以近利隳永制，不贵功于当代，不流患于他时，虑远防微，是其均济。臣今所献，庶近于斯。减所运之数，以实边储，存转运之务，以备时需，其于详审，必免贻忧。”④这个救灾措施合理利用了和籴咄粜等制度，兼顾了漕运、仓储等原有制度的效益，通盘考虑、全面筹划、减少转运环节，在保证仓储的前提下，救济了灾民（闵祥鹏，2008）。

第三节　灾害与政治

中国古代旱涝等自然灾害引发的社会危机，可概括为两大方面：一是在社会经济方面，灾害给民众的生产、生活带来巨大的破坏，减灾救灾、恢复生产是当务之急；二是社会政治方面，灾害冲击封建统治，政局的动荡为各社会阶层、集团的斗争提供了新的平台。本节主要讨论灾害如何影响唐代政治。

灾害危机对皇权形成巨大的冲击。身为皇帝在灾后的应对上必然是先对上天负责，他们往往要下诏自谴，采取一系列禳弭灾害的行动，如避正殿、减膳、祈禳、出宫女、改元、虑囚、下诏求言等，有些虽然属于封建迷信，甚至荒诞不经，但是，这些活动会对救灾甚至政局产生一定的影响。有些措施对于改善灾民环境、稳定灾民心理、安定社会秩序具有一定的进步意义，它们与减灾救济活动相辅相成（李军，2004）。

---

①②③　陆贽：《均节赋税恤百姓六条》，《全唐文》卷465. 北京：中华书局，1983.

④　陆贽：《请减京东水运收脚价于缘边州镇储蓄军粮事宜状》，《全唐文》卷473. 北京：中华书局，1983.

一、灾害与皇帝自谴

（一）君主自谴内容

唐朝几乎在每一篇救灾诏文中，都有君主自责的话语，或者归咎于自己的德行浅薄，或者归因于自己的政刑失常，每份诏书都成为帝王的自我检讨书。玄宗在天久不雨时，曾反复地自问："岂布德利，施庆惠尚不及欤？岂掩骼埋胔，无麛无卵，尚不及欤？岂名山大川修祭命祀，尚不及欤？"①将天旱的原因归结于恩德不广、不善待生灵、未及时安葬骨骸、山川祭祀不勤等，这句涉及天地万物的话极具代表性，反映了帝王对旱灾缘由全面性的思考。具体而言，在唐代帝王颁布的自谴诏文中，常常出现的内容主要有以下几个方面。

第一，强调自己奉天承运的身份，表达自己失职而令百姓陷入灾难困境中的内疚与不安。贞观二十三年（公元 649 年）亢旱，太宗对侍臣说："天生蒸民，树之人君以牧养。而移时不雨，自天亢旱，麦粟不成，春田未辟，朕忧其窘罄，无忘于怀，将廪给之。"②显示自己作为百姓家长应负的"牧养"职责。开元二十二年（公元 735 年）十一月，百姓饥荒，米价涌贵，玄宗下诏曰："百姓屡空，朕孰与足，言念于此，良所疚怀。"③表达自己不能使百姓获得温饱的内疚。唐朝诸帝多有此类言语。德宗云："去夏讫秋，颇愆时雨。京畿诸县，稼穑不登，朕用轸虑，愧为父母。"④宪宗也说："王者之牧黎元也，爱之如子，视之如伤。苟或风雨不时，稼穑不稔，则必除烦就简，惜力重劳，以图便安，以阜生业。"⑤

第二，经常采取实际措施救济灾民。玄宗开元三年（公元 715 年）七月诏书中云："古之为国者，藏之于人，百姓不足，君庶与足。比者山东邑郡，历年不稔。朕为之父母，欲安黎庶需，恤彼贫弊，拯其流亡。"⑥后来更因百姓饥饿下诏停止供应与民争食的鹅鸭的食料。"联闻鹅鸭，比供米粟，恨不早知，久令虚费。今百姓饥阻，未能周给，鸟享人食，是何理焉？其料宜即停，并鸡坊亦准此。"⑦其他君王也有减马粟、放五坊动物的举动。

第三，对自己的德行不济进行深刻的反省与自责，将灾荒归咎于自己的无德，希望由自己将灾咎一身承担。武德三年（公元 620 年）自夏不雨，高祖祈告神灵，检讨自己身为人主，却道德失仪，致使天下干旱，"某若无罪，使三日内雨。某若有罪，请殃某身，无令兆民，受兹饥谨"⑧。声明一切灾难由自己独立承担，不要再使百姓受到饥荒的残害。开成四年（公元 839 年）文宗下诏说："朕为人主，无德及天下，致兹灾旱，又谪见于天。若三日不雨，当退归南内，更选贤明以主天下。"⑨可见，帝王们都将灾害的发生归咎于自己的德行不修，并希望上天将灾难降在自己身上，不要使百姓受苦受难。臣子们也认为遇到灾害宜修德以禳除之。

第四，对为政不力进行自我批评及对吏治予以整顿。

第五，针对不同的灾害提出弭灾或者减灾的具体方针。

---

① 董诰：《全唐文》卷 26，《玄宗·祈雨诏》. 北京：中华书局，1983.

②⑧ 王钦若：《册府元龟》卷 26，《帝王部·感应》. 北京：中华书局，1960.

③ 董诰：《全唐文》卷 29，《遣使宣抚河北诏》. 北京：中华书局，1983.

④ 王钦若：《册府元龟》卷 491，《邦计部·蠲复二》. 北京：中华书局，1960.

⑤ 刘昫：《旧唐书》卷 15 上，《宪宗纪》. 北京：中华书局，1975.

⑥ 王钦若：《册府元龟》卷 147，《帝王部·恤下二》. 北京：中华书局，1960.

⑦ 董诰：《全唐文》卷 26，《停鹅鸭坊米粟诏》. 北京：中华书局，1983.

⑨ 刘昫：《旧唐书》卷 17 下，《文宗纪下》. 北京：中华书局，1975.

帝王自谴的“典范”作用不可低估，各级官员在此影响下，也常常会作出深刻的检讨，如宰臣申请避位、地方官请求辞职等。

(二)君王因灾自谴之措施

帝王弭灾的内容基于商汤祷雨桑林的“六事”。汉代何休注释《公羊传》“大雩帝”条说：“君亲之南郊，以六事谢过自责曰：‘政不一与？民失职与？宫室荣与？妇谒盛与？苞苴行与？谗夫倡与？’”①即是帝王对政道、民生、俭奢、宫政、官员收受贿赂、谗言盛行等有关吏治民生的情况进行检讨。

唐人在“六事”基础上，又对各种弭灾行为进行了更加细致的划分，出现虑囚、避正殿、求直言、徙市、闭坊门、出宫女、撤乐、减膳等具体措施(表 4.1)。

这些措施按次数多少分别为：虑囚、避正殿、减膳、上书言事、撤乐、出宫女、徙市、减马粟、闭坊门、罢役、葬遗骸。在采取这些措施的时候，基本遵循着这样的序列：避正殿、减膳、虑囚在前三位，其他的则不固定。帝王有时几种措施同时采取，有时则单用某一项。以下就避正殿、减膳等典型的、较单纯的弭灾措施做一考察。

表 4.1　唐朝皇帝的弭灾行为(李军，2004)

单位：次

帝王	避正殿	减膳	虑囚	上书言事	撤乐	出宫女	减马粟	罢役	徙市	闭坊门	葬遗骸
高祖			2								
太宗	3	3	5	5				2			
高宗武后	11	7	19	5	1	1	2				
中宗	3	2	3	1	1			1			
睿宗		1	1								
玄宗	3	3	10	3	1	1					1
肃宗		1	2						1	1	
代宗	1	1	3		1				2	2	
德宗	1	1	4			1					
顺宗											
宪宗			2	2		1					
穆宗			3								
敬宗			1								
文宗	3	1	10	2	1	1	1		3	1	
武宗			2								
宣宗	1	1	4		1	1	1				
懿宗			1		1						
僖宗	1		2		1						
昭宗	1	1			1						
哀帝	2	2									
总计	30	24	67	18	9	6	4	3	6	4	1

1. 因灾避正殿

据表 4.1 的统计，避正殿在唐代共有 30 次之多。其中太宗 3 次、高宗武后 11 次、中宗 3

① 何休：《春秋公羊传注疏》卷 4，《十三经注疏》本．上海：上海古籍出版社，1990.

次、玄宗3次、代宗1次、德宗1次、文宗3次、宣宗1次、僖宗1次、昭宗1次、哀帝2次，这是仅次于虑囚的禳灾行为，足见这一措施受重视的程度。

高宗时曾在两仪殿处理政务，“（永徽）三年，自去年九月不雨至于正月，诏避正殿，御东廊以听政……至二月壬寅大雨雪，乙巳复御两仪殿南面视事”①。

皇后处于阴位，身为百姓之母，也负有协助皇帝禳灾的责任。她们大多是参加一般性的活动，如祭天。但是咸亨元年（公元670年）天旱时，皇后武则天却“以旱请避位”②。纵观所有唐代史籍，皇后因灾害主动请避位者唯此一例，即使是唐前诸朝也不多见。

避正殿并非意味着对政事置之不理，而要“御小殿视事”③。如《册府元龟》卷一百七十五《帝王部・罪己》贞元元年（公元785年）七月条载：“关中旱食禾稼，无孑遗，谷大贵。”八月甲子诏：“御正殿，奏事悉于延英处分，庶答天谴，用惕深衷。”这种避正殿，百官奏事到延英殿的诏文在唐中、后期常常可以见到。

开成四年（公元839年）天下久旱、蝗，文宗派大臣祈祷名山大川能致雨之处，可是均无效果，“帝于紫辰殿对宰臣忧行于色”，大臣以“星官所奏，天时当尔”④为由劝帝宽心，这里的星官应指司天监官员。司天监原名太史局，长官为太史令，掌“观察天文，稽定历数。凡日月星辰之变，风云气色之异，率其属而占候之”⑤。开成二年（公元837年）天现彗星，文宗曾询问司天监朱子容星变发生的原因，朱子容回答说：“慧主兵旱，或破四夷，古之占书也。然天道悬远，唯陛下修政以抗之。”⑥可见，司天监的官员常常以天象变异来提醒皇帝注意自然灾害的发生，并建议其采取禳弭措施，与政治生活关系密切。此次持久干旱，文宗也咨询过司天监的官员。但宰臣们的劝解依旧不能使文宗释怀，他说：“朕为天下主，无德及人，致此灾旱。今又谪见于上，若三日不雨，当归南内，更选贤明，以主天下。”⑦文帝提出，灾害不断便退位，这已经远超过避正殿的本意了，相当严重，可以说将避正殿自谴一事发挥到了极致。为此，“宰相杨嗣复等呜咽流涕不已”⑧，纷纷表示愿意替君王分忧，“各请罪乞免相位”⑨，在这件事上，帝王的避正殿行为与宰臣乞退行为形成了呼应，即臣子愿意替君王承担上天降临的惩责。这也是对宰相协理阴阳、辅佐君王的最好阐释。

灾害时帝王选择避正殿以求自责，其根源仍旧在于“灾害天谴”。

2. 因灾减膳

帝王在旱涝等灾害造成经济困难时，主动令尚食局减少膳食，显示自己的忏悔、对稼穑的关注以及与民同苦的决心。高宗在目睹上封事之人所上百姓们恶劣的饮食后，中宵辍寐，自责说：“国以人为本，以食为天，百姓不足，君孰与足？朕临御天下，於今七年，每留心庶绩，轸虑农亩，而政道未凝，仁风犹缺，致令九年无备，四气有乖，遂使去秋霖滞，便即罄竭。所以伫西郊而结念，眷东作以劳怀。岂下乏农夫，上甘珍馔。”⑩高宗检讨自己为政不力，致使国家没有为灾荒时储备粮食，造成百姓饥荒，为体现自己与民同甘共苦，坚决要求尚食局减膳。

---

①⑦⑨　王钦若：《册府元龟》卷26，《帝王部・感应》．北京：中华书局，1960．

②　欧阳修：《新唐书》卷3，《高宗皇帝纪》．北京：中华书局，1975．

③　王钦若：《册府元龟》卷144，《帝王部・弭灾二》．北京：中华书局，1960．

④　王钦若：《册府元龟》卷26，《感应》．北京：中华书局，1960．

⑤　刘昫：《旧唐书》卷43，《职官志二》．北京：中华书局，1975．

⑥⑧　刘昫：《旧唐书》卷36，《天文志下》．北京：中华书局，1975．

⑩　董诰：《全唐文》卷12，《减膳诏》．北京：中华书局，1983．

减膳的数量没有统一的标准，有的皇帝模模糊糊地声明“尚食常膳，亦宜量减”①，有的减少三分之二②，有的则下诏“尚食所进御膳，每日各减下一半”③，有时甚至则将一日的消费化为一旬来用④。在减膳的同时，帝王也会对宫中马厩、宫女等食量量减，德宗在贞元元年冬至的大赦诏文中，即下令：“应宫人等每月惟供给粮米一千五百石，飞龙厩马，从今已后至三十日已前，并减一半料。”文宗也降诏“飞龙厩马，量减食粟。其百司官署厨撰，亦且权减”⑤。

在灾情缓解后，太子、百官要上请帝王复膳书。代宗时，郭子仪代表中书门下所上贺雪表中云，由于皇帝减膳而使“天人合应，雨雪呈祥……丰年可知，仁登来粦，不暇祈谷。侍臣相庆，野老同欢”⑥。这种局面自然是帝王喜闻乐见的，它显示了帝王受命于天的合法性，加强了对官员、百姓们的思想控制，有助于从观念上加强灾害危机时期百姓的顺从心态，稳固政治统治。其他如撤乐、减马粟等行为也是如此。

3. 避坊禳灾

唐代帝王常采取避坊和禜城门等措施来禳灾。这与时人的“阴阳”观念相连。闭坊门、徙市、盖井都被认为可以协调阴阳、消弭灾害。董仲舒在《春秋繁露·同类相动第五十七》中指出：“欲致雨则动阴以起阴，欲止雨则动阳以起阳。”闭坊门、徙市、盖井便是起阴起阳的方法。

不同季节有着相异的“致雨”方法：春旱求雨，“令民阖邑里南门。置水其外，开里北门”；季夏求雨，“令县邑十日壹徙市于邑南门之外，五日禁男子无得行入市”；秋季求雨，“无举火事”“凡求雨之大体，丈夫欲藏匿，女子欲和而乐”⑦。久旱闭南门是希望以此使阳气不至于过盛，达到降雨的目的。反之，久雨闭北门是借此抑制阴气的外泄，调整阴阳之气的平衡。

闭门禳灾因环境、地方的不同，关闭地点的选择也随之有所不同。城市中主要是关闭城门，长安城久旱闭南面的是明德门，久雨则闭北面的朱雀门。发展到地方上就是关闭城门甚至路头。日本僧人圆仁记载：“唐国之风，乞晴即闭路北头，乞雨即闭路南头。相传说：‘乞晴闭北头者，闭阴则阳通，宜天晴也；乞雨闭南头者，闭阳则阴通，宜零雨也。’”⑧充分反映了这种观念在民间也具有极强的生命力和广阔的市场。

无论是祈祷还是闭坊门、徙市、盖井，都是迷信的做法，是极不科学的，会给百姓生活带来极大不方便，对防治灾情也是毫无效果。但在“天人感应”占主导地位的时代，闭坊行为是可以理解的，它表达了政府对旱涝等灾害的重视。

其他如撤乐、减马粟、罢役、葬骸骨等措施，也都是出于帝王为民父母，需怜悯万物及调节阴阳气息、减省劳力、节约粮食以消弭灾害的考虑，是遵循前朝的一种作态。但总体而言，这样的自谴措施于现实的意义并不大，只是在心理上对帝王、百姓进行安慰罢了（李军，2004）。

二、灾害与弭灾行为

封建帝王慑于“天谴”的威力而被迫接受批评与做出改革，旱涝等自然灾害后的行为遂成

---

① 董诰：《全唐文》卷7，《以旱减膳诏》. 北京：中华书局，1983.

② 董诰：《全唐文》卷12，《减膳诏》. 北京：中华书局，1983.

③ 董诰：《全唐文》卷461，《冬至大礼大赦制（贞元元年十一月）》. 北京：中华书局，1983.

④ 董诰：《全唐文》卷73，《彗星见修省诏》. 北京：中华书局，1983.

⑤ 董诰：《全唐文》卷72，《恤灾诏》. 北京：中华书局，1983.

⑥ 董诰：《全唐文》卷415，《中书门下贺雪表》. 北京：中华书局，1983.

⑦ 苏舆撰，钟哲点校.《春秋繁露》卷16，《求雨第七十四》. 北京：中华书局，1992.

⑧ （日）圆仁原著，小野胜年校注. 白化文等修订校注《入唐求法巡礼行记校注》卷1.

为人们用来荡涤政治污垢的积极手段。这是中国封建社会体制用以自我调节与自我改进的一种特殊方式。唐代君主的因灾自谴所采取的措施，除了仅限于弭灾的几项传统措施外，多数与现实政治关系紧密(李军，2004)。

(一)因灾改元

灾害发生后，给了自认为受命于天的人君以沉重的打击，他们想尽一切方法来消弭上天的指责。改元就是其中的一项应急反应。

因灾在高宗时期有两次改元："咸亨"和"通乾"。

"咸亨"：《册府元龟》卷八十四《帝王部・赦宥三》说："咸亨元年三月，以京师旱，大赦天下，改总章三年为咸亨元年。"其含义是阳气渐盛，而万物亨通，用"咸亨"无疑是祈求万物在太阳的滋润下，逐渐繁荣亨通起来。

"通乾"：《册府元龟》卷十五《帝王部・年号》说："(仪凤)三年四月戊申，以旱大赦天下，改来年正月一日为通乾元年。二月又诏停明年通乾之号，以反语不善故也。"遂改为"调露"。"调露"含有祈求上天普降霖雨、风调雨顺的意味。

"贞元"年号的建立与灾害有很大的关系。在改元"贞元"的诏书中，德宗认为是自己的德政狱讼等存在失误，从而导致天灾人祸不断。诏文说："去岁旱蝗，两河为甚，人流不息，师出靡居。加之以征求，因之以饥馑，困穷馁殍，转死丘墟。而又关辅之间，冬无积雪，土膏未发，宿麦不滋，详思咎征，其失安在？岂兵戎之后，余寇尚在，将狱犴之中，深冤未息。且河中淮右，逆将阻兵，污胁齐人，陷之死地，虽欲自雪，阙路无由，抱义衔冤，足伤和气。此皆朕之寡德，播灾于人，为之父母，实用愧耻。今玄阴已谢，春日载阳，勾萌必申，幽蛰咸震，思与海内，同心自新，布泽改元，用符天意，改兴元二年为贞元元年。"[①]德宗改元之意，除了对自己在位期间灾害不断、战争频频、国家动荡不安进行谴责外，还希望借助改元来祈求上天减轻对自己的惩罚，实现阴阳调和。

一些改元诏书中也包含有救灾的内容，如减免赋税。《大中改元南郊赦文》说："荆南管内应遭旱损农户，赦书下后，新年夏随地税钱，宜并放免。"[②]也有的改元诏书中有赦免罪犯、禁止违法行为等内容。无论这些诏书的实际效果如何，起码在形式上对百姓的利益进行了保障，对于安定受灾民众有一定作用。

(二)释放宫女

灾害发生后，唐朝帝王往往要下诏将一部分宫女释放，以为禳灾。这些内容或者是专门的诏令，或者是包含在救灾的诏文中。有时是官员们在灾后上谏后实施。白居易以太宗、玄宗往事上言宪宗："臣伏见自太宗、玄宗以来，每遇灾旱，多有拣放，书在国史，天下称之。伏望圣慈再加处分，则盛明之德，可动天心，感悦之情，必致和气。"[③]史籍中明确记载唐代基于旱灾而释放宫女情况见表 4.2。

---

① 宋敏求：《唐大诏令集》卷 5，《改元贞元并讨河中李怀光淮西李希烈赦》. 北京：商务印书馆，1959.

② 董诰：《全唐文》卷 82. 北京：中华书局，1983.

③ 董诰：《全唐文》卷 667，《请拣放后宫内人》. 北京：中华书局，1983.

表 4.2 唐代基于旱灾而释放宫女情况(李军,2004)

时间	灾种	数量	资料来源
贞观二年九月十四日	旱	前后三千余人	《资治通鉴》卷 193、《册府元龟》卷 42《帝王部·仁慈》
元和四年闰三月三日	旱	不明	《资治通鉴》卷 237、《新唐书》卷 152《李绛传》
太和七年闰七月一日	旱	千人	《旧唐书》卷 17 下《文宗下》
开成三年六月二十五日	旱	四百八十人	《册府元龟》卷 22《帝王部·仁慈》、《旧唐书》卷 17 上《文宗纪上》
开成三年六月二十六日	旱	七十五人	《册府元龟》卷 22《帝王部·仁慈》、《旧唐书》卷 17 上《文宗纪上》
大中元年二月十七日	旱	五百人	《资治通鉴》卷 248

灾害时释放宫女,既有弭灾的原因,也有经济的考虑。唐代因灾释放宫女有以下几个特点。

①天人感应、协调阴阳是灾时释放宫女最主要的思想根源与原始动力;而灾害时造成的政治、经济压力则是现实的原因。

②中、晚唐释放宫女行为占多数。这与唐朝政治、经济的软弱与衰退有联系,财政上的“入不敷出”迫使统治者大量释放宫女,以克服经济上的困窘局面。

③所放宫女的身份,多数是“无用宫女”,即教坊、掖廷、逆人家口、离宫别馆的下层宫女。

④所放宫女,允许其自主选择,或者归亲友、或者嫁人,方法相对自由。

(三)因灾虑囚

虑囚(或称录囚、理囚)是中国古代司法制度史上的一项重要制度,它是指对监狱在押犯进行审录复核,对狱政管理状况进行监督检查,以纠正错案、督办淹狱、宥减轻系的制度。这一制度始于汉朝,至唐代正式成为定制,它是封建法制日益完备的表现之一。虑囚有定期和不定期两种。因灾虑囚是指在旱涝等自然灾害发生时,由皇帝亲自或由皇帝诏令有关部门、专差官吏进行虑囚,不定期进行。

1. 因灾虑囚的原因

唐代完全承袭了阴阳灾异的观念,并在制度上加以完善,对基于阴阳之说的因灾虑囚也加以继承。唐人认为水旱灾害与狱政关系最为密切,因此因灾虑囚也就是因旱、涝之灾而虑囚。开元六年(公元 718 年)七月颁布的《虑囚诏》说:“皇天应人,必有所谓。此月少雨,盖非徒然。深虑系囚,或有冤滞。”①杜甫《说旱》一文中指出:“今蜀自十月不雨,月旅建卯,非雩之时,奈久旱何?得非狱吏只知禁系,不知疏决。怨气积,冤气盛,亦能致旱。”②

2. 因灾虑囚的史实

根据史料统计,唐代的因灾虑囚,共有 67 个年份 74 次。唐代诸帝因灾虑囚的次数见表 4.3。

表 4.3 唐代诸帝因灾虑囚的次数(李军,2004) 单位:次

	高祖	太宗	高宗	武后	中宗	睿宗	玄宗	肃宗	代宗	德宗	宪宗	穆宗	敬宗	文宗	武宗	宣宗	懿宗	僖宗
次数	2	5	16	3	3	1	10	2	3	4	2	3	1	10	2	4	1	3

① 王钦若:《册府元龟》卷 144,《帝王部·弭灾二》.北京:中华书局,1960.

② 董诰:《全唐文》卷 360,《杜甫·说旱》.北京:中华书局,1983.

由表4.3可知，唐代几乎每个皇帝都曾因灾虑囚，可见这一措施的普遍性。唐前期的高宗、玄宗以及后期的文宗虑囚较多，这和他们在位时间长或者发生灾害较多有关。因旱灾虑囚有54次，占总数的72.9%。因此，因灾虑囚的“灾”当以旱灾为主。

根据虑囚制度，虑囚的方法有3种，即帝王亲虑、遣使虑囚、州(县)自虑，因灾虑囚同样如此。这些形式可单独使用，也可结合使用。

①帝王亲虑。唐代有16次，其中3次是与遣使虑囚结合进行，有5次是与州(县)地方自虑结合进行。帝王亲虑都发生在唐前期，安史之乱以后则一次也没有。这大约与唐后期皇权衰落有关。

杜甫在《说旱》一文中指出：“昔贞观中，岁大旱，文皇帝亲临长安万年二赤县狱决，膏雨傍足。”①

帝王虑囚之前，先由有关官员将囚犯名单及所犯罪行整理成文字材料，而“俱预书状”。虑囚之日，要将“书状”呈上，并“引诸囚入”，由皇帝当场询问，主管官员回答囚犯的有关情况，最后由皇帝确定量刑是否恰当并作出处置决定。总的精神是“申理冤屈，务从宽宥(yòu)”。

②遣使虑囚。因灾遣使虑囚是不定期的临时派遣，唐代有21次。一般派出使臣的身份地位比定期派出的虑囚使要高，较虑囚使具有更大的处置权力。贞观三年(公元629年)春、夏旱，还有水、蝗、霜灾。当年遣使有中书舍人杜正伦、裴敦礼，守给事中尹文宪、张玄素等虑囚。

③诸府(州、县)自行虑囚。唐代有30次。如开元七年(公元719年)闰七月辛巳，以旱避正殿，彻乐，减膳，“亲录囚徒，多所原免。诸州委州牧、县宰量事处置”②。史籍中此类记载甚多，帝王亲虑极其有限，派遣使臣与州(县)长官相结合虑囚，特别是州(县)自行虑囚应是因灾虑囚的主要方法。

唐代中央和地方各级官员在阴阳灾异思想的影响下，对虑囚弭灾普遍重视。白居易在任地方官时，就曾上奏：“古者一妇怀冤，三年大旱，一夫结愤，五月降霜，以类言之，臣恐此囚等幽怨之气，必能伤陛下阴阳之和也，其囚等人数及所欠官物并赦。”③白居易以易致干旱等灾害为由，要求释放囚徒及赦免所欠官物。德宗时，遇大旱，“诏罢郡国选举，虑穀下艰食之不给也”。礼部侍郎周渭上疏认为，旱灾肆虐，“得非滥刑失职者含冤以戾和气耶？臣以为答于天戒者，在此不在彼。虽留中不下，而士友多之”④。

因灾虑囚是否能达到消弭灾害的效果，从现代科学的观点去看肯定不行。但在史籍中，却不时地出现因旱灾虑囚之后出现降雨现象。高祖时，两次因灾虑囚，有一次记载：“帝以旱故，亲录囚徒，俄而滂雨。”⑤太宗时，5次因灾虑囚。贞观十三年(公元639年)记载：“自去冬不雨至于五月。甲寅，避正殿，令五品以上上封事，减膳罢役，分使赈恤，申理冤屈，乃雨。”⑥这些不多的记载多是一种巧合，从上述记载来看，旱情都持续有几个月之长，久旱降雨是有可能，统治者把这种巧合和消弭灾害的措施联系起来记载或宣扬，在天人感应占据统治地位的时代，自然也是巩固其地位、维护其信仰的应有之义，合乎情理(李军，2004)。

---

① 董诰：《全唐文》卷360，《杜甫·说旱》. 北京：中华书局，1983.

② 欧阳修：《新唐书》卷5，《玄宗纪》. 北京：中华书局，1975.

③ 《白氏长庆集》卷42，《奏阅乡县禁囚状虢州阌乡湖城等县禁囚事宜》. 董诰：《全唐文》卷668. 北京：中华书局，1983.

④ 董诰：《全唐文》卷560，《周渭墓志铭》. 北京：中华书局，1983.

⑤ 王钦若：《册府元龟》卷144，《帝王部·弭灾二》. 北京：中华书局，1960.

⑥ 刘昫：《旧唐书》卷3，《太宗纪下》. 北京：中华书局，1975.

三、灾害与言谏

言谏是中国古代规劝君主并促使其改正过失、力图保持政治生机和活力的一种制度，产生于灾害时期并与之相联的言谏活动，称之为因灾言谏。唐代因灾言谏主要是通过两种方式：一是帝王的求言；二是官员的上书。两者或者结合在一起，或者后者直接施行，并没有常规。但无论是官员直接上言抑或应帝王要求上书，多是通过上封事这一制度实现（李军，2004）。

（一）因灾求言

据不完全统计，唐代颁布的因灾求言诏令有15次。具体参看表4.4。

表4.4　唐代因灾求言诏令（李军，2004）

时间	原因	官阶	言事人员	资料来源
贞观三年六月	旱	文武官员	常何（马周）	《新唐书》卷2《太宗纪》、《资治通鉴》卷193
贞观四年二月	旱	公卿		《新唐书》卷2《太宗纪》
贞观十三年五月	旱	五品以上	魏征	《资治通鉴》卷195、《新唐书》卷2《太宗纪》
贞观十七年六月	旱	京官五品以上		《新唐书》卷2《太宗纪》、《全唐文》卷7《以旱减膳诏》
永徽四年四月	旱	文武官		《新唐书》卷3《高宗纪》
永徽五年正月	旱	文武官、朝集使		《新唐书》卷3《高宗纪》
咸亨元年十月	旱	文武官	闰九月，皇后请避位	《新唐书》卷3《高宗纪》
上元二年四月	旱	文武官		《新唐书》卷3《高宗纪》
垂拱三年四月	旱	京官九品以上		《新唐书》卷4《则天皇后纪》
万岁通天元年	大旱	文武官九品以上		《旧唐书》卷6《则天皇后》
开元二年正月	关内旱		张廷珪、姚崇	《新唐书》卷118《张廷珪传》、《旧唐书》卷8《玄宗上》
开元十四年六月	旱、暴风雨	中外群官	宋璟、吴兢	《旧唐书》卷8《玄宗纪上》、《新唐书》卷132《吴兢传》
贞元六年闰四月	旱	常参官、畿县令		《新唐书》卷7《德宗纪》、
大和八年六月	旱	常参官及外府州常例	李中敏	《资治通鉴》卷245大和八年六月条、《全唐文》卷74《赈恤诸旱灾敕》
大和年间	京畿旱	内外卿士		《全唐文》卷70《以京畿旱宥囚徒诏》

从表4.4看到，唐代帝王的求言诏令几乎贯穿于王朝始终，不管是其兴盛期抑或是衰落的中、晚唐。求言原因以旱灾为主，水灾、霖雨、地震等灾仅占少数。因灾求言的上言人员已不仅仅局限在谏官身上，而是扩大为几乎整个社会阶层。

（二）因灾上书

唐代因灾上书制度在汉代的基础上有所发展，相对开明的政治风气使官员们把这一机会视为表达政见、争取政治权力的一个舞台。臣民们上书主要通过上封事这一制度实现。所谓"封事"是指古代臣下上书奏事，书面陈列政府的为政得失或君主本人的道德得失。为防所奏事有所泄漏，故要用袋子加以封缄，因而得名。唐代有的官员在上封事时，还会附上实物，以为证据，以给帝王一种直观、可信的感觉，增强说服力。

因灾言谏的信息是政府应对灾害危机的途径之一，由于"灾害天谴论"对君主的威胁和警示作用，加上相对开明的政治环境，以及上言者所表达的意见具备一定的合理性，切中时弊，故它受到唐朝政府的重视。

贞观三年（公元 629 年）四月旱，太宗“诏文武官极言得失”，将军常何“武人不学，不知所言”，门客马周“代之陈便宜二十余条”，太宗知常何无此才能，常何只好回答：“此非臣所能，家客马周为臣具草耳。”求贤若渴的太宗“即召之；未至，遣使督促者数辈”①。马周就借着这样一次旱灾上书的机会进入朝廷视野，太宗为其特意创设了监察御史里行一职②。

就上言者层面而言，上书言事者主要是中央官员，而地方官的机会则很少，普通百姓更是无缘献策了。贞元十六年（公元 800 年），时任武宁节度使张建封从事的韩愈在《归彭城》一诗中写道：“前年关中旱，闾井多死饥。去岁东郡水，生民为流尸……我欲进短策，无由至彤墀。”③由于无法保证信息的全面性，局限了灾民的受益范围。

四、灾害与太子

太子作为皇帝的法定继承者和国家的继承人，对于作为上天出于对君王的谴责而成灾害必负有不可推卸的连带责任。故太子经常协助帝王参与救灾、禳灾事务，借以消弭灾害，平定君王的统治危机（李军，2004）。

皇子们是皇室的希望，帝王在弭灾的过程中也希望借着他们的力量化解危机。开元十三年（公元 725 年）三月，玄宗将所有儿子的名字改掉，换成了带水字旁的字④。这与当时灾害情况是有关联的。《新唐书》卷 35《五行志二》载：此前一年，即开元十二年（公元 724 年）发生了一次范围广泛的旱灾，“七月，河东、河北旱，帝亲祷雨宫中，设坛席，暴（曝）立三日。九月，蒲、同等州旱”。玄宗给儿子名字中加水旁，显然有祈盼天降甘霖的意愿。

皇太子经常在灾害发生后参与虑囚。高祖武德二年（公元 619 年），就曾派遣皇太子建成、秦王世民等出使虑囚。高宗龙朔元年（公元 661 年），皇太子参与虑囚，龙朔三年（公元 663 年）二月庚戌又敕：“京城见禁囚，每日将二十人过，帝亲虑之，多所原免，虑不尽者，仍令皇太子于百福殿虑之。”⑤

在参与弭灾活动的同时，太子也参与救灾。高宗时奉命留在京师监国的太子李弘在连年大灾中体会到了民间疾苦。史书记载：“时属大旱，关中饥乏，令取廊下兵士粮视之，见有食榆皮蓬实者，乃令家令等各给米使足。”“又请以同州沙苑地分借贫人。”

在皇位继承过程中，除政治原因外，灾害也在其中扮演着重要的角色。太子监国可以体现太子的皇嗣地位。唐代因为帝王患疾而由太子监国的事例，有贞观二十三年（公元 649 年）太宗令太子李治监国一事。史载：“（贞观二十三年）三月，去冬旱，至是始雨。辛酉，上力疾至显道门外，赦天下。丁卯，敕皇太子于金液门听政。”⑥太宗在大旱后天降雨的时候下令太子监国，应该出于希望上天赐予的吉兆能够给高宗、给大唐带来国泰民安的意愿，同时也希望给处于长久干旱中的人们更多的企盼，安定人心（李军，2004）。

---

① 司马光：《资治通鉴》卷 193. 北京：中华书局，1956.
② 刘昫：《旧唐书》卷 44，《职官志三》. 北京：中华书局，1975.
③ 钱仲联：《韩昌黎诗系年集释》卷 1. 上海：上海古籍出版社，1984.
④ 刘昫：《旧唐书》卷 8，《玄宗纪上》. 北京：中华书局，1975.
⑤ 王钦若：《册府元龟》卷 58，《帝王部・勤政》. 北京：中华书局，1960.
⑥ 董诰：《全唐文》卷 8，《甘雨降大赦诏》. 北京：中华书局，1983.

五、灾害与地方官员

对于疆域辽阔的唐王朝，依靠地方官员来实现对全国的统治非常重要。地方官员们在灾害后更注重实际救灾活动(李军，2004)。

由于受到"天人感应"思想根深蒂固的影响及朝廷上层活动的感召与号令，地方官员们广泛地参与到自谴、乞辞、祈雨祈晴及参与或主持虑囚等禳灾事务。

(一)自谴

自谴是帝王在灾时的必选之务，这种行为对地方官的影响颇大。《全唐文》卷756《祭城隍神祈雨文》中一名地方刺史对于本地连续遭遇3年干旱痛心疾首，责怪城隍神道："刺史性愚，治或不至，厉其身可也。绝其命可也。吉福殃恶，止当其身。胡为降旱，毒彼百姓?"该刺史认为，灾害发生是刺史为政不力的结果，应该对刺史进行惩戒，而不应将灾害降临到老百姓身上。元稹在地方任职时所作的一首诗颇具代表性，诗说："吾闻上帝心，降命明且仁。臣稹苟有罪，胡不灾我身。胡为旱一州，祸此千万人。"①

官员们自谴的同时，有时会请求朝廷免去自己的职位。唐代诗人白居易任地方官时说过："去秋愆阳，今夏少雨，实忧灾沴，重困杭人，居易忝奉诏条愧无政术，既逢愆序，不敢宁居。"②白居易因旱灾检讨自己处理政事有误，不敢再担当职任。

(二)祈雨

在古人眼中，灾害是上天对人间的谴责与惩罚，故遇有灾害，直接向上天祈祷、检讨就成为应有之事。旱灾之后的祈雨活动是唐代最主要的祈祷方式。地方祈雨行为是国家祈雨礼仪的重要组成部分。唐朝政府对于地方祈雨有明确规定："旱甚则修雩。秋分后，虽旱不雩。雨足皆报祀。若州、县，则先祈社稷及境内山川。"③《大唐开元礼》卷三《祈祷》对地方祈雨的对象及行事人员作了详细规定："凡州、县旱则祈雨，先社稷，又祈界内山川能兴云雨者，余准京都例。若岳镇海渎，州则刺史、上佐行事，其余山川，判司行事。县则县令、县承行事，祈用酒脯醢，报以少牢。"需要注意的是，在读祝文的过程中若读错，要重新读，《因话录》卷二《商部上》记载韩皋为京兆尹时，有一年久旱无雨，韩皋参加祈雨，在县官读祝文的过程中，"一心记公之家讳，及称官衔毕，而误呼先相公名"，韩皋"但惨然，因命重读，亦不之罪"。从这则记载可见，读错的话甚至要治罪。地方祈雨的对象主要有山川神、五方龙神、城隍神、官员生祠以及与地域社会密切相关的先代帝王与历史人物。

祈雨程序大体有这样几步：首先参加者叩头礼拜，"俯坛场而展诚敬"④，或者是"稽颡(qǐ sǎng)坛场"⑤"叩头流涕，拜手祝曰"⑥"斋戒沐浴，叩首挥泪"⑦，然后由主祭人致祷词或读事先写好的祷文，再贡献牢礼，投璧于水。祈雨时，为了显示对自己失政的忏悔，许多地方官员暴身烈日之下，直至降雨。永徽二年(公元651年)，郢(yǐng)州刺史田仁会，在本州旱时，"自曝祈祷，

---

① 彭定求:《全唐诗》卷399,《旱灾自咎·贻七县宰》.北京:中华书局,1960.

② 白居易:《白氏长庆集》卷23,《祈皋亭神文》(四部丛刊本).上海:上海古籍书店,1994.

③ 《大唐六典》卷4,《尚书礼部》.西安:三秦出版社,1991.

④ 董诰:《全唐文》卷450,《县令岑君德政碑》.北京:中华书局,1983.

⑤ 董诰:《全唐文》卷364,《元氏县令庞君清德碑》.北京:中华书局,1983.

⑥ 董诰:《全唐文》卷260,《卫州共城县百门陂碑序》.北京:中华书局,1983.

⑦ 元稹:《元稹集》卷59,《祈雨九龙神文》.太原:山西古籍出版社,2005.

竟获甘泽，其年大熟"①。白居易也提倡"暴身致雨"的精神②。德宗时，润州句容县久旱不雨，县令岑某"亲加暴露，遍请山川"③，直至雨降。暴身祈雨是一种忏悔的做法，是为了感动上天。

在墓志材料中，以地方官虔诚祈雨而大降甘霖的情况常常见到。开元时，莱州掖县旱，县令王膺亲自"祈祷，灾氛遽减，甘泽旋零"④。永贞年间，"时属骄阳（阙七字）"，陇州刺史张道昇"询诸灵迹，欲往祈之，境内有二姑神，素多灵验。公（阙八字）香才焚而阴云满空，酒再酹（lèi）而甘雨盈尺"⑤。长庆时，时任襄、唐两州营田兵马使的卜璀在"骄阳旱时，岁谓不稔，必洁诚具牲，躬祷灵祠，无不霈然有应"⑥，类似事例不胜枚举。

有时祈雨有效会赢得人心，如百姓即为暴身求雨的田仁会编了一段歌谣："父母育我田使君，精诚为人上天闻。田中致雨山出云，仓廪既实礼义申。但愿常在不患贫。"⑦（李军，2004）

（三）对灾情的奏报

《唐会要》卷63《史馆上》"诸司应送史馆事例"条记载："有年及饥，并水、旱、虫、霜、风、雹及地震，流水泛滥……户部及州（县），每有即勘其年月日及赈贷存恤通报。"可见，地方灾害及救灾情况要及时上报史馆备案。现在文献中所记载的灾害史料多是通过这种途径得以流传下来。为保证所奏灾害的真实性，《唐律》卷13《户婚律》规定："诸部内有旱涝霜雹虫蝗为害之处，诸司应言而不言及妄言者，仗七十，复检不以实者，与同罪。"其"疏议"说："依令：'十分损四以上，免租；损六，免租、调；损七以上，课役俱免。若桑、麻损尽者，各免调。'其应损免者，皆诸司合言。诸司，谓里正以上；里正须言于县，县申州，多者奏闻。"唐后期，鉴于地方瞒报成风，再次规定："自今以后，所在时雨稍愆，有伤农苗，即仰长吏当时闻奏，如涉隐蔽，必节级处分。"⑧而对查出的弄虚舞弊的地方官员也严惩不贷。

在层层上报制度的严格性与出使官员的监督及严厉的法律制度威慑下，地方官员基本能如实上报各地发生的灾害情况，奏报的内容基本包括灾地、灾情及赈济请求等。如《全唐文》卷444《御史中承刺史高公（武光）神道碑》记载："年谷不登，长安饿死相属……请出禁卫之米以颁饿者……翼日，饿隶复苏，人赖家给。""（贞元）十三年三月，河南府上言当附旱损，请借含嘉仓粟五万石赈贷百姓。"⑨

国家通过行政机关作出制度上的规定，明确地方官员的权限与救济范围，其目的主要也是稳定政治局面。

（四）革除积弊

为保证灾民及时得到救济，部分地方官员积极地革除积弊。崔俊刚任潭州刺史、湖南都团练观察使时，"湖南旧法，丰年贸易不出境，邻部灾荒不相恤。俊至，对属吏说：'此非人情也，无宜闭籴，重困于民也。'自是商贾通流"⑩。文宗太和六年（公元832年），王起检校吏部尚书、河中尹、河中晋绛节度使，"时属蝗旱，粟价暴踊，豪门闭籴，以邀善价。起严诫储蓄之家，出粟于

---

①⑦　刘昫：《旧唐书》卷185上，《田仁会传》. 北京：中华书局，1975.

②　董诰：《全唐文》卷670，《策林十八·辨水旱之灾，明存救之术》. 北京：中华书局，1983.

③　董诰：《全唐文》卷450，《县令岑君德政碑》. 北京：中华书局，1983.

④　周绍良等：《唐代墓志汇编续集》开元128《王膺墓志铭》. 上海：上海古籍出版社，2001.

⑤　周绍良：《唐代墓志汇编》永贞007《张道昇墓志铭》. 上海：上海古籍出版社，1992.

⑥　周绍良：《唐代墓志汇编》长庆015《卜璀墓志铭》. 上海：上海古籍出版社，1992.

⑧　董诰：《全唐文》卷82，《大中改元南郊赦文》. 北京：中华书局，1983.

⑨　王钦若：《册府元龟》卷160，《帝王部·惠民二》. 北京：中华书局，1960.

⑩　刘昫：《旧唐书》卷119，《崔祐甫附俊传》. 北京：中华书局，1975.

市，隐者致之于法，由是民获济焉"[①]。这些行为无疑有助于灾民及时获得救助，有助于灾区的稳定与恢复。

唐朝政府与各级官员对待旱涝等灾害采取了适当的行政与法律措施，以保证对灾害的及时救济，化解可能出现的被动局面，缓解灾害危机，在唐前期基本上是成功的。但在安史之乱后，由于政治、经济形势的变化，许多规定成为虚文，唐王朝在风雨飘摇中等待着危机的全面爆发(李军，2004)。

第四节　防灾救灾的行政管理

隋唐五代时期的防灾、救灾，体现了封建专制主义中央集权的特点。不管是灾害发生前的预防、灾害发生后的汇报，还是救灾措施的制定，以及灾后的重建，都紧紧掌握在以皇帝为核心的中枢决策机构手中。一般灾情发生后，地方官员首先要对灾情做出翔实而准确的汇报，经过中央机构决策，制定出相关的救灾措施，或者遣使救灾，或者下令开仓赈济，或者调配救灾物资等。在灾情结束后，一般会减免赋税徭役，另外对于一些较大规模的灾害，皇帝往往会遣使检覆(闵祥鹏，2008)。

一、救灾机构

隋唐五代时期的主要救灾机构是户部，其他如工部之水部司、都水监，都应在各自的职能范围内承担一定的防灾、减灾、救灾职责。而在地方上，则主要由地方官吏主管灾害的预防与救助。

根据《新唐书·百官志》记载，户部郎中、员外郎掌户口、土田、赋役、贡献、蠲免、优复、婚姻、继嗣之事，以为尚书、侍郎之贰。其中"蠲免"一项，包括了救灾以后的赋税减免的制定，其他相关机构还有司农卿的太仓署、太府卿的常平署。

(一)度支

度支是户部的一个重要机构，制定救灾额度是度支的职能之一。另外，至德、乾元年间置度支使，也有救灾的职能。安史之乱以后，度支与度支使在救灾过程中的职能主要有以下 4 个方面：首先，掌管救灾物资的收支管理；其次，灾害发生后，和籴和市，量其贵贱，均天下之货，平抑物价；再次，度支还有救灾物资的转运征敛送纳职能，如：贞元二年(公元 786 年)十一月，时右丞元琇判度支，"以关辅旱俭，请运江淮租米以给京师"[②]；最后，度支还有制定救灾地区减免赋税预算的职能。

唐代后期，原本归金部、仓部主管的事务，改由度支使担任。而且度支使下还有巡院等相关机构，其"属吏在千里外，奉教如目前。四方水旱及军府纤芥，莫不先知焉"[③]，很好地完成了对灾害的前期调查工作。因此，文帝在救济山南东道、浙西等道饥疫灾害时，就特"委度支逐便

① 刘昫：《旧唐书》卷 164，《王播附起传》. 北京：中华书局，1975.

② 刘昫：《旧唐书》卷 129，《韩说传》. 北京：中华书局，1975.

③ 刘昫：《四唐书》卷 49，《食货志下》. 北京：中华书局，1975.

支遣”①，给予其很大的救灾自主权。

（二）仓部

仓部主要掌判天下仓储，受纳租税，出给禄廪之事，以义仓、常平仓备凶年，平谷价。因此，救灾物资的调配和供应是它的职责之一。在救灾过程中，其官员有充任使臣代表皇帝进行宣慰的记载。

（三）司农卿

司农卿主管农功仓廪，统太仓、导官、籍田、上林令等。司农卿下设的太仓署、诸仓监，皆掌仓廪出纳。太仓署隋时有令二人，丞六人；唐时有令三人，丞二人。隋诸仓各都有监官。唐时承袭，掌握仓廪出纳。太原、永丰、龙门诸仓：每仓监一人，正七品下。丞二人，从八品上。录事一人，典事六人，府二人，史四人，掌固四人。仓监掌仓窖储积之事，丞为之辅。凡出纳账纸，岁终上于寺司。

（四）太府卿

太府卿主要掌管金帛府帑，统领左右藏令、上库丞，掌太仓、南北市令。关津也皆属其管辖。隋时于陕州置常平仓。大唐武德中，置常平监官，以均天下之货，后省监。垂拱初年，于两京置常平署，天下州、府亦置。主管官员为令一人，从七品下。丞二人，从八品下。府四人，史八人，监事五人，从九品下。典事五人，掌固六人。常平令掌仓储之事，掌仓粮管钥，出纳粜籴。

五代时期的救灾权限虽然也是掌握在以皇帝为首的中央权力体系手中，但在实际救灾过程中多以诏书的形式命令各州、府组织救灾，或者开仓赈济，很少出现像隋唐时期政府调配救灾物资的情况。

二、防灾救灾的审计监察

救灾物资调配、防灾工程的修筑所花费的钱财要交由刑部的比部司给予审计核查，再经由御史监察。仓廪制度、救灾财务、救灾实效等的监察是御史的重要职责。御史隶属于御史台。御史在发生灾害时会派往灾区，亲自考察灾情以及制定救灾赈济措施。如开元十四年（公元726年）秋，“十五州言旱及霜，五十州言水，河南、河北尤甚，苏、同、常、福四州漂坏庐舍，遣御史中丞宇文融检覆赈给之”②“贞元十四年（公元798年），京师旱，诏择御史、郎官各一人，发廪赈恤”③。都是御史参与地方政府救灾的实例。另外，御史还有对受灾地区行使监察的职责。

三、遣使救灾

遣使是隋唐时期救灾的一个主要方式，尤其是大规模灾害发生后，由皇帝亲自派遣使臣对灾情进行现场勘察，制定救灾计划、赈灾额度以及安抚灾民等。当然，隋唐时期的使臣是因遇灾而设的临时官吏，所拥有的救灾权限也不固定。

隋朝时一般派遣户部及工部的主要官吏主持赈灾。唐代为防止地方官员瞒报灾情，往往

---

① 董诰：《全唐文)卷75，文宗《赈恤诸道百姓德音》. 北京：中华书局，1983.

② 刘昫：《日唐书》卷8，《玄宗纪上》. 北京：中华书局，1975.

③ 刘昫：《旧唐书》卷153，《段平仲传》. 北京：中华书局，1975.

遣使出巡。贞观初，遣使十三人巡省天下诸州，“水旱则遣使，有巡察、安抚、存抚之名”①。上述人员需要勘察灾情，并制定赈灾额度。高宗以后，救灾使臣的称谓多样化，有赈给使、宣抚使、宣慰使、赈恤使，到唐朝中、后期以后重要使官度支使、转运使同样兼有救灾的职能。

垂拱中，王及善以司属卿为巡抚赈给使。开元四年(公元716年)，河南、河北蝗，以御史狄光嗣等为河南、河北检校捕蝗使，督促地方官吏捕杀蝗虫，以救秋稼②。宪宗时有：“申、光、蔡及陈、许两道将卒百姓等，比遭旱损，多缺粮储，特宜赈给，令其有济。申、光、蔡等州宜赐米十万石，陈、许等州赐米五万石，仍令刑部员外郎薛舟充宣慰使，专往存问。”③

除了救灾使臣的称谓多样，唐代中期以后使臣救灾的职权范围、救灾权限、遣使救灾区域等都出现了一些变化。

首先，救灾职权范围扩大。玄宗《遣使分巡天下诏》中使臣不仅可以根据灾情与地方州、县官员商量，进行周济，还可以进行简单的工程救助措施，防止灾情进一步扩大。

其次，救灾权限提高。贞观年间，如遇水旱，往往“速以奏闻，待使人还京，量行赈济”④。这种先勘察灾情再进行救灾的措施，往往延误救灾。因此，到了唐玄宗时，所派使臣多委以“便宜从事”的职权，这就减少了申报灾情的环节，增强了救灾的效率。

再次，遣使救灾的区域也同样有一定变化，这主要是随着经济重心的变动而变化的。隋及唐前期，遣使救灾的范围主要在京畿、河南、河北等地。这一地区是隋朝以及唐前期重要的税赋来源，遣使救灾多在这一地区。唐中后期，由于北方连年战乱，经济重心南移，“赋于天下，江南居十九”“军国大计，仰于江淮”，这就使得朝廷对江南地区灾情尤为关注，多次派出官员对这些地区进行救灾。

四、地方救灾机构

除了中央救灾机构，各级地方州、县同样担负有防灾、救灾及灾后重建的职责，而且是防灾救灾的主要实施者。对于一些小规模灾害，地方官需申报朝廷，同意后方能开仓赈济。而一些较大规模的灾害，则要会同救灾使臣商量决定。宪宗《赈贷淮南浙西诏》中提到：“淮南扬、楚、滁三州，浙西润、苏、常三州，今年旱歉尤甚，米价殊高。言念困穷，岂忘存恤。宜以江西、湖南、鄂岳、荆南等使折籴米三十万石赈贷淮南道三州，三十万石贷浙西道三州。恐此米来迟，不救所切，宜委淮南、浙西观察使，且各以当道军粮米据数给旱损人等，节级作条件赈贷。淮南李吉甫、浙西韩滉躬亲部署，令刺史县令切加勾当，使此米必及饥人，以副朕意。如赈贷三州之外，可及诸州，亦听量便宜处置。待江西等道折籴和籴米到，各处依数收管。”⑤这都需要地方官员亲自来指挥部署救灾行动。另外，为了防止地方官员侵吞救灾物资，皇帝还会“委御史台及出使郎官御史访察以闻”⑥。唐朝中后期以后，中央在对地方减免赈济的同时，要求地方置常平本钱等措施以自救，文宗时更是允许地方官员在重大灾害时可以动用常平仓以及义仓进行赈贷，加大了地方官员救灾的主动性。

---

① 欧阳修:《新唐书》卷49,《百官四下》.北京:中华书局,1975.
② 欧阳修:《新唐书》卷134,《宇文融传》.北京:中华书局,1975.
③ 董诰:《全唐文》卷59,宪宗《遣使宣慰申光蔡等州诏》.北京:中华书局,1983.
④ 董诰:《全唐文》卷4,太宗《赈关东等州诏》.北京:中华书局,1983.
⑤ 董诰:《全唐文》卷60,定宗《赈贷淮南浙西诏》.北京:中华书局,1983.
⑥ 董诰:《全唐文》卷50,德宗(赈贷百姓制).北京:中华书局,1983.

防灾、救灾是地方官吏保民安境的重要职责，因此隋唐五代时期各地修建的大量防灾工程，也都是地方官员根据本地实际的水旱灾情奏请朝廷修筑。

地方官员对于灾情要如实申报，若在救灾中隐瞒灾情或者谎报灾情都会受到严厉的惩罚。《户婚》中就提到："诸部内有旱、涝、霜、雹、虫、蝗为害之处，主司应言而不言及妄言者，杖七十。覆检不以实者，与同罪。若致枉有所征、免，赃重者，做赃论。"受灾地区的百姓需要减免税赋，需要首先向主司，即里正以上提出申请，再由县里向上逐级申报，然后上级派人核实，如有虚假，最高可以做赃论，刑期 3 年。在救灾中的麻痹疏忽都会受到律法的严惩。

其他如旱时祈雨、水灾祈晴、建立仓储、凶年给贷，这些都是地方官员在面临灾害时的常备工作(闵祥鹏，2008)。

第五节 救灾对策

隋唐五代时期，通过用赈贷、减免税赋、兴修水利工程等手段对受灾地区进行救助，君主还会通过下诏罪己、减膳、祈禳、因灾虑囚等方式，来希求减少灾害。此外，君主还通过建立和完善仓廪制度，减免税赋、提供赈贷、鼓励农垦来抗灾、救灾。

一、建立、完善仓廪制度

杜佑在《通典》中提到："凡天下仓廪，和籴者为常平仓，正租为正仓，地子为义仓。"隋朝的义仓属于仓部管理，"备岁不足"。在灾害发生后，主要通过赈济借贷等方式来救济灾民。常平仓则是通过出粜调节灾后的物价水平，德宗在《行常平发敕》中说："夫常平者，常使谷价如一，大丰不为之减，大俭不为之加。虽遇灾荒，人无菜色，自今已后。忽米价贵时，宜量出官米十万石，麦十万石，每日量付两市行人下价籴货。"[①]这一时期，对地方救灾起到主要作用的是义仓，但唐中期以后多遭挪用，虽屡次重建，终因政局复杂、财政紧张，作用逐渐减弱，大灾之后，常平仓、正仓、太仓等相继分担了赈贷职责。客观地说，隋唐五代时期的赈济尤其是中前期的赈济还是及时的，一般在大灾之后统治者都会马上采取措施，组织物资进行救助(闵祥鹏，2008)。

(一)义仓

开皇五年(公元 585 年)五月，工部尚书、襄阳县公长孙平因水旱之故，奏立义仓，因设在里社，亦名社仓，是一种民间备荒自救性质的仓储组织。起到"虽水旱为灾，而人无菜色"蓄积先备的作用。原本是由一些强宗富室、家道有余者出纳私财、救济贫困，长孙平认为效果不错，"须存定式"。于是奏令诸州百姓及军人"共立养仓。收获之日，随其所得，劝课出粟及麦，于当社造仓窖贮之。即委社司，执帐检校，每年收积，勿使捐败，若时或不熟，当社有饥馑者，即以此谷赈给。自是诸州储峙委积"[②]。

开皇十五年(公元 595 年)，隋文帝因义仓管理不善"多有费捐"，下诏严责："本置义仓，止防水旱，百姓之徒，不思久计，轻尔费捐，于后乏绝。又北境诸州，异于余处，云、夏、长、灵、盐、

① 董诰:《全唐文》卷 54，德宗《行常平法敕》. 北京:中华书局，1983.

② 魏徵等:《隋书》卷 24，《食貨志》. 北京:中华书局，1973.

兰、丰、鄯、凉、甘、瓜等州，所有义仓杂种，并纳本州。若人有旱俭少粮，先给杂种及远年粟。"义仓的管理权限由基层里社收归州、县。开皇十六年(公元596年)正月，又下诏将秦、叠、成、康、武、文、芳、宕、旭、洮、岷、渭、纪、河、廓、豳(bīn)、陇、泾、宁、原、敷、丹、延、绥、银、扶等州的社仓，并归各县安置。二月，又下诏社仓，"准上、中、下三等税，上户不过一石，中户不过七斗，下户不过四斗"①，半自愿交纳改为依户摊派。应该说社仓在隋代的作用巨大，故唐人曾称赞"故隋开皇立制，天下之人，节级输粟，多为社仓，终于文皇，得无饥馑"。但到了大业年间，"国用不足，并贷社仓之物以充官费"②，使得社仓财产挪用殆尽。

唐初立国，户口凋零，仓廪尚虚。为备凶灾，加以赈恤。贞观二年(公元628年)四月，尚书左丞戴胄(zhòu)提议："今请自王公已下爰及众庶，计所垦田稼穑顷亩，至秋熟，准其见在苗以理劝课，尽令出粟。稻麦之乡，亦同此税。各纳所在，为立义仓。若年谷不登，百姓饥馑，当所州县，随便取给。"③因此沿袭隋法，再立义仓，唐太宗深表赞同，命有关部门议立条制。户部尚书韩仲良建议："王公已下垦田，亩纳二升，其粟麦粳稻之属，各依土地。贮之州、县，以备凶年。"④于是天下州、县，始置义仓，每逢饥荒，则开仓赈给。唐高宗永徽二年(公元651年)六月，因义仓据地收税，过于烦劳，令按户出粟，上上户五石，依次递减。高宗在位的数十年间，义仓不许杂用，但以后因公私窘迫，渐渐挪用义仓支出。自中宗神龙年间以后，义仓费用损耗殆尽。开元二十五年(公元737年)记载："王公以下，每年户别据所种田，亩别税粟二升，以为义仓。其商贾户若无田及不足者，上上户税五石，上中以下递减各有差。诸出给杂种准粟者，稻谷一斗五升当粟一斗。其折纳糙米者，稻三石折纳糙米一石四斗。"⑤天宝八年(公元749年)，义仓总储达六千三百一十七万七千六百六十石。

宪宗元和元年(公元806年)正月，下令全国州、府每年所税地子数内，十分取二分，均充常平仓及义仓，出粜赈贷。元和六年(公元811年)二月，因长安京畿一带旧谷已尽，宿麦未登，就曾用常平、义仓粟米二十四万石借贷百姓。有一些缺少粮种的道、州、府，也会委托所在地方官员用常平、义仓米借贷。大中六年(公元852年)四月，户部为了及时救灾，建议："诸州、府常平、义仓斛斗，本防水旱，赈贷百姓。其有灾沴州、府地远，申奏往复，已至流亡。自今后，诸道遭灾旱，请委所在长吏，差清强官审勘，如实有水旱处，便任先从贫下不支济户给贷。"这就减轻了申报的繁杂，从而增强了救灾的时效性。

(二)常平仓

常平仓的职能以平抑物价为主，即所谓："常平者，常使谷价如一，大丰不为之减，大俭不为之加。虽遇灾荒，人无菜色"⑥。

隋时在陕州置常平仓。大唐武德年中，设立常平监官，来平抑物价，武德五年(公元622年)时废。永徽六年(公元655年)，在京师东、西二市设置常平仓，于长安、洛阳设置常平署，其他州府也有设立，专门出纳粜籴。开元二年(公元714年)九月，有："天下诸州，今年稍熟，谷价全贱，或虑伤农。常平之法，行之自古，宜令诸州加时价三两钱籴，不得抑敛。仍交相付领，勿许悬欠。蚕麦时熟，谷米必贵，即令减价出籴。豆谷等堪贮者，熟亦准此。以时出入，务在利

---

① 魏徵等：《隋书》卷24，《食貨志》．北京：中华书局，1973.

②③④⑥ 刘昫：《旧唐书》卷49，《食貨志下》．北京：中华书局，1975.

⑤ 杜佑：《通典》卷12，《义仓》．北京：中华书局，1988.

人。其常平所须钱物,宜令所司支料奏闻。”①

安史之乱以后,常平仓遭到破坏,政府的财政能力有限,为重建常平仓,广德二年(公元764年)正月,第五琦建议每州常平仓及库使司商量置本钱,按照当地米物时价,贱则加价收籴,贵则减价粜卖,将筹措仓本与运营的权利下放到州、县,但效果不佳。德宗继位之初,即下诏在两市置常平仓,米价贵时,出官米十万石、麦十万石,每天按量付两市行人下价粜货。经过一段时间的试点,成效不错,即使连年干旱,米价也继续保持稳定。因此,建中三年(公元782年)九月,户部侍郎赵赞上言要推而广之:“请于两都并江陵、成都、扬、汴、苏、洪等州、府,各置常平,轻重本钱,上至百万贯,下至数十万贯,随其所宜,量定多少。唯贮制斗疋段丝麻等,候物贵则下价出卖,物贱则加价收籴。权其轻重,以利疲人。”②赵赞于是又条奏在各交通要道,皆置吏,收取商税,每贯税二十,竹、木、茶、漆都是十一税之,来充常平本钱。但因为当时财政紧张,税赋不足,挪为他用,没有作为常平的本钱。

宪宗元和元年(公元806年)为备水旱之虞,将天下州、府每年所税地子数内,十分取二分充常平仓以及义仓,常平的职能上出现了一定的转变,常平仓较多地用于灾荒赈贷。如元和六年(公元811年)二月,下令:“以常平、义仓粟二十四万石贷借百姓。诸道、州、府有乏少粮种处,亦委所在官长,用常平、义仓米借贷。容至丰年,然后填纳。”淮南、浙西、宣歙(shè)等道,元和二年(公元807年)四月赈贷,并且停征。大中六年(公元852年)四月,为及时救助偏远地区的灾民,由户部申奏,朝廷下令在确有水旱的情况下,委派长吏,差清强官审勘,对特别贫困的灾民及时救助。

总之,常平仓的作用在唐前期主要以调节物价为主,而到了唐后期则更多地具有与义仓同样的荒灾赈贷作用。

(三)正仓

正仓是州(郡)、县所设地方仓的统称。萌芽于先秦,发展于秦汉,两晋以后逐渐形成了州、县两级正仓体系,为隋唐所承袭,作为地方上主要的财务储备,灾后赈济一直是它的主要职能之一。唐初,“每岁水旱,皆以正仓出给,无仓之处,就食他州”③。贞观二年(公元628年)以后,义仓逐渐在各地建立,但正仓作为义仓的补充,仍然有赈济职能。如唐高宗永徽二年(公元651年)春正月戊戌,曾下诏:“去岁关辅之地,颇弊蝗、螟,天下诸州,或遭水旱,百姓之间,致有罄乏。此由朕之不德,兆庶何辜?矜物罪己,载深忧惕。今献岁肇春,东作方始,粮廪或空,事资赈给。其遭虫水处有贫乏者,得以正、义仓赈贷。”④开元二年(公元714年)玄宗以岐、华等地出现水旱灾害,下令:“兵部员外郎李怀让主爵员外郎慕容珣分道,即驰驿往岐、华、同、豳、陇等州指宣朕意,灼然乏绝者,速以当处义仓,量事赈给,如不足,兼以正仓及永丰仓米充。”⑤唐中期以后,财政拮据,常平仓与义仓多遭挪用,仓储不足也以正仓作补充,如宪宗《赈给京畿百姓制》中提到:“常平、义仓不足。即宜以元和七年(公元812年)诸县所贮。折粜斛斗添给。”⑥这里的诸县所贮,应为地方的正仓。

①② 刘昫:《旧唐书》卷49,《食货志下》. 北京:中华书局,1975.

③ 刘昫:《旧唐书》卷70,《载胄传》. 北京:中华书局,1975.

④ 刘昫:《旧唐书》卷4,《高宗本纪》. 北京:中华书局,1975.

⑤ 董诰:《全唐文》卷34,玄宗《赈岐华等州敕》. 北京:中华书局,1983.

⑥ 董诰:《全唐文》卷57,宪宗《赈给京畿百姓制》. 北京:中华书局,1983.

（四）转运仓

隋唐时期，建都关中，但“秦中地狭，收粟不多，倘遇水旱，便即匮乏”①。为了应付此类问题，早在开皇三年（公元583年），隋文帝下“诏于蒲、陕、虢（guó）、熊、伊、洛、郑、怀、邵、卫、汴、许、汝等水次十三州，置募运米丁。又于卫州置黎阳仓，洛州置河阳仓，陕州置常平仓，华州置广通仓，转相灌注。漕关东及汾、晋之粟，以给京师”②。但渭水多沙，流量无常，于是开皇四年（公元584年），隋文帝下诏命宇文恺率领水工开凿广通渠，引渭水，从大兴城向东至潼关长达三百余里。因此，使得漕运一时畅通，如诸州出现水旱凶饥的情况，亦便开仓赈给，以此来保障京畿附近的粮食供应。高宗武后时期，关中地区出现连年旱灾（表4.5），造成了粮食短缺，不得已朝廷下诏转运江南等其他地区的租米以赈济。并且武后时期，将东都称神都，长期驻留，因此开始建立以东都为中心的转运体系，新设河阳、柏崖仓。

表4.5　公元667—672年旱灾灾情及救灾措施（闵祥鹏，2008）

纪年	旱灾灾情	救灾措施	备　注
公元667年 乾封二年	二年春正月丁丑，以去冬至于是月无雨雪，避正殿，减膳，亲录囚徒（《旧唐书》卷5《高宗纪》）	二年正月丁丑，以旱避正殿，减膳，虑囚 七月己卯，以旱避正殿，减膳，遣使虑囚（《新唐书》卷3《高宗纪》）	
公元668年 乾封三年 总章元年	总章元年，京师及山东、江淮大旱（《新唐书》卷35《五行二》）		
公元669年 总章二年	总章二年，诸州四十余饥，关中尤甚（《新唐书》卷35《五行二》）		
公元670年 总章三年 咸亨元年	咸亨元年春，旱；秋，复大旱（《新唐书》卷35，《五行二》） 是岁，天下四十余州旱及霜虫，百姓饥乏，关中尤甚。诏令任往诸州逐食，仍转江南租米以赈给之（《旧唐书》卷5《高宗纪》）	二月戊申，以旱，亲录囚徒，祈祷名山大川。癸丑，日色出如赭（《旧唐书》卷5） 三月，甲戌朔，以旱，赦天下，改元（《资治通鉴》卷201） 六月丁亥，以旱，亲录囚徒（《旧唐书》卷5） 七月甲戌，以雍、华、蒲、同四州旱，遣使虑囚，减中御诸厩马（《新唐书》卷3） 八月庚戌，以谷贵禁酒。丁巳，至自九成宫。丙寅，以旱避正殿，减膳（《新唐书》卷3） （九月）闰月癸卯，皇后以旱请避位（《新唐书》卷3《高宗纪》）	
公元671年 咸亨二年	咸亨二年，驾幸东都，留太子于京师监国。时属大旱，关中饥乏，令取廊下兵士粮视之，见有食榆皮蓬实者，乃令家令等各给米使足（《旧唐书》卷86《孝敬皇帝弘传》）	六月癸巳，以旱虑囚（《新唐书》卷3《高宗纪》）	二月丁亥，雍州人梁金柱请出钱三千贯赈济贫人（《旧唐书》卷5《高宗纪》）

① 刘昫：《旧唐书》卷98，《裴耀卿传》. 北京：中华书局，1975.

② 魏徵等：《隋书》卷24，《食货志》. 北京：中华书局，1973.

续表

纪年	旱灾灾情	救灾措施	备　注
公元 672 年 咸亨三年		咸亨三年，关中饥，监察御史王师顺奏请运晋、绛州仓粟以赡之，上委以运职，河、渭之间，舟楫相继，会于渭南，自师顺始之也(《旧唐书》卷 49《食货志》)	

德宗初年，李怀光叛乱，“蝗虫方甚”。齐映即是由河阴仓领米，分付陕州。贞元二年(公元 786 年)，朝廷逐渐对漕运进行整顿，如李泌(mì)凿通了集津仓到三门仓的交通，使得德宗后期的仓储较为丰盈，但穆宗以后逐渐衰微。

(五)太仓

隋唐时有太仓署掌管太仓，太仓的谷粮亦有赈贷职能。自唐高祖武德年间至文宗太和年间的二百多年间，太仓出粜赈贷十八次①。开元二十一年(公元 733 年)四月，一次出粜二百万石。安史之乱以后，常平仓及义仓仓储不足，太仓数次作为常平仓补充平抑物价。贞元十四年(798 年)九月，“以岁饥，出太仓粟三十万石出粜。是岁冬，河南府谷贵人流，令以含嘉仓粟七万石出粜。十五年二月，以久旱岁饥，出太仓粟十八万石，于诸县贱粜”②。长庆四年(公元 824 年)二月，敕出太仓陈粟三十万石，于两街出粜。同时它也作为义仓的补充，提供赈贷。元和九年(公元 814 年)四月，“诏出太仓粟七十万石，开六场出粜，并赈贷外县百姓。至秋熟征纳，便于外县收贮，以防水旱”。太仓所赈济的多为两京附近的灾民、饥民，起到稳实政局的作用。

隋唐五代时期的仓储制度对防灾、救灾以及灾后重建都有着重要的作用，但随着后期仓储制度的削弱，政府抵御灾害的能力也大大降低(闵祥鹏，2008)。

二、减免税赋，提供赈贷，鼓励农垦

隋唐五代时期救灾的一个重要手段就是减免税赋、徭役等。隋朝初立，关中连年大旱，而青、兖、汴、许、曹、亳、陈、仁、谯、豫、郑、洛、伊、颍、邳等州大水，百姓饥馑。隋文帝对于遭水旱之州，皆免其年租赋。《唐六典》卷 3《尚书户部》中记载：武德七年(公元 624 年)唐朝以律令形式颁布了灾后减免税赋的条件——“凡水、旱、虫、霜为灾害，则有分数：十分损四已上，免租；损六已上，免租、调；损七已上，课、役俱免。若桑、麻损尽者，各免调。若已役、已输者，听免其来年”。减免程度是根据具体灾害具体分析。如唐玄宗在《宣慰湖南制》中就命中散大夫给事中贺若察往湖南宣慰灾情，其百姓遭损不能自存者，应须赈给蠲免，宜与本道观察使商量，处置讫闻奏。”③可见减免幅度根据灾情而定。除了减免租税，徭役也是减免的重要内容。

救灾的另一个重要措施就是赈贷。正仓、义仓等都具有赈贷的职能，尤其是荒年赈贷。永徽二年(公元 651 年)春正月，关辅地区遭蝗灾，其他诸州也遭遇水旱，粮廪空乏，需要赈贷。高宗即下诏“遭虫水处有贫乏者，得以正、义仓赈贷”④。除了粮食赈贷外，唐朝政府还会借贷种子、耕牛等农业生产资料。元和六年(公元 811 年)八月，唐宪宗采纳了户部侍郎李绛的建议，

① 张弓：《唐代仓廪制度初探》．北京：中华书局，1986.

② 刘昫：《旧唐书》卷 49，《食货志下》．北京：中华书局，1975.

③ 董诰：《全唐文》卷 25，玄宗《宣慰湖南制》．北京：中华书局，1983.

④ 刘昫：《旧唐书》卷 4，《高宗纪》．北京：中华书局，1975.

“诸州阙官职田禄米，及见任官抽一分职田，请所在收贮，以备水旱赈贷”①。

唐中期以后，战乱频仍，灾害连年，个别土地抛荒，为了灾后重建，统治者采取措施，鼓励农民开垦荒田，穆宗长庆元年(公元821年)，“应诸道管内百姓，或因水旱兵荒，流离死绝，见在桑产，如无近亲承佃，各委州县切加检实。据桑地数，具本户姓名，申本道观察使，于官健中取无庄园有人丁者，量气力可及，据多少给付，便于公验，任充永业”。武宗时规定，逃户两年不归，便召人承佃，以为永业。宣宗规定，逃户五年不归，任佃人为主。《资治通鉴》中也记载了五代时期的吴越王钱俶“募民能垦荒田者，勿收其税，由是境内无弃田”。这些措施主观并非为了救灾，但客观上有利于地方灾后的恢复(闵祥鹏，2008)。

第六节　小　结

隋唐是中国历史上继秦汉之后又一个大一统时代，也是富庶强大的王朝之一。隋唐五代时期(公元581—960年)的380年间，中国东、中部地区的气候总体上比较温暖，但在波动中呈逐步变冷趋势。西部地区温度变化的总趋势和特征与东部有较好的一致性。隋和唐朝前期气候略湿，唐朝中、后期则明显偏干。虽然旱涝是主要的自然灾害，但是，与其他历史时期相比，发生次数相对较少。而且旱灾比水灾明显少，这是隋唐五代自然灾害的重要特点。隋唐五代时期有166年有旱灾记录。平均约2.3年发生1次旱灾，旱灾的年发生率约44%。

隋唐五代对灾害的认识主要沿袭了汉代以来”天人感应“的灾异学说，“天人感应”的灾异学说是隋唐五代时期占主流的灾害认识。但当时一些学者，诸如柳宗元、刘禹锡等提出了一些新的观点。唐代的刘晏、陆贽等在救灾实践上有所建树。柳宗元认为灾害是社会发展的动力。其次，关于灾害的原因，柳宗元坚持“天人相分”的观点。再次，不笃信神灵。最后，灾害源于自然。陆贽的救灾观主要有以下几个方面。首先，应该重视灾前贮备，主张重建义仓。其次，陆贽反对“量出为入”的财政原则，提倡节俭。陆贽坚持自西周以来“量入为出”的传统财政观，最后，陆贽注意救灾时效性与合理性。他往往结合具体情况，提出合理的救灾措施。这个救灾措施合理利用了和籴出粜等制度，兼顾了漕运、仓储等原有制度的效益，通盘考虑，全面筹划，减少转运环节，在保证仓储的前提下救济了灾民。

灾害危机对皇权形成巨大的冲击。皇帝在灾后的应对必然是先对上天负责，他们往往要下诏自谴，采取一系列禳弭灾害的行动，如避正殿、减膳、祈禳、出宫女、改元、虑囚、下诏求言等，有些活动虽然属于封建迷信，甚至荒诞不经，但是这些活动会对救灾以至政局产生一定的影响。有些措施对于改善灾民环境、稳定灾民心理、安定社会秩序具有一定的进步意义，它们与减灾救济活动相辅相成。

隋唐五代时期的防灾、救灾体现了封建专制主义中央集权的特点。不管是灾害发生前的预防、灾害发生后的汇报，还是救灾措施的制定，以及灾后的重建，都紧紧掌握在以皇帝为核心的中央决策机构手中。一般灾情发生后，地方官员首先要对灾情做出翔实而准确的汇报，经过中央机构进行决策，制定出相关的救灾措施，或者遣使救灾，或者下令开仓赈济，或者调配救灾物资等。在灾情结束后，一般会减免赋税徭役，另外对于一些较大规模的灾害，皇帝往往会遣

① 刘昫：《旧唐书》卷14，《宪宗纪上》．北京：中华书局，1975．

使检覆。隋唐五代时期的主要救灾机构是户部，遣使是隋唐时期救灾的一个主要方式。各级地方州、县同样负有防灾、救灾及灾后重建的职责，而且是防灾、救灾的主要实施者。

隋唐五代时期，君主还通过建立、完善仓廪制度，减免税赋，提供赈贷，鼓励农垦来抗灾、救灾。仓廪制度包括义仓、常平仓、正仓、转运仓和太仓。其仓储制度对防灾、救灾以及灾后重建都有重要的意义，但随着后期仓储制度的削弱，政府抵御灾害的能力也大幅度降低。

隋唐是中国救灾认识、救灾体制、救灾对策趋于完备的一个时期，对防灾、减灾有积极意义，可供后代借鉴。唐朝政府与各级官员对待旱涝等灾害采取了适当的行政与法律措施，以保证对灾害的及时救济，缓解灾害危机，在唐前期基本上是成功的；但在安史之乱后，许多规定成为虚文，唐王朝在风雨飘摇中走向灭亡。

参考文献

葛全胜，等，2011. 中国历朝气候变化[M]. 北京：科学出版社.

李军，2004. 灾害危机与唐代政治[D]. 北京：首都师范大学.

闵祥鹏，2008. 中国灾害通史・隋唐五代卷[M]. 郑州：郑州大学出版社.

谭其骧，1982. 中国历史地图集(第五册)・隋・唐・五代十国时期[M]. 北京：地图出版社.

第五章

宋 代

宋代自960年起至1279年止，共320年。其中960—1127年为北宋，其疆域所及，东南际海、西尽巴蜀、北极三关（瓦桥、益津、高阳，在今河北、山西中部一带），约有今河南、山东、陕西、山西（大同一带）、四川（少西北、西南两处）、江苏、浙江、安徽、福建、江西、湖北、湖南、广东、广西（少西部）十四省（区）及河北（中部及南部）、甘肃（东部及中部兼有青海西宁一带及宁夏黄河东南岸一带）、贵州（东北端）等省之一部分（图5.1）。1127—1279年为南宋，其疆域所及，东尽明、越，西抵岷、嶓（bō），南斥琼崖，北至淮、汉，约有今浙江、江西、湖南、福建、广东、广西（少西部）等六省（区）及安徽、江苏、四川、湖北的大部分区域和河南、陕西、甘肃、贵州等地的一部分。本章论述的旱灾大致在这一范围内。北宋经济繁荣、科技发达、文化昌盛，人口高峰时接近1亿人。北宋都

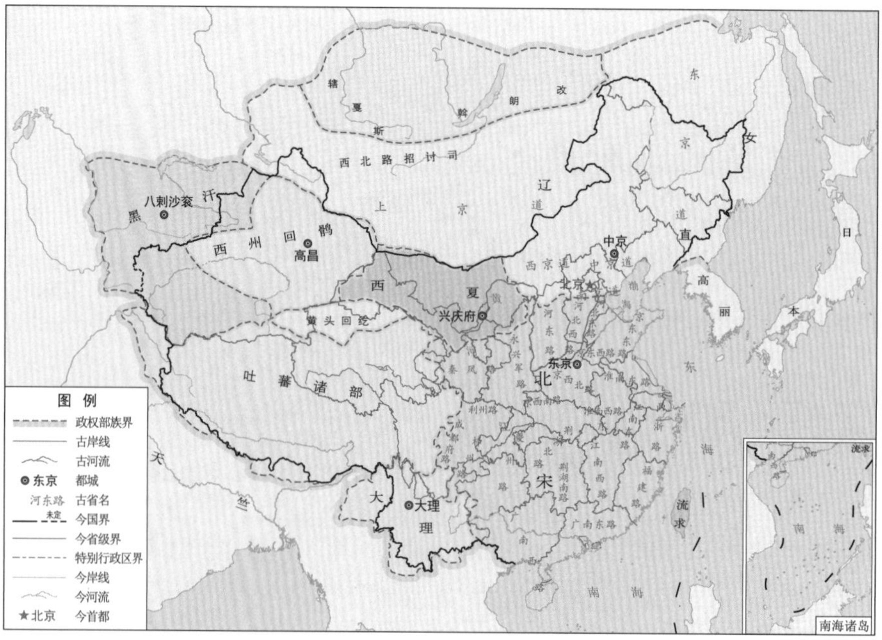

图5.1 北宋政和元年（1111年）全国图（谭其骧，1982）

城位于开封，南宋都城位于杭州，故两宋灾害的省区分布，以河南、浙江灾害记载次数最多。

宋代是中国古代历史上一个十分重要的朝代，中国经济发展历史上始于魏晋南北朝长达数百年的经济重心南移进程，于宋代特别是南宋时期完成。在此过程中，北方战乱、封建王朝的有意识引导、生产力的发展都起到了巨大的推动作用，而两宋的气候变迁，北方气候日趋寒冷，也是影响这一过程的又一重要因素（张雨潇 等，2010）。

本章将讨论两宋对旱灾的治理。对与前几章有相似的内容，叙述从简；对本章独有的内容，叙述略详。

第一节　旱灾史实与分析

一、气候特征

北宋气候总体偏暖，与世界性的“中世纪温暖期”一致。北宋至元初是东、中部地区距今最近的长达数百年的温暖阶段，冬半年平均温度较今（1951—1980 年平均水平，下同）高约 0.2 ℃。由于气候温暖，11 世纪中国亚热带北界和暖温带北界均较今至少北移了 1 个纬度。大致以 1000 年为界，之前北宋气候比较湿，之后则长期偏干。但是，青藏高原则在整个北宋时期都干旱少雨。

南宋建立之初刚好处于一个长达百年（1111—1200 年）相对寒冷时段的前期，当时中国东、中部地区冬半年平均温度较今低约 0.3 ℃。13 世纪初，气候转暖，1201—1290 年中国东、中部地区冬半年平均温度较今高约 0.6 ℃，其中最暖 30 年（1231—1260 年）较今高约 0.9 ℃。1260 年前后，气候开始由中世纪温暖期向小冰期转变。

南宋东、中部地区除长江三角洲及华北东部外，大部分地区气候偏干，其中尤以黄土高原、黄河中下游及长江以南的大部分地区最为显著。西部地区相对干旱（葛全胜 等，2011）。

据统计，两宋时期 320 年间共发生水、旱、虫、震、疫、沙尘、风、雹、霜类自然灾害达 1543 次，其中水灾 628 次，占比 40.7％；旱灾 259 次，占比 16.8％；风沙 178 次，占比 11.5％；虫灾 168 次，占比 10.9％；震灾 127 次，占比 8.2％；雹灾 121 次，占比 7.8％；疫灾 49 次，占比 3.2％；霜灾 13 次，占比 0.8％（图 5.2）（邱云飞，2008）。

图 5.2　宋代自然灾害百分比（由于四舍五入，总和等于 99.9％）

宋代灾害记载明显多于前朝，未必表示灾害比以前严重。中国古代长时间、大规模的军阀割据，战乱纷起，如春秋战国（持续 550 年）、三国魏晋南北朝（持续 369 年）、五代十国（持续 73 年）都发生在宋代以前。长期战乱造成灾害记载漏缺，影响了灾害史料的完整。但是，在同一个朝代，旱灾等各种灾害的占比较为可信。

二、旱灾史实与分析

两宋时期共 320 年，记载旱灾 259 次，旱灾发生了 171 年，旱灾年份占总年份的 53%，其中北宋时期有旱灾 148 次，旱灾年份 101 年；南宋时期旱灾 111 次，旱灾年份 70 年。两宋时期的旱灾平均 1.24 年 1 次，年均发生概率为 81%（邱云飞，2008）。

从旱灾的时间演变看，大体可以分为 6 个阶段（图 5.3）。

第一阶段，从宋代建立的 10 世纪 60 年代—11 世纪 20 年代，共 70 年。其间发生旱灾 81 次，有旱灾的年份 49 年，平均 0.86 年 1 次，年均发生概率 115.7%，发生频率相对较高，属于旱灾的频发期。其间旱灾比较严重，发生多次连年旱灾，连续 4 年有旱灾记载的有 6 次（961—964 年、972—975 年、984—987 年、998—1001 年、1009—1012 年、1015—1018 年），连续 6 年有旱灾记载的有 1 次（977—982 年），连续 8 年有旱灾记载的有 1 次（989—996 年）。

第二阶段，11 世纪 30—60 年代，共 40 年。其间发生旱灾 23 次，有旱灾的年份 19 年，平均 1.74 年 1 次，年均发生概率 58%。此间相对于第一阶段各项指标均少得多，属于旱灾相对少发期。但其间也有旱灾较严重的时期，1041—1047 年就连续 7 年有旱灾记载。

第三阶段，11 世纪 70—90 年代，共 30 年。其间发生旱灾 28 次，有旱灾的年份 14 年，平均 1.07 年 1 次，年均发生概率 93%。此阶段的各项指标比第一阶段偏低，应该是旱灾相对次多发期。其间连续 4 年有旱灾记载的有 2 次（1074—1077 年、1096—1099 年），连续 5 年有旱灾记载的有 1 次（1086—1090 年）。

第四阶段，从 11 世纪 00—50 年代，共 60 年。其间发生旱灾 37 次，有旱灾的年份 26 年，平均 1.62 年 1 次，年均发生概率 62%。此阶段的各项指标均偏低，应该是旱灾相对少发期。

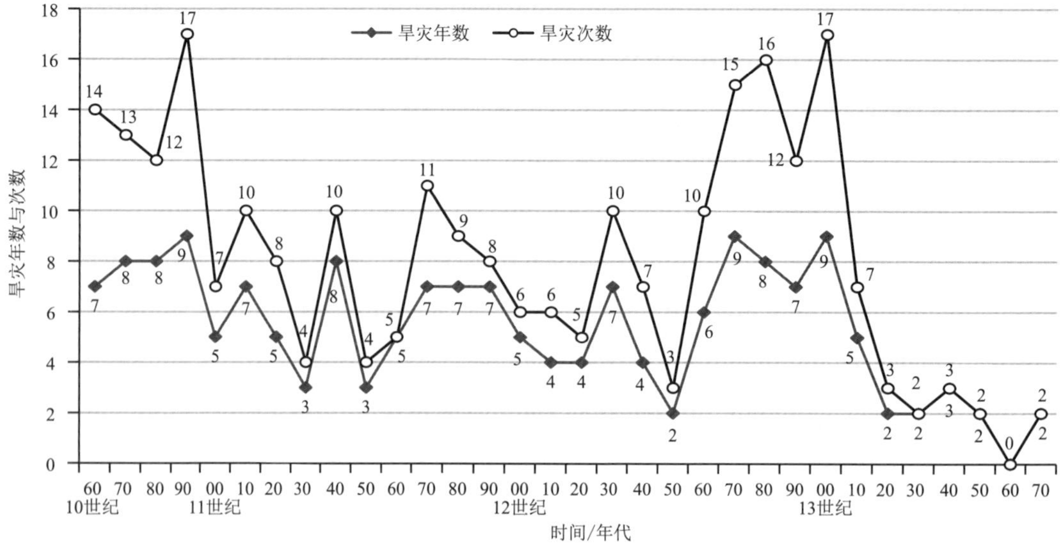

图 5.3 宋代（10 世纪 60 年代—13 世纪 70 年代）旱灾年数与次数

第五阶段，12 世纪 60 年代—13 世纪 10 年代，共 60 年。其间发生旱灾 77 次，有旱灾的年份 44 年，平均 0.78 年 1 次，年均发生概率 1.28 次。此阶段的各项指标与其他阶段相比，达最高，应该是旱灾最多频发期。其间 1171—1184 年连续 14 年有旱灾记载；1204—1209 年连续 6 年有旱灾记载；1190—1194 年连续 5 年有旱灾记载。

第六阶段，从 13 世纪 20—70 年代，共 60 年。其间发生旱灾 12 次，有旱灾的年份 11 年，平均 5 年 1 次，年均发生概率 20%。此阶段的各项指标均最低，应该是旱灾的低发期。其间 1254—1269 年连续 16 年无旱灾记载，1223—1236 年连续 14 年无旱灾记载，1275—1279 年连续 5 年无旱灾记载。

综上所述，第一、第三、第五阶段是旱灾的频发期，其旱灾频率均超过了每年一次。特别是第五阶段，1171—1184 年连续 14 年有旱灾记载；第二、第四、第六阶段是旱灾的低发期，特别是第六阶段，各项指标处于最低水平，1254—1269 年连续 16 年无旱灾记载。由于北宋和南宋管辖的地理疆域有差异，上述结论具有局限性。

三、重大旱灾事件

历史上发生过的重大干旱事件，尤其是严重程度为百年未遇的、连续多年的大范围旱灾实例，对气候分析和应对策略的研究有重要意义。

989—991 年（北宋端拱二年—淳化二年）华北地区连续 3 年大旱，这是发生在中世纪暖期的重大干旱事件，也是距今 1000 年前的、历史记载丰富的大范围连旱事例（张德二，2023）。

（一）旱灾实况演变

989 年入夏后，河北、山东等地普遍干旱，“四月不雨至五月”，河南旱期更长些，“自三月不雨至五月”“五月京师（开封）旱”，五月“戊戌（6 月 24 日），帝亲录京城诸司系狱囚，多所原减”“是夕大雨”，继后“七月至十一月旱”，又秋、冬连旱，“自秋徂冬不雨”“冬，京师旱”，史载“是岁河南、莱、登、深、冀旱甚”。

990 年，山西南部春旱，河北南部和河南全境、陕西关中春、夏旱。“（开封）正月至四月不雨，河南、凤翔、大名、京兆府，许、沧、单、汝、乾、郑、同等州旱”。“七月，开封、陈留、封丘、酸枣，鄢陵旱，赐今年田租之半，开封特给复一年。”“八月、放凤翔府天兴五县等税，又减京兆府长安等八县民万三千一百十三户田，及许、沧、单、汝州民其税十之六，皆以旱故也。”“十月，以乾，郑二州，河南寿安等十四县旱，州蠲今年租十之四，县蠲其税。”“是岁，开封、大名管内及许、沧、单、乾、郑等州，寿安、长安、天兴等二十七县旱。”

991 年，河北、山西南部旱区的干旱仍继续，河南、陕西关中、山东西南部仍春旱，但干旱区域已向南扩展至长江以南，长江上游的川东地区严重春旱，江苏徐州等 32 州郡、余杭等地成了新的春、夏旱区。史载：“春京师大旱”。“是岁，大名、河中、绛濮、陕、曹、济、同、淄、单、德、徐、晋、辉、磁、博、汝、兖、虢、汾、郑、亳、庆、许、齐、滨、棣、沂、贝、卫、青、霸等州旱。”但入夏后陕西关中，黄河中游、下游及黄淮地区转为多雨并引发水患，至此中原地区旱情得以解除。

（二）伴生灾害

1. 饥荒

严重的持续干旱少雨，必致歉收而生饥荒。989 年“汝南旱甚，民多饥死”“河南、莱、登、深、冀旱甚，民多饥死，诏发仓粟贷之”。从政府的蠲免举措可见旱灾歉收之严重，990 年各地因旱而蠲年租者，少则“十之四”“之半”，甚而“十之六七”。如淳化元年“七月，开封、陈留、封丘、酸枣、鄂陵旱，赐今年田租之半，开封特给复一年；十月，以乾、郑二州，河南寿安等十四县旱，州蠲今年租十之四，县蠲其税”“十一月大名府管内蠲今年租十之七”“开封、河南等九州饥”“是岁，深、冀二州，文登、牟平两县饥”。至991年，饥民逃亡严重，史载“正月诏：永兴、凤翔、同、华、陕等州，岁旱民多流亡，以官仓粟贷之”。

2. 蝗灾

与干旱相伴的蝗灾最先于989年在河南汝南、确山、息县等地发生。随后990年河北沧州和山东淄、澶、濮、棣等州及青县、邹平、惠民、观城，河南荥阳等地皆成为蝗区，史载“七月淄、澶、濮州、乾宁军有蝗，沧州蝗蝻虫食苗，棣州飞蝗自北来害稼”“曹、单二州有蝗，不为灾”。991年蝗灾发生在山东楚丘、淄州、鄄(juàn)城和河北乾宁军等地，“(六)月楚丘、鄄城、淄川三县蝗”“(七)月乾宁军蝗”(张德二，2023)。

第二节　灾害的认识与实践

两宋时期人们对灾害的认识主要继承了过去的“天人感应说”与“阴阳五行说”，其许多减灾对策也同过去的朝代类似，本节不再赘述。朴素唯物主义灾害观在宋代有众多的支持者，其中以王安石的观点最具代表性。范仲淹和朱熹的救荒认识与减灾对策有指导意义。董煟(wèi)的传世之作《救荒活民书》提出了系统的救荒措施。本节将详细介绍他们的救荒认识与减灾对策。

一、王安石的灾害观与救荒措施

王安石(1021—1086年)，北宋杰出的政治家、文学家、思想家、改革家。宋神宗时丞相，主持变法。他认为，“天”是自然的、物质的，是沿着它自己的轨道即“天道”运行和变化，既没有什么意志，也没有什么目的，“天之为物也，可谓无作好、无作恶、无偏无党、无反无侧”①。同样，人也是按照自己的规律运动和发展。在“天道”运行中，不论是风调雨顺对人类产生好的影响，还是河决山崩等“天变灾异”对人类产生坏的作用，都是“天道”运行的自然表现，既不是“天”的有意识、有目的的活动，也不是由人君作为的好坏招致而来的。

王安石主张“天变不足畏”。认为天灾并不可怕，在如何对待天灾这个问题上，他主张既不能被天变灾异蒙蔽和吓倒，而不敢有所作为，也不能认为天变灾异与己不相干而不作为，要有“不蔽不葸(xǐ)不固不怠”②的态度。在“天”与人的关系上，王安石坚信“人定胜天”，他认为只要发挥人的主观能动性，无事不成，即所谓“有待于人力而万物以成”②。如果人的主观能动性发挥得不够，反而会导致或加重灾害。他曾说：“故今之邑民最独畏旱，而旱辄连年，是皆人力不至，而非岁之咎也”③。战胜自然，不仅仅是靠发挥人的主观能动性，更重要的是方法。王安石认为自然界是一个取之不尽、用之不竭的宝库，向大自然索取财富，“富其家者资之国，富其国者资之天下，欲富天下则资之天地”④，这是治理灾害的根本之法。“天变不足畏”和“资之天

①② 王安石：《临川文集》卷65，《洪范传》，文渊阁四库全书，第1105册.

③ 王安石：《临川文集》卷68，《老子之道》，文渊阁四库全书，第1105册.

④ 王安石：《临川文集》卷75，《上杜学士言开河书》，文渊阁四库全书，第1105册.

地”的观点是王安石朴素唯物主义天灾观的核心内容，也是他改革思想的灵魂，是他战胜困难、解决实际问题的强大精神支柱和有力武器。正是靠着这两点宝贵思想，他能够抓住问题的实质，找到解决问题的根本办法。他坚持这两点思想与坚持“天人感应”“天人相与”唯心主义观点的保守派进行斗争，取得了改革变法的巨大成就。但是，王安石的朴素唯物主义天灾观也同时存在着巨大的时代局限性。

王安石的救荒措施可分为治本与治标。先讨论治本。王安石拜相之时，宋代各种社会问题相当严重，单就“冗兵、冗官、冗费”的“三冗”问题就使政府无力拿出足够的财物赈灾。他指出：“夫水旱者，天时之常有也。食廪财用者，国家常不足也。以不足之用，以御常有之水旱，未见其能济焉，甚非治国养民之术也。”①因此，他认为，要想克服“见患而后虑，见灾而后救”的被动局面和走出财务紧张的困境，要防备水旱，必须有充实国用，讲“富民化俗之道，兴起太平”“建长久之策，兴大来之功”②，使“上有善政，而下有储蓄之备”③。其含义是广开财源，充实国用。广开财源的原则，就是“因天下之力以生天下之财，取天下之财以供天下之费”④。落实到救荒问题上，就是防御水旱灾害，使灾民有生存之道。解决办法就是农田水利法，兴修水利，发展农业生产，这样就既能防灾又能赈灾。在兴修水利的过程中，把灾民生存与兴修水利的劳动力问题结合起来，就是“以工代赈”。史称当时“募人兴修水利，即既足以赈救食力之农，又可以兴陂塘沟港之废”⑤。在王安石执政期间，北宋的农田水利事业快速发展。1070—1076 年，除垦荒和疏浚河道外，总共修建了 10793 处水利工程，受益的民田达 36 177 888 亩、官田 191 530 亩。这一成就，不仅在两宋三百年间极为突出，就是在整个封建时代也很罕见⑥。富有成效的水利建设，局部改变了农业用水地域与季节分配严重不均的状况，改善了自然条件和农业生产环境，基本上达到了防御自然灾害的预期目的。

以治本为主，兼之治标，是王安石救荒措施的一大特色。农业丰歉难以预测和应付，丰歉几乎没有规律。正是由于这种客观现实，王安石采取了“取有余而补不足”的治标措施。储备是很重要的治标措施，王安石很注重储备钱粮，他的新法，很多方面都涉及这一点。如青苗法，“广常储备以待百姓凶荒，则比之前代科百姓出米为义仓未为不善”。常平新法，乃“赈贫乏、抑兼并、广储备以备百姓凶荒”⑦。免役法，“稍有羡余，乃所以备凶年，为朝廷推恩蠲减之计，其余又专以兴田利，增吏禄”⑧。关于地域上的丰歉差异，王安石采用均输的办法来解决，按照“徙贵就贱，用近易远”的原则平衡物价，从而缓解因灾害而造成的物资分配严重不均的矛盾。在王安石执政期间，南方供粮大量被允许截留。在调剂方法上，王安石还主张“以一州一县之力，供一州一县之费，以一路之力，供一路之费”和“诸路各从所便为法”的灵活原则，尽可能避免财物往返转运烦琐和浪费现象。大灾之后，减放或蠲逋欠，就体现王安石的灵活工作方法，这样可以减轻灾区负担，使他们依靠本地力量渡过难关，避免了地方必须把财物运到中央，受灾之后再从中央调拨回灾区的不必要的辗转。神宗于熙宁四年(1071 年)曾下诏：“蠲天下见

---

①②③ 王安石：《王文公文集》卷 2，《再上龚舍人书》. 上海：上海人民出版社，1974.

④ 王安石：《王文公文集》卷 1，《上皇帝万言书》. 上海：上海人民出版社，1974.

⑤ 李焘：《续资治迫鉴长编》卷 237 “照宁五年八月辛丑”. 北京：中华书局，2004.

⑥ 漆侠：《中国经济通史(宋代经济卷)》(上册). 北京：经济日报出版社，1999.

⑦ 杨仲良：《续资治通鉴长编纪事本末》卷 68，《青苗上》. 北京：北京图书馆出版社，2003.

⑧ 李焘：《续资治通鉴长编》卷 225 “熙宁四年七月戊子”. 北京：中华书局，2004.

欠贷粮总计米一百六十六万八千五百石有奇，钱十一万七千四百缗(mín)有奇。”①

王安石的治本为主、兼以治标的原则，是其救荒思想的最大特色，对于今天我们防旱减灾仍具有借鉴意义(邱云飞，2008)。

二、范仲淹的救荒措施

范仲淹(989—1052年)，北宋杰出的政治家、文学家。沈括曾对范仲淹的救荒措施做十分详细的记载：“皇佑二年(1050年)，吴中大饥，殍馑枕路，是时范文正领浙西，发粟及募民存饷，为术甚备。吴人喜竞渡，好为佛事。希文乃纵民竞渡。太守日出宴于湖上，自春至夏，居民空巷出游。又召诸佛寺主首谕之说：‘饥岁工价至贱，可以大兴土木之役。’于是诸寺工作鼎兴，又新敖仓吏舍，日役千夫。监司奏劾杭州不恤荒政，嬉游不节及公私兴造伤耗民力。文正乃自条叙所以宴游及兴造，皆欲以发有余之财以惠贫者。贸易饮食、工技服力之人，仰食于公私者，日无虑数万人。荒政之施，莫此为大。是岁两浙唯杭州晏然，民不流徙，皆文正之惠也。岁饥发司农之粟，募民兴利，近岁遂着为令。既已恤饥，因之以成就民利，此先王之美泽也。”②

由以上史料可以看出，范仲淹是通过扩大公共开支，以公共事业的建设和通过由政府举办公共活动(赛船)，把资金由政府转移到广大灾民的手中，增加就业，刺激社会消费，进而带动生产和经济生活的恢复。所以范仲淹救灾措施的核心就是“以工代赈”。范仲淹在一千年前已经初步认识到，财政开支的增加会使货币通过转移支付进入流通过程，继而使受灾地区大量的失业人员得以依靠公共开支度过当前困难。同时，旱涝等自然灾害给广大民众造成的物资匮乏、商品流通不畅和人民流离失所等社会问题也会得到解决。因政府资金的投入，会使供给增加，弹性提高。另一方面，由于工资成本低廉，大型公共工程也得以较小的资金投入迅速建成，自然灾害给地区经济造成的不利影响，也可以因此逐渐消除。范仲淹的救灾实践，所反映出来的就是科学地运用经济规律，把灾民的利益与政府的救灾活动结合起来，调动灾民的积极性，开展抗灾自救，最后达到消除灾害、恢复经济、拉动经济增长的目的。范仲淹“以工代赈”的救灾措施，对后来直至现今救灾工作都具有重要的指导意义(邱云飞，2008)。

三、朱熹的救荒观与救荒措施

理学大师朱熹(1130—1200年)在多年的地方官仕途生涯中，目睹了灾荒之年饥民或流离失所、或饿死道路、或揭竿而起的现实，对荒政的认识极为深刻，形成了较为系统的救荒观，一是他竭力推行社仓；二是他“安民”“恤民”“为民”的救荒观。

关于朱熹的社仓认识及实践，在后面将详细论述，这里不再讨论。下面重点介绍他的“安民”“恤民”“为民”的救荒观，主要体现在他的一系列主张中。

第一，提出“蠲阁、赈恤本是一事”的主张。孝宗淳熙六年(1179年)夏，天下大旱，孝宗诏令“监司、郡守条其民间利病”。朱熹上疏提出，“天下之务莫大于恤民”③；推行荒政，“蠲阁、赈恤本是一事，首尾相须。若蠲放后时失实，使饥民已被输纳追呼之扰，然后复加赈恤，则与割肉

① 李焘：《续资治通鉴长编》卷228，“熙宁四年十一月甲申”. 北京：中华书局，2004.

② 沈括：《梦溪笔谈》卷11之14～16《官政一》. 南京：江苏古籍出版社，1999.

③ 脱脱：《宋史》卷429，《朱熹传》. 北京：中华书局，1977.

口无异”①。在朱熹看来，蠲免受灾地区的赋税与赈济互为一体。蠲免赋税为救灾的首要工作，赈恤是救灾的重要环节，二者紧密相连。如果蠲免赋税不落实，受灾地区的饥民先受追缴赋税的困扰，然后政府再赈恤救济，就如割自身的肉给嘴吃一样，达不到安抚灾区民众的目的。朱熹特别指出：“救荒之政，蠲除赈贷固当汲汲于其始，而抚存休养尤在谨之于其终。”也就是说，政府实行荒政，要善始善终，蠲除、赈贷只是救荒的前期工作，要使灾区百姓恢复生计，还需让其有喘息之机，不能“责以累年之逋负，与夫去岁倚阁之官物”②，急于向灾民追收所欠钱物。朱嘉的这一主张充分体现了其“安民”的想法。

第二，主张减免苛捐杂税，备灾备荒。朱熹以陆贽“民者邦之本，财者民之心”的话，来表达自己的救荒观。他主张减免苛捐杂税，以备灾荒。他曾向皇帝上疏指出：“人户尽力供输，有所不给，则复转徙流亡，无复顾恋乡井之意；其幸存者，亦皆苟且偷安，不为子孙长久之虑，一旦小有水旱，则复顾而之他；观其气象，如腐草浮苴，无有根蒂。”③繁重的苛捐杂税使民众已无法生活、流亡大半，幸存者也是苟且偷安，一旦发生灾荒，将四处逃亡，走上反抗的道路。政府要消除灾区人民反抗的隐患，最好的办法是勤政体恤，减免苛捐杂税、宽其赋役、弛缓追输积欠租税，以减少灾荒。这一主张突出了朱熹“恤民”的救荒想法。

第三，主张减少救灾运作环节。宋代减免赋税的运作过程相当复杂，要先由“户部行下漕司（转运司），漕司委官核实”“方得回申户部”，然后才能下令蠲免，而且常“方多沮难，未容便得蠲减”。朱熹因此上疏请求皇帝“直降睿旨”蠲免赋税，减少运作过程，使灾区人民“复得乐生安土，永为王民”④。朱熹的这一主张体现“为民”的救荒观。

第四，主张从优推赏献助之人，以筹集救灾粮款。宋代赈济灾民的粮款，大部分由政府筹集，但这远不能满足救灾需求，所以同时还推行对捐纳救灾粮款者补授官职的制度，即劝分。孝宗乾道七年（1171 年）八月，湖南、江南等地遇到旱灾，为了劝导富室上户赈济灾民，朝廷立下赏格推赏献助之人。“无官人，一千五百石补进义校尉，二千石进武校尉，四千石补承信郎，五千石承节郎；文臣一千石减二年磨勘，二千石减三年磨勘仍与占射差遣一次，三千石补转一官仍占射差遣一次；武臣一千石减二年磨勘升一年名次，二千石减三年磨勘占射差遣一次，三千石补转一官占射差遣一次。”⑤朱熹的这一主张，有利于调动捐助者的积极性，以筹集更多救灾钱物，惠及更多灾区饥民。

第五，主张恩威并行，维护灾区治安。针对灾区出现的社会治安问题，朱熹主张推行恩威并行政策，他指出，政府除制定规章制度外还应：“亦须先示存恤之意，然后禁其为非，庶几人心怀德畏威，易以弹戢（jí）。若慢不加省，待其生事，然后诛鉏（chú），则所伤已多，所费又广，况其不胜，何患不生？乞降指挥早拨上项钱数，使如臣者得以奉承宣布，遍行晓谕，即德意所孚，固有以销厌祸乱之萌矣，然后明诏安抚提刑两司察其敢有作过唱乱之人，及早擒捕，致之典宪，庶几奸民知畏，不至生事。”⑥朱熹这一主张，在当时的背景下，有利于维护灾区社会秩序的安定，以便更快地恢复灾区的社会经济秩序。

---

①⑥　朱熹：《晦庵集》卷 17，《奏救荒画一事件状》. 文渊阁四库全书，第 1143 册.

②　（南宋）朱熹：《晦庵集》卷 16，《奏为乞特诏有司不候诸司保明将本军所奏黄澄等赈济早赐依格推赏奏闻事》. 文渊阁四库全书，第 1143 册.

③　朱熹：《晦庵集》卷 16，《乞蠲减星子县税钱第二状》. 文渊阁四库全书，第 1143 册.

④　朱熹：《晦庵集》卷 16，《奏推广御笔指挥二事状》. 文渊阁四库全书，第 1143 册.

⑤　董煟：《救荒活民书》卷中，《鬻爵》. 文渊阁四库全书，第 662 册.

第六，救荒工作要及时。朱熹认为，政府救荒，贵在及时，如果失去时机，救灾缓慢，就会耗费众多，成效颇微。他曾上疏说："臣所奏请固皆今日所当施行，而此项(救灾)最为急切。窃恐大臣进呈之际，谩将一二项不甚紧要事节量行应副，却将此项沉溺，不为施行，俊臣再请，则又费月日，致失机会。且如明州余米一事，臣本是四月二十三日以后节次申奏，是时明州米船辐辏，正好收籴，乃不施行，及至六月十一日，方得指挥，则所有船米已为上户收籴殆尽矣。今朝廷施行事体缓慢，奸弊百端，不称酷下救焚拯溺之意，大率类此。"同时他还指出："臣曾摹得苏轼与林希书；说熙宁中荒政之弊，费多而无益，以救之迟故也，其言深切，可为后来之龟。"①他这两段话，不仅尖锐地揭露了南宋政府救荒体制运行缓慢的弊端，并且借苏轼与林希之语，表达了自己救荒宜及时不宜迟缓的思想和主张(邱云飞，2008)。

四、董煟的《救荒活民书》

董煟(？—1217年)，生活于南宋前期，和朱熹同时。鄱阳(今江西鄱阳)人，南宋宁宗绍熙五年(1194年)进士。在浙江瑞安县任知县时，正值荒年饥岁，董煟提出了系统的救荒措施，使当地百姓得以存活，为此受到宁宗的褒奖。董煟的救荒认识主要体现在他的传世之作《救荒活民书》中。

《救荒活民书》是董煟结合自身救荒实践所撰写的一部著作。全书共分三卷，上卷是"考古以证今"，就是选取历代有关荒政和救荒的实例，同时提出自己的见解和主张；中卷是"陈今日救荒之策"，总结了宋代大量的救荒方法，也提出了自己的观点；下卷是"备述本代名臣贤士之所议论"，搜集了大量宋代人对荒政、救荒的讨论文章。其主要有以下3个方面。

首先，董煟指出了荒政对朝廷的重要性。他说，"水旱灾伤而不知以民为念，其祸必至"②"旱伤所当赈恤，傥(tǎng)不蠲租，则催科日逼而民必思乱，其祸有不可测者"③。灾荒之年，灾民生活艰难，政府如果不及时赈济，依旧收税催租，就容易产生民变，历史上的许多农民起义大多是由于天灾加上人祸而爆发。宋初，由于救灾体制不够完善，出现灾害，政府不能及时救济，也产生了一些小规模的民变，如太祖时，宣州"岁饥，民多为盗，黄中出己俸造糜粥，赖全活者以千数，仍设法弭盗，因悉解去"④。所以，荒政对于维护社会稳定具有十分重要的意义。

其次，董煟提出了预先救济的主张和救济方法。他认为，灾荒发生前救济比灾荒发生时再救济更重要，"古人赈给，多在季春之月，盖蚕麦未登，正宜行惠，非特饥荒之时，方行赈济而已"⑤。他认为平时恤民胜于灾时救济，救人于即困之后不如宽民于未困之前，"人君平居无事，横征暴敛，不能使民养生丧死，而无憾一遇水旱，虽移民移粟，孟子以为不知本"⑥。

董煟提出的救济方法以五种救济为主，多种辅助方法相结合。五种主要的"救荒之法"，即以"常平以赈粜，义仓以赈济，不足则劝分于有力之家，又遏籴，有禁抑价，有禁能行"⑦为主，又以"检旱、减租、贷种、遣使、弛禁、鬻爵、度僧、优农、治盗、捕蝗、和籴、存恤流民、劝种二麦、通融有无、借贷内库之类"相结合的一整套比较严密的救荒之策。

在五种主要的"救荒之法"中，董煟最看重常平之法，他多次盛赞宋代常平法，"本代常平之

---

① 朱熹：《晦庵集》卷17，《奏救荒画一事件状》. 文渊阁四库全书，第1143册.

②③⑤⑥ 董煟：《救荒活氏书》卷上. 文渊阁四库全书，第662册.

④ 脱脱：《宋史》卷265，《贾黄中传》. 北京：中华书局，1977年点校本.

⑦ 董煟：《救荒活民书》卷中，《常平》. 文渊阁四库全书，第662册.

法遍天下，盖非汉唐之所能及也”①。为了更好地发挥常平的作用，提出了正确利用常平仓的方法：其一，使“常平法，本无岁不籴，无岁不粜”②，即恢复常平法的赈粜功能；其二，“常平钱物不许移用，不知他费，不许移用，至于救荒正所当用，若必待报则事无及矣”③，即确保专款专用；其三，“常平赈粜其弊在于不能遍及乡村，今委隅官、里正监视，类多文具，无实惠及民”④，建议将常平建在乡村，以更好地发挥常平的作用。

最后，董煟在《救荒活民书》中对各级机构在救荒工作中的责任加以明确。“人主救荒所当行，一曰恐惧修省，二曰减膳彻乐，三曰降诏求直言，四曰遣使发廪，五曰省奏章而从谏诤，六曰散积藏以厚黎元。宰执救荒所当行，一曰以爕调为己责，二曰以饥溺为己任，三曰启人主警畏之心，四曰虑社稷颠危之渐，五曰陈缓征固本之言，六曰建散财发粟之策，七曰择监司以察守令，八曰开言路以通下情。监司救荒所当行，一曰察邻路丰熟上下以为告籴之备，二曰视部内旱伤大小而行赈救之策，三曰通融有无，四曰纠察官吏，五曰宽州、县之财赋，六曰发常平之滞积，七曰无粜遏籴，八曰毋启抑价，九曰无厌奏请，十曰无拘文法。太守救荒所当行，一曰稽考常平以赈粜，二曰准备储蓄以赈济，三曰视州县三等之饥而为之计，四曰视邻郡三等之熟而为之备，五曰申明遏籴之禁，六曰宽弛抑价之令，七曰计州用之虚盈，八曰察县吏之能否，九曰委诸县各条赈济之方，十曰因民情各施赈救之术，十有一曰差官祈祷，十有二曰存恤流民，十有三曰旱检放以安人情，十有四曰预措备以宽州用，十有五曰因所积以济民饥，十有六曰散药饵以救民疾。县令救荒所当行，一曰闻旱则诚心祈祷，二曰已旱则一面申州，三曰告旱不可邀阻，四曰检旱不可后，五曰申上司乞常平以赈粜，六曰申上司觅义仓以赈济，七曰劝巨室之发廪，八曰富民之兴赈，九曰防渗漏之奸，十曰戢虚文之弊，十有一曰听客人之粜籴，十有二曰任米价之低昂，十有三曰请提督，十有四曰择监视，十有五曰参考是非，十有六曰激劝功劳，十有七曰旌赏孝弟以励俗，十有八曰散施药饵以救民，十有九曰宽征催，二十曰除盗贼。”⑤

董煟的《救荒活民书》，在充分认识到荒政重要性的基础上，提出了以五种救济为主、多种辅助方法相结合的救济之法，同时还对救济工作中各级机构的责任加以明确，在当时的社会条件下难能可贵（邱云飞，2008）。

第三节　北宋防灾救灾的行政管理体系

从历史记载中可以看到，国家灾害管理体系可分为三个等级和四个层次，即“三级四层”结构。“三级”体数是与此相关联的三个行政管理层次（高层、中层、基层）。北宋已经出现了现代灾害管理体系的四个层次（图 5.4）。“四层”是指决策层、管理层、执行层和操作层四个不同职能的管理单位。单纯从管理体系的角度出发，可以说北宋时期已经具备了现在灾害管理模式的雏形。

决策层和管理层构成国家级灾害管理系统，由帝王和政事堂等决策机构和三司（户部）、工部、礼部、司农寺等专门的管理机构组成。它们是北宋灾害管理的中枢系统，负责制定全国减

① 董煟：《救荒活民书》卷上，文渊阁四库全书，第 662 册.

②③④ 董煟：《救荒活民书》卷中，《常平》. 文渊阁四库全书，第 662 册.

⑤ 董煟：《救荒活民书》卷下，文渊阁四库全书，第 662 册.

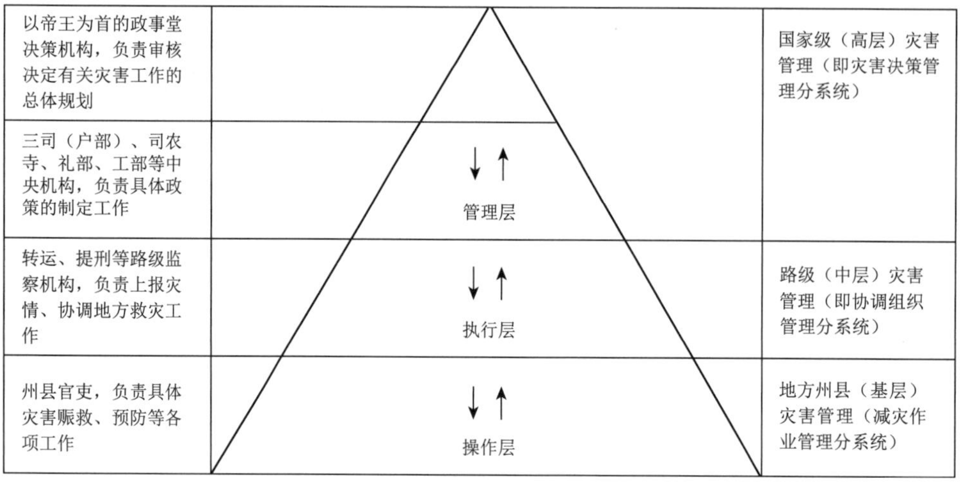

图 5.4　北宋时期灾害管理系统的层次——能级结构(石涛,2010)

灾决策与对策、规划与计划、减灾立法与执法、指挥和协调，以及组织“弭灾”活动，祈祷上苍消弭灾害等。

路级监司机构处于灾害管理系统层次的执行层，在全国灾害管理系统中起承上启下的作用。它既是国家级灾害管理机构下属的管理层和执行层，又是辖区内灾害管理的决策层和领导层。由于北宋时期路级并不是稳定的行政级别，因此，在灾害管理上的职能并不完善，主要负责上报灾情、监督和协调地方救灾工作等。在弭灾思想和减灾的双重影响下，职位低下的提点刑狱司逐渐成为这一级灾害管理的主要部门。

州、县是北宋灾害管理系统的操作层，是灾害管理大系统的基础，直接指挥、组织当地的救灾活动，执行国家和路级机构的救灾对策和计划，同时还在地方进行“禳弭”活动，执行国家的“弭灾”和“减灾”任务。

由于幅员相对辽阔，交通和通信设备落后，北宋时期中央对地方的控制不可能事无巨细，一概统之。地方有着其相对独立的决策权(石涛,2010)。

一、中央灾害管理系统

中央灾害管理系统，是北宋灾害管理体系中的最高一级系统。它涵盖了两个管理层次：决策层和管理层。受生产力水平所限以及中国传统灾害理念的影响，北宋的灾害管理体系有着自身的特点。可以将这一系统分作既独立运作又密切相关的两个子系统，即“弭灾”管理子系统和“减灾”管理子系统。

现代灾害管理学理论将灾害管理系统划分为两个大的类型：一类是专业性的或技术性的管理；另一类是社会性的管理。北宋时期的灾害管理也具备上述两类管理功能。尽管某些专业性的或技术性的管理尚不成熟，有的与其他职能相掺杂，界限也不甚明显，但是应该看到，这些子系统和管理形式在北宋时期的出现，仍然是灾害管理的一个进步。

(一)弭灾管理子系统

中国的传统观念将灾害与为政得失相联系，认为灾害的爆发是上天对帝王的警示，即所谓“灾者，天之谴也；异者，天之威也”。因此，在灾害发生时，北宋的中央政府在决策组织具体赈救事宜的同时，还会通过祈祷、供奉和一系列的政治活动，以期达到消弭灾害的目的。北宋中央政府针对灾害的这一系列政治活动的参与者、参与机构及他们之间的运作关系，构成了北宋时期的“弭灾”管理子系统。

董煟所著的《救荒活民书》，在谈及灾害管理的职官构成时，将宋代分成5个层次，“救荒之政有人主所当行者；有宰执所当行者；有监司太守县令所当行者”①。人主、宰执、监司、太守、县令从高至低的5个等级，它们之间的相互作用组成了宋代灾害管理的行政体系。这5个等级的灾害管理职能不同，“监司守令所当行，人主宰执之所不必行；人主宰执之所行，又非监司太守县令之所宜行”②。人主和宰执的职责是：

人主救荒所当行：一曰恐惧修省；二曰减膳撤乐；三曰降诏求直言；四曰遣使发廪；五曰省奏章而从谏诤；六曰散积藏以厚黎元。

宰执救荒所当行：一曰以燮调为己责；二曰以饥溺为己任；三曰启人主警畏之心；四曰虑社稷颠危之渐；五曰陈缓征固本之言；六曰建散财发粟之策；七曰择监司以察守令；八曰开言路以通下情。③

恐惧修省、减膳撤乐、祈雨等“弭灾”活动，是一项庞大的工程。在北宋灾害频发的100多年里，这些活动不断被重复，成为相对程式化的一个过程。这一程式化的过程正是古代社会灾害管理不同于现在灾害管理的特殊形式，是赵宋王朝国家一级灾害管理系统中“弭灾”管理子系统的运作方式。

1. 帝王与宰执

帝王是这一体系中居于最高地位的一环。皇帝的弭灾活动可以分为两个方面：其一是亲自祈祷或遣使祈祷，制定祈祷对象及祈祷仪式和等级；其二是内省自身为政得失。

北宋时期，由中央颁布的有关灾害的祈祷方法大约有3次，并且这3次所颁布的都是祈雨法。第一次在真宗咸平二年（999年）。“是年，从年初到闰三月，京畿地区发生了严重的旱灾。”④闰三月三日，工部侍郎知扬州魏羽，上唐李邕（yōng）雩祀五龙堂祈雨法，得到了真宗皇帝的嘉许：“此法前代所传，不用巫觋（xí），盖防亵慢。可令长吏，清洁行之。郡内有名山大川、宫观寺庙，并以公钱致祷。”⑤景德三年（1006年）五月，又将《画龙祈雨法》刊发⑥，命中央及地方官吏执行。到了皇祐二年（1050年）八月，仁宗皇帝重申了先朝祈祷雨雪的方法⑦，并“令所在置严洁处，遇愆旱，即依法祈雨”⑧。熙宁十年（1077年）四月庚子，神宗推行古《蜥蜴祈雨法》，与宰鹅祈雨法一起颁发⑨。

其次，以帝王为首的中央机构要调节常规祈祷对象的等级，即在祭祀天地祖先的活动中，各神仙之间的排位顺序，以便使祈祷更加灵验。赵彦卫的《云麓漫钞》载：

景祐元年四月，上谓宰臣曰：“今年以来，阴阳不顺，卦气乖舛（chuǎn），此必应天知道，有未和于天心而违于人意者，宜推明咎征之本。”臣僚上言：“早岁陈彭年等定中外醮仪，圣祖天尊

---

①②③　董煟：《救荒活民书》卷3，丛书集成初编本．北京：中华书局，1985．

④⑤　徐松辑《宋会要辑稿》．北京：中华书局，1957．

⑥　脱脱等：《宋史》卷102．北京：中华书局，1977．

⑦　李焘：《续资治通鉴长编》卷168．北京：中华书局，1995．

⑧　徐松辑《宋会要辑稿》．北京：中华书局，1957．

⑨　李焘：《续资治通鉴长编》卷281．北京，中华书局，1995．

在北极之上，伏缘北极大帝总领万物，主宰中极，圣祖司命真君因荐尊号，聚居紫微帝君之上。即定位非顺，自兹天下郡县多致灾伤。伏望重行相定。”礼院详定，当院与道众参详：天下道观圣祖，每遇醮设，于本殿供献，圣祖天尊及六位仙官即与众真各无相仿，仍别用青词奏告；如无圣祖殿处，即别设醮位为便。从之。①

在宋人的眼里，帝王祭祀祖先，祈祷天地、祖先保佑风调雨顺、五谷丰登的斋醮活动中，存在着层次高下不当导致灾害发生的情况，需要有所调整。从明道二年（1033 年）到景祐元年（1034 年）年初，爆发了大面积的旱、蝗灾害，水灾和饥馑也时有发生，仁宗和臣僚们把这种情况归咎于斋醮祈祷的仪式中各路神仙的排位顺序有误，“定位非顺，自兹天下郡县多致灾伤”。于是，太常礼院规定，将圣祖赵玄朗的醮设供献与其他仙官分开，并且各用不同的青词奏告，以免引起仙界争端，使天下百姓遭灾。

帝王本人或由其派出的使者祈祷雨、雪、晴、霁的国家祈祷，大致有 4 个层次，即帝王、辅臣、大臣和内侍。根据祈祷场所、祈祷对象、灾害等级以及何地发生的灾害祈祷等的不同，派出何种身份的人进行祈祷也会有所不同。

同为最高层的灾害管理子系统，宰执与帝王的关系非常密切。在传统观念里，灾害发生不单是帝王施政不当的结果，同时也是宰执没有尽到燮理阴阳、辅弼帝王职责的产物。因此，在“弭灾”管理子系统中，宰执的主要任务就是与帝王一起探讨为政得失；接受御史、谏官等下级臣僚的弹劾，上章待罪；辞职请出，到地方担任知州等。

皇祐四年（1052 年）十二月，天不下雪多日，仁宗皇帝十分着急，躬责减膳，不见任何效果。宰相庞籍上章：“臣等不能燮理阴阳，而上烦陛下躬责引咎，愿守散秩，以避贤路。”仁宗说：“是朕至诚不能感天而惠不及民，非卿等之过也。”当天晚上，天降大雪。在很大程度上，帝王引咎躬责、宰相上章待罪，在北宋被认为是消弭灾害的一种重要方法。在进行这一系列程序的过程中，无论是帝王还是宰辅，从心态上看，似乎躬责也好，待罪也好，多是一种试探性的，更多的是几分侥幸，希望真能以此感动上天，消弭灾害。

北宋弭灾管理系统的一系列活动，是一个程式化的运作过程，皇帝惩罚自己，宰相上表待罪一般不会得到惩罚，他们更注重的是这些措施实施后的政治效果。淳化三年（992 年）夏，“旱蝗，既雨。时（李）昉与张齐贤、贾黄中、李沆同居宰辅，以燮理非材，上表待罪，上不之罪”②。“上不之罪”是一个程式，其实际意义在于满足上天惩罚的要求，借以消除灾患与上天进一步的惩罚。

此外，在祈祷或上述措施实施有效的情况下，宰执们还需率领百官入贺，劝帝王复正殿、常膳、加尊号等。

2. 御史、谏官与百僚

北宋时期宽松的政治环境，赋予御史、谏官以及百僚更大的政治活动空间，使他们在政治舞台上发挥着中国古代任何一个王朝的同僚们所不能比拟的作用。北宋时期许多重大政治事件，几乎都与灾害有着密切的关系，而将这二者联系在一起的就是台谏和百官。

宋神宗时期，丞相王安石主持变法，当发生旱灾时遇到了麻烦。熙宁七年（1074 年）三月，一场历时大半年的旱灾，给反对派制造了口实。二十六日，在神宗下诏求直言的前两天，监安

---

① 赵彦卫：《云麓漫钞》卷 8. 北京：中华书局，1993，.

② 李焘：《续资治通鉴长编》卷 251. 北京：中华书局，1995.

上门、光州司法参军郑侠便上书及流民图："去年大蝗，秋冬亢旱，以至今春不雨，麦苗干枯，黍、粟、麻、豆皆不及种，五谷踊贵，民情忧惶，十九惧死，逃移南北，困苦道路……皆由中外之臣，辅佐陛下不以道，以至于此。"要求神宗"诸有司掊敛不道之政，一切罢去"，以便"早招和气"，并以死相威胁"如陛下观臣之图，行臣之言，自今以往至于十日不雨，乞斩臣于宣德门外，以正欺君慢天之罪"①。到了四月，旱灾仍在继续。更陷王安石于被动的是，实行了近两年的方田均税法被废除的当天便下起了大雨②，这一切也为13天后王安石的罢相作了铺垫。司马光在随后的上书中说：青苗、免役、市易等六项新法措施，是"今朝政阙失""陛下以旱暵(hàn)之故，避殿撤膳，其焦劳至矣，而民终不预其泽，不若罢此六者"③，使京畿以外的地方也得到雨泽。四月十九日，王安石在臣僚的攻击下辞职罢官。灾害为什么能够成为变法反对者的借口？主要还是在于北宋时期对灾害这一自然现象神化的认识，以及台谏百官因灾害弹劾宰相的传统。

在弭灾管理系统中，台谏官及各级官吏运用传统统治思想中有关灾害的观念与宰臣抗衡，成为帝王对政府的掣肘力量。

3. 弭灾管理子系统的运作

弭灾管理子系统主要由帝王、宰执、台谏、百官以及宫观祠庙组成，从当时人们对灾害的认识来看，这一系统在北宋时期的灾害管理工作中占据着十分重要的地位。

这一系统在北宋时期，由于自然灾害的频繁爆发而逐渐形成了相对程式化的运作模式。每当灾害爆发，帝王便开始反省自己的为政得失，进而避正殿减常膳；派内侍或大臣到京师或地方上的神祠庙宇祈祷；宰执上奏疏规劝皇帝并请求帝王降罪己诏书，谏官御史开始论证帝王的家政及国政、弹劾宰执。如果仍然没有效果，帝王下诏准许中外上书言事。根据不同的灾情，还有大赦德音、改元年号、出宫女等不同策略。该系统的运作情况用图5.5来表示。

宋代帝王将相认识到在灾害爆发时，安抚民心的重要意义，因此可以说弭灾管理子系统的运作，是统治者有意识地对灾民进行心理调节的活动。

治平元年(1064年)春，京师、郑、滑、蔡、汝、颍、曹、濮(pú)、洺(míng)、磁、晋、耀、登等州，河中府、庆成军地区爆发了几乎遍及北宋北部地区的旱灾。英宗由于身体欠佳，将准备在京祠庙亲祷的事一推再推。四月十八日，司马光说："伏见权御史中丞王畴建言乞陛下循真宗故事，行诸寺观祈雨。朝廷虽从其请，而讲议选日已逾浃旬。至今车驾未出，众论狐疑，皆云事恐中辍。臣愚以向者，圣体不安，远方之人，妄造事端，讹言未息。若闻车驾一出，则远近释然，莫不悦喜。况今春少雨，麦田枯旱，禾种未入，仓廪虚竭，闾里饥愁。陛下为民父母，当与同其忧苦，祈祷群神，岂可晏然视之，不以疚怀。况诏命已降，流闻四方，若复迁延，久而不出，则道路之人，逾增猜惑。不若向时初无此议也。且王者以四海为家，故称乘舆，或称行在。车驾暂出，近在京城之内，亦何必拘瞽史之言，选拣时日，忘万民朝夕之急，殆非成汤桑林、周宣云汉之意也。臣愚，伏望陛下，断自圣心，于一两日之间，车驾早出，为民祷雨，以副中外颙颙之望。"甲午，(英宗皇帝)祷雨于相国、天清寺④。司马光将旱灾与英宗的病情联系在一起，劝他出祷祠庙，以此消除人们因旱灾对英宗身体不适的种种猜测，并且可以"副中外颙颙之望"，消弭事端和讹言，

① 郑侠:《西塘先生集》卷1.文渊阁四库全书本.中国台北:台湾商务印书馆,1986.

② 脱脱等:《宋史》卷15.北京:中华书局,1977.

③ 李焘:《续资治通鉴长编》卷252.北京:中华书局,1995.

④ 李焘:《续资治通鉴长编》卷201.北京:中华书局,1995.

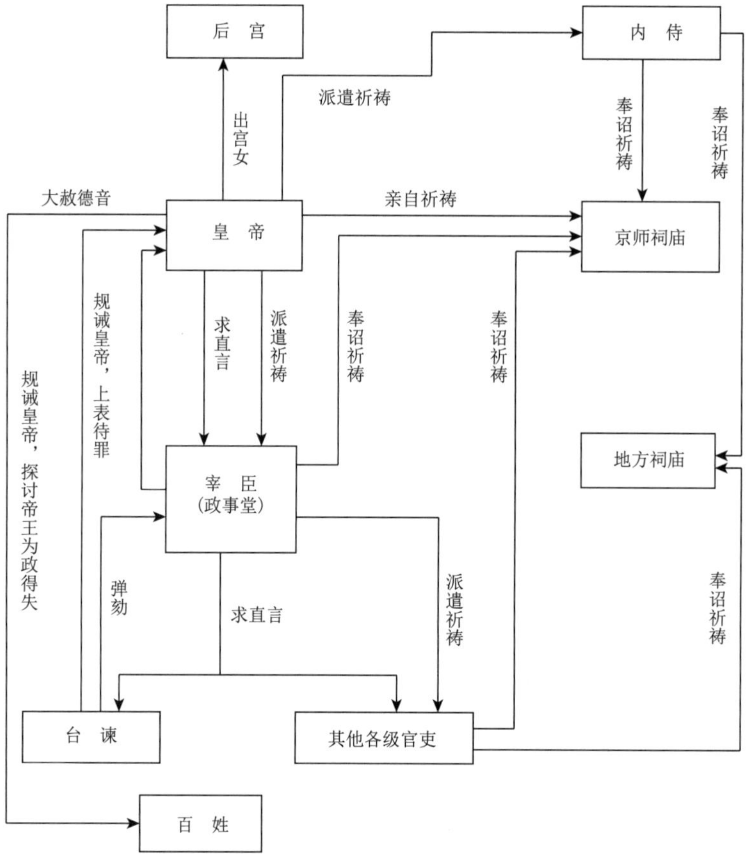

图 5.5　中央弭灾管理子系统运作图

起到安定民心的作用。

在安定民心、传达中央政府救灾政策方面，弭灾管理子系统起到了一定的作用。

(二)救灾管理子系统

灾害的行政管理是灾害管理的重要组成部分。现代灾害管理包含了 3 个层次的体系：其一，国家灾害管理体系；其二，灾害应急管理体系；其三，社会灾害管理体系。北宋时期，这些体制初具规模，在实际赈灾活动中都有一定的体现。

1. 国家灾害管理体系

三司是北宋前期的主要财政机构。三司的内部机构设置主要由 3 个部门组成：盐铁、度支和户部。每一部门下又有若干个分案，盐铁分掌七案：兵案、胄案、商税案、都盐案、茶案、铁案和设案；度支分掌八案：赏给案、钱帛案、粮料案、常平案、发运案、骑案、斛米案和百官案；户部分掌五案：户税案、上供案、修造案、麴(qū)案和衣粮案。此外，还有负责审计的三部勾院、凭由理欠、开拆、发放等负责具体事务的机构。其中，盐铁胄案和度支常平案与灾害管理有着直接的关系。胄案负责“修护河渠”，常平案掌管诸州平籴[①]。实际上，灾害赈救牵涉的三司机构很多，如蠲免赋税与户部的户税案有关，截拨上供钱粮赈贷灾民又需经过户部上供案办理等。

① 脱脱等:《宋史》卷 162. 北京:中华书局,1977.

三司和元丰后的户部，是灾害管理的财政管理部门，从灾害的评估到蠲免、赈贷等救荒行为，都需要三司或户部的批准和拨发粮款。司农寺是具体负责常平仓赈济事宜的中央行政管理部门，地方籴粜粮米、开仓放赈等具体事务均由其负责管理。

此外，礼部祠部和吏部也与灾害的财政管理有关。这两个看似与灾害不可能发生关系的行政部门，随着作为僧道凭证的度牒和作为官吏资格的敕书成为商品，作为这两种凭证的发放机构，也逐渐参与到灾害管理中来，在宋代，尤其是在北宋后期的灾害赈救中发挥了巨大的作用。

北宋时期，祠部参与灾害的财政管理，当在英宗治平四年(1067 年)，北宋政府开始出售僧道度牒[①]。至元祐年间，拨发度牒已比较广泛地被运用到了灾害的赈救和管理中，成为宋代灾害管理乃至整个经济结构中的一种重要成分。苏轼在元祐年间任杭州和扬州知府时，就曾多次请求拨发度牒修理官廨和赈济饥荒，并因此与转运使叶温叟发生冲突[②]。

2. 灾害应急管理体系

灾害应急管理体系，是应对某种灾害而建立的临时性灾害管理机构。北宋时期并没有形成真正的相对完善的体制，只是有与之相类似的情况出现，主要表现在中央派出使臣到受灾地区，与当地的官吏组成临时的灾害赈救领导机构，协调灾区赈救事宜。

体量安抚使是北宋中央政府派往地方负责安抚灾后百姓或领导赈救灾害的临时性差遣。中央派遣使臣安抚地方，一方面可以领导救灾工作，统一部署，以便做好灾害赈救工作；另一方面与遣使臣到受灾地区的名山灵祠祈祷一样，能够起到安抚民心的作用。从这一角度来看，体量安抚使的设置在一定程度上弥补了北宋职官体系的漏洞，就灾害赈救本身而言，具有一定的积极意义。

3. 社会灾害管理体系

社会灾害管理，主要指政府以外的人或机构，在灾害发生时的援助行为。在中国古代的灾害赈救方法中，劝分、居养院、漏泽园、安济坊等是这种管理形式的雏形。社会灾害管理并不完全属于中央灾害管理体系的范畴，在北宋时期，这一管理方式的发展仍处于初级阶段，并且在灾害管理中也并不占有重要的地位。

劝分是由地方官吏劝诱当地富豪之家出钱出物，以赈济灾民的一种灾害管理办法。在北宋灾害管理中，劝分仍然是中央政府提倡而地方官吏在灾害发生时经常使用的重要措施。天禧四年(1020 年)六月，太常少卿直史馆陈靖上书："朝廷每遇水旱不稔之岁，望遣使安抚，设法招携富民，纳粟以助赈贷。"[③]

居养院、漏泽园、安济坊起初是从民间发展起来的，在北宋中后期逐渐成为政府创办的社会福利性机构，但机构本身仍然由佛教寺院等非官方单位来承担。就设置目的而言，它们的主要职责并非在灾害管理方面，社会慈善或者社会保障才是它们真正的职能所在。尽管如此，这些机构在灾害管理中仍然起到了一定的作用。

除了上述三类管理体系所牵涉的中央机构外，还有一些辅助部门也是灾害管理体系中不可或缺的组成部分。如负责传递信息的都进奏院、通进司和银台司等，也在灾害管理中发挥了

① 李心传:《建炎以来朝野杂记》甲集卷 15. 北京，中华书局，2000.

② 苏轼:《苏轼文集》卷 56，第 30，"论叶温叟分擘度牒不公状"所载. 北京：中华书局，1986.

③ 徐松辑《宋会要辑稿》食货五七之六. 北京：中华书局，1957.

重要的作用。

由上面的论述可以看出，北宋时期，灾害管理的决策者是帝王和宰相，主管职能部门是三司或户部、司农寺、礼部和吏部等机构，辅助部门有都进奏院、通进司、银台司，临时性差遣到地方负责灾害管理的是体量安抚使。这些机构和职务构成了这一时期灾害管理的中央行政运作系统。依此大致可以绘制出这一体系的运作模式图(图 5.6)。

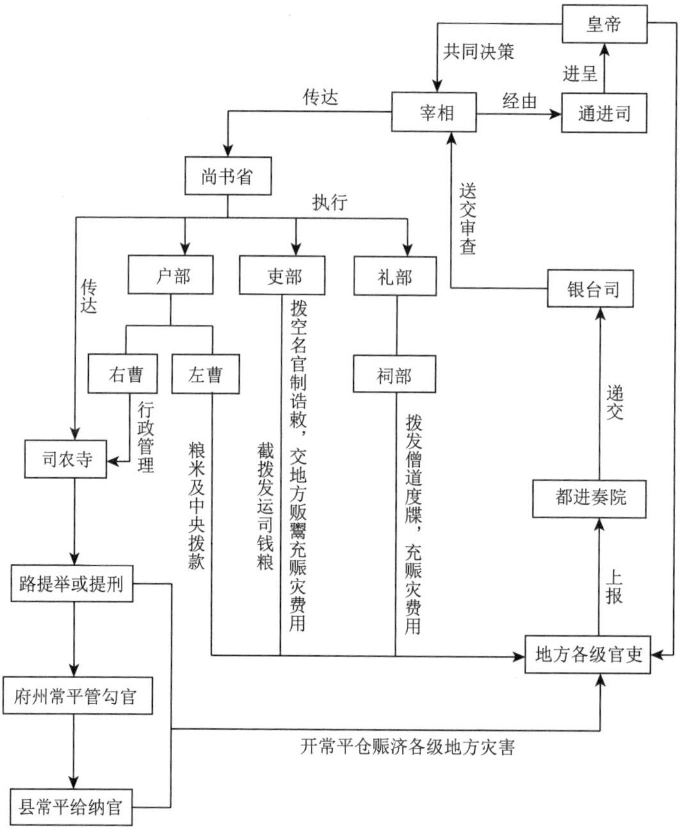

图 5.6　元丰改制后中央灾害行政管理体系运作示意图

总之，中央灾害管理系统是一个复杂的运作体系，它包含了两个子系统：弭灾管理子系统和减灾管理子系统。弭灾管理子系统的形成，基于那个时代人们对自然现象的认识程度和古人对灾害产生原因的理解。现在被认为是迷信的观念，在那个特定的年代无疑是占有主导地位的思想。在天人合一、天谴论思想为大多数人所认同的情况下，这些措施能够调节受灾民众的心理，起到安定民心、稳定社会秩序的作用，从而保证救灾活动的顺利进行，客观上达到减灾的目的。灾害管理中的减灾管理子系统，是中央对灾害进行实际赈救管理的职官体系。这些机构的建设较前代更加完善，出现了专人巡视、专人救助和专业救灾器械储备，以及灾后重建工作等，涉及预防、灾害过程救助和灾后建设等灾害治理的全过程，在中国古代灾害管理史上占有一定的地位(石涛，2010)。

二、路级机构灾害管理职能及运作模式

路级行政单位，在北宋的灾害管理体系中处于“三级四层”能级结构的执行层。它介于中

央和地方之间，主要负责上报灾情、监督和协调地方救灾工作。宋代的路没有统一的行政领导，转运司、安抚司、提点刑狱司、提举常平司之间大致各有自己的职掌，它们之间互不统辖，职权范围也没有十分严格的划分。它们直接对皇帝负责，相互之间只是监督的关系。在整个北宋灾害管理体系中，这些监司机构也都起着各自不同的作用，但从总体上看，提点刑狱司在宋人灾害思想影响下逐渐成为这一层面灾害管理的主要机构。它既是"弭灾"管理行为的重要执行者，同时也在实际"减灾"管理系统中发挥着重要作用（石涛，2010）。

（一）转运司的灾害管理职能

北宋转运司掌握财赋、考察灾情，是北宋路级行政管理机构中最具实权的部门。饥荒赈济事关政府拨粮拨款，因此，其在北宋的灾害管理中起到了十分重要的作用。古代救荒之要贵在救灾物资的储备、拨放和减免赋税恢复生产，转运司的灾害管理职能也主要体现在这两方面。

从救灾物资储备、拨放上看，转运司的职能十分具体，从灾前储蓄、管理仓储、截拨上供米粮、下拨度牒等有价证券，到计度房屋修缮费用、监督放赈等。但是，由于职责所限，转运司的灾害管理职能大多限于监督官吏、参与计度和财务方面，而对具体救灾活动的参与相对较少。

此外，作为监司机构监督州、县官员的救荒活动也是转运司的一项重要职责。其监督地方州、县救荒主要有 3 个方面：其一，不受理诉灾；其二，严禁闭籴和遏籴；其三，监督地方灾后重建经费的预算及使用。

（二）安抚司的灾害管理职能

安抚使一职在北宋最早的职能是中央特别委派的临时差遣。单就安抚使而言，北宋时期大致有两类：其一是缘边安抚使，主要设置在与辽、西夏、西南少数民族地区接壤的地区，侧重于边境安全；其二是"东南各省自北宋建立起，先后例以转运使路的首州知州兼——路兵马钤辖、安抚使或经略安抚使"①。

缘边地区的安抚使由于军事上的需要，地位较高，有全权处置灾害的权力。熙宁以后，缘边地区的安抚司在灾害管理上有常平借贷平粜、煮赈、受理诉灾、军赈、缉拿盗贼等权力。内地转运使路设置的安抚使由一州知州兼任，负责本州具体的灾害管理工作。而对于本路辖下其他州、县发生的灾害，安抚司主要肩负稳定社会治安、监督转运提刑和提举司、上报灾情等工作。

（三）提举常平司的灾害管理职能

从职能上看，提举常平司与灾害管理最为相关，"操常平敛散之法，申严免役之政令，治荒修废，报民艰厄""岁察所部廉能而保任之，若疲软或犯法，则随其职事劾奏"。北宋时期，其涉及灾害管理大致有两方面：其一，常平仓、义仓的日常管理；其二，赈济灾民。此外，提举常平司也负有监督救荒的职能。在实际救灾中，该司发生过赈济失职的事情。

熙宁七年（1074 年），许多路出现旱灾，常平司赈济不力。神宗皇帝谕辅臣说："天下常平仓，若以一半散钱取息，一半减价给粜，使二者如权衡相依，不得偏重，如此民必受赐。今有司务行新法，惟欲散钱，至于常平旧规，无人督责者。大凡前世法度有可行者，宜谨守之，今不问利害如何，一一变更，岂近理耶？"②

从具体职能上看，安抚司、转运司、提点刑狱司和提举常平司四司各自还是有一定的侧重。

---

① 李昌宪：《宋代安抚使考》凡例．济南：齐鲁书社，1997.

② 李焘：《续资治通鉴长编》卷 256．北京：中华书局，1995.

根据史料所载,北宋后期路级行政机构灾害管理理想运作模式见图 5.7。

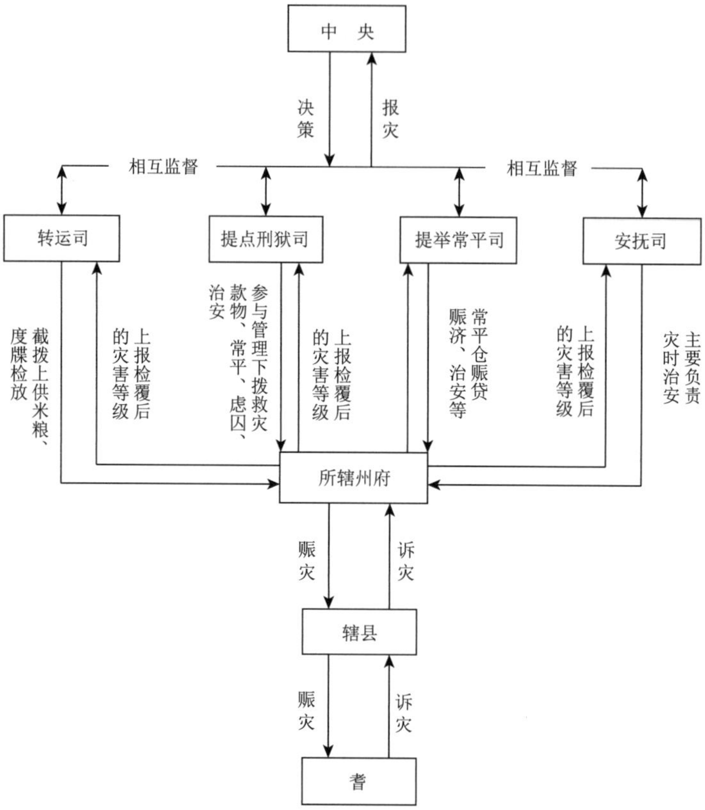

图 5.7　北宋后期路级行政机构灾害管理理想运作模式

(四)提点刑狱司与减灾管理

提点刑狱司与灾害管理密切相关。灾害发生时,灾民为了生存往往不顾一切以身试法,地方上刑事案件骤然增多。北宋政府意识到了这一点,景德元年(1004 年)九月,真宗在“旱灾遣官江南疏理系狱诏”中就提到:“江吴之分,亢暵为灾。言念蒸民,遘兹艰食,致婴法网,或系畏(qióng)扉……”①

除平理滞狱外,提点刑狱司还直接参与地方的灾害管理工作,主要有监督地方官吏,管理常平、广惠仓粮廪,协调各地实际情况与中央决策和管理之间的偏差等职责。它与转运司、提举常平司、安抚司、钤辖司等,共同构成了这一体系中的执行层级。其具体的灾害管理职能大致有 3 个方面。

1. 参与制定救灾政策,协调中央与地方关系

提点刑狱司是介于中央和地方之间的一个灾害管理机构。一方面,提点刑狱司设在各路,与地方州、县保持密切联系,一旦灾害发生,提点刑狱司或亲身经历、或临听奏报、按巡所部,便于了解灾情;另一方面,提点刑狱司是中央政府的派出机构,是中央加强地方管理的举措之一,因此,它又是中央调查灾情、制定策略的基础,是中央联系地方的纽带。

① 《宋大诏令集》卷 151. 北京:中华书局,1962.

提点刑狱司参与制定救灾政策体现在两个方面：调查灾害破坏程度上报中央，作为决策依据；根据灾害的实际情况，推测事态发展，策划赈救办法，奏请中央讨论批准。

2. 监督地方官吏

明道二年（1033 年）十月二十八日，仁宗皇帝在“复提刑诏”中说：

> 盖虑囹圄滞淹，尚多无告。官吏能否，或所未知。爰稽按行之勤，庶洽治平之化。迩后事任斯久，渐致滋长。州军之间，或闻苛扰……今以区域之中，狱犴（àn）斯广，转漕之吏，廉按难周。恐有失于详明，思复遵于规制……①

可见，监督地方官吏是提点刑狱司的一项日常工作。然而，在灾害爆发时，提点刑狱司的监督功能无论在监督的范围，还是在监督的权限上都要大于平日。

提点刑狱司的监督职能主要体现在对州、县官吏的考察上。即考察“官吏能否”履行自身的职能，而“官吏能否”的一个重要标准就是应对灾害的能力。提点刑狱司对地方官吏赈救灾害的监督主要体现在几个方面：其一，监督州、县受理百姓报荒，并据实上报，“不实者坐之”②；其二，“督州、县赈济，仍察不称职者”③；其三，监督州、县常平米粮发放，体察“给散常平钱不如法事”④；其四，“巡按阙雨州、县，督治未结绝公事，有涉枉滥或无故淹延者，并申理决遣，勒官吏以闻”⑤；其五，监督州、县防灾措施。⑥

一般来说，提点刑狱司一级的机构，在实施监督的过程中，只有调查取证和上报奏劾的权力，而没有处分的权力，具体处罚由皇帝决定。

3. 参与具体赈救工作

除参与中央决策、监督地方官吏外，提点刑狱司的职能还直接涉及地方赈救的许多事宜。主要有开仓发廪赈救，修筑防灾、减灾设施以及维持地方治安，保证灾害赈救的顺利实施，保证灾区社会稳定等方面。

灾害管理是一项系统工程，单凭提点刑狱司一个部门的力量不可能完成。由于北宋时期路级行政区域的面积相对广大，而当时的交通、通信设施也不发达，一旦灾害在大范围内爆发，一般情况下，转运使、副、判官、提点刑狱等要分赴各地实施赈济。

就各监司在地方行政管理中的地位而言，居于重要地位的是转运司和安抚司。北宋路级职官设置既分工协作又互不统属的特点，对北宋的灾害赈救的方方面面产生了巨大的影响，因此，转运司和安抚司、钤辖司等路级机构在整个灾害管理体系中起的作用不容忽视（石涛，2010）。

三、州、县灾害管理系统

州、县是灾害管理的基层单位。在北宋灾害管理体系中，州、县属操作层，是实际灾害管理措施的主要实施单位。南宋董煟总结宋代州、县官吏在灾害管理中的职责时说：

---

① 《宋大诏令集》卷 161. 北京：中华书局，1962.

② 徐松辑《宋会要辑稿》食货五七之九. 北京：中华书局，1957.

③ 脱脱等：《宋史》卷 12. 北京：中华书局，1977.

④ 李焘：《续资治通鉴长编》卷 220. 北京：中华书局，1995.

⑤ 李焘：《续资治通鉴长编》卷 297. 北京：中华书局，1995.

⑥ 脱脱等：《宋史》卷 300. 北京：中华书局，1977.

太守救荒所当行：

一曰稽考常年以赈粜；二曰准备储蓄以赈济；三曰视州、县三等之饥而为之计；四曰视邻郡三等之熟西为之备；五曰申明遏籴之禁；六曰宽驰抑价之令；七曰计财用之盈虚；八曰察县吏之能否；九曰委诸县各条赈济之方；十曰因民情各施赈济之术；十有一曰差官祈祷；十有二曰存恤流民；十有三曰旱检放以安人情；十有四曰预备以宽财用；十有五曰因所积以济民饥；十有六曰散药饵以救民疾。

县令救荒所当行：

一曰闻旱则诚心祈祷；二曰已旱则一面申州；三曰告旱不可邀阻；四曰检旱不可后时；五曰申上司乞常平以赈粜；六曰申上司觅义仓以赈济；七曰劝巨室之发廪；八曰诱富民之兴贩；九曰防渗漏之奸；十曰戢虚文之弊；十有一曰听客人之粜籴；十有二曰任米价之低昂；十有三曰请提督；十有四曰择监视；十有五曰参考是非；十有六曰激劝功劳；十有七曰施赏孝弟以励俗；十有八曰散施药饵以救民；十有九曰除盗贼。①

从上述董煟所论太守和县令的救荒职责来看，州、县一级官吏的职责仍然可以分作“减灾”管理和“弭灾”管理两大部分。与中央灾害管理系统的职能相比，地方灾害管理更注重减灾的实际效果，常平籴粜管理、劝分、检放、上报等减灾措施占有主导地位，祈祷之类“弭灾”性管理，在地方是辅助手段。下面从“减灾”管理和“弭灾”管理两个系统，分别对州、县灾害管理进行阐述。

（一）州、县减灾管理系统

1. 灾害评估管理

灾害评估可概括为4个部分：灾前预评估、灾期跟踪评估、灾后评估和减灾效益评估。北宋时期，这些评估手段多少已经被运用于灾害管理中。但是，在北宋时期真正形成体系和相对固定评估标准的是灾后评估。灾后评估是制定救灾方案和灾后檛(zhuā)建计划以及防御次生灾害的基础。宋代的灾后评估体系已经比较成熟，出现了百姓报荒、县官抄劄(zhā)上报、州官检覆上报等，以及与之相对应的蠲免、赈救等一系列措施和法律法规。北宋灾后评估系统包括两个方面，即报荒和检覆。

（1）报荒

报荒是一个从民间报灾到官吏逐级上报的过程。民间诉灾的正常途径大致是按百姓报于当地里正，“里正言于县，县申州，州申省，多者奏闻（朝廷）”②。政府对百姓报灾的诉灾地域、时限及田亩数量有比较细致的规定。一般情况下，北方地区诉灾不得超过七月。南方地区，一般夏天上报灾荒不得超过四月三十日，秋季以八月三十日为限，“违限者，更不得受”③。此后，鉴于一些特殊灾害的特点，北宋政府还作出过一些相应的调整。大中祥符九年（1016年），真宗因蝗、旱灾害下诏说：“诸路州、县七月以后诉灾伤者，准格倒不许，今岁螅旱，特听收受。”④

宋代的报荒制度处于不断调整中，由最初刻板的法律条文逐渐顾及地域、自然环境、特殊灾害等问题。通过调整使报灾规定日益趋向严密与合理。

① 董煟：《救荒活民书》卷3. 丛书集成初编本. 北京：中华书局，1985.

② 窦仪等：《宋刑统》卷13. 北京：中华书局，1984.

③ 徐松辑：《宋会要辑稿》刑法三之四三. 北京：中华书局，1957.

④ 李焘：《续资治通鉴长编》卷88. 北京：中华书局，1995.

(2)检覆

检覆是百姓诉灾以后,官府所采取的相应措施和手段。实施检覆的最低权力机构是县级行政单位,民诉灾伤由里正上报后,一县之主知县当立即检视并上报州府,由知州或知府派检覆官会同该县官员一同检覆灾伤田亩,再上报给本路监司机构,由监司机构视灾情大小决定就地赈救或上报朝廷,由三司根据具体灾情,决定赈救措施①。也有朝廷派遣使者进行最终的检覆情况。其中,监司也会派出官员进行核查,以保证上报情况属实。

宋代灾害评估具体的运作程序大致如下。府、州长吏接收到数县诉状的当天,就必须派出检覆官员到诉灾地区,一般由通判和幕职官充当。到县后,与当地县知佐分别察看田亩的受灾状况,并根据检覆情况书写“检覆灾伤状”,每 5 天上报府、州一次。检覆完毕,将最终结果上缴知州、知府。再由州级行政单位决定免税租的种类及数量,并且贴出文榜,公之于众。这个过程总共不得超过 40 天。府、州再将检覆结果和免税结果上报本路监司,监司检察结果,如觉不当,由转运司从邻州选官前往灾区再次进行检覆,如确有检放失误,提点刑狱司纠劾②(图 5.8)。

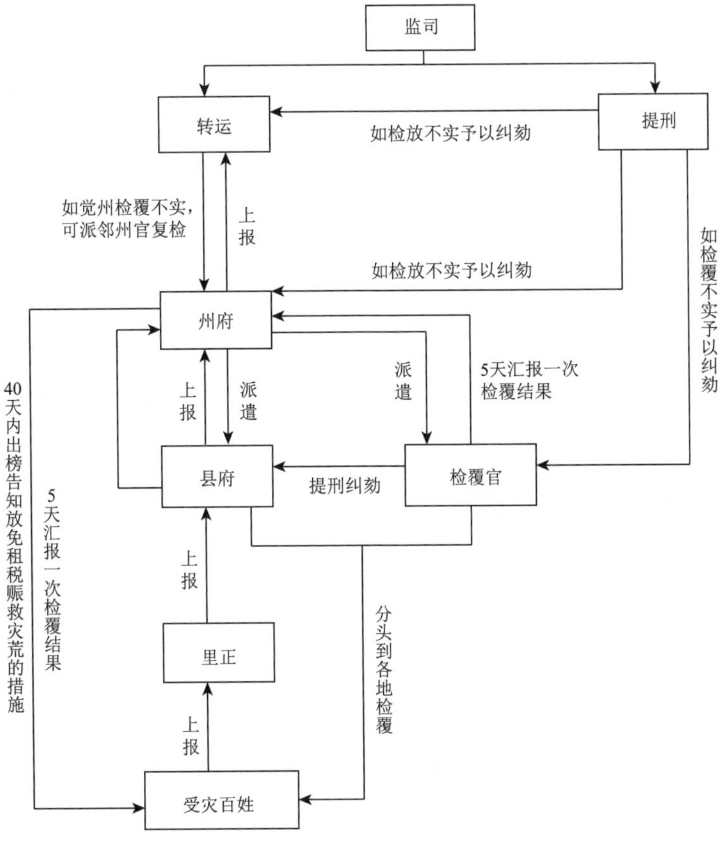

图 5.8 宋代灾后评估运作流程示意图

① 脱脱等:《宋史》卷 173. 北京:中华书局,1977.

② 董煟:《救荒活民书》卷 2. 丛书集成初编本. 北京:中华书局,1985.

2. 灾害赈救管理

宋代地方州、县灾害赈救管理分为三大类，即灾时赈救管理、灾后恢复与重建管理以及赈灾辅助管理——蠲免赋税。

(1)灾时赈救管理

灾时赈救管理要解决的主要问题大致有两个方面：其一，灾民的粮食问题；其二，灾民的安置问题。其中，尤以粮食问题最为重要。流民是社会的不稳定因素，解决流民问题是赈救管理的重要环节。

北宋时期州、县官吏进行灾害管理时的粮食来源主要有5条途径，即平时州、县的积蓄，如常平仓、义仓和广惠仓；申请截拨上供的米粮，以充赈济之用；疏通买卖渠道，任由商人自由买卖；向中央申请度牒，通过贩卖度牒筹集资金，置办粮食以供赈济；劝诱地方富余之家出钱出米帮助赈济，即劝分。

北宋地方政府对受灾地区进行粮食供给的方法，视粮食的来源不同也有3种不同的方式：赈济、赈粜和赈贷。赈济是指政府将所收集到的粮食，无偿地发放给灾民；赈粜是将政府储备的粮食，减价出卖给灾民；赈贷是指灾民在无财力购买粮食的情况下，政府将平日的储备积食借贷给灾民，待丰熟之日，与税收一起或单独缴纳。

北宋地方政府安置饥民的居所遵循两个原则：其一是就近获取食物的原则；其二是卫生原则。二者又相辅相成。

北宋地方官员将灾民人群划分为3个不同的层次，即青壮年、老弱幼小及婴儿，并且针对不同人群的特点进行相应的安置。

(2)灾后恢复与重建管理

北宋地方政府灾后进行的恢复措施归结为两大内容：安抚灾民就业和重建工作。

招诱流民复业是地方政府灾后恢复阶段的主要工作。淳化元年(990年)，西北地区的凤翔府，同州、华州、陕州等地区大旱，饥民多有流亡。二年(991年)正月，中央政府明确下诏："令长吏设法招携，有复业者以官仓粟贷之，人五斗，仍给复。"①在灾民还不具备自救能力的情况下，仍由地方政府出资，为灾民提供生存所需的最低标准的生活资料。对于流亡在外地的灾民，当地政府也会以给相应的路费和粮食为条件，劝诱他们回归本地进行灾后建设。

地方的灾后重建主要由州、县长吏负责，在路监司机构的治所所在地等重要城市，监司机构也参与工程预算、准备材料等具体的事务，中央也会派人检查。北宋的灾后重建工作都是由行政体系完成。

(3)赈灾辅助管理——蠲免赋税

蠲免赋税是北宋时期灾害管理的主要措施之一。自开国之初就将灾害发生后蠲免赋税的权力部分下放到州、县一级官吏的手中。乾德二年(964年)四月，太祖下诏："属自春夏，时雨尚愆。深念黎元，失于播植，所宜优恤……委在处长吏，视民田无见青苗者与放免。"②乾德五年(967年)七月又下诏："夏秋以来水旱作沴，言念民庶，恐致流离。委诸道州、府长吏预告人民，有灾伤处，并放今年租赋。"③州、县可以在评估后，对受灾田亩先行蠲免，然后再据蠲免的

① 徐松辑《宋会要辑稿》食货五七之二. 北京：中华书局，1957.

② 《宋大诏令集》卷185. 北京：中华书局，1962.

③ 徐松辑：《宋会要辑稿》. 北京：中华书局，1957.

数量逐级上报或直接报于中央。中央再根据蠲免情况，决定受灾地区的两税或其他赋役和杂税的征收比例，而无论是蠲放赋税的比例，还是要缴纳赋税的比例都由检覆灾伤的结果来决定。

蠲免赋税由两个阶段组成，即灾时蠲免和灾后蠲免。灾时蠲免除了救灾本身以外，最重要的目的在于安抚灾民，避免流移；而灾后蠲免旨在招诱流民归业，恢复当地经济。

灾害评估管理、赈救管理和辅助管理，构成了北宋时期地方灾害管理体系。并且每一个子系统都形成了相对完善的管理办法和法律、法规。但是应该看到，即便是在北宋地方管理系统的监督作用非常明显的情况下，主宰赈灾效果的并不是成文的法典和具体的管理程序，官吏的素质和威望才是决定赈灾效果的最终因素。只有像文彦博、富弼、吴遵路、苏轼等这样在朝廷有相当影响力的外放官员用心于赈济，才得到地方官员的拥护和支持，在减灾活动中真正起到“全活无数”的作用。

（二）州、县“弭灾”管理系统

天人合一、阴阳五行、因果报应以及有关灾害发生原因的神话是中国古代灾害观念的主要组成部分。基于当时社会对灾害的总体认识和理解，为了达到救灾的目的，灾区地方官员往往采用祈祷和其他一些“弭灾”的宗教活动开展救灾。以下将从地方祠庙的认证与赐额，以及官员从事弭灾活动的级别等方面，对地方“弭灾”管理系统运作等问题进行阐述。

北宋统治者对地方灾害祈祷的场所和形式并没有作具体的规制。只要祈祷有应，比较灵验的祠庙和其他一些场所都可以建立祈祷道场，供地方官员和百姓从事祈祷活动。

赐额和加封是宫观祠庙系账的补充，也是对这些宗教活动场所灾害祈祷时出现灵显事件的表彰。《铁围山丛谈》载：“相州，古邺郡。其西有隆虑，名山也。寺则齐禅师道场，亦名刹也。寺大门之前，左右二池，东为黄龙、西为白龙所窟宅。政和间适大旱，安阳人祷于池，既大澍，于是一时为之飞奏，诏加封爵焉。”①

宫观祠庙的系账、赐额和加封是北宋政府对地方“弭灾”活动管理的重要手段。无论是系账、赐额还是加封，具体的审批程序大致相同，以赐额为例来了解这一程序的大致运作过程。宋代宫观祠庙赐额必须经过一定的手续。首先是申报，一般情况是逐级上报，由转运司送交礼部祠部。礼部祠部接到申报，责令太常寺下转运司逐级勘会。核实后，太常寺拟定名额字句报于礼部，上报尚书省等处。之后，再经皇帝批赐，逐级下达到地方宫观中。

地方从事灾害祈祷主要有3种形式：其一，中央派员到地方山川祠庙进行祈祷；其二，中央指派地方官员祈祷；其三，地方官员自觉祈祷。祈祷场所主要是在当地名山、灵祠内设置道场，设在州、县衙门内的情况也很普遍。熙宁八年（1075年）六月辛卯朔，上批：“闻淮南旱甚，其令转运司委州军长吏祷名山灵祠。”②

北宋时期，灾害祈祷是一种普遍行为。祈祷等一系列宗教活动是灾害管理的组成部分。就赈济而言，“弭灾”管理并不具备实际效果。但对于整个灾害管理来说，“弭灾”管理有两方面的作用：其一，调节灾民心理，有助于社会稳定；其二，约束官吏行为，以保证减灾管理的顺利进行。

干旱等灾害的频繁发生，使得北宋政府重视对灾害的管理，北宋的灾害管理已经出现了

① 蔡絛：《铁围山丛谈》卷6.北京：中华书局，1993.

② 李焘：《续资治通鉴长编》卷265.北京：中华书局，1995.

“三级四层”能级结构的雏形。中央有关灾害的法律条文不断改进，地方上已经出现了非常详细的减灾管理细则。但是，北宋的救灾措施大都是在前人经验基础上的细化和改进，缺乏创新（石涛，2010）。

第四节　降水观测与预测

在中国古代农耕社会里，农业丰歉与旱涝的关系最为密切，宋人对降水情况与天象灾害预测极为重视。宋代气象预报为社会生产、生活提供了可贵的预警，减轻了灾害带来的损失，在防灾减灾中发挥了重要作用。

一、降水观测

南宋秦九韶曾说：“三农务穑，厥施自天。以滋以生，雨膏雪零。司牧闵焉，尺寸验之。积以器移，忧喜皆非。”[①]这段话大体是说：“农民耕种收获，全靠大自然的风调雨顺。阳光雨露，庄稼滋生，雨水淋淋，雪水润润。农业官员忧心气象天文，下了多少雨？用器皿测量。积满了水再换上一个器皿，有时测之忧，有时测之喜。”由此可见，宋人留心农情、重视天候，利用器皿实测降雨和积雪的多少，十分难得（张立峰 等，2017）。

（一）降水观测奏报的基本情况

1. 降水观测奏报制度的形成过程

北宋咸平二年（999 年），杨亿在处州（今浙江丽水）以《奏雨状》[②]向朝廷奏报当地降雨及农业生产情况。如果说杨亿的上奏尚属个别行为的话，那么咸平四年（1001 年）的诏令就带有普遍的政令性质。“诸州降雨雪，并须本县具时辰、尺寸上州，州司覆验无虚妄，即备录申奏，令诸官吏迭相纠察以闻。”[③]北宋政府首先对“县”这一行政组织提出初步“定量”的降雨和降雪奏报要求。然后，由“州司”对所辖各县的奏报情况进行真伪检验，并将资料汇总“备录”后再向上“申奏”。

宝元元年（1038 年）的诏令对州一级奏报的时限作出了规定：“诏诸州旬上雨雪限，并著为令。”[④]也就是说，诸州每旬上报一次降雨和降雪的情况，并确定为基本法令。到了南宋淳熙八年（1181 年），南宋政府又专门对奏报降雨的情况即“上雨水限”进一步细化：“诸县五日一申州，州十日一申帅臣，监司类聚，候有指挥，即便闻奏。”[⑤]宋代的地方行政区划分为“路、州（府）、县”三级，“帅臣”是诸路的安抚司长官。上述诏令确定县每五天向所属的州上报一次降雨情况，州每十天向所属的路上报一次降雨情况，负有监察州、县之责的诸路官员需要对上报材料进行分类汇总，一旦朝廷有命令就要及时上报。

到南宋中期则规定，“四川、二广每月，余路每半月开具闻奏”[⑥]。也就是说，除了距离都城

① 秦九韶：《数书九章·序》. 北京：中华书局，1985.

② 杨亿：《武夷新集》卷 15. 文渊阁四库全书，清乾隆刊本.

③ 徐松：《宋会要辑稿》职官二之四五. 北京：中华书局，1957.

④ 脱脱：《宋史》卷 173，《食货上》. 北京：中华书局，1977.

⑤ 佚名：《宋史全文》卷 27 上. 哈尔滨：黑龙江人民出版社，2005.

⑥ 谢深甫：《庆元条法事类》卷 4，《职制门》. 北京：国家图书馆出版社，2014.

临安(今浙江杭州)遥远的四川、两广地区每月上报一次外,其余诸路要求每半月上报一次降水情况。南宋时期降雨情况并不是全年都要奏报,《庆元条法事类》中规定一般在“四月一日至九月终”奏报雨水。在个别旱涝灾害严重的年份里,冬季也会要求上报雨水。例如,乾道七年(1171年)十一月二十四日,“诏近日阙少雨泽……仍令两浙安抚转运司行下所部州军……每五日一次,具雨泽文状申尚书省”①。

宋代的中央政府一般是由分管农业的“司农寺”负责“检察诸路所申雨泽”②“凡诸路奏雨雪之阙与过多者皆籍之”③,即有重要的水旱灾情则直接向上报告,有时还会直接呈报皇帝。如淳熙十四年(1187年)六月,进呈两浙运司状,称取会诸州得雨分数,即便具奏。上说:“教排日申,恐有旱去处,朕不知也。”④

2. 县级行政组织的降雨观测情况

由于县级行政组织负责基础的降雨观测工作,因此有必要深入考察。《名公书判清明集》记载了这样一桩官司:出于某种原因,黟(yī)县(今安徽黟县)官员瞒报了当地旱情,上报说:“本县得熟暨无旱伤。”⑤结果有人告发此事,告发人最有力的证据就是“黟县雨暘账”,即黟县当地晴雨天气档案。他据此说:“九十日内只有十来日得雨,所谓雨者…… 不及分,只有七月初九日雨及五分,则黟县之旱甚矣。”由此可见,黟县受旱应是证据确凿。如今,已经看不到这份“黟县雨暘账”的具体内容了,但可以推断它应是对黟县当地天气逐日连续观测的原始记录,是宋代降雨观测奏报制度的产物。其内容包括每日晴雨情况,降雨发生时雨量的多寡,并可以由此判断一段时间内当地的旱涝情况。文中记载最小的计量单位达到“分”,即宋尺的百分之一。目前已出土的宋尺实际长度在30.9～32.9厘米,通常为31厘米 。由此可见,“黟县雨暘账”中的测量精度可以达到3毫米左右。“黟县雨暘账”虽为个例,却是宋代降雨观测奏报制度的例证之一。

3. 降雨观测奏报的督查机制

宋代是地方官吏而非专门机构负责上报雨情,这为弄虚作假提供了方便。由于种种原因,宋代降雨奏报不实的事情时有发生。司马光曾说:“诸州县奏雨,往往止欲解陛下焦劳之心,一寸则云三寸,三寸则云一尺,多不以其实,不可不察也。”⑥可见,如黟县官员瞒报雨情、谎称丰稔的事情时有发生。不仅州、县虚报,作为“覆验”“纠察”的监司也并不尽责。大臣邹浩在北宋元符二年(1099年)曾上奏皇帝说:“伏见诸路监司,率以本路雨泽沾足、秋成有望,奏闻朝廷。然天道高远,难以预知,若后雨泽过多或时雨不继,为水为旱,绝不可逃。缘监司既尝奏陈,不惟本司务掩前言,兼所属州、县互相观望,虽行检放,亦非实数。甚者公然抑勒,不令申诉灾伤……为害甚大,不可不察。”⑦

其实虚报情况可能由来已久,从咸平四年(1001年)发布的“州司覆验县所上报雨雪时辰、

---

① 徐松:《宋会要辑稿》瑞异二之二四．北京:中华书局,1957.

② 李焘:《续资治通鉴长编》卷220. 北京:中华书局,1995.

③ 脱脱:《宋史》卷165,《职官》. 北京:中华书局,1977.

④ 佚名:《宋史全文》卷27下．哈尔滨:黑龙江人民出版社,2005.

⑤ 佚名:《名公书判清明集》附录3《后村先生大全集》之《黟县申本县得熟即无旱伤 寻具黟县雨暘账呈》. 北京:中华书局,1987.

⑥ 司马光:《增广司马温公全集》卷35,《应诏言政阙失》. 南宁:广西师范大学出版社,2010.

⑦ 李焘:《续资治通鉴长编》卷511. 北京:中华书局,2004.

尺寸诏”看，当时就存在虚报雨雪的情况，所以要求州司“覆验无虚妄”，才可以“备录申奏”，为此还要求“诸官吏迭相纠察”。为了尽量杜绝此类事件的发生，至迟到南宋嘉泰二年(1202 年)《庆元条法事类》中作出规定：“诸水旱监司帅守奏闻不实或隐蔽者，并以违制论。”[①]所谓“违制”，即违反国家行政法。该诏令明确了对官员雨水奏报欺瞒行为的处罚，这种督查机制是对宋代降雨观测奏报制度的完善之举，相比之前的对瞒报、漏报、错报者无可奈何听之任之，可谓进步了。

(二)降雨观测器具及技术方法

降雨多寡是地方官员奏报的重要内容之一，宋人或许能直观地感觉到雨量的多少，但进行准确量化却很困难。秦九韶在《数书九章》中列出“天池测雨”“圆罂测雨”两道关于降水量测量的算题[②]，为我们提供了宋代降雨观察与测算的细节信息。

“天池”是一种盆状容器，要根据其口径、底径、盆深和雨深数据来推算平地降水量。“圆罂”是一种中间粗、口面大于底面的坛罐状容器。与“天池”相比，“圆罂”需要增加“腹径”的数据，才能推算平地降水量，其计算更加复杂，相对而言计算结果的准确程度也不容易保证。秦九韶在“天池测雨”算题中指出，“今州郡都有天池盆，以测雨水”[③]。由此，南宋各州、郡官方使用的测雨器具应以“天池”为主，“圆罂”可能只是辅助或者在民间使用。秦九韶在“天池测雨”算题中还指出，“但知以盆中之水为得雨之数，不知器形不同，则受雨多少亦异。未可以所测，便为平地得雨之数”。这是说不管盆的形状如何，直接把盆里雨水的深度当作平地雨水深度，不符合实际。“天池测雨”中“接雨水深九寸”折算到平地只有“雨降三寸”，可见两者差异之大。由此可知，宋人已经意识到器具测雨量与实际雨量是不同的，只有将器具测雨量换算为平地雨量才具有代表性。算题“天池测雨”和“圆罂测雨”解决了容器雨深与平地雨量的换算问题。

此外，算题“天池测雨”和“圆罂测雨”中所使用的计量单位主要是尺和寸。例如，“天池测雨”算题表述为：“假令盆口径二尺八寸，底径一尺二寸，深一尺八寸，接雨水深九寸。欲求平地雨降几何？答曰：平地雨降三寸。”由算题我们可以了解“天池”的器具形制和规格尺寸，算题中应用的计量单位为尺和寸，其测量精度还不算高。

除了实际降水量外，在北宋时期人们可能还利用雨水的入土深度来衡量雨量的大小。在当时有“一犁雨”之说，北宋诗人曾写过“山边夜半一犁雨”[④]“布谷催耕雨一犁”[⑤]等诗句。“雨以入土深浅为量，不及寸谓之一锄雨；寸以上谓之一犁雨；雨过此谓之双犁雨”[⑥]，由此可知，“一犁雨”可能是农家对雨水入土深度的估量。北宋熙宁七年(1074 年)九月，神宗皇帝曾在“宫中令人掘地，及一尺五寸，土犹滋润，如此必可耕耨”[⑦]，皇帝这是将雨水的入土深度当作衡量雨量大小的方法之一。

熙宁七年(1074 年)是大旱之年，司马光在当年的奏疏《应诏言政阙失》中指出地方官员为

---

① 谢深甫：《庆元条法事类》卷 4，《职制门》. 北京：国家图书馆出版社，2014.

② 秦九韶：《数书九章》卷 4，《天时类》. 北京：中华书局，1985.

③ 秦九韶：《数书九章》卷 4，《天时类・天池测雨》. 北京：中华书局，1985.

④ 张耒：《张耒集》卷 12，《有感三首》. 北京：中华书局，1990.

⑤ 释道潜：《参寥子诗集》卷 8，《游径山怀司马才仲》. 上海：上海古籍出版社，2017.

⑥ 贺长龄：《皇朝经世文编》卷 36，《户政十一农政上》. 上海：上海书局.

⑦ 佚名：《宋史全文》卷 12 上. 哈尔滨：黑龙江人民出版社，2005.

了取悦皇帝而谎报雨情，“一寸则云三寸，三寸则云一尺”。为了掌握降雨的实际情况，神宗皇帝才会在宫中令人掘地亲自验看雨水的入土深度。司马光所说的一寸、三寸、一尺，可能也是雨水的入土深度。北宋天禧元年(1017 年)三月丁未日，大臣王旦向真宗皇帝奏报兖州的降雨情况时说：“兖州自春亢旱，行礼之夕，降雨及尺。”[①]若是一夕之间实际降水量达到一尺，按照宋尺通常长度 31 厘米计算，则降水量高达 310 毫米，发生洪涝灾害的可能性比较大，那么“诸州、县奏雨，往往只欲解陛下之焦劳”也就无从谈起。用雨水入土深度来衡量雨量多寡，表明宋人注重降雨的实际效果，这已经接近现代土壤墒情的概念。

(三)降雪的观测奏报概况

前文提及在北宋咸平四年(1001 年)和宝元元年(1038 年)的诏令中，皆要求各地“上雨雪”，并需要“具时辰、尺寸”等信息，可见宋人对降雪天气也很重视。我国自古有“瑞雪兆丰年”之说，对于冬季降雪与来年农事的关系，宋高宗有两次谈话颇有代表性。绍兴二十三年(1153 年)闰十二月乙酉，雪。上说：“适当腊中，来岁农事可喜也。”[②]绍兴二十七年(1157 年)十一月己丑……雪大作。上说：“……今得此雪，来年二麦必大丰稔也。”[③]对于宋人观测奏报降雪情况的主要目的，秦九韶在《数书九章》的“峻积验雪”算题中指出，是为了“验雪占年”[④]，既通过观测当年冬季的降雪情况来占验来年农业生产的丰歉。

在《数书九章》中秦九韶列出“峻积验雪”和“竹器验雪”两道测雪深的算题[⑤]。“竹器”是指上粗下细的竹制箩筐性容器，与“天池”测雨计算类似，但算题考虑到“竹器箩体通风，受雪多，则平地少”[⑥]，因此推算结果更接近实际。“峻积验雪”是将某一斜面雪深折算到平地雪深，未涉及容器使用问题。与测雨算题一样，上述两道算题使用的计量单位也是尺和寸，测量精度也不高。测雪深与测雨量算题一同被秦九韶纳入《数书九章》中，在一定程度上说明积雪深度也受到了宋人的普遍关注，这对于提高降雪的观测能力具有积极意义。

宋人利用一系列诏令法规，基本奠定了宋代雨雪观测奏报的制度框架，明确了定期、分级管理流程。其中，降雨的观测奏报制度更加明晰(表 5.1)。从《数书九章》和“黟县雨暘账”的记载看，雨量的测量精度有“寸”也有“分”，似乎并未统一测量精度标准。根据现有史料分析，宋代可能存在两种雨量的衡量方法，以测量雨水入土深度衡量降雨量大小得见于北宋时期，到南宋时期则已经开始应用器具测量“接雨水深”进而计算实际降雨量。这两种方法的相互关系和演进过程目前尚不完全清楚。

尽管宋人建立的降水观测奏报制度远不能与今日相比，但可以基本掌握全国各地的降水及旱涝灾害的发生情况，为有针对性地做好气象防灾、减灾、救灾工作发挥了积极作用(张立峰等，2017)。

---

① 李焘：《续资治通鉴长编》卷 20. 北京：中华书局，2004.
② 佚名：《宋史全文》卷 22 上．哈尔滨：黑龙江人民出版社，2005.
③ 佚名：《宋史全文》卷 22 下．哈尔滨：黑龙江人民出版社，2005.
④ 秦九韶：《数书九章》卷 4，《天时类・峻积验雪》. 北京：中华书局，1985.
⑤ 秦九韶：《数书九章》卷 4，《天时类》. 北京：中华书局，1985.
⑥ 秦九韶：《数书九章》卷 4，《天时类・竹器验雪》. 北京：中华书局，1985.

表 5.1 宋代降雨观测奏报情况(张立峰 等,2017)

<table>
<tr><th>机构</th><th>观测内容</th><th>上报时限</th><th>管理及监督要求</th><th>观测精度和方法</th></tr>
<tr><td>县</td><td>降雨的起止时辰、雨量的多少</td><td>每 5 日上报一次</td><td>负责逐日观测记录,每年自四月一日开始到九月底结束</td><td rowspan="4">雨量的测量精度:
①寸(《数书九章》);
②分("黟县雨暘账")
雨量的衡量方法:
①器具测量计算降水量(南宋时期《数书九章》);
②测量雨水入土深度(北宋时期)</td></tr>
<tr><td>州</td><td></td><td>每 10 日上报一次</td><td>负责对辖区各县上报内容汇总记录,并检验真伪</td></tr>
<tr><td>路</td><td></td><td>每 15 日上报一次(四川、广东、广西每月一次)</td><td>负责监察州、县上报情况,并分类汇总</td></tr>
<tr><td>中央</td><td></td><td></td><td>负责监察诸路上报情况,惩处不实或隐蔽者;司农寺负责;汇总检查诸路上报情况,有重要水旱灾情及时上报皇帝</td></tr>
</table>

二、天象预测

古代天象预测的目的在于告诫君王,其必然将天体及其运动和社会政治经济生活、自然灾害等联系。首先将恒星命名与地上的皇权制度联系起来。如紫微垣,又称紫微宫,是皇宫的意思,内有北极五星,包括太子、帝、庶子、后宫。有左垣,包括左枢、上宰、少宰……还有右垣。为了配合根据行星、月亮等运动的占卜,又将太阳、月亮及五星视运动所在的范围(即黄道带附近),按中国所有的州或诸侯国分为几等份,互相对应,这就是分野。

中国古代天文学研究已达到较高的水平,人们通过观测,掌握了更多的行星、流星、彗星等天体的位置及运动轨迹。如以太阳和月亮所经的天区黄道为范围,将恒星分为 28 个星座,叫二十八宿(舍),此外还有太微、紫微、天市三垣等。灾害预测是根据星宿中天体的排列形状,找到该星宿的象征意义,从而规定每一星宿所代表的人间的某一阶层或某一政治或军事势力。如紫微垣是"左右环列,翊卫之象也",是"大帝之坐,天子之常居也,主命、主度也"。而太微垣是"天子之宫庭,五帝之座也,十二诸侯府也。其外蕃,九卿也"。然后,再将行星、彗星、流星、星云等处于运动状态位置不固定的天体赋予不同的含义,如行星中的太白(即金星)代表杀伐等。根据天体所经过的恒星星宿的不同位置和时间或停留时间,以及星云的颜色等情况,来判断何种灾害发生,见表 5.2(石涛,2010)。

表 5.2 北宋司天监星象与旱涝等灾害对照(石涛,2010)

<table>
<tr><th>星座</th><th>星宿</th><th>星象</th><th>灾害</th></tr>
<tr><td rowspan="6">紫微垣</td><td></td><td>流星犯之</td><td>水旱不调</td></tr>
<tr><td>五帝内坐五星</td><td>色变;彗、孛犯之</td><td>灾;民饥</td></tr>
<tr><td>六甲六星</td><td>星亡;客星犯之,色赤、黑、白;流星犯</td><td>水旱不时;旱、水、多疫;水旱</td></tr>
<tr><td>八谷八星</td><td>一星亡、八星不见</td><td>一谷不登、大饥</td></tr>
<tr><td>天厨六星</td><td>星亡;客星、流星犯之</td><td>饥</td></tr>
<tr><td>太一一星</td><td>离位;客星犯;赤;苍白</td><td>水旱;民流,火灾,饥馑;旱;疫病</td></tr>
</table>

续表

星座	星宿	星象	灾害
太微垣		月入南门，出东门；荧惑入太微，色白无芒；荧惑犯太微东南陬；辰星入天庭；辰星入西门；辰星入西门，出东门；客星出入左掖门；彗星出太微	旱；天下饥；岁饥；大水；大水；水灾；旱；火灾
	内五帝坐五星	月出近之	饥
	三台六星	三阶不平	风雨不时，谷歉收
		司命星亡、司中不具、司录不具	春不得耕、夏不得耨、秋不得获
天市垣		荧惑守、填星守；彗星守；流星入，色苍白、色赤；云气入，色苍白	大饥，火灾、粜贵；谷贵；物贵、火灾，民疫；民多疫
	斗五星	仰；客、惠犯	荒；饥
	斛四星	亡	年饥
	七公七星	入河中；客星守	粜贵，民饥；岁饥
	贯索九星	入河中；辰星犯之	饥；水，米贵
	天纪九星	散绝；客星守之；彗、孛犯之	地震山崩；民饥；地震
二十八舍（东方）	角宿二星	岁星犯；辰星守之；客星犯；守左角，色赤；守右角	饥；大水；五谷伤；旱；大水
	库楼十星	荧惑犯之；彗、孛入	旱；饥
	天田二星	荧惑守之；太白守；辰星守；客星守	旱；谷伤；水灾；旱，蝗
	亢宿四星	日晕；岁星守之；荧惑守之久；填星犯；太白守之；辰星守之；客星色赤、守之；彗出；孛星出；云气犯之，色苍、(白)	多雨，民饥，疫；人多病；多雨，谷伤，民亡；水旱灾；米贵，民饥，岁旱；旱、谷伤；水、疫；国饥；民疫、民疟疾
	氐宿四星	月食其宿、月晕；太白入；乘右星；辰星犯；彗星犯、灭之；流星犯在冬夏；云气入，苍白	粜贵、人疫；疾疫；水灾；为水，为旱；粜贵、大疫；为水、旱；疾疫
	亢池六星	五星犯之	川溢
	房宿四星	太阴犯阳道；太阴犯阴道；岁星犯之；荧惑犯，白芒；填星守之；太白出入；辰星守之；客星犯，历阳道、历阴道；孛星犯	旱；雨；为饥，民流；火灾；旱；霖雨不时；水灾；旱、水，民饥；民饥
	钩钤二星	岁星守之	饥
	西咸四星	月、五星犯之	民饥

续表

星座	星宿	星象	灾害
二十八舍（东方）	心宿三星	日食；月晕；太白出心大星北；岁星犯之，色不明；荧惑贯心、居其北；填星中犯明堂；太白犯；辰星犯明堂，在阳不为燕，在阴不为塞北；守之；客星犯之、守之、舍之；彗星守之	民饥；谷贵，虫生；国饥；旱；饥、旱；火灾；籴贵，有水灾；地动，大雨；水灾；旱、火灾、籴贵，民饥；蝗，饥
	尾宿九星	月晕；岁星犯、守之；荧惑留二十日；填星入；太白久留、出入舍守；辰星犯守、入；辰星出；彗星出入；孛出	疫病，水灾；谷贵，旱，火灾；水灾；饥馑；水灾、籴贵；水灾，民疾、万物不成，民疫；民饥多死；水灾；大水，民饥
二十八舍（北方）	鱼一星	动摇；月晕或犯之；荧惑犯其阳、阴；填星守之	大水暴出；旱；旱、水；旱
	龟五星	荧惑犯、守	旱、火
	箕宿四星	中星众亦然；月食；月晕；月犯；岁星在箕南；守之；荧惑犯、入；填星守九十日；太白出；守之；太白出入留箕；辰星守；动摇，色青；客星守之；守南；守西；出；孛犯、出	籴贵；风、水、旱、饥；风、谷贵；多风，籴贵，为旱；旱；多恶风，谷贵，民饥死；地动、旱；人流，蝗；籴贵；旱，风，民疾；五谷不登，多蝗；旱；水溢，旱，火灾，谷不成；饥；小饥；大饥；旱；籴贵、籴贵，民死
	糠一星	暗；横、亡；荧惑守；客星犯守	民饥，流亡；大饥、岁荒；民流；岁饥
	南斗六星	月食；月晕；月犯；岁星久守；荧惑犯；入二十日；久守；填星犯，逆行；客星入；彗星犯；入；云气入，色赤；出	国饥；谷不生；风雨不时；水灾，谷贵；火灾；籴贵；灾甚；地动或先水后旱；大旱，宫庙火，谷贵；水灾，宫观火；火；旱；宫庙火
	龟十四星	荧惑守之；辰星守之；客星守之；流星出（云气），色黄	旱；火；水；旱
	天渊十星	五星守之；荧惑入；彗星守	大水，河决；旱；川溢伤人
	狗二星	荧惑犯之；客星入	旱；北边饥
	建六星	月晕；月与五星犯；岁星守；荧惑守之；辰星守	五谷不成，牛马疫；大水；旱，籴贵，死者众；籴贵；水灾，米贵，多病
	天鸡二星	荧惑舍之；填星犯；客星犯、入	旱；民流亡；水旱失时、大水
	农丈人一星	暗；客星、彗星守之	民失业，移徙，岁饥；民失耕，岁荒
	牛宿二星	动；日晕；月犯之；岁星留守	牛灾，多死；水灾，五谷不成

续表

星座	星宿	星象	灾害
二十八舍（北方）		岁星在牛北；岁星逆行；荧惑守；孛犯；云气色黑	牛多暴死；有水，牛多死；牛多疫，五谷伤；民流；宫中有火；谷不成；籴贵，牛多死；牛死
	织女三星	客星入，色青、色黄、色黑；流星入	饥、旱、水；有水
	九坎九星	星明；月晕；五星犯之；云气入，青、黑	水灾；水；水溢；旱；水溢
	罗堰三星	星明大	水泛溢
	须女四星	日食在女；月食；岁星守之、丧；荧惑犯之、守之、入；填星犯守；辰星犯；客星守之；彗星出	越分饥；旱；多水，国饥、籴贵，民大灾；布帛贵，民大灾、五谷不熟，民饥、籴贵；山水出，坏民舍；国饥，民疾；江淮不通，籴贵；水灾
	离珠五星	去阳；去阴	旱；潦
	天津九星	大；移；赤云气入、黑、苍	水灾；水溢；旱、大水、水
	虚宿二星	不明；日晕；月晕；岁星犯、入；填星守之；辰星守之；客星犯	旱；民饥；民饥；民饥、火灾；风雨不时，为旱，米贵；水灾；籴贵
	败臼四星	两两相对；客星、彗星犯之	灾害；民饥，流亡
	危宿三星	月犯之；荧惑守之、守三十日；填星守之；太白犯之、守之；客星守之；流星犯；流星出入，色黑	来岁籴贵；人多饥，宫中火灾、岁旱；旱，民饥；五谷不成，多火灾、为旱，为火；民饥；春夏为水灾；水
	臼四星	杵臼不明；星疏；动摇；杵横对臼；臼星覆；彗星犯之	民饥；饥；饥；荒；岁饥；民饥
	营室二星	月食；岁星守之；荧惑犯、守之；云气入，色赤	岁饥；宫中多火灾，民疫；岁不登、小灾，为旱，为火，籴贵；民疫
	腾蛇二十二星	移向南、向北	旱、水
	北落师门一星	云气入，苍白	疾疫
	壁宿二星	月食；月犯之；岁星犯之；荧惑守之；填星犯守；太白守之、犯之彗星犯之；孛犯	民多疫；饥；水伤五谷；国旱，民饥；民多病；水灾、火灾；大水，民流；有水火灾
	云雨四星	辰星守之	大水
二十八舍（西方）	奎粟十六星	明动；日食；月晕；岁星守之；荧惑犯之，环绕三十日以上；太白犯之；辰星犯之、守之；客星舍留不去；彗犯、出；星孛之	水大出；水旱；籴贵，人疾疫虫为灾，人饥；大水，民流；大水，霜杀物；江河决，为旱，为火、旱；人饥；饥、水灾；民饥
	天溷七星	曾、客犯之	水旱，民流
	娄三星	月食；月晕；岁星守之；荧惑犯守；太白守之三十日；辰星犯之；客星守之；彗星犯之、出；星孛	民饥；籴贵；民多疫；为旱，为火，谷贵；民饥；多水旱；五谷不成；民饥死、先旱后水，谷大
		云气入，色黑	贵，六畜疾，仓库空；饥；大水
	天仓六星	五星犯；荧惑近之；辰星守之；客、彗犯之；客星入；苍白云气入、赤	岁饥；天下旱；大水；五谷不成；岁即籴贵；岁饥、旱，仓廪灾

续表

星座	星宿	星象	灾害
二十八舍（西方）	胃宿三星	就聚；月食；月晕；月犯之；岁星逆行；荧惑守之；辰星犯、逆行守之客星乘之、舍而不去；彗星犯之；流星犯，色赤	谷贵，民流；饥；山崩；天下饥；民多疾；五谷不成；旱饥，民疫；旱、水灾；火、人饥；水灾，谷不登；火灾
	大陵八星	中星繁；月犯之；五星入；客彗入	民疫；水旱；水旱；民疫
	积尸一星	云气入，色黑	疫
	天廪四星	月犯之；五星犯之；流星入，色赤；青云气入、赤	谷贵；岁饥；旱，火；蝗，饥，民流、旱
	积水一星	在天船中候	水灾
	昂宿七星	六星皆明与大星；月晕；月食；月岁三晕；月犯之、色变、乘之；岁星久守；荧惑犯守、久守；填星犯、入；辰星守	大水；大饥；饥；民饥；饥、民流、大水，谷不登；民饥；旱饥、粜贵；五谷不成，水火为灾，民疫、地动水溢；饥
	刍藁六星	赤云气犯之	火
	毕宿八星	月晕；月穿毕；岁星入毕口、出阳、出阴；荧惑守之；填星入；太白入毕口；辰星守之；客星守之；星孛色苍；苍白云气入	饥；岁饥；民饥、旱、水；饥；地震水溢；水，五谷不成；水溢，民病；饥；饥；旱、火
	天街二星	岁星居之，色赤；太白守之	大旱；民饥
	天高四星	客、彗守之	大旱
	五车五星	五星犯；荧惑入之；填星入舍中央；太白入舍西北；客星丙寅、壬寅日候近之、守天渊	旱；火；大旱；疾疫；旱、水溢、大水
	天潢五星	荧惑、填星入；荧惑舍之；客星留守	大旱，火；牛马疫；水害
	咸池三星	五星入、守之；客星入；云气入，色赤、黑	旱、饥；天下大水；旱、大水
	天关一星	岁星、荧惑守之	水，饥
	觜觿三星	晕；月食；岁星守；荧惑犯；太白、辰星守	谷不登，民疫；旱；疫病；旱、火；民疫、赵分饥
	参宿十星	左足入玉井中；日晕；月食其度；月犯；岁星犯；荧惑守之、逆行；辰星与参处西方；云气入，色黑	秦有大水；大饥；其分大饥；民饥；水旱不时，大疫，饥；旱、大饥；旱；水灾
	玉井四星	流星入	大水
二十八舍（南方）	屏二星	星不具；彗星犯之	人多疾；水旱不时
	军井四星	客星入	忧水害
	厕四星	彗、孛入	岁饥
	天屎一星	变色；星亡不见；星微	蝗，水旱，霜杀物；天下荒；民多流
	东井八星	明；日食；月晕、三月；岁星犯之；荧惑犯之；流星色赤黑；苍黑云气入犯；井宿有云	大水；秦地旱，民流；旱，民流、大水；水溢；百川溢；秦分民流，水灾；民有疾疫；岁多水潦
	积水一星	岁星犯之；辰星犯之；客星犯之	民饥；水旱；大水

续表

星座	星宿	星象	灾害
二十八舍（南方）	积薪一星	荧惑犯之；赤云气入犯之	为旱，火灾；火灾
	南河三星	河星不具；月犯；月行西南；月入南戍；填星乘南河；太白舍三十日；客星守；彗孛守	水泛溢；旱、疫；旱；民疫；旱；川溢；旱、疫；旱
	北河亦三星	客星守；云气苍白入犯	大水；疾疫
	四渎四星	明大	百川决
	水位四星	岁星犯、出南；客星守犯；彗、孛出；流星入；赤云气入	大水、旱；百川流溢；大水；谷败民饥；旱饥
	老人一星	客星入	民疫
	水府四星	客星入；流星入，色青、赤	天下大水；主所之邑大水、旱
	舆鬼五星	月晕；月犯之；岁星犯之；填星守；太白久守；白云气入、赤	旱；民疫；谷伤民饥；旱；旱、火；疾疫、旱
	柳宿八星	月晕；荧惑犯，色赤；辰星犯；流星入	饥、旱、疫；宫中忧火灾；岁旱；王者内有火灾
	七星七星	月食；月晕；岁星犯；荧惑逆行、出、入；辰星守；客星犯	岁饥，民流；其地旱；五谷多伤；地动火灾、水决；民疫流亡；河水决，民流
	轩辕十七星	黑；月入之；月犯乘守大民、守少民；岁星乘受大民、中犯乘守少民	民流；饥、小有饥；大饥、小饥
	天稷五星	暗或不具；移徙	饥；天下荒歉
	张宿六星	月食；月晕；荧惑逆行守之；辰星犯守；辰星入；客星入于张；彗星出；云气入，色黑	其分饥；水灾；地动，火灾；五谷不成，大水，民疫；火灾；国饥；旱；其分水灾
	翼宿二十二星	日食；岁星犯；荧惑犯；太白出入留舍、舍左；辰星守	旱灾；五谷为风所伤；其分民饥；大风水灾；旱；旱、饥、民流
	轸宿四星	月晕；岁星犯之；荧惑入轸、出入留舍六十日；辰星犯、守；客星守；流星秋冬犯	岁旱，多大风；火灾，民疫；水伤稼；大旱；民疫、大水；民饥；水旱不调

注：本表根据《宋史·天文志》制成。其中星座、星宿的划分，依照的是中国古代的标准。天体名称也没有改变。其中，荧惑指火星；填星指土星；客星指新出现的星，如新星、超新星、彗星等；岁星指木星；太白指金星；辰星即水星；孛星是彗星的一种。

三、气象预报

宋徽宗崇宁五年（1106 年）五月，开封等地赤地千里，旱情严重。二十四日，朝廷准备按照惯例举行求雨典礼，宋徽宗却说："二十六七必有雨。"那么，最终结果如何呢？"已而果验。赵挺之曰：'陛下天纵将圣，虽历象阴阳占候，无不赜其精微。'上说：'天地之间不离阴阳五行之数，今日太一移宫，水限也，故有雨。'"①宋徽宗提前两天准确地预报了降雨，其依据未必科学，

① 徐松：《宋会要辑稿·礼》：18 之 16. 上海：中华书局，1957.

但说明宋代气象预报的常规性，是宋代气象预报的一个典型事例。

宋代气象预报可以分为朝廷、军队及官员、民间等不同的系统，方式、功能各不相同，现依次阐述（程民生，2014）。

（一）朝廷专门机构的预报

1. 朝廷的专门机构

官方的气象预报主要由太史局、翰林天文院两个专门机构负责。“国朝以来，凡天文气祲之异必下史官谨而志之，外有太史局崇天台，内有翰林天文院，日具祥变，各以状闻，以参校异同，考验疏密，仍俾供报起居院书之，为万世法。”①两套机构并存，是为了互相验证，确保准确无误。沈括记载：“国朝置天文院于禁中，设漏刻、观天台、铜浑仪，皆如司天监，与司天监互检察。每夜天文院具有无谪见云物祺祥，及当夜星次，须令于皇城门未发前到禁中。门发后，司天占状方到，以两司奏状对勘，以防虚伪。”②唯恐虚报或有差错。其中的太史局“掌占天文及风云气候，凡（祭）祀、冠婚、丧葬则择所用日”。太史局原名司天监，元丰官职改革，改今名。司天监的机构与组成人员、职能包括：“监、少监、丞、主簿、春官正、夏官正、中官正、秋官正、冬官正、灵台郎、保章正、挈壶正各一人，掌察天文祥异，钟鼓漏刻，写造历书、供诸坛祀祭告神名版位画日。监及少监阙，则置判监事二人（以五官正充）。礼生四人，历生四人，掌测验浑仪，同知算造、三式。”③大约有 20 位职员。其中的保章正是古代传统的专业职务：“保章氏以五云之物，辨吉凶水旱降丰荒之祲，象物色也。视日旁之云色降下也，知水旱所下之国，青为虫，白为丧，赤为兵荒，黑为水，黄为丰。”④天文院的职能、机构与组成人员是：“掌浑仪台，昼夜测验辰象，以白于监。测验注记二人，刻择官八人，监生无定员，押更十五人，学生三十人。钟鼓院掌钟鼓刻漏、进牌之事。节级三人，直官三人，鸡唱三人，学生三十六人。”⑤不包括学生有职员 60 余人。太史局中，具体观察天象、气象的是崇天台，又称禁台。翰林天文院也有精密高端的设备，如皇祐中，“置浑仪于翰林天文院之候台”⑥。而且有专职研究人员和教学人员。郊赏时，“司天监尅择官、礼生，天文院节级，钟鼓院挈壶正、节级、直官，测验浑仪所节级、监生、学生，翰林天文院节级、监生、学生、礼生”各两匹绢，“司天监天文钟鼓院监生、学生、守阙学生”各一贯⑦。其学生不乏颇有成就者，典型如史序：“史序字正伦，京兆人。善推步历算，太平兴国中，补司天学生。太宗亲较试，擢为主簿。稍迁监丞，赐绯鱼，隶翰林天文院。雍熙二年，廷试中选者二十六人，而序为之首，命知算造，又知监事。”⑧翰林天文院培养的学生都是本院的后备专家。

官方的气象预报情况，根据正史记载，通常有以下案例：庆历三年（1043 年）“九月辛巳夜，中有白气长二丈许，贯卷宿、南河，东北行，少顷散，占说：‘风雨之候’。皇祐四年（1052 年）十一月辛酉夜，白气起北方近浊，长五丈许，历北斗，久之散，占说：‘多大风。’”⑨依据的一般都是天象和云气。所谓的占，古意占卜，今意预测。

---

① 徐松：《宋会要辑稿・职官》：2 之 17. 上海：中华书局，1957.

② 沈括：《梦溪笔谈》卷 8，象数：2. 长沙：岳麓书社，2002.

③ 脱脱：《宋史》：卷 165，职官志：5. 上海：中华书局，1977.

④ 章如愚：《群书考索》卷 56，占候类. 文渊阁四库全书本第 936 册.

⑤ 徐松：《宋会要辑稿・职官》：18 之 82. 上海：中华书局，1957.

⑥ 脱脱：《宋史：卷 76》：律历志：9. 上海：中华书局，1957.

⑦ 徐松：《宋会要辑稿・礼》：25 之 12. 上海：中华书局，1957.

⑧ 脱脱：《宋史》：卷 461，史序传. 上海：中华书局，1977.

⑨ 脱脱：《宋史》：卷 66，五行志：4. 上海：中华书局，1977.

2. 报告及垄断制度

与现代气象预报最大不同处是，古代气象变化以及朝廷的预报属于国家机密，并不公布，唯恐泄露发生不测事变，必须秘密报告皇帝。规定："如遇有天象、风云、气候等凌犯，占属官书下休咎申提举官。提举官或径乞入对，或具奏状密封投进。所有奏状乞于通政司用黄袋，具提举太史局臣姓名封，许非时进，直达御前拆封。太史局久隶秘书省，今来从臣僚请举行故事，差提举官。设或躔(chán)度稍异，自当入告，以图消弭外，其余合行事件，并乞依旧隶秘书省施行，令关牒提举所照应。"①有关专家将结果报告太史局长官，长官根据紧急与否或随时进皇宫向皇帝直接禀报，或按常规密封递进。前面提到的崇宁五年(1106 年)宋徽宗的预报，应当就是得自于秘密的专业预报。

观测、预报结果除报告皇帝外，还要报告有关部门备案。淳化五年(994 年)重建修起居注制度，要求有关部门将气象情况每月一次报送起居院。"司天风云气候、祥异证验，宗正皇属封建、出降、宗(朝)[庙]祭飨制度，大理寺刑律起请，并一月一报。"②司天监每月上报观察结果，以便载入史册。南宋初，宋高宗向重建的太史局重申这项任务："诏太史局每月具天文、风云气候、日月交蚀等事，实封报秘书省。"③也即秘密报告。

记载历史的起居郎、起居舍人也负有直接记录气象的职责。"起居郎、舍人掌记天子言动，御正殿则俟于门庑(wǔ)外，便殿则侍立，行幸则从，大朝会则对立于殿下螭(chī)首之侧。凡朝廷命令赦宥、礼乐法度、损益因革、赏罚劝惩、群臣进对、文武臣除授及祭祀燕享、临幸引见之事、四时气候、四方符瑞、户口增减、州县废置，皆书以授著作官。"④其中的"四时气候"就是其亲历的天气和有关部门报告的气象记录和预测，记录天气是其职务行为。对天气记录，一是积累资料，二是以备今后验证，这些都载入史册。

出于垄断气象观测、预报的需要，政府对相关天文术数之类的人员严加控制。如宋太宗刚即位，就"令诸州大索明知天文术数者传送阙下，敢藏匿者弃市，募告者赏钱三十万"⑤。这些专门人才不久就被押送到开封，"诸道所送知天文、相术等人，凡三百五十有一"。976 年十二月丁巳，皇帝又诏"以六十有八隶司天台，余悉黥面流海岛"⑥。一部分被控制在司天台，一部分被流放，总之不让他们在民间。景德元年(1004 年)，宋真宗诏："司天监、翰林天文院职官学士诸色人，自今毋得出入臣庶家，占课休咎，传写文书，违者罪之。"⑦虽说主要禁止的是天文，但气象与其密不可分，也被牵连在内。

3. 预报效果

历代积累的经验、技术和设备，使宋代官方专门机构的气象预报颇有成绩，有时相当准确，请看以下几例。

宋太宗端拱二年(989 年)秋、冬，开封发生了严重的旱灾，从七月到十二月长期缺少降水。十二月七日，太史局预报两天后有降雪，果然到了九日，一场大雪如期而至："二年十二月丙辰，

① 徐松:《宋会要辑稿·职官》:18 之 98. 上海:中华书局,1957.
② 徐松:《宋会要辑稿·职官》:2 之 12. 上海:中华书局,1957.
③ 李心传:《建炎以来系年要录》:卷 67:绍兴三年七月己未. 上海:中华书局,1988.
④ 徐松:《宋会要辑稿·职官》:2 之 25. 上海:中华书局,1957.
⑤ 李焘:《续资治通鉴长编》卷 17:开宝九年十一月庚午. 上海:中华书局,1979.
⑥ 李焘:《续资治通鉴长编》卷 18:太平兴国二年十二月丁巳. 上海:中华书局,1979.
⑦ 李焘:《续资治通鉴长编》卷 56:景德元年正月壬寅. 上海:中华书局,1979.

大雨雪。前二日，太史言：'月有苍白晕，西有黑气丈余，占云雨雪之象也。'至是果验。诏近臣于中书宴饮，令各赋诗，上制《瑞雪歌》以赐之"①。有关专家根据月色、云等变化，准确判断即将降雪，应验后皇帝大喜，召开了一场庆贺的宴会和诗会。

宋真宗乾兴元年(1022 年)三月，木星犯房星。"木犯房，占云：'秋多雨水'。"②具体气象如何，史书缺载。但当年十二月，"京城谷价翔贵。戊申，出常平仓米，分十四场贱粜，以济贫民"③。或许预报准确，秋季多雨水，导致秋粮减产。

宋真宗天禧四年(1020 年)四月六日，一场大约八级大风自西北袭来，刮得昏天黑地。"大风起西北，飞砂折木，昼晦数刻，命中使诣宫观建道场禳之。"④显然是场沙尘暴，这场大风也早有预报："四年二月，月犯箕。占说：'有大风。'其年四月，西北大风起，飞沙折木，昼晦数刻。"⑤根据天文变化提前两个月预报出一场大风，难能可贵。

宋仁宗庆历四年(1044 年)十二月初，天降瑞雪。十二月六日，"翰林天文院言瑞雪之应，诏送史馆"⑥。载于史册的降雪，表明翰林天文院此前预报准确，此即"瑞雪之应"。

宋仁宗嘉祐二年(1057 年)大年初一清晨，东北风汹涌袭来，挟带着漫天乌云："正月元日平旦，有风从东北来，遍天有苍黑云。占云：'大熟多雨'"⑦。这场年初的大风被认为预报了全年气象条件。丰收虽没见记载，多雨则预报准确。十月的一道诏书透露："以去年及今夏霖雨，修造并多，须修稍稀，即行减罢，更勿差填。"⑧则是雨水致使许多建筑毁坏，三司修造案因而工役繁重。七月十二日，枢密院言："(令)[今]为霖雨倒塌军营、官私舍屋，及有积水去处。"皇帝诏："选差内臣大使臣三员、前班大使臣三人、忠佐三人，计会东西八作司、街道司分擘(bò)沟畎(quǎn)积水，内忠佐即令提举工役。"⑨七月十八日，朝廷"赐诸军雨坏营舍不出军都虞侯至十将，军士米五石至二石，其虞侯及入营者半之"⑩。可见雨灾对京城营房造成了不小的危害，朝廷不得不予以抚恤以安定军心。

著名科学家沈括指出："熙宁中，京师久旱，祈祷备至，连日重阴，人谓必雨 ，一日骤晴，炎日赫然。予时因事入对，上问雨期，予对说：'雨候已见，期在明日。'众以谓：'频日晦溽(rù)，尚且不雨，如此旸燥，岂复有望？'次日，果大雨。是时湿土用事，连日阴者，'从气'已效，但为'厥阴'所胜，未能成雨，后日骤晴者，'燥金'入候，'厥阴'当折，则太阴得伸，明日运气皆顺，以是知其必雨。此亦当处所占也。若他处候别，所占亦异。其造微之妙，间不容发。"⑪由此可知，沈括根据多日相持的湿燥条件因骤晴而发生的重大变化，作出了准确的预报。

当然，气象预报不可能没有失误，苏轼记载宋太宗时的一天："荧惑与日同度，太史奏言当

---

① 王应麟：《玉海》卷 195，端拱瑞雪歌．南京：江苏古籍出版社，1987.

②⑤ 马端临：《文献通考》卷 289，象纬考：12. 上海：中华书局，2011.

③ 李焘：《续资治通鉴长编》卷 99，乾兴元年十二月戊申．上海：中华书局，1979.

④ 李焘：《续资治通鉴长编》卷 95，天禧四年四月丁亥．上海：中华书局，1979.

⑥ 徐松：《宋会要辑稿・瑞异》：1 之 4. 上海：中华书局，1957.

⑦ 脱脱：《宋史》卷 67，《五行志》5. 上海：中华书局，1977

⑧ 李焘：《续资治通鉴长编》卷 186，嘉祐二年十月乙丑．上海：中华书局，1979.

⑨ 徐松：《宋会要辑稿・兵》：6 之 14. 上海：中华书局，1957.

⑩ 李焘：《续资治通鉴长编》卷 186，嘉祐二年七月壬辰．上海：中华书局，1979.

⑪ 沈括：《梦溪笔谈》卷 7，《象数》1. 长沙：岳麓书社，2002.

旱,既而雨足岁丰。"[①]根据天文预报有旱灾,实际却是雨水充足。类似错报、漏报的情况时有出现,只是史书不一定记载。

(二)军队及官员的预报

1. 军队预报

气象条件对军事活动和武器装备使用有直接或间接的影响,古人在长期的军事斗争中充分认识到这点,并将在实践中积累起来的关于天气变化的经验性认识用于指导战争和宿营、训练,尤其是战前必先观察风云,按天气情况决定用兵之策。宋代官修的《武经总要》,是中国第一部规模宏大的综合性军事著作,其中有司天少监杨维德等编纂的《天地日月星辰风云气候之式占候诀》5 卷,就是古代军事气象的汇总,除了大部分以天象气象占卜吉凶外,也有气象的经验预报,都与天文星象密切相连。例如:

气如黑蛇贯日,有雨水。

日出入,有黑云贯之,不出三日有暴雨。

日始出,有云如车盖,必雨。

白云广二尺,在日左右,其分野有兵起,国忧。

日上下有黑气如蛟龙者,主风雨。

日出有黑云如隔,主其下有兵,有雨即解之。[②]

月晕亢多雨。

月晕主大风。

月从箕星,多风雨。[③]

兴军动众,云气乱坏,大风将至,视所从来避之。云甚润而厚,大雨必暴至。

四始之日有黑气如阵,后重大而多雨。[④]

上述大体是根据云气或天文预测天气,可供短期预报参考。

与民用气象不同,军事气象更强调对不同气象的利用。兵家从来都认为兵者诡道,变化莫测。气象条件是客观的,无论有利还是不利,都是可以变化的,全看主观利用。因而宋人反复强调军事上不可迷信气象条件:"观乎天文之风云星辰,有吉凶者,天之示于人也,善用兵者,得其吉象不可恃之,恃之者凶;得其凶象不可惧之,惧之者怯。苟知天象之吉凶者,是虚其机以应天者也。"[⑤]气象条件好时不能大意,气象条件劣时不能泄气,都要善于利用。如果敌人自得于气象等条件而忽视了地理环境和人心向背,则是一大败象:"敌惟务天时,择其方位,观其云气,不顾地形之险易,不详人心之逆顺,二可击也。"[⑥]可以向其发动进攻并可获胜。

2. 官员个人预报

宋代士大夫关注国计民生,深知气象预报的重要性。他们将经、史、子集融会贯通,结合历代经验和个人经验,常常对未来气象条件作出自己的判断。如元祐七年(1092 年)十一月,秦

---

① 苏轼:《苏轼文集》卷 29:述灾沴论赏罚及修河事缴进欧阳修议状札子. 上海:中华书局,1986.

② 曾公亮等:《武经总要·后集》卷 16,《太阳占》,文渊阁四库全书本第 726 册.

③ 曾公亮等:《武经总要·后集》卷 17,《二十八宿次舍》.

④ 曾公亮等:《武经总要·后集》卷 18,《气象杂占》.

⑤ 许洞:《虎钤经》卷 3,《兵机统论第十二》,文渊阁四库全书本第 727 册.

⑥ 许洞:《虎钤经》卷 4,《十可击第二十四》.

观指出："冬日之至，亲有事于南郊，仍复祖宗故事，以皇地祇合祭。前期之日，阴云蔽空；将祀之夕，月纚毕宿。《诗》云：'月离于毕，俾滂沱矣。'于法当雨。"①便是根据《诗经》提供的经验，结合星象云气的实际推理所得。通常，他们将预报结果告诉皇帝，提醒朝廷在政治方面和技术方面予以应对。

宋仁宗明道二年(1033年)冬季，开封等地缺少降水，延续到春季，形成跨年冬旱。景祐元年(1034年)正月八日，太子洗马致仕邢中和报告说："自去冬雨雪愆亢，圣心祈祷未应。臣克课正月九日、十八日必降甘雨，望遣官躬祀九宫贵神、十精太一，必有灵应。"朝廷采纳了他的建议，诏："差两制官一员精虔祈祷。"九日，又动员开封市民祈祷降水："诏开封府令街坊人户依古法精虔祈求雨雪。"十九日，"以获应报谢"②。显然，在十九日前盼来了一场有效降雪，春季不再有旱情。邢中和预报两场降水，至少应验了十八日一次，提前10天的预报，当属中期预报。宋仁宗嘉祐元年(1056年)五月二十四日昏时，"二星相继西流，一出天江，一出天市"。精通天文历算的官员刘羲叟据此预报道："出天江者主大水，出天市者主散财。""未几，都城大水，居民室庐及军营漂流者不知几千万区。天变不虚发也如此。"③令范镇赞叹。宋哲宗元祐三年(1088年)二月，户部侍郎苏辙上书报告说："近者天地之变，常半岁苦旱，半岁苦阴。阴阳之气一有过差，浸淫滥漫，而不能反。今雨雪既甚，久而不止，则春夏之际，又将复旱。"④作为主管朝廷财政经济的户部侍郎，最关心农业生产状况，苏辙试图根据总结的规律，预测下半年农业气象不良，将会出现旱灾，属于长期预报。

官员个人的气象预报，是专业机构之外帮助朝廷掌握未来气候变化的有力补充。当然，更多的只是个人预报，与公务、时事无关。如博学多识的朱熹即曾在大雪中断定当天雪停，次日将放晴："群阴匝寰区，密雪渺天畔。峩峩雪中山，心眼凄欲断。吾人爱奇赏，递发临河叹。我知沍(hù)寒极，见晛(xiàn)今当泮(pàn)。不须疑吾言，第请视明旦。蜡屐(jī)得鴈(yàn)行，篮舆或鱼贯。"次日清晨果然一片晴空，因又作《十三日晨起霜晴前言果验再用敬夫定王台韵赋诗》⑤。同行的张栻(shì)(字敬夫)此前也有《十三日晨起霜晴用定王台韵赋此》诗佐证："晴岚开岳镇，云雨断阳台。日出寒光迥(jiǒng)，川平秀色回。兴随天际雁，诗寄岭头梅。"⑥其预报之准确，令人敬佩。南宋末年的刘辰翁曾经做过气象观测、预报："昨上云台占云物，占得景风南至。"⑦在高台上通过观察云的动向，预测有祥和的南风来临。

(三)民间预报

以上统治集团的气象预报，不向社会发布也无法及时发布，所以对一时一地社会生产、生活真正起作用的还是单纯、实用的民间气象预报，也即农业(包括渔业)气象预报。

在前代实践积累的基础上，宋人已经掌握运用气象的基本规律，按当地具体情况预测天气，为农业、手工业生产，商业及出行，船舶航行根据具体的情况采取对应措施提供了依据。嘉

---

① 秦观：《秦观集编年校注》卷11《进南郊庆成诗并表》，周义敢、程自信、周雷编注．北京：人民出版社，2001.

② 徐松：《宋会要辑稿·礼》：18之8．上海：中华书局，1957.

③ 范镇：《东斋记事》卷1．上海：中华书局，1980.

④ 李焘：《续资治通鉴长编》卷408，元祐三年二月丙戌．北京：中华书局，2004.

⑤ 朱熹：《朱熹集》卷5，风雪未已决策登山用敬夫春风楼韵．成都：四川教育出版社，1996.

⑥ 张栻：《张栻集·南轩先生文集》卷7，十三日晨起霜晴用定王台韵赋此．长沙：岳麓书社，2010.

⑦ 刘辰翁：《须溪集》卷8，《乳燕飞·寿周耐轩》，文渊阁四库全书本第1186册.

祐二年(1057年)大年初一清晨,“有风从东北来,遍天有苍黑云。占云:‘大熟多雨’”[①]。在开封民间,也有准确的预报,与官方的预报不谋而合。欧阳修指出:“自入夏,闾巷相传,以谓今秋水当不减去年。初以为讹言,今乃信然。两夜家人皆戽(hù)水,并乃翁达旦不寐。街衢(qú)浩渺,出入不得。更三数日不止,遂复谋逃避之处。”[②]四月就预报了秋季的雨涝。又如在东南沿海行船时,“舟师观海洋中日出日入,则知阴阳;验云气则知风色逆顺,毫发无差。远见浪花,则知风自彼来;见巨涛拍岸,则知次日当起南风;见电光则云夏风对闪。如此之类,略无少差”[③]。这些经验,多凝聚为气象谚语,既有短期天气预报,也有气候预测,表现出一个季度或一年的气象条件变化规律。正是这种通俗易懂的形式,普及了民众的气象知识和气象预报经验,大略有以下几类。

1. 节气气象预报

二十四节气等传统节气和节日,是古代劳动人民长期对天文、气象、物候进行观测探索和总结的宝贵科学规律,不仅对气候学的发展体系起到了深远的影响,在这一个个特殊敏感的气候节点发生的天气现象,还衍生出气象预报功能。

春节是最大的节日,因而最敏感。从正月初一到初五,如有雨水或雾,都可以预告一年的农业气象状况。有《占书》云:“正月朔雨,春旱,人食一升;二日雨,人食二升;三日雨,人食三升;四日雨,人食四升;五日雨,主大熟。五日内雾,谷伤民饥;元日雾,岁必饥。”[④]大年初一降雨,此后将降水稀少,导致春旱,粮食减产;初二降雨,气象条件正常[⑤];初三至初五降雨,预示着农业丰收。如果初一至初五有雾,则农业气象条件不佳,将会出现灾害致使粮食减产。江南地区也有类似民谚,只是情况相反:“正旦晴,万物皆不成。”还有实例记载:“元丰四年正旦,九江郡天无片云,风日明快,是年果旱。”[⑥]大年初一的天晴,预报着干旱来临。

庄绰指出:“江南人谓社日有霜必雨。丙辰春社,繁霜覆瓦,次日果大雨。”[⑦]江南的气象谚语称社日下霜必伴随着降雨,绍兴六年(1136年)得到验证:是年二月初十春社,房屋瓦上遍布厚厚的白霜,第二天就有场大雨降临。进一步延伸,如果社日以来经常降雨,预兆着今后风调雨顺,农业会丰收。如陆九渊指出:“过社节来,屡得雨,高田皆可耕。每多夜雨,农者之占,以为必稔,未知果验否?”[⑧]

古时以五月二十日为分龙日或分龙节,“农家于是日早,以米筛盛灰,藉之以纸。至晚视之,若有雨点迹,则秋不熟,谷价高,人多闭籴”[⑨]。以此来预测夏、秋农业气象条件的优劣。

宋代还根据立秋这天的温度预测秋季气温的高低,如欧阳修说:“俗以立秋日卜秋暑多少,据今日之势,犹当更猖狂尔。”[⑩]立秋日气温高,则秋季多高温天气。而这天如果打雷,预示着秋季农业气象条件不良,最终将造成粮食减产。范成大《秋雷叹》说:“立秋之雷损万斛,吴侬记

---

① 脱脱:《宋史》卷67,《五行志》5. 上海:中华书局,1977.

② 欧阳修:《欧阳修全集》卷149,与梅圣俞四十六通:37(嘉祐二年). 上海:中华书局,2001.

③ 吴自牧:《梦粱录》卷12,江海船舰. 杭州:浙江人民出版社,1980.

④ 陈元靓:《岁时广记》卷1,《占雨雾》,文渊阁四库全书本第467册.

⑤ 程民生:《宋代物价研究》. 北京:人民出版社,2008.

⑥ 孔平仲:《孔氏谈苑》卷2,元旦占候. 丛书集成初编本. 上海:中华书局,1985.

⑦ 庄绰:《鸡肋编》卷下,江南人谓社日有霜必雨. 上海:中华书局,1983.

⑧ 陆九渊:《陆九渊集》卷17,与张盐二. 上海:中华书局,1980.

⑨ 温革,化振红校注:《分门琐碎录校注》. 成都:巴蜀书社,2009.

⑩ 欧阳修:《欧阳修全集》卷148,与沈待制书一. 上海:中华书局,2001.

此占年穀。"题注:"吴谚云:'秋孛辘,损万斛。'谓立秋日雷也。"[①]

在福建,以立冬后数天至小雪期间的降水情况预测次年降水多少:"闽俗,立冬后逢壬日谓之入液,至小雪出液,得雨谓之液雨,无雨则主来年旱。谚云:'液雨不流箨,高田不要作'。"[②]即雨量小的话,地势高的农田得不到充足的雨水,不会有收成,就不要徒劳地耕种了。

东南地区还有更详细的相关气象预报,如:"'芒种雨,百姓苦。'盖芒种须晴明也。'春雨甲子,赤地千里;夏雨甲子,乘船入市。'乘船入市者,雨多也。又于四月一日至四日卜一岁之丰凶说:'一日雨,百泉枯。'言旱也;'二日雨,傍山居。'言避水也;'三日雨,骑木驴。'言踏车取水,亦旱也;'四日雨,余有余。'言大熟也。禅师惠南尝言:'上元一夕晴,麻小熟,两夕晴,麻中熟,三夕晴,麻大熟。若阴雨,麻不登。'占亦如此,云绝有效验。"[③]这些中长期气象预报,可供参考。

2. 云气及风向气象预报

云的产生和消散以及各类云之间的演变和转化,都是一定的水汽条件和大气运动的表现,对雨、雪、冰雹等天气现象均起极为重要的作用。根据云的形状、来向、移速、厚薄、颜色等变化总结的看云识天气谚语,是最通俗的气象预报方法,并相当成熟。

孔平仲指出:"京东一讲僧说:'云向南,雨潭潭;云向北,老鹳(guàn)寻河哭;云向西,雨没犁;云向东,尘埃没老翁。'即云向南与西行则有雨,向北与东行则无雨,云亦有效验。大理少卿杜纯说:'京东人言朝霞不出门,暮霞行千里。'言雨后朝晴尚有雨也,须晚晴乃真晴耳。九江人说:'下旬雨,云雨不肯止'。"[④]可谓云的移动方向预报气象的总结。至于京东路所传言的"朝霞不出门"等,两浙人范成大也有诗说:"朝霞不出门,暮霞行千里。今晨日未出,晓气散如绮。心疑雨再作,眼转云四起。我岂知天道,吴侬谚云尔。"[⑤]则是至少在整个东部地区是同一规律。一般来讲,云总是顺风而行,一旦逆风而动即有降雨。陆游说:"云从西南兴,风自东北至。老农占雨候,速若屈伸臂。乱点俄打窗,新凉已生袂。经旬苦肺渴,得此亦少慰。"[⑥]陆游的亲身经历验证了农谚的准确。

砧状积雨云是一种预示暴风即将到来的云,宋代称炮车云,"舟人占云,若炮车起,辄急避之,乃大风候也"[⑦]。南宋中期,"虏使张汝方暮发京口,炮车云上,风挟浪成山,且覆且号"[⑧]。这是长江流域的验证。

天空出现的异常光亮也预示着天气变化。"绍兴戊申夏旱。忽一日,东方有青赤气,亘天而上,俗谓之海缝。不三日,遂雨。时人以此为雨候。"[⑨]此事当在浙江临安一带。

3. 植物、动物异常气象预报

植物、动物为了生存,机体器官会逐渐适应外界环境的变化,形成一种对外界环境变化的感知能力,并在天气变化之前表现出特有的反应,可以预示冷暖或晴雨。

例如:麦子长得过高,五月会有大暴雨。"谚云:'麦过人,不入口'。靖康元年,麦多高于人

① 范成大:《范石湖集》卷28,秋雷叹.上海:上海古籍出版社,2006.

② 陈元靓:《岁时广记》:卷4,入液雨//温革.分门琐碎录校注.化振红校注.成都:巴蜀书社,2009.

③④ 孔平仲:《孔氏谈苑》卷2,《元旦占候》.济南:齐鲁书社,2014.

⑤ 范成大:《范石湖集》卷16,《晓发飞乌晨霞满天少顷大雨吴谚云朝霞不出门暮霞行千里验之信然戏纪其事》.上海:上海古籍出版社,2006.

⑥ 陆游:《陆游集》卷40,急雨(父老谓云逆风则必雨验之信然).上海:中华书局,1976.

⑦ 胡仔:《渔隐丛话前集》卷51,张文潜.北京:人民文学出版社,1962.

⑧ 叶适:《叶适集》卷21,中大夫直敷文阁两浙运副赵公墓志铭.上海:中华书局,1961.

⑨ 张知甫:《可书·海缝》.上海:中华书局,2002.

者,既熟大雨,所损十八。”[1]麦子疯长,比成年人个头还高,则在成熟时会有大暴雨导致严重歉收。

槐树每年开花为正常,如不开花次年将有大旱。庄绰记载:宣和四年(1122 年),“自京师至关西,槐树皆无花。老农说:‘当应来年之旱与二麦不登矣。’已而信然。谚语记载:‘槐宜来岁麦,枣熟当年禾。’”[2]槐花茂盛预示着次年麦子丰收,而如果枣树结果有限,则当年秋粮会歉收。显然都是农业气象条件优劣的预兆。

特殊地理环境中的鱼类对天气变化也会提前做出敏感反应。如浙江临安府昌化县西北七十里的羊头潭。“潭底有石形如羊头,两角崭然,旁有五石杯,类祭奠所设。或阴晦,龙出游,其声如钟鼓。岁旱以罂缶(fǒu)祷取其水,有鳞属入之必雨。”[3]昌化县南三十里的龙孔泉“流不竭,巨鱼出必雨”[4]。其科学道理是:由于降雨前气压低,水中缺氧,所以鱼会浮出水面。

4. 特殊地理环境云雾气象预报

大气中水汽凝结,就产生云雾,在特殊地理环境中预示着降雨,当地人们以此来预报天气。类似地方很多,如四川周公山“山顶云合则必雨,土人云周公帽”[5]。婺(wù)州金华人王柏也记载了同样现象:“愚自儿童时,每见北山有云冒(mào)其巅,须臾必雨,雨则滂沛,周于四境。”[6]象山县的化气岩,在县西三十里,又号蒙顶山,“夏旱验之,有少云气自岩窦出,必雨”[7]。临安府仁和县的黄鹤山:“高约百余丈,巅有龙池,一名渥洼,北坞有龙洞,石裂为路,深险不可视。山之腰有黄鹤仙洞,外甚狭,中可容数人,深窈而黑,时有樵牧爇(ruò)松明而入,愈行愈远,疑有龙在焉。池出云,必雨。又有潭在山之东(故老相传有诗云:‘但看黄鹤山顶云,化作白龙潭上雨。’或为僧道潜作)。”[8]僧道可能借此装神弄鬼,正反映了预报的准确。临安府昌化县铜坑山,“其最高峰名铜坑,穷绝处有龙池三,草木荫蔽,龟蛇浮游,或云气笼罩必雨,岁旱祷焉”[9],自然成为一方气象预报和求雨的气象中心。

5. 天文气象预报

中国古代天文和气象科学源远流长,天文和气象研究往往融于一体,或者说气象是天文的一部分。日月星辰的天文变化与气象有一定联系,可以用于气象预报。罗大经记载:“谚语说:‘日出早,雨淋脑;日出晏,晒杀雁。’又说:‘月如悬弓,少雨多风;月如仰瓦,不求自下。’二说尚遗,何也?余欲增补二句,即:‘日占出海时,月验仰瓦体’。”[10]前者指出太阳出得早当天会下雨,出得晚将是晴热天气;后者根据月牙形状预测当月降雨量和风力的大小。刘师颜《视月占旱》也说:“月如悬弓,少雨多风;月如仰瓦,不求自下。”[11]所谓:“月初生而仰,则月中多雨。”[12]每月初八或初九只能看到月亮西边的半圆,叫“上弦月”;每月二十二、二十三日只能看到月亮

---

①② 庄绰:《鸡肋编》卷上.上海:中华书局,1983.

③ 潜说友:《咸淳临安志》卷 36,昌化县・羊头潭.宋元方志丛刊本.上海:中华书局,2002.

④ 潜说友:《咸淳临安志》卷 38,《昌化县・龙孔泉》.上海:中华书局,2002.

⑤ 李石:《方舟集》卷 5,《周公帽》,文渊阁四库全书本,第 1149 册.

⑥ 王柏:《鲁斋集》卷 9,祷雨札子.丛书集成初编本.上海:中华书局,1985.

⑦ 罗浚:《宝庆四明志》卷 21,《象山县志全・叙山》.宋元方志丛刊本.上海:中华书局,2002.

⑧ 潜说友:《咸淳临安志》卷 24,《城东北诸山・黄鹤山》.上海:中华书局,2002.

⑨ 潜说友:《咸淳临安志》卷 27,《昌化县・铜坑山》.上海:中华书局,2002.

⑩ 罗大经:《鹤林玉露》丙编卷 3,占雨.上海:中华书局,1983.

⑪ 孔平仲:《孔氏谈苑》卷 2,《元旦占候》.济南:齐鲁书社,2014.

⑫ 温革:《分门琐碎录校注》附录一:分门琐碎录轶文.化振红校注.成都:巴蜀书社,2009.

东边的半圆，叫“下弦月”。“月如悬弓”即下弦月，天气常常是风多雨少；“月如仰瓦”即上弦月，天气常常是多雨。赵蕃指出：“乞晓占云物，过东还过西。已因月仰瓦，真验水平溪。”注：“月如仰瓦，不自求下；云过东，雨头空，云过西，水平溪。皆谚所云。”①得到了验证。

6. 以气象事件预报天气

气象变化不是孤立的，在一定时段内有其必然联系和规律，宋人从当前的气象条件预测今后的天气变化。例如有民谚云：“行得春风有夏雨。”京东人陈师道解释说：“盖春之风数为夏之雨数，小大急缓亦如之。”②春风多且大，则夏季雨水也多且大，反之也是。

寒冷天雾滴碰到0 ℃以下的树枝等物时，再次凝成白色松散的冰晶，叫“雾凇”，俗称树挂。张邦基指出：“东北冬月寒甚，夜气寒空如雾，着于林木，疑结如珠玉，旦起视之，真薄雪也，见日乃消释，因风飘落，齐鲁人谓之雺(méng)凇。谚语记载：‘雺凇重雺凇，穷汉置饭瓮。’盖岁穰之兆。”③京东人认为出现雺凇即雾凇，预兆着来年初夏风调雨顺，农业丰收，以至于穷人也能吃饱饭。此即流传至今的“树戴孝，打下的粮食没人要”。

如果正在下雨时天空忽然由暗变明亮，并非天晴，相反意味着雨水将会持久。“浙江谚语记载：‘病人畏腹胀，雨下畏天亮。’方言以明为亮，谓雨作，天色忽明，即雨卒不止，验之犹信。”④

使用民间气象谚语作预报，宋代士大夫给予高度评价。如范成大有诗赞赏民谚的气象预报：“刑鹅与象龙，聚讼非一理。不如老农谚，响应捷如鬼。哦诗敢夸博，聊用醒午睡。”⑤他认为杀鹅以及画龙祭祀等祈雨祷晴活动，都不如老农的预报准确灵验，是一种科学的态度。陆游则说：“老农占雨候，速若屈伸臂。”⑥感慨农谚预报的准确。吴芾(fèi)也甚为叹服：“农占吁可畏，使我生春愁。”⑦因而对官方的气象预报也产生直接影响。“邢尚书昺(bǐng)，曹州农家子，深晓播殖。真宗每雨雪不时，忧形于色，责日官所定雨泽丰凶之兆，多或不中。昺因进《耒耜岁占》三卷，大有稽验，皆牧童村老岁月于畎(quǎn)亩间揣占所得。”⑧来自民间的气象预报经验使官方气象预报准确率提高。总之，宋代气象民谚具有一定的科学根据，反映了天气现象的普遍规律，使普通百姓可以适时地了解气象变化，在生活、生产实践中具有一定的指导意义，起着不可低估的作用。

当然，由于科技水平、文化素质的限制，迷信思想的存在，更因为天气的变化规律复杂，一些谚语存在着缺陷和绝对化。更主要的是，气象农谚尽管总结的是规律，但都是经验性的，知其然不知其所以然。

从上述分析可知，宋人在探索气象规律方面做出了新的努力，至少可以说，朝廷、官员、民间三方共同努力，为朝政和社会生产、生活提供了可贵的气象预警，对减轻气象灾害带来的损失作用不可低估。如大中祥符元年(1008年)十二月，司天监预报江淮地区可能会发生水旱灾

① 赵蕃：《淳熙稿》卷10，乞晓．丛书集成初编本．上海：中华书局，1985.

② 陈师道：《后山谈丛》卷2. 上海：中华书局，2007.

③ 张邦基：《墨庄漫录》卷4：雾雺凇．上海：中华书局，2002.

④ 杨彦龄：《杨公笔录》. 丛书集成初编本．上海：中华书局，1991.

⑤ 范成大：《范石湖集》卷16，《晓发飞乌晨霞满天少顷大雨吴谚云朝霞不出门暮霞行千里验之信然戏纪其事》.

⑥ 陆游：《陆游集》卷40，《急雨(父老谓云逆风则必雨验之信然)》.

⑦ 吴芾：《湖山集》卷3，久雨．丛书集成续编本．台北：台湾新文丰出版公司，1997.

⑧ 释文莹：《玉壶清话》卷5. 上海：中华书局，1984.

害，宋真宗随即下诏“江、淮发运转运司，部内各留三年之储，以备水旱”“先是，江、淮米悉运送京师。至是，司天监言扬、楚之分，当水旱为沴，防患故也”①。皇帝高度重视这一气象预报，果断改变了以往该地区税粮全部运往开封的制度，预留 3 年的储备粮，以防备气象灾害，避免出现饥荒②。这是从国家层面根据气象预报实施宏观防灾调控的典型事例。

宋人有关气象及预报的图书，除了王安礼等重修的北周庾季才《灵台秘苑》15 卷号称古代占候四大著作以及前言邢昺的《耒耜岁占》外，见于官方记载的大约还有以下 11 种：《气象图》一卷、《占风云气候日月星辰上下图》一卷③、《日月气象图》五卷、《云气图》一卷、《云气测候》一卷、《日月风云气候》一卷、《占风雨雷电》一卷、《占雨晴法》一卷、《金鉴占风诀》一卷、《占候云雨赋》一卷、《占风云气候日月星辰图》七卷④。“占候文献之多，足以说明当时占候术的兴盛”⑤（程民生 2014）。整理研究这些宝贵的文化、科技遗产，不仅有史学价值，也可为当代防旱减灾提供有益的信息。

第五节　仓储制度

中国历代帝王均十分重视建立、健全仓储制度，两宋时期，由于灾荒频发，政府十分重视仓储设施的建设。宋代的仓种名目繁多，总计逾数十种，大多数是为了防灾备荒而设。其中比较常见的有常平仓、义仓、惠民仓、广惠仓、丰储仓、社仓、平粜仓等。宋代的仓种大致可以分为两类：一类分布比较广泛，基本上全国各地都有其存在，可将其命名为全国性仓种，如常平仓、义仓、惠民仓、广惠仓、丰储仓等即为此类；另一类分布大多局限于一地一处，可将其命名为地方性仓种，此类仓种名目甚多，较著名的有社仓、平粜仓、平止仓等。下面分类介绍这两类仓种（邱云飞，2008）。

一、全国性仓种

（一）常平仓

宋代承袭前代设置常平仓的通制，太宗淳化三年（992 年）六月，诏令“分遣使于京城四门置场，增价以籴，令有司虚近仓贮之，命曰常平，以常叁官领之，岁歉减价以粜，用赈贫农，以为永制”⑥。这是宋代设置常平仓之开端。真宗景德三年（1006 年）和天禧四年（1020 年），常平仓经过两次广泛设立，除福建外，各路均设置了常平仓⑦。至此，常平仓制度基本上在宋代确立起来。神宗熙宁年间（1068—1077 年），王安石推行新法，于熙宁二年（1069 年）二月，将常平仓法与其青苗法结合起来，进行有偿借贷。⑧ 但此举在当时招致众多非议，苏辙就认为此举只

① 李焘：《续资治通鉴长编》卷 70，大中祥符元年十二月甲辰．北京：中华书局，2004.

② 脱脱：《宋史》卷 7，《真宗纪》2. 上海：中华书局，1977.

③ 王尧臣等：《崇文总目》卷 8，《卜筮类》，文渊阁四库全书本第 674 册.

④ 脱脱：《宋史》卷 206，《艺文志》5. 上海：中华书局，1977.

⑤ 张家国：神秘的占候．南宁：广西人民出版社，2009.

⑥ 徐松辑：《宋会要辑稿》食货 53 之 6．北京：中华书局，1957.

⑦ 王应麟：《玉海》卷 184 之 21《食货・淳化常平仓》. 南京：江苏广陵古籍刻印社，1987.

⑧ 李焘：《续资治通鉴长编》卷 256，熙宁七年九月壬子. 北京：中华书局，2004.

是重在借贷取息，根本不是常平之法，真正的常平之法“法见在，而患不修举”[①]。王安石罢相之后，常平仓法逐渐恢复到新政之前的状态，直到宋末。

常平仓从其历史渊源上说，是为平衡物价而设，宋代多将其作为赈灾救荒之备，也经常用于平时济贫之资。王安石变法之后，常平仓加入了赈贷和赈给两项功能。此后常平仓的功能即以此三项为主，其他如以息钱养济贫病、支借社仓之底本等项，不过是上述三项衍生出或临时性的作用而已。

关于宋代常平仓的管理，其史料散见于《宋史·食货志》和《宋史·职官志》，可以理解为：中央政府设大司农主持常平仓的一切工作。地方各州选派廉洁干练的官员为转运使或由县官兼任，不另设员。神宗熙宁年间(1068—1077年)，推行新法，设提举常平官，每路四员，以代官充任，又设管档一员或两员，以京官充任。但此后，提举常平官或存或废，直至高宗绍兴十五年(1145年)八月，始定由提举茶盐官监管常平仓事宜，直至宋末。

宋人非常重视常平仓之作用，说：“恤民备灾，储蓄之政，莫如常平、义仓。”[②]可见常平仓作用非常之大，但是，经办官员往往奉行“不虔”，产生许多弊端。范仲淹就列举了常平仓的一些弊端：一则“豪姓蓄贾，乘时贱收，而拙业之人，旋致罄(qìng)竭。水旱则稽伏而不出，须其翔踊，以牟厚利，而农民贵籴。九谷散于穰岁，百姓困于凶年”。二则以“供军为名而假借”成风，致使仓空本竭。三则“司农寺管辖，管小权轻，主张不逮，逐处提点刑狱多部举职”[③]。

（二）义仓

宋代义仓初建于太祖建隆四年(963年)三月。[④] 之后，义仓之制兴废无常，在北宋期间，五兴四废：太祖乾德四年(966年)“三月癸酉，罢义仓”[⑤]。仁宗庆历元年(1041年)“九月乙亥，复置义仓”[⑥]。义仓兴废不断反复。直到哲宗绍圣元年(1094年)“闰四月丙戌，复义仓”[⑦]。至此义仓之制始定，直至宋亡。

义仓的作用主要在于赈济，其仓本是由人民以义租的形式在正税之外纳于政府，由政府贮藏管理，具体的输纳额度，各个时期不等。义仓之法创意甚佳，北宋王琪在仁宗代乞立义仓时说：“自第一等至第二等兼并之家占田常广，于义仓则所入常多，自第三等至第四等中下之家占田常狭，于义仓则所入常少。及其遇水旱行赈给，则兼并之家未必待此而济，中下之家实先受其赐矣。损有余补不足，实天下之利也。”[⑧]由此可知义仓之意，在于以富补贫，使民间自相养济。其法“唯充赈给，不得他用”[⑨]。

关于义仓的管理，在北宋时“提举常平司掌常平、义仓、免疫、市易、坊场、河渡、水利之法，视岁之丰歉而为之敛散，以惠农民”[⑩]。可见，在北宋，义仓由提举常平司管理，而在南宋则由

① 苏辙：《龙川略志》卷3，《与王介甫论青苗盐法铸钱利害》. 北京：中华书局，1982.

② 李心传：《建炎以来系年要录》卷130，绍兴九年七月辛丑. 北京：中华书局，1956.

③ 范仲淹：《范文正奏议》卷上，《奏灾异后合行四事》. 文渊阁四库全书，第437册.

④ 徐松：《宋会要辑稿》食货53之19. 北京：中华书局，1957.

⑤ 脱脱：《宋史》卷2，《太祖纪二》. 北京：中华书局，1977.

⑥ 脱脱：《宋史》卷11，《仁宗纪三》. 北京：中华书局，1977.

⑦ 脱脱：《宋史》卷18，《哲宗纪二》. 北京：中华书局，1977.

⑧ 徐松：《宋会要辑稿》食货53之19～20. 北京：中华书局，1957.

⑨ 徐松：《宋会要辑稿》食货53之15. 北京：中华书局，1957.

⑩ 脱脱：《宋史》卷167，《职官七·提举常平司》. 北京：中华书局，1977.

提举常平茶盐司掌管，“中兴后，通置提举常平茶盐司掌常平、义仓、免役之政令”①。

义仓在宋代的防灾、赈灾方面作用很大，时人评价说：“恤民备灾，储蓄之政，莫如常平、义仓。”②但义仓之法也存在很多弊端，其中最重要的就是支借挪用现象屡禁不止。“绍圣初，(义仓)复立。然议者谓义仓当留诸乡，以备水旱可也。今并入县仓，悉为官吏移用。后又命上三等户输郡仓，转充军仓，或资他用。故凶年无以救民之死，失古人立法之意矣”。③ 针对这种现象，高宗在绍兴十一年(1141 年)说：“祖宗置义仓以待水旱，最为良法，而州、县奉行不虔，妄有支用，寖失本意，或遇水旱，何以赈之？可令监司视其实数，或有侵失，言责补还。义仓充实，则虽遇水旱，民无饥病矣。”④诸如此类诏令经常下发，但成效甚微。淳祐(1241—1252 年)初年，“柄国者立为厉禁”，非“岁晏”严禁擅发常平、义仓之米⑤。此后，支借挪用的现象虽然有所减少，但义仓的赈济功能大为削弱，已经名存实亡。

(三)惠民仓

宋太宗淳化年间(990—994 年)始设惠民仓。据王应麟《玉海》记载：“淳化五年(994 年)十月，令诸州惠民仓故谷遇籴稍贵，减价粜与贫民，人不过一斛。咸平三年(1000 年)，先诏所在缺食，奏闻差官往粜，深虑迟延，自今止委知州通判幕职互监。”⑥惠民仓设置逐步开展，如福建路原来未置惠民仓，直到咸平二年(999 年)十月，“库部员外郎成肃以为远俗尤宜存恤，请增置焉”⑦，方才设之。荆湖、川、陕、广南等路则到了真宗天禧四年(1020 年)才增置⑧。南宋时，惠民仓多由地方官员奏请朝廷后方可兴建。其中较为著名的有：张澄于高宗绍兴二十年(1150年)在南昌所设之惠民仓、李诚之于宁宗嘉定十三年(1220 年)在蕲州所设之惠民仓；真德秀于宁宗嘉定十五年(1222 年)在潭州所设之惠民仓等⑨。惠民仓的作用主要以赈粜为主，其仓本纯由补助而得，是以“杂配钱分数折粟贮之”⑩，岁歉时减价粜出。因此，其作用类似于常平仓。

关于惠民仓的管理，据王应麟《玉海》记载，咸平二年(999 年)十月“丙寅，诏令于诸路运司管内有惠民仓处，当熟则增价以籴，歉则减价出之”⑪。由此可见，北宋时，惠民仓一般隶属于各路转运司，并由其管理。南宋时，由于惠民仓多由地方官员奏准建立，所以地方上具有较大的支配权，多直接为地方官员管理。

(四) 广惠仓

广惠仓为宋代特有的仓种，是一种经常性慈善赈济机构。范祖禹有云：“朝廷自嘉祐以前，诸路有广惠仓以救恤孤贫。”⑫但具体始于何时至今尚无明确定论。仁宗嘉祐二年(1057 年)，“诏天下置广惠仓”⑬。这可以看作为全国正式普及广惠仓的标志。在两宋期间发生过广惠仓

① 脱脱：《宋史》卷 167，《职官七・提举茶盐司》. 北京：中华书局，1977.
② 李心传：《建炎以来系年要录》卷 130，绍兴九年七月辛丑. 北京：中华书局，1956.
③ 李心传：《建炎以来朝野杂记(甲集)》卷 15，《义仓》. 北京：中华书局，2000.
④ 李心传：《建炎以来系年要录》卷 141，绍兴十一年八月甲申. 北京：中华书局，1956.
⑤ 梅应发，刘锡：《开庆四明序志》卷 4，《广惠院》. 文渊阁四库全书，第 487 册.
⑥ 王应麟：《玉海》卷 184 之 22，《食货・浮化惠民仓》. 南京：江苏广陵古籍刻印社，1987.
⑦ 李焘：《续资治通鉴长编》卷 45，成平二年十月乙卯. 北京：中华书局，2004.
⑧ 李焘：《续资治通鉴长编》卷 256，熙宁七年九月壬子. 北京：中华书局，2004.
⑨ 《永乐大典》卷 7513，《惠民仓》. 北京：中华书局，1986.
⑩ 脱脱：《宋史》卷 176，《食货上四・常平》. 北京：中华书局，1977.
⑪ 王应麟：《玉海》卷 184 之 22，《食货・淳化惠民仓》. 南京：江苏广陵古籍刻印社，1987.
⑫ 范祖禹：《范太史集》卷 4，《乞不限人数收养贫民札子》. 文渊阁四库全书，第 1100 册.
⑬ 脱脱：《宋史》卷 176，《食货上四・常平》. 北京：中华书局，1977.

废止与重建的事情。

广惠仓是一种经常性慈善赈济机构，这就决定了其必然要以扶危济困为宗旨，《宋史·食货志》对此记录颇为详细："嘉祐二年，诏天下置广惠仓。初，天下没入户绝田，官自鬻之。枢密使韩琦请留勿鬻，募人耕，收其租别为仓储之，以给州、县郭内之老幼贫疾不能自存者，领以提点刑狱，岁终具出内之数上之三司，户不满万，留田租千石，万户倍之，户二万留三千石，三万留四千石，四万留五千石，五万留六千石，七万留八千石，十万留万石，田有余，则鬻如旧。四年，诏改隶司农寺，州选官二人主出纳，岁十月遣官验视，应受米者书名于籍。自十一月始，三日一给，人米一升，幼者半之，次年二月止。有余乃及诸县，量大小均给之。"①广惠仓赈济的方法大致有3种：赈给、赈粜、养济。赈给为无偿供给贫民米粟，时间一般在冬春青黄不接之时。赈粜，即在灾年平价出售粮食，方法类似于常平仓，此项功能始于神宗熙宁年间（1068—1077年）。养济，则是将贫病穷孤者集中供养。所以，广惠仓是宋代政府专为扶危济困特设的仓种，与其他主要以备荒防灾为主的仓种有着明显的区别。

广惠仓的管理在宋代变动较多，最初由诸路提点刑狱司专管，"领以提点刑狱，岁终具出内之数上之三司"②。至仁宗嘉祐四年（1059年）"诏改隶司农寺，州选官，二人主出纳，岁十月遣官验视"。神宗熙宁年间（1068—1077年），常平仓及广惠仓转而归各路提举常平司管辖，"诏诸路各置提举官二员，以代官为之，管当一员，京官为之，或共置二员，开封府界一员，凡四十一人"③。南宋时，广惠仓隶属于制置司统辖，"凡为米三十余万石，制司自掌之，凶岁颇赖其用"④。

（五）丰储仓

丰储仓为南宋初建之仓种。始设于高宗绍兴二十六年（1156年）四月，先是："王公明为司农卿寺丞，请令诸路以见管钱籴米赴行在，钟侍郎世明因奏令诸路岁发常平陈米十五万斛，赴省仓赡军。言者以其坏常平法，奏绌之。韩尚书仲通在版曹，乃请别储粟百万斛于行都，以备水旱，号丰储。其后又储二百万斛于镇江及建康。然颇有借兑者。三十年夏，诏补还之。今关外亦积粮一百万斛有奇，然行在岁费粮四百五十万斛余，四川一百五十万斛余，建康、镇江皆七十万斛余，今中都但积三月之粮，关外积粮亦不能支一岁。古者三十年必有九年之蓄，自乙酉休兵至今，近四十年矣，谓宜益储羡粮，以为饥荒、军旅之备，不则增籴如岁用之数，以陈易新，使常有一年之蓄，庶乎其可也。"⑤此后经孝宗乾道三年（1167年）"十二月己巳，置丰储仓"⑥。乾道六年（1170年）"正月乙丑，增筑丰储仓"⑦。孝宗淳熙六年（1179年）"六月甲午，建丰储仓"⑧。经过3次大规模地设置，丰储仓得到了很大发展。

如前所述，丰储仓原为荒年提供军粮、减轻人民负担而设。董煟指出："绍兴间，户部尚书韩仲通乞以上供之米所籴之数岁桩一百万石别贮之，遇水旱则助军粮及减收籴，号丰储仓。诏从之。上曰：'所储遇水旱诚为有补，非细事也。'煟曰：'丰储乃上供所余，本备水旱、助军食耳。后之经国者倘遇水旱，可不明立仓之本意哉！"⑨此外，丰储仓也常用于直接赈济灾民。其在南宋属于司农寺管辖。

---

①②③ 脱脱：《宋史》卷176，《食货上四·常平》. 北京：中华书局，1977.

④ 李心传：《建炎以来朝野杂记（甲集）》卷15，《义仓》. 北京：中华书局，2000.

⑤ 李心传：《建炎以来朝野杂记（甲集）》卷17，《丰储仓》. 北京：中华书局，2000.

⑥⑦⑧ 脱脱：《宋史》卷34，《孝宗二》. 北京：中华书局，1977.

⑨ 董煟：《救荒活民书》卷上，文渊阁四库全书，第662册.

全国性仓种就介绍至此，关于此类种的总结将和地方性仓种的总结放在一起，这样可以将二者更好地加以对比（邱云飞，2008）。

二、地方性仓种

根据可考的史料，地方性仓种的种类可达数十种之多，这里只对几种影响较大的进行介绍。

（一）社仓

所谓社仓，在宋代一般指朱熹所创之社仓，称为朱子社仓。朱子社仓始于孝宗乾道四年（1168年）。是年春夏之交，闽北地区发大水，他与县官议赈恤事，感慨说："今时肉食者，漠然无意于民，直是难与图事。"①为了赈灾救贫，朱熹向慈善富户劝募余粮，按照常价赈济灾民，同时上书建宁知府徐嘉，请求发放常平仓存粮，救济灾民。徐嘉随即指使有关人员，调派船只，运米六百斛，朱熹利用这六百斛米救济灾民。"始作社仓于崇安县之开耀乡。使贫民岁以中夏受粟于仓，冬则加息什二，以偿，岁小不收，则弛其息之半，大祲，则尽弛之。期之以数年，子什其母，则惠足以广而息可遂捐以予民矣。行之累年，人以为便。"②

由于开耀乡社仓取得了成功，朱熹遂将其法上书请求朝廷推广。自此，社仓遂在各地普遍建立。以闽北为例，建阳、光泽、建宁、瓯宁、顺昌等县的社仓相继建立。不久，闽北境内有社仓百余所，到朱熹去世后二三十年间，社仓更是"落落布天下"了，且俱称"皆本于文公"③，朱子社仓法得到大力推广。朱子社仓法具体内容为：由官府向常平司借贷底本，置于乡社。选乡人有德行者一人与官吏同掌出纳，每岁向愿意请贷之乡人放贷，秋后收贷，责息二分。至所获息米超过底本十倍以后，即将底本归还官府，而以息米进行敛散。此后，即减其息，每石只收三升为耗米，荒年则完全免息。若有民间慈善人士愿出粟为本，听便。其关于借贷的规定如下："凡借贷者，十家为甲，甲推其人为之首；五十家则择一通晓者为社首。每年正月，告示社首，下都结甲。其有逃军及无行之人，与有税钱衣食不阙者，并不得入甲。其应入甲者，又问其愿与不愿。愿者，开具一家大小口若干，大口一石，小口减半，五岁以下不预请。甲首加请一倍。社首审订虚实，取人人手书持赴本仓，再审无弊，然后排定。甲首附都簿载某人借若干石，依正簿分两时给：初当下田时，次当耘耨时。秋成还谷不过八月三十日足，湿恶不实者罚。"④

朱子社仓的功能主要有以下三点。

其一，社仓设于乡里，官督民办，减少审批手续，就近赈济灾民，克服了常平仓的不足。朱熹曾指出："独常平、义仓尚有古法之遗意，然皆藏于州、县，所恩不过市井惰游戏悲。至于深山长谷力穑远输之民，则虽饥饿濒死而不能及也，又其为法太密，使吏之避事畏法者视民之殍而不肯发，往往全其封鐍（jué）递相付援，至或累数十年不一皆省，一旦甚不获已，然后发之，则已化为浮埃聚坏而不可食矣。"⑤社仓可以避免此类问题的发生。

其二，社仓法规初期贷放收息，可自行积累资金。《社仓事目》规定的贷放收息方法是"每石量收息米二斗""或遇小歉，即蠲其息之丰，大饥即尽蠲之"。等到息增多至本十倍，"更不再

① 朱熹：《朱文公文集》卷43之17～18，《答林择之》. 四部丛刊本. 上海：上海书店，1989.

② 朱熹：《朱文公文集》卷80之22，《建昌军南城县吴氏社仓记》. 四部丛刊本. 上海：上海书店，1989.

③ 刘宰：《漫塘集》卷22，《南康胡氏社仓记》. 文渊阁四库全书，第1170册.

④ 脱脱：《宋史》卷178，《食货上六・赈恤》. 北京：中华书局，1977.

⑤ 朱熹：《朱文公文集》卷77之17～18，《建宁府崇安县五夫社仓记》. 四部丛刊本. 上海：上海书店，1989.

收息，每石只收耗米三升”①。夏借冬还，每石收息米二斗，利息不算低，但比起出倍之息的高利贷还是优惠得多。规定这样的利率主要是为了使仓米不断增值，以丰补歉，达到赈灾之目的。朱熹采用借常平仓米为本，用贷放收息，逐年积累的方法建立和发展社仓，效果良好。他曾说：“臣所居建宁府崇安县开耀乡有社仓一所，系乾道四年乡民艰食，本府给到常平米六百石，委臣与本乡土居代奉郎刘如愚共同赈贷……至今十有四年，其支息米造成仓廒三间收贮，已将米六百石纳还本府，其见管三千一百石，并是累年人户纳到息米。”②由于有这样一大笔社仓米作本，加上管理得当，“一乡四五十里之间，虽遇凶年，人不缺食”③。

其三，社仓米灾年用于赈济，平年用于扶贫。常平仓米只用于灾年赈济，平年不开仓，甚至坐视仓米霉烂也不贷放。朱熹创办的社仓则不然，他制定的《社仓目录》规定：“半年如遇人户请贷，即开两仓，存留一仓，若遇饥歉，则开第三仓，专赈贷深山穷谷耕田之民，庶几丰荒赈贷有节。”④这种无论灾年、平年均行贷放，平年放贷收息，灾年减息、免息。灾年用以保障饥民必需的生活，保护生产力；平年在青黄不接之际贷放，赈给深山穷谷耕田之民，解决农民春夏荒之困难。它既可使“死米”变成“活米”，发挥其扶植生产、增强抗灾能力的作用，又可使贫苦农民免遭高利贷剥削。同时还可使仓米年年更新，不致霉烂变质。

朱子社仓法充分体现了朱熹的社会保障认识。朱子社仓法规定平年放贷收息，用息米来求得自身发展，荒年赈济灾民，保护生产力，在中国救荒史上占有重要地位。

（二）平籴仓

平籴仓为南宋特有仓种。籴为买进粮食之意，“平籴”意为平衡粮食买卖的价格。平籴仓功能以赈粜为主，其赈粜之法是：“每岁九月趁米出起籴，于一两月内籴足，至次年二月以后农务东作日，米价长二麦未收之际，止照原本价值量搭官吏縻费，每石不许过二百文出粜，委本司钱物官拘收元本，次岁收籴如初。”⑤江南东路除建康府为一万石外，其余八郡各给五千石作仓本。之后，舒滋又改善此仓法，在平衡粮价的同时，还在每岁冬、春两季赈济贫民。“每岁冬、春两季赈济。或遇歉岁，籴价增长，则减直赈粜，却将价钱于秋成措置收籴桩管，持续惠民。”⑥总之，平籴仓以赈粜为主，并有赈济功能。

（三）平止仓

宁宗嘉定十七年（1224 年）建康留守余嵘创建一仓，名曰平止。平止仓主要内容有以下几点：第一，本仓不许本府及诸司暂借，以开异时无穷之害，事当谋始，不可不谨；第二，遇米价未贵则籴，籴价视时高下，或置场于本府，或收籴于邻郡，或于客舟辐辏之时；第三，遇米价高贵即粜，粜价止视元籴之数，所有元收籴船脚般担之费，明行加上，不得过数；第四，籴米、粜米须择廉能诚实官吏，庶几所籴无侵欺湿恶，所粜无夹杂减克之弊；第五，城内五厢、城外二厢造鱼鳞图为据，以银米、土米、墨字三色标题，其委系下户日籴之家，了然在目，恐民居迁移，增减不常，宜每岁春首编排一次，计口出给历头，大人日给一升，小儿半升，即粜即于客户历头内戳一某日

① 朱熹：《朱文公文集》卷 99 之 19～20，《社仓事目》. 四部丛刊本. 上海：上海书店，1989.
② 朱熹：《朱文公文集》卷 13 之 17，《辛丑延和奏札四》. 四部丛刊本. 上海：上海书店，1989.
③ 朱熹：《朱文公文集》卷 13 之 18，《辛丑延和奏札四》. 四部丛刊本. 上海：上海书店，1989.
④ 朱熹：《朱文公文集》卷 99 之 16，《社仓事目》. 四部丛刊本. 上海：上海书店，1989.
⑤ 周应合：《景定建康志》卷 23，《城阙志四・平籴仓・（岳珂撰）嘉定省札》. 文渊阁四库全书，第 489 册.
⑥ 周应合：《景定建康志》卷 23，《城阙志四・平余仓・（舒滋撰）淳祐省札》. 文渊阁四库全书，第 489 册.

籴讫印子；第六，或遇诸县籴价踊贵，亦当发米赈济①。因此，平止仓是一种以赈粜为主要功能的地方性仓种，其性质类似于常平仓；但就其作用的时间而言，则具有经常性的特点。

（四）永利仓

永利仓，浦城人黄静在徽宗政和年间（1111—1117年）提举福建路常平，遇岁饥，遂立仓名为“永利”。据朱熹记载：“浦城县迁阳镇永利仓者，故提举常平公事黄侯某之所为也。闻之故老，某年中黄侯以乡人奉使本道，奏立是仓。其里中岁时敛散，以赈贫乏。且使郡官兼董其事。行之累年，近村之民，颇赖其利。后以兵乱废熄无余。岁或不收，民辄告病。于今若干余年。”②光宗绍熙五年（1194年）知浦城县事鲍恭叔向常平使者李沐请求恢复永利仓事，李沐同意。“于是鲍君得致其役，营度故壤，筑仓若干楹，不日告成，略如旧制。遂移县庾之粟若干斛以贮焉。夏发以贷，冬敛以藏。一以淳熙某年社仓制敕从事。盖凡贷之所及者，某里某都之人，固皆有以望于其后而无复凶年之虑矣。”③可见，永利仓仓本原本出于常平，其后又转用县仓之粟，因此属于地方自筹经费的仓种；从时间上看，夏季发贷，冬季收藏，属于季节性的赈贷仓种。

（五）平济仓

平济仓是一种比较特别的地方性仓种。理宗淳祐十一年（1251年），令狐震为湘乡县令。“县有平粜二仓各为米千石，距今未十年，羽化已三之二。思欲究极其弊而补完之，吏去其籍，新令且至，卒未可为。乃节缩浮蠹，得钱二百三十万，计可籴千石。别为仓名：平济。痛惩往弊，更立新规，以其钱属之丞为籍，择邑之巨室二十三家，家赋十万，俾及时以粜，储米于其家，官不复置廒，先粜为期，命输米于丞之治寺，民持券至者，米出钱入，皆巨室躬任之，吏毋得与。既事复持钱以归，听贸易取息，官毋问其出入，第及期，责米而已。将粜，丞先以市价白县，县斟酌之；务在稍平于私而无耗于本。县总其纲，丞治其详，民任其寔。镪（qiǎng）以粒上，不藏于官，无侵移之弊，无敷配之扰，元徒胥之费，无折阅之患，一举而四利兼焉。掌粜者，二年而代，遍则复为。丞秩满，县核籴本之在民者，无耗乃白州，听其去。上下相维，系牵绳联，庶乎久而勿坏。吾之为此，非不恤后人，竭府库财而以干誉也。外是钱谷视始至犹不啻数倍，事至不为，吾恐既去，终为乌有，而民不蒙其利，虽然亦安保其往也。”④由上可以看出，平济仓是一种官督民办的经常性的赈粜仓。平济仓的籴本来源于地方官府的节余，仓米储存于巨室，官府不另设仓，经营上亦委托巨室“敛散”，官府不参与具体运作。平济仓的此种运营方式是古代仓储制度的一个巨大革新。

通过以上对宋代全国性及地方性两类仓种的论述，可以发现这样一个现象：全国性仓种多建立于北宋中前期，此类仓种多由政府出资并且由政府进行经营管理，赈济方式多为无偿性质；地方性仓种则多建立于南宋时期，多由民间出资并且由民间进行经营管理，政府只是起一个监督作用，赈济方式多为有偿性质。此种现象产生的原因很多，重要的原因有两个：一为中央政府对地方控制能力的减少，二为地方力量的兴起。南宋时地方力量在救灾中的作用越来越重要，其代表人物是朱熹，他创制的社仓制，推行民间自助救灾，在中国赈灾救荒史上占有重

① 周应合：《景定建康志》卷23，《城阙志四·平止仓》. 文渊阁四库全书，第489册.

② 朱熹：《朱文公文集》卷80之13，《浦城县永利仓记》. 四部丛刊本. 上海：上海书店，1989.

③ 朱熹：《朱文公文集》卷80之13～14.《浦城县永利仓记》. 四部丛刊本. 上海：上海书店，1989.

④ 高斯得：《耻堂存稿》卷4，《湘乡县平济仓记》. 文渊阁四库全书，第1182册.

要地位(邱云飞,2008)。

第六节　救灾措施

一、荒年募兵

荒年募兵,就是在灾荒年月,募灾民为兵,以此来赈济灾民。该政策在太祖时期得到确立,史载:“太祖既得天下,使赵普等二三大臣陈当今之大事可以为百代利者,普等屡为言,太祖俾更思其上者。普等毕思虑无以言,乃请于太祖。太祖回答:‘可以利百代者,惟养兵也。方凶年饥岁有叛民而无叛兵,不幸乐岁而变生则有叛兵而无叛民。’”①此项措施得到很好地贯彻。真宗时(997—1022年),方偕为温州军事推官。“岁大饥,民有欲隶官军以就廪食,而兵有定数。吕公夷简为提点刑狱,公(方偕)白之曰:‘温民饥且死,势将聚而为盗,岂若署壮强以尺藉且消患于未萌,而公私交利乎?’吕即移文于州、县,点七千人。”②

荒年募兵在赈灾上有积极意义,但也带有局限性。虽然是赈灾措施之一,但朝廷总是想招募灾民中的壮健者入伍,而这部分人在灾民中的比例很低。荒年募兵虽在赈灾中的作用不是很大,但其带来的弊端却显而易见,即冗兵问题。宋代特别是北宋时期,政府财政收入大多被军队消耗掉。但是,与冗兵问题相比,宋代更在意的是社会稳定,尤其是灾荒时期的社会稳定。神宗虽然被财用匮乏所困扰,但对募灾民为兵这一政策却大加赞赏,称其为“太平之业”“自古未有及之者”③(邱云飞,2008)。

二、以工代赈

以工代赈,就是通过组织灾民进行劳动而给灾民发放报酬的一种赈济方式。赵抃(biàn)知越州:“岁大饥,公多方赈救之外,又僱小民修城四千一百丈,为工共三万八千,乃计其工而厚给之,民赖以济。”④范仲淹知杭州:“吴中大饥,吴民素喜竞渡,好佛事。乃纵民竞渡,召诸寺主,论以饥岁工贱,令其大兴土木,又新仓廒吏舍工技服力日数万人。是岁,两浙惟杭晏然,民不流徙。”⑤汪纲字仲举:“知兰溪,岁苦旱,劝富民濬治塘堰,大兴水利,饥者得食其力,民赖以苏。”⑥

以工代赈在宋代得到大力推广,但在实施过程中也出现了一些弊端,如天圣七年(1029年)五月,朝廷得报:“防闻灾伤路分募人工役多不预先将合用人数告示,以致饥民聚集,却无合兴工役。”⑦针对此种情况,中书门下省建议:“诸路有合兴工役并依所计工数晓示,逐旋入役,免致饥民过有聚集,以致失所。”⑧神宗熙宁六年(1073年)六月,时任中书门下省检正刑房公事的沈括,针对此事上奏:“乞今后灾伤年份,如大段饥歉更合赈救者,并须预具合修农田水利工役人夫数目及召募每夫工直申奏,当议特赐常平仓斛钱召募阙食人户从下项约束兴修,如是

① 晁以道:《景迂生集》卷1,《元符三年应诏封事》. 文渊阁四库全书,第1118册.

② 蔡襄:《端明集》卷37,《光禄少卿方公(偕)神道碑》. 文渊阁四库全书,第1090册.

③ 脱脱:《宋史》卷193,《兵志七·召募之制》. 北京:中华书局,1977.

④⑤⑥ 范宝俊:《钦定康济录》卷3下,《十四兴工作以食饿夫》. 文渊阁四库全书,第663册.

⑦⑧ 徐松:《宋会妾辑稿》食货57之7. 北京:中华书局,1957.

灾伤本处不依敕条赈济，并委司农寺点检察举。”[①]为此，朝廷进行一番讨论后，于当年下诏：“自今灾伤用司农常法赈救不足者，并预具当修农田水利工役募夫数及其直上闻，乃发常平钱斛募饥民兴修。不如法赈救者，委司农劾之。”[②]至此，宋代政府对工赈的方法开始进行正规管理。

以工代赈的方法对后世产生了重要的影响，中国自不必说，西方国家也多次采用。最突出的就是美国在1929—1933年大经济危机后，罗斯福总统采用大规模招募贫民兴修水利等基础设施，并以此来恢复经济(邱云飞，2008)。

三、赈济

赈济是广泛的救灾措施，其具有多种形式，就宋代而言大多为赈给、赈贷、赈粜3种。下面一一说明。

赈给，是将物品无偿供给灾民，以帮助其度过灾害。宋代首次实行赈给，是在太祖建隆三年(962年)三月，“诏赐沂州饥民种食”[③]。徽宗大观三年(1109年)，“江、淮、荆、浙、福建旱，秦、凤、阶、成饥，发粟赈之”[④]。宋代大多是赈给灾民粮食，但也有赈钱及其他物品。无偿赈给在宋代相当普遍，不仅施行的次数多，而且赈给的物品也多样化。无偿赈给主要是针对灾荒比较严重的情况，是各种救灾措施中比较重要的一种。

赈贷，是将物品(多是粮、种)以借贷的方式给予受助人，以助其渡过困难。前述之赈给属于无偿性质，但是不适合受灾面积大、受灾状况严重、受灾人数众多的情况，因为国家的财力承受不起，因此出现赈贷措施。宋代赈贷之法始于太祖建隆三年(962年)，时任户部郎中的沈义伦有：“使吴越还，言扬、泗饥民多死，郡中军储尚余万斛，宜以贷民。有司沮之曰：‘若岁未稔，谁任其咎？’义伦说：‘国家以廪粟济民，自当召和气，致丰年，宁忧水旱耶？’太祖悦而从之。”[⑤]此后，荒年赈贷成为定法。

赈粜，是将赈济之粮米低于市场价售给受灾者的措施，是一种有偿赈济。宋代的赈粜措施开始时是以平抑物价为目的，很少用于赈灾。但是由于宋代救灾的原则是先下户后上户，下户众多，事实上，受灾的上户基本上得不到什么救助，这样由于灾害频发，更是为了救助依法不够赈济条件的人户，赈粜就成为常用的赈济措施。如真宗大中祥符二年(1009年)二月，“陕西旱，令发廪赈粜”[⑥]。赈粜的物资除粮食以外，根据各地物产的不同还有其他种类，如“知成都府张咏镇蜀日，春粜米，秋粜盐，官给券以惠贫弱”[⑦]。赈粜虽是很好的赈济措施，但在实施过程中很容易出现官商勾结的营私舞弊现象。哲宗元祐六年(1091年)八月乙卯，“监察御史虞策言：‘两浙灾伤州、县取米多为贩夫公吏相结冒籴，次及强壮之人，其饥羸者转受困饥，或被蹂躏死伤’”[⑧]。为此，宋代政府“重申法禁，严厉禁止”[⑨]。

---

① 徐松：《宋会妄辑稿》食货57之7～8. 北京：中华书局，1957.
② 马端临：《文献通考》卷26《国用四·振恤》. 上海：上海商务印书馆，1936.
③ 马端临：《文献通考》卷26，《国用四·赈恤》. 上海：上海商务印书馆，1936.
④ 脱脱：《宋史》卷20，《徽宗纪二》. 北京：中华书局，1977.
⑤ 秦蕙田：《五礼通考》卷247，《凶礼二·荒礼》. 文渊阁四库全书，第142册.
⑥ 李焘：《续资治通鉴长编》卷71，大中祥符二年二月庚寅. 北京：中华书局，2004.
⑦ 脱脱：《宋史》卷315，《韩绛传》. 北京：中华书局，1977.
⑧ 李焘：《续资治通鉴长编》卷464，元祐六年八月乙卯. 北京：中华书局，2004.
⑨ 徐松：《宋会要辑稿》食货57之11. 北京：中华书局，1957.

赈济措施有两个问题需要注意。一个是赈济原则，其原则是视户等而定。宋代政府根据民户占田及拥有财富的多少将其分为主户、客户两类。主户一般指占有土地，拥有一定财产，并且缴纳赋税的民户；客户则指没有土地，且不缴纳赋税的民户。主户根据财力多少又分为五等：第一、二等为富裕之家，第三等为中产之家，第四、五等为贫困下户。赈济工作的一般原则是自下而上，即先赈济客户、下户，之后才到中户、上户①。户等越高，财力越多，其抗灾能力也就越强，宋代赈济原则先照顾社会弱势群体的利益，难能可贵，体现了公平合理的原则。另一个需要注意的问题是赈济的数额标准。宋代政府规定的赈给数额一般是大人日给二升，小儿日给一升②。赈粜的数额一般是每人每日二升；赈贷的数额通常是每户三斗③（邱云飞，2008）。

四、禁遏籴

禁遏籴，即禁止各地阻止粮食出境，促进粮食从丰稔之地流向灾荒地区，以利于赈济灾荒。两宋时期由于灾害频发，各地为了赈灾备荒，以致到后来即便是丰稔之岁，也不许本地米斛出境。李靓在批评此现象时说："大抵东南土田美好，虽其饥馑之岁，亦有丰熟之地。比来诸郡各自为谋，纵有余粮不令出境。昨见十程之内，或一斗米粜五六十价或八九，十或一百二三十，或二百二三十价。鸡犬之声相闻，而舟楫不许上下，是使贱处农不得钱，贵处人不得食，此非计也。况于境内又有禁焉，止民籴以待官籴是也。且贾人在市，农人在野，籴之则米聚州、县，不籴则谷留乡村，徒为日日修城池而不筭其中蓄积，亦可笑矣。若曰官籴数足然后放民籴，俟河之清耳。官籴价一定，民籴价渐高，难易如何哉？愚谓当弛一切之禁，听民自便，仍为著令以告后来。"④为此，朝廷多次禁遏籴。但是，宋代行政体制决定了禁遏籴之法并不能得到很好的贯彻。众所周知，宋代加强中央集权，将地方的财权收归中央，地方上往往不能留有余财，因此在灾荒频发之年，各地粮食普遍吃紧，深恐"他处之人恣行搬运不加禁止，本州本县自是艰籴"⑤。因此，遏籴不能从根本上禁止也就不足为怪。

五、蠲免

蠲免，即政府免除应征的赋税及积欠政府的钱物。宋代实行蠲免之法始于太宗至道二年（996年），"至道二年，放江南诸州南唐时旧欠官物千二百四十八万缗，以民贫无以偿"⑥。此后，蠲免政策普遍实行起来，每遇灾荒或大赦之年均实行蠲免。如仁宗天圣三年（1025年）八月"辛未，蠲陕西州军旱灾租赋"⑦。高宗建炎二年（1128年）秋七月"辛丑，以春霖夏旱蝗，诏监司、郡守条上阙政，州郡灾甚者蠲田赋"⑧。蠲免是宋代政府赈灾救荒的一项重要措施，它在助民度荒、宽抒民力方面起到了很大的作用。但是在蠲免中也有一些问题，如上免下不免、先免后收等。

---

① 徐松：《宋会要辑稿》食货57之13. 北京：中华书局，1957.

② 王根林点校：《司马光奏议》卷37，《赈济札子》. 太原：山西人民出版社，1986.

③ 徐松：《宋会要辑稿》食货57之3. 北京：中华书局，1957.

④ 李觏：《盱江集》卷28，《寄上孙安抚书》. 文渊阁四库全书，第1095册.

⑤ 董煟：《救荒活民书》卷中，《禁遏籴》. 文渊阁四库全书，第662册.

⑥ 马端临：《文献通考》卷27，《国用五·蠲贷》. 上海：上海商务印书馆，1936.

⑦ 脱脱：《宋史》卷9，《仁宗纪一》. 北京：中华书局，1977.

⑧ 脱脱：《宋史》卷25，《高宗纪二》. 北京：中华书局，1977.

六、倚阁

倚阁是政府延缓征收应征的赋税。倚阁是宋代新创的一种救灾措施。宋代最早实行倚阁是在真宗景德二年(1005年)十二月,“丁酉……除海州朐山,东海等县民所逋去年赈贷及倚阁东苗盐米”①。此后,在灾荒之年倚阁措施普遍开展起来。倚阁的对象从原则上不分户等而定,但在实际上往往是中等以下之户。倚阁的数额则是视户等高低,纳税额度的多少而定。总体来说,纳税额低的下等户倚阁数额大,纳税额高的中、上等户倚阁数额小。光宗绍熙三年(1192年)下诏规定:“户纳税十石以上者,倚阁额度由州、县决定,其余纳税人户分为三等,纳税五石倚阁三分之一,纳税二石以上五石以下倚阁二分之一,纳税二石以下全部倚阁。”②此项措施体现了宋代政府的公平合理原则。

七、罢官籴

罢官籴,即在灾荒年份暂停政府收购粮食,以此来减缓粮价上涨。宋代每年都要收购一定数量的粮食,以此来供给军队、官员等非生产性人口的需要。但是在灾荒之年,粮价必然上涨很快,政府若还照例收购,会进一步促使粮价上涨,导致人民抗灾能力的下降。因此,政府在灾荒之年暂停收购粮食对于广大灾民的抗灾自救意义重大。神宗熙宁七年(1074年),河北地区自春至夏大旱异常,因此,朝廷九月“诏河北灾伤州军罢籴”③。苏辙也在其《龙川略志》中记载:“元祐六年(1091年),两浙大旱,米价涌贵,上供米百万斛无所从得。官不罢籴,则米价益贵,籴钱不出,则民间钱荒,其病尤甚。忧之无以为计,予偶止殿庐中,谓知枢密院韩师朴说:‘浙中米贵,欲于密院出军阙额米中借百万斛,如何?’师朴说:‘安敢借?’曰:‘米陈不免贱卖,今欲逐十先借,而合浙中以上供价四贯银折还,岂不两便?’师朴曰:‘如是,无不可。’遂奏行之。是岁,浙中依常岁得钱,而米不出,故米虽贵不至甚。”④由上可见,罢官籴是宋代政府比较常用的一种救灾措施,此项措施符合价值规律中的供求关系原理,所以实际效果比较明显。

八、免役

免役,即免除受灾群众徭役的一种救济方式,此种救济方式属于间接性的。宋初比较重视此法。如仁宗至和年间(1054—1056年),谏官范镇上疏说:“陛下每遇水旱之灾,必露立仰天,痛自刻责,而吏不称职,陛下忧勤于上,人民愁叹于下。今岁无麦,朝廷为放税免役及发仓廪拯贷,存恤之恩不为不至。”⑤神宗时期(1068—1085年),王安石推行新法,颁布免役法,规定免役必须出役钱,因此宋代政府在此期间多不用免役来进行赈灾。之后由于新旧党交替掌权,用免役之法赈灾,时有时无。到南宋后,除宁宗嘉定二年(1209年)秋七月“癸卯,募民以赈饥免役”⑥之外,已几乎不见有免役之法用于赈灾的记载。

---

① 李焘:《续资治通鉴长编》卷61,景德二年十二月丁酉.北京:中华书局,2004.

② 徐松:《宋会要辑稿》食货58之19.北京:中华书局,1957.

③ 李焘:《续资治通鉴长编》卷256,熙宁七年九月壬戌.北京:中华书局,2004.

④ 苏辙:《龙川略志》卷8,《两浙米贵欲以密院出军阙额米先借》.北京:中华书局,1982.

⑤ 脱脱:《宋史》卷179,《食货志下一·会计》.北京:中华书局,1977.

⑥ 脱脱:《宋史》卷39,《宁宗纪三》.北京:中华书局,1977.

九、宽刑

宽刑，即是在灾荒年份实行减宽刑罚的措施。宽刑属于间接的救灾措施，意在为赈济灾荒创造宽松的政治环境。宋代政府重视社会稳定，常在灾荒年实行宽刑的措施。宋代最早实行宽刑是在宋太祖乾德元年(963年)“夏四月，旱，甲申，遍祷京城祠庙，夕，雨，减荆南、朗州、潭州管内死罪一等”①。仁宗明道元年(1032年)“江淮大旱，蝗虫起，扬、楚间尤甚”“公悉心抚辑，使富人出粟以分贫乏，然犹有群辈持杖为盗者，捕得皆当死”“公安其情无他，悉笞遣之，前后数十百人”②。哲宗元符二年(1099年)夏四月“丁亥，以旱减四京囚罪一等，杖以下释之”③。

以上是宋代常用的积极防灾、减灾措施，其他还有劝分、赐度牒、驰禁榷、招商等防灾、减灾措施，不再赘述(邱云飞，2008)。

第七节 久旱祈雨

基于灾害天谴论等“天人感应”的思想对宋朝君臣影响大，面对频繁发生的自然灾害，实施了一系列禳灾弭灾措施，以求得到上天的庇护，化灾异为祥瑞。以皇帝为首的中央和各级地方政府会举行祈禳、祭祀及其他相关活动，以达到祈求上天眷佑、消弭旱涝等灾害，政权稳固的目的。从现代人的观点看这属于迷信活动，但在中国古代社会，这种活动在灾害发生后却经常举办(罗先勇，2013)。

一、祈雨制度

在宋代，旱灾发生后，祈雨是一种常见的活动。《宋史》本纪所记载的宋代统治者直接或间接参与的祈(祷)雨(晴)活动有113次(表5.3)。

表5.3 宋代祈雨次数(罗先勇，2013)

太祖	太宗	真宗	仁宗	英宗	神宗	哲宗
17	14	10	9	2	12	3
徽宗	钦宗	高宗	孝宗	宁宗	理宗	度宗
1	1	3	3	16	19	3

在“君权神授”的封建时代，作为天子的皇帝，是与天沟通的主要角色，一旦发生干旱，帝王们都会亲自或是谴派近臣去祈祷，如仁宗“一遇水旱，或密祷于朝廷，或跣立殿下”④。《文献通考》中有关于太祖、太宗祈雨的记载：

太祖、太宗时，凡京师水旱稍久，上亲祷者，则有建隆观、大相国、太平兴国寺、上清、太一

① 脱脱：《宋史》卷1，《太祖纪一》．北京：中华书局，1977.
② 刘敞：(公是集》卷51，《先考益州府君行状》．文渊阁四库全书，第1095册.
③ 脱脱：《宋史)卷18，《哲宗纪二》．北京：中华书局，1977.
④ 脱脱：《宋史》卷12，《仁宗四》．北京：中华书局，1977.

宫，甚者再幸，或撤乐、减膳、进蔬馔。谴官祷者，则天齐、五龙、城隍、祆神四庙，大相国、开宝、报慈、乾明、崇夏五寺及建隆观。令开封府祭九龙、浚沟、皇沟、子张、子夏、信林君、段木干、扁鹊、张仪、吴起、单雄信庙。雍熙后，多谴宰相、近臣。至道后，又于寺观建道场，复谴常参官或内侍诣狱渎致祠。咸平后，祈祷又增玉清昭应、景灵宫，会灵、祥源观，泰一宫或亲幸致祷。①

祈雨在宋代大多因干旱进行，如大中祥符二年（1009年）五月二十五日有记载："以陕西旱甚，遣使分诣凤翔府上清、太平宫、汾阴后土、西海、西狱、河渎显圣王庙、西狱真君观祭醮。仍令各前三日致斋。如陕西更有自来灵显宫观、寺院、神庙，委转运使选官精虔祈祷"②。也有到农耕之时未降雨而进行的，如真宗咸平元年（998年）三月颁祈雨诏："农耕伊始，膏泽未霑。爰伸至诚，庶获嘉应。宜谴官告天地、宗庙、社稷、狱渎、京城祠庙、寺观。"③

关于祈雨的地点和人物，宋代形成了专门的制度，自太祖、太宗时期就开始设立了一套关于祈雨的方法，《宋会要辑稿》有相关记载：

国朝凡水旱灾异，有祈报之礼。祈用酒、脯、醢（hǎi），报如常祀。宫观寺院以香茶、素馔。京城玉清昭应宫、上清宫（今废）、景灵宫、太一宫、太清观（今建隆观）、会灵观（今集禧观）、祥源观（今醴泉观）、大相国寺、封禅寺（今开宝寺）、太平兴国寺、天清寺、天寿寺（今景德寺）、启圣院、普安院，以上乘舆亲祷。或分谴近臣昊天上帝于南郊，皇地祇于北郊或南郊。望祭太庙、社稷、诸方狱镇海渎。于南郊望祭。天齐仁圣帝庙、五龙堂、城隍庙、㮣祠、报慈寺、崇夏寺、报先寺（今干明寺）、九龙堂、浚沟庙、子张、子夏庙、信陵君庙、段干木庙、扁鹊庙、张仪庙、吴起庙、单雄信庙，以上并敕建、谴官。九龙堂以下旧只令开封府谴官，后皆敕差官。仍令诸寺院宫观开启道场。今水旱亦令依古法祈求。五岳四渎庙、河中府后土、亳州太清宫、兖州会真宫、河中府太宁宫、凤翔府太平宫、舒州灵仙观、江州太平观、亳州明道观、泗洲延祥观、兖州景灵宫、太极观，以上并□差朝臣或内侍，自京赍香合、祝板，驰驿就祈。五岳真君观、泗洲普照寺、西京无畏三藏塔，以上并谴内臣诣建道场。④

由中央层面组织的祈雨活动中还有一种是由宰辅或百官主持，通常出现两种情况。

第一种是来自于皇帝的命令，如宋太宗至道元年（995年）二月"甲申，命宰相祷雨"。至道二年"三月丙寅，以京师旱，遣中使祷雨。戊辰，命宰臣祀郊庙、社稷祷雨"。同年十二月，"命宰相以下百官诣诸寺观祷雪"。上述情况可视为皇帝祈雨的变形，朝廷视灾害具体规模确定祈雨的等级。作为国家最高象征的皇帝不可能逢旱就亲自祈雨，故其替代者的规模与等级也不尽相同。宰相、宰相与百官、宰相以下百官则是不同规模灾情发生时替代皇帝祷雨的主体。

第二种则是出于宰辅群体的请求或台谏官员的弹劾。在宋代宰辅的任命和去职与天象密切相关。薛居正拜相制词有"燮理阴阳者，冢宰之权"之说，即宋代宰辅理应有调和阴阳、天人关系的责任。宋琪罢相的官方理由就是他不能做到"上所以燮理阴阳，下所以康济黎献"。时人相信统治者的治理不当会导致天降灾害。作为皇帝最高助手的宰辅则时常成为皇帝过失的承担者。所以当出现大旱等灾难的时候宰辅群体可能将祈雨作为一种应对灾害和政治失责的

---

① 马端临：《文献通考》卷77，《郊社十》．北京：中华书局，1986．

② 徐松：《宋会要辑稿》礼18之7．北京：中华书局．

③ 徐松：《宋会要辑稿》礼18之4．北京：中华书局，1957．

④ 徐松：《宋会要辑稿》礼18之2．北京：中华书局，1957．

手段，如果他们不主动提及，台谏官员可能以此对其进行弹劾。

地方官员负有关注农业收成、汇报地方晴雨旱涝之责的传统可以上溯到汉代。在宋代，各级地方行政长官每年要及时上报辖区情况，雨水丰沛与否是必报内容之一。而旱灾时候的祈雨不仅是应对灾害的手段，也是地方官员任职履历中的必填项，因此不管是出于上层的命令、关心百姓疾苦，还是体现政绩的原因，各级地方官员普遍参与该活动。

绍圣初年，程节知桂州兼经略安抚时有记载："境内仍旱，精祷山川，潭龙为出，见而雨，时年亦大有矣。诏迁直龙图阁学士。"程节以地方大员亲自祷雨见效，得嘉奖升迁。又宣和年间抚州宜黄县大旱，县官组织"做土龙祈雨"，峡州宜都令"盛夏不雨，遍祷诸祀"；宋孝宗年间(1163—1189年)，知衢州王悦"以盛暑祷雨、蔬食减膳、忧勤致疾而死"。可见从执掌一方的封疆大吏到官僚之末的县令无一不参与到求雨活动之中，这是一种职务性行为。

各种官方祈雨行为有时会交叉进行，如宋神宗熙宁元年(1068年)正月，皇帝因天旱亲幸寺观祈雨，又令在京差官于本司斋戒三日，然后分祷各处，同时"诸路择端诚修洁之士，分祷海镇、岳渎、名山、大川，洁斋行事…… 诸路神祠、灵迹、寺观，虽不系祀典，祈求有应者，并委州、县差官洁斋致祷"。这是各种官方祈雨交错进行的典型范例，也就更能体现官方祈雨的政治含义(王翠，2012)。

二、祈雨方法

宋代形成了一套祈雨方法。宋初沿用了前代的祈雨法，咸平二年(999年)闰三月三日"工部侍郎、知杨州魏羽上唐李邕《雩祀五龙堂祈雨之法》，诏颁于诸路"。真宗认为此法"前代所传，不用巫觋(xí)，盖防亵慢。可令长吏清洁行之。郡内有名山大川、宫观寺庙，并以公钱致祷"。[①] 其方法据《文献通考》记载如下：

以甲乙日，择东方地作坛，取土造青龙。长吏斋三日，诣龙所，汲流水，设香案、茗果餈饵，率群臣、乡老日再至祝酹。不得用音乐、巫觋，以致媟渎。雨足，送龙水中。余四方皆如之，饰以方色。大凡日干及建坛取土之里数、器之大小及龙之修广，皆取五行生成数焉。[②]

真宗景德三年(1006年)又颁布了画龙祈雨法，"又以画龙祈雨法付有司镂板颁下"。其方法据《文献通考》与《宋史》记载：

择潭洞或湫泺林木深邃之所，以庚、辛、壬、癸日，刺史、县令帅耆老斋洁。先以酒脯告社令讫，筑方坛三级，高一尺、阔丈三尺，坛外二十步，界以白绳，坛上植竹枝，张画龙。其图以缣素上画黑鱼左顾，环以天鼋十星，中为白龙吐云，黑色。下画水波，有龟亦左顾，吐黑气如线，和金银朱丹饰龙形。又设皂幡，刎鹅颈，取血置槃(pán)中，杨枝洒水龙上。俟雨足三日，赛以豭(jiā)，取画龙投水中。[③]

画龙祈雨法颁布后，每遇旱时，多用此法进行祈雨。宋祁在他的《仲夏愆雨穉(zhì)苗告悴辄按先帝诏书绘龙请雨兼祷霍山淮渎二祠戊寅葳祀己卯获雨谨成喜雨诗呈官属》一诗中记载了用画龙祈雨法祈雨：

---

① 徐松：《宋会要辑稿》礼18之5. 北京：中华书局，1957.

②③ 马端临：《文献通考》卷77，《郊社十》. 北京：中华书局，1986.

盛夏挟骄阳，于以构炎，烈御煽云汉。稻颖茁然秀，涸流不胜灌。田畯恤岁功，释耒共愁叹。太守忝农使，闭阁重惭惋。曾是谬政纲，曾是滥囚犴。一食三失匕，冀亦思过半。驰祝诉群望，愿以身塞谴。先帝隐民瘠，致和格灵变。图龙著绘法，令甲布州、县。愚计不知出，奉行安敢慢。外日筑层坛，丙夜封舒雁。奉也再三跪，信辞靡虚荐。幸勿为龙羞，敢不报神眷。翼日耿弗寐，徂野视宵奠。幽血桀静蠲，执事便传赞。薄诚蒙昭享，距跃私自忭。回车未及税，云油默焉遍。穷海遂涔涔，笼山兹漫漫。早麓众卉苏，焦原暍氛散。寸苗蔚如握，新波鳞欲涣。何意一溉窘，有望千箱衍。揆予乏嘉绩，圣诏抑成宪。恤祀神罔恫，旨作人胥劝。抒藻抽言词，窃用慰群掾。①

到了神宗熙宁年间(1068—1077 年)又先后颁布了宰鹅祈雨法与蜥蜴祈雨法，神宗熙宁十年(1077 年)四月二十三日“御前降到蜥蜴祈雨法，四月十八日举行，二十日而雨”。于是神宗下诏附宰鹅祈雨法后颁行。“捕蜥蜴十数至瓮中，渍之以杂木叶。选童男十三岁以下、十岁以上二十八人，分两番，间日衣青衣，以青涂面及手足，人持柳枝，沾水散洒，昼夜环绕，诵呪曰：‘蜥蜴蜥蜴，兴云吐雾。雨若滂沱，放汝归去。’”②

南宋孝宗乾道四年(1168 年)八月六日颁布了一套求雨法，“诏颁江阴军缴到《祈雨雪法》”，此祈雨雪法仁宗皇祐二年(1050 年)六月颁发，“虑年深损坠”，于是重新“将旧敕雕板模印成册”，诏令天下严格按照此法进行祈求。《宋会要辑稿》如是记载：

两浙安抚司以祭龙求雨法来上，乞布之天下。按皇祐颁降祈雨雪法册，无绘画龙等，惟广德军元解发印造到，内有绘画样制，至今年深，虑致损坠，乞于昨来祭龙祈雨雪内添入绘画龙等样制，从本部下临安府镂板，以黄纸如法印造成册，纳本部，本部下都进奏院颁降诸路州、府、军、监、县等，严加收掌，遇愆雨雪，精洁祈求。③

具体方法分为：置坛法、画龙法、祭龙法、验雨法与赛龙法。

(一)置坛法

先择左侧有龙潭或秋泺(Luò)，或水泉所出，水边林木郁茂，或有洞穴深邃堪畏之处，或居灵祠古庙，以为坛地，取庚、辛、壬、癸及成日、满日丑时置坛。本处刺史、县令并官属、耆宿、应执事人皆先斋洁。祭日，官属并公服靴笏(hù)，余人并常服。其日具酒、脯、白鱼干、信币、帛缯(zēng)五赤、时菜名香，一俎(zǔ)、二豆、两爵。布净席二领，南向，以白鱼干、信置俎上，时菜实豆中，香炉置俎豆南。又以新幞覆箱，箱内安皂缯，置香炉南，并陈于席上。又以净罇盛酒，陈席东。又设祀官位于席南。州则刺史亲祀，县则县令亲祀。礼生引祀官就位。执事者实一爵，置俎上，祀官再拜跪奠。执事者又实一爵，祀官又拜殿。读祝于坛地之东南角。读祝人，州县各依常式。祝文说：“维某年某月某朔某日，具官姓名，谨以清酌、脯鱐(sù)、鱐(音肃，干鱼也)、时菜、信币、帛缯之奠，昭告于某处社令后土神居之灵。伏以久愆甘雨，祈雪即言久愆嘉雪。将害农功，夙夜怀忧，罔知所恕，今于此地置坛求龙。伏惟社令后土神君监此精诚，无或艰阻，俾龙克飨其祭，尚不为灾。尚飨！”读文讫，祀官再拜。执事捧币箱立祀官前，授爵饮酒，再拜，遂取帛缯及酒脯等于席南瘗之。坎深一尺。瘗讫，撤席。造方坛，坛用净土筑成。凡三级，

① 宋祁：《景文集》卷 5. 影印版文渊阁四库全书本. 台北：台湾商务印书馆，1986.

② 脱脱：《宋史》卷 102，《礼五》. 北京：中华书局，1977.

③ 徐松：《宋会要辑稿》礼 18 之 21. 北京：中华书局，1957.

每级高一尺。上级方阔一丈三尺，中级、下级四面各容一尺七寸，皆以净泥泥之。去坛二十步，围以白绳，无令人入。应州县官属、耆宿，并于白绳外陪位，非祀官及执事者并不得辄入。

（二）画龙法

取新净绢五尺，横界为二节。于下节画水，水有波岸。水中尽龟，左顾，口吐黑气，初如线形，引至二三寸，渐大，散作黑白云。又于中节画龙，龙色随日干，庚、辛日画作白龙，壬、癸日画作黑龙。若取张僧繇(yáo)画盘龙样，尤佳也。龙口吐黑、白气成云，黑色宜多。又于上节画天，用朱砂点十黑为天元龟星形，星中画黑鱼，亦左顾，勿令鬐鬣(qí liè)太分明，亦勿令与龙所吐云气相接。其龙以金、银、朱砂和黄丹作色饰之，极令鲜明。

（三）祭龙法

先令一道士于坛上敕水解秽，然后祭龙。或无道士处，但焚香步虚，遶坛一匝可也。大意在屏嚣杂、断污黷(chù)。取新竹二竿，各长七尺，竿头带大叶，植于坛上。或无竹处，以苇及杨柳代之，尺数并依竹竿。竿头各挂一帛幡，各长二尺四寸，取龙帧挂两竹之间。龙前置新席一，设俎豆、酒脯、时菓、名香，烧香以糖灰火，勿用炭。龙畏炭也。亦勿用铁器，龙亦畏铁器也。又取白鹅一只，无鹅处以凫(fú)雁代之。笼于坛南，以物束口，无令作声。又设祀官位于其南。自置坛后，应预祭官属、耆宿并执事者，并斋洁，绝荤辛、宴饮及吊丧问疾。祭日，以亥时集坛下，子时行事。坛之东西各设灯纂二，又于东南置罍(léi)洗。如无罍洗，代以洁器。宿属、耆宿并陪位于白绳外。礼生引祀官至罍洗盥手毕，又引就位，再拜，奠酒，再奠，再拜。读祝文说：“维某年某月某朔某日，具位官姓名，谨以清酌、脯羞、花菓、名香，荐舒雁之牲，敢告于里社神龙。某授命大君，来祈阴贶。伏以亢阳为沴，甘雨久愆，祈雪即云嘉雪久愆。虑害农功，莫遑夙夜。今则谋于龟筮，启此坛场，备荐吉蠲，用求灵应。伏望即日驾电驱风，祈雪即云召雪驱风。降为膏泽。至诚必报，无作龙羞。伏惟尚飨！”读文讫，祀官奠酒，再拜。授爵饮酒讫，又拜。执事者用新盘，不择瓷、漆、素铜、锡，但新洁者，取鹅于坛南，刀割其项，三分存一，勿令断。盘盛血，至于坛上，承之以俎。又以盘盛鹅身于坛南，取血奠之。奠讫，祀官再拜，陪位者并拜。又祝说：“五日内雨足，祈雪即云雪足。当更赛谢。”又再拜，撤席，撤俎豆，唯留血盘于坛上。别添香火。又以大盆盛净水，以杨柳枝条略点水洒龙巾登讫，置于水上。祀官并执事者俱出。至来日午时前，不得更令人至坛侧，常数十步谴人巡逻之。

（四）验雨法

次日寅时前，刺史、县令率官属、耆宿等拜于坛南白绳外，谴执事者入坛，视血盘中，如无物，得雨雪疾。或有虾蟆、蜥蜴、蜈蚣、百足之类，即有大水。所见虫□并送水中，不可损犯。或得飞鸟、蚁子及虫、鸟粪，即由祀官心不精洁，故祷无应。雨雪降迟，当再虔诚祈告。看讫，执事人取盘洗血，并鹅于坛前掘坎瘞之。龙巾登且置坛上，时令添香换水，候雨雪足即收之。

（五）赛龙法

雨雪足，候三日，用猳猪一，宰于坛东面，取血，以盘盛，置坛前。及取猪去毛，煮于坛外。既熟，别盛以盘，加以时菓及酒，不设俎豆，唯在精洁。又设祀官位如前。礼生引祀官就位，再拜奠酒讫，又再拜。读祝文说：“维某年某月某朔某日，具官姓名，敢告于里社神龙。近以亢阳为灾，立坛祈祷，果蒙灵感，获此甘泽。雪降即云获此嘉雪。今择吉日，以报神德。伏惟尚飨！”读文讫，祀官再拜，授爵饮酒讫，又拜。执事人馂于白绳外，事毕折绳。又于坛外取土块置坛上，祝说：“祈雨已毕，祈雪即云祈雪已毕。无有后报，急急如律令！”祀官等并闭气而还。龙帧赛讫，送置左侧大水或潭穴中。①

在祈雨过程中地方官员都会作一些祝文，从中可以看出祈雨活动由皇帝下诏进行，也有地方官员主持进行的，这些构成了祈雨礼仪的重要组成部分，如苏轼在杭州时的祈雨祝文：

杭州之为郡，负山带江，水泽不流。逾旬不雨，农有忧色。挽舟浚河，公私告病。吏既无术，莫知所救。不敢坐视，惟神之求。庶幾闵民之穷，赦吏之渎。赐以一雨，敢忘其报。尚饗。②

此外，随着佛教、道教等宗教因素的影响和渗透，也影响到祈雨仪式，据《文献通考》记载，在高宗绍兴八年(1138年)，"以时雨愆候，令临安府差官迎请天竺观音赴法慧寺，建置道场，如法祈求，候到，宰执率侍从前诣烧香。其后每祈水旱，则迎天竺观音入城，或就明庆寺建道场，或差官就天竺祈祷"③。

在祈雨过程中，要求主持人员讲究"心诚""不诚不可动天"，如仁宗庆历三年(1043年)五月，"天久不雨，将害民田，朕每焚香，上祷于天。昨夕寝殿中，忽闻微雷，遽起冠带，露立殿下，须臾雨至，衣皆沾湿。移刻雨霁，再拜以谢，方敢升阶，自此尚冀槁苗可救也"④。关于祈雨不心诚，一旦举发，会受到惩处，如高宗绍兴九年(1139年)七月二十八日，"徽猷阁待制、知严州董弅与宫观差遣，以臣僚言祷雨不虔故也"⑤。

在祈雨活动结束后，如果没有达到目的，会再次进行，如在宁宗嘉泰元年(1201年)五月，"以旱祷于天地、宗庙、社稷"，七月，"以旱复祷于天地、宗庙、社稷"⑥。又如宁宗嘉定二年(1209年)六月，以祷雨未降"复祷雨于天地、宗庙、社稷"⑦。或是求直言，孝宗淳熙七年(1180年)八月，"以祷雨未应，谕辅臣欲令职事官以上各实封言事"⑧。

三、谢雨制度

如是求雨成功，自然大快人心，"辅臣称贺"，则会有谢雨仪式，宋代文献中有不少关于这方面的记载。仁宗庆历三年(1043年)五月，"幸相国寺，会灵观谢雨"⑨。庆历七年(1047年)四月，"谢雨于西太一宫，以玉仙圣母殿为洞华观，即太一之别院也"⑩。也有关于这方面的祝文，如苏轼的《谢雨祝文》：

窃以农事告成，旱魃为沴。寖罹焦烁之害，遂稽收刈之勤。自非降灵，大庇群俗。以下膏泽之赐，庶有丰盈之期。实神助之使然，岂愚诚之能致。是用特临神宇，再欵(kuǎn)睟(suì)容。辄倾涓洁之诚，仰答灵威之佑。⑪

---

① 徐松：《宋会要辑稿》礼4之15至4之17. 北京：中华书局，1957.
② 苏轼：《苏轼文集》卷62，《青词·祈雨祝文》. 北京：中华书局，1986.
③ 马端临：《文献通考》卷77，《郊社十》. 北京：中华书局，1986.
④ 李焘：《续资治通鉴长编》卷141，仁宗庆历三年五月. 北京：中华书局，2004.
⑤ 徐松：《宋会要辑稿》职官70之21至22. 北京：中华书局，1957.
⑥ 脱脱：《宋史》卷38，《宁宗二》. 北京：中华书局，1977.
⑦ 脱脱：《宋史》卷39，《宁宗三》. 北京：中华书局，1977.
⑧ 脱脱：《宋史》卷35，《孝宗三》. 北京：中华书局，1977.
⑨ 李焘：《续资治通鉴长编》卷141，仁宗庆历三年五月. 北京：中华书局，2004.
⑩ 李焘：《续资治通鉴长编》卷160，仁宗庆历七年四月. 北京：中华书局，2004.
⑪ 苏轼：《苏轼文集》卷62，《青词·谢雨祝文》. 北京：中华书局，1986.

虽然祈祷求雨与天旱降雨之间并无必然联系，只是偶然的巧合，而且是一种封建迷信活动，但是这也反映出宋代君臣面对于自然灾害，为维护自己的统治而采取的应对措施(罗先勇，2013)。

第八节　小　结

宋代自960年起至1279年止，共320年。其中960—1127年为北宋，1127—1279年为南宋。中国经济发展历史上始于魏晋南北朝长达数百年的经济重心南移进程，于宋代特别是南宋时期完成。北宋气候总体偏暖，与世界性的“中世纪温暖期”一致。大致以1000年为界，之前北宋气候比较湿，之后则长期偏干。

两宋时期共320年，记载旱灾259次，旱灾分布在171年，旱灾年份占总年份的53%。旱灾平均1.24年1次，年均发生概率为81%。从旱灾的时间演变，大体可以分为6个阶段。第一、第三、第五阶段是旱灾的频发期，其旱灾频率均超过每年1次。特别是第五阶段(12世纪60年代—13世纪10年代)，1171—1184年连续14年均有旱灾记载；第二、第四、第六阶段是旱灾的低发期，特别是第六阶段，1254—1269年连续16年无旱灾记载。

两宋时期人们对灾害的认识主要继承了过去的天人感应说与阴阳五行说，但朴素唯物主义灾害观在宋代有众多的支持者，其中以王安石的观点最具代表性。王安石主张“天变不足畏”，认为天灾并不可怕。以治本为主，兼之治标，是王安石救荒措施的一大特色。范仲淹和朱熹的救荒认识与减灾对策有指导意义。董煟的《救荒活民书》提出了以5种救济为主、多种辅助方法相结合的救济之法，同时还对救济工作中各级机构的责任加以明确，在当时的社会条件下难能可贵。

北宋已经出现了现代灾害管理体系的4个层次，具备了现代灾害管理模式的雏形。决策层和管理层构成国家级灾害管理系统，由帝王和政事堂等决策机构和三司(户部)、工部、祠部、司农寺等专门的管理机构组成。它们是北宋灾害管理的中枢系统，负责制定全国减灾决策与对策、规划与计划、减灾立法与执法、指挥和协调，以及组织“弭灾”活动，祈祷上苍消弭灾害等。

路级监司机构处于“三级四层”的执行层，在全国灾害管理大系统中起承上启下的作用。主要负责上报灾情、监督和协调地方救灾工作等。提点刑狱司是这一级灾害管理的主要部门。

州、县是北宋灾害管理系统的操作层，是灾害管理大系统的基础，直接指挥、组织当地的救灾活动，执行国家和路级机构的救灾对策和计划，同时还在地方进行“禳弭”活动，执行国家的“弭灾”和“减灾”任务。

宋代的降水观测一般是由分管农业的“司农寺”负责雨量的上报管理，县级行政组织负责基础的降水观测工作。

宋代气象预报可以分为朝廷、军队、官员个人和民间等不同的系统。官方的气象预报主要由太史局、翰林天文院两个专门机构负责。

宋代士大夫将经史子集融会贯通，结合历代经验和个人经验，常常对未来气候状况作出自己的判断。他们根据天体所经过的恒星星宿的不同位置和时间或停留时间，以及星云的颜色等情况，来判断何种灾害发生。宋代官修的《武经总要》，是中国第一部规模宏大的综合性军事著作，其中《天地日月星辰风云气候之式占候诀》5卷，就是古代军事气象的汇总。

民间预报包含节气预报、云气及风向预报、植物动物异常预报、特殊地理环境云雾预报、天文气象预报与气象事件预报。

宋人在探索气象规律方面做出了新的努力，朝廷、官员、民间三方共同努力，为朝政和社会生产、生活提供了可贵的气象预警，减轻旱涝等灾害带来的损失，不仅有史学价值，也可为当代防旱减灾提供有益的信息。

为了防灾备荒，宋代设置的仓种名目繁多，总计逾数十种，仓种大致可以分为两类：一类分布比较广泛，为全国性仓种，如常平仓、义仓、惠民仓、广惠仓、丰储仓等即为此类。该仓种多建立于北宋中前期，由政府出资并且由政府进行经营管理。赈济方式多为无偿性质。另一类分布大多局限于一地一处，为地方性仓种，此类仓种名目甚多，较著名的有社仓、平籴仓、平粜仓等。该仓种则多建立于南宋时期，由民间出资并且由民间进行经营管理，政府只是起到一个监督作用，赈济方式多为有偿性质。

宋代常用的积极防灾、减灾措施有：荒年募兵、以工代赈、赈济、禁遏籴、蠲免、倚阁、罢官籴、免役、宽刑。其他还有劝分、赐度牒、驰禁榷、招商等防灾、减灾措施。

面对频繁发生的旱涝等自然灾害，以皇帝为首的中央和各级地方政府会举行祈禳、祭祀及相关活动，以达到消弭灾害、稳固政权的目的。在旱灾发生后，祈雨是一种常见的活动，有画龙祈雨法、宰鹅祈雨法与蜥蜴祈雨法。还可分为：置坛法、画龙法、祭龙法、验雨法与赛龙法。佛教、道教等宗教因素的影响和渗透，也影响到祈雨仪式。祈祷求雨是一种封建迷信活动，是消极的应对措施。

旱涝等自然灾害的频繁发生，增强了政府对灾害管理的重视。从而出现了现代灾害管理“三级四层”能级结构的雏形。宋代救灾措施大都是在前人经验基础上的细化和改进，创新较少。同时，要注意到，在宋代等中国古代社会官吏的品德高下和行政管理能力的优劣是减灾成败的决定性因素。本章对宋代的灾害观、防灾减灾的制度、措施进行了介绍、分析与讨论。上述结果可为当代防旱减灾提供多方面、多层次有益的历史借鉴。

参考文献

程民生，2014. 宋代的气象预报[J]. 河北大学学报(哲学社会科学版)，39(4)：1-11.

葛全胜，等，2011. 中国历朝气候变化[M]. 北京：科学出版社：380-403，439-440，455，460-462.

罗先勇，2013. 自然灾害与宋代政治初探[D]. 成都：四川师范大学.

邱云飞，2008. 中国灾害通史·宋代卷[M]. 郑州：郑州大学出版社.

石涛，2010. 北宋时期自然灾害与政府管理体系研究[M]. 北京：社会科学文献出版社.

谭其骧，1982. 中国历史地图集(第六册)宋·辽·金时期[M]. 北京：地图出版社.

王翠，2012. 中国古代祈雨活动初探——以宋代官方祈雨主体为中心[J]. 贺州学院学报，28(4)：20-23.

张德二，2023. 中国历史极端气候事件复原研究[M]. 北京：商务印书馆.

张立峰，贾燕，2017. 宋代降水气象观测[J]. 气象科技进展，7(6)：200-203.

张雨潇，张略钊，2010. 气候变迁在宋代经济重心南移中的影响[J]. 河南社会科学，18(3)：117-119.

第六章

元　代

1206年，铁木真建立蒙古国，用70多年时间结束了中国境内各种政治势力长期分割的局面。1271年，元世祖忽必烈将蒙古易名为“大元”。元代（1271—1368年）是中国历史上首次由少数民族建立的大一统王朝（图6.1）。

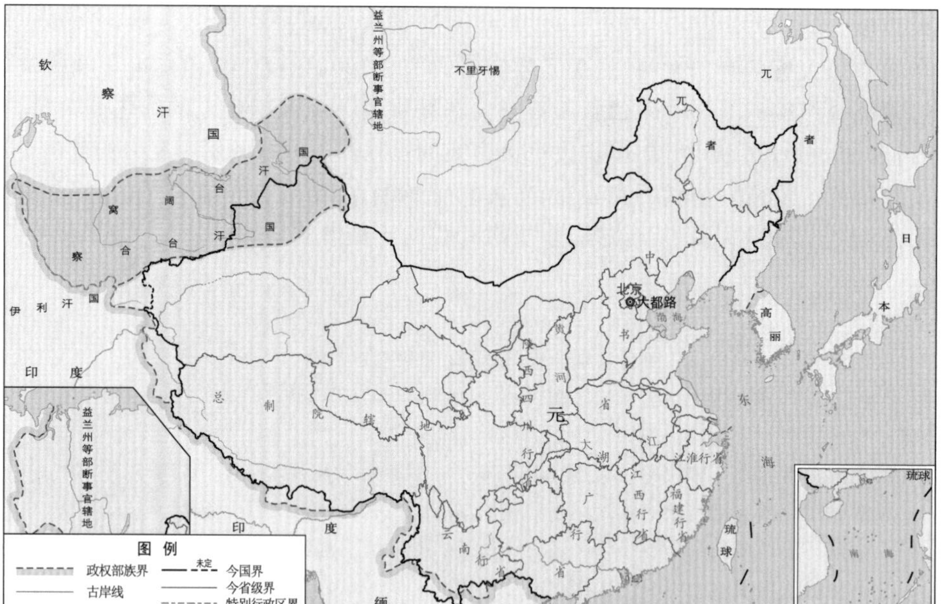

图6.1　元至元十七年（1280年）全国图（谭其骧，1982）

元代人口在5000万到6000万之间。经济产业分为两部分：传统农业区的种植业经济和传统北方畜牧业区的畜牧业经济。元代航海事业和航海技术发展迅速。由于印刷术的发明有利于灾害记录保存，根据统计结果，元代灾害要比过去严重。国家的政治状况对防灾、减灾活动的好坏起决定性作用。元代前期战争不断，国家安定局面稍好不久，江西、广东发生人民反抗斗争；到了中后期，遍地爆发农民起义，一直到元朝灭亡，国无宁日。元朝末年，政府就很少对灾害进行救助。

无论是政治或是经济，元代与整个横跨欧亚大陆的蒙古草原帝国联系十分紧密。元代几乎将中国边远地区少数民族都纳入了中央行政管理体系之内，这在历史上尚属首次。其大部分的地形、地势和现在一样。元代同时管理农耕和畜牧两种主要生产方式，对两者的矛盾努力采用协调的办法解决。元代对后来历史影响比较大，中国至今沿用元代创立的行省制度，在同样的行政框架下，救灾工作有相似之处，探讨元代对旱涝等灾害的认识与实践更有借鉴意义（和付强，2009）。

第一节　旱灾史实与分析

一、气候特征

宋元时期最显著的气候特征是中国完成了中世纪暖期向小冰期转变。中国东、中部地区在经历了可能是过去两千年来最温暖的 31 年（1230—1260 年）后，于宋元之际（1260 年前后），开始由中世纪暖期向小冰期转变，并于元代中期（1320 年前后）进入了长达 5 个世纪的小冰期。与此同时，中国东北、西北和青藏高原地区的气候也步入了显著的寒冷期。总体上，元代气候在波动中逐渐变冷。

中国东、中部地区大部分区域气候变干，其中尤以黄土高原、黄河中下游及长江以南的大部分地区偏干最为显著，且干湿格局以东西分异为主要特征。降水变率呈西大东小、南大北小格局，其中黄土高原、黄淮海及长江中下游地区的降水变率均较小；而长江以南及 110°E 以西的中、西部地区的降水变率较大。西部地区除东亚季风边缘区及北方农牧交错带以外，大部分地区相对干旱。元朝虽不足百年，但史籍中所载的灾害年均次数却比以往朝代多，灾情更加严重。据邓云特 1984 年的统计，秦汉至民国，中国年均发生灾害 2.3 次，元代达到 5.9 次，为历朝之首，其前朝宋（金）为 2.7 次、后朝的明期 3.7 次。另按陈高庸等 1939 年的标准统计，元代自然灾害年均发生次数高达 9.9 次，仅略低于清朝，远高于历史上其他各朝（表 6.1）（葛全胜 等，2011）。

表 6.1　历代自然灾害频次与年均发生次数（葛全胜 等，2011）

朝代	邓云特统计		陈高庸等统计	
	灾害频次/次	年均灾害次数/次	灾害频次	年均灾害次数/次
秦汉	375	0.8	400	0.8
魏晋南北朝	619	1.7	486	1.5
隋唐五代	566	1.5	556	1.5
宋（金）	874	2.7	1258	3.9
元	513	5.9	860	9.9
明	1011	3.7	1203	4.4
清	1121	4.2	2718	10.1
民国	77	2.75	—	—
合计	5156	2.3	7481	3.5

据按一月一地的一次历史记录统计，元代水灾次数最多，高达1870次，占自然灾害的比例高达54.9%。其次是旱灾，发生次数多达710次，占比20.8%。水旱灾合计占自然灾害的比例高达75.7%。同其他朝代一样，水旱灾害是元代最重要的自然灾害。此外，雹灾289次，占比8.5%；虫灾195次，占比5.7%；地震等地质灾害189次，占比5.5%；瘟疫66次，占比1.9%；霜灾63次，占比1.8%；风沙灾害27次，占比0.8%(图6.2)，总共大约有3409次(和付强，2009)。

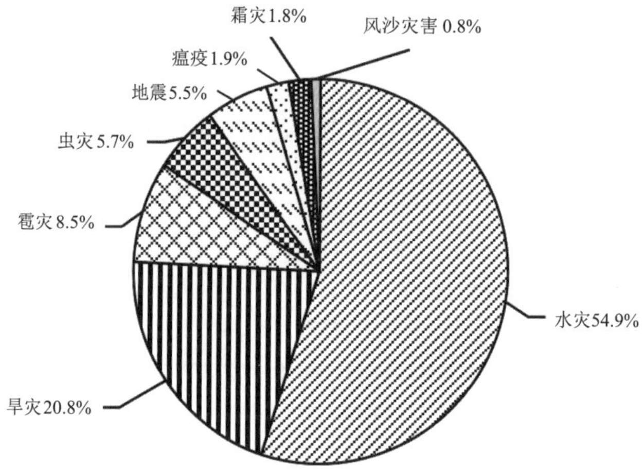

图6.2　元代自然灾害百分比(由于四舍五入，总和为99.9%)

二、旱灾史实与分析

生活于元朝初期的胡祗遹(yù)(1227—1295年)在《哀饥民》里这样形象地描述元代的旱灾："天灾流行孰可御，水灾何如旱灾苦。秋旱十日已成灾，自夏穷秋天不雨……一年凶荒遽(jù)如此，再岁何方逃死所。"①这首诗表明旱灾是元代非常重要的自然灾害，元代抵御旱灾的能力很低，灾害严重破坏了社会秩序。元代旱灾尤其是北方的旱灾对当地的农业生产影响较大，因此，研究元代旱灾对理解元代历史和灾害史很有益处。

1260—1363年的104年中元朝有89年发生过旱灾(1364—1368年，天下大乱，国家申报灾害的系统已经瘫痪，故不考虑)，旱灾年占85.6%，可见旱灾十分严重。而且大旱灾、长时间旱灾很多，有时一年之内四五个月不下雨，一个地方可以连续数年不雨，如陕西在元朝中期竟然连续五年大旱，导致流民200多万，疫疠大作，死亡众多。元代旱灾很多次导致百姓鬻妻卖女、人吃人，其惨烈难以想象。史书记载为大旱、亢旱的有34次，注明种不入土的有5次，庄稼草木枯焦的有4次，造成饿死人、人吃人的有10次，连续1个月以上无雨或者连年旱灾的有25次(和付强，2009)。

元代明确记载旱灾有710处(次)，在统计时间内，大约每年6.8处(次)。但旱灾的时间演变不均匀，有时旱灾较为集中，有时较零散。从旱灾的时间演变大体可以分为5个阶段。

第一阶段，1276—1285年共10年，平均每年旱灾次(处)数少于(等于)6。属于旱灾的少

---

① 胡祗遹：《紫山大全》卷4，《四库全书》. 上海：上海古籍出版社，1987.

发期。但是,即使是少发期,旱灾也经常发生。只是次数少,地方少,危害轻。

第二阶段,1286—1305 年共 20 年。平均每年旱灾次(处)数多于 6。属于旱灾的多发期。如果以每年超过 20 处(次)为特大旱灾年,在 1288—1299 年的 12 年内有 4 年出现特大旱灾,平均 3 年 1 次。世祖期间(1262—1294 年)旱灾多发区一般是山西、河北、山东,其中旱灾较多的是山西平阳路。成宗年间(1295—1307 年)旱灾的多发区发生了变化,东南地区的旱灾记录明显增多,尤其是大德年间,江淮、浙江、江西、湖广等处均遭遇过重大干旱,其中大德元年(1297 年)江淮许多地区出现旱情,八月扬州、淮安、宁海出现旱灾,九月镇江之丹阳、金坛出现旱灾,十月历阳、合肥、梁县及安丰之蒙城、霍邱出现旱灾,十一月常州路、宜兴州出现旱灾。成宗大德以后,北方依然是干旱多发地区。长时间旱灾造成了深重的灾难。1287 年汴梁、平阳"二麦枯死,秋种不入土";1292 年山东棣州"饥民啖藜藿木叶"。

第三阶段,1306—1320 年共 15 年,属于旱灾的少发期。

第四阶段,1321—1335 年共 15 年,属于旱灾的多发期。在 1322—1330 年的 9 年内有 6 年出现特大旱灾,平均 1.5 年 1 次。旱灾的年代际多发期,特大旱灾年出现的频率很高,旱灾的危害也较重。1321 年宁国有饥民 33 万户,按一家 5 口计,就有 165 万人挨饿;1322 年临安河西"种不入土,民居流散";1328 年陕西"人相食""军士饥死六百五十人";饥民流入内地达 200 万人;河南此年饿死 1950 人;江浙流民"六十余万户",一家如 5 口,则 300 多万人成为流民。

第五阶段,1336—1365 年共 30 年,属于旱灾的少发期。在 1337—1341 年的 5 年内有 4 年史料中无旱灾记载。1364 年和 1365 年也无旱灾记载。

综上所述,第二、第四阶段是旱灾的多发期,特大旱灾都出现在这两个时期;第一、第三、第五阶段是旱灾的低发期,特别是第五阶段,在 1337—1341 年的 5 年内有 4 年史料中无旱灾记载。

三、重大旱灾事件

公元 1328—1330 年(元天历元年至顺元年)西北、华北连续大旱 3 年,旱区一度扩展至长江中下游和江南地区。这是在中世纪温暖气候期结束开始转向寒冷的气候背景下的大范围持续干旱事件(张德二,2023)。

(一)干旱实况演变

1328 年春,河北、河南"广平、彰德等郡旱",河南安阳"正月不雨至六月,蹇(jiǎn)阳肆凶,麦无完穗,旱之禾,日就焦槁""汴梁、河南等路及南阳府频发旱蝗"。夏,长江中游的湖北"江陵路属县旱",甘肃"泾州旱""八月陕西大旱"。

1329 年,旱区范围扩大,河北等地"去冬无雪、今春不雨"。另有"大都之东安、蓟州、永清、益津、潞县春夏旱,麦苗枯""真定、河间、大名、广平等四州四十一县夏大旱,峡州二县旱""陕西延安诸屯旱",山西冀宁路和山东曲阜、东明、诸城大旱,河南怀庆府"天久亢旱夏麦枯槁,秋谷种不入土",修武等地"自春迄秋大旱,百谷尽枯槁""卫辉路旱"。内蒙古"西木怜等四十三驿旱灾""赵王马札罕部落旱""上都西按塔罕、阔干忽剌秃之地旱",八月"大名、真定、河间诸属县旱",甘肃陇西、定西大旱,陕西关中、山东冠州秋旱。秋季干旱区更向南扩展至长江流域,江西"龙兴、南康、抚、瑞、袁、吉诸路旱",浙江、安徽、江西的"湖(州)、池(州)、饶(州)诸路旱",湖北蕲州路、黄州路、恩州、武昌旱,湖南常德和江西庐州旱。

1330 年甘肃兰州府、巩昌府，陕西同州府等春旱严重。黑龙江、吉林、内蒙古、山西、河北和河南夏、秋干旱，“开元、大同、真定、冀宁、广平诸路及忠翊(yì)侍卫左右屯田，自夏至于是月(七月)不雨”“七月肇州、兴州、东胜州及榆次、滏(fǔ)阳等十三县旱”，内蒙古“木邻等三十二驿自夏、秋不雨，牧畜多死”。吉林“开元路珲春、农安等地七月旱”。该年干旱地带较 1329 年更为偏北。

(二)伴生灾害

1. 饥荒

早在 1327 年，东北、华北及长江流域已有大范围饥荒出现。1328 年在北方干旱少雨地区饥荒仍持续且加剧，如“三月，晋宁、冀宁、奉元、延安等路饥”。其中，陕西关中地区已“大饥，民枕籍而死，有方数百里无孑遗者”，甚而“八月陕西大旱人相食”。这期间政府的赈济也在进行，如《元史》所载：正月“河间、真定、顺德诸路饥，赈钞万一千锭。大都路东安州、大名路白马县饥，并赈之”。二月“陕西诸路饥，赈钞五万锭。河间、汴梁二路属县及开成、乾州蒙古军饥，并赈之”。三月“晋宁、卫辉二路及泰安州饥，赈钞四万八千三百锭。冀宁路平定州饥，赈粜米三万石。陕西、四川及河南府等处饥，并赈之”。四月“大都、东昌、大宁、汴梁、怀庆之属州、县饥，发粟赈之。保定、冠州、德州、般阳、彰德、济南属州、县饥，发钞赈之”。五月“燕南、山东东道及奉元、大同、河间、河南、东平、濮州等处饥，赈钞十四万三千余锭。峡州属县饥，赈粜粮五千石”。六月“奉元、延安二路饥，赈钞四千八百九十”。七月“威宁、长安县、泾州灵台县饥”等。

1329 年干旱引起的饥荒更加严重，以《元史》的部分记载为例，如“正月己巳陕西告饥，赈以钞五万锭。丁丑，赈大都路涿州房山、范阳等县饥民粮两月。丙戌，陕西大饥，行省乞粮三十万石、钞三十万锭，诏赐钞十四万锭”。二月“奉元临潼、咸阳二县及畏兀儿八百余户告饥，陕西行省以便宜发钞万三千锭赈咸阳，麦五千四百石赈临潼，麦百余石赈畏兀儿。永平赈粮五万石，大同赈粜粮万三千石”。三月“蒙古饥民之聚京师者遣往居庸关北，人给钞一锭、布一匹，仍令兴和路赈粮两月还所部”。四月“陕西诸路饥民百二十三万四千余口，诸县流民又数十万。及发孟津仓粮八万石以赈。赈卫辉路饥民万七千五百余户。河南府路民饥，食人肉事觉者五十一人，饿死者千九百五十人，饥者二万七千四百余人。池州、广德、宁国、太平、建康、镇江、常州、湖州、庆元诸路及江阴州饥民六十余万户，当赈粮十四万三千余石”。五月“西木怜等四十三驿以粮赈之，计八千二百石，赵王马扎罕部落民五万五千四百口不能自存，赈粮两月”等。及至年末“十二月冀宁路旱饥，赈粮二千九百石。蕲州路夏、秋旱饥，赈米五千石”。

1330 年饥荒更为惨烈，范围广及黄河中下游、黄淮、江淮、长江中下游和江南地区，从年初至年终饥荒和赈济记载极多。仅举一例以见一斑：“四月中书省臣言：‘去岁赈钞三十四万九千六百余锭，粮二十五万一千七百余石。今汴梁、怀庆、彰德、大名、兴和、卫辉、顺德、归德及高唐、泰安、徐、邳、曹、冠等州饥民六十七万六千户，一百一万二千余口，请以钞九万锭、米万五千石，命有司分赈。沿边部落蒙古饥民八千二百，人给钞三锭、布二匹、粮二月，遣还其所部。天临之醴陵、湘阴等州，台州之临海等县饥，各赈粜米五千石。晋宁、建昌二路民饥，赈粮五万五千石、钞二万三千锭。’陕西行台言：‘奉元、巩昌、凤翔等路以累岁饥，不能具五谷种，请给钞二万锭，俾分粜于他那。’”

2. 蝗灾

1327—1330 年，在河北沿渤海湾地区、山东和江淮等地区一度有干旱和雨涝的交替出现，这正是蝗虫大发生的有利条件，于是在连旱事件期间蝗灾大范围发生。

天川元年(1328 年)四月“大都蓟州、永平路石城县蝗。凤翔岐山县蝗，无麦苗”。五月“汝宁府颍州、卫辉路汲县蝗”。六月“武功县蝗”“汴梁、河南等路及南阳府频岁蝗旱，禁其境内酿酒”。

1329 年蝗区有扩展，夏初辽宁、河南、安徽即有蝗虫报告，四月“大宁兴中州、怀庆孟州、庐州无为州蝗”。盛夏六月“益都莒、密二州夏旱蝗”。七月“真定、河间、汴梁、永平、淮安、大宁、庐州诸属县及辽阳之盖州蝗”。八月“保定之行唐县蝗”。

1330 年蝗区更有扩展，为害更重。五月“广平、河南、大名，般阳、南阳、济宁、东平、汴梁等路，高唐、开、濮、辉、德、冠，滑等州及大有、千斯等屯田蝗”。六月“大都、益都、真定、河间诸路，献、景、泰安诸州及左都威卫屯田蝗”“漷(huǒ)、蓟、固安、博兴等州蝗”。七月“奉元、晋宁，兴国、杨州，淮安、怀庆、卫辉、益都、般阳、济南、济宁、河南、河中、保定、河间等路及武卫、宗仁卫、左卫率府屯田蝗”“解州、华州及河内、灵宝、延津等二十二县蝗”(张德二，2023)。

第二节　灾害认识

元代，虽然儒学独尊的地位受到削弱，天人感应的灾异学说不再占有绝对的统治地位，但是它仍然与其他宗教的灾害观一起被统治者所利用。同时，唯物主义灾害观有了一定的发展。

一、各种思想派别的灾害观

(一)儒家灾害观

元代儒家思想主要继承了朱熹的思想，其派别大致有赵复、姚枢、许衡等为主的所谓鲁斋派别以及几个散乱的南方派别。他们的学术思想大致都相近，大都坚持天人感应思想，认为上天爱民，设立君王大臣来管理人民。如果君王大臣管理不善，就导致天地之间阴阳之气乖戾不和，上天就降灾异以示警告和惩戒。从而人们得出治理灾害的思想：政府要以爱民为务，改变自己的政策使其符合上天的意志，使阴阳之气和顺，自然灾害就可以被扑灭。绝大多数元代学者都将朱熹的观点作为正统观点。元政府将其作为科举考试出题的依据，使其成为自己统治天下的主要意识形态。

元代是北方少数民族掌握政权，因此儒学的独尊地位受到了严重的削弱，但正统儒学还是受到了尊重。1260 年元世祖忽必烈即位，就建元“中统”，自命为中原正统帝系的继承者。在仁宗恢复科举时，程朱理学也首次成为官学，说明儒家思想在元朝的地位很高。元代儒家对自然灾害的认知大致如下。

①元代儒家认为政府的错误——杀戮、冤狱、暴敛、用人不当、外戚干政、奢侈浪费等，都可以导致灾异的出现。如至正元年(1342 年)秋天出现大旱，至冬无雨雪，到了第二年初春出现蝗灾，接着黄河决口，大臣王思诚上疏：“……盖不雨者阳之亢，水涌者，阴之盛也。尝闻一妇衔冤，三年大旱。往岁伯颜专擅威福，仇杀无辜。郯(tán)王之狱，燕铁木儿宗党死者，不可胜数，非直一妇之冤而已，岂不感伤和气邪！宜雪其罪。敷有司行祷百神，陈牲币，祭河泊，发卒塞其

缺，被灾之家，死者给葬具，庶几可以召阴阳之和，消水旱之变，此应天以实不以文也。”①

因此，一旦大灾来临，元朝政府从皇帝到大臣，就会在救济灾害的同时，讨论政策是否正确，是否符合民意。灾害严重时候，即使皇帝也要反省自己，大臣会主动或者被动要求引咎辞职。朝廷还会派风宪大臣去审查司法案件，释放长期关押的、罪证又不确切的罪犯或者罪行轻的罪犯。

②元代有人还根据天人感应理论，观察天象和国家政治生活，并且将二者结合起来，推测自然灾害的种类和发生的区域。儒家还给各种灾害找到人事上的解释，然后要求政府改正政策行为。元代大儒许衡认为，天灾总是有的，然而本质上天是爱民的，所以君王也当爱民，如果做到了爱民，那么即使发生了天灾人祸，总能应付过去。同时他还认为，治理灾害的根本在于立国的根本战略要正确。显然，这是在暗示元朝奢侈挥霍的财政支出方式不利于治理灾害。许衡还告诉人们，天道不在来世也不在极乐世界，而是在于人间今世。因此，统治者应当致力于爱民经世。上天的精神指示人们注定要过一种适可而止的生活，而不是无限地享乐，也不是无限地受苦受难。如果统治者不爱民，一味追求无限的享乐，那么上天就要降下灾害，以示警告。显然，许衡在使用天人感应理论解释灾害，而且具有驳斥佛教、道教以及蒙古族传统生活方式的意图。

（二）各种宗教的灾害观

元代是中国多种宗教发展的时期，那时在中国传播的宗教种类很多，主要有道教、佛教、萨满教、伊斯兰教、基督教等。每当天灾来临时，百姓迷信鬼神，各种宗教都会为了各自的利益宣称自己可以消灭灾害，以求拉拢民众。他们的认识基础是：各种灾害都是由各种妖怪作怪导致，只有依靠他们宗教的神力方可消灭这些妖怪。而且元朝政府也笃信各种宗教，每当灾害来临，政府会让所有宗教施法术救治灾害。

①元朝佛家认为，灾害乃诸妖所为，是人生的劫难。他们治理灾害的方法就是用佛法制服妖孽而已。如《元史》记载国师胆巴，“过云州，语诸弟子曰：‘此地有灵怪，恐惊乘舆，当密持神咒以厌之’”②。

②元朝道教对灾害有自己的认识，不过多从阴阳五行和神妖观念认识灾害现象，认为通过一定的道法手段可以消灾。《中国道教史》中有：“诸消灾度厄之法，依阴阳五行数术……烧香陈读，云奏天曹，请为除厄，谓之上章”“夜中于星辰之下，陈设酒脯饼饵币物……名之为醮。”③道教救治灾害的方法很多，从太祖到宪宗都特别尊重道教，遇到大灾，朝廷会请道教天师祈祷、设醮消灾。

③以长生天为最高神的萨满教是元朝蒙古人自己的信仰，萨满教认为万物有灵，天地之间有神有妖怪，可以制造灾难，也认为灾害都为某种神仙妖孽所为。他们消灾的方法就是通过巫师作法。元朝皇帝基本都相信萨满教的巫术，祭祀长生天的行为也不断。这一原始宗教，宗教分工尚未完成，包含着所有宗教的因素，也就为元朝人相信和采用多种宗教提供了认识的基础。

④其他宗教也积极地传播自己的灾害观念、救灾方法。比如基督教的教徒曾经为太宗的

---

① 宋濂：《元史》卷183，《王忠诚传》．北京：中华书局，1976．

② 宋濂：《元史》卷202，《八思巴传附胆巴传》．北京：中华书局，1976．

③ 傅勤家：《中国道教史》．北京：团结出版社，2005．

妃子用圣水治疗瘟疫。每当天灾来临，西域的宗教徒也爱用占星术、观日术等来议论祸福。这里不再细述。

(三)唯物主义灾害观

唯物主义思想一直都在中国各种思想派别里面发展着。在解释灾害时，他们自然会提出客观的观点，或者是在天人感应理论框架旁边附带上唯物主义认识。元代重臣王恽便是同时持有天人感应论和唯物主义思想的人，他推崇五代人窦俨的灾害观点："水沴(lì)所具，厥有二理：一曰数，一曰政。天有五德：一曰润，二曰暵……五德者，阴阳之使也；阴阳者，水火之本也，阴阳有常德，故水火有常分。奇偶收半，盈虚有准，谓之通正；羡倍过亢，极无不至，谓之咎征。二者大期，率有常数。除之主始于渊献，水之行纪于九六。凡千有七百二十有八岁为浩浩之会。当是时也，阴布固阳，澍雨天下……虽有尧、舜在上，皋、夔(kuí)要佑政，亦不能弥其沴也。"①

元代著名学者马端临在《文献统考·序言》里认为：所谓的灾异是阴阳之气产生，在阴阳之气无所谓灾，无所谓祥，只是"物之反常者"。他认为一切反常的自然现象都是异，而对人造成损失的称为灾害，反对儒家的天人感应论。

元代后期的刘基对灾害的认识很是客观。他认为天不会有善恶之心，也不会根据自己的好恶而降祸福。而导致祸福的只是客观的气，其如何导致祸福呢？他说："气有阴阳，邪正分焉。阴阳交错，邪正互胜，其行无方，其至无常，物之遭之，祸福形焉，非气有心于为之也。"②"天以气为质，气失其平则变，是故风雨雷电晦明寒暑者，天之喘汗呼嘘动息启闭收发也。气行则通，则阴阳和……天之得其常也。气行则壅，壅则激，激则变，变而后病生焉。故吼而暴风，郁而为虹蜺(ní)，不平之气见也。抑拗愤结，迴薄切错，暴怒溢发，冬雷夏霜，骤雨疾风，折木漂山，三光荡摩，五精乱行，昼昏夜明，瘴疫流行，水旱愆殃，天之病也……尧之水九载，汤之旱七载，天下之民不知其灾……"③可见，刘基认为：灾害是人类没有很好治理导致的异常现象，如果治理好，社会生产力发达，纵使有各种异常的现象，也不会造成严重的灾祸(和付强，2009)。

二、农学家的防灾救灾认识

元代很重视农业技术推广。建国之初，元世祖就成立了大司农司，用重臣主持工作，又颁布农桑十四条；中央派出劝农使，以督导地方农业生产。元代流传下来的农书和救荒书共有五部，即大司农司《农桑辑要》、王祯的《农书》、鲁明善的《农桑衣食撮要》、张光大的《救荒活民类要》、欧阳玄的《拯荒事略》。这远远超出了前代。宋朝历时三百多年，只留下一部农书和一部救荒书，元代百年，就留下三部农书和两部救荒书。就这些书内的技术来说，也比前朝先进。

五部书各有特点，《农桑辑要》注重作物栽培技术；《农书》注重田制和工具；《农桑衣食撮要》注重时令；《救荒活民类要》和《拯荒事略》注重救荒，是救荒的专著。《农桑辑要》和《农桑衣食撮要》注重安排生产，《农书》《救荒活民类要》和《拯荒事略》倾向于对付灾害。五部书的共同特点是都注重实用技术，都体现了以精耕细作提高农业产量来防灾、救灾的思想。

(一)《农桑辑要》中的防灾、救灾认识

元朝初年，政府命令大司农司编写《农桑辑要》。该书被认为是中国古代的五大农书之一。

① 王恽：《玉堂嘉话·山居新语》卷8. 北京：中华书局，2006.

②③ 王友三：《中国无神论史料选编》. 北京：中华书局，1998.

《农桑辑要》以客观的眼光看待农业中出现的灾害，提出了很多治理的办法，并继承了中国自古以来治理灾害的理想目标，即《礼记·王制》中的储藏制度和标准："国无九年之蓄，曰不足；无六年之蓄，曰急；无三年之蓄，曰国非其国也。三年耕，必有一年之食；九年耕，必有三年之食。以三十年之通，虽有凶旱、水溢，民无菜色。"①这就是说，国家如无粮食储备，就非常危险。只要搞好农业生产，就有粮可储备。要靠国家的粮食储备达到可以应付三十年一遇自然灾害的标准，将粮食储备和治理灾害提到了国家战略的高度。

《农桑辑要》认为通过精耕细作可以应付农业的自然灾害。在深耕的基础上要加强中耕，就是要多耙几遍，使田地土壤的表层出现一层"油土"。这样可以增强土地涵养水分的功能，也使种子和土壤充分接触，免得种子被害虫破坏，也免得庄稼苗有干死的危险。

《农桑辑要》提出了利用作物的间种、套种等生态学原理来治理灾害，认为有些庄稼种在一起会导致一定的灾害和造成减产，但是有些作物种在一起可以减少灾害和增产。它认为："桑间可种田禾，与桑有宜与不宜，如种谷，必竭得地脉亢干，至秋桑叶先黄，到明年桑叶涩薄，十减二三，又招天水牛，生蠹（dù）根吮皮等虫。若种蜀（shǔ）黍，其梢叶与桑等如此丛杂，桑叶不茂。如种绿豆、黑豆、芝麻、瓜、芋，其桑都茂，明年叶增二三分，种黍也可。"②从上面的材料可以看到：《农桑辑要》认为有的作物和桑树混种，会与桑树争夺水分，导致干旱，还招害虫，从而导致减产；如果种高秆的高粱等作物，会与桑树争夺阳光和空间，也导致桑树不旺；然而种某些作物有利于桑树的生长，可以增产。显然，作者已经知道利用作物之间的生态关系安排生产。

当无法判断来年的气候时，该书提倡沿用《汉书》"种谷必杂五谷，以避灾害"的思想，依靠杂种、多种作物来躲避灾害。作者知道如果只种一种作物，一旦气候不适宜这种作物生长，农业减产幅度大，就会出现农业灾害；如果多种几种庄稼，那么获得收获的概率就要大些，从而减小灾害损失，增强社会抵抗灾害的能力。虽然这一认识出自元代之前，但《农桑辑要》对其的推广作用不能忽视。

该书还有一种通过预测作物收成以躲避灾害的思想。

其一是认为作物在有些日子种，有利于收成；然而在另外一些日子种不利于收成。如："凡种禾，宜寅、午、申，忌乙、丑、壬、癸。"③

其二是可以用其他植物的生长状况来预测粮食作物的生长情况。如："大麦生于杏，小麦生于桃。"④就是说，如果看到杏树生长良好，那么可以推断此年大麦收成一定会很好，因此要多种大麦；如果桃树生长良好，那么可以推断小麦收成一定很好，因此要多种些小麦。

其三是取所有谷物种子的样本，样本重量一样，放在容器内，在冬至那天放到窖里，50天后取出再称量种子样本，重量增加最多的，收成将是最好的。

（二）王祯《农书》中的防灾、救灾认识

王祯的救灾思想与《农桑辑要》的救灾思想有很多相同的地方，两本书都赞成加强中耕技术，以提高抗旱防虫的能力；都赞成增加作物的种类来躲避灾害；都赞成利用物候来预测收成好坏，从而选择所种作物；都赞成提高高产粮食麦子和水稻的种植地位；都特别重视和人民生活密切的桑蚕、木棉、苎麻和甘蔗的种植等。

比起《农桑辑要》，王祯更加重视防灾、救灾，在他的《农书》里有一节专门论述救荒的内容，

---

① 王梦鸥：《礼记今注今译》. 天津：天津古籍出版社，1987.

②③④ 大司农司：《元刻农桑辑要校释》. 北京：农业出版社，1988.

为旱涝等灾害的救治提供了许多方法。他认为灾害是一个社会的正常现象，每个朝代都有，并不代表什么，关键是政府和百姓要有足够的防灾意识和恰当的救灾办法。即："盖闻天灾流行，国家代有，尧有九年之水，汤有七年之旱，虽二圣人亦不能逃其适至之数也……为民父母者，当为思患预防之计。"①

王祯更加注意利用技术进步来减少灾害发生，他极力提倡使用合理的田制、耕作技术、先进工具和兴建水利，同时还提出合理的仓储思想等。

①王祯认为选择恰当的耕作田制和技术是预防和抵抗灾害的前提，因为恰当的田制能够充分利用当地水热条件和地形、地质条件。而农业水旱灾害一般就是水热条件没有利用好，或者地形、地质条件恶化导致。王祯认为："其备旱荒之法，则莫如区田……救水荒之法，莫若柜田，种历其中，水多浸淫，则用水车出之，可种黄绿稻，地形高处，亦可陆种诸物。此皆救水旱永远之计。"②

汉代赵过发明区田法。在中国北方水分条件差、土壤比较薄的地方，这种方法现在还广泛使用。其法是犁地时将田地的土壤犁到一起，形成宽窄不等的长方形。天旱可以浇种，雨水多时，水可以渗到田地的地沟里，有利于下渗，从而天干时可以增强抗旱能力。所以区田法被元朝的农书所推崇。

②王祯提倡大力发展水利，而且提倡使用先进的灌溉工具。他在《农书》里有一节专门论述灌溉。他认为："灌溉之事，为务农之大本。方今农政未尽兴，土地有遗利，夫海内将淮河汉之外，复有名水万数……俱可利泽，或通为沟渠，或蓄为陂塘，以资灌溉，安有旱暵之忧哉。"③

作者还认为国家有义务修建大型的水利项目，比如筑堤、修渠。同时他还认为，百姓也应当努力修筑陂塘、修其农具等。《农书》记述的水利工具和方法有 21 种。基本上，中国的各种地形都可以从中找到合适的灌溉工具和水利设施。正如作者说："田高水下，则设机械用之，如翻车、筒轮、桔槔之类，挈而上之；如地势曲折而水远，则为槽架、连筒、阴沟、浚渠、陂栅之类，引而达之。"④

③王祯的粮食储备思想比较先进。他认为粮食储备当分两部分，即不但国家要建立自己的储备制度，达到《礼记・王制》中提出的能够抵抗 30 年灾害的战略防灾能力，而且百姓还要通过勤劳和节俭建立自己的粮食储备。他说："此固知尧之时，有九年之水，汤之时有七年之旱，而国亡捐瘠，所储积多而备先具者。岂皆藏于国哉，盖必有藏于民者矣。"⑤

为了有效地储备粮食，作者提倡利用先进的储藏技术和设备，根据南、北地域不同特点选择设备和技术。提出北方储藏当防冻，所以可以窖藏等；南方储藏当防潮，所以要仓储等。还认识到粮食储藏需要通风透气，书中推荐了一种给粮仓通风透气的设备，叫盅谷，可以"使郁气升通，米得坚燥"。为了长久储藏，王祯还认识到粮食的耐储藏能力不一样。比如，他认为小米可以长久储藏，所以应当多储藏这种耐陈放的粮食。

总之，与《农桑辑要》相比，王祯更加注重工具和方法，认为救灾、防灾的关键在人事和技术。王祯还将灾害提高到国家战略的高度，提倡全社会从政府到百姓都要重视，都要为之尽力，这样可以做到"公私两裕，均俱足，又何患储积之不足哉"⑥（和付强，2009）。

三、《田家五行》的看天经验

《田家五行》作者娄元札，元末明初学者，字鹤天，雪川人（今浙江吴兴），富有天气预报经

---

①②③④⑤⑥　王祯：《农书》. 北京：中华书局，1956.

验。《田家五行》是一部记载中国古代劳动人民看天经验的书，全书分上、中、下三卷，每卷分若干类。这本书包括天气、气候、农业气象、物候等方面的内容，大多以农谚的形式表现，反映了长江下游地区古代气象科学的辉煌成就。在民间广泛流传，在中国气象科学史上占有一定的地位。现对该书的月占类摘录如下（江苏省建湖县《田家五行》选释小组，1976）：

月占类

正月：

58. 元日：有雷，主禾麦皆吉。有雪，主夏、秋大旱。天微阴，东北风，主大熟。谚云："岁朝东北，五禾大熟。"岁旦西北风，大水。南风及东南风皆主旱。

59. 初三日，东北风，主水旱调；东南风，晴，主旱；西北风，主水。上八日宜晴，此夜若雨，元宵如之，谚云："上半夜弗见参星，下半夜弗见红灯。"看参星，即俗呼七簇星也。风吹上元灯，雨打寒食坟。十六日晴，主旱，又喜来东南风，水乡最宜，其年低田大熟。雨水后，阴多，主少水，谚云："正月罂（yīng）坑好种田。"

60. 上旬内得辛日占水旱。三日以前主旱，七日之外主水，余平。愚按六甲周流天下一定之理，四海之广，南北分野，水旱每有乘除，岂可拘而一概取之，因考丰年。以上二说少有应验，盖风雪晴雨，百里不同，以其地占之应在其地，固有可信也……余有六甲得壬、得辰等日，以近旱者甚多，皆不甚准，所以不敢泛陈。

61. 上元日：晴，主一春少水，诗话云："上元无雨多春旱，清明无雨少黄梅，夏至无云三伏热，重阳无云一冬晴。"予幼时仅闻有末句，忽一日家兄云有上文一句，曰"重阳有风三伏热"，意谓特取对耳。后遇天台术士张寅谷者，值上元日喜晴，云："一春必旱"，因扣之，乃诵此话，方知有此对，然亦未能深信。又二年有越上耆（qí）儒陈元茂者，因清明喜晴，忽谓此话，却云："夏至无云三伏热"，考之占法，此说有理，方释此疑。

二月：

62. 初二是朝见薄冰，主旱。惊蛰前后有雷，谓之"发蛰"，起自北，主有水。

63. 初八日东南风，谓之"上山旗"，主水；西北风，谓之"下山旗"，主旱。

64. 十二日夜宜晴，可折十二夜雨，大抵二月怕夜雨，若得此夜晴，虽雨多亦不妨。月内十夜以上雨，主水；霜多主旱。

65. 春分日占风：南，主五月先水后旱。寒食，清明前一日是，其日必雨，甚准。《荆楚岁时记》云："冬至后一百五日，必有疾风甚雨，谓之寒食。"

三月：

66. 清明日喜晴，恶雨。谷雨前一雨朝霜，主大旱。谷雨日雨，则鱼生，必主多雨，二麦红烂，不可食用。

67. 初三日听蛙声占水旱。谚云："上昼叫，上乡熟；下昼叫，下乡熟；终日叫，上下齐熟。"又要听其声高低参合取验。谚云："田鸡叫得哑，低田好稻把，田鸡叫得响，田里好牵桨。"

68. 十六日，西南风主大旱，或云："上乡人见此风，即悬百文钱于檐下，风力能动，风愈急愈旱。"其应验紧切如此。

69. 月内有暴水，谓之"桃花水"，有则多梅雨，无则亦无，有雪不消，则九月霜不降。

四月：

70. 朔日：大风雨，主水大，小则小水，晴主旱，老农咸谓此日最紧要。初八日看阴晴卜水旱，最宜密云不雨，谚云："四月初八晴料峭，高田好张钓；四月初八晴寡寡，鲇（nián）鱼到灶下；

四月初八乌漉秃，不论上下一齐熟。”“有夜雨，损小麦”，谚云：“小麦不怕神共鬼，只怕四月八日夜里雨。”老农曰：“大抵立夏后，夜雨多，便损麦，盖麦花夜吐，雨多损其花，故麦粒浮秕而薄收也。”十六日看月。上早、无云、红色，主大旱；迟而白色，主水；夜深主大水。谚云：“有谷无谷，且看四月十六。”又云：“月上早，低田收稻好，月上迟，高田剩者稀。”四月十六乌漉秃，不论上下一齐熟。

71. 立夏日看日晕，有则主水，谚云：“一番晕添一番湖塘。”

72. 小分龙日，晴主旱，雨主水，东南风主旱，正南风主大旱，西南风上下大熟，西北风主大水，东北风主小水。

73. 月内日里要暖，夜里要凉，主少水。谚云：“日暖夜寒，东海也干。”老农云：“大抵立夏后到夏至前皆不要热，热则主暴水。”有东南风，退水，谓之“乌儿信”，宜麦。谚云：“稻秀雨浇，麦秀风摇。”

五月：

74. 谚云：“初一雨落井泉浮，初二雨落井泉枯，初三雨落连太湖。”重五日，只宜薄阴，大晴主水，大风雨主田内无边带也。

75. 夏至前、芒种后，雨为黄梅雨。芒后半月内畏西南风，谚云：“梅里西南，时里潭潭。”排年试看，但此风连吹两日，则雨立至。立梅日雨，谓之迎梅雨，一说主旱，谚云：“雨打梅头，无水饮牛；雨打梅额，河底开折。”一说主水，谚云：“迎梅一寸，送梅一尺。”又《杂占》云：“此日雨，卒未晴。”试此二说比较，近年才是无雨，虽有黄梅亦不多，不可不知也。畏雷，谚云：“梅里雷，低田拆舍归。”言低田必致巨浸，其舍屋无用而拆归也，甚验；或者强为曲介自宽，谓声多及响震反以为旱兆，往往经验。老农云：“大抵芒种后半月内不宜雷”，谓之“禁雷天”。谚云：“梅里一声雷，时中三日雨。”

76. 夏至在月初主水，此说全然不应；雨，谓之“淋时雨”，主久雨。最怕西南风，谚云：“急风急没，慢风慢没”，往往立验。夏至风色，看交时最要紧，屡验。占风：西南；六月内水横流；西，秋大雨；北，山水暴；东北，雨。时雨最怕在中时前二日来，若到末时，纵有雨亦善。谚云：“夏至来过，水袋未破，时内一日西南风，准过黄梅二日雨。”又云：“时里西南，老龙奔潭”，皆主旱，全不应。连年试看，才有终日之西南风，略急便作雨，除是每晚转东南，必晴，此说却准。谚云：“朝西暮东风，正是旱天公。”末时尽处得雷，谓之“送时雷”，主久晴。谚云：“迎梅雨，送时雷，送去了，并弗回。”

77. 五月二十日大分龙，无雨而有雷，谓之：“锁龙门”，雷主当地少雨。至正壬辰，春末夏初，水至，既非桃花，亦非黄梅，去而复来，进退不已。至申时，忽东南阵起，见“挂帆雨”，随有雷三、四声，方且惊愕，忽见一老农拱手仰天，问其故，答云：“今日无雨而有雷，谓之‘锁龙门’，或问“此处无雨，他处却雨如何？”老农云：“晴雨各以本境所致为占候也。”又谚云：“夏雨隔田晴”，又云：“夏雨分牛脊。”其年果熟，晴多雨少，自此日至立秋止雨两番。

六月：

78. 初三日有雨难口稻。谚云：“六月初三晴，山篠(xiǎo)尽枯零，六月初三一阵雨，夜夜风潮到立秋。”六月初三略得雨，主秋旱，收干稻。苏秀人云：“此日略得雨，则西山及南海不斫(zhuó)篙(jiāo)竿。”小暑日雨，名黄梅颠到转，主水。有东南风及成块白云起，主有半月“舶棹风”，主退水兼主旱。无东南风则无“舶棹风”，水卒不能退。初六日晴，主收干稻，雨，谓之“湛辘耳雨”，主有秋水，谚云：“六月不热，五谷不结。”老农云：“大抵三伏中，正是口稻天气，又当下蘊之时，最要紧，晴则必热故也。”所以又云：“六月差夹被，田里无张屁”，言凉冷则雨必多，雨多则水大，没田无疑矣。伏里西北风，腊里船不通，主冬冰坚，又秋稻秕。三伏中大热，务必多雨雪。

七月：

79. 立秋日，有雷，损晚稻。谚云：“秋霹雳，损晚谷。”大抵秋后雷多，晚稻不见收，非但此日所忌。

八月：

80. 朔日晴，主连冬旱，宜姜。略得雨，宜麦。又云：“月月初一要晴，唯此月要雨，好种麦。”白露雨谓之苦雨，盖此时之雨，多是成路来，稻禾霑(zhān)之则白飒(sà)，蔬菜霑之则味苦。谚云：“白露日箇(gè)雨，来一路，苦一路。”又云：“白露前是雨，白露后是鬼。”老农云：“大抵此时前后之雨，多是晴天皎日中片云来处便雨”，其时稻花俱已秀起，当知稻花见日方吐，阴雨则收，正当其盛吐之时，暴雨忽至，卒不能收，被雨所伤，遂致白飒之患。若是连阴之雨，则不为灾，若久雨则未免担搁吐秀，必有皮壳厚之病。尤此亦稼穑艰难之一端，为农者不可不察焉。秋分日占风：巽(xùn)有强风至；艮，多阴雨；坎，冬大寒。

81. 谚云：“分了社，谷米偏天下，社了分，谷米如锦墩。”“分社同日，并田叫屈。”然亦屡试，二说皆未经验。或云并田叫屈之说甚验。老农因笑而答之曰：“公特不察耳，隔壁荒，年年有，但乐岁中或有一田薄收者，歉年内亦间有好收者，究其所以，天时固有一暖于中，人有勤惰，地有肥饶，又有稻色不同，故虽由高下之相似者，所以厚薄之不均，每岁之事，岂但分社同日之年如此。”其人方始省悟，后因阅《岁时广记》则又云：“秋分在社前，斗米换斗钱，秋分在社后，斗米换斗豆。”越人云：“社了分，谷米不出村，分了社，谷米如苔鲊(zhǎ)。”又专言米价贵贱，则此理尤其不通。愚按六甲循环，节令积攒，分社或前或后或同，历家自有定式，令人以此为占候验，殊不知天下水旱丰歉，米麦麻豆之贵贱处处不同，且问当以何地取准为是？由此推之，其谬可知矣，占者幸勿拘焉。

九月：

82. 朔日值寒露，主寒温不时；值霜降，主多雨；有风雨，主来年春旱、夏水。重阳日晴，则冬至、元日、上元、清明皆多晴；雨，则皆雨。月内霜不下，主来年三月多阴寒。

十月：

83. 朔日：晴，则一冬多晴；雨，则一冬多雨，亦多阴寒。立冬日：冬前霜多，主来年旱，禾善；冬后多，晚禾好。十六日晴，主冬暖。此说得知祟德举人徐伯和，自江东石洞秩满而归，传云：“彼中客旅远出，专看此日，若晴则暖，但用随身衣服而已，不必他备”，言极准也。十月沫露塘滥。

十一月：

84. 朔日风雨，宜麦。冬至古谚云“明正暗至”，谚云：“晴干冬至湿濛年。”二说大端相反，仔细推之，后说初无相关。盖吴人尚冬而欲晴，故有此言也。所以又谚云：“闹热冬至冷淡年”，则其意可见矣，或云：“冬至雨，年必晴。冬至晴，年必雨。”此说亦通，亦颇验。又云：“风色多与下年夏至日相对。”月内有雾，主来年旱，谚云：“十一月沫露塘干。”晦日风雨，主春少水。

十二月：

85. 朔日风雨，主春旱。立冬在残年内主冬暖，谚云：“两春夹一冬，无被暖烘烘。”除夜占风，谚云：“今夜东北，明年大熟。”月内有雾，亦主来年水；有冷雨暴作，主来年六月、七月内横水。

第三节 防灾救灾制度

蒙古统治者进入中国北方农业区后，开始经营农业，因而他们要承担农业生产的风险，也要预防和治理自然灾害，以保证农业再生产能够延续下去。元太祖的统治集团曾经想将北方农业区变为牧场，由于具有儒家文化思想的耶律楚材劝阻，才使蒙古贵族们认识到经营农业比经营牧业更加有利可图。太宗时，在耶律楚材主持下建立了仓储制度和赋税制度，开始正式治理和救治农业区灾害，但是多是临时性行为。到世祖时，由于忽必烈主要依赖汉人集团争夺到了皇帝位置，要利用中原地区继续和北方的蒙古贵族抗争，还要利用这些汉人继续与南宋作战，忽必烈比其前任皇帝们更加重视农业生产。在这一时期，国家的农业管理体制逐渐完善，防灾、减灾制度和措施也日益完善(和付强，2009)。

从太宗开始，蒙古汗国对农业区进行灾害救助的主要措施是：如果出现灾害，政府免征赋税等一些临时性行为。太宗十年(1238 年)有："秋八月，陈时可、高庆民等言诸路旱、蝗，诏免今年田租。仍停旧未输纳者，候丰岁议之。"①可见，当时没有专门的救灾制度，救灾措施需临时议定。

从元世祖开始，元朝有了正式的救灾制度。历史记载中统元年(1260 年)八月癸亥，"泽州、满州旱，民饥，敕赈之"②。同年，元朝政府有了利用常平仓救济饥民的记载，当时已经有了仓储制度(或许是保留了前朝的常平仓制度)。也是在中统年间，在政府的救灾行为中，被免赋税开始有了一定的比率，如中统四年(1263 年)八月，"彰德路及洺(míng)、磁二州旱，免彰德今岁田租之半，洺、磁十之六"③。可见当时政府已经有了核查受灾程度的制度。东平、大名旱灾时，政府的救助措施是"量减今岁田租"。至元前期，平阴县有灾，县官用自己的私有粮食赈济饥民，朝廷奖励了这位官员。这说明政府已经认识到救灾是自己的责任，提倡官员救灾，同时也说明政府的救灾制度尚不健全，否则就不需要官员用自己的粮食赈济。随后政府的救济措施越来越多，救济的行为也越来越多。也正是在这期间，元朝救灾制度逐渐得到完善。

一、政府体制

根据灾害程度，元朝参与救灾机构的级别不同。整体上，元朝参与救灾的机构很多。中央有中书省、户部、督水监、工部、御史台和大司农司；地方有行省、路、府、州、县管民官、劝农官、行司农司、都水庸田使司、河渠司、行御史台、按察司或廉访司。元朝还有比较完善的医事体制，由太医院领导，各地设有医学提举司和惠民局，以预防疫病。另外，元朝还建立了结社制度，社内以及社与社之间都可以相互救助。这一体制大致有 3 个维度：自上而下的垂直行政管理维度、水平运作的专门管理机构和协调两者的监察系统。这样，如果灾情严重，在皇帝和中书省的参与下，可以让所有的部门参与到救灾中，既可以保证行政效率，也可以保持专业技术效率。一旦大灾来临，则可以动员全国上下的力量救灾。

① 宋濂：《元史》卷 2，《本纪第二》. 北京：中华书局，1976.

② 宋濂：《元史》卷 2，《世祖纪一》. 北京：中华书局，1976.

③ 宋濂：《元史》卷 2，《世祖纪二》. 北京：中华书局，1976.

元朝的救灾制度有如下规定：如果发生小灾荒，由村社自行解决，或者几个社互相救助，经过社民商议，在政府官员的督导参与下，社长可以调用社员和义仓，进行灾害治理，如果防灾、救灾工程大，就要报到政府，由政府直接治理，即："一社之中灾病多者两社助之……农桑之术，以备旱暵(hàn)为先。凡河渠之利，委本处正官一员，以时浚(jùn)治。或民力不足者，提举河渠官相其轻重，官为导之。"①

一旦发生大的灾害，政府有完善的救灾制度。如果辖区内有能力自救，管民官可以动用物资和人力进行救治，但是需要报上级批准和接受廉访司官员的监督。如果本辖区救治不了，就要向上级报灾，上级管民官移文到廉访司，廉访司派人核实。如果属实，廉访司就回文说属实，然后再上报省部，如果事体重大，那么省部要上报皇帝，朝廷还会派人核实，同时由御史台派员或者朝廷指派廉访司人员参与核实。然后省部批准救治，指示救济物资的来源，指派从事救治灾害的机构和官员。事后还要上报救治结果，御史台廉访司还要体察——就是亲自派员检查，看地方官员救灾的效果，也要检查有没有官员在救灾中违法。另外，防灾、减灾的每一个环节，廉访司都要参与。为了防止地方官隐瞒灾情不报，中央要求廉访司定时派人巡视，体察灾情或者督促管民官治理、上报灾情，参与救灾和监督方案落实等。如果廉访司没有定时出巡，将受到严厉处罚。

元朝法律规定，管民官不真实、及时地报灾，要受到处置。同样廉访司不认真体察核实，也要负责任。至元二十年(1283 年)，朝廷诏谕："自今管民官，凡有灾伤，过时不申，及按察司不即行视者，皆罪之。"②元朝对灾情的估计和救治程度也有严格的制度。至元二十八年(1391 年)规定："诸水旱灾伤，皆随时检覆得实，作急申部。拾分损八以上，其税全免；损七以下，止免所损分数；收及六分者，税即全征，不须申检。"③还规定了灾伤申报的时间："至元六年四月……今后田禾如被旱涝灾伤，河南至洛、卫等路，夏田五月，秋田八月。其余路分，夏田五月，秋田、水田并以八月为限，人户经本处陈诉。若此月遇闰者，展限半月。非时灾伤自被灾日为始，限一月陈诉，限外告者，皆不为理，都省准呈。"④后来，由于江南水田多在秋天收获，又规定江南秋田九月申报，以求政府可以采取适当的、适时的救治措施。

可见，元朝有严格的赋税减免制度，而且相当严密。但是也可以看到，这里只是规定了减免的制度，没有规定补偿救济的制度，而且只有四成以上灾害损失才能得到政府救济，如果百姓抵御不了四成及以下损失，那么这一救助体系根本就起不到任何作用。历史证明：元朝百姓很多时间根本无法抵御四成甚至三成的灾害损失，这就使这一看似严密的救灾、防灾制度作用有限(和付强，2009)。

二、仓储制度

元朝为了防备灾害，建立了较为完备的仓储体系来储备物资，在大灾来临之际，国家可以用这些物资应急救灾。元朝十分重视仓库和仓库管理，早在太宗年间就已经建立了仓库和仓储制度。为了管理好仓库，元朝将仓库管理人员由"土官"变为国家的"流官"，品级也很高。任期满后，经过政府的考核升迁的机会也比较多。同时，元朝法律还规定仓官失职要给以重罚，

① 宋濂：《元史》卷 96，《食货志四》. 北京：中华书局，1976.

② 宋濂：《元史》卷 12，《世祖纪九》. 北京：中华书局，1976.

③④ 佚名：《通制条格》. 杭州：浙江古籍出版社，1986.

和对一般的官员失职行为相比，惩罚要重。下面从仓库的种类与分布、仓库的管理使用制度两方面，论述元朝的仓储体系。元朝仓库分两种：一为官仓，分为腹里官仓和外郡常平仓；二为民仓，也就是义仓。

（一）官仓

1. 腹里官仓

腹里官仓是为中央的各种开支和应付各种突发事情而设置。其设置较早，《史集》记载，元朝太祖时已经有仓，但是显然只是为了存放多余的战利品。太宗元年（1229 年），"始置仓廪，立驿传，命河北汉民以户计，出赋调，耶律楚材主之"①。随着疆域扩大，赋税增多，仓库也就增多了，大致都在中书省一带。在元朝，最重要的是官仓，大多以大都为中心，分布在中国的北方。元代两都和中书省分布最多，然后是甘肃、宁夏、辽阳、领北。各行省路、府也有地方粮仓，多是为了暂时收集税粮，方便物资运到大都，也有为地方开支的。元朝对仓库管理很严格，仓官地位很高，均为流官。但是仓官职责也重，偷盗粮食要罪加一等。即："接受折价飞钞者，十石以上，各刺面，杖一百七；十石以下，杖九十七；官吏除名不叙。"②遇有紧急需要，上报户部后，地方才能调用仓库物资，制度相当严格。整个元朝，救灾物资多出自官仓。

2. 常平仓

元代至少在中统元年（1260 年）已经在一些地方有了常平仓，但是大规模的设立是在至元二十一年（1284 年）。

至元二十二年（1285 年），卢世荣给皇帝上书时说："今国家虽有常平仓，实无所畜（蓄）。"③可见仍然徒有其表。至元二十四年（1287 年），由于马哈麻下台，常平仓估计也被作为马哈麻的一项暴敛政策给废除了。然后到了武宗至大二年（1309 年），国家又要求建立常平仓，"随路各路府、州、县，设立常平仓以权物价，丰年收籴粟麦米谷，值青黄不接之时，比附时估，减价出粜，以遏沸涌"④。估计这一措施又没能保持多久，因为天历二年（1329 年）时，朝廷又"命所在有司设置常平仓"。至元元年（1335 年）和至正三年（1343 年）朝廷又两次要求设立常平仓。可见整个元朝常平仓并没有真正地、长期地建立，只是个别时间内个别地方设立，然后就又废置。整个元朝记载用常平仓救济的只有两三例。其数量和分布也是零星的，后来在京师，其职能多被南城设立的赈粜米铺代替。在外郡很多地方，常平仓没有设立起来，其职能悄悄被行用平准库代替（和付强，2009）。

（二）义仓

从《元史·马亨传》来看，义仓设立于至元六年（1269 年）是可能的，而且义仓的设立要比常平仓完善，也起到了一定作用，还有法律作为依据。元朝法律规定，如果义仓粮食数量有差错，相关官员就要承当罪责，即"诸州、县义仓粮数不实，监临失举察者，罪之"⑤。元代王结在《善俗要义》里讲述了设立义仓的方法，较为具体，即："今岁稍有收成，随社人户合照依条画，各验口数，每口存留义粮一斗，或谷，或杂色物斛，社众商议于本社有抵业信实之家，如法收贮，勿

① 宋濂：《元史》卷 2，《太宗纪》. 北京：中华书局，1976.

② 宋濂：《元史》卷 103，《刑法志二·职制下》. 北京：中华书局，1976.

③ 宋濂：《元史》卷 13，《世祖纪十》. 北京：中华书局，1976.

④ 宋濂：《元史》卷 23，《武宗纪二》. 北京：中华书局，1976.

⑤ 宋濂：《元史》卷 102，《刑法志一·刑制条上》. 北京：中华书局，1976.

致损坏。倘遇凶年,还验原纳口数,支散食用。所在官司,过往军马,不敢支升合。"[1]

义仓分布也较广泛,就《元史》提供的材料来看,全国各地基本都有。如江浙元统元年(1333年)旱饥,"发义仓粮募富人出粟以赈之"。可见义仓还是发挥了一定救济作用。但是由于百姓被政府和地主剥削之后所剩无几,所以义仓规模都不大。估计在富庶的江浙,规模会大些,如元统二年(1334年)"敕有司发义仓粮赈饥民五十七万二千户"。但是从随后这一带饥民规模迅速扩大、灾情更重来看,义仓所能给予的救济量不大。至正六年(1346年)河南宜阳县义仓可以赈粮两个月,可是因为不知道这里有多少人遭灾,所以也不能断定其救济规模的大小。根据义仓设立制度来看,规模的大小取决于当地人口的多少和田地的多少、优劣等。

三、水旱灾伤的申检体覆制度及其等级分类

元朝有水旱灾伤申检体覆制度。《至元新格》规定:"水旱灾伤,皆随时检覆得实,作急申部体分,损八分以上者其税全免;损七分以下者,只免所损分数;收及六分者,税既全征,不需申检。"[2]至元九年(1272年)规定:"今后各路遇有灾伤,随即申部,许准检踏是实,验原申灾地,体覆相同,比及造册完备,拟合办实损田禾顷亩分数,将实该税石,权且住催。"[3]实施申检体覆有几个程序,依次是申灾、检踏、体覆、监察和纠察。申灾,又叫告灾,规定"夏田四月,秋田八月,非时灾伤,一月为限,限外申告,并不准理"[4],以后申灾期限放宽。申灾后,按察司负责检踏,即勘灾,至元十九年(1282年)规定:"今后各道按察司,如承各路官司申谍灾伤去处,正官随即检踏实损分数,明白回牒(dié),各处官司缴连申部,随即免除。"[5]检踏后,按察司或廉访司负责体覆,即审查[6]。延佑四年(1317年)仁宗说:"每年申报水旱灾伤,为是廉访司不曾体覆,俺难准信有,今后若有水旱灾伤,有司检踏了,交廉访司体覆。"[7]御史台负责纠察,"部内有灾伤检视不实,委监察并行纠察"[8]。对违期不报、过时不检、检踏不实、虚报灾伤、透纳灾伤粮等弊端,或"临时斟酌定罪"[9],或"将原委官吏依例断罪,任满于解由内明白开写,以凭黜陟(chù zhì)"[10],这使灾伤十分分级标准得以严格执行。

据《元史》记载,元代水旱灾伤事实上分为三级。一级:《至元新格》规定:"收及六分者税既全征,不需申检。"损失1~4分收获6~9分的田亩,不申检,税粮全征,故文献不载。但无申检、记载,不等于无水旱或风调雨顺。二级:《至元新格》规定:"损七分以下者,只免所损分数。"即损失5~7分收获3~5分的田亩,免所损分数,需申检体覆。三级:《至元新格》规定:"损八分以上者其税全免。"即灾伤8~10分收获0~2分的田亩,地税全免,需申检体覆。由于事关重大,州、县官虚报在所不免,而按察司或廉访司之体覆,御史台或行台之处罚等严格的体覆监察制度,使这类灾伤申报明显减少。太宗十年至正二十六年(1238—1366年)的129年中,102

---

① 王结:《善俗要义》,《史学指南》. 杭州:浙江古籍出版社,1988.
② 《元典章》卷23,《户部九·灾伤·水旱灾伤随时检覆》. 北京:中国书店海王村古籍丛书,1990.
③ 《元典章》卷23,《户部九·灾伤·灾伤地税住催例》. 北京:中国书店海王村古籍丛书,1990.
④ 《元典章》卷23,《户部九·灾伤·江南申灾限次》. 北京:中国书店海王村古籍丛书,1990.
⑤ 《元典章》卷23,《户部九·灾伤·检踏灾伤体例》. 北京:中国书店海王村古籍丛书,1990.
⑥ 《元典章》卷6,《台纲二·体覆·察体覆事理》. 北京:中国书店海王村古籍丛书,1990.
⑦ 《元典章》卷6,《台纲二·体覆·寺家灾伤体覆》. 北京:中国书店海王村古籍丛书,1990.
⑧ 《元典章》卷5,《内台·设立宪台格例》. 北京:中国书店海王村古籍丛书,1990.
⑨ 《元典章》卷54,《刑部十六·虚枉·官吏检踏灾伤不实体例》. 北京:中国书店海王村古籍丛书,1990.
⑩ 《元典章》卷54,《刑部十六·虚枉·虚报灾伤田粮官吏断罪》. 北京:中国书店海王村古籍丛书,1990.

年有二、三级水旱记载，占总年数的 79%；无二、三级水旱记载的年份只有 21%（王培华，1999）。

第四节　防灾救灾措施

防灾、救灾措施在元朝很多，有一般性的防灾措施，比如鼓励发展生产，劝课农桑，提高生产技术，以防灾害；兴修水利，可以水旱兼防；救济贫穷，以提高百姓的抗灾能力；举行禳灾活动，以期消弭灾害等，该节不再赘述。但对与旱灾有关的具体防灾、减灾措施，该节将详细阐述。

一、救荒植物

张阜炳等（2019）以《元史》《王祯农书》《农桑辑要》《农桑衣食撮要》等为主要依托，发现除却以粟、稻、麦、豆为主的传统粮食作物之外，有明确救荒记载的植物 22 种（表 6.2），以古农书的划分方式将其分为谷属、蓏（luǒ）属、蔬属、果属、竹木属、草属六大类，对其生长习性、可食性、食用价值以及部分植物所具有的商业价值和药用价值进行分类考释。这对国家粮食安全、稳定、持续发展等方面都具有一定的积极意义。

（一）谷属

表 6.2　元代有明确救荒记载的救荒植物（张阜炳 等，2019）

植物名	出处
竹	《元史》卷十二《世祖本纪九》
橡	《元史》卷十三《世祖本纪十》《王祯农书・百谷谱集之十一》
芝麻	《元史》卷四十二《顺帝本纪五》
莲	《元史・食货志一》
芡（qiàn）	《元史・食货志一》《王祯农书・百谷谱集之三》
菱	《农桑辑要》卷六《药草・芡》《王祯农书・百谷谱集之十一》《元史・食货志一》
蒲	《元史・食货志一》
苇	《元史・食货志一》
苜蓿	《元史・食货志一》《农桑辑要》卷六《药草・苜蓿》
芋	《王祯农书・百谷谱集之三》《王祯农书・百谷谱集之十一》《农桑辑要》卷五《瓜菜》《农桑衣食撮要・三月》
蔓菁	《王祯农书・百谷谱集之三》《农桑辑要》卷五《瓜菜》《农桑衣食撮要・六月》
梅	《王祯农书・百谷谱集之六》
杏	《王祯农书・百谷谱集之六》
萝卜	《王祯农书・百谷谱集之三》《农桑辑要》卷五《瓜菜》
榆	《王祯农书・百谷谱集之九》《农桑辑要》卷六《竹木》
蒟蒻（魔芋）	《王祯农书・百谷谱集之十一》

续表

植物名	出处
葛	《王祯农书·百谷谱集之十一》
蕨	《王祯农书·百谷谱集之十一》
芹	《王祯农书·百谷谱集之五》《王祯农书·百谷谱集之十一》《农桑辑要》卷五《瓜菜》
栗、榛	《王祯农书·百谷谱集之七》《农桑辑要》卷五《果实》
稗子	《农桑辑要》卷二《播种》

①稗子。稗子又名鸡爪、鹅掌、扁扁草、糁子，和稻属同科草本植物。稗子虽然对庄稼具有一定的危害，但是其耐水、耐旱，具有极强的生长适应性。稗子高产、价廉。可采子捣米煮粥食，蒸食尤佳，或磨作面食皆可。

②胡麻。胡麻又名脂麻、藤弘、芝麻。胡麻不仅可以食用，还可以作为油料作物。

（二）蓏属

①芋。芋又名土芝、莒(jǔ)、蹲鸱(dūn chī)。芋性喜湿润、不耐旱、适宜生长于软白沙土。在遭遇灾患之时宜蒸食。

②蔓菁。蔓菁又名葑(fēng)、须、蕘(ráo)、蕪菁、蕵蕪(sūn wú)。具有较强的生长适应性、较短的生长周期和相当之高的产量。其既有可食性，也有药用价值。

③萝卜。萝卜又名葖(tū)、芦菔、莱菔、雹葖、土酥、夏生、破土锥。萝卜具有较短的生长周期、极强的生长适应性以及较高的产量。有多种食用方法。

④莲。莲又名荷、荷花、莲花、芙蕖、鞭蓉、水芝、水芸、水旦、水华、水芙蓉。莲性喜水，多生长于池塘、浅湖泊及稻田。救饥时熟食、生食皆可。既有可食性，还具有一定的药用价值。

⑤芡。芡又名鸡头、雁头、鸿头、鸡雍、卯蔆(líng)、雁喙。芡喜温湿环境，生长适应性强。其具有可食性，但是，多食对人体具有一定的危害，尤其是对小孩而言。

⑥菱。菱又名芰、薢茩(xiè hòu)、水栗、沙角、厥攗(méi)。菱性喜水，多种于池塘、沼泽等地，生长适应性强。生食性冷，煮食为佳。蒸作粉，蜜和食之，尤美。菱在江淮及山东一带特定时期曾被作为粮食作物。

⑦葛。葛即葛根，又名鹿藿、黄斤、鸡齐根。其生长对气候要求不高，生长适应性较强。具有多种食用方法，也有较高的药用价值。

此外，在蔬属中有芹、苜蓿、蕨；在果属中有杏、梅、栗、榛；在竹木属中有竹、榆、苇、橡；在草属中有蒲、蒟蒻。上述都是救荒植物。

在灾荒之年，救荒植物不仅具有果腹充饥的作用，有的植物更是具有一定的商业价值和经济效益（如橡、榆、杏等），还有的植物则具备了一定的药用价值（如蒟蒻、葛、莲等）。但是，救荒植物的食用性具有不确定性，如菖蒲、栗、苜蓿等，食之对人体健康有益，则食用性较高；而再如蒟蒻、蕨、梅等，其具有一定的可食性，但是多食对人体健康有一定的副作用，则其食用性较低。

救荒植物在灾荒之年发挥了一定的积极作用，而在对待救荒植物上，相较于其他朝代而言，元代救荒植物不仅存在于灾民自救过程当中，至元四年（1267 年）所颁的农桑之制一十四条中“近水之家，又许凿池养鱼鹅鸭之数，及中莳莲藕、菱角、鸡头、蒲苇等，以助衣食”。至元十三年（1276 年）“每逢饥年所在州郡山林、河泊出产，除巨木、花果外，蝦鱼、菱芡、柴薪等物，权免征税，许令贫民从便采取，货卖贩济”等，更是将救荒植物的种植纳入了国家政策范畴中，进行宏观调控，这对于元代的粮食安全和赈灾救荒起到了积极作用，也对当下粮食安全问题具有一定的启示（张阜炳 等，2019）。

二、防治旱灾的措施

元朝的农书中，讲述了很多防治旱灾的技术。比如《农桑辑要》认为对种子做一些处理，可以有防旱灾的作用。其法有用马骨头煮水，再用煮出来的水泡中药附子，然后除去附子，用这种水拌蚕便和羊便，使其如稠粥状，在下种前 20 日，以此水拌种，干后再拌，数次之后，藏好不要让其潮湿，在种之前再用此水拌湿；还认为用雪水拌种也可以防旱、防虫，且有利于丰收①。其中，用药物拌种可以防虫和用雪水导致丰收等方法，已经得到了现代科学试验证实。《农桑辑要》里还有利用酢（zuò）酱拌麦种以提高小麦抗干旱能力的方法。其法："当种麦，若天旱无雨泽，则薄泽麦种以酢酱半蚕矢，夜半渍，自晨速投之，令与白露俱下，酢酱令麦耐旱，蚕矢令麦忍冬。"②

还有利用施肥来预防旱灾，《农桑辑要》里记载：为了预防春旱，在深秋的时候，在桑树下堆放粪肥，这样在冬天可以保持水分，到春天将粪肥拨开成盆状，下雨则可以聚水，天旱则可以浇水其中，既耐寒又防虫③。

农书中还认为，精耕细作可以增加抗旱能力。其他方法还有很多，这里不再赘述。

当旱灾来临，元代人采取很多措施来减少灾害损失和恢复生产秩序。在有较为完善的预防灾害措施的前提下，元代采取抗旱措施。大致方法有组织人力引水灌溉，减少对灾民的索取，给予灾民粮、钱、物，改善灾区的经济秩序，给更多的经济权利，政府反省以调理阴阳之气等。

①每当旱灾来临，政府及民间都会组织人力引水灌溉。水高田下的，利用水渠将水引入田地。田高水下的，就组织人用农业水利设备，将水提引到田地。大旱来临，家庭之间、村社之间，甚至不同的路府之间都可能出现对水资源的争夺，政府要出面调停矛盾，尽量合理地分配水资源。

②减少对灾民索取的具体方法有：不同程度地免征赋税，有免一部分的、也有全免的、有免几年的、还有免过去的。如至元七年（1270 年），"保定等二十六余路旱，减是岁租三千一百二十一石"；免除农民以往的债务；除去一定时间的灾区劳役；不同程度地免征各种名目的课税，还免除各种商税。《元史・食货志》称为灾免之制，它最早开始于太宗十年（1238 年），当年"诏免今年田租，仍停旧未输纳者，俟丰年议之"，一直延续到元末。

③给予灾民钱、粮、物的具体方法有：赈济，也就是无偿给灾民；赈粜，就是政府低价卖给灾民；赈贷，就是给灾民钱、粮、物要有利息；赈借，是有灾时借给灾民，丰年要还；还有为灾民赈粥。

物资来源，有发官仓米的，有发常平仓米的，有募富人的，有从邻省借的，还有给发僧、道度牒等。其他措施和救治一般灾害的措施差不多，就不再赘述（和付强，2009）。

---

①②③　大司农司：《元刻农桑辑要校释》. 北京：农业出版社，1988.

三、维护灾区秩序

灾害发生后，灾区往往物资匮乏，不法商人趁机哄抬物价，政府会开仓放粮平抑物价。至元十九年(1282 年)，“岁大旱，有司议平谷价，以遏腾涌之患”①。元朝也曾发常平仓米赈饥民，而常平仓设立的目的就是遏制物价上涨。为了灾区物资供应，元朝也会减免商税，促进这一地区的贸易供给，如至顺元年(1330 年)，河南、怀庆旱，“其门摊课程及逋欠差税皆免征”。

国家也会打击灾区趁火打劫的偷盗抢劫行为。比如四川出现灾害后，“四川行省也速带尔言：‘比因饥馑，盗贼滋多，宜加显戮’”②。为了保证商路畅通，政府有出面打击阻滞物资运输的情况。另外，一些疫病发生后，政府会赈济粮食、免除赋税、给粮种恢复生产，做好善后工作，以期早日恢复灾区的生活秩序。政府组织人员掩埋尸体，而且有法律规定这是官员的职责，即“诸掩骼埋胔(zì)，有司之职”。游荡四方的流民，政府给其路费送其回乡(和付强，2009)。

四、禁酒

元朝统治虽仅百年左右，但史籍中所载的旱涝等灾害年均次数却比以往朝代为多，灾情更加严重。如史载，天历年间(1328—1329 年)，因旱、水、疫等灾害，有：“陕西诸路饥民百二十三万四千余口，诸县流民又数十万……赈卫辉路饥民万七千五百余户。括江准僧道余粮，赈河南府饥民。池州、广德、宁国、太平、建康、镇江、常州、湖州、庆元诸路及江阴州饥民六十万户，赈粮十四万三千余石。诸王忽剌答儿所部旱蝗，赈粮一月。大都、兴和、顺德、大名、彰德、怀庆、卫辉、汴梁、中兴诸路，泰安、高唐、曹、冠、徐、邳诸州饥民六十七万六千余户，赈以纱儿万锭，粮万五千石……凤翔府饥民十九万七千八百人，以官钞万五千锭赈之。”③至正四年(1344 年)，“大河南北连年荒旱，沿岸饥民多达五百万人，卖妻鬻子者相踵于道”④。

经年灾荒使得元朝成为中国历史上因民食问题而推行禁酒措施最频繁的封建王朝。自元世祖忽必烈开始，几乎每一个帝王都颁布过禁酒令。历代禁酒令通常出台于粮食告急之际。大面积的连年旱、蝗，是导致粮食歉收、供给紧张、粮价腾贵的主要原因。因此，禁酒令的出台往往意味着干旱等灾害严重。

自忽必烈开始，见诸记载的申饬(chì)禁酒与榷酤(què gū)之令并行，前后多达百余次(表 6.3)，禁酒地多为北方地区，且每次禁酒都出现在旱灾之际或之后。这显然与北方粮食生产、供给有关。元政府频繁禁酒是将其作为赈灾的一种途径，以缓解区域粮食供给紧张形势。例如，至元十四年(1277 年)三月，“以冬无雨雪，春泽未降”，耶律铸(1221—1266 年)等说：“足食之道，惟在节用糜谷之多，无逾醪醴(láo lǐ)曲糵(bò)。况自周、汉以来，尝有明禁，祈赛神社，费亦不赀，宜一切禁止。”⑤大德六年(1302 年)十二月颁行禁酒诏令说：“汉赐大脯，岁有常数，周申文告，饮戒无彝，况糜谷者莫甚于斯，崇饮者刑则无赦。近缘春旱，朝议上陈宜禁市酎，以丰民食。朕详思来奏，实为腆(tiǎn)民。可自今年某月日民间毋得酿造酒醴，俾天物暴殄，

① 宋濂：《元史》卷 174，《夹谷之奇传》. 北京：中华书局，1976.
② 宋濂：《元史》卷 7，《世祖纪四》. 北京：中华书局.
③ 柯绍忞：《新元史》卷 78，《食货志》. 北京：中国书店，1988.
④ 宋濂：《元史》卷 39，《顺帝本纪》. 北京：中华书局，1976.
⑤ 顾炎武：《日知录之馀》卷 2，《禁酒》. 上海：上海古籍出版社，1985.

重伤时和。其或违者，国有严典，悔其可追。故兹诏示，想宜知悉。”[①]至元十四年(1277年)五月，“申严大都酒禁，犯者籍其家赀，散之贫民”[②]，为保障禁酒令能贯彻下去，又申令：“诸私造唆鲁麻酒者，同私酒法，杖七十，徒二年，财产一半没官，有首告者，于没官物内一半给赏。诸蒙古、汉军辄酿造私酒醋曲者，依常法。诸犯禁饮私酒者，笞三十七。诸犯界酒，十瓶以下，罚中统钞一十两，笞二十；七十瓶以上，罚钞四十两，笞四十七，酒给原主。酒虽多，罚止五十两，罪止六十。”[③]

表6.3　《元史》所载禁酒部分史实(葛全胜 等,2011)

时间	史实
至元四年八月	申严平滦私盐、酒、醋之禁
至元十四年五月	申严大都酒禁，犯者籍其家赀，散之贫民
至元二十年四月	申严酒禁，有私造者，财产、女子没官，犯人配疫
至元二十三年八月	甘州饥，禁酒
大德六年正月	陕西旱，禁民酿酒
皇庆二年三月	以晋宁、大同、大宁、四川、巩昌、甘肃饥，禁酒
延祐六年三月	禁甘肃行省所属郡县酿酒
泰定二年九月	禁大都、顺德、卫辉等十郡酿酒
天历元年十一月	汴梁、河南等路及南阳府频岁荒旱，禁其境内酿酒
至正八年五月	丁巳，四川旱，饥，禁酒

元代酿酒耗粮巨大，如元初中书左丞姚燧(1238—1313年)曾言：“京师列肆数百，日酿有多至三百石者，月已耗谷万石，百肆计之，不可胜算。”[④]再如王恽(1227—1304年)说：“今自镇定路以南直指大河，地方数千里，自春秋雨泽愆期，旱暵成灾害，致米麦踊贵，无处籴买，例皆阙食，百姓往往逃窜，莫能禁戢。有司诚宜多方救灾恤民。窃见民间酿造杯酒，所用米麦日费极多，略举真定一路，在城每日蒸汤二百余石，一月计该六千余石，其他处所费比较可知。若依至元十五年例，将民间酿造杯酒权行禁止，庶几省物斛，以滋百姓，诚救灾恤民之大事也。”[⑤]一些区域性中心城市的酿酒业，每年耗粮更是惊人，如至元年间，“京师列肆百数，日酿有多至三百石者，月已耗谷万石、百肆计之，不可胜算”[⑥]；大德十一年(1307年)，“杭州一郡，岁以糜谷麦十八万石”[⑦]。因此，朝中重臣王恽将“申明酒禁”作为应对旱、蝗灾荒的良策，强调“庶几省减物，斛以滋百姓食用，诚救灾恤民之大事也”[⑧]。卢世荣(？—1285年)说：“大都酒课，日用米千石，以天下之众比京师，当居三分之二，酒课亦当日用米二千石。今各路但总计日用米三百六十石而已，其奸欺盗隐如此，安可不禁。臣等已责各官增旧课二十倍，后有不如数者，重

① 王恽：《秋涧集》卷67，《拟禁酒诏》. 长春：吉林人民出版社，2005.

② 宋濂：《元史》卷9，《世祖本纪》. 北京：中华书局，1976.

③ 宋濂：《元史》卷140，《刑法三》. 北京：中华书局，1976.

④ 姚燧：《牧庵集》卷15，《中书左丞姚文献公神道碑》. 上海：商务印书馆，1912.

⑤⑧ 王恽：《秋涧集》卷90，《禁酝酒》. 长春：吉林人民出版社，2005.

⑥ 苏天爵：《元朝名臣事略》卷8，《左丞姚文献公》.

⑦ 宋濂：《元史》卷22，《武宗本纪》. 北京：中华书局，1976.

其罪。”①

禁酒起到了缓解灾荒形势下粮食短缺、抑制粮价和稳定社会的作用，为了使禁酒令能顺利推行，元代对于那些无视禁酒令，违禁酿酒、榷酒者给予了较历代更为严厉的惩处，除抄家、配役外，更有“罪至死”的记载②。如元世祖至元二十年(1283 年)四月，“申严酒禁，有私造者，财产、女子没官，犯人配役”③。禁酒期间，即使高官违禁亦难辞其咎，朝廷重臣马祖常(1279—1338 年)就因“其僚禁酤时面有酒容，以苛细黜之 ”④(葛全胜 等，2011)。

第五节　久旱祈雨

元代旱灾频繁，逢旱祈雨是统治阶层、地方官吏的责任，这是元代祈雨诗大量产生的社会背景。元代祈雨祭祀主要分为两类：一类是国家层面祭祀，另一类是民间层面祭祀。祈雨活动更多是在民间举行。这主要有 3 个原因：一是从祈雨活动组织者来看，大多为地方官员或为一方太守或为郡县小吏等；二是从祈雨活动效果来看，祈雨直接面向底层百姓可有效传递信息，否则达不到安抚民心、应对灾情的效果；三是从祈雨活动形式来看，祈雨须以一种便于民众群体宣泄情绪或表达诉求的方式(如“焚尪”(wāng)、“鞭龙”)来开展。面对旱涝灾害而举行祭神也是地方长官的一种职责。旱涝灾害通常会被视为地方官无德或无政的警示，与此相对，若是祈雨灵验，则又会被视为地方官有德的象征。因此，因旱祈雨在元代民间十分常见。对于地方官而言，祈雨不仅是应对旱灾的一种措施，还是安抚民心、转移矛盾的一种策略。当祈雨灵验，便常有士子文人献诗文予以歌颂，如岑(cén)安卿《谢汪辰良太守祈雨有感》：

赤日露顶行，步入南雷去。
归来云雾生，薄暮雨如注。
苍苍将槁苗，郁郁色如故。
人言太守贤，天意肯相助。
不喜亦不惊，太守若无与。
日月行中天，照临及下土。
日月不自功，光明万民睹。
我知太守心，借此以为喻。
试问喻者谁，三山老农圃。⑤

祈雨自然会产生一些关于祭品及其他事项的费用，关于祈雨的费用，元政府有明文规定。《元典章》卷三十《礼部三・祭祀》记载：“(至元七年十月)承奉尚书省劄(zhā)付：‘礼部呈：据西京路申：为本境风旱祈雨，用过羊酒等物价钱，乞除破事。’呈奉尚书省劄付：‘除已依数除破

① 宋濂：《元史》卷 250，《卢世荣传》. 北京：中华书局，1976.

② 虞集：《岭北行省郎中苏公墓志铭》卷 54，《国朝文类》.

③ 宋濂：《元史》卷 12，《世祖本纪》. 北京：中华书局，1976.

④ 苏天爵：《滋溪文稿》卷 9，《元故资德大夫御史中丞赠摅忠宣宪协正功臣魏郡马文贞公墓志铭》. 北京：中华书局，1997.

⑤ 岑安卿. 谢汪辰良太守祈雨有感//杨镰. 全元诗：第 33 册. 北京：中华书局，2013.

外，仰遍行各路，今后遇天旱，预为申覆省府明文，无得一面支破官钱。'"①为了防止浪费公家财物，元代朝廷规定地方政府因旱祈雨时，必须“预为申覆省府明文”，否则不得动用国家财政。“申覆”即进行行政审批，履行“申覆”程序必然会耗费时间，而应对灾情又刻不容缓，有些地方官就会捐出自己的俸禄用来祈雨。关于这一情况，在元代祈雨诗中也可见到描述。如李戡《平江路总管祈请光福铜观音感雨诗》序中说：“大德三年岁在己亥，余守平江。春夏悭(qiān)雨，苗将枯矣。官僚老屡祈不遂，士民忧之。孟秋三日，捐己俸，备薰蜡，率僚属，于玄妙观设醮祈祷。”②“捐己俸”祈雨，自然成为地方官“治绩”的表现。

元代祈雨仪式反映着丰富的风俗文化，本节着重对祈雨仪式的风俗进行介绍(韦正春，2020)。

一、巫术祈雨

巫术祈雨作为一种非常古老而流传久远的祭神方式，一直到元代还保留，并且由于文献记录，该祈雨法的仪式体现得更为具体。元代常见有以“雩”祈雨的风俗。如，袁华《祷雨诗为陈应辰炼师赋》中说：“己酉季夏天亢阳，木槁草悴黍稌(tú)黄。黔黎蒲伏号穹苍，如瞽(gǔ)无相何伥伥。有司骏奔走郡望，女巫舞雩纷浩倡。”③该诗中，诗人描写夏季大旱、草木焦黄、百姓煎熬、郡守忧心，女巫起舞求雨。“纷浩倡”即女巫祈雨的队伍庞大，人数众多。

关于巫术祈雨的仪式，常见的有“焚巫”或“焚尫”。“焚巫”之事始见《左传》记载。元代祈雨诗中提到这种“焚巫”或“焚尫”习俗的有很多。如：或言“焚巫”祈雨之举未必灵验，如“焚巫事已远，鼓社亦何补”④；或言因旱灾严重，地方政府想方设法“焚尫”祈雨，如“官僚揭虔士庶恫，焚尫翦爪百虑穷”⑤；或言出现旱灾时，地方值守官员有责任进行“焚尫”祈雨，如“我候见之乱愁绪，虽欲焚尫竟何补”⑥。

从文献记载来看，“焚尫”这种祈雨仪式从上古一直延续到清末，说明民间从事这一职业是有“市场”的，而这种祈雨仪式一般是由天生残疾人主持。

二、雷击旱魃祈雨法

旱魃，是中国古代神话传说中制造旱灾的一种神怪。在人们观念中，遇到旱灾时只要把旱魃驱走或杀死，则雨降，旱止。

元代是一个宗教信仰多元的朝代，因旱祈雨是僧、道的共有职责。古人认为，道教的符箓(lù)能驱役鬼神。因此，元代祈雨诗里常有关于道士登坛画符箓引雷击旱魃的描写。如，张翥(zhù)《题胡汉卿参政祈雨诗》中说：“大地风雷驱旱魃，重渊云雾起神龙。”⑦华幼武《赠宋无为祈雨有应得飞字》中说：“道人妙夺造化机，神鞭鬼驭归指挥。震雷击地旱魃死，黑云卷水苍龙

---

① 佚名：元典章(大元圣政国朝典章)·卷三十·礼部三·祭祀//《元典章：第2册》.北京：中华书局，2011.
② 李戡：平江路总管祈请光福铜观音感雨诗//杨镰.全元诗：第18册.北京：中华书局，2013.
③ 袁华：《祷雨诗为陈应辰炼师赋》//杨镰.全元诗：第57册.北京：中华书局，2013.
④ 龙云从：《见心禅师祷雨有感敬赋三十韵奉呈》//杨镰.全元诗：第51册.北京：中华书局，2013.
⑤ 张经：《周玄初祷雨诗》//杨镰.全元诗：第47册.北京：中华书局，2013.
⑥ 张庸：《赠吴贰令天井龙湫祈雨有验》//杨镰.全元诗：第54册.北京：中华书局，2013.
⑦ 张翥：《题胡汉卿参政祈雨诗》//杨镰.全元诗：第34册.北京：中华书局，2013.

飞。"[①]雷电能够杀死旱魃是元代百姓深以为然的观念，而道士能作法引雷击也是当时人们普遍的观念，从中不难看出道教信俗在元代社会的流行。当遇到旱灾，地方官员束手无策之时，道士登坛作法祈雨便是一种选择。这样，道士与地方官员便有一个合作交往的渠道，如杨维桢《送邓炼师祈雨歌》中说："松陵太守闵(mǐn)民苦，疾呼邓师诛魃妖。"[②]

三、神树祈雨法

人神不分是上古时候人们认知的特点，长期以来，人们广泛认为万物有灵。英国人类学家弗雷泽对世界各地树神崇拜现象研究之后，把树神能力归纳为 3 个方面：一是能行云施雨，二是能保佑庄稼丰收，三是能保佑六畜兴旺、妇人多子[③]。中国古代也有树神崇拜的现象。唐代诗人王建《神树词》说："我家家西老棠树，须晴即晴雨即雨。四时八节上杯盘，愿神莫离神处所。男不着丁女在舍，官事上下无言语。老身长健树婆娑，万岁千年作神主。"[④]元诗中也有一首《神树词》，诗说："田家种田无五行，屋西神树生有灵。年年祭树卜水旱，祈雨即雨晴须晴。鸡豚拜扫无闲日，乌鹊群飞来啄食。剪纸作钱挂树枝，祝田有麦蚕有丝。收麦上场神得食，缫丝纳官神得衣。"[⑤]

比较这两首诗，可以发现在反映树神崇拜上有共同点：首先，古人对树龄大、寿命悠长的树木甚是尊敬，当"社"来祭祀；其次，神树的功能先是能保佑风调雨顺——需要晴则晴，需要下雨则下雨，其次是能护佑家人安康、庄稼丰收、六畜兴旺等。两首诗所表达的差别在于：唐《神树词》表达了普通百姓祈求免受徭役、官事无扰的愿望，诗歌反映了唐后期徭役繁重、官兵扰民的社会背景；元《神树词》表达的是百姓祈求风调雨顺、安守本业、衣食自足的愿望。

可以看出，树神崇拜的内容远大过祈晴祈雨的范围，这使得神树祭祀能够成为一种信俗沿传下来。至今，将古树视为"社"，逢年过节予以崇祀的现象还遗留在一些农村地方，尤其是在中国西南少数民族地区还比较多见。此类古树被视为神树，被认为能保佑村庄，因此很受人们尊敬，人不能对其损害或砍伐。

四、蜥蜴祈雨法

蜥蜴祈雨法始于唐代。《全唐诗》卷八七四中收无名氏《蜥蜴求雨歌》一首，其题下注说："唐时求雨法，以土实巨瓮，作木蜥蜴。小童操青竹，衣青衣以舞，歌云云。"[⑥]这正是唐代关于蜥蜴祈雨法的描述。至宋时，宋政府钦定此法为官方祈雨法。据《宋史·礼志》载，北宋熙宁十年（1077 年）四月，有："以夏旱，内出《蜥蜴祈雨法》：捕蜥蜴数十纳瓮中，渍之以杂木叶，择童男十三岁下、十岁上者二十八人，分两番，衣青衣，以青饰面及手足，人持柳枝沾水散洒，昼夜环绕，诵咒说：'蜥蜴蜥蜴，兴云吐雾，雨令滂沱，令汝归去。'"[⑦]研究者[⑧]认为，宋代蜥蜴祈雨法的

---

① 华幼武：《赠宋无为祈雨有应得飞字》// 杨镰．全元诗：第 46 册．北京：中华书局，2013.
② 杨维桢：《送邓炼师祈雨歌》// 杨镰．全元诗：第 39 册．北京：中华书局，2013.
③ 詹姆斯·乔治·弗雷泽．金枝：《巫术与宗教之研究》．徐育新，汪培基，张泽石，译．北京：大众文艺出版社，1998.
④ 王建：《神树词》// 彭定求．全唐诗：第 9 册．王全，点校．北京：中华书局，1960.
⑤ 胡奎：《神树词》// 杨镰．全元诗：第 48 册．北京：中华书局，2013.
⑥ 佚名：《蜥蜴求雨歌》// 彭定求．全唐诗：第 25 册，王全，点校．北京：中华书局，1960.
⑦ 脱脱：《宋史·卷一百〇二·志第五十五·礼五》，第 8 册．北京：中华书局，1977.
⑧ 齐德舜：《宋代蜥蜴祈雨法研究》．宗教学研究，2018(1)：223.

仪轨中同时蕴含有佛教、道教以及传统巫术的元素，是三者融合的产物，这也是它能够被选定为官颁祈雨法的重要原因。

到了元代，蜥蜴祈雨法在民间依然盛行。如，元代诗人刘仁本《龙井寺祷雨诗二首》其一说："天井龙三窟，危峰翠一拳。化身分蜥蜴，嘘气出云烟。水积他山堰，田登大有年。今当赫灵异，雱霈(pāng pèi)答精虔。"[①]又如，诗人袁士元在《青山祈雨行》中说："飞符走檄鞭潜龙，布令扬威驱蜥蜴。"[②]

五、祈龙鞭龙祈雨法

自古人有龙这一神物的概念始，降雨与龙就紧密地联系在一起。《山海经·大荒东经》记载："应龙处南极，杀蚩尤与夸父，不得复上。故下数旱，旱而为应龙之状，乃得大雨。"郭璞注："今之土龙本此。气应自然冥感，非人所能为也。"[③]

此后，历代的各种杂史小说里，龙都是作为施云布雨的灵物而出现。而当旱灾发生时，民间也总是有着各种各样的祭龙祈雨仪式。但是，龙被官方正式作为祈雨的神祇，是始于唐代。《唐会要》卷四十七载："天宝十载正月二十三日，封东海为广德王，南海为广利王，西海为广润王，北海为广泽王。"[④]这里说的就是四海龙王得到诏封。自宋以降，各种祭龙祈雨仪式更是层出不穷。元代是旱灾频繁发生的朝代，各种祭龙祈雨仪式在这一朝轮番上演，由元代祈雨诗的描述来看，主要有祈龙降雨和鞭龙降雨两种。

(一) 祈龙降雨

所谓祈龙降雨，就是祈求沉睡着的龙醒来施雨。古人多认为龙居住的地方是水潭深渊处，谓之龙潭、寒潭、银潭、幽潭、石潭等，所以为了叫醒龙，仪式地点多选择这类地方。如艾性夫《祷雨积烟山之龙潭有应》中说："苍生望霖龙不起，蜡丸笺心聒龙耳。"[⑤]诗中道明人们将天旱归咎龙的沉睡不起，而诗题则表明祈雨仪式是在"积烟山龙潭"进行。

古人认为，龙有施云布雨的职责，旱灾之所以发生，就是因为龙贪睡误事。为了唤醒龙，人们需要带着祭品，敲锣打鼓地前去水潭或龙祠举行祭祀，并且作曲迎龙。元诗中有《迎龙曲》，说：

朝迎龙，暮迎龙，旱火烧天龙在宫。
县官投牒石潭中，山南山北鼓逢逢。
蜿蜒跃入杨枝水，山云一缕随龙起。
龙未离山雨到城，城中三日不得晴。
明朝打鼓送龙去，愿龙十日行一雨。
种田有水刈麦干，年年谢龙神亦欢。[⑥]

这首诗描述的是，旱灾严重，县官带领百姓在早晨与傍晚敲锣打鼓，前往郊外石潭祈雨。

① 刘仁本：《龙井寺祷雨诗二首》// 杨镰. 全元诗：第 49 册. 北京：中华书局，2013.

② 袁士元：《青山祈雨行》// 杨镰. 全元诗：第 45 册. 北京：中华书局，2013.

③ 佚名：《山海经译注》. 陈成，译注. 上海：上海古籍出版社，2016.

④ 王溥：《唐会要·卷四十七·封诸岳渎》. 上海社会科学院历史研究所古代史研究室，标校. 上海：上海古籍出版社，2006.

⑤ 艾性夫：《祷雨积烟山之龙潭有应》// 杨镰. 全元诗：19 册. 北京：中华书局，2013.

⑥ 胡奎：《迎龙曲 // 杨镰. 全元诗：第 48 册. 北京：中华书局，2013.

祈雨有应，人还未返回雨即下来。雨少会旱，雨多则涝。既迎了龙来，还得送龙去。因此，又有了《送龙曲》，说：

迎龙来，送龙去，翠雾红云拥龙驭。
家家买纸谢神龙，甘雨应期龙有灵。
明珠之宫紫贝阙，碧潭无声湛秋月。
愿龙在山云在天，岁岁谢龙歌有年。[①]

祈雨灵验后，城中百姓家家户户买纸钱烧纸钱，谢神龙，欢送龙回去。

（二）鞭龙降雨

百姓认为龙有降雨的职责，因而遇旱情时百姓往往就归咎于龙懒惰失职、无所作为。为了让龙行使其职责，就有了驱龙降雨与鞭龙降雨的说法。元代的驱龙与鞭龙降雨法，多为道士所用。如杜本《武当山张真人奉诏祷雨有应》中说："将吏驱蛟龙，雷电相后先。"[②]道士作法驱龙，天空雷电相应，说明祈雨灵验。又如李延兴《咏保定尹祈雨》中说："潭底双龙驱雨出，庙前五马踏云归。"[③]形象地将蛟龙受驱腾空而起的景观描写出来。

由于驱龙降雨与鞭龙降雨基本是以道士登坛作法为方式的祈雨法，其二者的区别主要在于祈雨者主观情感程度。驱龙相对于鞭龙而言，是一种温和的方式。因龙一时偷懒，疏于职守，只要达到让龙履行降雨职责的目的便可，而鞭龙则显得比较严厉，带有祈雨者情绪宣泄或强烈诉求的意味。如朱友谅《周玄初祷雨诗》中说："道人鞭龙出潭底，黑云一片山头起。"[④]如袁士元《青山祈雨行》中说："飞符走檄鞭潜龙，布令扬威驱蜥蜴。"[⑤]又如沈梦麟《代归安县官谢陆大本同知祈雨有感》中说："醉鞭乖龙听吾语，叱咤六合生烟雾。"[⑥]亦有老龙懒惰，耐鞭不动的说法，如邓雅《题罗宗瑞法师祷雨感应卷》中说："南州大旱禾黍枯，赤日照地如红炉。老龙卧稳鞭不动，无乃上帝封江湖。"[⑦]

驱龙与鞭龙降雨法，是百姓喜闻乐见的一种祈雨方式，但也只能在民间流传，不会成为官方采用的祈雨方法。因为皇帝是以"真龙天子"自称，龙不仅是施云布雨的神物，更是皇权的象征，诸如龙袍、龙床、龙椅等具有龙形图案或呈龙形的器物都是皇帝所独享，"驱龙"与"鞭龙"便触犯帝王权威，会使皇家蒙羞，所以驱龙与鞭龙降雨法不会被官方认可。

六、元代诗人对祈雨现象的批评

元代祈雨频繁，祈雨成为公众共同关注的现象。在关于祈雨的各种评议中，不乏批评之音。这既有祈雨者之间的批评，也有文人对社会现象的批评，这些都在诗歌创作中得到反映。

元政府对道士、僧人礼遇尤甚，每遇旱涝灾害时，道士、僧人有责任也都有机会登坛祈雨祈晴。但僧道各显"神通"时，就难免出现抑他扬己的现象。比如，元代祈雨诗中有的讽僧赞道，如林景熙《赠泰霞真士祈雨之验》中说："檄龙呗佛寂不应，蜥蜴那能擅权柄。泰霞真士鞭风霆，

① 胡奎：《迎龙曲》//杨镰. 全元诗：第 48 册. 北京：中华书局，2013.
② 杜本：《武当山张真人奉诏祷雨有应》//杨镰. 全元诗：第 28 册. 北京：中华书局，2013.
③ 李延兴：《咏保定尹祈雨》//杨镰. 全元诗：第 64 册. 北京：中华书局，2013.
④ 朱友谅：《周玄初祷雨诗》//杨镰. 全元诗：第 52 册. 北京：中华书局，2013.
⑤ 袁士元：《青山祈雨行》//杨镰. 全元诗：第 45 册. 北京：中华书局，2013.
⑥ 沈梦麟：《代归安县官谢陆大本同知祈雨有感》//杨镰. 全元诗：第 55 册. 北京：中华书局，2013.
⑦ 邓雅：《题罗宗瑞法师祷雨感应卷》//杨镰. 全元诗：第 54 册. 北京：中华书局，2013.

绿章叩天天亦惊。玄云沛雨起肤寸，点点都是盘中饭。须臾收敛归无声，翩然驾虬(qiú)出山城。"①泰霞真士是一位吴姓道士的法号。这首诗讥讽僧人祈雨不应，夸赞道士道术高明而祈雨灵验。反之，也有诗歌讽刺道士画符作法之举，如于石《祈雨》说：

六月不雨至七月，草木危干石欲裂。
方士画符如画鸦，呵叱风伯鞭雷车。
九天云垂海水立，骄阳化为雨三日。
万口竞夸方士灵，彼亦自谓吾符神。
谁知水旱皆天数，贪天之功天所恶。
吾心修德可弭灾，大抵雨从心上来。
桑林自责天乃雨，岂在区区用方士。②

这首诗先是描写六七月间滴雨未下、草木枯黄、金石犹融的干旱情景，而后对道士画符作法的祈雨方式进行讽刺，认为：水旱乃天有定数，雨从天降只是恰逢其时，道士竟得意自诩。诗人所言"吾心修德可弭灾，大抵雨从心上来"，极富禅理色彩。禅宗重修心，即"见性成佛"，人性即佛性，悟则众生即佛，迷则佛即众生。如果说"方士画符如画鸦，呵叱风伯鞭雷车"还只是讽刺之语，那么，"吾心修德可弭灾，大抵雨从心上来"则可谓以禅理思想对道术进行了有力批驳。"桑林自责天乃雨，岂在区区用方士"，即借了"汤祷桑林"的典故，强调祈雨者的德行和对神灵的虔诚是祈雨的关键。

唐宋之际，有很多诗人在诗作中对各种祈雨法持批评态度，宋代这种现象更甚。北宋熙宁十年(1077 年)，宋朝廷颁令蜥蜴祈雨法于全国各地施行，一时间，蜥蜴被捕捉殆尽，民间遇旱灾时便以蝎虎（即壁虎)代替蜥蜴来祈雨。南宋吕祖谦《诗律武库后集》卷十有载："熙宁中，京师久旱，按古法，令坊巷以瓮贮水，插杨柳枝，泛蜥蜴……时蜥蜴不能尽得，往往以蝎虎代之。蝎虎入水即死，小儿更说：'冤苦冤苦，我是蝎虎。似恁(nèn)昏沉，怎得甘雨！'"③蜥蜴祈雨法的荒谬于此可见一斑。南宋叶适在《温州社稷记》中亦对"焚尫""祈佛""驱魃""造土龙""蜥蜴祈雨"等当时社会流行的各种祈雨法予以批评："怪淫诬诞之说起，乞哀于老、佛，听役于鬼魅，巨而龙罔，微而鱓(shàn)蜴，执水旱之柄，擅丰凶之权，视社稷无为也。"④

到元代，很多有识之士也对各种祈雨法持批评的态度，这深刻地体现于诗文中。如袁士元在诗歌《祈雨有应与宋尹》对舞雩祈雨法抱着质疑态度，诗中说："鄞(yín)江春寒农事迟，东皋四月苗初移。阳威作难久不雨，云霓望断民忧危。祈雩祭庙纷阡陌，寂然不动吁无策……风师不怒雷不鼓，顿作倾盆来溇溇(lóu)。信知此雨在方寸，岂在师巫作群舞……"⑤诗歌很明确地表明，降雨是自然规律，而不是"巫师群舞"这般祈雨行为所能左右，这就显现出一种朴素的唯物观。又如，王恽在诗歌《悯雨行》对蜥蜴祈雨法进行了批判，诗中说："旱虫食桑桑叶无，谷不出垅麦欲枯。人间四月号清润，物色惨悴几焚如。车前田畯(jùn)向予说，半岁无雨曾霑(zhān)濡……昨朝冠盖称劝使，田务督责须勤劬(qú)。农非耕穑何所事，劝至无劝将何趋。

① 林景熙：《赠泰霞真士祈雨之验》//杨镰.全元诗：第 10 册.北京：中华书局，2013.
② 于石：《祈雨》//杨镰.全元诗：第 13 册.北京：中华书局，2013.
③ 吕祖谦：《吕祖谦诗话·诗律武库后集·卷十》//吴文治.宋诗话全编：第 6 册.南京：江苏古籍出版社，1998.
④ 叶适：《温州社稷记》//叶适集：第 1 册.刘公纯，王孝鱼，李哲夫，点校.北京：中华书局，1961.
⑤ 袁士元：《祈雨有应与宋尹》//杨镰.全元诗：第 45 册.北京：中华书局，2013.

一和缪盭(lì)良有谓，蜴蜥满盎真无辜。我初闻言颜已厚，食不下咽心为愈。凭轼归时长叹息，欲对畸人意先屈……”①该诗是元至元十七年（1280年）所作，作者王恽，时年54岁。《元史·王恽列传》记：“(至元)十四年，除翰林待制，拜朝列大夫、河南北道提刑按察副使……”②《元史·世祖本纪》载：“(至元十六年五月)以各道按察司地广事繁，并劝农官入按察司，增副使、佥(qiān)事各一员，兼职劝农水利事。”③由此可知，王恽创作该诗时任按察副使兼劝农。正如诗中“昨朝冠盖称劝使，田务督责须勤劬”，诗人由于对百姓生活的辛苦有深切的了解，就尤其感到自己主理农桑事务的职责重大，能真正怜悯体恤民情。《悯雨行》诗序亦说：“至元十七年夏四月廿四日，自東鹿县入深泽，午憩(qì)西河乡，录父老语，车中足成此诗。时所在祈雨。”④很清楚地交代了诗歌创作的背景，表达对百姓不幸遭遇的深切同情。诗人目睹旱灾下百姓的不幸遭遇，感到身为百姓父母官的自己却无能为力，心忧如焚、食不下咽，只能在内心祈望早日下雨，同时对蜥蜴祈雨法这种无效的折腾方式做了尖锐批判。

元代祈雨诗中，有的还批判揭露在祈雨仪式之外的社会不公现象。比如，谢应芳《过横山龙祠作》，就对手中握着特权，借祈雨之机欺下瞒上、收取贿赂、鱼肉百姓的乡村小吏进行揭露。其诗说：

横山龙母祠前路，人说今年祭龙苦。前期邑有皂衣来，督遣丁夫剪榛楛(zhēn kǔ)。里胥中有豪家郎，搏攫(jué)如鹰啖如虎。编氓一呼六十人，弃掷犁鉏(chú)行或沮。十家之甲最可怜，背血淋漓遭捶楚。囊无一钱供百需，肥腯(tú)豕(shǐ)如买乌牯。手倾麦斛比珠斛，剜肉成疮谁为补。胥常大嚼过屠门，今乃闾阎刲(kuī)鹭股。吾闻此语三太息，郡邑安知弊如许。祠官稽古垂令典，穆穆缉熙由圣主。圣心宽仁重民食，三年两度蠲租赋。天生感孚和气洽，曰旸而旸雨而雨。报功于龙岁有祭，礼若迎猫恩更溥。龙兮龙兮知不知，如此嗟来食应吐。⑤

谢应芳(约1296—1392年)，生活在元末明初，此诗正是反映出元代末年吏政腐败、社会动乱背景下社会基层组织和基层官吏的常态。诗中所言“祭龙苦”，说明当年旱灾频繁。“督遣”“里胥”是元代基层官府职事人员，通常具有为官府催办各项赋税、维护社会治安、摊派力役、登记户籍与资产等职责。“编氓一呼六十人”，则反映了元代社会农村的基层组织形式。《元史·食货志》载：“县邑所属村疃，凡五十家立一社……不及五十家者，与近村合为一社。地远人稀，不能相合，各自为社者听。”由此可知，元代统治在基层农村存在十分简单的辖治方式，这对于地远人稀的人家而言极不公平。“十家之甲最可怜，背血淋漓遭捶楚”，鲜明地指出元代末年这种“社”邑制度所带来的弊端。“胥常大嚼过屠门，今乃闾阎刲鹭股”，道出了“阎王易见，小鬼难缠”的现实情况，这些乡官小吏吃拿卡要，公然向屠户索取贿赂。“祠官稽古垂令典，穆穆缉熙由圣主”。在诗人看来，祈雨的关键是祈雨者的德行、修养，祈雨仪式的主持者是祈雨应验与否的核心所在。“龙兮龙兮知不知，如此嗟来食应吐”，诗人表示自己为神龙感到羞愧。诗歌揭示了乡里小官借祭祀神龙的名义横征暴敛、鱼肉百姓、中饱私囊的丑恶现象，批判深沉有力。

---

① 王恽:《悯雨行》//杨镰.全元诗:第5册.北京:中华书局,2013.

② 宋濂:《元史·卷一六七·王恽列传》.北京:中华书局,1976.

③ 宋濂:《元史·卷十·世祖本纪》.北京:中华书局,1976.

④ 王恽:《悯雨行》//杨镰.全元诗:第5册.北京:中华书局,2013.

⑤ 谢应芳:《过横山龙祠作》//杨镰.全元诗:第38册.北京:中华书局,2013.

元代旱灾频繁发生，以及元代统治者对农业重视和对劝农制度的推行，是元代祈雨诗涌现的历史背景和社会背景。元代祈雨诗中呈现了多种祈雨法，生动地反映着元代社会多元的神灵观念，元代诗人在诗中对祈雨仪式及社会不公现象的批评，也在一定程度上体现其时诗歌的现实主义创作风格。元代大量汇聚的祈雨诗，是今天人们了解元代旱灾和经济社会活动的窗口，值得深入研究（韦正春，2020）。

第六节　抗旱减灾典型事例

一、陕西特大旱灾及政府抗旱救灾

陕西自泰定二年至天历二年（1325—1329 年）连续 5 年大旱，导致严重的大饥荒，这大概是元代西北地区暴发的最严重的自然灾害。这场特大旱灾造成的大灾荒，一直到至顺二年（1331 年）才趋于缓和。史籍对这场旱灾的严重后果多有记载："泰定之际，关陕连岁大旱，父子相食，死徙者十九。""饥民相食""枕籍而死""饥馑疾疫，民之流离死伤者十已七八"。旱灾造成关陕之民"尽室以逃"。生活在陕西兴元（治今陕西汉中）的蒲道源，作《闲居纪事》诗，描述古长安发生饥荒时的惨状："长安遭饥荒，食尽到糠秕。升合贵不赀（zī），珠金何足恃。凌晨出求籴，于于如栉比。暮归持空囊，菜色皆相似。老弱困且羸（léi），行随墙壁倚。村墟向昏黑，剽掠群凶起。威云田中麦，苗枯无雨水。今年如弗收，炊爨当易子。"上述记载反映出这场大灾对老百姓造成的严重危害。鉴于旱情、饥荒十分严重，元朝统治者对这场大灾给予了高度重视，文宗亲自向虞集等大臣询问救灾之策，并下令政府积极组织赈灾工作。

首先，选任官员前往灾区，组织、督促当地政府抗旱救灾。灾情发生后，朝廷即任命宋崇禄为西台治书侍御史，赐金叚（jiǎ）以宠其行，令其前往灾区赈济。宋崇禄上任后即陈"荒政七事""皆赈恤大计"，深得朝廷嘉赏，可见他当时出任西台的工作重点就是抗旱救灾。时任陕西行台中丞的张养浩，灾发后前往陕西灾区赈济灾民，"到官四月，未尝家居，止宿公署……出赈饥民，终日无少怠"，终因积劳成疾，死于任所。他的《南吕・一枝花》（咏喜雨）即表达了作者久旱盼雨，企望灾民能够安居乐业的心情："用尽我为民为国心，祈下些值玉值金雨。数年空盼望，一旦遂沾濡。唤省焦枯。喜万象春如故，恨流民尚在途。留不住都弃业抛家，当不的也离乡背土。恨不得把野草翻腾做菽粟，澄河沙都变化做金珠。直使千门万户家豪富，我也不枉了受天禄，眼觑着灾伤教我没是处，只落的雪满头颅。青天多谢相扶助，赤子从今罢叹吁。只愿的三日霖霪不停住，便下当街上似五湖，都淹了九衢，犹自洗不尽从前受过的苦。"

其次，中央政府和陕西行省及时向灾区提供赈灾物资，发放给灾民，包括从外省调拨盐课、储粮、官租运往灾区进行赈济。天历元年（1328 年），中书省即调拨江浙盐运司岁课十万锭赈陕西旱灾。翌年四月，陕西诸路饥民达 123.4 万人，诸县流民又数十万，陕西行省"赈之，不足"，于是请示朝廷，"请令商贾人粟中盐，富家纳粟补官，及发孟津仓粮八万石及河南、汉中廉访司所贮官租"，赈济灾民。仅天历二年（1329 年），朝廷用于陕西行省的赈灾资金，见于（元史）记载的有钞 35.63 万锭，占该年全国赋税总收入 929.78 万锭钞的近 4%。为了保证陕西灾区赈济所用的钱粮物资，监察御史于思等官员还向朝廷建议，停罢近侍诸臣奏请的恩赐，以纾民力。朝廷亦下令禁止酿酒，以节约粮食用于赈灾。与此同时，元朝中央政府还减免灾区的课税，以减轻灾民的负担(陈广恩，2005)。

二、抗旱救灾名臣张养浩

抗旱救灾名臣张养浩(1270—1329)，汉族，字希孟，号云庄，又称齐东野人，济南(今山东省济南市)人，元代著名政治家、文学家。

据史料记载，张养浩一生经历从元世祖到文宗诸朝。元代由盛到衰的巨大变化烙印在他的一生经历之中。延祐五年(1318 年)，张养浩成为礼部尚书。元英宗至治元年(1321 年)，张养浩以父老归养为由，辞官隐居济南云庄。

张养浩在老家休养 8 年，被朝廷征召 7 次都不去。1329 年，张养浩收到人生最后一封任命书："关中大旱，饥民相食，特拜陕西行台中丞。"他沉默一会儿，只说了两个字："奉诏。"二月，张养浩接到任命后，立即把自己家里的财产都分给村里的穷人，便登上车子向陕西进发，碰到饥饿的灾民就赈济，看到饿死的灾民就埋葬。三月，路过华山，到西岳庙去求雨，哭拜在地上爬不起来。二十九日作《西华岳庙雨文》，三十日作《西华岳庙催雨文》，以向上天求雨。四月一日下雨后，作《谢雨文》等诗文以言欣喜之情。到陕西做官 4 个月，从没有回到家里住过，一直住在官府，晚上便向上天祈祷，白天就出外救济灾民，没有丝毫的懈怠。当时一斗米值十三贯钱，百姓拿着钞票出去买米，钞票稍有不清或破损就不能用，拿到府库中去调换，那些奸刁之徒营私舞弊，百姓换十贯只给五贯，而且等了好几天还是换不到，老百姓处境非常困难。于是张养浩检查府库中那些没有损毁、图纹可以看得清的钞票，得到一千八百五十多万贯，全部在它的背面盖上印记，又刻十贯和五贯的小额钞票发给穷人，命令米商凭钞票上的印记把米卖给他们，到府库验明数目便可换取银两，于是那些奸商污吏再也不敢营私舞弊。张养浩又要求富人家出卖粮食，为此又向朝廷上奏章请求实行纳粮补官的法令。七月二十七日，张养浩"得疾不起"，病逝于任上，享年 60 岁。

元文宗至顺二年(1331 年)，朝廷下诏追赠张养浩摅诚宣惠功臣、荣禄大夫、陕西等处行中书省平章政事、柱国，追封滨国公，谥文忠。后人尊称为张文忠公①。

济南市天桥区清河北路东，北园路高架桥西侧下面，柳云小区附近有一处清静场合，那就是元代诗人张养浩的墓。墓园门口牌坊上书有"水月松风"4 个大字，园内有麟石一块，石碑数尊，松柏青翠，杂树林立，野草茁茁。深处有一直径 10 米左右的圆形土坟，即是张养浩的安息之所。

《元史·张养浩传》记载了张养浩的生平与事迹，现原文全录如下：

张养浩，字希孟，济南人，幼有行义，尝出，遇人有遗楮币于途者，其人已去，追而还之。年方十岁，读书不辍，父母忧其过勤而止之，养浩昼则默诵，夜则闭户，张灯窃读。山东按察使焦遂闻之，荐为东平学正。游京师，献书于平章不忽木，大奇之，辟为礼部令史，乃荐入御史台。一日病，不忽木亲至其家问疾，四顾壁立，叹曰："此真台掾(yuàn)也。"及为丞相掾，选授堂邑县尹。人言官舍不利，居无免者，竟居之。首毁淫祠三十余所，罢旧盗之朔望参者，曰："彼皆良民，饥寒所迫，不得已而为盗耳；既加之以刑，犹以盗目之，是绝其自新之路也。"众盗感泣，互相戒曰："毋负张公。"有李虎者，尝杀人，其党暴戾(lì)为害，民不堪命，旧尹莫敢诘问。养浩至，

① 郭勋：《雍熙乐府》卷 10 四部丛刊续编. 上海：商务印书馆，1934.

尽罢诸法，民甚快之。去官十年，犹为立碑颂德。天历二年，关中大旱，饥民相食，特拜陕西行台中丞。既闻命即散其家之所有与乡里贫乏者，登车就道遇饿者则赈之，死者则葬之。道经华山，祷雨于岳祠，泣拜不能起，天忽阴翳，一雨二日。及到官，复祷于社坛，大雨如注，水三尺乃止，禾黍自生，秦人大喜。时斗米直十三缗，民持钞出籴，稍昏即不用，诣库换易，则豪猾党蔽，易十与五，累日不可得，民大困。乃检库中未毁昏钞文可验者，得一千八十五万五千余缗，悉以印记其背，又刻十贯、伍贯为券，给散贫乏，命米商视印记出粜，诣库验数以易之，于是吏弊不敢行。又率富民出粟，因上章请行纳粟补官之令。闻民间有杀子以奉母者，为之大恸，出私钱以济之。到官四月，未尝家居，止宿公署，夜则祷于天，昼则出赈饥民，终日无少怠。每一念至，即抚膺痛苦，遂得疾不起，卒年六十。关中之人，哀之如失父母。①

第七节　小　结

元代(1271—1368 年)是中国历史上首次由少数民族建立的大一统王朝。其大部分的地形、地势和现在一样，元代创立的行省制度沿用至今，在同样的行政框架下，救灾工作有相似之处，探讨元代对旱涝等灾害的治理更有借鉴意义。

宋元之际(1260 年前后)，开始由中世纪暖期向小冰期转变，并于元代中期(1320 年前后)进入了长达 5 个世纪的小冰期。元代气候在波动中逐渐变冷。中国东、中部地区大部分区域气候变干，西部地区除东亚季风边缘区及北方农牧交错带以外，大部分地区相对干旱。秦汉至民国，中国年均发生自然灾害 2.3 次，元代达到 5.9 次，为历朝之最，水旱灾害是元代最重要的自然灾害。明确记载旱灾有 710 处・次，大约每年 6.8 处・次。

在元代，天人感应的灾异学说与其他宗教的灾害观一起被统治者所利用。同时，唯物主义灾害观有了一定的发展。元代儒家认为政府的错误可以导致灾异的出现，给各种灾害找到人事上的解释，然后要求政府改正政策行为。佛家认为，灾害乃诸妖所为，是人生的劫难，佛法可制服妖孽。道教从阴阳五行和神妖观念认识灾害现象，认为通过道法可以消灾。萨满教认为灾害都为某种神仙妖孽所为，可通过巫师作法消灾。元代后期的刘基认为，天不会有善恶之心，也不会根据自己的好恶而降祸降福。灾害是人类没有很好治理导致的异常现象，如果治理好和生产力发达，纵使有各种异常的现象，也不会造成严重的灾祸。

元代留下三部农书和两部救荒书。就这些书内的技术来说，比前朝先进。《农桑辑要》注重作物栽培技术；《农书》注重田制和工具；《农桑衣食撮要》注重时令；《救荒活民类要》和《拯荒事略》直接为了救荒，是救荒的专著。《农桑辑要》和《农桑衣食撮要》注重安排生产，《农书》《救荒活民类要》和《拯荒事略》倾向于对付灾害。五部书的共同特点是都注重实用技术，都体现了以精耕细作提高农业产量来防灾、救灾的思想。

《田家五行》是一部记载中国古代劳动人民看天经验的书，反映了长江下游地区古代气象科学的辉煌成就，在中国气象科学史上占有一定的地位。

元朝参与救灾的机构，中央有中书省、户部、督水监、工部、御史台和大司农司；地方有行省

---

① 宋濂：《元史・列传第六十二》. 北京：中华书局，1976.

路、府、州、县管民官、劝农官、行司农司、都水庸田使司、河渠司、行御史台、按察司或廉访司。元朝有严格的赋税减免制度。元朝还建立了结社制度，社内以及社与社之间都可以相互救助。建立了较为完备的仓储体系来储备物资，在大灾来临之际，使国家可以用这些物资应急救灾。元朝十分重视仓库和仓库管理，早在太宗年间就已经建立了仓库和仓储制度。元朝仓库分两种，一为官仓，分为腹里官仓和外郡常平仓；二为民仓，也就是义仓。

在《农书》中有明确记载的救荒植物22种，对其生长习性、可食性、食用价值以及部分植物所具有的商业价值和药用价值进行分类考释。这对国家粮食安全具有积极意义。

元代采取的抗旱措施大致方法有组织人力引水灌溉，减少对灾民的索取，给予灾民粮、钱、物，改善灾区的经济秩序，政府反省以调理阴阳之气等。此外，还有维护灾区秩序和禁酒。

抗旱救灾名臣张养浩，在关中大旱时全力以赴，奋不顾身救济灾民，病逝于任上，可歌可泣。他是历代一心为民的好官楷模。

元代祈雨祭祀主要分为两类：一类是国家层面祭祀，另一类是民间层面祭祀。祈雨活动更多是在民间举行。祈雨仪式反映着丰富的风俗文化，有巫术祈雨、雷击旱魃祈雨、神树祈雨、蜥蜴祈雨和祈龙鞭龙祈雨等。但是，很多有识之士也对上述各种祈雨法持批评的态度。

元代气候寒冷，旱涝等自然灾害严重，元代和以前历代一样相信天人感应理论。但是对这理论的具体理解有自己的特点。与此同时，唯物主义灾害观也有了一定的发展。元代留下的农书、救荒书和看天经验书。就技术来说，比前朝先进，在中国气象科学史上占有一定的地位。忽必烈比其前任皇帝更加重视农业生产。在这一时期，国家的农业管理体制逐渐完善，防灾、救灾措施和体制也不断进步。但元朝后期政治腐败，官吏贪污成风，严重地影响了赈恤的开展，引起社会矛盾的激化。

参考文献

陈广恩，2005. 关于元朝赈济西北灾害的几个问题[J]. 宁夏社会科学(3)：101-104.

葛全胜，等，2011. 中国历朝气候变化[M]. 北京：科学出版社.

和付强，2009. 中国灾害通史·元代卷[M]. 郑州：郑州大学出版社.

江苏省建湖县《田家五行》选释小组，1976.《田家五行》选释[M]. 北京：中华书局.

谭其骧，1982. 中国历史地图集(第七册)·元·明时期[M]. 北京：地图出版社.

王培华，1999. 元代北方水旱灾害时空分布特点与申检体覆救灾制度[J]. 社会科学战线(3)：143-149.

韦正春，2020. 论元代祈雨诗[J]. 黎明职业大学学报(1)：21-29.

张德二，2023. 中国历史极端气候事件复原研究[M]. 北京：商务印书馆.

张阜炳，邵侃，2019. 元代救荒植物考[J]. 文史探源(3)：156-160.

第七章

明代

明代(1368—1644 年)是中国历史上最后一个由汉族统治的君主专制王朝,自洪武元年(1368 年)明太祖朱元璋应天(今江苏南京)登基起,至崇祯十七年(1644 年)思宗朱由检煤山自缢而止,历十六帝,共 277 年。明代前期法度森严、政治清明、社会稳定、经济相对繁荣,曾有洪武之治、永乐盛世、仁宣之治。英宗后,明代皇帝大多昏聩(kuì)怠政,宦官专权日盛,吏治腐败不堪,社会矛盾日益严重;同时,鞑靼、后金、倭寇等外患渐起,边境战事增多。虽然一代名臣张居正(1525—1582)“一条鞭法”改革使得明代中期曾出现昙花一现的振兴,但此后明王朝饱受内忧外患的困扰,始终在动荡中飘摇。

明代前期疆域面积达 1100 多万平方千米,覆盖内地两京十三省、东北、新疆东部、西藏、南海诸岛、今缅甸北部以及西伯利亚东部等地,并曾在东南亚旧港等地设有羁縻(mí)管理机构。后期,由于国力衰败以及瓦剌、吐蕃、女真等少数民族的崛起,边疆地区大多脱离管辖,所辖区域大为萎缩(图 7.1)。全国人口最多达 1.78 亿,崇祯末年,全国人口降至 1.53 亿。

明清时期是中国历史上的四个灾害群发期之一。明代处于小冰期前半段,气候总体上冷干,但其间也存在明显的暖湿年代(葛全胜 等,2011)。

第一节 旱灾史实与分析

一、气候特征

太阳活动和火山爆发是影响气候变化的重要因素。15—17 世纪,太阳活动曾两度变弱,出现 Sporer(1450—1534 年)和 Maunder(1645—1715 年)两个太阳黑子数低值期;同期,火山活动十分频繁,其中,1500 年的圣海伦斯火山和 1641 年的阿武火山爆发事件都达到了人类历史上罕有的 5 级危险度,从而使得全球气候明显转冷。在中世纪暖期和 20 世纪暖期之间,存在一个约 6 个世纪的寒冷时期(即小冰期),其中,15—17 世纪各地均普遍存在 1～2 个气候极冷的时段。中国学者的研究成果亦表明当时中国气候总体上寒冷。

明代中国东部地区气候总体偏干,但存在 3 次百年际的干湿波动,其中,1371—1428 年略

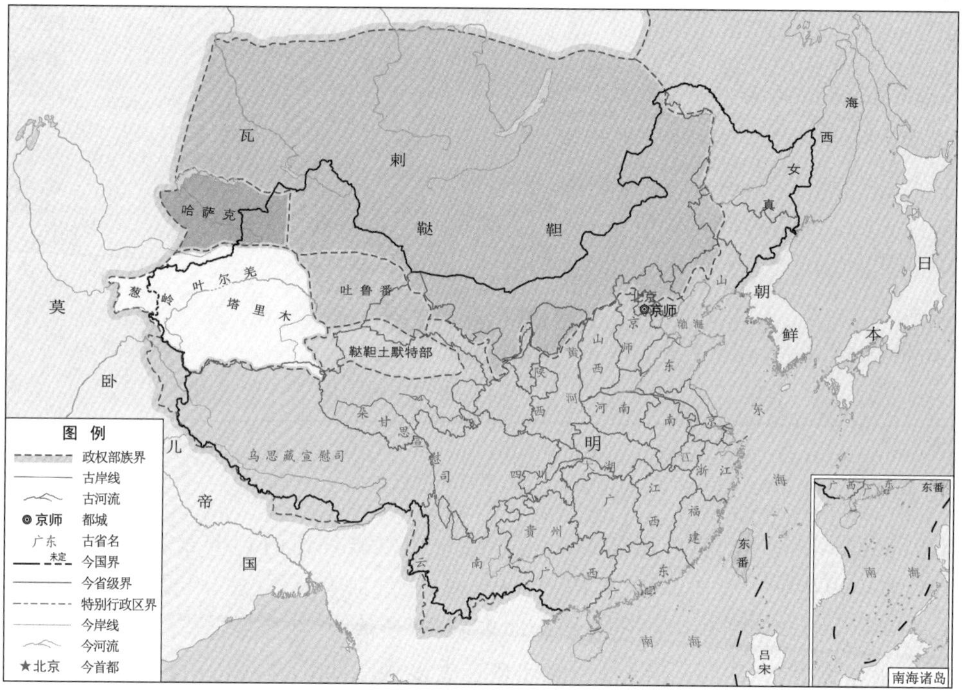

图 7.1 明时期(1582 年)全国图(谭其骧,1982)

湿、1429—1543 年偏干、1544—1622 年由湿转干。据统计,明代长的连涝期分别出现在 1564—1571 年和 1573—1580 年,长的连旱期出现在 1638—1643 年。明末连旱事件至少是五百年一遇的极端干旱事件。

明代中国西北地区大部分区域气候相对湿润,存在显著的百年与年代际的干湿波动。1470—1644 年中国西北地区经历了两次干湿旋回,干旱阶段分别为 1470—1510 年和 1580—1644 年。不过,在西北地区的不同区域,彼此的干湿波动状况还存在一定差异(葛全胜 等,2011)。

明代震、水、旱、雷雹、风沙、虫灾、疫灾、霜冻雪等十二类自然灾害共发生 3952 次,年均发生概率达 1426.71%,平均 0.84 个月就有一次自然灾害发生。其中,地震为 1159 次,占自然灾害的比例高达 29.3%;水灾 1034 次,占比 26.2%;旱灾 728 次,占比 18.4%;雷雹 330 次,占比 8.3%;风沙 253 次,占比 6.4%;虫灾 197 次,占比 5.0%;疫灾 187 次,占比 4.7%;霜冻雪 64 次,占比 1.6%。由此可见地震、水灾和旱灾是明代最重要的 3 种自然灾害,其次数占到了明代自然灾害总次数的近 3/4(图 7.2)。

灾害群发是指在一定时期内单类或多类灾害相对集中发生的一种灾害现象。明代灾害的群发现象相当常见,灾害的群发有两种形式。一是单种灾害的群发,即是指某种灾害的连发现象。明代旱灾的最高连发时间为 34 年(1467—1500 年),地震的最高连发时间也为 34 年(1467—1500 年)。两者连发时间与年份相同,可能存在关联。二是多种灾害的群发。前面曾提到明代共发生自然灾害 3952 次,平均每年 14.2 次,277 年间仅有 3 年无灾害记载,分别是 1400 年、1401 年和 1417 年。明代发生灾害最多的一年是洪熙元年(1425 年),共有 59 次自然灾害发生。而自然灾害发生种类最多的一年是弘治六年(1493 年)。在细分的自然灾害中,共有十一种自然灾害发生。有九种自然灾害发生的年份有 5 个,分别是 1443 年、1506 年、1618

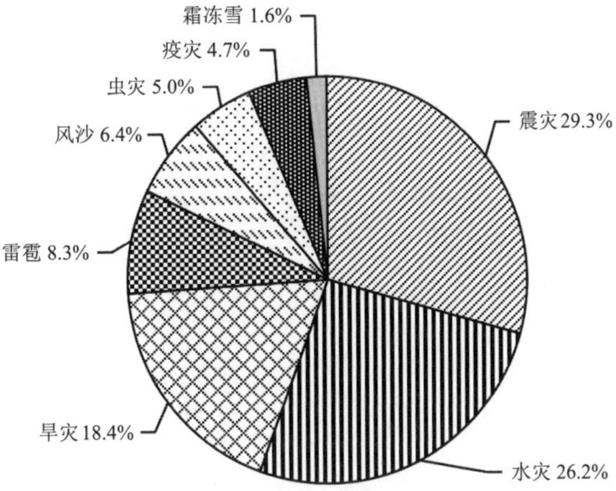

图 7.2 明代自然灾害百分比图(由于四舍五入,总和为 99.9%)

年、1639 年、1643 年;有 8 种自然灾害发生的年份更是达到了 13 个,分别是 1444 年、1454 年、1473 年、1489 年、1494 年、1495 年、1502 年、1513 年、1523 年、1606 年、1620 年、1624 年、1641 年。年内发生 8 种以下自然灾害的年份更是不计其数(邱云飞 等,2009)。

二、旱灾史实与分析

明代的 728 次旱灾分布在 202 个年份,平均 0.28 年/次,年均发生概率为 262.81%。明代旱灾的时间演变特征见表 7.1。

表 7.1 明代旱灾阶段分布(邱云飞 等,2009)

阶段	时间/年	旱灾次数/次	发生频率/(次/年)	年均发生概率/%	占总次数百分比/%	连发次数(连续 3 年及以上)
第一阶段(1368—1400 年)	33	32	0.97	96.97	4.40	1 次 5 年、1 次 11 年
第二阶段(1401—1450 年)	50	152	3.04	304	20.88	1 次 25 年
第三阶段(1451—1500 年)	50	241	4.82	482	33.10	1 次 5 年、1 次 7 年、1 次 34 年
第四阶段(1501—1550 年)	50	152	3.04	304	20.88	1 次 3 年、2 次 16 年
第五阶段(1551—1600 年)	50	80	1.60	160	10.99	1 次 3 年、3 次 6 年
第六阶段(1601—1644 年)	44	71	1.61	161	9.75	2 次 3 年、2 次 5 年、1 次 9 年

由表 7.1 可以看出,明代的旱灾很明显地分为 6 个阶段,1368—1400 年的第一阶段是旱灾的相对低发期,第二至第四阶段的 150 年旱灾一直处于高发的状态,特别是 1451—1500 年的第三阶段,年均发生概率达到了 482%,是明代旱灾峰值,其连发时间也创造了明代旱灾的一个纪录,达到了 34 年之久。此外,第二和第四阶段的旱灾年均发生概率均为 304%,其连发情况也十分严重,第二阶段的连发时间为 25 年;第四阶段的最长连发时间为 16 年,并且有两次之多。第五和第六阶段,旱灾的情况有所缓解,年均发生概率均下降为 160%左右,连发情况虽然没有前 3 个阶段严重,最长的仅为 9 年,但明末崇祯年间(1628—1644 年),中国的旱情却是明代最严重的时段。虽然本章将明代旱灾分布的阶段分为高发和低发,但这种划分只是相对而言,因为明代的旱灾一直处于比较高发的状态,只是其中的几个阶段特别严重而已。

就季节分布而言，明代夏季最多，为 350 次，占到总次数的 48%；秋季次之，为 255 次，约占总次数的 35.03%；春季再次之，为 182 次，占总次数的 25%；冬季最少，为 133 次，约占总次数的 18.27%。就月份分布来说，明代旱灾各月（此处的月为农历月）分布按多少顺序排列依次为：六月（94 次，12.91%）、七月、五月、四月、九月、十月（58 次，7.97%）、八月、三月、二月、十一月、一月、十二月（29 次，3.98%）。由此可见明代的旱灾以夏旱、秋旱为主，特别是在四月至七月，这两个季节的旱灾占到了总次数的 80%以上，夏、秋两季本应是多雨的季节，但在此时却发生旱灾，这是明代干旱的重要特征。需要说明的是：季、月统计的是旱灾持续时间，统计结果要比全年多（邱云飞 等，2009）。

三、重大旱灾事件

（一）1483—1485 年连续干旱

1483—1485 年（明成化十九年—二十一年）中国北方广大地区持续干旱，连续 3 年呈现典型的北旱南涝分布格局。这是出现在小冰期气候期的第 1 个寒冷阶段的持续干旱事件（张德二，2023）。

1. 干旱实况演变

1483—1485 年的干旱事件主要旱区在中国北方河北、山西、河南、山东，干旱最严重的 1484 年旱区扩展至长江中、下游地区。

1483 年春、夏山东西部大旱，冠县“春夏大旱，民饥”。夏秋山西中部大旱，孝义、灵石等地“夏秋不雨，禾尽枯死”“蠲山西太原、平阳府诸州、县今年夏税，以旱灾故也”。陕北榆林旱，河南沁阳等地“一向冗阳，二麦不收，秋田无种”，甘肃旱，冬季“京师、直隶无雪”。广东、广西、云南有局地干旱。

1484 年“京畿、山东、湖广、陕西、河南、山西俱大旱”。河北“直隶保定府、真定、河间、广平、顺德、大名六府去冬无雪，今年春夏不雨，秋成未卜”。山西干旱尤重，史载“曲沃、洪洞、临汾、临晋、荣河、解州、平陆、夏县、安邑、孝义、崞县大旱”，如代县“春不雨、夏不雨”，曲沃“夏五月大旱”，临汾“秋不雨，次年六月始雨”，平阳府“秋不雨，诸州县皆然，次年六月始雨”。山东曲阜等地“夏大旱”，河南虞城“春夏之交亢阳不雨，原隰（xí）璺（wèn）圻（qí）焦燥，生意萎瘁（cuì），麦辫（móu）枯槁，田亩难布”。该年旱区向西扩展至陕西和甘肃东部，如“关中大旱，山枯川竭，野无青草”，平凉郡“夏秋不雨”。旱区还向南扩展至江苏和湖北，如泰州“二十年（1484年）秋至二十一年冬大旱，河水尽涸，舟楫不通”，东台“大旱，盐河龟圻”，湖北“大旱，民食草木叶，殍者半”。

1485 年河北南部干旱、山西春、夏旱，临汾、运城等地自 1484 年秋开始的干旱持续直至 1485 年夏季“六月始雨”；河南虞城等地“春夏亢旱，禾稼将槁”，陕西、甘肃等地干旱仍继续；山东西部旱情加重，兖州、临沂、阳谷等地“春至秋不雨”；江苏、浙江北部和安徽夏、秋旱，如句容“自五月以来，雨泽不降，井泉枯涸，田禾旱伤，民有菜色”，常熟“秋大旱，高乡告灾”，乐清“夏五月至七月不雨，大饥”，安徽贵池“夏不雨”，绩溪“夏、秋大旱”等。

至 1486 年，河北、山东多有夜雨昼晴的适宜天气，旱情解除，年成丰稔。河南和湖北的旱情也有缓和，只是山西、陕西、甘肃各地仍有夏旱或秋旱，浙江、福建、江西、湖北各有区域性的春旱和夏、秋旱。

2. 伴生灾害

(1)饥荒

由于旱、歉收引起的饥荒早在1482年已见于山西、陕西、甘肃等地,随后旱情持续并加剧,1483年山西、河南各地多有"饿莩盈野"的记述。及至1484年,河北保定府已现饥荒,大名和山西曲沃、洪洞、临汾、临晋、荣河、解州、平陆、夏县、安邑、孝义、崞县、阳城、长子、乡宁等地饥饿至极,竟出现"人相食"的惨状。饥荒以致"人相食"的记录还见于陕西咸阳、泾阳、大荔、华阴、武功、榆林和河南开封府、新乡、温县、南乐、西华、许昌、鲁山、临颍、禹县、洛阳、新安等许多地方。饥饿造成民众大流亡,西北各省尤甚,如"二十年、二十一年关中大饥,人相食,流亡殆尽",甘肃平凉"饥民大流散,户口十去六七",陕西武功县"岁大饥民相食,流移者十之六七"。这类记载多见于明代中期各地所撰的方志,是当时人记的当时事,故可信度高。政府赈济的记载很多,详见于《明实录》,如"九月己酉,发京库银三万两赈贷山西饥民。御史叶淇奏:山西连年灾伤,平阳一府逃移者五万八千七百余户,内安邑、猗氏两县饿死男妇六千七百余口,蒲、解等州与临晋等县饿莩羸途不可计数,父弃其子,夫卖其妻,甚至有全家聚哭投河而死者,弃其子女于井而逃者。"

(2)蝗灾

本次连年干旱伴有蝗灾分散发生,但程度较轻。各年的各发生区域仅数县而已,也未见持续,如山西襄汾1485年记有"蝗飞蔽日,禾穗树叶食之殆尽",但在其前后年份均无蝗灾发生。

(3)瘟疫

北方连旱和饥荒发生时,山西、河南有瘟疫零散出现,范围有限。1483年始见于山西长治一带,"潞州饥,人相食,瘟疫大作",1484年山西境内"泽州、高平、阳城大饥,人多疫死",河南境内偃师、方城等地"饥民多瘟死",1485年有河南中牟"大疫"(张德二,2023)。

(二)1585—1590年连续干旱

1585—1590年(明万历十三年—十八年)中国东部地区连续6年大范围干旱,主旱区逐年自北向南移动并扩展,前期呈北旱南涝格局,后期主旱区南扩,呈现南、北方皆干旱,旱涝分布格局有改变。这是发生在小冰期寒冷气候期的相对温暖时段结束和第2个寒冷阶段之前的持续干旱事件(张德二,2023)。

1. 干旱实况演变

1585—1590年持续干旱事件可分为前、后两段:前段为1585—1587年,主要干旱区在北方,1586年旱情最重,各地多有跨季节的连旱;后段为1588—1590年,主要干旱区南移至长江流域和江南,北方旱区缩小且分散。1590年以后南方转为多雨,干旱事件结束。

1585年之前,华北地区1581—1584年连续干旱少雨,至1585年干旱已十分严重,河北、山西、河南一带,自去年(1584年)秋至今夏持续干旱,如河北雄县"夏旱至五月中始雨",北京"自去秋(八月)至此(四月戊子)不雨。京师河井涸",山西"诸州、县俱大旱",河南"开封府自春徂夏五月不雨"。此外,旱区也蔓延及陕西、甘肃、山东以及苏北北部部分地区,如江苏淮安"自春徂夏亢炀,麦枯秋禾难种"。

1586年春、夏亢旱,旱区集中在河北、山西、河南、山东以及陕西、甘肃一带,各地几乎一致地记述"春、夏不雨""自正月至六月不雨"或"至七月始雨"等,以山西平遥的记载最具代表性,"正月旱至七月,五谷未种,秋后方雨,一冬无雪,又旱至次年五月,麦田尽槁"。

1587年河北、山西、山东及河南有大片的春、夏旱区,代表性的记载如山西晋城"春不雨、七月旱”，山东郓(yùn)城“自春至六月不雨，地皆赤”，河南原阳“自正月不雨至六月麦尽槁”等。此外，湖北、江苏和浙江北部有局地干旱。不过，有些地方却是先旱后涝，如北京“四月京师旱，六月大雨”、陕西关中的“夏大旱秋霖雨”、河南春夏旱但“七月开封府州、县淫雨”等。

1588年北方旱区已大为缩小，河北、山西仅有零散旱区，在35°N附近沿黄河一带多呈春、夏旱，如陕西关中“夏五月大旱”、河南修武“春、夏旱至立秋后三日始雨”、山东“夏六月十有九日始雨，麦苗枯”等。主要旱区已南移至长江流域，沿淮河一带以春、夏旱为主，如安徽凤阳“春正月至六月仍雨”，而长江流域自四川及湖北、湖南、江西、安徽、江苏至浙江北部的广大干旱地带以夏、秋旱为主，且大多有春、夏多雨，先涝后旱。如湖北秭归“六月旱”、湖南邵阳“全秋复旱”、江西上饶“夏、秋大旱”、安徽望江等地“夏大旱二月不雨”、江苏靖江“五、六月大旱”、浙江杭州春多雨水，但“自夏及秋三月无雨，五谷皆槁”，地处河网地带的嘉兴“诸湖及运河俱涸”。夏旱区还扩展至福建，福安“井泉涸”、沙县“六月末不雨，闰月(闰六月)皆旱”。

1589年干旱区域与上一年相似。河南至山东沿黄河一带仍有春、夏旱，淮河流域至江南的广大地区严重亢旱，史载“苏、松大旱，震泽(太湖)为平陆，浙江、湖广、江西大旱”。江苏和安徽春、夏、秋连旱，如凤阳“正月至八月不雨，淮河竭，井泉枯，野无青草”、盐城“自二月入夏不雨，二麦枯槁”、高淳“五月至八月不雨”、宜兴“河流俱涸，舆马竟由水道往来”。然太湖流域主要是夏、秋旱，如常熟“自五月不雨至七月不雨”、吴县“夏大旱，赤地无青。太湖、石湖皆涸，行人竞趋，足至扬尘”、嘉兴“自五月初六雨，直至立秋日(8月8日)方雨”、上虞“湖河溪浍(huì)最深者亦尽涸，其底可履如平陆，田坼禾焦”。安徽含山、望江、怀远、霍邱等多地都出现“井泉干枯”，干旱区延展至福建，“闽中六月大旱至七月不雨”，建阳“自四月至秋七月不雨，永安门外溪中岩石刻字云：‘永乐间旱至此处’，是年溪干复至刻字处”。夏、秋的严重干旱也发生在湖北、湖南、江西，各地多见“五六月大旱”“四月至九月不雨”“四至七月不雨”的记述。该旱区还扩展到广东，如英德“夏六月不雨至于秋七月，亢旱四十日”。四川仍有局地干旱，如广安“初春至秋皆不雨”。

1590年河北再现春、夏干旱，如香河“春、夏旱至六月中方雨”、武邑“春大旱，六月二十五日乃雨”等。河南北部的干旱期则延长至夏、秋，如原阳“秋复旱至十九年夏”等。安徽、湖北有夏旱，江西、湖南夏旱尤重，长沙府“合郡复大旱”，苏北及长江流域是主要旱区，苏北等地先旱后雨，淮安府“是年旱复水，桃、清、安东五月以前亢旸不雨，五月十三以后大风雨，淮涨漂没，禾麦浥(yì)烂”。而浙江、福建主要是夏、秋旱然后多雨，如天台县“五月六日不雨至九月十日大雨，次年二月方霁(jì)”，闽侯县“正月不雨至秋八月”等。1590年以后长江流域转为多雨，“楚地无岁不罹水灾”，持续多年的大范围干旱结束。

2. 伴生灾害

(1)饥荒

早在1581—1584年，甘肃、陕西和山西、河北及至河南、山东各地已先后显现干旱和荒歉失收，粮食匮乏、饥荒毕现。及至1586年北方大范围严重干旱时，山西、陕西等地已呈“赤地千里，民食树皮尽，饿莩载道，死者枕藉”景况。连年久旱和时有发生的“恶霜杀稼”“蝗蝻食禾”等更加剧了饥荒。北方饥荒地域以1586—1587年最广，之后南方出现大片饥荒区，至1588年南、北方饥荒灾情已达到极点，各省都频有“人相食”的记载。在连年的干旱、饥荒中也间或有局部地区获得丰稔，但却又有不幸发生。如1588年夏，山西南部“临晋、荣河、平陆、稷山禾登时民多疫死甚，此二麦甫登至无人收刈。饥民偶获饱食，死者复十三四”，可谓惨烈。史载饥饿至极的种种惨状，如 1588 年上海南汇县“有易子而食者，有以妻易数饼者，有饥不可忍牵手就溺者，有潜身义冢食新死胔者，有烹子罐中为逻卒擒报者。及有司设法赈济，无及于事”，如此记述不忍卒读。1589 年北方各省饥荒解除，仅个别地方有局地春饥，饥荒地域主要在长江中下游和江南地区，如素称鱼米之乡、富庶的浙江上虞竟然“田坼禾焦，升斗无入，至剥草根树皮以食，饿殍载道，惨目伤心有难以状者”。

(2)蝗灾和瘟疫

①蝗灾。连旱期间，各年份均有蝗灾发生，只是规模并不很大。在持续亢旱的河北、山西未有蝗虫大发生，而在水、旱交替的地域尚有蝗灾，如 1585 年安徽“泗州有水，夏旱，生蝗蝻盖地厚数寸”，1587 年淮安府“合属蝗蝻遍地”，1588 年江苏泰州“七月飞蝗蔽天”等。

②瘟疫。早在 1582 年北方干旱地区即有疫病流行，俗称“大头瘟”，甚至有“人有肿脖者三日即死，亲友不敢吊，遂传染甚至有死绝其门者”。疫区广布于北京、河北、山西、山东、河南等地，之后逐年渐次平息。1586 年河北、山西、河南、山东亢旱，先前的疫区邢台、运城、固始、商河等地再度“瘟疫盛行，面项肿，朝得夜亡，传染死者枕藉”。至 1587 年，瘟疫更传播到陕西、甘肃、湖北各地，1588 年疫区已遍布河北、山西、河南、山东、江苏、浙江、安徽、江西、陕西。其状甚为残酷，如先前曾为疫区的河南原阳县“瘟疫大作，十亡八九，尸骸盈野，臭不可闻”，山西“临晋、荣河、平陆、稷山禾登时民多疫死，二麦登至无人收割”。新疫区如南京“夏旱疫死者无算，聚宝门军以豆记棺，日以升计”，浙江平湖亦称“频旱不雨疫疠大作，僵尸载道”。不过，这场瘟疫在山西省竟然“至冬乃息”。至 1589 年，疫区南移，主要发生在江苏、浙江、安徽、江西、湖北、贵州等省，湖北麻城新疫区“旱疫，人民死伤大半”、罗田“春大疫，禾萎于地不能获”，其萧条竟至如此。至 1590 年、1591 年瘟疫渐至平息。值得注意的是瘟疫伴旱灾而发生，疫区随大旱地区而转移(张德二，2023)。

(三)1637—1643 年连续干旱

1637—1643 年(明崇祯十年—十六年)连续 7 年大范围干旱，其持续时间之长、受旱范围之大，为近五百年所未见。连年酷旱引起严重饥荒并伴有蝗灾和瘟疫流行，加剧社会动荡。此事件正值小冰期最寒冷的第 2 个寒冷阶段，是寒冷气候背景下的持续干旱的典型案例(张德二，2023)。

1. 干旱实况演变

1637—1643 年中国 23 个省(区)相继遭受严重旱灾。主要的干旱区域在北方，初始于西北、华北，以后逐年向东、向南扩大，及至长江中下游地区，旱区范围和旱情在 1640 年前后达到顶峰，河北、河南、山西、陕西、山东许多地方连旱 5 年以上。

1637 年，甘肃、宁夏、陕西、山西、河北、河南及山东等地夏旱严重。河北中部“旱，至六月二十三日方雨”。

1638 年，陕西、山西、河北、河南、山东仍大旱，河南兰考“十一年(1638 年)秋七月旱至十三年(1640 年)六月十二日方雨”，山西稷山“五月河水干七日，亢旱日甚”，黄河中游河段出现“黄河清”现象，如陕西绥德“河清，旱”、山西大宁“马斗关黄河清凡三十里”、河南灵宝“秋黄河清澄澈可鉴”等，这是流域范围内少雨和无强降水的反映。干旱范围东到山东，阳谷、郓城等地“井泉多竭”，南到江苏，江浦至南通一带多记有“水竭民饥”，如仪征“井泉涸”、溧阳“湖坼见底”、金坛“秋大旱，湖荡水竭，洮湖为五湖之一，弥亘数县，至是见底，行人径其中，尽成陆路”、东台“井竭”等。

1639年，河北南部仍大旱，山西南部运城“自九月不雨，至十三年七月”，长治、平陆、潞城“冬无雪”。干旱中心地带的河南“沁水竭”，沁阳“自去年六月雨至今十一月不雨”，陕西铜川“大旱，自正月不雨至于秋七月”，山东诸城“六月旱，潍水断流”。华南有局地干旱，广东吴川“大旱，自正月不雨至于五月”，海南临高“正月至七月不雨，田禾枯槁”。

至1640年，受旱区域已广及河北、山西、河南、山东、陕西、宁夏、甘肃、青海、新疆、江苏、浙江、安徽、湖北、湖南、江西、广东、贵州、云南等地，唯苏南、皖南和浙北一带夏初有雨灾。北方旱情加重，南方长江中下游旱区扩大。河北中部、南部旱，深州“自正月至六月二十日始雨，秋复大旱”、鸡泽“自前秋七月至夏六月不雨”、内丘“八月、九月不雨不播麦”，山西中部、南部“春不雨，四月不雨、六月不雨”，宁夏“不雨自四月至秋八月”，甘肃“春夏无雨，夏苗尽枯，秋禾未种”，山东旱，济阳“自五月至秋无雨”，临朐“自三月至于五月不雨，六月不雨至于八月”。江苏夏、秋大旱，泰州“四月至七月不雨，河流竭，无禾”。旱区中心的河南沁阳“自去年七月至本年八月始雨，五谷种不入土”、兰考“三月不雨，六月小雨仅播豆种，又不雨，禾尽槁”、鄢陵“自正月不雨至于五、六月，禾尽槁”，至此旱情达到顶峰。

1641年，北方仍干旱，河北南部春、夏旱，但有秋雨，内丘“自去年八月至今年六月不雨，六月二十九日始雨，七月荞麦种踊贵”，山西和陕西春旱、夏秋雨，山东、河南春夏旱。重旱区向南扩展至江苏、安徽、浙江一带，上海嘉定“自三月不雨，至七月河底迸裂，赤地千里”；江苏高淳“四月至十一月不雨”，苏州“自四月不雨至于七月，水涸河底凿井不得泉”，吴江“五月大旱，至七、八月旱如故，湖地水不盈尺”；安徽南部大旱，望江“自三月十八日雨至六月初八日乃雨，地赤土焦，河湖亦枯坼”；浙江北部海盐“二月至六月不雨，河涸禾尽槁，六月廿二日大雨二日河尽满”。

1642年，河北春、夏旱，雄县“河水竭，水淀数百里尽涸”；肥乡“春、夏旱，七月二十六日立秋乃雨”。山西榆社“春不雨，至六月初二雨”。黄河流域旱情缓和，甚至夏、秋多雨，河南睢县“自六月至八月霪雨，凡八九十日”。干旱地带主要在长江中下游，长沙“三月至六月不雨”。

1643年，北方旱区缩小、旱情减轻，主要是局地干旱，河北北部有夏旱，河南新郑“大旱三月至七月始雨”。长江中下游仍有严重干旱，如湖南汉寿“自四月不雨，抵秋九月烈暴如炽”，江西湖口“大旱溪涧皆枯”，宜春“自四月至七月不雨，苗焦卷无复苏者，民相向泣曰：‘旱魃’”，上海“松江自五月至七月不雨，河水尽枯”。此外，粤北、川东、贵州、云南皆有局地干旱。

至1644年，华北大部分地区转为多雨，干旱区域缩小或割裂呈岛状分布。至此，这次连续多年的干旱终告结束。

2. 伴生灾害

(1)饥荒

干旱少雨使得“禾稼枯槁”或“谷不入种”，致使减产甚至绝收，造成饥荒。早在1633—1635年，河北、山西、陕西等地即已有旱灾发生，人民缺食，以致1637年以后的连年饥荒就更严重，诸如“饥民逃离，饿殍载道”“粟价腾涌十倍其值，绝粜罢市”“人掘草根、剥树皮殆尽”之类的记述不绝于书。饥饿严重的地方还出现挖观音土拌树叶蒸食充饥。所谓观音土有多种，如定海“南乡有一洞，忽出白土，色如粉，红软腻而甘，人竟取之亦能饱”；如婺源“掘石脂为食，石脂土似粉，和羹作饵”；其他地方还有“色青白类茯苓”“土赤黄，状如猪肝”，以及“挖土中白泥为食，名曰‘佛粉’”等，然而悲惨的却是食者往往腹胀而亡。山西、河南、山东、江苏等地因饥饿至极还出现食尸肉，如1640年山西永济县“四门外掘深坑以瘗(yì)死者，人就坑剐食其肉”；江苏

“三吴皆饥，树皮食尽，至发瘗胔(zì)以食”，其状令人发指；山西稷山记有：“十一年至十三年(1638—1640 年)频旱，野无青草，斗米千文，男女鬻(yù)者成市，草根树皮采食殆尽，甚至人相食，有幼孺独行被人攫食者，有殡未旋踵破冢盗食者，有同室共寝暮夜剐食者，有子死而父母食之者，父母死而子食之者，种种惨凄不胜枚举。”史载“崇祯庚辰(1640 年)秋，山东、河南、山西、畿南人食木皮，至冬人相食。事已(1641 年)江南北皆竞弃子女、售器具，流殍塞路。少妇不值千钱。”

1641 年，北方各地仍有春饥，之后由于旱情减轻或禾稼有收，如山西长治、潞城“秋霪雨，是岁丰稔”，饥荒解除，饥荒地域减少。1642 年以后大范围的连片饥荒已不复见。

(2)蝗灾

在大范围连年旱灾时，蝗虫也十分猖獗。1639—1640 年蝗灾达到极盛，蝗区遍及甘肃、宁夏、山西、陕西、河北、河南、山东、江苏、安徽、湖北、湖南。“飞蝗蔽天，食禾稼皆尽”已成文献中常见的记述，河南记载有：“万历四十年以后飞蝗岁见，至崇祯十二年盈野蔽天，其势更甚。生子入土，十八日成蝝，稠密如蚁，稍长，无翅不能高飞，禾稼瞬息一空。焚之以火，堑之以坑，终不能制。嗟呼！天灾至此，亦无可何如也。”“始则飞蝗如雨，既而蝻结块数十里并排而进，自北而南，山河城垣无阻，逢井则自井口至底而上，草木无遗，人家室中箱笼衣服尽蚀。”山东临沂“蝗遍野盈尺，百树无叶”，兖州“蝗飞蔽日，集树则枝为之折”，安徽霍山“蝗羸尺，飞扑人面，堆砌交衢践之有声，至秋田禾尽蚀”，江苏宝应“八月旱蝗，东、西二乡周匝数百余里堆积五六尺，禾苗一扫罄尽，草根树皮无遗种”，徐州“夏、秋蝗蝻遍野，人争捕杀积道旁成丘，臭秽闻数十里”，甘肃庆阳“蝗飞蔽天，落地如岗阜”等皆是蝗蝻炽盛的景状，甚至有蔽天之群蝗抱团渡过江河的奇观见于河南孟县、沁阳、武陟等地，如“蝗食秋禾，缘墙壁入人家，遇物皆啮，结块渡河”，安徽六安“蝗蝻所至草无遗根，过河结球而渡，过垣引绳而登”。还有湖北钟祥“五月蝝渡河入民居”等。民间捕杀灭蝗有“煮蝗而食”，河北文安有“一人日捕数石”，官府也有“示乡民捕蝗送官，论斗斛易钱”之举。此外，还有诸多蝗虫群为群鸟食灭、为大雨浇灭的趣闻。

(3)瘟疫

在连旱事件之前，自 1633 年以来，山西、河南已有瘟疫流行。1637 年疫区扩大至陕西。1638 年安徽当涂等地“大疫，又患羊毛疹，医经所不载”，1639 年瘟疫虽限于山东和河南，但疫情十分严重，历城、齐河、禹城等地“大疫，十死八九”。随着饥荒的迅速扩展和加剧，1640 年瘟疫已遍及河北、河南、山西、陕西、山东、安徽、江苏、浙江、福建、湖北等省。至 1641 年更增加甘肃和江西新疫区。1642 年、1643 年疫情仍在蔓延，“瘟疫大行，病者吐血如西瓜水，立死”“南北数千里，北至塞外南踰黄河，十室鲜一脱者”。史籍中多见“疾疫流染甚至灭门”，河北清河记载“奇荒之从疫疠流行，沿门遍户，至有一室之内积尸枕藉，殷盛之家，孑遗靡留者”。1642 年、1643 年疫区又扩展至湖南。

瘟疫致劳力剧减，以致 1641 年在一些局地旱情缓解有所收成的地方竟无力收割，如河南扶沟便出现“至麦秋时，无主之麦凋黄遍野，无处无之”，山东曹县“四月大瘟疫、麦熟无主村绝人烟”的景况。死亡人数虽无准确数字，但由江西抚州府的记载，1642 年“郡大疫，春、夏疫死数万人”，亦可见一斑，何况抚州尚不是中心疫区。

瘟疫可能和饥荒有关联，如记载有“苏杭大饥成疫，遍处成瘟”，又如山东莘(shēn)县记“大饥之余，瘟疫盛行，相染者十室而九，甚至阖门俱殁，收殓无主者”。值得注意的是，在这饥荒、瘟疫、蝗灾炽盛的年份，还多有鼠患猖獗，如 1641 年山东高唐“有鼠千百成群，食禾立尽”，安徽安庆“群鼠衔尾自江南牵渡江北，数日毙”，河南淮阳“是年鼠千百成群，渡河南去”（张德二，2023）。

第二节　灾害认识

随着人类文明程度越来越高，人们对自然灾异形成的原因做出了越来越多的理性思考。至明代，科技文化的发展已经达到了一定的高度，当时的人们对灾异的认识相对丰富，概括他们的主要认识可分为唯心主义的天人感应说和唯物主义灾异观两种（邱云飞 等，2009）。

一、天人感应说

灾异现象是自然现象，绝无意识性，是自然规律外在的表现形式，是不以人的意志为转移的。但古人逐渐形成“天人感应”的思想，却把灾异看成是上苍对人事的昭示，如若政治清明、百姓安居，则降祥瑞，反之，则天必谴之。既然灾异本来无意识性，古人在把天灾对应人事的过程中，就必然会附会人的主观意识。

董仲舒的“天人感应”思想影响十分深远，被历朝历代所接受，成为主流思想，明代的统治阶级也习惯于用“天人感应”的观点来解释灾异现象。明代的建立者朱元璋早在他称吴王之前就希望把自己的行为纳入附合天意的轨道上。“冬十月……上以四方割据称雄者众，战争无虚日，又旱蝗相仍，人民饥馑，死者相枕藉，心甚忧之，乃祷于天。曰：‘今天下纷纷，群雄并争，迭相胜负，生民皇皇，坠于涂炭，不有所属，物类尽矣。愿天早降大命，以靖祸乱，苟元祚未终，则群雄宜早息。某亦处群雄中，请自某始，若元祚已终，群雄之中当应天命者，天命早归之，无使生民久怗（tiē）危苦，存亡之几，验于三月及逾三月。’”①朱元璋这几句话说得甚为冠冕，实是为自己祈福，希望“天命早归”于他，但是“当时四方割据者众”，形式诡谲（jué）多变，所以，“心甚忧之，乃祷于天”。然从中我们似也可看出，在他心中天意是体恤民瘼（mò）的，所以他把这番议论的立论点放在了“无使生民久怗危苦”上，以求让上天知道，自己是顺民意，亦即顺天意，也让黎民百姓知道自己是顺天应命的“真命天子”。故而他在位期间对自然灾异表现出如履薄冰的战战兢兢，甚至连饮食起居都做起了文章。吴元年五月“上以久不雨，日减膳，素食。谓近臣吴去疾曰：‘予以天旱，故率诸宫中皆令素食，使知民力艰难，往时宫中所需蔬茹醢（hǎi）酱，皆出大官供给，今皆以内官为之，惧其烦扰于民也。’去疾顿首曰：‘主上一心爱民如此，今虽遇旱，上天眷爱，必有甘澍（shù）之应。’”②吴去疾很会揣摩上意，知道朱元璋此番作为就是希望得到“上天眷爱”“甘澍之应”，希望能稍息“天忿（fèn）”，解除干旱的困扰。在如愿以偿得到天降甘霖之后，又颇为得意地议论了一番：“人事迩（ěr），天道远，得乎民心，则得乎天心。今欲弭灾，但当谨于修己，诚以爱民，庶可答天之眷。乃诏免民今年田租。”③可见得到“天之眷”是朱元璋极其渴望的事情，我们也可以看出“天人感应”的灾异谴告思想在他心中根深蒂固。

明世宗是另一个深受“天人感应”影响的皇帝，他在位期间，希望通过修省来弭除灾祸的行

---

① 《明太祖实录》卷1，《甲午冬十月》．台北：台湾“中央研究院历史语言研究所”，1962.

② 《明太祖实录》卷23，《吴元年五月己亥》．台北：台湾“中央研究院历史语言研究所”，1962.

③ 《明太祖实录》卷24，《吴元年六月戊辰》．台北：台湾“中央研究院历史语言研究所”，1962.

动多不胜数。修省是指修举实政和反省政务得失。明世宗早在登基伊始的正德十六年(1521年)五月,“礼部都给事中邢寰(huán)等以日精门灾,又旱,久不雨,请修实政,以回天意。上嘉纳之。乃令礼官择日祷雨”①。当时人们认为人世间的“实政”与神灵界的“天意”有着某种必然的联系。只有顺应天意,才能让天不再降祸于人间。在这种以顺应天意为目的的迷信活动中,往往是要求君臣一同修省,共同推行顺天应人的行政措施。如正德十六年(1521年)八月,“礼部类奏灾异,上览之曰:‘上天仁爱,灾异频仍,朕心惊惕(tì),内外百官宜同加修省’”②。

总之,“天人感应”学说是明代官方解释灾异的主要工具,它是当时人们认识灾异的一种主流思想,但是建立在天人感应基础上的灾异说,是将自然人格化、社会化的一种表现形式,是一种唯心主义的荒唐虚构和臆设。它强调的是观察自然界中的异常现象,以推论天意。它把一切历史事件牵强附会地和灾异相联系,由此引出现实的政事,而观天意成为其最基本的方法。天人感应不可避免地成为传播迷信的工具,也不可避免地成为统治者实行独裁统治和愚民政策的有力工具。随着近现代自然科学和哲学的发展,人类文明程度的提高,天人感应的灾异学说必然走向灭亡(邱云飞 等,2009)。

二、唯物主义的灾异观

明代是中国古代哲学发展到新阶段的时期,也是唯物主义思潮高涨并推进到新的理论高度的时期,在这一时期出现了罗钦顺、王廷相、高拱、方以智、王夫之等一批著名的唯物主义哲学家,他们对灾异都有着相似的见解,其中以高拱认识最具代表性。下面简要介绍一下高拱的唯物主义灾异观。

高拱(1512—1578),字肃卿,号中玄,河南新郑人,是中国明代嘉靖、隆庆时期著名的政治家和改革家,也是批判封建神学的著名唯物主义哲学家,他对“天人感应”的灾异观进行了激烈的批判,这在当时具有十分进步的意义,从中也充分体现出他对灾异的认识。高拱对天人感应思想的批判主要集中在对“天人感应”“灾异谴告”这两方面。

针对“天人感应”,他首先提出“在天有实理,在人有实事”这一观点。他说:“夫天人之际,岂不至微妙难言者哉。然在天有实理,在人有实事,而曲说不与焉。何谓实理?夫阴阳错行,乖和贞胜,郁而为,虽天不能以自主,此实理也。何谓实事?夫防其未生,救其既形,备虑周,务以人胜,此实事也。至谓天以某灾应某事。是诬天也;谓人以某事致某灾,是诬人也,皆求其理而不得,曲为之说者也。”③“在天有实理”是指天地之间阴阳二气交错运行,有时正常和顺,有时反常背恶,由于受到阻滞而造成破坏性的灾害,这样一种客观实在的自然规律。“在人有实事”是指自然灾害发生之前要有所预防,发生之后要加以挽救,思虑周详,有备无患,务必做到尽人事以胜天灾。至于“天以某灾应某事”“人以某事致某灾”这种天人感应的说法,不过是诬天诬人的曲解之说罢了。在这里,显然可以看出,高拱是继承了荀况“明于天人之分”,以及刘禹锡“天人交相胜”的理论观点。但是,他不是简单地继承,而是注入了时代精神,加以发展,把天人相分的观点建立在实理实事的基础上,形成了他的以唯实论为特征的无神论思想。

由于“天人感应”观点起源很早,《尚书·洪范》就已经有了萌芽。高拱对《尚书·洪范》中

---

① 《明世宗实录》卷2,《正德十六年五月丙辰》.台北:台湾“中央研究院历史语言研究所”,1962.

② 《明世宗实录》卷5,《正德十六年八月己亥》.台北:台湾“中央研究院历史语言研究所”,1962.

③ 高拱:《程士集》卷4,清康熙笼春堂刻本.

天人感应的思想萌芽提出了质疑和批判。他说："庶征之说，详于《洪范》。其'休征'，曰：'肃，时雨若；义，时旸(yáng)若；哲，时燠(yù)若；谋，时寒若；圣，时风若。'其'咎征'，曰：'狂，恒雨若；僭，恒旸若；豫，恒燠若；急，恒寒若；蒙，恒风若。'言感通之靡忒也。"①所谓"庶征"，即各种征兆，详细记载在《洪范》里。"休征"，即好的征兆是：君王能敬，就像及时降雨；君政能治，就像及时晴朗；君王明智，就像及时温暖；君王善谋，就像及时寒冷；君王通理，就像及时刮风。"咎征"，即坏的征兆：君王狂妄暴虐就像久雨；君王办事错乱，就像久晴；君王贪图安乐，就像久暖；君王严酷急躁，就像久寒；君王昏庸愚昧，就像久风。高拱认为，《洪范》里五事与庶征之间并无必然的联系。如果把没有必然联系的五事与五征硬要随心所欲地联系起来，那就必然导致天人感通，"天人一理"了。他进而质问道：如果"天人一理"，可以感通，"则'貌'何以为'雨'？'言'何以为'旸'？'视'何以为'燠'？'听'何以为'寒'？'思'何以为'风'？'时雨'必有'时旸'，是'肃'则不必'义'也；'时燠'必有'时寒'，是'哲'则不必'谋'也；而'恒旸'必无'恒雨'，是有'僭'应则无'狂'应也；'恒寒'必无'恒燠'，是有'急'应则无'豫'应也。初岂若是胶固矣乎？"②高拱对《洪范》的质疑和批判，揭露了天人感应论的认识根源和历史根源。另外，明代官方认定对《尚书》的注疏为南宋理学家蔡沈所著的《书经集传》，高拱对此也做出激烈批判。他说："《书》注未善者多，而《洪范》更甚。如五行自五行，五事自五事，乃比而属之曰：'貌泽，水也；言扬，火也；视散，木也；听收，金也；思通，土也。'岂不牵合无当乎……若谓范畴必配五行，则八政、五纪、三德、五福、六极又何不分配之哉？"③蔡沈在《洪范》注释里把原来五事配庶征的天人感通的思想萌芽，进一步发展为五行配五事、五行配庶征、五行配龟兆，其目的完全是为天人感应制造理论根据。高拱对此一一进行了驳斥，认为他对《洪范》的注释纯粹是望文生义，于理不通。针对"灾异谴告"说，高拱也给予充分的批判。

既然"天人感应""灾异谴告"是不正确的，那么一切自然灾异是怎样发生的？人们面对这些应该怎么做呢？高拱认为，一切自然灾异是天地之间气的运行是否顺利而导致。他说："盖天地之间，惟一气而已矣。气之行也，有时而顺，有时而舛(chuǎn)；而其复也，有时而速，有时而迟。时而舛也，虽尧、汤不能御其来；犹之时乎顺也，则庄、宣可以安享者也。不然，可谓舛不为尧、汤，而顺独为庄、宣乎？复而迟也，虽尧、汤不能躯之去；犹之复而速也则戊、景可以坐值者也。不然，可谓迟不为尧、汤，而速独为戊、景乎？此其理自有在，可以深思而默会者也。"④他认为，天地之间，只有一气而已。气的运行有其自身规律，时顺、时舛、时速、时迟，这是任何人改变不了的客观存在。对于气的自身运行规律及其所形成的灾异，人们只能潜移默化地去认识它和把握它。

灾异既然是一种客观自然现象，那么人在它的面前是否完全处于被动和无能为力的地位呢？高拱的回答是否定的。他认为：盖天有天之道，而人有人之为。强调对灾异要做到有备无患，人定胜天。为此，首先必须通过灾异征兆来认识它，然后才能谈到应付它，做到有备无患，人定胜天。他认为灾异之所以出现虽是"天道运行微乎微者矣"，其理深奥微妙人不可能预先测识，但却有一定征兆可供认识。他以人之有病必有征兆为论据，说："灾亦有征，在天则见于象纬，在地则见于山川，在物则为鸟兽草木之妖，在人则为奸宄寇贼之戾(lì)，皆元气之不足为

①②④ 高拱：《程士集》卷4，清康熙笼春堂刻本.

③ 高拱：《本语》卷1.《文洲阁四库全书》849册.

之也。其灾不一,亦杂出而互见焉者。非谓以人之变致物之变,以人物之变致天地之变也。"[①]灾害有征兆可见,则气之方舛可知。但灾来的大小深浅是难以窥测的,灾去的快慢又难以度量。因此,这里有一个灾害是否可怕的问题。高拱认为,灾害并不可怕,提出"修人事以胜之,庶乎有不为害"。所谓"修人事",就是要做到"有备无患",谨慎地预防灾害。他劝告统治者说:"谨灾者,必为之修纪纲,审法令,进忠贤,黜谗邪,省刑罚,薄税敛,蠲逋(bū)负,广储蓄,袪烦苛,收携贰,除盗贼,慎边防,以固国家之元气。凡皆尽其在我者,以俟(sì)之而已。迨(dài)其气之既复,陂者平,否者泰,而吾亦无所损失败坏于其间,则以有备无患,理之固然者耳"[②]。他对有备无患思想做了一个通俗而深刻的比喻,说:"犹之寒暑者,天也;而吾为之裘(qiú),为之葛,裘葛诚具,则寒暑不侵焉,备在我也。非曰'吾有裘葛,而天遂不吾寒暑也'。然而,寒暑有时迁也。犹之风雨者,天也;而吾为之室,为之盖,室盖诚具,则风雨不侵焉,备在我也。非曰'吾有室盖,而天遂不吾风雨也。'然而,风雨有时止也。"[③]在他看来,在天灾面前,有备与无备,后果截然不同。由此他得出结论说:"善论治者,不计灾与不灾,但视备与弗备。如其备,不灾犹善,灾犹可无恐也。如其弗备,不灾犹未可矣,且如有灾,何乎?"[④]不管处常处变,只要尽人事,做到有备无患,则天也不能违背人意,就会永远立于不败之地。他明确说过:"天定胜人,人定亦胜天也。"[⑤]

总之,高拱在对天人感应思想批判的基础上,认为一切自然灾异都是由"气"的运行导致,是不以人的意志而客观存在的。在面对自然灾异时,他倡导的是不管有灾情还是没有灾情,关键是有防备和无防备。只要能够"修人事",做到事事有备,则天也不能违背人意,就会永远立于无患的不败之地。正如他说:"天定胜人,人定亦胜天也。"由此可见,高拱提出的"人定胜天"即"修人事以胜天灾"的实事精神,其目的就是要破除对天的迷信崇拜,消除对天灾的恐惧心理,把人们注意力从天意拉回现实,从迷信拉向实际。从这些可以看出,高拱不愧是中国古代的唯物主义哲学家(邱云飞 等,2009)。

第三节　防灾救灾制度

明代处于小冰期前半段,气候总体上冷干,是中国古代干旱等自然灾害比较严重的历史时期。明代皇帝从建国之初就重视灾荒救助,在二百余年的历史过程中逐渐形成了比较完备的救灾管理机构和救灾程序。另外,地方上在灾荒年份的民间自救也发展到了相当高的水平。

一、救灾管理机构

救灾是中国古代政府的一项重要职能,明代政府也不例外。明代负责救灾的机构具体说来分3个层面:从中央政府来说,主要是由户部负责;从地方上说则由地方各级政府负责;中央特遣到地方的巡抚及巡按御史也有救灾的职责(邱云飞 等,2009)。

(一)户部

户部是六部之一。六部的名称,正式出现在隋朝。隋初的六部称吏部、礼部、兵部、都官、

①②③④　高拱:《程士集》卷4,清康熙笼春堂刻本.

⑤　高拱:《问辨录》卷10,《文渊阁四库全书》207册.

度支、工部，均隶属于尚书省。朱元璋在洪武十三年(1380 年)开始进行中央机构改革，废除中书省，罢丞相，权分六部，至此，六部成为国家行政的主要机构。

明代户部作为六部之一，又称计部、计曹、地曹、户曹，主管国家土地、人口、税收及财政，事务相当繁杂重要。此外，救灾也是户部的重要职能之一，如永乐二十二年(1389 年)十二月，“命户部：‘凡今被灾处田土，悉准永乐二十年山东逋租例，蠲其粮税，分遣人驰谕各府、州、县，停免催征’”①。再如宣德五年(1430 年)，有：“四月己亥，直隶保定府满城等县奏：‘蝗生。’上命行在户部遣人往捕，必尽绝乃已。”②明代关于户部救灾的史料多不胜数，这里就不再一一列举了。

(二)地方政府

明代的地方行政制度是行省制度。行省制度出现于元朝，元朝全国分为 11 个行省。行省制度的建立是中央为加强对地方管辖采取的重大举措，是中国行政制度史上的一次重大变革。明代初年沿用元朝的行省制度，但明代统治者为加强中央对地方的管理，对行省制度做了一些改革。明代政府把地方省级政权的权力分散，划为三司，即都指挥使司(简称都司)、承宣布政使司(简称布政司)和提刑按察使司(简称按察司)，这三司是 3 个平行的权力机构，都司管军政，布政司管民政和财政，按察司管司法和监察。

由于布政司主管民政和财政，救灾就是其一项重要职能，用《明史》的话说就是“民鳏(guān)寡孤独者养之，孝弟贞烈者表扬之，水旱疾疫灾祲，则请于上蠲赈之”③。关于明代布政司的救灾，如洪熙元年(1425 年)八月，“山西布政司奏：‘今年七月以来，太原府沁、潞二州，徐沟、太谷、祈、屯留四县屡雹，伤稼者八百五十五顷’”④。

按察司虽主管司法和监察，但也有参与布政司、都司会议，参与对地方重大事项的决议以及监督所在地方官吏厉行职责的职能，因此也常常参与灾害救治等事项，如永乐六年(1408年)“五月乙亥，户部言：‘山东青州蝗，命布政司、按察司速遣官分捕’”⑤。正统四年(1439 年)“六月己丑，陕西按察司佥事卜谦奏：‘兰州卫并兰县数月不雨，人民艰食’”⑥。成化九年(1473年)“冬十月壬午，免山西平阳府所属三十五州、县夏麦二十五万八千八百四十余石，以山西按察司副使胡滥奏旱灾故也”⑦。

明代行政区划在省级之下为府、州、县，这类机构直接和百姓接触，主管当地一切事务，在灾害发生时对百姓进行救助。如洪武二十六年(1393 年)“五月乙卯，直隶淮安府盐城县岁旱，民饥，知县吴思齐发预备仓粮之半赈之，以其数来闻”⑧。成化七年(1471 年)“五月乙亥，顺天府府尹李裕等言：‘近日京城饥民疫死者多，乞于户部借粮赈济，责令本坊火甲瘗(yì)焦其死者，本府官仍择日斋戒，诸城隍庙祈祷灾疠。’上允其请”⑨。

---

① 《明仁宗实录》卷 5 下，《永乐二十二年十二月葵丑》. 台北：台湾“中央研究院历史语言研究所”，1962.

② 《明宣宗实录》卷 65，《宣德五年四月己亥》. 台北：台湾“中央研究院历史语言研究所”，1962.

③ (清)张廷玉：《明史》卷 75，《职官四》. 北京：中华书局，1974.

④ 《明宣宗实录》卷 7，《洪照元年八月丁丑》. 台北：台湾“中央研究院历史语言研究所”，1962.

⑤ 《明太宗实录》卷 79，《永乐六年五月乙京》. 台北：台湾“中央研究院历史语言研究所”，1962.

⑥ 《明英宗实录》卷 56，《正统四年六月己丑》. 台北：台湾“中央研究院历史语言研究所”，1962.

⑦ 《明宽宗实录》卷 121，《咸化九年来十月壬年》. 台北：台湾“中央研究院历史语言研究所”，1962.

⑧ 《明太祖实录》卷 227，《洪武二十六年五月乙卯》. 台北：台湾“中央研究院历史语言研究所”，1962.

⑨ 《明宪宗实录》卷 91，《咸化七年五月乙亥》. 台湾“中央研究院历史语言研究所”，1962.

（三）巡抚及巡按御史

巡抚和巡按，是明代两个非常重要的高级官职，二者都属于中央特遣到地方的巡视官员。巡抚是明政府为使地方各衙门协调行动，从而改善和加强王朝统治而设立的。巡抚管辖的范围不一定是一省，往往是选取两省或更多省的一些州、县组成，明代派充巡抚的大臣，或系都御史、或系各部侍郎、或系寺卿等官，品级较高。巡抚有抚循地方的职责，自然在灾害发生时也有义务进行奏闻、救治。景泰七年（1456 年）十二月，有："巡抚江西右佥都御史韩雍同江西布按二司官奏：'瑞州、临江、吉安、南昌、广信、抚州、南康、袁州、饶州、九江等府所属县今年自夏及秋不雨，旱伤禾稼，秋粮米二百三十二万余石无从征办，乞赐豁除。'事下户部覆实从之。"①

至于巡按，其实质是明统治者以品秩稍卑下的中央官员监察品位较高的地方官员，以加强中央对地方的控制，巩固其中央集权。明代的巡按，主要是指御史出差到地方监察各级部门，且往往负有专责，专管某项事务，具有"代天子巡狩"的特征，拥有"大事奏裁，小事立决"之权，其权力大、职权范围宽。明代在全国设巡按 21 员；北直隶两员、南直隶 3 员、宣府大同 1 员、辽东 1 员、甘肃 1 员。其他各省均为 1 员，其中，宣府大同、辽东、甘肃因系重要边镇，故专设。明代巡按参与地方的灾害救治。宣德八年（1433 年）八月，"巡按山东监察御史刘滨奏：'兖州府济宁、东平二州及汶上县，济南府阳信、长山、历城、淄川四县蝻生，已委官捕瘗，而尤未熄。'命行在户部遣人驰驿督捕"②。

二、救灾程序

明代灾害发生十分频繁，由于开国皇帝朱元璋是农民出身，他十分重视救治灾荒，关心农民疾苦，他的民本思想对继任者影响很大，明代的统治者大都能把救荒当作一项重要政务。在频繁的赈灾救荒过程中，明代政府形成了一整套比较完善的救灾程序，具体说来有以下几个阶段。

（一）报灾

报灾是受灾地区的地方官员将灾害发生情况（发生时间、受灾区域、损失状况等）上报给中央政府。

明代的报灾之法自开国之初就有规定。关于报灾时间，太祖洪武元年（1368 年）八月下诏规定："凡水旱之处，不拘时限，可随时申报。"③孝宗弘治年间（1488—1505 年），始定时限为："夏灾不得过五月终，秋灾不得过九月终。"④神宗万历九年（1581 年）时，又进一步规定："地方凡遇灾伤重大，州、县官亲诣勘明，巡抚不待勘报速行奏闻，巡按不待部覆即将勘实分数作速具奏，以凭覆请赈恤，至于报灾之期，在腹里仍照旧例，夏灾限五月，秋灾限七月；沿边如延、宁、甘、固、宣、大、蓟、辽各处，夏灾改限七月内，秋灾改限十月内，俱须依期从实奏报。或报时有灾报后无灾；及报时灾重报后灾轻；报时灾轻报后灾重，巡按疏内明白实奏，不得执泥巡抚原疏，致灾民不沾实惠。"⑤这一次的规定既对报灾期限做了调整，区别对待内地和边远地区；又对报灾过程中各级官员应负的责任做出明确的划分，以便中央政府了解具体灾情，使灾民能够得到

---

① 《明英宗实录》卷 273，《景泰七年十二月壬戌》. 台北：中央研究院历史语言研究所，1962.
② 《明宣宗实录》卷 104，《宣德八年八月辛卯》. 台北：中央研究院历史语言研究所，1962.
③ 徐光启：《农政全书》卷 44，《备荒考中》. 长沙：岳麓书社，2002.
④ 张廷玉：《明史》卷 78，《食货志二》，北京：中华书局，1974.
⑤ 《钦定续文献通考》卷 32，《赈恤》，《文渊阁四库全书》627 册. 台北：台湾商务印书馆，1986.

适当的救助。

关于灾伤等级的划分，明代将灾伤分为两个等级，曰极灾、次灾，或曰轻灾、重灾。一般而言，重灾为十至八分，轻灾为七至五分。《农政全书》卷四十五《备荒考下》云："伏睹《大明会典》，洪武初，令天下县分，各立预备四仓，官为籴谷收贮，以备赈济、就责本地年高笃实人民管理。盖次灾则赈粜，其费小；极灾则赈济，其费大。"①灾伤状况尽管只分为两级，但这一规定明确了两种不同的救助措施，即重灾赈济，轻灾赈粜。

关于受灾民众等级的划分，明代大体将受灾民众划分为三等：一等曰极贫，二等曰次贫，三等曰稍贫。嘉靖八年(1529 年)佥(qiān)事林希元疏云："救荒有二难，曰得人难，审户难。有三便，曰极贫之民便赈米，次贫之民便赈钱，稍贫之民便赈贷。"②但是在具体实施时，多对极贫和次贫两者进行赈济。

明代政府针对匿灾不报或报灾不力的官员也有处罚规定。如洪武十八年(1385 年)，"令灾伤去处有司不奏，许本处耆(qí)宿连名申诉，有司极刑不饶"③。洪武年间曾多次惩治匿灾不报的官员，如"二十一年，青州饥，逮治有司匿不以闻者""二十二年，遣御史按山东匿灾不奏者"④等。永乐时，重申严惩匿灾官员之法。永乐五年(1407 年)，河南官员匿灾不报，且"言雨旸时若，禾稼茂盛"。成祖了解实情后，"乃亟命发粟赈之，逮其官，悉于法，仍榜谕天下有司，自今民间水旱灾伤不以闻者，必罪不宥(yòu)"⑤。永乐十一年(1413 年)正月，成祖又对通政司官员说："境内灾伤不自言，他人言者，必罪。"⑥

(二)勘灾

勘灾又称踏勘，明代勘灾分两级，灾害发生时，当地地方官员先行勘灾，将灾伤情况上报户部，然后再由户部派遣官员前往灾害发生地进行核实。明代政府对这一过程有明确规定，洪武二十六年(1393 年)，定："凡各处田禾遇有水旱灾伤，所在官司踏勘明白，具实奏闻。仍申合于上司，转达户部立案，具奏。差官前往灾所覆勘是实，将被灾人户姓名、田地顷亩、该征税粮数目造册缴报本部立案，开写灾伤缘由具奏。"⑦这一诏令明确规定了两极勘灾的程序，对勘灾的内容也做出具体要求。之所以有如此规定是为了让中央政府能对灾伤情况有比较细致的了解，从而做出比较适当的救灾措施。

(三)形成救灾决议

户部官员勘灾归来之后，将灾情上报中央政府，由中央政府组织有关人员进行讨论，形成具体救灾方案。在明代这个过程最常用的形式就是"廷议"。

廷议是中国古代历朝经常采用的一种行之有效的办事制度。明代也经常采用廷议的形式决定一些国家大政方针。明代廷议的参加成员基本上是阁臣、六部、都察院、大理寺、通政司等九卿及有关人员，这些人多为朝廷要员。廷议的内容一般涉及哪个部门的职责就由哪个部门主持。户部主管全国户口、土地和财政，灾荒救治也是其一项主要职责，因此有关救灾的重大

---

① 徐光启：《农政全书》卷 45，《备荒考下》. 长沙：岳麓书社，2002.

② 陆曾禹：《饮定康济录》卷 4 下，《荒政丛言疏(林希元作)》，《文渊阁四库全书》663 册. 台北：台湾商务印书馆，1986.

③ 徐溥：《明会典》卷 19，《文渊阁四库全书》617 册. 台北：台湾商务印书馆，1986.

④ 《饮定续文献通考》卷 32，《赈恤》，《文渊阁四库全书》627 册. 台北：台湾商务印书馆，1986.

⑤ 秦蕙田：《五礼通考》卷 246，《凶礼一・荒礼》，《文渊阁四库全书》142 册. 台北：台湾商务印书馆，1986.

⑥ 陆曾禹：《饮定康济录》卷 1，《前代救援之典》，《文渊阁四库全书》663 册. 台北：台湾商务印书馆，1986.

⑦ 徐溥：《明会典》卷 19，《文渊阁四库全书》617 册. 台北：台湾商务印书馆，1986.

事项由户部主持廷议。

总之，经过地方官员的报灾、勘灾以及户部官员的复勘，中央政府了解灾情后召集有关部门进行廷议，制定关于救灾的各项政策、措施，这就是明代救灾决议的形成过程，接下来要做的就是根据决议采用各种具体的救灾措施对受灾民众进行救治(邱云飞 等，2009)。

第四节　防灾救灾措施

应对干旱等自然灾害的策略不仅在于灾害发生时进行及时有效的救治，更为重要的是防范自然灾害的发生或是在灾害发生时把人员和财产的损失降到最低，这对于以农业为主的中国古代社会来说尤为重要。明代，政府在积极救治自然灾害的同时还采取多种措施防范，减少自然灾害的发生和降低自然灾害造成的损失。这些措施总起来说有：仓储防灾(建立备荒仓储制度)、发展农业防灾(大力垦荒、采用农业防灾技术、种植抗灾性强的农作物品种)等(邱云飞 等，2009)。

一、仓储防灾

储备粮食的防灾备荒方法早在先秦时期人们已经意识到了。中国古代各朝都十分重视仓储建设，至明代已经形成了一整套完备的仓储制度。明代仓种名类十分繁多，其用途主要有3个：一是供军饷，二是供官俸、城市市民口粮，三是备荒。这里主要考查明代用于备荒的仓种。备荒仓主要是指预备仓、济农仓及后来兴办的常平仓、社仓和义仓。

(一)预备仓

预备仓为明代所创，始设于太祖时期。史载："洪武初，令天下县分，各立预备四仓。官为籴谷收贮，以备赈济，就择本地年高笃实民人管理。"[①]明洪武初命："户部运钞二百万贯。往各府、州、县，预备粮贮，每县于境内定为四所，于居民丛集处置仓。"[②]由此可见，预备仓主要是由官府出仓本，设置于居民丛集之处，并且让年高笃实之人管理，其目的就是备赈济、防御灾害。

预备仓在洪武二十年(1387年)后发展相当迅速，因为此时天下基本统一，局势稳定，农业生产得到逐步恢复，全国各仓储都相当丰裕，永乐时(1403—1424年)"米粟自输京师数百万石外，府、县仓廪蓄积甚丰，至红腐不可食"[③]。

预备仓粮主要来源于内帑(tǎng)发钞、地方财政支出和社会捐输、罪犯罚赎等几种渠道。此外，官田地租税契引钱及无碍官银等也用于预备及建设。《续文献通考》卷二十七"市籴三"载："明太祖洪武初设预备仓，朝远出楮(chǔ)币诏行省各选耆民运钞粮储之乡村，以备赈济，即令掌之，其后州、县充积，而籴犹未已"[④]。《明会典》卷22"仓庾"载："祖宗设仓贮告，以备饥荒，其法甚详。凡民愿纳谷告者，或赐奖敕为义民，或充吏，或给冠带散官。令有司以官田地租

① 徐溥：《明会典》卷40，《文渊阁四库全书》617册．台北：台湾商务印书馆，1986.

② 俞森：《荒政丛书》卷9，《文渊阁四库全书》663册．台北：台湾商务印书馆，1986.

③ 张廷玉：《明史》卷78，《食货二》．北京：中华书局，1974.

④ 《钦定续文献通考》卷27，《文渊阁四库全书》626册．台北：台湾商务印书馆，1986.

税契引钱，及无碍官银，籴告收贮。近时多取于罪犯罚赎，以所贮多少为考绩殿最云。”①

明代预备仓粮的赈济方式大致有3种：赈粜、赈给和赈贷。赈粜是历代常平仓所惯用的赈济方式，预备仓也沿袭采用，即是在灾荒缺粮或粮价上涨时，以平价或低于市场价售给受灾者的措施，是一种有偿赈济。如正统十年(1445年)“秋七月乙未，减粜河南、怀庆仓粟济山、陕饥”②。不过，赈粜在多种放赈方式中不占主导地位。赈给是前代义仓的赈放方式，一般是将物品无偿送予灾民，以帮助其度过临时性的困难，不需还官，多在极灾之时或对极贫而无力偿还之人实行赈给，主要救济在死亡线上挣扎的饥民，以保证社会再生产继续有新的劳动力供应而能顺利进行。赈贷是前代社仓的赈放方式，多在灾荒发生之时或青黄不接之际，将物品(多是粮、种)以借贷的方式给予受助人，以助其度过困难，还官时稍取其息，以偿社仓之用。预备仓也沿用其法，如洪武二十六年(1393年)“四月壬辰，直隶高邮州兴化县奏：‘天旱，民饥，已发预备仓粮赈贷。’以其数未闻”③。赈贷是明代预备仓粮赈放的主要方式，这很好理解，因为赈粜、赈给要么是平价或减价售粮，要么是无偿给予，在遇到灾荒之时采用这两种方式物资的损耗量十分巨大，而赈贷则是将物品(多是粮、种)借贷给受助人，所借物品除必须归还外还要收取利息。因此，除非是遇到特别重大的自然灾害，一般情况下明代政府在运用预备仓赈灾救荒时主要采取赈贷的方式。

正统年(1436—1449年)以后，各地预备仓时废时兴，这是因为预备仓制存在很大的弊端，其一，预备仓并不是由官府管辖而是由年高笃实之人管理，地方政府官员予以监督。这一管理体制并不严谨，仓粮往往被“乡之土豪大户侵盗私用，却妄捏死绝及逃亡人户借用，虚立簿籍，欺瞒官府”，以致“南方官仓储谷十处九空，甚者谷既全无，仓亦无存”④。有鉴于此，明代政府逐渐将预备仓的管理权收归地方政府，洪武二十四年(1391年)，“乃罢耆民籴粮”，正德五年(1510年)，“除天下预备仓仓官。初，预备仓皆设土仓官，至是罢之，令州、县正官或管粮官领其事”⑤。其二，资金逐渐不足。明初，预备仓由于管理严格，在救荒中的作用极大，预备仓也不断发展壮大。随着明代吏治的逐渐废弛，预备仓也深受影响，管理逐渐松散，仓谷往往一借无还，政府必须不断追加资金投入，成为政府的一大财政负担，以致有人感叹：“有出无收，其费甚巨。”⑥到万历年间(1573—1620年)，贪财成性的神宗皇帝也打起了预备仓的主意。如此一来，地方上的预备仓就逐渐资金不足，其衰落也就不可避免。

总之，预备仓是明代政府综合前代常平仓、义仓、社仓功能的一种尝试，明代前期在救灾中发挥了极为重大的作用，但随着明代政府逐渐走向没落，预备仓的弊端逐渐凸现，衰落也就成为必然趋势。

(二)济农仓

济农仓为宣德年间(1426—1435年)周忱巡抚江南时所创。济农仓建立的初衷是解决江南赋重、民生艰难，且“兼并之家日盛，农作之民日耗，不得已而弃其本业，去为游手末作，以至

① 陆曾禹：《钦定康济录》，《文渊阁四库全书》663册.台北：台湾商务印书馆，1986.

② 张廷玉：《明史》卷10，《英宗前纪》.北京：中华书局，1974.

③ 《明太祖实录》卷227，《洪武二十六年四月壬辰》.台北：台湾“中央研究院历史语言研究所”，1962.

④ 陈子龙：《明经世文编》卷27，《杨文定公奏疏·预备仓奏》.北京：中华书局，1962.

⑤ 《钦定续文献通考》卷27，《文渊阁四库全书》626册.台北：台湾商务印书馆，1986.

⑥ 陈梦雷：《古今图书集成·食货典》卷84.济南：齐鲁书社，2006.

膏腴之壤渐至荒芜，地利削而国赋亏”[①]的问题，是周忱对江南重税地区进行赋税改革的一部分，其作用不止于备荒，也用于地方各项经费之调节。济农仓和预备仓的区别在于它的存粮主要来源于地方政府征收的税粮在支付了解运及其他开支之后的剩余。而它另有相当一部分存粮来自平籴与劝分，在出纳管理上则与预备仓略同，因而济农仓在以后的沿革中，有一些又更名为预备仓，如长洲县；另有一些则重新定名为预备济农仓，如华亭县，宣德时“巡抚侍郎周忱奏行平籴、劝分之令”，建济农仓，至正统时，“知府赵豫即其址建廒（áo）四十间”，定名“预备济农仓”，而“先是分建预备仓四所……至是俱废”[②]。

济农仓在赈灾活动中曾经起到过非常良好的作用，《隆庆长洲县志》载：“济农五仓……宣德间，周文襄公忱（chén）移建于此。所廒宇轩豁，垣墙周峻。前后凿垣为门，皆临水，中架木杠，以通往来，连络如贯，役人便之。曰济农仓者，文襄与况锺专为赈恤农人设也。其仓不贮区粮，乃奉朝命以官钞平籴及劝借民间之米，贮积以备凶荒。宣德六年遭旱，九年又大旱，发粟赈济，赖以全活者甚众。此法向后渐弛，更名预备仓，割数区以隶焉，收贮与诸仓等。”[③]但《明史·食货志》载济农仓除周忱抚南畿时，“他人不能也”[④]，说明这一制度并未持久。济农仓的弛废不仅有管理上的因素，更重要的是，明中期以后经周忱改革的税制已难以维持，至万历时，改革原意已尽失，济农仓也就因此失去了最重要的存粮来源。

（三）常平仓

常平仓发端于战国时魏国李悝的“平籴说”。宋元时期，各地普遍设置常平仓。明代，常平仓得到进一步发展。正统八年（1443 年）九月，广东南雄府有“常平仓粮积久陈腐，陆续放支”的上奏[⑤]，说明此时局部地区已有常平仓的存在。成化十八年（1482 年）正月，朝廷“命南京粜常平仓粮，时岁饥，米价踊贵，而常平所储粮八万六千余石，南京户部请减价粜以济民，候秋成，平籴还仓”[⑥]。说明成化时南京常平仓储粮很可观并已经参与灾荒行赈。弘治五年（1492 年）九月，有：“兵科给事中吴世忠言……常平宜因今日义仓之旧，更以常平之名，因民数之多寡以储粟，酌道里之远近以立仓，每县二三十里，各立常平仓一所，丰年而籴，委之富民，以计其数，凶年而粜，临之廉吏，以主其事。此皆救荒之急务也。户部覆议谓，世宗言俱可行。”[⑦]弘治十六年（1503 年）八月，巡抚江西都御史林俊上“请复常平疏”曰：“预备之计，于民最急……今欲公私两便，惟有常平可复而已。”[⑧]由于吴世忠、林俊等的倡导力行，常平仓在这一时期发展很快。万历时，金衢道守道张朝瑞上“建常平仓议”曰：“今欲为生民长久计则常平仓断乎当复者，议令各属县于四乡水陆通达人烟辏集高阜去处，官为各立常平仓一所……此正兴复常平仓之一大机也。”[⑨]在张朝瑞等人的大力倡导下，各地多有常平仓兴建。如：乌程县“万历二十年（1592 年），分守道张朝瑞行县创建常平仓四座”[⑩]。秀水县新设四镇常平仓，“岁丰则照价以

---

① 陈梦雷：《古今圖书集威·食貨典》卷 100. 济南：齐鲁书社，2006.

② 《天一阁藏明代方志选刊续编》，第 5 册卷 14. 上海：上海书店，1990.

③ 《天一阁藏明代方志选刊续编》，第 23 册卷 11. 上海：上海书店，1990.

④ 张廷玉：《明史》卷 79，《食货三》. 北京：中华书局，1974.

⑤ 《明英宗实录》卷 108，《正统八年九月戊寅》. 台北：中央研究院历史语言研究所，1962.

⑥ （明宪宗实录》卷 223，《成化十八年正月壬辰》. 台北：中央研究院历史语言研究所，1962.

⑦ 《明孝宗实录》卷 67，《弘治五年九月壬午》. 台北：中央研究院历史语言研究所，1962.

⑧ 陈子龙：《明经世文编》卷 87，《林贞肃公集二·请复常平疏》. 北京：中华书局，1962

⑨ 万历《秀水县志》卷 3.

⑩ 崇祯《乌程县志》卷 2.

入，岁俭则减价以出，民称便焉"。平湖县常平仓系"万历二十四年守道议建四所"①。海宁州"常平仓，一在治城外………一在袁花，明万历二十三年，令周廷参建"②。万历二十四年(1596年)，幕兴府所属的嘉兴县、高善县、海盐县、平湖县、石门县、桐乡县等都有常平仓的兴建③。在张朝瑞看来，应在预备仓、社仓、义仓之外另建常平仓，以平抑粮价、赈济饥民，这样既可克服预备仓有出无收、费用甚巨的弱点，又可避免社仓散易敛难之弊。

(四)社仓

社仓始于隋。明代社仓较早见于正统元年(1436年)。此年，顺天府推官徐郁说："乞令所在有司增设社仓，仍取宋儒朱熹之法，参酌时宜，定为规画，以时敛散。庶凶荒有备而无患，帝以其言甚切，命有司速行之。"④弘治(1488—1505年)以后社仓逐渐发展起来。如许州总社仓"在州治西，弘治六年知州邵宝建"。临颍县总社仓"在县治西南，弘治六年建"⑤。翼城县社仓"弘治十三年知府张文佐移檄属县知县张忠建置，其法甚善，邑人布政使王泰撰记曰：翼城县社仓四……知县事张候忠所建也'"⑥。

嘉靖年间(1522—1566年)是社仓兴建比较鼎盛的时期。嘉靖八年(1529年)三月，从兵部侍郎王廷相言，"令各府按设社仓，令民二三十家为一社，择家殷实而有行义者一人为社首，处事公平者一人为社正，能书算者一人为社副"⑦。嘉靖十四年(1535年)，"全州知州林元秩奏请设立社仓"⑧。嘉靖二十年(1541年)十二月，"御史沈越请申饬(chì)社仓法，令有司急行整理，抚按以此为考成，吏部据此行黜陟，以备荒政。从之"⑨。当时各地已普遍有社仓建置，如桂阳社仓，于嘉靖六年(1527年)"知州戴禄乃分四十七里为四乡，各为社仓一座，每仓量贮义谷四百奇，仿文公崇安建阳之制，统之以社首，稽之以府令，择递年有行义者二人守之，但遇岁歉则从优处"。时人谓"知州戴禄社仓绰有条理"⑩。沣(fēng)州社仓"四，一州东津市，一州北顺林驿，一州西合口市，一州南清化驿，嘉靖八年同知王聘议创"⑪。南康县社仓，于嘉靖时(1522—1566年)"仿隋制俾民于各社立仓，每岁收获之时，上户一石，中户七斗，下户四斗，大熟稍倍之，岁岁而积多，掌之以社长，正之以各社之有行谊者，或遇凶饥即发此谷赈济，县官岁稽其出入之数，其有慕义出谷稍多者，时一奖劝之，如此则不必文移往复之烦，而各乡皆可以自给矣"⑫。此后，到隆庆(1567—1572年)、万历(1573—1620年)时仍有社仓大量出现的记载。

关于明代社仓仓谷的来源，主要有4个：①本谷。本社集社长社副社众会议，各量贫富家口为多寡，户分三等，等列三则，其输谷之法，每月一会，约定会期，上上户每会六斗，上中户每会五斗，上下户每会四斗，以次至中下户一斗，下户不与。对家道颇殷、绝无斗谷入仓者，即书

---

① 天启《平湖县志》卷6.
② 民国《海宁州志稿》卷11.
③ 康熙《嘉兴府志》卷6.
④ 《钦定续文敏通考》卷27，《文洲阁四库全书》626册. 台北：台湾商务印书馆，1986.
⑤ 嘉靖《许州志》卷7.
⑥ 嘉靖《翼城县志》卷1.
⑦ 龙文彬：《明会要》卷56. 北京：中华书局，1956.
⑧ 徐学聚：《国朝典汇》卷101. 北京：北京大学出版社，1993.
⑨ 龙文彬：《明会要》卷56. 北京：中华书局，1956.
⑩⑫ 嘉靖《衡州府志》卷4.
⑪ 隆庆《岳州府志》卷10.

某人名，加以“顽吝”二字，贴社仓内。②义谷。即社中富而好行其德者，于本谷外的自愿输谷，根据输谷多少给予记善、送匾，直至免除差徭，竖立牌坊等旌奖。③罚谷。凡官司自理赎谷，除照旧入预备官仓外，其各社乡约怠玩、小事口诉等罚赎俱入社仓。④息谷。社谷出借一般在归还时要加收二分之息，以做社仓费用，余额悉充社仓做谷本。

社谷一般只赈当社。社仓的管理者也主要是选择本地品行俱优、家道殷实、能服众者为之，官府只是不时行以稽查，其余出入，民自收掌[①]。明代社仓多设于乡村当社，由地方殷实大户掌管。因此，社仓相对于官方预备仓来说，是一种较为民间化的民营救荒仓储，但社仓也有弊端，那就是地域限制，一个社仓往往只能兼顾一乡或数村之民，其作用范围相当有限。

(五)义仓

义仓之制始于隋代，唐、宋、元各朝也多次设置义仓。明代义仓在成化年间已经开始出现，如沣州义仓有：“在驿后，成化九年判宫愈盖以兵民讼田籍废及自愿没官息竞二十余顷。岁租七百八十余石，创储备赈名义仓。”[②]嘉靖时义仓得到大力提倡，嘉靖四年(1525 年)，“直隶庐州府知府龙诰，在任修理义仓，置买义田，行赈粜、赈贷、赈济之法，又条积蓄便民八事，户部覆议”[③]。嘉靖五年(1526 年)，有：“提督漕运都御史高友玑、巡按御史刘隅，奉旨会勘前庐州知府龙诰所陈备荒八议，条例以闻。一议仓制。每州、县具设义仓一所，仿古常平仓之制，积谷以备赈给。一议籴本。措处银两，置买义田，又将污池鱼利、铺面赁直，通作籴本……上以诰建议能留意民瘼(mò)，令从诰见识。”[④]这样，嘉靖时义仓有了很大发展。如龙溪县义仓，有：“嘉靖六年，知县曾确立盖，用劝收税契银籴米分拨各都置仓收贮，推选信实之人为社长，以掌收放赈贷贫民，大熟取息二分，小熟一分，荒歉待丰年征本还官，民以为惠。”[⑤]乌程县义仓，于嘉端八、九年(1529—1530 年)，由戴候新建，得来谷共五百三十五石[⑥]。靖江县于“嘉靖四十三年，知县王叔果复建义仓”[⑦]。万历时义仓有更大的发展。万历十五年(1587 年)有：“礼部置礼科给事中侯先春奏，历法当改，义仓当置……今山东诸省旱灾，宜令天下郡、县广置义仓。”[⑧]万历二十二年(1594 年)有：“允南京御史林培请。着各抚按……每乡设义仓，分上、中、下三户，会立会长，仓立仓书，经纪其事，官为提衡。秋成敛之，青黄不接散之，越明年，薄息收之。”[⑨]义仓除备灾救荒外，对里社居民生活的各个方面，如贴助里长粮解田租之用、备礼存问孝子节妇与高年素行之人、乡约恭宣圣谕所用等，都有十分重要的作用，而这一切都是在约正、副里老的共同决议之下进行，官府则很少参与其具体管理(邱云飞 等，2009)。

二、发展农业防灾

民以食为天，农业是中国古代社会的基础所在，发展农业的防灾措施是最直接、最有效的方法。在明代发展农业可以总结为 3 个方面，即大力垦荒、采用农业防灾技术、种植抗灾性强

---

① 俞森：《荒政丛书》卷 10 上，《社仓考》，《文洲阁四库全书)663 册.

② 隆庆《岳州府志》卷 10.

③ 《明世宗实录》卷 51，《嘉靖四年五月甲戌》. 台北：台湾“中央研究院历史语言研究所”，1962.

④ 《明世宗实录》卷 67，《嘉靖五年八月丁卯》. 台北：台湾“中央研究院历史语言研究所”，1962.

⑤ 嘉靖(延平府志)卷 1.

⑥ 崇祯《乌程县志》卷 2.

⑦ 万历《常州府志》卷 2.

⑧ 《明神宗实录》卷 184，《万历十五年三月癸卯》. 台北：台湾“中央研究院历史语言研究所”，1962.

⑨ 《明神宗实录》卷 271，《万历二十二年三月乙巳》. 台北：台湾“中央研究院历史语言研究所”，1962.

的农作物品种(邱云飞 等,2009)。

(一)大力垦荒

垦荒是通过增加土地面积,从而获得更多的粮食以备灾年的防灾措施。这个措施效果最为直接。明代的垦荒主要集中在初年,因为当时经过元末农民大起义的风暴,各地荒芜的土地相当多,社会经济相当凋敝,抗灾能力相当低,针对这种情况,明代政府大力推行垦荒政策。如明代政府为了开垦中原地区的荒地,曾专门设“司农司,开治河南,掌其事”①。洪武三年(1370年)下令,凡是有力量开垦荒地的,“不限顷亩,皆免三年租税”②。其中的一些土地原来属于地主阶级,元末农民起义中地主逃亡了,他们的土地就被少地或无地的农民所占有或者荒芜了,以后被农民开垦。当原来的地主还乡时,就会出现产权纠纷,针对这种情况,明代政府专门制定了一条法令:“各处人民先因兵燹(xiǎn)遗下田土,他人开垦成熟者,听为己业。业主已还,有司于附近荒田拨补。”“各处荒闲田地许诸人开垦永为己业俱免杂泛差科三年后并依民田起科税粮。”“复业人民,见今丁少而旧田多者,不许依前占护,止许尽力耕垦为业。见今丁多而旧田少者,有司于附近荒田验丁拨付。”③这条法令承认了农民战争造成的生产关系发生改变的既成事实,部分地否定了元末农民战争前地主的土地所有权,这一政策的调整,解决了农民开垦荒地的顾虑,对促进开垦荒地的发展具有很大的积极作用。明初的奖励及荒地政策,直到洪武二十八年(1395年)还在大力推行,当时规定:“二十七年以后新垦田地,不论多寡,俱不起科。若有司增科扰害者罪之。”④正是由于政府的大力扶持,明初的垦荒数目迅速增多,表7.2反映了这一情况。

表7.2 明初垦荒数量

年份	增加垦田数目	材料来源
洪武元年(1368年)	增辟耕地七百七十余顷	《明太祖实录》卷34
洪武二年(1369年)	增辟耕地八百九十余顷	《明太祖实录》卷47
洪武三年(1370年)	增辟耕地二千一百三十五顷二十亩(仅是山东、河南、江西的数字)	《明太祖实录》卷59
洪武四年(1371年)	增辟耕地十万六千六百二十二顷四十二亩	《明太祖实录》卷70
洪武五年(1372年)	—	—
洪武六年(1373年)	增辟耕地三十五万三千九百八十顷有奇	《明太祖实录》卷86
洪武七年(1374年)	增辟耕地九十万一千一百二十四顷	《明太祖实录》卷95
洪武八年(1375年)	增辟耕地六万二千三百八顷二十亩	《明太祖实录》卷102
洪武九年(1376年)	增辟耕地二万七千五百六十四顷二十七亩	《明太祖实录》110
洪武十年(1377年)	增辟耕地一千五百十三顷	《明太祖实录》卷128
洪武十一年(1378年)	—	—
洪武十二年(1379年)	增辟耕地二十七万三千一百四顷三十三亩	《明太祖实录》卷134

① 张廷玉:《明史》卷77,《食货一》.北京:中华书局,1974.

②③ 徐溥:《明会典》卷19,《文渊阁四库全书》617册.台北:台湾商务印书馆,1986.

④ 《明太祖实录》卷243,《洪武二十八年十一月壬辰》.台北:台湾“中央研究院历史语言研究所”,1962.

续表

年份	增加垦田数目	材料来源
洪武十三年(1380 年)	增辟耕地五万三千九百三十一顷	《明太祖实录》卷 140
洪武十四年(1381 年)	—	—
洪武十五年(1382 年)	—	—
洪武十六年(1383 年)	增辟耕地一千二百六十五顷	《明太祖实录》卷 158

表 7.2 展现了《明太祖实录》中从洪武元年(1368 年)到洪武十六年(1383 年)间明代的垦荒数目,其中洪武五年(1372 年)、洪武十一年(1378 年)、洪武十四年(1381 年)、洪武十五年(1382 年)这 4 个年份的垦荒数目缺载,其余 12 年的垦荒数目总计达到了 170 万余顷。在洪武四年至洪武九年(1371—1376 年),洪武十二年至洪武十三年(1379—1380 年)掀起了两个垦田的高潮,洪武十六年(1383 年)以后的垦荒数目都缺载,但可以肯定的是垦荒活动仍在继续。

明代初年的垦荒收到了良好的效果,从洪武二十年(1387 年)起,明代政府开始在全国普遍丈量土地,编制鱼鳞图册,至洪武二十六年(1393 年),统计的全国垦田数为八百五十万七千余顷①。这一数字为中国古代历朝之最,虽然在丈量土地或推测垦荒中地方官吏难免有谎报成绩的地方,但当时耕地的大幅度增加却是不争的事实。

(二)采用农业防灾技术

明代,农业经过数千年的发展已经达到一个相当的高度,当时的人们已经懂得运用技术提高农作物产量,防御各种灾害,减少因灾害带来的损失。这些农业技术基本上可以分为两类:一类是从长远方面考虑,注重农业的综合、协调发展;另一类是针对某一种自然灾害过后的紧急补救技术。

1. 长远的农业发展技术

这一类农业技术是从农业的长远发展考虑,注重农业的发展质量,以便在遭遇干旱等自然灾害时使农作物的抗灾能力得到提高。

说到明代农业技术,首先要提到的是当时耕作技术的完善。耕作技术包括种植制度和农耕技术。当时的种植制度实行轮作复种制度。在明代,中国南、北方轮作制度有很大发展。徐光启的《农政全书》对稻、麦轮作的经验做出了总结,“凡高仰田,可棉可稻者,种棉二年,翻稻一年,即草根溃烂,上气肥厚,虫螟不去,多不得过三年,过则生虫”②。水田地区的水旱轮作,除了可以防虫、防病、防草以外,更重要的是可以改良土壤,因为水田连续种植水稻以后,土壤长期浸水,造成土壤黏重板结,通气不良,使土壤有机质的腐殖化过程较强,矿质化过程较弱,某些养分呈还原状态,并且容易积累有毒物质,因而不利于水稻生长发育和持续增产。实行水旱轮作就能改善土壤结构,使土壤有机质的腐殖化和矿质化过程得到调节,改善土壤营养状况,从而有效地达到“熟土壤而肥沃之”目的,不仅有利于稻作增产,也有利于旱作增产。除水旱轮作外,还有豆类与谷类的轮作复种和粮棉与绿肥作物的轮作复种。这些轮作复种制度均是中国古代农业经过长期发展得出的优良传统,也是抗灾救荒的重要措施。

关于耕作技术,当时北方旱作区实行一年一作的农田,耕地以春耕为主;实行二年三作的

① 张廷玉:《明史》卷 77,《食货一》.北京:中华书局,1974.

② 徐光启:《农政全书》卷 35,《木棉》.长沙:岳麓书社,2002.

农田，则进行春、秋两次耕地，无论春耕或秋耕，都讲究要适时、深耕。虽然明代北方地区的耕作技术要求与前代并无太大差别，但是由于二年三作制的推广，农田的耕作次数普遍增加，这对促进土壤熟化和农作物生长都大有裨益。在江南地区，水田耕作技术则更进一步完善，《农政全书》说："棉田秋耕为良，获稻后即用人耕，又不宜耙细，须大墢（fá）岸起，令其凝，来年冻释，土脉细润。"①经过冻晒，可促使土壤风化，以增加土壤熟化程度。至于南方的麦地，《农政全书》中说："南方种大、小麦，最忌水湿，每人一日只令锄六分，要极细，作垄加龟背。"②同样，棉田要在"清明前作畦轸（zhěn），土欲绝细，畦欲阔，沟欲深"。棉田内起沟可排水，且"秋叶落积沟中烂坏，冬则就沟中起生泥壅田"③，也可积肥，又能通风透气，一举数得。由此也反映了江南农田耕作已相当精细。

明代还十分重视施肥。《农政全书》记载有"滨湖人漉（lù）取苔华（野生藻类的一种），以当粪壅甚肥"④。这里的苔华就是一种自然绿肥。此外，绿肥还有种植绿肥，像苜蓿、梅豆、黎豆、蚕豆、豌豆、菜籽、胡麻、绿豆、紫云英等都是绿肥作物，在当时都有广泛种植。此外，还有饼肥。当时的人们还知道"土性带冷浆者（指土温低而含水多的稻田），易骨灰蘸秧根（飞禽、走兽的骨灰皆可），石灰淹苗足"⑤。这是中国农业施用磷肥的最早记载。

另外，人们已经知道用毒药砒霜拌种防治病虫害的道理。《天工开物》在论述砒石时说："晋地菽、麦必用拌种，且驱田中黄鼠害。宁、绍郡稻田必用蘸秧根，则丰收年也。"⑥这种用毒药砒霜拌种防治病虫害的技术，在以前的农书里面没有记载，可以说是明代人民的一个创举。

随着农业生产的发展，明代一些地区开始出现了生态农业模式。这种模式对于备灾救荒十分有利。明代江南地区，由于人口密集、耕地紧张，人多地少的矛盾十分突出，为了充分利用自然资源，从而形成了农、林、牧、副、渔综合经营，动植物资源循环利用的一种生产模式，这种生产模式则是反映了生态农业经营的萌芽。

生态农业经营最初出现于嘉靖年间（1522—1566 年）的苏州、常熟地区。明代李用在《戒庵老人漫笔》中记载："谈参者，吴人也，家故起农。参生有心算，居湖乡，田多洼芜，乡之民逃农而渔，田之弃以弗辟者以万计。参薄其直收之，佣饥者，给之粟，凿其最洼者池焉，周为高塍（chéng），可备防泄，辟而耕之，岁之入视平壤三倍。池以百计皆畜鱼，池之上为梁为舍皆畜豕（shǐ），谓豕凉处，而鱼食豕下，皆易肥也。塍之平阜植果属，其汙植菰属，可畦者植蔬属，告以千计。乌凫（fú）昆虫之属悉罗取，法而售之，亦以千计。室中置数十匦（guǐ），日以其分投之，若某匦鱼人，某匦果人，盈乃发之，月发者数焉，视田之入，复三倍。"⑦从这条记载中可以看出谈参因为进行多种经营，对土地利用十分合理和经济。其方式为洼地掘池养鱼，高地作围种粮，高处种植果树，畦地种植蔬菜，汙泽处种植水生植物，池上还架梁养鸡、豕。总之，凡是能利用的土地和空间都被充分利用起来，因而收到了其田"岁入视平壤三倍"、其副业收入又"视田之入又三倍"的经济效益。在动植物资源的循环利用方面，文中只提到"池之上架梁为笼舍，畜

①③ 徐光启：《农政全书》卷 35，《木棉》. 长沙：岳麓书社，2002.

② 徐光启：《农政全书》卷 26，《树艺 · 谷部下》. 长沙：岳麓书社，2002.

④ 徐光启：《农政全书》卷 5，《田制农 · 桑诀田制篮》. 长沙：岳麓书社，2002

⑤ 宋应星：《天工开物》卷上，《乃粒》. 北京：中国社会出版社，2004.

⑥ 宋应星：《天工开物》卷中，《燔石》. 北京：中国社会出版社，2004.

⑦ 李诩：《戒庵老人漫笔》卷 4，《谈参传》. 北京：中华书局，1982.

鸡豕其中,鱼食其粪又易肥”。实际上,其他循环利用也存在。如,用生产的粮食以喂鸡豕,鸡豕粪除作鱼饵料外,还可以用作肥料肥田,鱼粪及池泥又可作为肥料用于农田等。这种合理利用动植物资源互利关系以促进生产的经营方式,实际上就已具备了现代生态意义上的农业经营模式了。

2. 灾后的农业紧急补救技术

大灾过后必须用各种补救办法及时补种,尽量减少灾害带来的损失,使灾民顺利渡过难关,恢复农业生产。明代,灾后补种是经常使用的技术,灾后补种的品种必须是成熟期比较短、抗灾能力强的品种。明代不少地方志对灾后补种都有记载,一般是水、旱灾等灾害过后,当年可以种荞麦、晚玉米、晚粟、晚高粱等作物,或于第二年春天补种大麦、春麦等。关于灾后可以补种的品种,明代徐光启的《农政全书》记载颇多,如描述高粱时说:“北方地不宜麦禾者,乃种此。尤宜下地,立秋后五日,虽水潦至一丈深不能坏之。但立秋前水至即坏,故北土筑堤二三尺以御暴水,但求堤防数日,即客水大至亦无害也。”①关于其他抗灾能力强的物种接下来还要具体列举,这里不再赘述。

(三)种植抗灾性强的农作物品种

中国自古农作物资源就十分丰富,品种繁多,每个品种都有自己的特性,选种那些能耐旱、耐涝、耐盐碱、耐贫瘠和抗病虫的作物品种,对备荒救灾具有重要的意义。明代,中国还从境外引进了甘薯、玉米、马铃薯等高产量、生长期短的农作物新品种,对这一时期的备灾救荒具有重要的作用。

甘薯原产于美洲中部墨西哥、哥伦比亚一带,明代中后期传入中国。因其性质与中国传统薯类相似,故以薯为名。又因其自外国来,所以“薯”字前面又冠以“番”字,这和古时从西域传来的物品前面均冠以“胡”字相类似。番薯传入中国以后,名称很快和中国原有的薯类结合起来,于是就有了甘薯、地瓜、红薯、红苕、白薯等的称呼,以至于有时混淆不清。由于番薯甜美可口、适应性强、产量高,种之利胜种谷,在国内传播很快,不久就以其独特的优势压倒传统薯类,不仅在薯类作物中占绝对优势,而且在粮食作物中跃居重要地位。甘薯的这些优点,使它在备灾救荒中具有重要的作用。徐光启曾指出:“甘薯所在,居人便足半年之粮。民间渐次广种,米价谅可不至腾踊矣。”②甘薯种植在地域上没有限制,自从传入中国后,南北方都可种植。在时间上要求更是宽泛,“二、三月至七、八月俱可种”③。

玉米也是原产于美洲的一种粮食作物,在明代文献中有御麦、玉麦、番麦、西番麦、玉蜀黍、玉高粱等名称。徐光启在明代首先使用“玉米”这个名称,“另有一种玉米,或称玉麦,或称玉蜀秫,盖亦从他方得种”④。它于16世纪中叶前后传入中国,它对土壤、气候、水肥的适应性强,要求低、生长快、产量高、耗工费时少、便于贮藏,其优点突出众多,很快便在国内广泛种植。

马铃薯又称土豆、洋芋、山药蛋等,是重要的根、菜、饲料多用途型作物。土豆起源于南美安第斯高原,已有1800多年的栽种史。马铃薯大约在17世纪初传入中国,徐光启曾记载:“土芋一名土豆,一名黄独。蔓生叶如豆,根圆如鸡卵。肉白皮黄,可灰汁素食,亦可蒸食。又煮芋

---

①④ 徐光启:《农政全书》卷25,《树艺·谷部上》.长沙:岳麓书社,2002.

②③ 徐光启:《农政全书》卷27,《树艺·蓏部》.长沙:岳麓书社,2002.

汁，洗腻衣，洁白如玉。”①马铃薯具有许多优点，诸如对土壤要求低、产量高、营养较好、不怕旱、加工食用方便、能在高海拔寒冷地区生长，是一种抗灾高产作物。

此外，耐旱、耐寒、耐瘠的作物有千穗谷、扫帚菜；耐旱、耐涝的作物有薏苡(yì yǐ)、稗、糁(sǎn)等；其他可作救荒的作物品种还有苜蓿、沙蒿、水稻、豆类、谷子、高粱等。另外，桑、枣、柿、栗、胡桃等果树，对备荒也有一定的积极作用②(邱云飞 等，2009)。

中国古代的救灾措施发展到明代已经达到非常完善的程度，不仅有积极的救灾措施，如蠲免、赈济、以工代赈等，还有消极的救灾措施，如祈雨、借助宗教等，另外这一时期各地的民间自救也发展到很高的程度。

三、积极的具体救灾措施

(一)蠲免

蠲(juān)免是历朝政府常用的救荒措施，明代政府也不例外。明初的蠲免制度同明太祖的与民休息政策相联系。亲身经历过元末农民战争风暴的朱元璋深知民困而国危的道理，洪武元年(1368 年)即下诏：“令水旱去处，不拘时限，从实踏勘实灾，税粮即与蠲免。”③他还曾下令：“凡天下承平，四方有水旱等灾，验国之所积，于被灾去处，优免税粮。若丰稔之岁，虽无灾伤，亦当验国之所积，稍有附馀，择地瘦民贫优免之。”④明初的蠲免制度不仅只用于救荒，也是恢复国民经济的重要措施。明成祖基本上继承了太祖的恤民思想，经常使用蠲免的措施救荒。

成化年间(1465—1487 年)，明代政府形成了按受灾情况实行蠲免的惯例，成化二十一年(1485 年)二月，“户部奏湖广、襄阳等府、卫所各奏去岁旱伤，请灾至八分以上者蠲其常税，七分以下者仍征其十之二。制可”⑤。弘治三年(1490 年)，明政府颁布了《灾伤应免粮草事例》，规定“全灾者免七分，九什免六分”，以下递减，至“四分者免一分”，并“止于存留内除豁，不许将起运之数一概混免，若起运不足，通融拨补”⑥。这样，灾荒根据踏勘的结果被划分成不同的等级，蠲免的数额根据受灾程度确定，并且只免存留，不及起运。蠲免的数额不及洪武时期，但措施更为具体，有利于蠲免的制度化发展。并且，在特殊情况下受灾程度不及蠲免分数者也有享受蠲免的待遇。重灾之年仍有将税粮全部蠲免的情况，如嘉靖七年(1528 年)，“奏准：北直隶八府灾伤，将本年分夏税不分起运存留尽数蠲免”⑦。实际上，洪武时期动辄“尽蠲二税”不仅是战乱之后百废待兴的国情使然，明政府的财政状况也具有这样的实力。当时的土地兼并、隐瞒现象还不严重，国家税源充足；在明太祖的严法之下，吏治也较为清明，中饱私囊者尚少；明太祖崇尚节俭，政府的财政支出远不及明中、后期。从另一角度看，太祖时期各项制度处于初创时期，不能将各种情况考虑周到也是难免。嘉靖十六年(1537 年)，明代政府再次制定《被灾地方应免钱粮体例》，其中有：“应免分数先尽存留，次及起运，其起运不敷之数，听抚按官将各

① 徐光启：《农政全书》卷 27，《树艺・蓏部》. 长沙：岳麓书社，2002.

② 叶依能：《明清时期农业生产技术备荒救灾简述》. 中国农史，1997(4)：27-34.

③ 徐溥：《明会典》卷 19，《文渊阁四库全书》617 册. 台北：台湾商务印书馆，1986.

④⑦ 王圻：《续文献通考》卷 41. 北京：文海出版社(万历刊本).

⑤ 《明宪宗实录》卷 262，《成化二十一年二月乙卯》. 台北：中央研究院历史语言研究所，1962.

⑥ 王圻：《续文献通考》卷 42. 北京：文海出版社(万历刊本).

司府、州、县官库银两钱帛等项通融处补及。听折纳、轻贵、存留不足之数，从宜区处，不许征迫小民，有孤实惠。"①这个"体例"是对弘治三年《灾伤应免粮草事例》的调整，并且增加了政策的灵活性。万历十二年(1584 年)，明代政府对蠲免制度做了一项重大改革："议准以后地方灾伤，抚按从实勘奏，不论有田无田之民，通行议恤：如有田者免其税粮，无粮免者免其丁口盐钞，务使贫富一体并蒙蠲恤。"②

蠲免内容包括赋税蠲免和徭役蠲免两方面。灾蠲是在各地出现水、旱等灾害时，政府颁布诏令蠲免粮税。"岁荒民饥，救死不赡，奚暇完租，不惟饥荒之恤而迫日而征之，民力必不支，不填沟中，则起而为盗。"③因此，蠲免粮税以解民困成为历代统治者救荒的常用策略之一。蠲免粮税的数额按耕地面积和受灾程度确定。蠲免的税粮除了当年的，也有往年积欠的，称为"逋(bū)负"。如洪武十一年(1378 年)，"蠲苏、松、嘉、湖逋赋六十五万有奇"④。宣德七年(1432 年)，"免山西逋负税粮二百四十五万四千八百石、马草五百一十二万束……"⑤

徭役也是蠲免的重要内容，徭役蠲免通过免除受灾之民须服徭役的义务，舒民力以救灾，这也是政府救灾的重要举措。洪武五年(1372 年)"诏河间府宁津等县去年旱饥民流移者，免其徭役"⑥。

此外，蠲免范围还包括各种加派及杂税等项。如宣德八年(1433 年)春夏间，畿内及河南、山东、山西大旱，受灾地区除获免当年夏税及往年逋负外，"其拖欠各色课程、盐课，并各衙门见坐派买办、采办诸色物料、颜料等项，及亏欠孳牧马、驴、牛、羊牲口，悉皆蠲免"⑦。灾荒之年，朝廷也会暂停征收或采办供皇室享用的奢侈品，并召回派办的官员。如宣德十年(1435 年)，"巡抚江西行在吏部右侍郎赵新奏：'南昌府所属，连年水、旱，人民饥困，已蒙赈济，其买办诸色物料，亦应蠲免。'上命所司暂停之"⑧。

总之，蠲免是明代政府常用的一种救荒措施，这种措施虽然内容丰富，但实效不大。试想大灾之年，民生尚且艰难，政府的赋税自然就无从所出，蠲免只不过是政府的无奈之举罢了。

(二)赈济

蠲免只能减轻人民的赋役负担，却并不能完全解决民食艰难的问题。重灾之年，国家必须采取有效的赈济措施，使人民得以衣食，才能恢复生产，安定社会。明代的赈济措施主要有赈给和赈贷两种方法。

1. 赈给

赈给是物品或钱无偿给予灾民以帮助其渡过难关的行为。赈给有赈物、赈钱两类。

(1)赈物

赈物中最常见的是赈粮和赈布帛。赈粮是最常见的赈给方式，它对于命悬旦夕的灾民来说最直接和最有效。有关发放粮食赈灾的史料比比皆是。赈给所用粮食主要来源于地方仓储积粮和地方上的官廪。地方上出现饥馑，通常都是直接利用当地所储仓粮来赈给灾民，如洪武

---

①② 王圻：《续文献通考》卷 41. 北京：文海出版社(万历刊本).

③ 屠龙：《荒政考》. 北京：北京古籍出版社，2003.

④ 张廷玉：《明史》卷 2，《太祖纪二》. 北京：中华书局，1974.

⑤ 《明宣宗实录》卷 89，《宣德七年四月辛丑》. 台北：台湾"中央研究院历史语言研究所"，1962.

⑥ 《明太祖实录》卷 74，《洪武五年六月甲申》. 台北：台湾"中央研究院历史语言研究所"，1962.

⑦ 屠龙：《荒政考》. 北京：北京古籍出版社，2003.

⑧ 《明英宗实录》卷 7，《宣德十年七月己卯》. 台北：台湾"中央研究院历史语言研究所"，1962.

二十六年(1393 年)"四月壬辰,直隶高邮州兴化县奏:'天旱,民饥,已发预备仓粮赈贷之。'以其数未闻"①。

此外,调粟也是赈给粮的另一来源。它往往是在地方上的粮储不足以供应灾民所需之时,政府通过调动邻近府、县的粮食或是调用京储或是截漕运等方式,移粟就民以调济民食,解决灾民的缺食问题。就近调用邻近府、县粮食的记载不乏其例,如正统四年(1439 年)陕西境内因连年荒旱蝗潦,"赈济饥民,支粮尽绝",由于其与河南二府邻近,于是"将河南府并潼关仓粮运至泾阳等处,将怀庆府仓粮运至华阳等处以备赈济"②。明代也曾直接动用京储粮及截漕赈给灾民,但是并不普遍。赈给粮的数额参照灾民的受灾程度来确定。发放给灾民布帛在赈灾措施中也经常被采用。宣德二年(1427 年),陕西亢旱,秋田无收,在令有司开仓赈给的同时,又于南京"运绢五万匹,绵布十万匹"给赈③。

(2)赈钱

赈钱是由政府发给灾民救助金让其籴买粮食度过灾荒。天顺元年(1457 年)发内帑银赈给山东饥疫之民,因"有司奏报不敷,命再发银三万两赈济"④。

2. 赈贷

为了帮助灾民重新投入生产,摆脱灾害带来的种种生产和生活上的困难,历来就有放贷的做法,明代也常用赈贷之法。明初即有贷粮救荒。"赈贷"与"赈给"的区别在于"赈贷"是以偿还为条件,其目的不仅是为解决灾民生计问题,也致力于灾后发展生产。赈货物资不仅包括粮食、钱币,还有种子、耕牛、农具等生产资料。贷粮,如洪武二十五年(1392 年),河南光州固始县民因年饥艰食,许其将当地县仓预备粮二万五千六百余石贷民⑤。此外,灾荒过后的生产恢复是灾荒治理的重要环节,明代十分注重向贫困农户贷放生产资料以帮助其生产自救。洪武七年(1374 年)五月,"苏州府诸县民饥",明政府在向灾民贷放米、麦、谷的同时,"并以谷种、农具等贷之"⑥。明代时一些比较能干的地方官在救荒时也非常重视生产恢复,如天顺年间盩厔(今周至)县令王节于灾年"买田器,贷官牛,给贫民耕";成化间知江都的陆愈,也在荒年"计口给赈,贷以牛、种"⑦。蠲、赈、贷等措施往往视具体情况结合使用,以减轻人民负担,维持人民生计,并最终达到恢复发展生产的目的。明政府还曾将耕牛赠予灾区贫民,正统五年(1440 年)二月,兵部尚书王骥等奏,以太仆寺孳生牛一万头,给予频年受灾的凤阳诸府的"无牛小民"⑧。

除官方直接出资放贷外,明代还通过政府干预促成民间转贷,以达到互助自救。嘉靖八年,时任广东佥事林希元在所上《荒政丛言》中曾详述:"处置缺乏牛、种贫农法""令地方官逐都逐图,差人查勘。除有牛无种,有种无牛,听其自为计外,无牛人户,令有牛者带耕二家。用牛则与之俱食,失牛则与之均倍。无种人户,令富人户一人借与十人或二十人,每人所借杂种三斗或二斗。耕种之时,令债主监其下种,不许因而食用。收成之时,许债主就田扣取,不许因而

① 《明太祖实录》卷 227,《洪武二十六年四月壬辰》.台北:台湾"中央研究院历史语言研究所",1962.

② 《明英宗实录》卷 135,《正统十年十一月癸未》.台北:台湾"中央研究院历史语言研究所",1962.

③ 《明宣宗实录》卷 34,《宣德二年十二月丁丑》.台北:台湾"中央研究院历史语言研究所",1962.

④ 《明英宗实录》卷 278,《天顺元年五月己丑》.台北:台湾"中央研究院历史语言研究所",1962.

⑤ 《明太祖实录》卷 217,《洪武二十五年三月戊戌》.台北:台湾"中央研究院历史语言研究所",1962.

⑥ 《明太祖实录》卷 89,《洪武七年五月辛巳》.台北:台湾"中央研究院历史语言研究所",1962.

⑦ 陈梦雷:《古今图书集成·食货典》卷 107.济南:齐鲁书社,2006.

⑧ 《钦定续文献通考》卷 2,《文渊阁四库全书》626 册.台北:台湾商务印书馆,1986.

拖欠。亦如其息，官为主契，付债主收执。”①

（三）折输、缓征、带征和停征

自然灾害的爆发给民众的生存带来了巨大的威胁，为了缓解灾害对粮食造成的压力，从而达到减轻灾民负担的目的，除蠲免之外，明代政府也会应时地采取一些折输他物缓征赋税、停征不急之物的手段。这一类措施主要有折输、缓征、带征和停征等。

1. 折输

折输是明政府在灾荒之年减轻灾民赋税负担的一项重要措施，它是将民户应上缴的税粮折成银钱或其他物品。其目的主要有三：一是为确保税收，允许将税粮折成灾区有收的作物或物品，难以征收的积年逋赋也可因地制宜折收他物；二是把粮食留在灾区用以维持灾民生计；三是消除民户交纳的税粮在运输途中的损耗，从而减轻赋税，这也是折输最重要的意义之所在，因为古代交通不便，运输途中的消耗十分巨大。明初经济上实行钞法，禁止用银，折输也收宝钞。

明代中期以后，关于折输的规定更加详细，折输银的数量，折色与本色的比例都要由受灾程度来确定，由全部折征至折征一半，如万历四十五年（1617 年），受灾的南直隶获准：“将被灾八分以上六合等十县该年漕粮尽数改折，每石折银五钱。被灾七分如建平县、安庆卫，县米每石折银七钱；卫米向折三钱五分，今减折五分。被灾五分以上繁昌等七县改折一半，正兑每石折银七钱，改兑每石折银六钱。耗羡，一切免征。”

2. 缓征

缓征是在灾荒来临时暂时停止即将征收或正在征收的税粮，如正统元年（1436 年）四月，直隶保定府清苑县旱、蝗，无收，人民艰难，逃移者众，粮草无从追征，“乞暂停止”，经户部核实后获准②。缓征的税粮一般得不到蠲免，而是推迟到丰年征收。赋税的或蠲或缓均视受灾的具体情况决定。

3. 带征

为避免丰年的赋税负担过重，缓征的税粮往往被分做几份，分几年征收，称带征。如嘉靖初，“南直隶苏、松、常三府大饥，岁赋诏缓征者计银三十八万两有奇，候两年后带征”。嘉靖四年（1525 年）二月，“巡按御史朱寔（shí）昌言：‘凶荒之岁，方值一稔，即输办岁赋，犹恐难之，奈何遽责逋，重为民困’”。户部认为“寔昌言是”，命“原定带征之数宜派为两分，岁征其一”③。遇灾时，带征税粮也可暂停征收，向后推延一年或数年。

4. 停征

停征是在灾荒之年停止征收税粮或一些不急需的物品。停征的物品一般可以得到蠲免。如弘治元年（1488 年）十二月，“以旱灾停征湖广布政司弘治元年以前上供药材……”④以往的积欠薄赋也有停征的情况，如嘉靖三十五（1556 年）九月，“以山东东昌等府夏旱停征二十一年至二十六年积欠税粮有差”⑤。

总之，折输、缓征、带征和停征这一类措施，是政府从旱涝等自然灾害发生时灾区的实际情

① 陈子龙：《明经世文编》卷 162，《林次崖文集·荒政丛言疏》. 北京：中华书局，1962.

② 《明英宗实录》卷 16，《正统元年四月辛丑》. 台北：台湾“中央研究院历史语言研究所”，1962.

③ 《明世宗实录》卷 48，《嘉靖四年二月丙申》. 台北：台湾“中央研究院历史语言研究所”，1962.

④ 《明孝宗实录》卷 21，《弘治元年十二月丙辰》. 台北：台湾“中央研究院历史语言研究所”，1962.

⑤ 《明世宗实录》卷 439，《嘉靖三十五年九月戊午》. 台北：台湾“中央研究院历史语言研究所”，1962.

况出发采取的一系列便民措施。这些措施基本上都是形成于明初，反映了明初统治者以民为本的治国思想。

(四)以工代赈

以工代赈，是通过组织灾民进行劳动而给灾民发放报酬从而达到赈济灾民的目的。此法是一个一举多得的策略，政府在灾荒之际兴建工程，一方面劳动力比较充足；另一方面灾民的生计也能够通过从事劳动获得报酬来解决；第三方面，灾荒之际，受灾民众数量比较庞大，这些人如果无事可做，往往人心浮动成为社会的不稳定因素，以工代赈把这些人集合起来从事某项工程，对于保持社会稳定的意义十分重大。明代十分重视用以工代赈来赈灾，所兴建的工程一般是地方上的农田水利或公益设施，有一举两得的效果。"万历间，御史钟化民救荒，令各府、州、县查勘该动工役，如修学、修城、浚河、筑堤之类，计工招募，以兴工作，每人日给米三升。借急需之工，养枵(xiāo)腹之众，公私两便。"①还有些工赈项目虽然并不直接服务于生产，但也起到赈济灾民的作用，如万历十五年(1587 年)七月，"南京工部尚书李辅请兴工作，以寓教荒"，后决定"修药神观、抱恩寺，各役肇举，匠作千人，所赈亦千人……"②

(五)劝分

劝分是中国古代的救荒措施之一，是国家在灾荒年间劝谕有力之家无偿赈济贫乏或减价出粜所积粮食以惠贫者的措施。古时，每遇水旱等灾害，国家总要想方设法进行救济，然而政府的力量总有涉及不到的地方，这样劝谕受灾地区的人民进行灾后互助就十分必要，劝分之法就应运而生了。明代政府多次实行劝分进行救荒，如弘治四年(1491 年)，苏、淞大水，徽、宁等处旱灾。户部议准，军民有愿纳银入粟，量给散官冠带，或纪民于籍，建坊以表之③。针对响应政府劝分号召纳粟救荒的所谓"义民"，政府制定了十分优厚的旌表措施，这就是设立赏格制度。例如，正统五年(1440 年)，凡民人纳谷一千五百石，请敕奖为义民，仍免本户杂泛差役；三百石以上，立石题名，免本户杂泛差役二年。又令各处预备仓，凡民人自愿纳米麦细粮一千石之上，杂粮二千石之上，请敕奖谕④。劝分赏格的设立，表现了明代政府对劝分的重视，在遇到灾荒之时，政府照顾不到的地方都要实行劝分措施，这是因为劝分有一些独特的优点。首先，广泛实行劝分政策，不断进行旌表，在各地产生了大量的义民。这些义民能够在充实仓储、灾荒赈济方面发挥积极作用。其次，灾荒时的粮食危机常常引起地区骚乱，利用劝分制度鼓励富民出赈能缓解粮食短缺现象，可以起到稳定社会秩序的作用。最后，实行劝分表彰义民作为一种道德表扬，能够昭示人们济公尚义、激励时人、感召后人，持久地起到社会救济作用。正是由于这些优点，劝分成为明代政府救济灾荒的常用措施之一。

(六)安辑流民

灾荒之后，会出现大批缺乏生产和生活资料为图果腹而流徙他乡的灾民，不仅不利于灾区的生产恢复，影响国家税收，而且危及社会安定。所以，明政府始终十分重视安辑流民的工作。明初，针对大量因战乱而流离失所的流民，明政府一方面资助其还乡，一方面准其在流徙地附籍，或迁至地广人稀处，官给耕牛、种子，令其垦荒耕种，并蠲免租税。并且为防止灾后流民的

---

① 陆曾禹:《钦定康济录》卷 3 下,《文渊阁四库全书》663 册. 台北:台湾商务印书馆,1986.

② 《明神宗实录》卷 214,《万历十五年七月己卯》. 台北:台湾"中央研究院历史语言研究所",1962.

③ 《明孝宗实录》卷 57,《弘治四年十一月庚寅》. 台北:台湾"中央研究院历史语言研究所",1962.

④ 徐溥:《明会典》卷 22,《预备仓》. 台北:台湾商务印书馆,1986.

出现，洪武十八年(1385年)，朝廷定“有司不奏灾伤，处极刑”，洪武二十六年(1393年)，令“各处田禾遇灾，所在官司具实奏闻”，即时开仓行赈①。明中期以后，由于灾荒严重，流民人数大幅度增加，明政府安辑流民的措施也随之增加和调整。首先必须解决流民的生计，不能让他们因饥寒而转为盗贼。其次是要提供给流民各种生产资料使其能够恢复农业生产。明代对安置流民工作的规定十分具体细致，从日常所需到生产资料都有明确规定，愿回原籍者，“有司给予印信文凭，沿途军卫有司，每口给口粮三升；其原籍无房者，有司设法起盖草房四间；仍不分男妇每大口给予口粮三斗，小口一斗五升；每户给牛二只，量给种子，审验原业田地，给予耕种，优免粮差五年，仍给下帖执照”②。

明代统治者实行安辑流民政策，给流民以蠲免、赈济，解决他们的生存问题和回籍后的后顾之忧，还给他们借贷耕牛、种子，以渡过生产上的难关，不误农时恢复和发展农业生产，对保持灾后社会稳定起到了十分重要的作用。

(七)调粟

调粟是明代救灾的重要政策和措施，主要包括移民就粟、移粟就民、平粜等具体增施，采取的途径主要有采取截留漕运、预支官俸、禁闭官俸、禁抑米价、鼓励通商等。

移民就粟是令受灾地区人民就食于丰熟地区的措施，这是历代调济粮食所采取的较为普遍的政策，但往往造成大规模的人口流动，成为社会安定的隐患，因此明代并无有组织的移民就粟行动。大灾之年，大量灾民自由流动，有时地方官采取消极放任态度，更有些地方官擅自驱逐就食饥民，“宣德三年三月，工部侍郎李新自河南还，言山西民饥，流徙至南阳诸郡不下十万余口，有司军卫各遣人捕逐，民死亡者多”③“成化初陕西至荆、襄、唐、邓一路皆长山大谷，绵亘千里所至流逋藏聚为梗，刘千斤因之作乱，至李胡子复乱，流民虑百万，都御史项忠下令有司逐之，道死者不可胜计”④。总体来说，移民就粟在明代的效率并不太高，一方面是由于政府出于安全考虑不提倡组织，另一方面，则是由于当时交通的不便，关禁重重。

移粟就民与移民就粟相辅而行，灾荒之年灾民如果不便迁移，则必须将粮食移而就民。政府必须利用中央直接控制的粮食物资进行统一调度，调剂丰歉，避免灾民盲目流徙，防止社会动乱，这种救荒办法就是移粟就民。明代政府在灾荒之年多次采用此法救荒，如永乐十四年(1416年)，“北京、河南、山东饥，免永乐十二年逋租，发粟一百三十七万石有奇赈之”⑤。

平粜就是要平抑物价，具体来说就是丰年籴进粮食，荒年平价粜出。平粜主要两种办法。其一是利用中央直接控制的粮食，将公仓存粮运往灾区平价出售(即平粜)，解决灾民的生计问题。以公仓存粮用于赈济和平粜，不仅易于操作，而且有利于存粮的新旧代换，防止粮食因久储而腐坏。平粜公仓存粮通过增加市场供应以平抑粮价，而预支官员俸粮也在一定程度上减轻了市场压力。平粜公仓存粮时，为确保粮食售与缺食灾民，避免被奸商收购以囤积居奇，往往采取限量供应的方法。在公仓存粮不足的情况下，政府也动员富室平粜私人积蓄，并给予其适当的奖励。对于灾年囤积居奇、视民生死不顾者，也会给予适当惩罚。其二是疏通粮食流通渠道，加强地区间民食调剂，通过政策干预，降低灾区粮价，维持灾民生计。明代在这方面采取

---

① 龙文彬:《明会要》卷51,《恤流民》.北京:中华书局,1956.

② 徐溥:《明会典》卷21,《户部六》,《文渊阁四库全书》617册.台北:台湾商务印书馆,1986.

③ 徐光启:《农政全书》卷44,《备荒考中》.长沙:岳麓书社,2002.

④ 秦蕙田:《五礼通考》卷250,《荒礼》,《文渊阁四库全书》142册.台北:台湾商务印书馆,1986.

⑤ 张廷玉:《明史》卷7,《成祖纪》.北京:中华书局,1974.

的措施通常有：截留漕运、预支官俸等，并通过禁止闭籴、禁抑粮价等措施鼓励通商。

（八）养恤

养恤是中国古代一整套社会保障措施的总和，包括收养遗弃、抚恤鳏寡孤独、施药、掩埋遗体、为贫困家庭赎还妻子等。这些在灾荒救治中也起到十分重要的作用。

明代立国之初，朱元璋十分重视养恤制度的建立，他即位不久，就宣布“鳏、寡、孤、独、废、疾不能自养者，官为存恤”①。他曾谕中书省：“昔吾在民间，目击鳏、寡、孤、独、饥寒困踣(bó)之徒，心常恻然。今代天理物己十余年，若民有流离失所者，非惟昧朕之初志，于代天之工，亦不能尽。尔等为辅相，当体朕怀，不可使有一夫不获也。”②养济院是明代养恤制度中比较重要的一项。它主要是执行收养遗弃，抚恤鳏、寡、孤、独的职能。各地养济院基本上都只收本地鳏、寡、孤、独、废、疾之人，但在灾荒之年更重视抚恤受灾民众。

由于灾荒饥民被迫鬻(yù)子者甚多，因此明代政府多次颁诏由政府出资赎还贫民因灾荒典卖的妻子：“（洪武）十九年，诏赎河南饥民鬻子女。”③此外，明代政府还多次采取措施以确保离散的家人能够得以团聚，如：“成化二十三年，诏陕西、山西、河南三省军民，先因饥荒逃移将妻妾子女典卖与人者，许典卖之家首告，准给原价取归。宗其无主及愿留者，听。隐匿者罪之。”④

明代养恤制度总体比较全面，但在灾荒之年灾民数量必然十分庞大，以政府的力量总有照顾不到的地方，这就需要调动各地的社会力量来填补这些空白，明代政府对此也比较重视。如嘉靖八年（1529 年），“令灾伤地方凡军民等有能收养小儿者，每名日给米一升；埋尸一躯者，给银四分……”⑤

明代养恤制度，对于灾民来说，不仅能够得到暂时的饮食和安居，而且还不至于妻离子散、骨肉分离，在当时的救灾活动中起到重要的作用。

（九）弛禁

中国古代封建社会中，物产丰富的山川林泽多被统治者霸占，普通老百姓则无权分享这些利益，因此《周礼》的荒政十二策中便有“散利”“舍禁”之说，所谓：“山泽林麓既不以封于诸侯则设虞衡之禁，所以蕃鸟兽毓草木以尽乎万物之性也。民既失食则宜开其禁，故舍禁之政行焉。”⑥这一政策为以后历代统治者救荒时所沿用，明代统治者也多用此法。洪武年间（1368—1398 年），山东青、兖、登、莱、济南五府饥歉，太祖令免征其当年鱼课，“听民采鱼以济饥馑”⑦。灾荒之后往往引起粮食短缺，这个时候如果能够开放山、川、林、泽之禁，让利于民，帮助其渡过难关，不失为一种有效的救荒之法。

（十）施粥

施粥又称煮赈，在中国古代早已有之，明代也多次实行施粥，大都集中在嘉靖及以后，因

---

① 《明大祖实录》卷 34，《洪武元年八月己卯》. 台北：台湾“中央研究院历史语言研究所”，1962.

② 龙文彬：《明会要》卷 51，《民政二》. 北京：中华书局，1956.

③⑤ 王圻：《续文献通考》卷 32，《文渊阁四库全书》627 册. 北京：文海出版社（万历刊本）.

④ 陆曾禹：《钦定康济录》卷 4 上，《文渊阁四库全书》663 册. 台北：台湾商务印书馆，1986.

⑥ 陈梦雷：《古今图书集成·食货典》卷 68. 济南：齐鲁书社，2006.

⑦ 《明太祖实录》卷 207，《洪武二十四年春正月庚子》. 台北：台湾“中央研究院历史语言研究所”，1962.

此,《明史》有云:"赈粥之法,自世宗始。"[①]但早在宣德年间就有施粥之事:"张泳,宣德间鄱阳丞。时旱荒,饥殍满道。泳发预备仓以济,復倾私橐(tuó)籴米煮粥……其施粥凡一月,民得饱啜(chuò)。"嘉靖元年(1522年),时任南京兵部尚书侍郎席书上《南畿赈济疏》,请施粥以赈济南畿等地灾民,"户部覆:'此法不特宜于南畿,宜通行天下,灾荒处所,一体施行'"[②]。嘉靖十年(1531年)七月,叶相赴陕西主赈时,命"州、县官各于养济院支预备仓米设一粥厂,就食者朝暮各一次,至麦熟而止"[③]。至此之后,施粥成为明代政府主持的大规模赈灾活动。

明代嘉靖以后,政府对施粥措施的管理渐趋正规化,当时一些人也对赈粥的经验进行总结,万历年间(1573—1620年),王士性总结了"赈粥十事",分别为:一曰示审法、二曰别等第、三曰定赈期、四曰分食界、五曰立食法、六曰立赈法、七曰备爨具、八曰登日历、九曰禁乱民、十曰省冗费[④]。吕坤巡抚山西时,多次主持赈济工作,他在自己所著《实政录》中细致总结了举办粥厂的经验,列出"广煮粥之地""择煮粥之人""别食粥之人""定散粥之法"等项计十八款,同时指出"至于临时通变精密之才,能者当自得之"[⑤]。

明代政府对施粥的管理基本上都是按照总结的这些方法开展,主要有以下几个方面。

第一,对施粥对象进行分别管理。明代的粥厂一般"不分军民良贱,不论本土流民"[⑥],均可入厂就食。但流民、乞丐与当地饥民同厂就食,不便于粥厂管理,尤其不利于防止出现冒领赈粥。因此,流民、乞丐和当地饥民同厂就食的粥厂一般都将流民、乞丐分开管理,与当地饥民分开就食。有的地方还于通衢要道设流民厂,专收流民就食:"又设花子厂,专供乞丐就食。"流民厂、花子厂的设立既有利于粥厂对当地食粥饥民的管理,也便于广泛救济流民,同时还可减少和避免因流民丛聚而致食粥拥挤的状况。

第二,对当地饥民进行审户。施粥通常是无须审户的,但明中、后期由于灾荒严重,资金有限,政府的施粥对象主要是流民和极贫且没接受过赈粮的当地饥民。对于流民,没有条件限制,只要入厂一律给食。而当地食粥饥民,必须通过预先审户来确定。审户之法,先由基层组织报名。最初审户多按里甲排年造册报名,但"里甲细户散住各乡,不在一处",按里甲排年审户弊端较多。故后来审户"不照里排,止照保甲",由约长、保长造册报名;随后,由各粥厂食界内的义官、殷实户核查。对基层组织所报食粥饥民的核查,由州、县从各粥厂食界内择"一义官、一殷实户领之"。核完造册送州、县,并"依册用一小票,黏各人自己门首"[⑦],以便州、县挨户复查。最后,州、县还要复查。州、县官或州、县的寄居官按义官、殷实户所报食粥饥民册,逐保挨户复查。经州、县核实符合食粥条件的饥民,一律登记造册,并发给食粥凭证。

第三,采取粥厂集中赈粥和其他分散赈粥相结合的施粥办法。饥民一般须到粥厂就食,为防粥厂食粥拥挤、混乱,有的粥厂采用"逐乡而煮,分图而食"的办法,"按时刻、照人数,执旗引队"[⑧]入厂就食。有的粥厂把饥民分为老、病、少、壮四等或老、病、少壮三等。每等又分为男、女两班。饥民按等分班排行坐地,持碗待食。老者、病者先给,少者其次,壮者最后。老者,粥

---

① 张廷玉:《明史》卷78,《食货二》.北京:中华书局,1974.

② 《古今图书集成·食货典》卷94.成都:巴蜀书社,1988.

③ 《陕西通志》卷84,《文渊阁四库全书》556册.台北:台湾商务印书馆,1986.

④ 徐光启:《农政全书》卷44,《备荒考中》.长沙:岳麓书社,2002.

⑤⑥ 陆曾禹:《钦定康济录》卷4下之2,《文渊阁四库全书》663册.台北:台湾商务印书馆,1986.

⑦ 徐光启:《农政全书》卷44,《备荒考中》.长沙:岳麓书社,2002.

⑧ 屠龙:《荒政考》.北京:北京古籍出版社,2003.

稍稠；病者，稀稠听便，甚可加食；妇女、少壮，粥介于稀稠之间。这样，分粥者不患杂蹂(róu)，弱者不致遗漏，饥民不苦久候。同时，粥厂也允许一些人在厂外分散食粥。比如，有的粥厂派人将赈粥挑至路口，供过往流民就食。有的粥厂允许行动不便的老、弱、病、残和羞于入厂就食的少妇、学究、医生托人代领赈粥，或派人“挑担上门，量给之”①。由于携粥不便，一些粥厂允许这几类人托人定期到粥厂领粮。比如，有的粥厂允许他们“每口十日领炒豆十碗或米三升”②。

第四，饥民必须凭证就食。为防止饥民重复领粥，冒领东西，明后期的煮赈采取划界设厂，当地饥民定厂就食的办法。比如，“每方二十里”，一方设一粥厂。开场前，州、县将每方之四至张榜公布，“但在此方之内居住饥民已报名者，方得每日至厂就食”，并“令保甲察之。不在此方内者，申令还本方，不得予此方之食”③。当地饥民必须凭证入厂就食，为了防伪，有的粥厂“给予吃粥小票一张，填写里甲、姓名”④；有的吃粥小票上面“分别老、幼、妇女，人以片纸图貌，明注某厂就食，印封以油纸”⑤。托人代领者，须有粥厂监督人员会同保甲核实，或者必须有官府发给的凭证。

总之，明代的施粥措施虽正式开始比较晚，但发展迅速、管理科学，很快成为重要的赈灾方式，在赈灾救荒中发挥了不可替代的作用。

(十一)除盗、宽刑

关于除盗，在古代社会条件下，灾荒年份灾民数量众多，能够得到朝廷救助的灾民只是少数，大多数灾民则会遭饥寒威胁，一些人就会铤而走险、啸聚山林，在一个王朝的后期这种情况更加频繁，崇祯元年(1628 年)，“陕西饥，延、巩民相聚为盗”⑥。在盗贼蜂起的情况下，碰到灾荒年份政府就要剿灭盗贼，以免更多的灾民走他们的老路。明代也多次在灾荒年份发兵捕盗，但一般是先以劝慰为主，迫不得已再发兵剿除。如宪宗成化二十一年(1485 年)，有：“正月，巡按山西监察御史周洪奏：‘翼城、垣曲等县饥民啸聚为盗，招抚不服，宜发兵捕之。’上曰：‘民迫饥寒，朕甚悯焉，其令镇守巡抚等官宣布朝廷宽宥之意，明示有司抚御之方，果有执迷不服，然后相机除剿。’”⑦

宽刑，即在灾荒年份实行减宽刑罚的措施。因为在灾荒年份，灾民为生活所迫，违法之事在所难免，若按平常年份依法办理，势必会激起民变，造成社会不稳定，因此就必须在此时实行宽刑的措施。宽刑属于间接的救灾措施，明代政府常在灾荒年月实行宽刑的措施。如洪武二十四年(1391 年)，“六月甲子，久旱录囚”⑧。

总之，除盗、宽刑是一种间接的救荒措能，它是统治者为在教济灾荒能有稳定的社会环境而采取的一种策略，对其他救荒措施的实行起到一种必要的配合作用。

明代救灾的积极措施是多方面的，以上只简要介绍了一些比较常用的，其他还有纳粟贡

①④ 陆曾禹：《钦定康济录》卷 4 下之 2，《文渊阁四库全书》663 册. 台北：台湾商务印书馆，1986.
② 陈子龙：《明经世文编》卷 416，《吕新吾先生文集二·答毕东郊按台》. 北京：中华书局，1962.
③ 徐光启：《农政全书》卷 44，《备览考中》. 长沙：岳麓书社，2002.
⑤ 钟化民：《赈豫纪略》. 北京：中华书局，1985.
⑥ 张廷玉：《明史》卷 30，《五行三》. 北京：中华书局，1974.
⑦ 陆曾禹：《钦定康济录》卷 3 下，《文渊阁四库全书》663 册. 台北：台湾商务印书馆，1986.
⑧ 张廷玉：《明史》卷 3，《太祖纪三》. 北京：中华书局，1974.

士、赐僧度牒、荒年募兵等，在具体的救灾过程中则是人们根据实际情况选择合适的救灾措施（邱云飞 等，2009）。

明代，除采取积极的具体救灾措施外，还有一些消极救灾措施。中国古代由于科技文化的局限，在遇到自然灾害之时除了积极救助外，还通过各种迷信手段以此来消弭灾害。这其中最重要的是信奉各种神祇，所谓"国之大事，莫先于事神，肆古昔帝王率用兹道"。明代也信奉诸多神类，以图风调雨顺、天灾不降、国泰民安。当时信奉神祇主要有：城隍神、山神、水神、社稷、雷神、药王神、蝗神以及其他一些地方上有影响的神类，这里不再一一介绍（邱云飞 等，2009）。

四、民间救灾

民间救灾在中国出现很早。明代初期，赈灾救荒的主流是官方，但随着社会经济的发展，地方经济实力日益增强。民间力量随着经济实力增强对地方的影响也逐渐增强，他们对地方的社会公益事业日益关注。因此，民间力量在地方的救灾中发挥着越来越重要的作用。特别是明中期以后，随着灾荒日益严重和政府救灾过程中弊端的不断显现，民间自发的救灾活动已成为官方救灾的必要补充。

明代民间救灾活动方式极为丰富，包括了捐赈、平粜、借贷、施粥、施药及掩埋遗体等（邱云飞 等，2009）。

（一）捐赈

捐赈包括捐米和捐金，此法是明代民间救灾最常用的措施。明代，一遇灾荒，地方大族自愿捐米献金的记载相当多，如"洪武初，岁饥，（周）绍祥捐谷五百石以助官赈"[①]。范天柱也曾于"洪武间输粟助赈"[②]。天顺元年（1457 年），"顺天府民江聪自出米、豆于崇文门外，日为粥以食饥民，凡四月，得济者八万七千五百余人，用米、豆七百四十余石"[③]。除了供应粮食，也有部分人以捐金的方式来赈济灾民，如吉水人秦明学"成化间捐银三千赈饥"[④]。乐平人杨振先在岁饥之年也"倡捐万金以活宗族邻里"[⑤]。

（二）平粜

民间地方大族在灾荒年份，往往还会考虑到灾荒时期粮食紧缺导致的粮价变动情况，在此种状况下，他们要么减价粜米，要么出金籴谷再以低于市场的价格出售的方式平抑物价（主要是粮食价格），以打击囤积居奇哄抬物价者，使普通民众的购买力少受影响。陈龙正曾说："家有余廪，当于每岁青黄不接之际，减价十之二三以济饥茕（qióng），令所得值价只与常年相似，所捐虽少，然幸灾乐祸之意消除略尽矣。"而且他还指出仅减价出售还不足以赈施乡民，在具体操作过程中，减价而粜者必须"用精力，逐日躬亲点视，零星升斗粜出，务令沾及贫民。""以防家僮掌出入者，破冒其间，又有市井狡猾，易名变服，绵绵籴取，携至肆中，仍作己物，高得时价。犯此二弊，则营徒利奸狡，而无济困穷，故行仁者必以智。"[⑥]

---

① 民国《南昌县志》卷 41，《善行》.

②④ 光绪《吉安府志》卷 36，《义行》.

③ 《明英宗实录》卷 275，《天顺元年二月己亥》. 台北：台湾"中央研究院历史语言研究所"，1962.

⑤ 同治《饶州府志》卷 23，《义举》.

⑥ 陈龙正：《几亭全书》卷 22. 北京：北京出版社，2000.

（三）借贷

为了帮助灾民灾后重建，民间力量还通过借贷的方式救助灾民。这种借贷以恢复生产为直接目的，以贷种或贷牛为主，通常须由官府作担保。这种借贷主要用于灾害较轻之时，周孔教在其《荒政议》中曾谈论说："小饥多取于民（转贷）；中机多取于官（地方政府筹籴以赈粜）；大饥多取于上（截上供、借内库钱、赎罪、鬻爵等）。"①

（四）施粥

施粥也是民间常用的救济方法。一旦灾荒出现，政府的力量只能照顾到城镇居民，广大农村地区的灾民只能够靠地方大族来加以赈济，而农村地区的灾民数量必然十分庞大，这样施粥就是最便捷也最行之有效的方法。如万历十七年（1589 年），松江受灾，有："知府喻均劝分行赈，国子生顾正心等出粟为糜以食饥者。自三月朔至五月三日止，于四门空闲寺观安集饥民，一日二餐。委千户卢承惠，百户郑元等监视。国子生顾正心率先倡义施粥一月，陈大廷、张思齐共施粥一月。"②"崇祯十四年钱公（钱士升），在籍修荒政，是岁大旱、蝗，东南赤地千里，死骸弃孩盈路，有阖户自毒自到者。公为设粥厂食之，适有担粥以施于道者。公复仿行其法，每晨挑至通衢，或郊外，凡遇贫乞，令其列坐，以次周给，烈日焦灼，屏去舆盖，所至亲尝其旨否。又分遣子侄戚友四处侦察，不以任僮仆。"③

（五）施药及掩埋遗体

在饥荒时期，民食维艰，社会成员的营养水平自然下降，对于疾病的抵抗力随之降低。饥荒时期常发生疾病和瘟疫，因此施药也是救灾中不可或缺的措施。祁彪佳有《施药纪事》一文记载他于崇祯八年（1635 年），会同友人设药局施药事，是年"自春迄夏，越中痢疫盛行，死亡相枕藉，有阖户僵卧无一人治汤药者"。祁与友王金如等共商施药事，遂："于灯下草列数十条，毅然以必行为念。王先生走告之同志者，人踊跃愿从事焉。乃设局于光相禅院，以王先生主局中事。延名医十人，每日二人诣局授方，人各六日，及午散归……其司赀（zī）、司药、司记、司客、司计，诸同志分任。各恪乃务，出入必核，登录必详，酬对必当。治方合药，尤称烦琐，躬亲之。"各位名医不仅医术高超，且心地仁厚。施药的资金来源则由祁彪佳与其兄弟"首捐微赀"，由于病人仍多，众人又设法筹资续办，至"疾渐瘥（chài），取药亦渐寡"为止。

"崇祯十三年，岁大祲，道路之瘠者相藉，余杭县赵瑞璧见而心怆，初为施棺以瘗（yì）之。"当赵瑞璧感到"心有余而力不足"之时，便决定首建义社，倡"同志合力殓葬"。到了崇祯十四年，饥荒更加严重，亡者愈众，不能人人备棺，于是他们便"购席藁（gǎo），鸠畚（běn）锸俾得入土以安，竟无有暴露者然夭札死丧，秽浊之气难近，瑞璧独自督众工往来冢墓间不辍，后长子登崇祯癸未進士"④。

综上所述，明代的民间救灾，其具体方法相当丰富，而且效果良好。民间救灾与政府的劝分有区别，劝分更多的是由政府发起号召，而民间救灾更多的是地方大族受积德行善的传统文化意识形态的影响下的自发行为。对于明代的民间救灾，应当给予合理的评价，这种行为是国家官方救灾系统有益的、必要的补充。在明代初期，政府对各种事务的控制比较有效的情况

① 周孔教：《荒政议》．北京：北京古籍出版社，2003.

② 嘉庆《松江府志》卷 26.

③ 钱士升：《赐余堂集》，四库禁毁书丛书·集部 10．北京：北京出版社，2000.

④ 民国《余杭县志》卷 28，《义行传》.

下，民间救灾发挥的作用比较有限；但随着社会经济的发展，地方大族在地方上的影响力越来越大，而且官方的救灾系统中弊端不断地暴露，到明代中、后期民间救灾发挥了重要作用，甚至是主要作用。但同时民间救灾存在一些局限性。民间救灾的作用在地域上比较有限，地方大族在地域上的影响毕竟有限，他们只能在一定空间内发挥作用，这样他们的救灾活动在地域上就十分有限（邱云飞 等，2009）。

第五节　禳　灾

一、禳灾起因

（一）旱

在所有的祈禳当中，旱是最主要的一个原因。面对旱灾而进行的祈禳，其主要内容分为祈雨与祈雪。根据对明太祖、明成祖、明仁宗、明宣宗、明英宗、明宪宗、明孝宗、明武宗、明世宗、明穆宗、明神宗、明光宗、明熹宗的实录，及《崇祯长编》里明朝因旱禳灾的统计，得出了明代各位皇帝在位时因旱祈禳的次数，见表 7.3（徐芳芳，2010）。

表 7.3　明朝因旱禳灾次数

皇帝	在位时间/年	次数	皇帝	在位时间/年	次数
明太祖	31	14	明孝宗	18	9
建文帝	4	0	明武宗	16	13
明成祖	22	2	明世宗	45	52
明仁宗	1	0	明穆宗	6	2
明宣宗	10	8	明神宗	48	49
明英宗	22	22	明光宗	1 个月	0
明代宗	8	6	明熹宗	7	6
明宪宗	23	20	崇祯帝	17	14
共计	217				

从表 7.3 看出以下 3 方面。

①明朝 16 位皇帝在位时，因旱祈禳的次数高达 217 次，相对于明朝总共 277 年的历史，是非常多的，大约 78%的年份因旱祈禳，相当于每 4 年有 3 年因旱祈禳。

②皇帝在位的时间和祈禳的次数不成正比。如明成祖在位 22 年，因旱祈禳的次数却只有 2 次，除了两个在位时间特别短的皇帝——明仁宗、明光宗及没有自己实录的建文帝外，是明朝 13 位皇帝中因旱祈禳最少的皇帝。

③连郊祀也敢一拖再拖的明武宗和几十年不上朝的明神宗，因旱祈禳的次数反而不少。综合分析，这主要是由于以下原因。

一是与明政府的财政收入有关。明初，各种自然灾害频繁，但是农民出身的朱元璋建立了一系列的防灾、救灾、赈灾体系，在经济上有能力全力救济。明中期以后，国家可用于救灾的粮、款越来越少，而各种自然灾害却没有减少，国家赈济越来越困难。从明神宗开始，别说救济灾荒，就是日常开销都紧张，实录之中不断充斥着“节省”的字样（短短几十年达162次之多）。后世皇帝的实录中，“节省”字样更是多得惨不忍睹。所以，面对力不从心的政府方面的旱灾救济，后世皇帝只能更多地从思想上考虑，不断反省、修省，祈求上天原谅，尽快结束这场灾难，保持社会秩序的稳定，维护大明王朝的统治。

二是与皇帝个人的喜好有关。明朝毕竟是君主专制，君王个人的喜好对国家活动有重大影响，旱灾祈禳也一样。最不爱祈禳的明成祖，祭祀等活动对于他来说，就是宣告自己是一个仁慈的、正统的皇帝。他非常注重常规祭祀，尤其是作为帝王独行的祭天活动，他曾说：“祭祀莫大于郊。”①可是，对于各种灾害，他非常重视，但不是为了祭祀，而是为了更好地救济，以维护社会稳定，维护自己的统治。在永乐元年二月，他就命令监察御史分诣各布政司，巡视各宗水旱灾伤及军民间的利弊。可见他的统治策略相对来说比较务实。爱祭祀的皇帝，最典型的就是嘉靖皇帝，在位时间不是最长，可是因旱祈禳的次数却是最多，这还不包含其他祈祷活动。嘉靖年间，尤其是中、后期，不管大小旱灾，他都要在宫中“露祷”。有时都不算是旱灾，他也要祷。而一旦下雨，就是“应祷”，群臣就“上表贺”，嘉靖皇帝本人对此也非常受用。如嘉靖四十三年三月己未，“以入夏无雨，上亲祷于洪应雷宫，遣大臣及顺天府官祭告各宫庙”。才三月己未，就兴师动众地祷雨。结果，四月庚辰一下雨，“群臣上表贺，上悦，赐祭告各宫庙大臣金币”。② 这种祷雨活动纯属个人意志。

三是与明朝权力机构及运行机制的变化有关。明朝中、后期，皇帝不再事必躬亲，而是依靠各系统和各衙门之间的相互制衡“垂拱而治”。所以明武宗和明神宗在位期间，虽然几乎不上朝，但政府的机制却仍然能够正常运行。在这个机制下，祈禳正常进行，并没有被耽误。

（二）无雪

因冬天没有下雪，而祈求上天降雪，原因比较复杂。首先，冬天没有下雪，会造成很严重的旱灾。雪是冬天主要的降水形式之一，所以冬天不下雪的祈禳很多是为了消除旱灾。如嘉靖十八年（1539年）十一月，就明确提出“以冬旱祈雪”。其次，对来年收成的担忧。中国自古就有“瑞雪兆丰年”的说法。冬天大雪，能够把很多细菌和害虫冻死，确保来年丰收。所以一旦冬天不下雪，就意味着来年很有可能出现各种虫灾等。正如明仁宗所说“时雪不降，来年无遂，吾农奈何”③。明世宗也说“雪乃丰年之兆”④。所以在嘉靖八年（1529年）十一月，为了来年的收成，嘉靖皇帝进行了一次声势浩大的祈雪活动。最后，冬天不下雪，甚至暖冬是反常的自然现象，同样会给统治者造成重大的心理压力。根据《尚书·洪范》及明朝的思想，冬天没有下雪，肯定是君王或整个统治机构有重大过失，“上干和气”导致“时气不和”。所以，在这种情况下，明政府也会祈祷。如嘉靖六年（1527年）十一月，嘉靖皇帝就说：“冬已过半，气未凝寒，雨雪愆期，咎在朕躬。”⑤即冬天都快过去了，而应该出现的“寒”却还未出现，雨雪没有按时出现，都是我的错造成的。同样，这位皇帝因此也进行了一次专门的祈祷活动，祈求上天普降雨雪。不过，明政府因冬无雪祈禳的次数相对于旱灾不是很多（徐芳芳，2010）。

---

① 《明太宗实录》卷15.台北：台湾“中央研究院历史语言研究所”，1961.

② 《明世宗实录》卷532.台北：台湾“中央研究院历史语言研究所”，1961.

③ 《明仁宗实录》卷10.台北：台湾“中央研究院历史语言研究所”，1961.

④ 《明世宗实录》卷107.台北：台湾“中央研究院历史语言研究所”，1961.

⑤ 《明世宗实录》卷82.台北：台湾“中央研究院历史语言研究所”，1961.

二、禳灾主体

（一）官方主体是皇帝

古人认为灾异是由皇帝失德引起，是国家败亡的征兆。所以，一旦遇灾，皇帝就会非常紧张，除了物质上的赈济外，还会有大规模的思想上的祈禳。既然各种灾异是由人君失德引起，是上天对人君的警示，体现了上天对人君的仁爱，那么人君必然要有所反应，“以体上天仁爱之心”。所以，对国家影响重大的灾异，祈禳主体一般是皇帝。最典型的就是洪武七年（1374 年）的一段祷雨文。

（洪武七年五月）上以不雨，躬祀太岁风云雷雨岳镇海渎（dú）及钟山之神，天下山川京都各府城隍之神。文曰：“朕受命上帝，即位七载，民遭兵乱，未获苏息，加以转输戍守之供，其苦为甚。方今仲夏，当农民渴雨之期，予心惶惶，莫知所措，故祈诸神特降雨泽，神不我弃，为达上帝，苟有罪责，宜降朕躬，毋为民灾，神其听之。”既而大雨。①

这段祷雨文中的“受命上天”“神不我弃，为达上帝，苟有罪责，宜降朕躬”无不表明了皇帝特殊身份，当然也表达了皇帝的请求。

（二）皇帝派遣官员

在明朝，很多皇帝要么由于祭祀地方太远不方便（如各地），要么自己不愿意去，就派遣大臣代表自己去祈禳，这种情况非常多。在这种情况下，这些官员代表的就是皇帝。如宣德三年（1428 年）四月，明宣宗因为旱灾，派遣成国公朱勇代表自己去祭祀大小青龙之神。这篇祭文仍然是以皇帝口吻撰写，表明祭祀上天的仍然是皇帝。

文曰：“今夏气已届，农务正殷，自冬历春，雨泽不降，百姓嗷嗷，忧在艰食。朕为民主，夙夜靡宁，惟神早霈甘霖，遐迩沾足，庶几下土永戴神功。”

再如，正统八年四月，因为旱灾，明英宗遣官祭祀。

（正统八年四月庚子）上以久旱，遣英国公张辅祭告昊天上帝、厚土皇地祇，成国公朱勇祭告太社、太稷，礼部尚书胡濙（yíng）祭告太岁风云雷雨岳镇海渎山川之神。曰：“国本惟民，民命惟食，今春以来雨泽愆期，秋谷未登，夏麦将槁，民受其咎，责实在予祁镇。祗图自新，用祈霈泽，以苏民望，以福我国家，不胜恳切之至，谨用昭告，伏惟鉴知。”②

从这则材料可以看出，这次祈雨活动声势比较浩大，基本把能祭祀的坛庙都祭祀了。但文中的一个“遣”字表明这次的祈雨活动虽是大臣进行，实际上却是至高无上的皇帝行为，祭告文中的“予祁镇”更是证明了这一点。

（三）地方官员为主体

地方官员为一地之长，对一地的事务负责。一旦本辖区出现灾荒，祈禳的主体就是地方官员，当然不排除有的地方官在本地发生灾荒后请求皇帝派大臣来祭祀本地山川及应祀神祇的，这一般都是比较大的灾害。但是，一般都是地方官祭祀。如：

《县尹张侯祷雨有感记》（教授张贤撰）京畿迤（yǐ）南，自夏徂秋不雨，岁祲兆形，生民皇皇，

① 《明太祖实录》卷 89. 台北：台湾“中央研究院历史语言研究所”，1962.

② 《明英宗实录》卷 103. 台北：台湾“中央研究院历史语言研究所”，1961.

控诉无路。时之职郡县者，欲为民请命，俱牵制于常法，必俟守郡及当道者移文，然后举事。临城尹张侯独曰："此吾牧民者不职所致，生民何罪？罹此旱灾，岂可坐视悠悠，而不之恤乎？"

即于七月十三日辛巳，斋沐，易□者省躬思咎。又谓古者岁凶，则索诸鬼神，而祭之礼也。越三日，甲申，迁颛(zhuān)天祷神，词情恳至。复越三日，丙戌，四更，即率士民历祷境内神祇。旋绕殆十里，许？露草间，每五步一稽首，以扣灭且冀？①

这段材料揭示了地方有灾，按规定必须由当地地方官移文才能祈禳，也就是说，地方灾异的祈禳，是由地方官做主。

再如：

(永乐二十年六月，己亥)时广东按察佥(qiān)事梁观，亦有贤名。观，字大用，当涂人，由国子生擢吏科给事中，升四川按察佥事，改广东。观介廉平能，振励风纪，尝按事潮州，潮寇刘晓啸聚山泽，守卫官将发兵剿之。观曰："民穷不得已为盗，以兵临之，则杀戮必多，盍(hé)使之改过。"遂传檄谕以祸福，晓感悟，即率众来归，一乡之人遂免兵祸。潮大旱，观斋洁祷神，雨立至，沾足。无几，观以疾卒于潮。潮人为发哀备礼敛葬，肖其像祀之昌黎伯之祠。②

这段文字中，广东潮州大旱，广东按察佥事梁观斋戒沐浴后向神祈祷雨泽，消除旱灾，并很快灵验。

相同的记载还广泛存在于地方志中。如《嘉靖延平府志·艺文志》③记载：

叶宜，正统间由进士任卫辉府知府。一日，蝗为民患，宜斋沐祷于城隍祠。后数日，忽有群鸟飞而食之，蝗尽，而鸟死。宜命妆其鸟以米，易之，穿地为大穴，封而葬之焉，自为文以祭，号百鸟冢。其后，凡遇蝗灾祭其冢则自息。

在这段记载中，卫辉府知府叶宜因蝗灾而祈禳，引来众鸟吃光蝗虫。虽然最后那句话的可信程度不高，但是叶宜因本地蝗灾而祭祀祈禳这件事是不争的事实(徐芳芳，2010)。

三、禳灾客体

明朝的禳灾客体，官方的祈禳对象就来自于祭祀体系。除了常规大祀、中祀、小祀对象外，还有很多神仙之类的。而这些神仙都被列入国家祀典。因为洪武元年(1368年)九月，朱元璋就命中书省下郡县访求应祀神祇名山大川圣帝明王忠臣烈士，"凡有功于国家及惠爱在民者具实以闻，著于祀典，令有司岁时致祭"④，其他不在祀典的，官方不能祭祀。

明朝禳灾的客体，与各种灾异的对应性不强，甚至可以说是比较混乱。如常规的祭祀对象天地、山川、社稷、风云雷雨坛、太庙、岳镇海渎、钟山、都城隍、护国、济民、神应龙王之神、太岁之神及东岳庙等，是所有灾异的主要祈禳对象。有时灾异非常严重，明朝政府就干脆把所有的祈禳对象都给祭祀一遍，俗称"遍祷"，这给人以一种病急乱投医的感觉。但是某个阶段、某个方面的灾异会有相对固定的祭祀对象，如明宣宗遇旱就喜欢祭祀大小青龙之神，但到弘治就被罢免了。而民间的禳灾对象则特别复杂，内容也非常丰富。

---

①③ 天一阁明代方志选刊.上海：上海古籍书店，1981.

② 《明太宗实录》卷250.台北：台湾"中央研究院历史语言研究所"，1961.

④ 《明太祖实录》卷35.台北：台湾"中央研究院历史语言研究所"，1962.

明朝官方对祭祀有严格要求，什么事情祭祀什么对象都有严格规定。据《明史·礼志》记载："凡营造宫室，及命将出师，岁时旱潦，祭告天地、山川、太庙、社稷、后土。"也就是说，天地、山川、太庙、社稷等，既是常规的祭祀对象，也是国家有灾异时的重要祈祷对象。"凡天子所亲祀者，天地、宗庙、社稷、山川。若国有大事，则命官祭告。"[①]这4个常规祭祀是皇帝亲自进行，如果国家有重大事务，则皇帝可以遣官代祭(徐芳芳，2010)。

(一)天地

洪武元年(1368年)，分祭天地于南、北郊。冬至则祀昊天上帝于圜(huán)丘，以大明、夜明、星辰、太岁从祀。夏至则祀皇地祇于方丘，以五岳、五镇、四渎从祀。洪武三年，增祀风云雷雨于圜丘，天下山川之神于方丘。洪武七年增设天下神祇坛于南、北郊。洪武十年，合祀天地。嘉靖九年再次分祀天地。可以说，祭祀天地是明朝的一个重要祭祀活动，也是表明皇帝天子身份的宣告活动。

(二)社稷

社，指土地之神。稷，指谷神。社稷，在后来就用来代指国家。洪武元年(1368年)二月，制定社稷祭祀礼仪，规定皇帝必须亲自祭祀。洪武元年正月，朱元璋就亲自祭祀社稷坛，十二月就颁布社稷坛规制于天下。所以明朝的时候，祭祀社稷，从京师到王国，到各府、州、县都有。明初建太社在东，配以后社；太稷在西，配以后稷。坛皆北向。朱元璋没有在社稷坛上面建屋子，只在旁边建了祭殿五间、拜殿五间，以备风雨时祭祀所用。洪武十年(1378年)，合祀社稷为一坛，并改以仁祖配祀，建文帝时加太祖配祀。嘉靖九年(1530年)，仍以句龙配太社，以后稷配太稷。

(三)太庙

和历代一样，明朝皇帝也祭祀自己的祖先，并作为祭祀的主要对象。朱元璋追封自己的高祖、曾祖、祖、考四代分别为玄皇帝(庙号德祖)、恒皇帝(懿祖)、裕皇帝(庙号熙祖)、淳皇帝(仁祖)。明初，建四亲庙于宫城东南，各为一庙。皇高祖居中，皇曾祖东第一，皇祖西第一，皇考东第二，皆南向。每庙中室奉神主。洪武八年改建太庙，中室奉德祖，东一室奉懿祖，西一室奉熙祖，东二室奉仁祖，皆南向。后明成祖迁都，在北京建太庙，与南京同。

(四)风云雷雨山川与岳镇海渎

对风云雷雨山川与岳镇海渎的祭祀也由来已久。风云雷雨等属于自然气象，但是古代人对这些自然气象无法进行科学地解释，对它们充满了敬畏之意。后来随着农业的发展，古人又发现这些无法解释的自然现象，对"国本"农业的发展有重要的决定性影响，对风云雷雨的祭祀也就上升到了国家的高度，以祈祷风调雨顺。在明朝，对风云雷雨的祭祀属于中祀。

洪武三年(1370年)，增祀风云雷雨于圜丘、天下山川之神于方丘。洪武十二年(1380年)，命官分献日月、星辰、岳镇、海渎、山川诸神凡一十四坛。洪武二十一年(1389年)，又增修坛壝(wéi)于大祀殿丹墀内，东、西相向建坛，为日、月、星、辰四坛。又于内壝之外以次建坛二十，亦东、西相向，为五岳、五镇、四海、四渎、风云雷雨、山川、太岁、天下神祇、历代帝王诸坛，同时取消了历代帝王及太岁、风云雷雨、岳镇、海渎、山川、月将、城隍诸神的春祭，只是每年的八月中旬于山川坛及帝王庙祭祀。永乐年间，在北京也建立了与南京相同的山川坛，唯一不同的是在正殿钟山之右添祭天寿山之神。

---

① 张廷玉:《明史·礼志》.杭州:浙江古籍出版社,1998.

这几个特殊的祭祀对象，在国家有灾异时为主要的祈祷对象。而在国家有灾异的情况下派遣官员祭告它们，有很大的祈禳性质。“实录”有部分的祈祷记录中包括皇帝的祭祀文告，从中可以很清楚地看出祈祷消灾的意思。如：

（正统八年四月庚子）上以久旱，遣英国公张辅祭告昊天上帝、厚土皇地祇，成国公朱勇祭告太社、太稷，礼部尚书胡濙祭告太岁、风云、雷雨、岳镇、海渎、山川之神。曰：“国本惟民，民命惟食，今春以来，雨泽愆期，秋谷未登，夏麦将槁，民受其咎，责实在予，祁镇祇图自新，用祈霈泽，以苏民望，以福我国家，不胜恳切之至，谨用昭告，伏惟鉴知。”①

这段记载不但表明了明朝各种灾异的祭祀对象非常杂乱，还表明灾异发生国有大事时对它们的祭告，其实就是祈禳，“用祈霈泽”就是祈祷上天赶快下雨的意思（徐芳芳，2010）。

四、官方禳灾方式

据《礼部志稿·祠祭司之职掌》记载：“国家凡遇水旱灾伤及非常变异，或躬祷，或露告于宫中于奉天殿陛，或遣官祭告郊庙陵寝及社稷山川，无常仪。”也就是说，国家的祈禳并没有固定的仪式。那么，明朝的官方禳灾祭祀仪式到底是怎样的呢？《明会典》《明史》等史料中都有部分记载，从中可以看出明朝祈禳祭祀的大概情况。现将各种记载总结如下（徐芳芳 2010）。

（一）祭祀

1. 祈雨

关于祈雨仪式，《明史》记载了几则关于朱元璋的简单祈雨仪式：

洪武二年，太祖以春久不雨，祈告诸神祇。中设风云雷雨、岳、镇、海、渎，凡五坛。东设钟山、两淮、江西、两广、海南北、山东、燕南燕蓟山川、旗纛（dào）诸神，凡七坛。西设江东、两浙、福建、湖广荆襄、河南北、河东、华州山川、京都城隍，凡六坛。中五坛奠帛。初献，帝亲行礼，两庑命官分献。

三年夏，旱。六月朔，帝素服草履，步祷于山川坛。藁（gǎo）席露坐，尽曝于日，夜卧于地，凡三日。

六年，从礼部尚书牛谅言，太岁诸神，春祈秋报，凡十五坛。中，太岁、风云雷雨、五岳、五镇、四海。东，四渎、京畿山川，春秋二季月将、京都各府城隍。西，钟山、甘肃山川，夏冬二季月将，旗纛战船等神，各五坛。时甘肃新附，故附其山川之祭于京师。其亲祀之仪与祭告同。②

这几则记载非常简单，除了第二则有比较详细的过程外，其他的都没有，只是说明了明代祈报的对象排列。但是从这些记载仍可以看出，明初祈禳规模很大，也非常正规。

嘉靖年间（1522—1566年），关于嘉靖皇帝祈雨情况的记载，又更详细。这可能和嘉靖皇帝专研礼制有关：

嘉靖八年（1529年），春祈雨冬祈雪，皆御制祝文，躬诣南郊，祠皇天后土，遂躬祠山川神祇于山川坛，次日祠社稷坛，冠服浅色，卤薄不设，驰道不除，皆不设配，不奏乐。后建崇雩坛，始定雩祀之仪。

① 《明英宗实录》卷103. 台北：台湾“中央研究院历史语言研究所”，1961.

② 张廷玉：《明史》. 礼志. 杭州：浙江古籍出版社，1998.

十七年躬祷雨于崇雩坛，青服，用一牛以熟荐，具礼乐，与雩祀同，亦不设配。①

关于嘉靖皇帝在嘉靖八年的祭祀仪式，据这段材料可以理解为在常规祭祀的基础上，“皆御制祝文，躬诣南郊，祠皇天后土，遂躬祠山川神祇于山川坛，次日祠社稷坛，冠服浅色，卤薄不设，驰道不除，皆不设配，不奏乐”。

到了嘉靖十一年（1532 年），就专门制定了雩祀仪式。雩祀仪式应该是常规的祭祀仪式，但是在记载中有这样一段话：“岁旱则于季春之末，礼部奏请行礼。”即在旱灾发生的时候，在礼部的奏请之下，要在季春举行雩祀仪式，祈祷雨泽。所以，我们可以把雩祀看作是祈禳仪式。该仪式的内容如下：

前期四日，太常寺奏祭祀如常仪，谕百官致斋三日。前期二日，太常卿同光禄卿奏省牲如常仪。次日，复命。前期一日，上亲填祝版於文华殿，遂告於庙，如祈谷之仪。陈设（与祈谷同）。正祭。是日，上乘舆至昭亨门西，降舆过门东，乘舆，导引官导上至帷幕内，具祭服出，导引官导至坛门内。内赞对引官导上至拜位，行礼如祈谷之仪。礼毕，上至帷幕内易服驾还，诣庙参拜，回宫。

祝文（临时撰用）。

乐章《迎帝神中和之曲》：於穆上帝，爰（yuán）处瑶宫，咨尔黎庶，覆悯曷（hé）穷，旗幢戾（lì）委蛇，云龙霖泽，斯溥万宝有终。奠玉帛，《肃和之曲》：神之格思，奠兹文纁（xūn），盛乐斯举，香气氤氲（yīn yūn），精禋孔熯，彻于紫冥，恳祈膏泽，渥我嘉生。《进俎（zǔ）咸和之曲》：百川委润，名山出云，愆旸孔炽，膏泽斯屯，祈年于天，载牲于俎，神之格思，报以甘雨。

初献《寿和之曲》：有严崇祀，日吉时良，酌彼罍（léi）洗，椒馨（xīn）苾香，玄功溥济，时雨时旸，惟神是听，绥以多穰。亚献《景和之曲》：皇皇禋祀，孔惠孔明，瞻仰来歆（xīn），拜首钦承，有醴维醽（líng），有酒维清，云韶侑献，肃雍和鸣，圣灵有赫，鉴享精诚。终献《永和之曲》：灵承无斁（yì），骏奔有容，嘉玉以陈，酌鬯（chàng）以供，礼三再称，诚一以从，备物致志，申荐弥恭，神昭景贶（kuàng），佑我耕农。彻（通“撤“）馔《凝和之曲》：有赫旱暵，民劳瘁斯，于牲于醴，载舞载诗，礼成三献，敬彻不迟，神之听之，雨我公私。送帝神《清和之曲》：爰迪寅清，昭事颢（hào）穹，仰祈甘雨，惠我三农。既歆既格，言归太空，式沾下土，万方其同。望燎《太和之曲》：赤龙旋驭，礼洽乐成，燔燎既举，昭假精禋（yīn），维帝降康，雨施云行，登我黍稌（tú），溥受厥明。《云门之曲》（祭毕使道童群歌之）：景龙精兮，时见鹑（chún）纬兮，宵悬肆广乐兮，铿訇（hōng）列皇舞兮，蹁跹祈方社兮，不莫荐圭璧兮，孔虔需密云兮，六漠霈甘澍（shù）兮，九玄慰我农兮，既渥（wò）锡明昭兮，有年。②

从这个详细的祭祀仪式，可以想象当时的规模之大、气氛之严肃，这绝不是从实录那寥寥几个字中想象的派几个人去烧几炷香的祈禳。从这个记载及嘉靖八年（1529 年）的记载，可以窥见当时祈禳仪式的大致情景：先期礼部或太常寺官员奏请，批准后相关人员斋戒、省牲，告于庙，正式祭祀，中间有拜有唱，就是唱的曲及其先后秩序也有严格规定。但是往往每一次的祈禳，祈禳的对象非常多，如洪武七年五月祈雨的对象为“太岁、风云、雷雨、岳镇、海渎及钟山之神，天下山川京都各府城隍之神”，其祈禳的规模和仪式恐怕不是我们所能想象的。

2. 步祷仪式

①② 俞汝楫：《礼部志稿》卷 26，祠祭司职掌，四库全书版.

步祷，目的多样，但是大部分为祈雨。关于步祷，光从字面上理解，应该是皇帝步行去祈禳，其仪式应该不会很复杂。的确，据《明史》记载，洪武三年（1370 年）夏，旱。六月一日，"帝素服草履，步祷于山川坛。藁（gǎo）席露坐，尽曝于日，夜卧于地，凡三日"①。这是各种史料中目前所能找到的最早的明朝步祷仪式的记载。这个记载虽然寥寥几十个字，却把朱元璋步祷的简单过程做了介绍：皇帝穿着本色衣服和草鞋，步行到山川坛，坐在草席上，白天在太阳底下晒着，晚上则睡在地上。这样祈祷了 3 天。

明初的这个步祷仪式，和后期的步祷仪式相比就显得有点简单了。万历十三年（1585年），"上亲祷郊坛，却辇（niǎn）步行"，也因此有了专门的步祷仪式。这个步祷仪式应该是从一直以来的步祷实践中总结综合而来的：

万历十三年步祷仪：前期一日，上具青服以躬诣南郊祈祷，预告于奉天殿，行礼如常仪。前期一日，太常寺进祝版，上亲填御名讫，太常寺博士捧出，安舆亭内，抬至南郊神库奉安。太常寺预设酒果脯醢（hǎi）香帛于圜（huán）丘，牛一熟荐，设上拜位于坛壝（wéi），于正中。锦衣卫设随朝驾，不除道。正祭，是日免朝，昧爽，上具青服御皇极门，太常寺官跪奏请圣驾诣圜丘。上起步，行护驾侍卫并导驾侍班翰林、科、道等官如常仪，百官各青衣角带，恭候于大明门外。内阁礼部、太常寺近前，其余文东武西，各照常朝班行序立，驾至，鱼贯前导，卑者在前，崇者在后，缘道两旁离御路稍远，文武两班就中，又各自为对，至昭亨门照前序立候驾。监礼御史等官如常仪，鸿胪寺仍委序班十余员，整肃班行，不许喧哗越次。驾至昭亨门，导引官导上至左棂（líng）星门外幕次少憩。礼部尚书侍郎、太常寺卿少卿跪奏诣坛位，内赞对引官导上行，典仪唱，执事官各司其事，内赞奏就位，上至拜位，典仪唱，迎神。内赞奏升坛，导上至香案前，奏跪奏上香，上三上香讫，奏复位，奏四拜。（传赞百官同）典仪唱，奠帛，行初献礼。内赞奏升坛，导上至神御前，奏献帛，讫奏献爵，讫奏诣读祝位，奏跪（传赞百官皆跪），赞读祝讫，奏俯伏，兴平身。（传赞百官同）奏复位，典仪唱，行亚献礼，内赞奏升坛，导上至神御前，奏献爵，讫奏复位，典仪唱。行终献礼（仪同亚献）。典仪唱，送神，内赞奏四拜（仪传赞百官同），典仪唱，读祝官捧祝进帛，官捧帛各诣燎位，内赞奏礼毕，导引官导上至幕次少憩，上还仍诣奉先殿，参谒如常仪。②

从这个仪式可以看出，步祷仪其实和常规的祭祀在步骤上没有很大的区别，也是非常隆重、复杂。所以在明朝的祈禳诏书中，有很多的"礼部具仪以闻"，其繁杂程度由此可见一斑。

从这两个专门的祈禳仪式记录可以看出，所谓的祈禳仪式和常规的祭祀仪式的异同有以下几方面。①除了在音乐、某些陈设上有区别外，其大致的步骤相同，如前期祭告、三献礼等。因为毕竟它们的祭祀对象一样，只不过祈禳仪式是常规祭祀外的目的性更强的祭祀仪式。②常规祭祀的祝文固定，而祈禳的祝文基本每次都不一样。除了雩祀的祝文是嘉靖皇帝御制的，在这之前每次的祝文都是新作。如宣德七年（1432 年）三月祈雨于大小青龙之神的祝文："今春已暮，农务方兴，而雨泽未降，穀种未下，宿麦不滋，朕为生民之主，夙夜在怀，特用祭告，惟神明彰感通，早霈甘澍，以慰民望。"③宣德八年（1433 年）三月，同样祈雨于大小青龙之神，其祝文却是："食者，民之命。农者，食之源。迄今不雨，已三阅月，穀种未下，宿麦悴枯，春候将终，

① 张廷玉：《明史》，礼志. 杭州：浙江古籍出版社，1998.

② 俞汝楫：《礼部志稿》，卷 26，祠祭司职掌，四库全书版.

③ 《明宣宗实录》卷 88. 台北：台湾"中央研究院历史语言研究所"，1962.

暵风未巳，暾暾远尔，何以资生？肆在朕心，靡遑夙夜，惟神职司云雨，祀著典常，早霈甘霖，洽于四野，用作丰稔，粒我生民。”①同样是祭祀大小青龙之神，同样是祈雨，但是祝文内容却差别很大。这样的例子在明朝的有关记载中很多。

（二）修省、禁屠宰

1. 修省和求直言

明朝君臣认为，灾异是由君主的某些不德引起，而大臣作为君主的辅助，同样大臣的某些不德也会造成灾异，所以一旦灾异发生，除了到各宫庙祈禳外，还要修省。所谓修省，就是修身反省，主要是指帝王或王公大臣在灾异来临后，提高修养，并承认错误，向上天反省，以取得上天的谅解，消除灾祸。根据《明实录》记载，一般的修省就是各衙门反省本部门的工作有没有做错的地方，有就要立即改正，尤其是刑部，要查明有没有冤狱——这最容易导致灾异（就像《窦娥冤》），有就要立即纠正……而求直言，就是皇帝要求大臣直言目前朝廷存在的问题，因为很有可能就是这些问题导致灾异，以便皇帝改进。总体说来，即“政事未善，刑罚失中，可更张者，并有惠利，可兴举冤抑，可伸理者”，都要向皇帝直言，让皇帝知道并改正，以“仰答天心，致休徵之应”。

2. 禁屠宰等

禁屠宰、斋戒、青衣角带等，在一些后果比较严重的灾异的祈禳中都会出现。可是，这 3 个仪式，按明朝的礼仪，是在国家级的祭祀中才能出现。在灾异的祈禳中出现，说明灾异的严重或给明朝君臣带来的心理恐惧感很大，也更能说明明朝对灾异祈禳的重视。

①国有大事，都要禁屠宰，“以体上天仁爱之心”。这点非常重要，在各种常规祭祀的仪注中，都有“禁屠宰”的内容，一旦违反，不管是什么原因，都不会有好下场如下：

（洪武元年八月）时天旱，善长等方议祷于神，而诛彬之报适至。善长曰：“今欲祷雨，可杀人乎？”基怒曰：“杀李彬天必雨。”遂斩彬。善长衔之，及上还，怨基者多诉于上前，善长亦言基专恣，语颇切。上皆不听，会基有妻丧，因请告归，上许之。②

在祈禳之期，不顾众人反对，强行杀人（似乎的确不是什么好人），刘伯温给朱元璋留下了不好的印象。虽然当时朱元璋没有说什么，但是当他以妻子死了请求辞官回家的时候，朱元璋答应了。这则材料把刘伯温辞官的原因虽然说得过于简单，但是不能排除这是一个比较重要的原因。

②关于斋戒，明朝有专门的规定。正如《明史》所记载：“戒者，禁止其外。斋者，整齐其内。沐浴更衣，出宿外舍，不饮酒，不茹荤，不问疾，不吊丧，不听乐，不理刑名，此则戒也。专一其心，严畏谨慎，苟有所思，即思所祭之神，如在其上，如在其左右，精白一诚，无须臾间，此则斋也。”按明朝礼仪，大祀也才斋戒三天。洪武四年改为天子亲自祭祀就斋戒五日，遣官祭祀就斋戒三日。而在因灾异而祈禳的诏书中，斋戒都是三天，可见祈禳的级别之高、之重要。如成化四年四月，成化皇帝就因为“天久不雨，兼以连日风霾”③，致斋三日，禁屠宰三日。

关于斋戒，有一个东西必须介绍：铜人。洪武三年（1370 年），朱元璋命礼部铸一铜人。这个铜人高一尺五寸，手执象牙简，斋戒的时候就在上面写上斋戒的天数。

洪武六年，建陪祀官斋房于北郊斋宫之西南，因此再次定斋戒礼仪：

① 《明宣宗实录》卷 100. 台北：台湾“中央研究院历史语言研究所”，1962.

② 《明太祖实录》卷 34. 台北：台湾“中央研究院历史语言研究所”，1962.

③ 《明宪宗实录》卷 53. 台北：台湾“中央研究院历史语言研究所”，1961.

凡祭天地，正祭前五日午后，沐浴更衣，处外室。次早，百官于奉天门观誓戒牌。次日，告仁祖庙，退处斋宫，致斋三日。享宗庙，正祭前四日午后，沐浴更衣，处外室。次日为始，致斋三日。祭社稷、朝日、夕月、周天星辰、太岁、风云雷雨、岳镇海渎、山川等神，致斋二日，如前仪。凡传制降香，遣官代祀，先一日沐浴更衣，处外室。次日遣官。①

洪武七年再次制定斋戒仪式：

凡大祀前期四日，太常卿至天下神祇坛奠告，中书丞相诣京师城隍庙发咨。次日，皇帝诣仁祖庙请配享。

洪武二十一年再次修改：

斋戒前二日，太常司官宿于本司。次日，奏请致斋。又次日，进铜人，传制谕文武百官斋戒。是日，礼部太常司官檄城隍神，遍请天下当祀神神祇，仍于各庙焚香三日。②

比较重要的斋戒之前，还有誓戒仪式。洪武十六年定传制誓戒仪：

凡大祀前三日，百官诣阙，如大朝仪，传制官宣制云："某年月日，祀于某所，尔文武百官，自某日为始，致斋三日，当敬慎之。"传制讫，四拜，奏礼毕。斋之日，御史检视各官于斋次。③

之后，斋戒仪式又多有变更，就不再详述了。

③青衣角带。是明朝遇国丧时的衣着要求，是丧服的组成部分。在明朝，比较大的灾异，或对皇帝造成比较重大影响的灾异，除了前面的斋戒、禁屠宰外，还会要求百官青衣角带。可见，灾异，在明朝其级别最高可达到国丧的程度。如：万历元年（1573 年）四月，万历皇帝就因为"雨泽愆期""于宫中竭诚致祷，仍令百官青衣角带，着实修省，停刑禁屠如例"④。青衣角带祈禳的事例不是很多，毕竟最高级别的祈禳不会经常出现（徐芳芳，2010）。

总之，明朝的官方祈禳，是规模宏大的政府行为，对当时的社会和政治、经济等产生了很大的影响，也深刻地影响着后世社会。明朝官方禳灾是中国古代禳灾的组成部分，这种遇灾祈禳的思想和行为在现代社会看来难以理解，也无用（徐芳芳，2010）。

第六节　灾害救助过程中的弊端

明代的灾害救助体制比较完善，在实施过程中取得的成绩值得肯定，在大部分的时间内比较有效地安置了灾民，帮助灾民度过饥荒，重新组建家园以及恢复农业生产，促进了社会的稳定，有助于政权的巩固。但是，明代灾害救助过程中也存在相当多的弊端，这些都制约着灾害救助的实效（邱云飞 等，2009）。

一、政治体制

政治体制方面的漏洞主要体现在中央和地方的关系上。中国古代的封建主义中央集权制随着社会的发展不断加强，至明代虽未发展到顶峰，但也到了前所未有的高度。在封建主义中

①②③　张廷玉：《明史·礼志》. 杭州：浙江古籍出版社，1998.

④　《明神宗实录》卷 12. 台北：台湾"中央研究院历史语言研究所"，1961.

央集权制下，一切权利都收归中央，皇帝是最高主宰，有对一切事务做出最后决定的权力，各地方在行政上没有一点自主权。这种体制在救灾过程中也体现得比较明显。

首先，是明代救灾程序复杂、繁琐。以报灾与勘灾为例，明代报灾与勘灾的程序虽有严格的制度，但过于繁杂的手续却大大降低了救荒工作的效率。报灾是先由地方官上报中央户部，勘灾分两级，灾害发生时，当地地方官员先行勘灾，将灾伤情况上报户部，然后再由户部派遣官员前往灾害发生地进行核实而且对勘灾也有严格明确规定，洪武二十六年(1393 年)，定："凡各处田禾遇有水旱灾伤，所在官司踏勘明白，具实奏闻。仍申合于上司，转达户部立案，具奏。差官前往灾所覆勘事实，将被灾人户姓名、田地顷亩、该征税粮数目造册缴报本部立案，开写灾伤缘由具奏。"①这一过程往往需要耽误很长时间，但是："凶荒之民，枵(xiāo)腹以待哺，如涸辙之鲋(fù)，望斗升水于旦夕，犹不足以救。而被文书往复，动经数月半年，岂其所堪哉?"②复杂的审批程序也给各级官吏营私舞弊提供了机会，以勘灾为例，"官长踏荒……舟车所至，攀拥叫号，里排总甲，有伺候之费，有送迎之费，有造册之费，有愚民买荒之费……""得钱做荒，出钱买荒，其弊种种不一"③。报灾与勘灾如此繁琐，经常会耽误救灾措施的实行，以蠲免为例，本年度出现灾情，应征之钱银，往往得等到下一年或几年后才能得到朝廷命令蠲免。如景泰元年(1450 年)陕西肃州卫出现旱灾，直到第二年六月应征的钱粮才得到蠲免④。而南京周围的水军左卫等三十二卫弘治九年(1496 年)发生旱灾，应征的钱粮直到弘治十二年(1499 年)才得到蠲免⑤。之所以出现这种情况是救灾程序的复杂，说到底还是封建主义中央集权制在作怪，地方政府没有自主权，地方的一切重大事务都必须上报中央，中央对地方的一切事务都拥有决定权，这样往往就会错过处理事务的最佳时机。

其次，明代动用仓储对受灾地区进行赈济必须奏请皇帝审批，这是中央对地方加强经济控制的一种表现。如洪武十五年(1382 年)，苏州府嘉定县民饥，朱元璋命"发官廪米二万八千一百二十石贷之"⑥。洪武二十六年(1393 年)，湖广德安府孝感县民饥，地方官奏请将该预备仓粮一万一千万石贷民。明太祖为此降旨说："朕尝捐内帑之资，令天下人民来粟以储，正欲备荒歉以济饥民也。若岁荒民饥，必候奏请，道途往返远者，动则数月，则民之饥死者多尔。尔户部即谕天下，有司自今，凡遇岁饥，则先发仓廪以贷民，然后奏闻，著为令。"⑦从此，凡遇灾荒地方官虽然可以先发仓储给贷，而后奏闻，但在大多数情况下地方官须动用仓储时还是需要先请示，而一些有作为的官员，在重灾之时敢于挺身而出，以身家性命做担保，未请示而擅自开仓救民，如洪武朝之费振、景泰朝之王兹等，他们往往受到当朝皇帝的嘉奖。景泰时(1450—1456 年)"徐淮大饥，民死者相枕藉"，且"山东、河南流民猝至"，代宗获悉，惊曰："奈何！百姓其饥死矣。"后得王竑(hóng)奏：已"大发广运官储赈之，全活数百万人"。乃大言曰："好御史！不然饥死我百姓矣。"⑧(邱云飞 等，2009)

---

① 徐溥：《明会典》卷 19，《文渊阁四库全书》617 册. 台北：台湾商务印书馆，1986.

② 陈子龙：《明经世文编》卷 127，《何文简奏疏，陈万言以俾修省疏》. 北京：中华书局，1962.

③ 陈梦雷：《古今图书集成 · 食货典》卷 110. 济南：齐鲁书社，2006.

④ 《明英宗实录》卷 205，《景泰二年六月壬申》. 台北：台湾"中央研究院历史语言研究所"，1962.

⑤ 《明孝宗实录》卷 157，《弘治十二年十二月辛亥》. 台北：台湾"中央研究院历史语言研究所"，1962.

⑥ 《明太祖实录》卷 147，《洪武十五年八月辛巳》. 台北：台湾"中央研究院历史语言研究所"，1962.

⑦ 《明太祖实录》卷 227，《洪武二十六年四月乙亥》. 台北：台湾"中央研究院历史语言研究所"，1962.

⑧ 秦蕙田：《五礼通考》卷 247，《文渊阁四库全书》142 册. 台北：台湾商务印书馆，1986.

二、救灾官员

救灾是一项涉及面广、卷入人员多、持续时间长的系统工作，不仅需要有足够的物资作为保障，更为重要的是需要各级官吏的尽心竭力。有责任心的官员对救灾竭尽全力、公正、廉明，但是也不乏贪污腐败、趁火打劫之徒，这就给救灾工作设置了障碍，在明代救灾工作的实施过程中，无论是防灾措施或是报灾、勘灾、救灾过程中都暴露出许多的腐败问题。

首先，防灾的仓储日常管理问题重重。“洪武初，令天下县分，各立预备四仓，官为籴谷收储，以备赈济，就择本地年高笃实民人管理。”①预备仓曾经在明代的防灾、救灾中发挥过十分重要的作用，但随着社会的发展，明代仓储遭到严重的破坏，有甚者：“官仓储谷，十处九空，甚者谷既全无，仓亦无存矣。”②正统二年（1437 年）五月，行在户部奏称：“各府、县洪武时俱设预备仓粮，随时散敛以济贫民，实为良法。近岁有司视为泛常，仓廪颓塌而不葺（qì），粮米逋负而不征。”致使“凶岁缺食”③。

其次，各地仓储管理官员经常私自将储粮变卖，任意侵挪。如宣德三年（1428 年），行在户科给事中宋征指出：“洪武中所采郡、县预备仓谷，岁歉则散，秋熟则还。数年来有司官吏与守仓之民，或假为己有，或私借与人，俱不还官，仓廪颓废。”④大学士杨士奇对此痛心疾首：“洪武年间所置预备仓粮，多由州、县不得其人，视为泛常，全不留意，以致土豪奸民盗用谷粟，捏作死绝逃亡人户，借用虚写簿籍为照。是以仓无颗粒之储，甚至拆毁仓屋，间遇饥荒，民无所赖，深负祖宗仁民之心。”⑤

再次，在报灾、勘灾过程中问题也相当多。在报灾过程中，有些官员往往匿灾不报或虚报灾情。灾害发生后，有些地方官员匿灾不报、坐视民患的事件屡屡发生。如洪武二十一年（1388 年），山东青州府民饥，“有司不以闻”⑥。这种行为带来的结果必定是延误放赈时间、加重灾荒的危害，许多灾民因不能及时救济，或饿死、冻死，或流离失所。为此朝廷曾谕令：“各处遇有水旱灾伤，所司即便从实奏报，以凭宽恤。毋得欺隐，坐视民患。”⑦但这种状况丝毫没有改变，类似事件还是层出不穷。永乐五年（1407 年），河南郡、县旱涝，“有司匿不以闻，甚至有言风调雨顺、禾稼茂实者。及遣人视之，民所收十不及四五，或十不及一”⑧。

地方官员虚报灾情存在几种情况。

第一，大灾报小，以轻就重，讳饰灾情。

第二，无灾报有灾、小灾报大灾，希图蠲免。有些地方官员在境内没有灾伤时却趁着各地奏报灾伤也“附下罔上，诬稔为荒以图有免”⑨的情况并不少。成化十七年（1481 年），户部在提及这一问题时认为“四方报灾间有不实，皆由所司因循姑息之弊”⑩。那些贪官污吏打着无

① 徐溥：《明会典》卷 40，《文渊阁四库全书》617 册．台北：台湾商务印书馆，1986．
② 徐光启：《农政全书》卷 43，《备荒总论》．长沙：岳麓书社，2002．
③ 《明英宗实录》卷 30，《正统二年五月辛卯》．台北：台湾“中央研究院历史语言研究所”，1962．
④ 《明宣宗实录》卷 41，《宣德三年夏四月辛未》．台北：台湾“中央研究院历史语言研究所”，1962．
⑤ 《明英宗实录》卷 69，《正统五年七月辛丑》．台北：台湾“中央研究院历史语言研究所”，1962．
⑥ 《明太祖实录》卷 188，《洪武二十一年春正月甲午》．台北：台湾“中央研究院历史语言研究所”，1962．
⑦ 俞汝为：《荒政要览》卷 1，《诏谕》．北京：北京古籍出版社，2003．
⑧ 《明太宗实录》卷 67，《永乐五年五月辛未》．台北：台湾“中央研究院历史语言研究所”，1962．
⑨ 《明宣宗实录》卷 112，《宣德九年八月甲子》．台北：台湾“中央研究院历史语言研究所”，1962．
⑩ 《明宪宗实录》卷 220，《成化十七年十月甲辰》．台北：台湾“中央研究院历史语言研究所”，1962．

灾报有灾、小灾报大灾是为了打百姓免交或少交赋税的幌子，在国家减免赋税之后，他们却仍然催征，把应上缴国库的赋税窃为己有，有人对此评论说："隐匿埋没，妄作民欠，以冀蠲免也。财之在官者，其党则改易姓名？为解户，挪西而补东，引前而盖后。稽其数目，动踰万千，验其關单，则无一二。往往妄告遭风诡，云被盗以相掩匿。故其徒，皆视官藏为己帑，公廪为私庾，不惧不惭，恬无顾忌。"①这些行为给国家财产造成巨大损失，成化十二年(1476年)九月，户部即议："近天下有司不计国用，多妄报灾伤，概图免征，故粮饷缺乏，官军无所支给。"②

第三，在勘灾的过程中，一些不负责任的官员往往消极怠慢、拖延时日。明代救灾的各种规章颇为详尽，按规定，勘灾官员既要对整个受灾情况和收成情况做详细了解和预测，还要将受灾人户姓名、受灾顷亩及该征税粮造表入册，在明后期的勘灾报告中甚至细致到几分几厘。然而，这些规章是要依靠各级官员落实，如果所有工作按照规定来办，必定是既耗时又耗力，所以一些官员希望将大事化小、小事化了，拖过一天是一天。特别是自洪武、永乐朝之后，吏治日渐败坏，详尽的制度反而成为官员推卸责任的借口。成化六年(1470年)，山东六府并北直隶大名等三府"夏麦已全无收""虽累经报灾伤，然有司未照例覆勘，展转迟延"，从而导致"人心不安，流移道路"③。

第四，在救灾过程存在的问题更多。在具体的救灾过程中往往要接触到钱粮和其他物资，因此这一环节更容易滋生一些官员的贪污腐败问题。一些官员在灾害发生时经常是赈灾不及时或坐视不赈。地方上猝遇灾伤，应该立即赈济。但是某些官员们在办赈过程中却多有玩忽职守、不悉心办事、坐视迁延，从而贻误赈灾时机的行为。更有甚者，有些地方遭受灾害，没有救济不说，反而照样征收钱粮。

第五，一些办赈官员经常利用职务之便侵吞赈灾钱粮。这些官员把办赈视为发财的大好机会。天顺三年(1459年)，巡按山东监察御史田景旸等上奏辽东仓储为官吏侵盗者"二万三千余石"④。另外，蠲免和缓征钱粮本来是政府减轻灾民负担的一项利民措施。但一些地方官员因担心蠲免或缓征钱粮导致地方财政拖欠，不利于自己升迁，也有为了中饱私囊者，经常是一面行蠲缓之政，一面催征如故，"利民"之策往往化为"害民"之政。英宗对比曾评论说："朕即位以来，屡诏蠲逋负、轻徭役。但有司奉行弗至，抚字乖方，甚至通同豪猾恣意侵渔，以致小民产业荡然。"⑤

明代赈灾要按照灾民受灾情况划分的等级将赈济的钱粮发放给灾民。一些官员由于交通等问题，并不尽心，导致赈济不遍。官员一般在城市中放赈，而偏偏最需要受赈的乡村却因为偏远常常被忽略得不到赈济。如成化六年(1470年)，有："顺天、河间、真定、保定四府饥，皇上发太仓米粟一百万石分投赈粜，设法赈济京城之民。然则在外州、县，村落人家有四五日不举烟火，闭门困卧待尽者；有食树皮草根及困饥疫病死者；有寡妻只夫卖儿卖女卖身者。"⑥救灾中开仓放粮，其本义是救助困窘的饥民，但是在受赈的人群中受益最多的却并不多是这一群体。"发仓廪本以利民，而其弊反甚，仓舍一启，豪强骈集，里胥乡老匿贫佑富，公家之积抵以饱

① 史鉴:《西村集》卷5,《论郡政利弊书》,《文渊阁四库全书》1259册.台北:台湾商务印书馆,1986.

② 《明宪宗实录》卷157,《成化十二年九月癸卯》.台北:台湾"中央研究院历史语言研究所",1962.

③ 《明宪宗实录》卷79,《成化六年五月戊戌》.台北:台湾"中央研究院历史语言研究所",1962.

④ 《明英宗实录》卷300,《天顺三年二月丁卯》.台北:台湾"中央研究院历史语言研究所",1962.

⑤ 《明英宗实录》卷129,《正统十年五月己亥》.台北:台湾"中央研究院历史语言研究所",1962.

⑥ 《明宪宗实录》卷86,《成化六年十二月庚戌》.台北:台湾"中央研究院历史语言研究所",1962.

市井游食之徒，而野处之民曾不得见糠秕。富者连车方舆而贫者不获斗升，又乡民有入城待给者，资粮已尽，日货饼饵而卒不得，与此其少得不足偿贷，反因是等死。”①

由此可见，明代在救灾过程中存在的问题相当多，以上谈论的只是一部分。这些问题在明初还表露得不太明显，随着社会的发展，各项制度不断废弛、吏治也不断腐败，这些问题也就越来越严重，最终成为导致明王朝灭亡的重要原因之一（邱云飞 等，2009）。

三、政府针对救济过程弊端的对策

针对以上救济过程中的弊端，在政治体制方面，明代统治者是不能认识到或者认识到也不会改变。因为在中国古代社会中，封建主义中央集权制是不断向前发展的，到清朝发展到顶峰。在古代社会，要提高救灾的效率，地方政府就必须拥有足够的自主权，这是封建统治者所不能忍受的，他们不可能为了更好地救助普通穷苦大众而放弃自己对地方的控制。这是封建制度本身决定的，在当时的条件下是不可能解决的。

针对救灾官员自身存在的问题，特别是官员隐瞒灾情不上报、办赈过程中不尽其责，以及侵盗粮银等，这些给朝廷“甚为敛怨”的行为，明代政府很重视，并对这些人进行了惩戒，这样一方面可以澄清吏治，另一方面更可昭示出明廷恤民的决心，当然更大程度上是为了提醒官员恪尽职守、赈恤灾民以防变故，维护明政权的稳定。尤其是洪武和永乐两朝这点表现得极为突出。其惩戒方式主要有处死、降职或是下狱治罪。如洪武十年（1377 年），因赈济失时的户部主事赵乾被处死②。但随着社会的发展，明中期以后吏治腐败、救灾不力的情况屡有发生，而政府的惩治力度反而减弱。嘉靖八年（1529 年）三月，河南连岁旱荒，巡抚河南都御史潘埙（xūn）“牵制文移，往返驳勘，不以时允发”，民多饥死。后灾情传入朝廷，“乃诏罢埙，永不叙用”③。这些事例说明惩治力度太轻。

明代的救灾过程存在问题相当多，明政府针对这些问题的种种努力虽然能够震慑一时，但并不能扭转局面，也不可能彻底解决这些问题。在救灾这样一项十分复杂繁琐的工程中，必须建立切实有效的监督机制并以此来有效地遏制贪官贪图私利的本性。这样，配合完善的救灾制度，才能保证救灾工作的时效，提高国家的抗灾能力，以维护社会的稳定。明代就是随着社会的发展，救灾工作不断废弛，明末的大范围、长时间的自然灾害得不到政府的有效救治，从而引发大规模的农民起义并最终灭亡。旱涝等自然灾害并不可怕，关键是当时政府救灾的努力程度和实际效果（邱云飞 等，2009）。

第七节　小　结

明朝（1368—1644 年）是中国历史上最后一个由汉族统治的专制王朝，历十六帝，共 277 年。明朝前期政治清明、社会稳定、经济相对繁荣，曾有洪武之治、永乐盛世、仁宣之治。英宗后，明朝皇帝大多昏聩怠政，吏治腐败不堪，社会矛盾日益尖锐。

① 陈子龙：《明经世文编》卷 139，《何王二公集》. 北京：中华书局，1962.

② 《明太祖实录》卷 112，《洪武十年五月丙午》. 台北：台湾“中央研究院历史语言研究所”，1962.

③ 《明世宗实录》卷 99，《嘉靖八年三月壬戌》. 台北：台湾“中央研究院历史语言研究所”，1962.

明清时期是中国历史上的四个灾害群发期之一。明代处于小冰期前半段,气候总体上冷干。地震、水灾和旱灾是明代最重要的三种自然灾害。重大旱灾事件为:1483—1485 年连续干旱、1585—1590 年连续干旱、1637—1643 年连续干旱,且均为近五百年所未见。

明代对灾异的认识相对丰富,概括它们的主要认识可分为唯心主义的天人感应说和唯物主义灾异观两种。"天人感应"的学说是明代官方解释灾异的主要工具,它是当时人们认识灾异的一种主流思想,它强调的是观察自然界中的异常现象,以推论天意。它把一切历史事件牵强附会地和灾异相联系,由此引出现实的政事,天人感应成为统治者实行独裁统治和愚民政策的有力工具。明代是唯物主义思潮高涨并推进到新的理论高度的时期,在这一时期出现了以高拱最具代表性的唯物主义哲学家,高拱在对天人感应思想批判的基础上,认为一切自然灾异都是由"气"的运行导致,是不以人的意志而客观存在的。在面对自然灾异时,他提出"人定胜天"即"修人事以胜天灾"的实事求是精神,把人们的注意力从天意拉回现实,从迷信拉向实际。

明代形成了比较完备的救灾管理机构和救灾程序。另外,地方上在灾荒年份的民间自救也发展到了相当高的水平。明代负责救灾的机构具体说来分三个层面:从中央政府来说,主要是由户部负责;从地方上说则由地方各级政府负责;此外,中央特遣到地方的巡抚及巡按御史也有救灾的职责。经过地方官员的报灾、勘灾以及户部官员的复勘,中央政府了解灾情后召集有关部门进行廷议,制定关于救灾的各项政策、措施,救灾程序有以下几个阶段:报灾、廷议形成具体救灾方案与措施对受灾民众进行救治。更重要的是采取多种措施防范:仓储防灾(建立备荒仓储制度)、发展农业防灾(大力垦荒、采用农业防灾技术、种植抗灾性强的农作物品种)等。

中国古代具体的救灾措施发展到明代已经达到非常完善的程度,不仅有积极的救灾措施,还有消极的救灾措施。另外,这一时期各地的民间自救也发展到很高的程度。积极的具体救灾措施有:蠲免、赈济、缓征与带征和停征、以工代赈、劝分、安辑流民、调粟、养恤、弛禁、施粥、除盗与宽刑。消极的救灾措施,如祈雨、借助宗教等。明代民间救灾方式极为丰富,包括捐赈、平粜、借贷、施粥、施药及掩埋遗体等。明代中、后期民间救灾发挥着重要作用,但同时也存在一些局限。

明代皇帝面对旱灾经常进行祈禳活动,其主要内容分为祈雨与祈雪。重大旱灾祈禳主体一般是皇帝,或派遣大臣代表自己去祈禳。其余一般都是地方官祭祀。禳灾客体:天地、社稷、太庙、风云雷雨山川与岳镇海渎。官方禳灾方式为祭祀和修省、禁屠宰等。

明代灾害救助过程中也存在相当多的弊端,这些都制约着灾害救助的实效。政治体制方面的漏洞主要体现在中央权力过于集中;救灾程序复杂、繁琐;动用仓储对受灾地方进行赈济必须奏请皇帝审批。在救灾工作的实施过程中,无论是防灾措施或是具体的报灾、勘灾、救灾过程中都暴露出许多官员的腐败问题。

明代是中国重要的历史时期,吏治败坏与重大旱灾事件,清兵入关与李自成等农民起义爆发是明代灭亡的重要原因。

参考文献

葛全胜,等,2011. 中国历朝气候变化[M]. 北京:科学出版社.

邱云飞,孙良玉. 2009. 中国灾害通史・明代卷[M]. 郑州:郑州大学出版社.

谭其骧,1982.中国历史地图集(第七册)·元·明时期[M].北京:地图出版社.
徐芳芳,2010.明朝官方禳灾研究[D].南昌:江西师范大学.
张德二,2023.中国历史极端气候事件复原研究[M].北京:商务印书馆.

第八章

清　代

清代(1636—1912 年)是中国历史上最后一个封建专制王朝,共传十二帝,统治者为爱新觉罗氏。1616 年,活动在明边墙东的建州女真首领努尔哈赤于赫图阿拉登基,定国号金,史称后金。1636 年,皇太极改金为“大清”,改族名为“满洲”。1644 年清军入关,随即统一全国。1912 年清朝灭亡。从皇太极改国号为“大清”起,国祚 276 年。从清兵入关,建立全国性政权算起为 268 年。

清代康、雍、乾三朝走向鼎盛,在此期间,中国的传统社会取得了前所未有的发展成就,小农经济的社会生活繁荣稳定,综合国力强盛。清代耕地和人口增数创历史纪录。雍正三年(1725 年),耕地多达 890 万顷,咸丰元年(1851 年),人口达到 4.32 亿人。鸦片战争后遭列强入侵,虽进行了洋务运动和戊戌变法等近代化的探索和改革,但是国力日益衰败。1912 年 2 月 12 日,清帝溥仪逊位,清朝从此结束。

清代疆域广袤,并与周边国家进行了清晰的边界勘定,在事实和法理上奠定了当代中国国家版图的基础。乾隆中叶至道光初,清代疆域达到极致(图 8.1),西北至巴尔喀什湖和葱岭,北至漠北和外兴安岭,东北至鄂霍次克海和库页岛,东至大海并包括台湾及其附属岛屿,南达南海诸岛,西南到广西、云南、西藏(包括达拉克)。

清代处于小冰期气候期(1500—1850 年),是气候寒冷的朝代(葛全胜 等,2011)。

第一节　旱灾史实与分析

一、气候特征

清代处于小冰期气候期(1500—1850 年),可分为清前期的短暂气候寒冷期、清中前期的气候相对温暖期和清中后期的漫长气候寒冷期 3 个阶段。

17 世纪 40—90 年代气候寒冷,中国中、东部地区每 10 年约出现 4.3 个寒冬年。其中,最冷的 10 年(1650—1660 年)中、东部地区冬季温度较 1951—1980 年平均低 1.3 ℃。

清中前期的气候相对温暖期指的是 18 世纪 00—70 年代。期间最冷的年代出现在 18 世

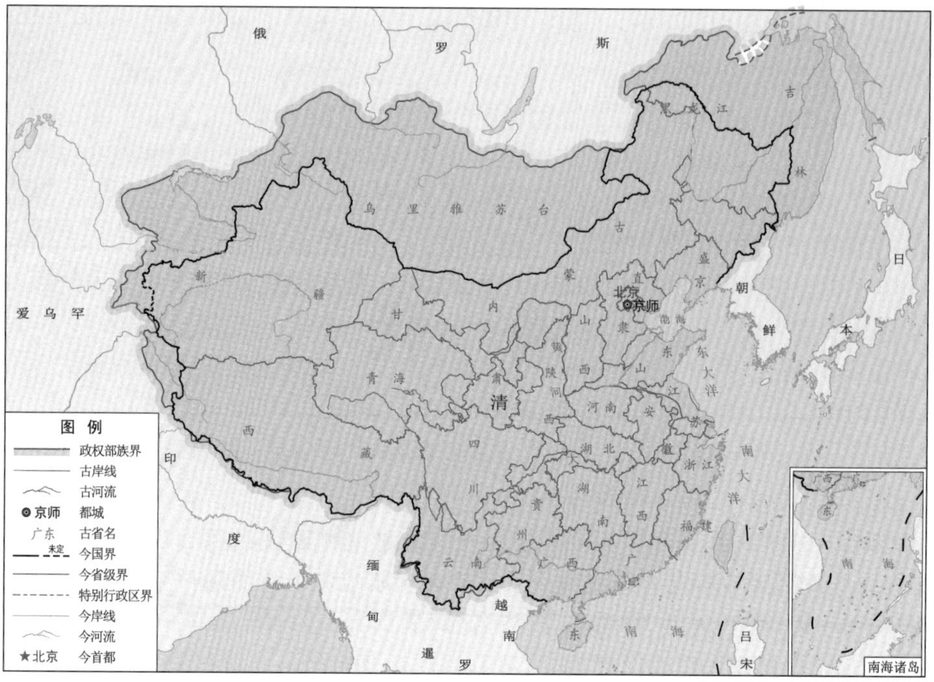

图 8.1 清嘉庆二十五年(1820 年)全图(谭其骧,1982)

纪 20 年代,中国中、东部地区冬季气温较 1951—1980 年平均低 0.2 ℃,最暖年代出现在 18 世纪 00 年代和 18 世纪 60 年代,中、东部地区冬季气温较 1951—1980 年平均高 0.3 ℃。由于气候转暖,该时段的寒冬年份仅为前一寒冷期的一半左右,每 10 年约出现 2.2 个冷冬。

18 世纪 80 年代以后直至清末,中国气候较为寒冷,特别是 19 世纪 70 年代,中国中、东部地区冬季气温较 1951—1980 年平均低 1.4 ℃,为清朝最冷的 10 年。此后,中国温度呈快速上升趋势,至 20 世纪 10 年代,东、中部地区冬季气温已与 1951—1980 年平均相近。19 世纪 70 年代—20 世纪 10 年代,中国东、中部地区冬季气温上升速率为 0.3 ℃/(10 年),因此,19 世纪 70 年代也是清代气候由冷向暖的另一个重要转折期。该冷期与 17 世纪 40—90 年代冷期均发生在 Maunder 和 Dalton 太阳活动极小期内。

总体而言,过去两千年来,清代是一个湿润的朝代。中国中、东部地区雨泽无缺,其中 1735—1770 年、1820—1850 年和 1895—1910 年均降水十分充沛;相对偏干的时段持续时间很短,仅有 1685—1695 年、1715—1725 年、1805—1815 年和 1870—1880 年(葛全胜 等,2011)。

在中国古代社会发展史上,有几个较长的时间段,表现出各种自然灾害十分严重而频繁发生的现象,这种灾害呈多发、群发而持久的趋势,被称作"灾害群发期"(宇宙期)。在中国历史中存在四大灾害群发期:夏禹宇宙期(公元前 4000 年前后)、两汉宇宙期(公元前 200 年—公元 200 年)、明清宇宙期、清末宇宙期。明清宇宙期大致相当于 1500—1700 年这一时段,清初 50 多年在此"宇宙期"内。

有文献指出:"从 4 世纪以来太阳活动最低值在 17 世纪,太阳周太阳活动最高年强度的最低值在 1693 年""彗星活动变化在 16 世纪有大峰值""我国陨石(包括流星)数量在 15—17 世纪呈现一个很显著的峰值,以 16 世纪为最高;公元前 2900 年以来九大行星会合的地心张角,其中以 1665 年的会合地心张角最小，仅 43°；北海海啸在 16—17 世纪时是一个明显高峰期。”大量事实表明，明清宇宙期内“异常自然现象”存在多样化（朱凤祥，2009）。

清初自然灾害发生非常频繁。清末宇宙期的顶峰阶段正处在 19 世纪中后期（1861—1895 年）（朱凤祥，2009）。晚清灾害频发，无年不灾，丁戊奇荒等巨灾导致百姓流离失所、死亡惨重，政府财政救济的不力加大了民心离散，成为清王朝政治风险的导火索。夏明方（1998）指出：“大约从 19 世纪初叶开始，我国各地的自然灾害即相继呈现加速度发展的态势，至三四十年代显著增加，而且愈演愈烈，大洪水、大地震、大旱灾、大瘟疫、大风、奇寒似乎不期而遇地汇聚在一起，交相并发，并在七八十年代达于极点。”“清末宇宙期”是一个时间较短的灾害群发期，但灾害造成的后果却惨绝人寰，无与伦比。晚清灾害有 3 个显著特点：第一，灾害发生频次急剧增加，持续时间显著拉长；第二，灾害的地区分布日趋扩散，成灾面积空前广大；第三，各种特大灾害继起迭至、交相并发，具有明显的多样性、群发性和整体性等周期性集中爆发的特征（夏明方，1998）。

二、旱灾史实与分析

（一）旱灾概况

清代，从全国范围来看，旱灾是仅次于水灾的严重自然灾害。依据《清史稿》统计，清代大小面积的旱灾共计 625 次。按清代 268 年的历史计算，平均每年发生旱灾 2.33 次，年均发生概率为 233%；旱灾发生的年份共计 242 年，仅有 26 个年份无旱灾发生，分别是顺治二年（1645 年），雍正九年（1731 年），乾隆二十五年（1760 年）、二十六年（1761 年）、五十五年（1790 年），嘉庆二十三年（1818 年），道光十一年（1831 年 ）、二十二年（1842 年），咸丰元年（1851 年）、三年（1853 年），光绪五年（1879 年）、七年（1881 年）、九年（1883 年）、十年（1884 年）、十四年（1888 年）、十五年（1889 年）、二十二年（1896 年）、二十三年（1897 年）、二十五年（1899 年）、二十八年（1902 年）、二十九年（1903 年）、三十年（1904 年）、三十一年（1905 年）、三十二年（1906 年），宣统二年（1910 年）、三年（1911 年）。清代旱灾发生的次数虽然没有水灾多，但是年频率也相当高，仅次于水灾。将清代 268 年分为前、中、后 3 个时期，顺治、康熙、雍正为前期（共 92 年）、乾隆、嘉庆为中期（共 85 年）、道光、咸丰、同治、光绪宣统为后期（共 91 年），则各时期的旱灾分布状况如下。

清代前期：顺治元年至雍正十三年（1644—1735 年），共计 92 年，旱灾次数为 271 次，平均每年发生将近 3 次。其中，顺治朝 18 年共计旱灾 42 次，平均每年发生 2.3 次；康熙朝 61 年共计旱灾 201 次，平均每年发生将近 3.3 次；雍正朝 13 年共计旱灾 28 次，平均每年发生将近 2.2 次。这一时期康熙朝旱灾发生相对频繁。

清代中期：乾隆元年至嘉庆二十五年（1736—1820 年），共计 85 年，旱灾次数为 205 次，平均每年发生 2.4 次。其中，乾隆朝 60 年共计旱灾 149 次，平均每年发生将近 2.5 次；嘉庆朝 25 年共计旱灾 56 次，平均每年发生 2.2 次多。乾隆朝旱灾发生的年频率略高于嘉庆朝。

清代后期：道光元年至宣统三年（1821—1911 年），共计 91 年，旱灾次数为 149 次，平均每年发生 1.6 次。其中，道光朝 30 年共计旱灾 62 次，平均每年发生 2.06 次；咸丰朝 11 年共计旱灾 26 次，平均每年发生将近 2.4 次；同治朝 13 年共计旱灾 25 次，平均每年发生 1.9 次；光绪朝 34 年共计旱灾 35 次，平均每年发生 1.02 次；宣统朝 3 年仅有 1 次旱灾记录。则此时期咸丰朝旱灾发生的年频率相对较高，光绪朝和宣统朝相对较低。清代各朝旱灾分布状况详见表 8.1。

表 8.1　清代各朝旱灾分布及年平均发生率(朱凤祥,2009)

	帝王									
	顺治	康熙	雍正	乾隆	嘉庆	道光	咸丰	同治	光绪	宣统
在位年数/年	18	61	13	60	25	30	11	13	34	3
旱灾次数/次	42	201	28	149	56	62	26	25	35	1
年平均数/次	2.30	3.30	2.20	2.50	2.20	2.06	2.40	1.90	1.02	0.33

通过以上分析可以看出,清代前期旱灾发生相对频繁,中、后期相对较少,前期旱灾年发生的平均数几乎是后期的两倍(朱凤祥,2009)。

(二)年代际演变

如上,清代前期旱灾较为严重,中、后期相对弱。但实际上,每一时期旱灾的分布不可能是均衡的,旱灾的分布都会表现出一定的起伏。下面将清代 268 年平均分为 9 个时段,考察清代旱灾在每个阶段的演变状况。

第一阶段:从顺治元年至康熙十二年(1644—1673 年)。这 30 年旱灾发生年份占 29 年,共计发生 92 次旱灾,平均每年 3 次多。其中有 3 个年份旱灾发生达到 7 次,为最多次,分别是顺治十二年(1655 年)、康熙九年(1670 年)、康熙十年(1671 年);顺治二年(1645 年)无旱灾发生;另有 6 个年份每年发生 1 次旱灾。这一时期是清代旱灾的一个高发期。

第二阶段:从康熙十三年至康熙四十二年(1674—1703 年)。这 30 年每年均有旱灾发生,共计发生旱灾 86 次,平均每年 2.86 次。其中有 3 个年份旱灾发生达到 5 次,为最高次,分别是康熙十八年(1679 年)、康熙二十二年(1683 年)、康熙二十三年(1684 年);另有 4 个年份每年发生 1 次旱灾,发生 2～3 次旱灾的年份居多。此时期旱灾年发生频次略低于之前的 30 年。

第三阶段:从康熙四十三年至雍正十一年(1704—1733 年)。这 30 年旱灾发生年份占 29 年,共计发生旱灾 89 次,平均每年将近 3 次。其中康熙六十年(1721 年),发生旱灾多达 8 次,为最多;雍正九年(1731 年),无旱灾发生;另有 5 个年份每年发生 1 次旱灾。此阶段是清代旱灾的又一个高发期。

第四阶段:从雍正十二年至乾隆二十八年(1734—1763 年)。此阶段旱灾发生的年份有 28 个,共发生 72 次旱灾,平均每年 2.4 次。其中有 3 个年份发生旱灾 5 次,为最多,分别是乾隆三年(1738 年)、乾隆八年(1743 年)、乾隆十三年(1748 年);有 2 个年份无旱灾发生,分别是乾隆二十五年(1760 年)和乾隆二十六年(1761 年);另有 7 个年份每年发生 1 次旱灾。此阶段旱灾年发生频次比上一阶段低。

第五阶段:从乾隆二十九年至乾隆五十八年(1764—1793 年)。此阶段发生旱灾的年份占 29 年,共计发生 76 次旱灾,平均每年 2.53 次。其中有 1 年发生旱灾 6 次,为最多,是乾隆四十三年(1778 年);乾隆五十五年(1790 年),无旱灾发生;另有 7 个年份每年发生 1 次旱灾。此阶段旱灾发生频次和上一阶段大致相当。

第六阶段:从乾隆五十九年至道光三年(1794—1823 年)。这 30 年有 29 个年份共计发生旱灾 65 次,平均每年 2.16 次。其中有 1 年发生旱灾 6 次,为最多,是嘉庆十六年(1811 年);嘉庆二十三年(1818 年),无旱灾发生;另有 11 个年份每年发生 1 次旱灾。

第七阶段：从道光四年至咸丰三年(1824—1853年)。这30年有25个年份共计发生旱灾59次，平均每年1.96次。其中道光十五年(1835年)发生7次旱灾，为最多；道光八年(1828年)、道光十一年(1831年)、道光二十二年(1842年)、咸丰元年(1851年)、咸丰三年(1853年)这5年无旱灾发生；另有8个年份每年发生1次旱灾。

第八阶段：从咸丰四年至光绪九年(1854—1883年)。这30年有27个年份共计发生旱灾65次，平均每年2.16次。其中咸丰六年(1856年)发生6次旱灾，为最多；光绪五年(1879年)、光绪七年(1881年)、光绪九年(1883年)这3年没有发生旱灾；另有8个年份每年发生1次旱灾。

第九阶段：从光绪十年至宣统三年(1884—1911年)。清代最后这28年共有15个年份发生旱灾21次，平均每年0.75次。其中有13个年份没有发生旱灾，从光绪二十八年至光绪三十二年(1902—1906年)，连续5年无旱灾发生；发生旱灾次数最多为3次，而且只有两个年份，分别是光绪十八年(1892年)、光绪二十六年(1900年)。这一阶段是整个清代旱灾发生频次最低的时期。

根据上述分析可知以下3方面。

第一，前3个阶段是清代旱灾的高发阶段，即顺治、康熙、雍正三朝90年的时间，是清代旱灾多发、频发时期。这90年中有88个年份发生了旱灾，只有两个年份无旱灾发生，共计发生旱灾267次，占清代旱灾总次数的42.72%，年均发生近3次，比整个清代年均发生2.33次高。90年中旱灾发生也具有分布不均的情况。这期间存在两个10年段的旱灾高发期，一个是从康熙二年至康熙十一年(1663—1672年)，10年共计发生旱灾45次；另一个是从康熙五十三年至雍正元年(1714—1723年)，10年共计发生旱灾42次。但也存在连续多年旱灾发生较少的时段，如从顺治元年至顺治十年(1644—1653年)，10年中共发生旱灾18次；从雍正二年到雍正十一年(1724—1733年)，10年共计发生18次旱灾。

第二，第九阶段是清代旱灾的低发期，即光绪十年(1884年)以后的清代后28年是旱灾发生频次很低的时期。这期间只有15个年份发生了旱灾，共计发生旱灾21次，占清代旱灾总次数的3.36%，年均发生0.75次。

这28年中也同样存在旱灾分布不均的情况，如从光绪十六年至光绪二十年(1890—1894年)，5年共发生旱灾8次。而从光绪二十八年至光绪三十二年(1902—1906年)，连续5年没有发生过旱灾。

第三，从第四到第八阶段，是清代旱灾发生比较稳定的时期，旱灾发生频次在清代居于中间地位。期间共计发生旱灾337次，年均发生3.4次，和清代年均发生2.33次相比，差距不大。但这是一个很长的时期，从雍正十二年(1734年)到光绪九年(1883年)共计150年，跨越雍正、乾隆、嘉庆、道光、咸丰、同治、光绪七朝。由于时间长，计算平均值，结论只能是相对的。实际上，这一时期旱灾分布不均的情况更加明显。如从乾隆四十七年至乾隆五十一年(1782—1786年)，连续5年发生旱灾共21次；从道光十四年至道光十八年(1834—1838年)，连续5年发生旱灾21次，而从乾隆二十五年至二十九年(1760—1764年)，从道光二十年至二十四年(1840—1844年)，从同治八年至同治十二年(1869—1873年)，这3个5年时段都只发生5次旱灾，从道光七年至道光十一年(1827—1831年)，连续5年只有4次旱灾。

由此来看，不论是旱灾的高发期和低发期，还是旱灾发生的平稳期，旱灾的分布都不是均衡的，总是表现出一定的波动状态。灾害发生的频次和其危害程度是两个有区别的概念。比如光绪年间是清代旱灾发生频次最低的时期，但并不表明此时期旱灾所造成的危害就小。期间发生于光绪初年的北方大旱灾（丁戊奇荒），可以说是清代的特大灾荒，也是中国历史上最大的灾荒之一（朱凤祥，2009）。

三、重大旱灾事件

（一）1784—1787年连续干旱

1784—1787年（清乾隆四十九年—五十二年）中国出现大范围持续4年的严重干旱，并伴生严重的蝗灾和瘟疫。其持续少雨的时间长度和旱情为当时少见，这是在相对温暖气候背景下的持续干旱事件（张德二，2023）。

1. 干旱实况演变

1784—1787年，中国长江以北的晋、冀、鲁、豫、陕、鄂、皖、苏等省持续干旱，后期干旱区域扩展至赣、闽、湘、粤、桂以及川、甘、辽等地。严重干旱的核心地带为黄河下游地区，持续干旱达4年之久，直到1788年秋方得解除。

1784年春，自闰三月起，河南境内原阳等县干旱不雨致使“二麦枯槁”，郾城等县因缺雨“迟至六月始种禾”，这段旱情迄至“五月初旬大雨”即告解除。春、夏的干旱区自陕西迤至山东，陕西大荔“春不雨，二麦萎黄”，山东费县“春旱无麦”“济南府属大旱岁大歉”。秋季干旱继续，德州“秋旱麦未种”，河南开封“秋不雨至五十年春，大旱禾尽槁”，济源“秋九月至次年（1785年）夏五月乃雨”。长江流域的江苏、安徽、湖北和江西皆有旱象呈现。

1785年，旱情持续发展至极盛。主要旱区在河南、山东，河北南部有春旱，“大（名）、顺（德）、广（宗）三府州、县被旱较重”，山西南部“夏雨愆期”，黄淮、江淮地区自春末干旱直到秋后。干旱核心地区的山东、河南各地春、夏皆旱，如山东掖县等地“自春徂夏不雨”，菏泽“春无雨至于六月始雨”，河南开封等地自1784年秋至1785年春皆“持续少雨”、杞县“春大旱，夏无麦，秋无禾”，还有部分地区春季干旱持续到秋季，如河南许昌“自春正月不雨至秋七月雨”、光山“自春及夏无雨，田间不能下种，六月晦日始大雨”，正阳“五至九月不雨”，更有山东潍坊、安丘“春夏大旱，自去年秋九月不雨至于秋七月”等。入夏以后，干旱少雨区扩展到黄淮、江淮地区和长江中、下游广大地区，安徽六安等地“自三月至八月不雨”、宣城“自夏初至冬不雨”，江苏江阴“五至八月不雨”，太湖水涸、江南河道舟楫不通。湖北“江夏、武昌、咸宁、嘉鱼、蒲圻、崇阳、兴国、大冶、通山、汉阳、汉川、黄陂、孝感、沔（miǎn）阳、黄冈、蕲（qí）水、麻城、黄安、罗田、蕲州、黄梅、广济、钟祥、京山、潜江、天门、荆门、当阳、安陆、云梦、应城、随州、应山、江陵、公安、石首、监利、松滋、宜都、襄阳、枣阳、宜城、均州、光化、谷城、郧县等四十六州、县，并武昌、武左、沔阳、黄州、蕲州、德安、荆州、荆左、荆右、襄阳等十卫所旱”，湖南长沙“四月至七月不雨”，广东潮阳等地“春旱”，川东和滇北局地干旱。在这次连旱事件中，以1785年的旱情最为严重。

1786年春、夏，黄河中下游地区仍干旱，山东淄博“大旱泉水涸”。长江下游旱，江苏如皋等地“春旱至六月始雨”，清人笔记有“丙午（1786年）江南大旱，余乡（常州阳湖）河港皆赤裂百余日，居民多赴烟城濠中掘黑泥，数百里内河港俱掘得，滆（gé）湖大数十里，湖底亦有之”，入夏后江西、湖北、湖南以至福建登地相继干旱，如江西于都“自四月不雨至于七月”，福建清流“六月大旱”。夏秋广东、广西再现另一片旱区，广东高明“大旱自三月至八月不雨”、英德“自五月不雨，至次年丁未夏五月乃雨”，广西宾阳、上林、武鸣等地“六月不雨，岁旱”。

1787 年北方干旱区域明显缩小，呈零散分布，河北北部、山西北部复现夏大旱，山东西部夏旱严重，以致大运河水涸、微山湖涸。长江流域、淮河流域的河南、安徽、江苏、浙江、四川均无旱情。华南有春、夏干旱，旱区分散在广东、广西、湖南、江西、福建各地。

2. 伴生灾害

1784—1786 年，因严重干旱许多地方作物歉收甚至绝收，发生严重饥荒，同时伴有蝗虫大爆发和疫病流行。

(1)饥荒

在大范围连旱事件发生之初，1784 年河南北部原阳等地即有地“二麦枯槁、秋禾未播，民亡羸饿以死者相继”。至 1785 年，山东、安徽、江苏、湖南、广东、河南等地自春至秋干旱少雨，致使“麦收不能十二，秋大无禾、无蔬”，大范围农作物绝收，呈现“岁不登”或“草根树皮皆为饥民食尽”的景况。到 1786 年饥荒地域更扩大，尤以黄淮地区的河南、山东、苏北、淮北饥荒最重，河南有些地方饿死人数几乎过半，如密县“饿死者十五六”，甚至出现“饿殍相枕藉，人食人”。“人相食”不止河南柘城、郾(yǎn)城，还见于山东成武、肥城、沂水、兖州、泗水、藤县、宁阳、东阿，安徽六安，苏北盐城、淮安、阜宁、丰城等 23 县。饥荒致“流亡载道”，陕西即记有“豫省荒逃来甚众，多路毙”。江南和华南多有如“大饥、粮价腾贵、饿殍满野”的记载。

(2)蝗灾和疫疾

1784—1786 年的持续旱灾期间，黄河下游及黄淮、江淮地区飞蝗大爆发。这次蝗虫发生的高峰出现在 1785 年，这与气候条件适宜蝗虫发生密切有关。从温度条件来看，1784—1785 年华东一带的暖冬有利于蝗卵越冬，春季少雨、亢阳有利于蝗卵的孵化，而 1784 年江淮地区发生过的局地雨洪灾害，使土地充分浸泡，接着 1784 年秋至 1785 年夏的持续亢旱，构成了“先涝后旱，蚂蚱成片”的典型环境条件，酿成蝗虫大发生，蝗虫的猖獗程度令人惊异，如河南淮阳“秋飞蝗蔽日，坠地深尺余，禾尽伤”，山东安丘“蝗飞蔽天日，每落地辄(zhé)数尺，大树多压折，人有不辨路径陷入沟架不能自出，遂为蝗所食者”。更有蝗害叠加旱灾，如河南郾城“自正月不雨至七月始雨，苗草又为蝗所食”。

1784—1787 年伴随严重旱灾和饥荒的发生，还出现疫病大流行。1785 年长江中下游地区开始有疫情零散发生，至 1786 年疫情范围遍及山东、河南、江苏、浙江、安徽、湖北、陕西各地。历史文献记述，如河南开封、鄢(yān)陵等地“夏、秋之交瘟疫遍行，死者无数”，固始“死者十之二三”，山东费县“秋大疫，人死十分之七”，山东菏泽与江苏盐城、淮安等地“夏大疫，途死者相枕藉”，安徽霍邱“大疫民死十之六，甚至有合家尽毙无人收敛者”，陕西山阳“瘟疫死者十之有三”(张德二，2023)。

(二)1876—1878 年连续干旱

1876—1878 年(光绪二年—四年)，华北、西北和长江流域连续 3 年干旱，引起大范围严重饥荒并伴有蝗灾和疫病流行。这是在北半球许多地方气候开始转暖、中国仍然寒冷的背景下出现的连续严重干旱事例(张德二，2023)。

1. 干旱实况演变

1876—1878 年，中国持续 3 年大范围干旱，极盛时旱区广布于辽、蒙、冀、晋、陕、豫、鲁、甘、宁、川、鄂、皖、苏 13 个省(区)，直到 1878 年 8 月中旬旱情方告解除。

在这次大范围持续干旱事件之前，1875 年河北、山西、山东的部分地区已有旱象呈现。

1876 年中国北方春、夏连旱，河北、山西、河南、山东等省和辽宁、内蒙古的部分地区自二月起即干旱少雨，直到七月中旬以后各地旱情方得缓解。其中，华北地区的干旱始于上年(1875 年)的七月，如河北沧州、藁(gǎo)城等地“自元年七月不雨，至是年闰五月十七日(7 月 4 日)始雨”，山西太原等地“春、夏又复亢旱”。山东各地多有“春自正月至五月不雨，闰五月初三日始雨”，或有记为“旱至闰五月十七日(7 月 8 日)，二十七日(7 月 18 日)复大雨”，临朐、寿光、单县等地干旱持续到 8 月下旬，“大旱自正月不雨至七月始雨”，博兴“自去秋至六月无雨”，还有冠县秋旱持续至次年，“亢旱自八月至次年(1877 年)五月始雨”。黄淮地区的干旱出现稍迟，各地多见“四月至六月旱”，雨期始于“小暑后十日(7 月 17 日)”。而江淮和长江中下游地区的干旱则发生于夏、秋，如江苏泰兴“自夏徂秋恒阳缺雨”、湖北英山“大旱四月不雨至九月”。四川和甘肃有夏旱，如四川南充等地“自正月至于六月不雨”。兰州“闰五月旱”。

1877 年旱区范围扩大，干旱的持续时间更长。河北、山西两省夏、秋两季皆冗旱无雨，其无雨时段之长实属罕见，如河北晋县“大旱自三月底至十二月，惟六月十三日夜得雨一寸”，光绪三年十月上谕称“山西春麦歉收，自夏徂秋未得透雨，禾苗枯槁，杂粮亦复黄萎”、平陆“自春徂冬二百余日无雨”。陕西干旱极重，陕北横山等地“自春徂夏无滴雨”、关中“夏大旱无麦，至四年(1878 年)春三月乃雨”，而陕南的夏、秋旱持续至 1878 年，如白河“自四月微雨至四年二月二十五日始雨”、紫阳“自五月至次年三月初二始雨”等。甘肃多有“大旱，五月不雨至年终”的记载。河南盛夏高温加剧旱情，南乐“五月酷暑焦大木皮若介，果实如之”，夏、秋、冬连旱一直延续到次年春末，如豫东之开封“六月旱，至四年三月十四日始雨”，豫南方城“是年五月不雨，至次年三月始雨”，豫西渑池“春不雨至四年三月始雨，无禾无麦”，直到 1878 年 4 月上、中旬的一次自西南向东北推移的雨带才中断了晋、陕、豫这一带的跨年干旱。山东各地“春、夏旱甚”。安徽、苏北、湖北仍有部分地方夏旱，湖南北部的夏旱严重，慈利等地“自四月至七月不雨”、石门等地“大旱七十日，六月杪乃雨”。四川仍有夏、秋大旱，“四至八月无雨”，川北巴中、南江、通江尤甚，“初夏之末旱，越五月不雨，六月又不雨”。贵州仍“大旱，自上年十月不雨至于四月”。

1878 年河北、山西、内蒙古、河南、山东的旱区范围缩小，主要旱区西移至陕西、甘肃、四川。春季河北、山西、陕西、河南、山东等地仍然少雨，但三月初五、十一、十五、十八等日各地先后有了降水使旱情一度缓解，只是随后陕西关中又“五、六月复旱”，以至于岐山“润德泉复涸”。之后，8 月 12 日开始的降雨过程使得大范围的旱情得以初步解除，山西壶关“七月十四日(8 月 12 日)大雨滂沱四野均霑(zhān)，而且连朝迭沛”。继后，黄河中游地区降水渐多。至此，肆虐中国南、北方广大地区达 3 年之久的大范围旱灾终告结束。只是偏西部的四川、云南境内仍夏旱，连素来以多雨著称、俗称“天漏”的雅安，竟然“五月大旱，七十日不雨”，甘肃也有干旱区残留，武都、天水、永登等地的秋、冬干旱一直持续到 1879 年初夏。

这次连旱期间一些地方出现江河断流、湖井干涸现象。如汾河枯竭、汉水可徒步而行等景况是现代未曾出现的。

2. 伴生灾害

连年大范围持续干旱造成了谷物歉收、绝收，引起严重饥荒，伴有疫病流行和蝗灾发生，国力损伤、民众灾难深重。

(1)饥荒

大范围持续 3 年的干旱引发饥荒，以山西、河南两省最严重。

1876 年“夏无麦”“赤地无禾”，饥荒很快遍及河北、山西、陕西、河南、内蒙古、辽宁、山东等省区。饥荒初起时尚记载“粮米昂贵”“人食树皮、草根、泥土”，继而“就食他乡”“流民载道”，如山东莒县等地“户口流离十居四五”。1877 年饥荒地域扩大，已呈现“饿莩载道，路人相食”，如山西绛县“剥遗尸、刨掩骸、残骨肉、食生人，饥死十之四五”，稷山“村落有尽数饿毙或十之八九”。据山西官员光绪三年(1877 年)十一月初八日奏报“晋省被旱成灾已有七十六厅、州、县……因日久无雨而禾苗日渐枯槁，又令改种荞麦杂粮，补种出土后仍复黄萎，收成觖望”，由此可见灾情之一斑。陕西“自道光二十六年以来，最重者莫如光绪三年，雨泽稀少，禾苗枯萎，平原之地与南北山相同，而渭北各州县苦旱尤甚，树皮草根掘食殆尽，卖妻鬻子时有所闻”，靖边“继食树皮草叶俱尽，又济之以斑白土，老雅毙于胀，壮者苟免，甚有屠生人以供餐者”，高陵“自七月不雨至于明年六月，冬无宿麦，春、夏赤地百里，斗麦二千有奇，瘐毙男妇三千余人”，华阴“饿毙人民无数，秋禾初登，人民因食而死者又居十之四五，迄今五十余载，人口犹未复原”。旱情严重之河南更称“赤地手里，倒毙沟壑者十之七八，所余孑遗赖赈济以活”“豫西一带，何、陕、汝等人民饿死过半，就食信阳一带数逾百万”。直到 1878 年春，饥荒至极，如陕西蒲城“夏，饿毙者三之二”，直到夏季各地先后降雨，北方五省秋禾有收，大范围饥荒方告终止。

最为惨烈的是，在这次连续干旱期间，许多地方都发生了“人相食”。据史料统计，1877 年记载“人相食”的地点有太谷、平定、介休、文水、高平、临份、古县、安泽、曲沃、隰(xí)县、洪洞、浮山、襄汾、乡宁、新绛、垣曲、稷山、平陆、永济、万荣、清水、兴平、户县、渭南、富平、兰田、合阳、橙城、华县、华阴、蒲城、铜川、榆林、佳县、绥德、安塞、洛川、黄陵、西乡、旬阳、紫阳、郑州、密县、巩县、新乡、时丘、获嘉、武陟、修武、林县、禹县、方城、嵩县、绳他、卢氏、新安，计约八十多处。1878 年记载“人相食”的地点有孟县、文水、孝义、襄垣、壶关、高平、阳城、电留、临汾、汾西、翼城、大宁、洪洞、新绛、临猗、泾阳、礼泉、乾县、永寿、富平、柞水、府谷、蒙城、原阳、安阳、扶沟、宜阳、洛宁、三门峡等。

(2)蝗灾和疫疾

1876—1878 年蝗虫大发生，尤以 1877 年最盛。

1876 年蝗虫主要发生在淮河流域各地，以江苏淮阴、安徽宿县为重。1877 年蝗虫发生区增多，西北内陆甘肃庆阳、民勤和宁夏灵武等地“飞蝗蔽天”，东部地区则北有天津及其周边蝗虫频繁发生，南有黄淮、江淮和太湖流域大片蝗区，蝗虫猖獗之河南“先是河、洛荒旱赤地千里，蝗蝻怒生，无所得食，群向南飞，过信阳者三日夜不绝，最大一群宽长数十里，天为之黑”“江苏、安徽两省飞蝗害稼，其麇(jūn)集地方竟至堆积盈尺”，天津、武清、静海等地“六月遍地叭蜡(蝗)，抱团过河。城内关外，大小街巷，房上房下及至房中皆是蝗虫”，政府采纳“捕蝗不如除蝻，除蝻不如收子。分饬(chì)各州、县购挖蝗子，定价招来，以绝根除”的办法，江苏、安徽地方多有举措，如江苏吴江县“飞蝗入境令乡民捕捉，里人设局集资价买，每斤给钱五文计收十日。嗣又收买蝻子，每斤给线十文计收二十日”。1878 年蝗虫发生地点减少，仅见于山东、江苏、安徽，且有“蝗蝻复生经捕始尽”“飞蝗为鸟食尽”“蝗有遗孽(niè)经雨自灭”“蝗不为灾”的记述。

伴随饥馑各地有疫疾迅速发生并蔓延。1877 年北方疫区主要在河北，山西、河南、山东、辽宁也有发生。山西临猗记有“民苦无食又多疾疫，传染几于全家”，河南信阳“瘟疫大作，三年(1877 年)春间死亡相望，幸存者又疫气传染，办赈务诸绅日与周旋，间有死者，自六月后渐消”。至 1878 年，河北、山西疫区扩展，发生的州、县数增加了 1 倍多。疫疾的传染性强，史载山西绛县“六月瘟疫大作，染者多毙”、稷山“自夏徂秋瘟疫流行，死者复相枕藉”。至 1879 年大范围旱灾和饥荒结束，瘟疫也平复(张德二，2023)。

1876—1878年，中国华北、西北和长江流域3年连旱事件不是孤立的。当时全球同时有多个区域发生了极端干旱事件，范围涉及亚洲、大洋洲、欧洲、非洲、北美洲及南美洲。1876—1878年全球范围的干旱事件可能与赤道东太平洋海温异常升高及厄尔尼诺现象有关。在几百年厄尔尼诺指数序列中，葛全胜发现自1876年下半年开始至1878年发生的厄尔尼诺现象，其强度可达强或极强。全球海表温度的重建结果显示，该时期赤道中东太平洋的海温（尼诺3.4区的海温是衡量ENSO事件强度的指数）较常年明显偏高；源于Kaplan数据集重建的1856—1991年的尼诺3和尼诺3.4区指数序列均显示，尼诺3区异常偏高的海温为华北大旱提供了大气驱动的必要条件；南半球的南极涛动指数的正异常也为华北降水稀少提供了重要环流背景（葛全胜 等，2011；郝志新 等，2010）。

第二节　灾害与清代君主政治

清代自然灾害频发，政治、经济、文化等各方面都深受自然灾害的影响和冲击。在某种意义上甚至可以说，清代的政治就是"灾荒政治"。在中国封建社会，君主政治是唯一的政治形式，君主高于万民、君权胜于一切，国家政治就是君主政治。在这种情况下，灾荒对政治的影响往往通过君主的言行体现出来，并影响到国家政策以及法律的制订等诸多方面（朱凤祥，2009）。

一、君主临灾罪己

君主临灾罪己是中国传统政治、文化或者说封建君主政治中一项非常重要的内容，是君主以"灾异"为契机检讨己过、图谋振作的重要手段。清代，虽然人们对自然灾害的成因有了较多的理性认知，但在灾害频发之际，君主们并未丢弃下诏自谴的传统。和以前相比，甚至有过之而无不及。这也充分说明了君主的临难自责是帝王极为重要的一项统治法术。据《清史稿》记载，清代开国皇帝顺治第一次因自然灾害频发而下的诏书是在顺治十年（1653年）五月。在此前的两年中，全国各地灾害频发。例如，陕西甘泉、延长、安定等地发生旱灾①。顺治十年以来，各种灾害仍频繁发生，一些地方还发生了饥民为乱的事件。在这种情况下，当年五月，顺治帝特颁布诏书如下：

> 天下初定，疮痍未复，频年水旱，民不聊生，饥寒切身，迫而为盗。魁恶虽多，岂无冤滥，胁从沈陷，自拔无门。念此人民，谁非赤子，摧残极易，生聚綦（qí）难，概行诛锄，深可悯恻。兹降殊恩，曲从宽宥，果能改悔，咸与自新。所在官司，妥为安插，兵仍补伍，民即归农，不愿还乡，听其居住，勿令失所。咸使闻知。②

从这份诏书的内容看，虽然顺治谈到因连年水旱灾害导致"民不聊生、饥寒切身"，并言及对灾荒中为乱者"曲从宽宥"，告诫地方官妥善处理灾民事务，但尚未把灾害发生的缘由和自己的为政联系在一起，只是出于对国家的忧患意识表现出在灾荒背景下对灾民滋事生非的宽大心怀。但是，在下达这份诏书之后一年多的时间里，全国各地又相继发生多起旱涝等自然灾

① 赵尔巽主编：《清史稿》卷43，《灾异志四》. 北京：中华书局，1976.

② 赵尔巽主编：《清史稿》卷5，《世祖本纪二》. 北京：中华书局，1976.

害。在这种情况下，顺治帝再次下达诏书，明确表达了连年灾害频发，其责任应由自己承担。诏书具体内容如下：

朕缵(zuǎn)承鸿绪，十有一年，治效未臻，疆圉(yǔ)多故，水旱叠见，地震屡闻，皆朕不德之所致也。朕以眇(miǎo)躬托于王公臣庶之上，政教不修，疮痍未复，而内外章奏，辄以'圣'称，是重朕之不德也。朕方内自省抑，大小臣工亦宜恪守职事，共弭灾患。凡章奏文移，不得称'圣'。大赦天下，咸与更始。①

这是清代君主首次因灾害而颁发的"罪己诏"。在这则诏书中，顺治帝把水旱等自然灾害频发的原因归咎于己，宣言是自己的"不德"导致了灾害的发生。在反躬自省的同时，告诫群臣"恪守职事，共弭灾患"并大赦天下，安抚万民，以示除旧布新，重振国威。随后便采取了一系列措施。首先，对受灾各地进行了大规模的蠲免活动。例如，当年十二月，免荆门、钟祥等六州县和磁、祥符等三十六州、县灾赋；免西安五卫荒赋。其次，整顿吏治。纂修《顺治大训》，督导百官体恤民生、真实反映民情，为此多次"遣御史巡按直省"，并"命在京七品以上，在外文官知府、武官副将以上，各举职事及兵民疾苦，极言无隐"；相继任命一部分汉人为政府重要部门的官员和地方大员。第三，整顿法制。严惩不法官吏，对"窃权纳贿，交结官员，越分奏事者，凌迟处死"，特命内十三衙门立"铁牌""俾世遵守"。第四，兴文教，崇儒术。

上述举措均在顺治帝颁发"罪己诏"后一年之内完成。可以看出，顺治帝的临灾罪己已流露出对"天象示警"的恐惧心理，表示灾害的发生皆因自己"不德之所致"，自己应该向上天谢罪。据《清史稿》统计，顺治帝执政18年，下诏罪己多达11次，堪称亘古第一帝。作为立国皇帝，顺治帝这样做，可以说这是以后清代帝王能把临灾罪己的传统延续下来的主要因素。

在清代帝王灾后所颁发的罪己诏中，按所表达的内容进行分类，主要可分以下几个方面。

一是昭显皇帝对"天象示警"的惶惧之情，皇帝对自己的德政不济或浅薄，深深地自责和反省，并表现出对被灾百姓的同情和怜悯。这是罪己诏书中必不可缺的内容，对所有封建帝王来说，无一例外。

二是皇帝在自谴的同时，训诫朝臣和地方官吏应协心尽职，直言君主过失以辅助君主君臣共弥灾患。这一点，在前面所论顺治十一年(1654年)的诏书中体现得最为明显。

三是在诏书中直接提出废除于民不便的政令、法文，或者责令百官提出改革政治的主张，作为整顿朝纲的突破口。比如，康熙二十六年(1687年)五月，诏指出："今兹仲夏，久旱多风，阴阳不调，灾孰大焉。用是减膳撤乐，斋居默祷。虽降甘霖，尚未沾足。皆朕之凉德，不能上格天心。政令有不便于民者更之。罪非常赦不原者咸赦除之。"②

四是在诏书中严厉斥责朝廷上下，明确指出天灾发生罪不在皇帝一人，群臣百官都要反躬自问，检讨己过，共谋革新。

从清代皇帝罪己诏的内容可以看出，皇帝在临灾罪己的同时，始终没有忘记对朝臣百官的训诫。臣下的职责在于辅佐君主，君主有过失，臣下亦难逃其责，把自己为政之失的责任加以分散和转移，从而达到脱己之咎(zǎn)的目的，这也是封建帝王一种巧妙的统治法术(朱凤祥，2009)。

---

① 赵尔巽：《清史稿》卷5，《世祖本纪二》. 北京：中华书局，1976.

② 赵尔巽：《清史稿》卷7，《圣祖本纪二》. 北京：中华书局，1976.

二、诏修省与求直言

面对旱涝等灾害的频繁发生，清代皇帝除了临灾罪己，还常常诏令君臣共同反思，图谋振兴之道；皇帝有时也表现出虚心纳谏的姿态，公开向臣下寻求对策，这便是“诏修省”与“求直言”。

(一)诏修省

诏修省是皇帝下诏书责令修身反省，上自皇帝、下至百官都要反省。在传统“灾异天谴”思想的影响下，历代君臣无不认为消灾弭患应该依靠修身积德，以顺应天意。考察历代的君主政治，几乎无一例外的是，帝王均能因灾异敬惧修省，宽刑赦罪而改善政治。在灾害叠见的情况下，如果皇帝不下诏修省，则被认为是极不正常的事情，甚至还会受到臣下的责问。

清朝建立后，第二年即顺治二年(1645 年)，户科给事中杜立德向少年天子福临疏陈帝王的“治平之道”，疏文称：“治平之道有三：一曰敬天。君为天之子，当修省以迓(yà)天休。今秦、晋、燕畿水旱风雹，天心示警。凡开诚布公，懋德敦行，皆敬天事也。一曰法古。古者事之鉴，是非定于一时，法则昭于百代。故合经而后能权，遵法而后能创。凡建学明伦，立纲陈纪，皆法古事也。一曰爱人。自大臣以至百姓，宜一视同仁。且无论新旧，悉存弃短取长之心。凡亲贤纳谏，尚德缓刑，皆爱人事也。”①这里杜立德把“敬天”放在三条“治平之道”的第一位，规劝顺治帝“修身以迓(yà)天休”“开诚布公，懋德敦行”，然后引出第二条“法古”和第三条“爱人”。这是君主专制条件下臣下上疏言事的通用之法，和前朝相比，毫无二致。但清朝初始立国，政局不稳，顺治帝以冲龄嗣位，德望不足以服众，又值灾害频发，此时宣扬以“上天”的超自然力量统御人事，无疑是最佳时机。顺治帝认为杜立德所言“有裨治理，深嘉纳之”。此后直至康熙三十一年(1692 年)，杜立德为官四十多年间，先后在六部任要职，在内阁任 14 年宰相。应该说，杜立德的这道疏文对顺治帝为政产生了很大影响，对顺治以后清代帝王遇到灾异能够“恐惧修省”，也起到了一定的影响作用。据《清史稿》统计，康熙时共有 8 次因灾异而下诏修省。雍正皇帝也非常重视修省以避灾异，他曾在自己亲撰的《大义觉迷录》中说：“夫灾异之事，古昔帝王未常讳言。盖此乃上天垂象，以示儆也。遇灾异而能恐惧修省，即可化灾为福矣。”②雍正以后，清代帝王也保持了遇灾异而下诏修省的传统。

从《清史稿》记载来看，皇帝诏修省大都是在遇到灾异时进行。以水旱灾害的发生为背景很多。比如，康熙九年(1670 年)，“夏旱，诏百官修省，礼部祈雨”③。同治元年(1862)，“(三月)庚寅，自正月以来不雨，诏修省，求直言”④。同治九年(1870 年)，“(十月)丙辰，以水旱叠见，诏修省”⑤。

(二)求直言

求直言即皇帝下诏要求臣民上书言事，陈述为政得失。在灾异背景下，皇帝“诏修省”与“求直言”有时候同时进行。相比较而言，“诏修省”只是要求皇帝本人和臣下修身反省，在内心

---

① 赵尔巽:《清史稿》卷 250,《杜立德传》. 北京:中华书局,1977.

② 雍正皇帝御撰:《大义觉迷录》. 载中国社会科学院历史研究所清史研究室编:《清史资料》第四辑. 北京:中华书局,1983.

③ 赵尔巽:《清史稿》卷 83,《礼志二·吉礼二·雩祀条》. 北京:中华书局,1976.

④ 赵尔巽:《清史稿》卷 21,《穆宗本纪一》. 北京:中华书局,1976.

⑤ 赵尔巽:《清史稿》卷 22,《穆宗本纪二》. 北京:中华书局,1976.

深处虔诚地检讨己过，倾向于道德层面的自我约束，不具强制性，是否能诚心反思，全在于本人。所以，从实用的角度来讲，“诏修省”在君主政治中具有一定的消极性。“求直言”则是皇帝公开向臣下征询对策，或者要求臣下直言皇帝过失，因此比“诏修省”显示出皇帝更加积极主动的姿态。而臣下也多能利用灾异天谴说作为武器，适时地向君主表达政见，提出一些改革建议。

从清代官书记载来看，皇帝因灾异而“求直言”，有时是在“罪己诏”中提出，责令或要求臣下“各抒所见”“直陈得失”，以匡扶君主、督君改过。但为了维护君主的权威，皇帝因灾异而下诏罪己的次数毕竟有限。所以，“求直言”更多的是在灾异发生后由皇帝直接诏令臣下上疏进言，或直言灾害缘何而发，或直言君主过错，或疏陈时政得失。但是，在君主专制条件下，皇权至高无上。所以，即便是皇帝下诏求直言，对多数大臣来说，心里还是有顾虑。清代皇帝曾多次因灾异而下诏求言，但实际上并非每次都能有大臣站出来直言进谏。皇帝下诏求言时也会考虑到无人进言的尴尬，为了使“诏求直言”不至于流于形式，皇帝在诏求直言的同时，往往在诏书中附带一些内容，直接诏谕朝廷各部门或者臣下，处理一些皇帝本人认为需要处理的实际问题。

当然，清代亦不乏直言敢谏的大臣，尤其是在灾异发生的背景下，灾异天谴论毕竟对君主有一定的威慑和警惧作用，所以在皇帝诏求直言时，一些中正耿直的大臣常会不失时机地上疏表达政见。以下略举几例。

乾隆七年(1742 年)，上以旱降诏求言，柴潮生应诏上疏，对乾隆因灾异而频繁下诏修省提出自己的看法。他在疏文中首先说，“君恣臣儆，治世之休风”“益谦亏盈，检身之至理”，对乾隆帝时常下诏修省和求言表示赞赏，称“此诚我皇上虚怀若谷、从谏弗咈(fú)之盛心也”。但同时又认为，“天世雨旸，难以窥测”，人事修省“过为责难”，于国于己并无裨益。因此，他规劝乾隆帝不必流于“诏修省”的形式，而应在百官群臣不及闻见之处多所思虑：“伏乞皇上于百尔臣工所不及见，左右近习所不及窥，朝夕愈加劼(jié)毖”“岂特随时修省致感召之休征已哉？”①

乾隆中，尝大旱，江南进士储麟趾应诏上疏。他在上疏中援引汉、唐学者以及宋儒朱子的灾异理论，指出天变皆因人事而致。而后以“明之太过”“意见之稍偏”，委婉批评乾隆帝刚愎自用、行事武断，指责“王公大臣拱手备位，不闻出其谋划”，以致“君劳于上，臣逸于下，天道下济而地道不能上行”。他引述韩愈的话说，“独阳为旱，独阴为水”“君阳臣阴，有君无臣，是以久旱”。最后指出，只要皇上能够做到“一切用人行政，不改鉴空衡平之体”，并时常召集大臣咨询筹谋，则“必能时雨时风，消殄(tiǎn)旱灾矣”②。乾隆以是称其“伉直”。

如果上疏者所论能够切中时弊，其建议不但为朝廷采用，本人还会被君主褒而升迁。这样的情况在清代不乏其例。

康熙七年(1668 年)夏，“旱，金星昼见，诏求直言”。左都御史王熙应诏上书说：“世祖章皇帝精勤图治，诸曹政务，皆经详定。数年来有因言官条奏改易者，有因各部院题请更张者，有会议兴革者，则例繁多，官吏奉行，任意轻重。请敕部院诸司详察现行事例，有因变法而滋弊者，悉遵旧制更正。其有从新例便者，亦条晰不得不然之故，裁定画一。”康熙帝命各部院条议，“遵

① 赵尔巽：《清史稿》卷 24，《德宗本纪二》. 北京：中华书局，1976.

② 赵尔巽：《清史稿》卷 306，《储麟趾传》. 北京：中华书局，1977.

旧制，删繁例，凡数十事”。王熙因之升迁工部尚书①。

皇帝临灾罪己、“诏修省”与“求直言”，在多数情况下“三位一体”，即使有分离的时候，在本质上也没什么区别。作为灾害与政治的巧妙结合，它们是灾荒与君主政治的重要内容和突出特点，在封建君主专制时代，以天灾来谴责警告统治者的失道行为，在君权之上树立起“上天”的神圣权威，这至少对君权构成了一种约束，对帝王个人的道德品行起到了一定约束作用，甚至可以说在一定程度上能够起到制约昏君暴主苛政害民的积极功能。有时候统治者适时地调整统治政策，对平仰君臣之间的矛盾和社会稳定也发挥一定作用。但是，皇帝临灾罪己毕竟是灾异天谴理论的产物，把本不相干的自然灾变与社会人事混为一谈，其对灾害发生原因的荒诞认识，迷惑和愚弄了普通民众，在实践中造成很大危害(朱凤祥，2009)。

第三节　救灾基本操作程序

清代为救灾而实行了一系列具体措施，这些措施的实施有一整套完整、固定的程序，从而使救灾措施在实践中得以落实。根据清代各代的荒政措施，可以总结出清代的救灾基本操作程序为报灾、勘灾、审户和发赈几个步骤。其具体操作如下(宫大伟，2009)。

一、报灾

报灾是指灾区的地方官吏逐级向上报告灾情。这是清政府得以了解灾情的原始依据，也是政府救灾的第一步。报灾的程序是：先由地保里正代表乡民向州、县报灾，州、县接报后一面亲自或委员勘察灾情，一面逐级上报，直至督巡。由督巡先将情形具疏向皇帝汇报。夏灾不出六月，秋灾不出九月。既报“督抚亲至灾所”，率属先赈饥民一个月的口粮，同时委员协同州、县勘灾。

报灾要求及时迅速，康熙皇帝曾经发布上谕说：“救荒之道，以速为贵。倘赈济稍缓，迟误时日，则流离死伤者必多，虽有赈贷，亦无济矣。”在当时的交通条件下，信息传递的速度无疑最为重要。有鉴于此，顺治十年，政府规定，报灾“夏灾不出六月，秋灾不出九月”；在报灾情的同时，地方官还要派人到灾区实地考察，“将被灾分数详造册结题，照分数蠲免”。这些工作须在一个月内完成，否则各级官员都要相应遭罚俸、降级或革职的处分。顺治十七年又规定，各级官员以下属的报灾日期为限，逾期在一个月内的罚俸6个月，逾月降一级，逾两月降两级，逾三月的则革职。经康熙朝的变化，最后到雍正六年，固定为州县官员报灾限期40天，上级接到奏报后限5日内上报。这样的日期限定比较合理，既避免了因报灾期过短，地方官害怕愆期而匿灾不报，又防止了因报灾期过长，无法及时派人核实勘灾。清朝对逾期或不报灾的官员有一套相当详细的处罚措施。不按期限报灾勘灾的，将分别给予罚俸、降级、革职的处分。迟延半月以内者罚棒一个月，迟延1～3个月者降一级，3个月以外者革职。督抚与州、县一体适用。造册迟延违限1～3个月者，罚俸3～9个月，4个月至一年以内者降一级，违限再长者可给至降三级的处分。若地方匿灾不报，督抚罚俸一年；上报成灾份数有任意增减的革职；非有意而出现成灾份数失实的，降三级留任。勘灾审户中若有开报不实、冒滥挟私的，处以革职。勘报不

① 赵尔巽：《清史稿》卷250，《王熙传》. 北京：中华书局，1977.

实，不仅要以公罪或私罪给予行政处罚，而且还要以触犯刑律论处。大清律例规定：凡管内有灾，有司不即受理申报、检踏，以及本管上司不委官复踏者，各杖八十；官吏不行亲诣田所，不用心从实检踏，任凭里甲等蒙混供报，或通同作弊者，各杖一百，罢职不叙。检踏不实误差十亩至二十亩者，笞二十；误差每二十亩罪加一等，杖至八十止。

从报灾看，首先要明定的是成灾标准。清代以前，历代地方报灾请赈的起点各不相同，直至顺、康年间，仍旧没有统一规定。乾隆二年上谕曰："嗣后将被灾五分之数亦准报灾……永著为例。"其次，严格规定了报灾期限和报灾程序。根据《户部则例》，"夏灾限六月终旬，秋灾限九月终旬"上报朝廷，不得延误。甘肃因地气较迟，报灾期限特准延至七月半和十月半。若某地出现灾情，初由该地区士民绅衿呈报到县，县申送府、道各员，折层而上，再由督抚"将被灾情形、日期飞章题报"到户部，若"题后续被灾伤，一例速奏"以请旨赈济，或蠲缓，或借贷。

从以上可以看出，为了保证赈灾活动的有序，以便达到预期结果，清代确实下了较大功夫完善和加强报灾这个环节。但是，由于封建政体原本就是滋生官僚主义和贪污腐化的温床，加之报灾涉及面广、参办人员比较杂、组织实施难度大，因此各种弊端仍旧层出不穷，屡禁不止（宫大伟，2009）。

二、勘灾

勘灾即指地方官吏勘查核实田亩受灾程度，确定成灾分数，目的是摸清情况，为以后发放救灾物资和减免赋税提供依据。清代规定，受灾六分至十分者为成灾，五分以下为不成灾。乾隆元年规定将五分灾也作成灾对待。勘灾一般以村庄为单位，按地亩受灾程度确定灾分。勘灾的内容包括本邑成灾份数、亩数、按例蠲缓额数、注明村屯的被灾区图。受灾州、县须预先刊刻"简明呈式"，开列受灾民众姓名、家口、住址、被灾田亩数量、座落等内容，先由灾户自行填报部分内容，经地方官核实后按区图村庄装订存档，作为勘灾底册。勘灾官员赴庄勘灾时，需比照勘灾底册按田踏勘，将受灾情况登明册内，勘毕将底册上缴州、县，由州、县官员核造总册，绘出本地受灾地图。被灾之处，用色笔标示，最后附上州、县的赈济意见一并上报。由于自然条件不同，即便一县中各处受灾情况也不一定相同，所以清代规定以村庄为基本单位来确定灾情轻重，"不得以通县成熟田地统计分数"。

勘灾要在报灾的同时进行，即凡地方遇灾，一面要报告灾情，一面要在知府、同知、通判内遴(lín)选委员，沿河地方兼委河员，会同该州、县，速诣灾所确勘受灾田亩，将受灾分数按村庄分别确认并申报司道。该辖道员覆行稽查之后，详请督抚具题。如遇灾重，则要求督抚亲自前去勘查。

勘灾的具体做法是各州、县先刊就简明呈式，由报灾地区地方乡保转交灾户，命令其自行照单填报姓名、田数、区图村庄、大小口数，交地方官与粮册核对后遂作为勘灾底册。查灾委员执底册按田踏勘，将勘实受灾分数及田亩等在册内注明。待全部勘毕，查灾委员将原册缴州、县汇报，州、县官核造总册后逐级上报到户部。户部接到勘灾题请后，勘灾赈济时，考虑到情况紧急，地方官员恐人手不够，又怕有欺瞒之事，所以中央通常会委派一些官员，以"督办""协办"的名义前去督察，并加以钦差衔，就全权处理；如果与督抚同级，便"会同该督抚"共同主持；低于督抚的，则只行使监督权。然后他们都要将赈务过程上报，皇帝也时不时派心腹暗中调查，以备不实。经复勘，或者依原报，或者酌情改动，勘报总期限为四十五日。"州、县官，扣除程限，定限四十日上司官；以州、县报到日为始，定限五日，统于肆拾伍日内勘明题报。"逾限者，按例予以处分。至此勘灾过程结束。勘灾的结果,就可作为蠲赈的依据。

为了防止舞弊,使得勘灾准确,清代在汲取前朝成败经验的基础上,进一步完善了有关制度,加强了监督,并针对违例制定了行政及刑事处罚。为了防止查赈人员连累地方,户部规定,承办人员的盘费、饭食和笔纸银均由藩司开支。参办的教职、试用、杂佐及跟役等每日支付三钱至三分不等。对于不易约束的胥吏书役,则禁止他们参加容易舞弊的勘灾工作,严格要求"凡应赈户口,应委正佐官分地确查,亲填入册,不得假手胥役"。对于在勘灾中索贿受贿的,根据大清律例按"受财者"以"计赃枉法"论处,严惩不贷。

为了加强监督机制的有效程度,清代实行上级对下属负连带责任的制度。胥吏里保在办赈中营私舞弊最为严重,因为不在官员之列而无法对其以行政法规进行约束和惩处,故由州、县官对他们的行为负连带责任。若他们在勘灾审户中连累索贿,州、县失于觉察者降一级或二级调用,故为容忍者革职。若州、县官在勘灾放赈中借机贪污而上级没有参奏,督抚降三级调用,情况严重的"该督抚、藩司、道员、府、州……俱革职"。在勘灾过程中为了防止相关官员徇私舞弊,清朝政府其实一直沿用了两种监督制度:一种是复勘制,即受灾之地除本州、县与委员确勘外,该地区府、道大员必须亲往踏勘复查。将州、县勘查结果"加结",详呈督抚具题。若遇荒灾异常还须由"该督抚轻骑减从,亲往踏勘"。每遇大灾,轮番复勘常在六七次或以上。另一种是委员参办制。由上级官员在受灾的相邻地区遴选同知、通判、州同、州判、县丞或本府、州、县的候补、试用官员等,参与勘灾审户。这样做不仅是为了弥补人手不足,也寓有监督制衡的意思。

清朝的这一套勘灾制度对救荒救灾有着重要的意义,不但能及时把握救灾的最好时机,而且有效防止勘灾过程中的舞弊,防止贪污腐败现象的出现。但是,由于清朝政府的吏治腐败,在勘灾过程中难免会出现徇私舞弊、滥用职权等行为。不管怎么说,清朝的这一套勘灾制度可谓是历代最完美最成熟的(宫大伟,2009)。

三、审户

审户是指核实灾民户口,划分极贫、次贫等级,以备赈济。清初,各地审户等级不一,江南等省例分三等,贵州等省不分等,雍正七年才开始有了定制,审户一律分为两等。荒政的审户过程中,按规定被灾地方官,一面对成灾份数依限勘报,"一面将应赈户口迅速查开,另详请题"。应赈户口分极贫、次贫两等,大、小口两类。由查赈官员"视田亩被灾轻重与器用牛具之有无,以别极贫、次贫""产微地薄,家无担石,或房倾业废,孤寡老弱,鹄(hú)面鸠(jiū)形,朝不保夕者,是为极贫。如田虽被灾,蓄藏未尽,或有微业可营,尚非急不待者,是为次贫"。极、次贫的勘定,往往因灾因地而异,很难定出量化标准。一般是赤贫如洗列极贫,糊口无资列次贫,家有粮储,或为商贩,或有手艺力能过活的,不入应赈之列。16 岁以上灾民为大口,不满 16 岁至能行走的为小口,再小的不准入册。大、小口以年龄分,16 岁为限。两小口折一大口。

审户由委员和本县县丞、教谕、典史承办,分区进行。按要求须携带排门烟户底册,亲自深入灾民人家,所谓"户必亲到,口必面验"。确核后,将应赈者按极、次贫大、小口当面填写入册,不入赈者用朱笔注于册。同时在"额征确册"内按例分注应蠲、应缓。审户时,要先审查田亩受灾程度,然后审查灾民居所、器用、牛具等财物有无存毁,以定极、次贫级。审户之后要发给赈票。赈票一共两联。发放赈票亦须当面填写,当面裁给,并注入根单,作为以后领赈的凭据。查灾委员按户查明应赈人口时,即将所带赈票随时填明灾分、极次、户名、大小口数、应领粮数等，将一联发给灾民作为领赈依据，一联留底以备核查。审毕一户随即于户首用灰粉写上姓名、极次贫、大小口数，以备上司验查。地方审户完毕以后，上级官吏均应抽对查验。只有抽查无误后，才能得以放赈。如有查出冒填的、临赈不到的、现可谋生糊口的，即行删除；如果有听说放赈归来夏、秋尚能度日，而没有报入册而入冬饥寒交迫的，则应添补。清代法律对地方官审户工作要求严格，同治四年规定，“凡灾地应赈户口，应要正、佐官分地确查，亲填入册，不得假手胥役”“倘有不肖绅衿（jīn）及吏役人等串通捏冒，察出革究。若查赈官开报不实，或徇纵冒滥，或挟私妄驳者，均以不职参治”。

对于清朝荒政的审户工作，其出发点是好的，并且形成了相对完善的审户制度。但是在审户中，除经常出现遗漏、错报等积弊外，另外还有的弊端就是浮开丁口，或者冒名顶替。各级官吏利用勘灾审户、放赈领赈之机贪污中饱的事件也时有发生（宫大伟，2009）。

四、发赈

发赈即指按照赈票所列数目将赈米或赈银发放到灾民的手中。这道程序关系到救灾的最终效果，所以最是关键。发赈在审户的基础上进行，按户付给。清朝前期大规模的赈济灾民所给赈米、赈银及赈期长短，没有统一规定，均是视灾情轻重而定。直至乾隆四年（1739 年），清政府才有了正式规定，灾民凡大口（16 岁以上者），日给米 5 合（5 合为半斤）；小口（以能走路者为限）半之；如米不足则银米兼给。按史书记载“极贫无论大小口数多寡，俱须全给。次贫则老幼妇女全给，其少壮丁男力能营趁者酌给”。赈期一般都有时间的规定，如“正赈”统一赈济一个月，“大赈”按灾害等级各延长若干月，“展赈”为大赈结束后临时加赈，期限不定，“抽赈”是选择应赈的加以赈济，也有并无规定。例如乾隆四十七年（1782 年），江苏及山东遭受重灾，乾隆帝下令赈济不用考虑时间，需要赈济多长时间就赈济多长时间，“灾退后始行停止”。

工赈也是经常施行的赈济方式之一，是指在灾年由官府出资兴办工程，每日发给银、米，招募灾民来建设工程。清朝中期的政府，由于具备了经济和制度的保障，在灾发比较集中的地方多次大规模实施工赈救荒，其直接目的是补充其他救济方式的不足，满足更多待赈者的需求，使政府获得更多的经济收益。其深层次的目的是抑制社会动荡、发展农业经济。工赈所办工程多与水利相关，具有积极的救济性质，且为将来的生产做准备。通常，清政府都会考虑到百姓疾苦，尽量让工赈落到实处。比如规定“向例每逢闲月，听贫民尽数到工执役；若农忙之时，即有紧要工程，大率三丁抽一，其余任其耕种”。

为顺利发赈以方便灾民，清代还规定发赈时要在州、县本城设厂，四乡各在适当的地方设厂。如乡厂相距较远，可多设一二厂进行发放。发赈前应先将某被赈村庄，将在某厂、某时发放事项明白晓谕。为防止冒领，还规定在每次发赈后，就应于赈票上加盖戳记，赈济底册内也加盖戳记。又为防止短少克扣，清廷规定发赈时司官必须亲临，不得假手胥役、里甲，并且还要有督赈官员进行现场监督。另外，还将发赈的银米数目、户口、姓名、月日刊示公告，以求百姓了解情况。

这些规定都一定程度地抑制了经办官员贪赃腐化的形成，从而促使发赈过程正常进行。但是，在赈灾过程中也经常会出现大量的腐败现象，一些地方官员趁机侵吞中央政府拨给的钱粮。如清代政府虽然制订了一整套完备的救灾制度，但由于官场腐败，许多时候赈灾都变成了贪官污吏捞取钱财的一次良机，真正发放到灾民手中的钱粮寥寥无几。这不能不说是一件相当可悲的事情（宫大伟，2009）。

第四节　雨雪折奏制度

雨雪折奏制度是清朝对前代气象呈报做法的融通、传承与变革，以奏折作为载体而形成的一种重要的农政制度。其特点为临时奏闻和定时折报并行，奏折与雨雪清单并用，奏报人员变动不居，并与粮价陈报、收成奏报共同组成了清代粮政信息收集制度，在维护、巩固清王朝统治过程中起到了至关重要的作用（穆崟臣，2011）。

一、雨雪折奏制度的演变与确立

传统社会对农业生产的关注无过于清代，雨雪折奏制度便是例证。清廷十分注意气候变化，因为在封建社会，气候直接关系到农业的丰歉。“农事为民生之本，必雨雪以时，庶春耕不误，秋成可望。”①为此，各直省需进行气候尤其是雨雪的测量，并逐级上呈朝廷。这些记录大致可分为两类：一类是逐日的晴雨记载，称作“晴雨录”；一类是时逢雨雪的奏报，称为“雨雪分寸”。

晴雨录是日夜由专人按子、丑、寅、卯等十二个时辰，以子时为一天的起点，亥时为一天的终点，逐日观测天气现象，诸如晴、阴、雷、雨、雪、雾和风向等情形的记载。目前所见最早的晴雨录是记载康熙十一年（1672 年）北京地区的天气晴明和雨雪情形②。康熙二十五年（1686 年）之前的雨雪信息采取黄册呈报。是年，上谕大学士等“各省晴雨，不必缮写黄册，特本具奏，可乘奏事之便，细字折子，附于疏内以闻”③。嗣后地方晴雨录就采取清代颇具特色的奏折形式陈报。

虽然康熙要求各直省奏报本地的晴雨录，并试图在全国范围内推广这一做法。但从目前所存的晴雨录来看，只有北京、苏州、杭州、江宁保留有较长时间的晴雨录记载④，其余各省鲜有记录存留。从地方行政角度看，日夜派专人进行观测记录，对本已不足的县衙人员亦是压力。晴雨录是需要衙役日夜值班加以观测、记录每天 12 个时辰的天气现象，无疑需要更多的人力支出。在政略人简的传统社会于全国范围内推行如此“繁琐”的奏报，实际上很困难。有理由相信各省之所以少有晴雨录，并非因为年久史料散失，很有可能是绝大部分地区并没有执行或认真对待晴雨录的奏报。

每逢雨雪，地方官员要向皇帝报告雨水入土深度和积雪厚度及起止日期，这一类奏折被称为雨雪分寸。康熙二十八年（1689 年）五月十五日，敦柱奏曰：“今各省具报得雨。”⑤可见，最迟在此年各直省就有折报所属州县雨泽、降雪情形的职责。下文主要利用山东地区的雨雪奏报档案史料对这一制度进行阐述。

（一）奏报地域范畴

1. 以全省为对象

以全省为对象，这种奏报较为粗略，只是大致反映全省雨雪状况。如康熙五十六年（1717

---

① 《清圣祖实录》卷 106，《康熙二十一年十二月丁亥》.

②④　张瑾瑢：《清代档案中的气象资料》. 历史档案，1982(2)：100-104.

③ 《清圣祖实录》卷 125，《康熙二十五年三月丁巳》.

⑤ 《康熙起居注》，《康熙二十八年五月十五日》. 北京：中华书局，1984.

年)正月,山东巡抚李树德奏报阖省得雪情形,山东去岁“十一月、十二月内,又复屡沾瑞雪,麦苗茂盛”①。此类奏报所反映的气象信息颇为有限,不能确知各府是否一体均沾或具体的得雨雪分寸,但仍可以概观全省的雨泽雪及农业生产的情况。有的奏报虽然也以全省为范围,但所承载的信息却较为具体,济南、东昌、武定等十府属“陆续申报,俱于五月二十日,得雨三、四寸到至七、八寸不等”②。还有的奏报是按府分别叙述的“济南府属历城等十七州、县得雨自三、四、五、六、七、八寸以及尺余不等……沂州府属兰山等七州县,得雨五、六寸及八、九寸不等”③。通阅全折也可以知晓全省大致的雨雪状况。

2. 以府为范围

以府为范围,这种奏报大致有两种情况:一是巡抚奏报某一府的雨雪情形。如“济南府于十二月二十三日巳时起至亥时止,得雪二寸有余”④。据此可以看出,雨雪奏报较为及时。一经得雨雪就立即缮折奏闻。当然也有汇总各府情形一起陈奏的。二为总兵所辖府境得有雨雪的情形。登州地方秋收成丰稔,“兹于十月二十六日子时起至未时止,得降瑞雪,积厚三寸”⑤。兖州地方“于十月十六日子时得雪起至午时止,积厚四寸。沂州府属地方,同日得雪五寸”⑥。诚然,总兵的奏报与督抚的奏报,在信息上会有所重复,但对督抚奏报的雨雪情形能起到核查作用,故能提高督抚农情奏报的可靠性。

3. 以职守所辖之境为范围

以职守所辖之境为范围,前述总兵奏报雨雪即是例证。此外尚有其他官员,如河道总督就时常奏报运河流经区域雨雪情况,“沿河一带,于十月二十七八日,普得瑞雪之后,于十一月十四日复又得雪二、三寸,滋培二麦,更为有益,民情欢豫”⑦。显而易见,这种奏报较为笼统,并不能明晰各具体州、县确切的雨雪分寸。

4. 以县为单位

清代留下有关雨雪的档案,大部分是以县为单位的或者说是某府所属州、县分别列出分寸缮写。按府分列州县的,如乾隆五十三年(1788 年)四月初四日,山东巡抚长麟奏报,泰安府属之泰安、新泰、莱芜,兖州府属之滋阳、曲阜、宁阳、邹县、泗水、藤县、峰县、汶上等处共四十七州、县于三月二十五日,得有雨泽,自一、二寸至四、五寸及深透不等⑧。另外,亦有以某县为对象,但多数为省城雨雪情形,“省城于十三日,甘霖大霈,自丑时起至辰时止,得雨三寸,四野普沾,实于耘耩(jiǎng)麦田大有裨益”⑨。此类奏折,各省多有,反映出清廷与地方官府对省城情况的格外关注。此外,还有一种流动性的雨雪情形报告,如官员赴任、入京、巡视、出差等报告途径及巡查区内的雨雪情况。如巡视东漕(cáo)兵科给事中窝星额就奏报过肥城雨雪情形,“肥城县地方,自申时得雪起,势甚绵密,至二十八日卯时止,据报入土五寸”⑩。应该说,这

① 《朱批奏折》康熙五十六年正月十三日,山东巡抚李树德奏.北京:中国第一历史档案馆.
② 《朱批奏折》乾隆五年六月十七日,山东巡抚硕色奏.北京:中国第一历史档案馆.
③ 《朱批奏折》乾隆五年三月十六日,山东巡抚硕色奏.北京:中国第一历史档案馆.
④ 《宫中档乾隆朝奏折》第 23 辑.台北:故宫博物院,1982.
⑤ 《军机处录副奏折》乾隆五十六年十月二十九日,登州镇总兵官朱泰德奏.北京:中国第一历史档案馆.
⑥ 《朱批奏折》乾隆五十七年正月二十日,兖州镇总兵官柯藩奏.北京:中国第一历史档案馆.
⑦ 《军机处录副奏折》乾隆六十年十一月十八日,河东河道总督李奉翰奏.北京:中国第一历史档案馆.
⑧ 《军机处录副奏折》乾隆五十三年四月初四日,山东巡抚长麟奏.北京:中国第一历史档案馆.
⑨ 《军机处录副奏折》乾隆五十八年八月二十二日,山东巡抚吉庆奏.北京:中国第一历史档案馆.
⑩ 《朱批奏折》乾隆五十七年正月二十八日,巡视东潜兵科给事中窝星额奏.北京:中国第一历史档案馆.

类以县为单位的雨雪奏折所反映的信息最为丰富，史料价值亦高。

（二）奏报程序与信息来源

清代雨雪信息的奏报有两种形式，即经常性的报告和临时性的报告。经常性的报告按县—府—省—中央的程序上报。“据登州、莱州、青州、沂州、武定、泰安、兖州、曹州、东昌、济南等府陆续报称，所属得雪自一、二寸至四、五寸不等。”①按此程序奏报的雨雪信息来自各府的呈报，当然各府的信息是来自府属各县的呈报。

同时也存在由县报省的情形，“据历城县知县王国正报称，差役崔世吉等四路确查，实得瑞雪一尺五、六寸不等，处处均沾”②。再如“据登州府属蓬莱、费县、福山、栖霞、招远、莱阳、海阳、宁海等州、县各报称，本年十一月二十三、二十四等日，得有瑞雪，积地三寸、四寸、五寸以至一尺、二尺不等，四野俱各沾足”③。

各地总兵亦有奏报所辖境内雨雪情形的职责，但他们与知府获得的雨雪信息不是同一途径，而是所属各营汛的呈报。“查各营察报，据报兖州府属曲阜、邹县、汶上、寿张各县汛地于十二月初三日得雪一寸至一寸五分、二、三寸不等。”④

雨雪的临时奏报有各县呈报，亦有官员亲自或差员探查。官员有省内要员和临时途经、巡视等官的不同。乾隆十年（1745 年）三月初，山东巡抚喀尔吉善由济南省城启程巡查登标所辖营汛，“于三月初七日，行次即墨县，自寅时起至未时止，得雨五寸”⑤。河道总督在巡查沿河地区，遇有雨雪，亦随时奏闻。乾隆四十二年（1777 年）正月二十五日，河东河道总督姚立德在张秋途次，“午后细雨霡霂（mài mù），入夜颇为稠密，挖验入土透渥（wò），高下均沾。旋据济宁州禀报，得雨六寸，附近州邑，得雨情形相同”⑥。

遣官勘察也是一种获得雨雪信息的途径，亦属于临时奏报。乾隆二年（1737 年），高宗因京师雨泽愆期，又闻知河南、山东两省与直隶接壤之处，雨亦稀少，深为忧虑，特遣侍卫永兴前往河南，松福前往山东，再各派户部司官一员同往勘视，要求他们回京时据实覆奏得雨分数等实在情形⑦。清代，特别是乾隆时期，遣官勘视回奏得雨等情形的事例十分常见。

各直省奏报雨泽情形通过驿站送呈，但不得滥用马递。“地亩望雨正殷之时，得有雨泽及初次得有瑞雪，均填用马递，限行三百里。其寻常报雨，及已报后复得雨雪连次申报者，俱发铺递。至天气亢旱，盼雨急切，立等奏报者，即插翼马递飞送，限四百里或五百里，以期迅速，不必拘定三百里之限。”⑧如果违例滥发，则会遭到申饬。乾隆四十三年（1778 年），东抚国泰用六百里加急奏报东省各属得雪分寸，高宗深为不满，传旨申饬国泰不晓事体，竟用六百里驰奏冬雪情形，实属冒昧之举⑨。

---

① 《朱批奏折》乾隆二年正月二十八日，山东巡抚法敏奏．北京：中国第一历史档案馆．

② 《朱批奏折》雍正十二年十月十三日，山东布政使郑禅宝奏．北京：中国第一历史档案馆．

③ 《朱批奏折》乾隆元年十二月初七日，山东巡抚法敏奏．北京：中国第一历史档案馆．

④ 《朱批奏折》乾隆三年十二月初九日，兖州总兵高钰奏．北京：中国第一历史档案馆．

⑤ 《朱批奏折》乾隆十年三月初八日，山东巡抚喀尔吉善奏．北京：中国第一历史档案馆．

⑥ 《军机处录副奏折》乾隆四十二年正月二十八日，河东河道总督姚立德奏．北京：中国第一历史档案馆．

⑦ 《清高宗实录》卷 40，《乾隆二年四月戊辰》．

⑧ 佚名：《乾隆朝山东宪规》，载杨一凡，田涛主编《中国珍稀法律典籍续编》第 7 册．哈尔滨：黑龙江人民出版社，2002．

⑨ 《清高宗实录》卷 1048，《乾隆四十三年正月甲子》．

(三)雨雪折内容的书写规范

各省、府或县的雨雪分寸,一是据各级下属的呈报,二是官员的躬身查验或遣员勘察。雨雪分寸的奏报,折内所称得雨、得雪几寸,语意明晰。雨雪粮价折常载有四野均沾、四野沾足等字样。以何标准如此行文,清代的官书、政书等文献对此鲜有记载,不过在一些地方行政指南的书籍中略有提及。“报雨不可以寸计者,应开四野均沾;连得雨而尚可以寸计者,开四野均沾或四野沾足。”①

另外,还有皇帝对折内措辞的不满,虽不是对此类奏折的书写范定,但还是对奏报者在缮折行文时有所告诫。乾隆十六年(1751 年)六月,抚理贵州巡抚布政使温福奏报雨水、禾麦地方情形折内有出郊赏农之语,高宗甚为不悦:“国家以农事为重,劳农劝相,原地方官应行之事,从未有称赏农者。若云赏赍(jī)之赏,则系伊自行奖赏,见之章奏,既属非体;若云赏玩之赏,则以百姓之沾体涂足,仅供伊之游目骋怀,更为不知轻重矣。”②并著军机大臣传旨申饬。雨雪奏报关系地方农情,赏农之语实属不合。

(四)雨雪清单

雨雪奏报有一经降雨(雪)即行奏闻,也有定期呈报。从接触到的雨雪档案看,定期奏报有旬报、月报两种。乾隆三十三年(1768 年)二月初七日,山东布政史梁翥(zhù)鸿奏称:“查正月上、中二旬,各属节次得雪,土膏滋润,麦苗有裨,经臣奏报在案。”③可见,按旬奏报各地雨雪情形存在。按月奏报,是一种制度规范。雨水情形“例应按月奏报”④。雨雪清单的奏报,就是按月奏报。如乾隆四十三年(1778 年),山东巡抚国泰的一份奏折中称:“将三月内,通省各属得雨次数及多寡寸数,汇开清单,恭呈御览。”⑤从此类档案看,目前还没有发现康熙、雍正年间督抚缮结清单奏闻雨雪情况的。乾隆元年(1736 年)开始有雨雪清单。

雨雪清单的缮写格式大概有两种方式:一是以府为经,把各府所属州、县得有雨雪的情况,按降雨雪时间为顺序书写,“济南府于八月初六、初七等日,历城县得雨三寸,长山县得雨三寸,济阳县得雨二寸,禹城县得雨二寸,临邑县得雨三寸,德州得雨二寸,平原县得雨四寸”⑥;二是以降雨雪时间为经,把某日得有雨雪的州、县汇集在一起,“乾隆三十九年(1774 年)五月二十三日,淄川、观城、淮州、平阴、东平所、东平州、茌平、禹城、临邑、邹县得雨三寸;德州、德州卫、历城、恩县得雨五寸;新泰、章丘得雨四寸;平原得雨一寸;长清、商河、夏津、阳谷、馆陶、武城、费县得雨二寸;临清卫得雨六寸”⑦。应该说,这两种行文方式是各得其宜,均非常清晰、明了,并无优劣之分(穆崟臣,2011)。

二、雨雪奏报制度的特点

(一)定期奏报与临时奏闻并行

清朝统治者主要通过两种方式获取各省雨雪等讯息。一是经各级官府层层上报,这种奏

① 佚名:《钱谷摘要·折报》.国家图书馆普通古籍阅览室珍藏的清抄本.

② 《清高宗实录》卷 393,《乾隆十六年六月辛酉》.

③ 《宫中档乾隆朝奏折》第 29 辑.台北:故宫博物院,1982.

④ 《宫中档乾隆朝奏折》第 30 辑.台北:故宫博物院,1982.

⑤ 《宫中档乾隆朝奏折》第 42 辑.台北:故宫博物院,1982.

⑥ 《得雨清单》乾隆元年八月,山东巡抚岳濬奏.北京:中国第一历史档案馆.

⑦ 《得雨清单》乾隆三十九年五月二十四日,山东巡抚徐绩奏.北京:中国第一历史档案馆.

报可称为定期奏报。但即便是定期,各级行政机关上报的时间也不一致。州、县定期报晴雨一般是按旬开折呈报,然后依次层层报闻①。督抚又时常把大致一个月的雨雪情形奏报中央"据济南府申报,各属于三月初八、十五、十六、四月初二等日得雨"②。

此外,雨雪情形还存在另一种临时奏报的形式,但与上述临时奏报不同,这种奏报的主体为各级官府的行政长官。与定期奏报不同,此类奏报属随时飞报,即遇到雨雪天气,随即三百里加急,开折驰报③。

(二)奏折与清单并举

清代雨雪奏报的另一特点表现在上报文书格式上,采取奏折与清单并举的形式。有一点必须明确,不是所有的雨雪奏报都是单、折并用,这种方式多是在常规的定期奏报时才使用。从雨雪档案看,在奏报降水情形时,即便是督抚的随时奏报也多采用折后附雨雪清单的方式。因为每次降水过程涵盖面广,清单则能清晰地反映出各省的雨雪情形。

还有一点需要注意,这种奏折与清单的使用在时间上不同步。在制度初创时期,均是在奏事折内奏明阖省的雨雪情形。奏报各地天气情况等农情的奏折出现得较早,从康熙十年(1671年)之后就不断有各地晴雨的报告。期间虽经历了康熙二十四年(1685年)开始在全国推广晴雨录奏报的失败,但也正是从此时开始采用奏折来陈报雨雪④。而雨雪清单的出现相对较晚,在乾隆初年才陆续出现。清单的使用也从一个方面说明了乾隆初年实际上是对康熙、雍正时期出现的制度不断进行调整、完善,并进一步制度化的重要时期。

(三)奏报人员主体的变动

康熙初年,奏折尚属启用阶段,可直接向皇帝奏报的官员限于皇帝的心腹,如苏、杭、宁三织造及得到特许的其他官员,如部分总督、巡抚、八旗驻防将军、驻防都统等。所以各省开始奏报雨雪、收成、粮价时,奏报人数不会很多。康熙末年,直接向皇帝具折奏闻的官员进一步增多,只要位居督抚,不分满汉都允许直接向皇帝具折奏事。雍正年间,世宗为充分发挥奏折制度的功能,而放宽了臣工专折具奏的特权。内而六部、九卿、翰詹科道及八旗等官,外而督抚、将军、提镇及司道、知府、副将、参将等员,俱准使用奏折⑤。但奏报地方雨雪的官员主要是督抚、布政使、将军、总兵等。世宗十分重视雨雪奏报,并时常警告各省督抚如实具奏,不得粉饰⑥。

乾隆年间,奏报人员又有所增加。除督抚例行奏报外,布政使也时常单独奏报。同时,不规则的临时奏报,具折官员也增加了,按察使、各地总兵、盐政、税关监督、河督、漕督和学政也报告相关的雨雪、收成等信息。当然,高级官员赴任、晋京、巡查、出差等,也时常报告途经地方的雨雪情况。乾隆之后,奏报雨雪的官员范围有所缩小。从清代山东地区的此类档案看,奏报人基本是山东巡抚、登州总兵、兖州总兵及青州副都统等文武要员,其他官员很少有奏报。道光以后,多渠道雨雪情况奏报逐渐萎缩。

(四)诸种奏报系统多合而为一

春、夏雨泽是否应时,冬月瑞雪能否普沾在很大程度上影响着农业生产,决定着粮食收成

---

① 刚毅:《牧令须知》卷3,《报雨详》.台北:文海出版社,1971.

② 《朱批奏折》康熙五十六年四月初十日,山东巡抚李树德奏.北京:中国第一历史档案馆.

③ 刚毅:《牧令须知》卷3,《飞报随时得雨得雪折》.台北:文海出版社,1971.

④ 《清圣祖实录》卷125,《康熙二十五年三月丁巳》.

⑤ 庄吉发:《清代奏折制度》.台北:故宫博物院,1979.

⑥ 《雍正朝满文朱批奏折全译》.合肥:黄山书社,1998.

的情况及粮食价格的变动方式。“民生之盖藏，在收成之丰稔，而收成之丰稔，在雨雪之沾足。”[①]粮食的丰歉又是粮价波动的重要影响因子。各地雨雪、收成以及米粮时价实际上是一个有机整体，都是主要的粮食信息。所以，清代雨雪、收成分数、粮价的奏报虽各有独立的奏报系统，但与此同时又经常见到同一份档案中雨雪、收成、粮价都有反映或者时常载有两种信息。

雨雪、收成、粮价奏报制度各成系统，是指每种信息都有专折奏报的情形，即单独开列一种情形，其他情况鲜有记录，如康熙五十六年(1717 年)，山东巡抚李树德奏报山东省雨泽情形，“据济南府属，于正月初五、十三等日，得雪尺余及七八寸不等”[②]。

雨雪、收成分数、粮价奏报又多合而为一，除了他们都属于粮食讯息外，此类档案多有两种或是三种信息反映在同一奏报内。乾隆四年(1739 年)八月，山东巡抚黄叔琳奏报，山东省自五月初十日以后，连得透雨，六、七月间阴雨连绵。济南府收成确有八分，泰安府收成确有八分以上[③]。乾隆三十一年(1766 年)，山东按察使富勒浑奏报，正月初九、初十等日，济南等十府属得雪自二三寸至五六寸不等，土膏滋润，麦根深固，可望丰收，闾阎(lǘ yán)盖藏充裕，民食有资，通省粮价大米自一两五六钱至三两七八钱不等，小米自一两一二钱至一两七八钱不等[④](穆崟臣，2011)。

总之，清代雨雪折奏制度是前代做法的融通与传承，采用独具清朝特色的奏折作为呈报内容的载体，是经过不断调整、完善而形成的一项重要的、规范化的农政信息奏报制度。这种做法在同期的欧洲是完全无法想象的。这从一个角度解释了为什么作为少数民族的满族入主中原却能维持近三百年的统治。清朝统治者正是抓住了传统社会的立国之本，建立了一种包括雨雪在内的农业信息收集制度，以便“事先图维”“预先筹划”相关应对事宜，故能在有限的人力和物力下，较为有效地控制和管理这个庞大的帝国(穆崟臣，2011)。

第五节　灾前防灾措施

和历代王朝一样，粮食储备是清代最重要的防灾、备荒措施。除此之外，政府大力倡导兴修水利工程、督促发展农业生产等，也都具有防备灾荒的作用。清代旱涝灾害发生频繁，清代的防灾、备灾，最主要的就是防备旱涝灾害。水利工程包括治理河务、修建储水库坝等内容。涝时蓄水、旱时放水，其抗灾、灌溉的社会功效更为明显。因此，把兴修水利工程作为国之要事常抓不懈，也是清代重要的备荒措施(朱凤祥，2009)。

一、官仓贮粮、防灾备荒

清代十分重视粮食储备问题，经常谕劝地方官督民勤于农事，节约贮粮，以备凶荒。比如康熙十八年(1679 年)六月，诏说：“盛治之世，余一余三。盖仓廪足而礼教兴，水旱乃可无虞。比闻小民不知积蓄，一逢歉岁，率致流移。夫兴俭化民，食时用礼，惟良有司是赖。督抚等其选

① 《朱批奏折》乾隆五年十二月十五日，登州总兵马世龙奏.北京：中国第一历史档案馆.

② 《朱批奏折》康熙五十六年正月二十五日，山东巡抚李树德奏.北京：中国第一历史档案馆.

③ 《军机处录副奏折》乾隆四年八月十五日，护理山东巡抚黄叔琳奏.北京：中国第一历史档案馆.

④ 《朱批奏折》乾隆三十一年正月二十四日，山东按察使富勒浑奏.北京：中国第一历史档案馆.

吏教民，勿负朕意。”①

清朝建立不久即着手恢复、设立仓储，并逐步建立起比较完善的仓储制度。清代官仓承袭历代旧制，主要以常平仓为主，另有京通仓、营仓、旗仓、水次仓、内仓等。在备荒防灾中发挥最大功用的是常平仓。“常平仓谷，乃民命所关，实地方第一紧要之政。”②常平仓之设，始于西汉，以后历代相沿。随着社会的发展，作为农业国家救灾体系的重要组成部分，至清代，常平仓的管理体制进一步发展和完善，在清代社会经济生活中发挥着十分重要的作用。与前代相比，清代常平仓制的创新和发展主要表现在以下 3 个方面。

第一，储粮充足，为清代的防灾、救灾提供了物质保障。

清代规定，“由省会至府、州、县，俱建常平仓，或兼设裕备仓”③，用备灾赈、借贷、平粜之需。清代常平仓谷的来源主要有三种渠道。最主要的是采买，即从财政经费中拨款采购。如康熙四十三年(1704 年)，户部题准：陕西省动支西安司库兵饷银十四万两，以十万两时价买米增储④。乾隆时期，政府以财政拨款方式，购粮储仓的记载随处可见，而且拨款数额往往很大。如乾隆元年(1736 年)，令江西动用存公银买谷十万余石，分储各府、州、县，以备缓急⑤。其次是捐纳，这是政府倡导、鼓励，官民自愿输粟的行为。为调动地方官民的积极性，清政府规定，依捐纳米谷(或银两)多少，地方官可获取相应的功名或官职，地方绅商和民间富户捐粮多者，由地方政府给以戴花红、赠匾额，甚至授顶戴的表彰性奖励。康熙十八年(1679 年)，令地方官整理常平仓，劝谕乡绅士民于每岁秋收捐输米谷。康熙二十一年(1682 年)，命州、县、卫、所官劝输常平等仓，按一年内劝输米数，自二千石至一万石以上不等，各予记录或加级。康熙三十一年(1692 年)，令各省、府、州、县核实所积米谷之数，逐一缮册报部。康熙五十四年(1715 年)，“议定绅民捐谷，按数之多寡，由督抚、道、府、州、县分别给匾，永免差役”⑥。康熙以后，历朝也多鼓励和褒奖地方的捐纳行为。在某地严重粮缺的情形下，朝廷还常下令截漕粮弥补各地常平仓收贮之不足。如雍正元年(1723 年)，令河南省截留康熙六十一年(1722 年)漕粮六万二千五百九十石，于卫辉府存储，又酌拨陕州收捐米二万石，运送怀庆府存储。

由于政府采用多种方式备实常平仓谷，所以清代官仓储粮一直比较充足，这也是清代常平仓优于前代的重要特色之一。清代直省各地常平仓粮额，因具体情况不同，有一定差别。康熙四十三年(1704 年)，各省、州、县贮谷之数，“山东、山西大州、县二万石，中州、县万六千石，小州、县万二千石；江西大州、县一万二千石；江苏、四川率不过六千石”，而福建当时“捐谷二十七万石，常平又存五十六万石，台湾捐谷以常平为最多，共八十余万石”⑦。乾隆初年，随着人口的不断增多，社会对粮食需求扩大，各地存仓粮食的数额逐渐增多。乾隆十三年(1748 年)，考虑到“常平仓额日增，有碍民食”，于是又根据各地人口数量、繁荣程度、交通状况等，采取因省而异的原则做出相应调整，“云南七十万石，陕西二百七十万石，甘肃二百七十万石，各有奇”“福建二百五十余万石，广东二百九十余万石，贵州五十万石”，其余各省照雍正年间旧额，“直隶二百一十万石，奉天百二十万石，山东二百九十万石，山西百三十万石，河南二百三十万石，

---

① 赵尔巽：《清史稿》卷 6，《圣祖本纪一》. 北京：中华书局，1976.

② 席裕福等：《皇朝政典类纂》卷 153，《仓库十三·积储》. 台北：文海出版社，1983.

③ 赵尔巽：《清支稿》卷 121，《食货二·赋役仓库》. 北京：中华书局，1976.

④⑤ 昆冈等：光绪《大清会典事例》卷 189，《户部·积储·常平谷本》. 台北：新文丰出版公司，据光绪二十五年原刻本景印.

⑥⑦ 赵尔巽：《清史稿》卷 121，《食货二·赋役仓库》. 北京：中华书局，1976.

江苏百五十万石，安徽百八十万石，江西百三十万石，浙江二百八十万石，湖北五十万石，湖南七十万石，四川百万石，广西二十万石，各有奇，通计十九省贮谷三千三百七十余万石，较旧额四千四百余万石，应减储千四百余万石”①。但实际上，各省储粮总数每年均不同，比官定数额要多。有学者统计，乾隆十三年（1748 年），盛京、直隶、山东、河南、山西、陕西、甘肃、江苏、安徽、浙江、江西、湖北、湖南、福建、广东、广西、四川、云南、贵州等直省积谷总数相加为二千三百八十一万二千七百八十六石，乾隆三十一年（1766 年）为三千零四十七万六千二百一十三石，乾隆五十四年为四千五百八十一万零七百四十石②。

除“常平仓”外，清代还在一些地区建立了有别于“常平仓”的国家专项粮食储备，比如京仓、通仓、旗仓、水次仓、营仓等，它们具有独立的管理系统及各自的粮食来源和专门用途，灾荒年景常平仓额不足，也用于赈济灾民。总之，清代中期以前，完备的仓储设施和充足的储粮，为政府的防灾备荒提供了充分的物质保障。

第二，常平仓的灾荒救济功能比前朝更为突显。

常平仓的主要功能是平粜、出借与赈贷。顺治十七年（1660 年），“户部议定常平仓谷，春夏出粜，秋冬籴还，平价生息，凶岁则按数给散贫户”③。正常年景下，常平仓的基本作用是平抑季节性的粮价波动，每年秋收季节粮价低廉时买进新粮，次年春、夏青黄不接时按“存七粜三”卖出，即所谓“春夏出粜，秋冬籴还”。常平仓的另一项功能是出借，即在农粮青黄不接之际，把粮食借给农民作为籽种口粮，以解决农民现实的需要，同时也可以达到仓谷“出陈易新”的目的，不至于使储粮年久积压腐烂。常平仓借粮，一般规定春借秋还，不得逾年；但也有特例，如遇歉收，则推延至明年。

常平仓还有一个重要功能就是临灾赈恤贫民。清代自然灾害频繁发生，常平仓的这一功能也就显得格外突出。《大清会典事例》详细记载了政府灾荒赈济的事实。清代中期以前，常平仓谷对于灾荒赈济起到了非常大的作用，这是清代常平仓有别于前朝的另一大特点。

第三，管理严密，为清代防灾、救灾制度的良好运行提供了法律保证。

清代常平仓的管理体制非常完备，从仓官的任用及职责划分、仓谷的存储及散放使用，包括日常的仓储管理办法等，每一环节都有严密的制度加以约束，并有相应的法令法规作为保障。

清代仓储管理制度非常严格。清制规定，为确保储粮无患，地方仓廒需定时修补，如果因为仓廒渗漏、木植不坚、砖瓦破碎等原因致积谷受损，则追究地方主管之责。康熙四十三年（1704 年），“议定州、县仓谷霉烂者，革职留任！限一年赔完复职；逾年不完，解任；三年外不完，定罪，著落家产追赔”。雍正四年（1726 年），户部覆准，“州、县仓廒不修，致米谷霉烂者，照侵蚀科断，并将亏空各州、县解任”“其谷令自行催还，限以一年，逾限者治罪”④。

清代对亏空仓粮处罚最为严厉。清代统治者认为：“若亏空仓粮，则一时旱潦无备，事关民瘼（mò），是亏空仓谷之罪较亏空钱粮为甚，自宜严加处分。”⑤遂规定州官：“亏空仓谷，系侵盗入己者，千石以下，照监守自盗律，拟斩，准徒五年；千石以上，斩监候，不准赦免；将侵盗谷数，

①③④　赵尔巽：《清史稿》卷 121，《食货二・赋役仓库》．北京：中华书局，1976.

②　倪玉平：《试论清朝的常平仓》．石家庄学院学报，2007，9(1)：69-74.

⑤　昆冈等：光绪《钦定大清会典事例》卷 192，《户部・积储・盘查仓粮》．台北：新文丰出版公司，光绪二十五年原刻本.

动支正项银买补，著落该犯妻子名下严追。系挪移者，除数止千石、百石，照律准徒，五千石至万石，照律拟流外，万石至二万石，发边充军，二万石以上者，照侵盗例拟斩，其亏空之数，动正项银买补，于各犯名下勒限一年追赔。"道、府行政长官：如疏于失察或徇隐包庇，亦即题参，照州、县官侵挪钱粮，知府徇隐失察例，分别议处，所有亏空仓谷，著落赔补"。如督抚失察，"道府直隶州知州已经揭报，督抚不行题参者，将督抚亦照徇庇例议处，所亏仓谷亦照例分赔"①。对于常平仓谷，出借而不能按时收回或捏造虚报者，也制定了相应的惩处措施。

在仓储管理上，清政府还制定了严厉的官员失职惩处条例，基本保证了仓储体制的良好运行，对清代官仓储粮的正常使用尤其是灾荒救济起到了法律监督的作用。但随着时间推移，特别是嘉、道时期，随着整个国家管理能力的下降以及吏治腐败的滋生，常平仓应有的积极功能逐步退化，其本身的弊端日渐暴露无遗。及至晚清，随着封建王朝的日趋没落，仓储制度在实施中弊窦丛生，逐渐走向衰败(朱凤祥，2009)。

二、民间储粮、社仓义仓

社仓是传统社会备荒仓储体系的重要组成部分。清代社仓始建于康熙十八年(1679年)，该年户部题准："乡村立社仓，市镇立义仓，公举本乡之人，出陈易新。春日借贷，秋收偿还，每石取息一斗，岁底州、县将数目呈详上司报部。"②但就康熙时期的情况来看，因社仓之法初行于世，缺乏相应的约束机制和保障机制，社仓建设成效并不显著。雍正时对社仓建设高度重视，于继位第二年就下谕议定社仓条例，认为"备荒之仓莫便于近民，而近民莫善于社仓"③，因之大力推行社仓建设，并同时复准了社仓的"劝奖捐输"和"收息"之法。此后，全国各地纷纷设立社仓。社仓的管理者由民间推举而出，"选择地方敦实之人董率其事"，分设正、副社长。其劝奖捐输办法为：根据捐输粮米的多少，奖给捐输者"花红递加匾额以至八品冠带""如正、副社长管理十年无过，亦以八品冠带给之"。其收息之法为"凡借本谷一石，冬间收息二斗。小歉减半，大歉全免，祗收本谷。至十年后，息倍于本，祗以加一行息"④。为使百姓对社仓的经营有较大的自主权，不至于官法约束过多，雍正帝又颁布上谕："社仓之设，原以备荒歉不时之需，然往往行之不善，致滋烦扰。朕以为奉行之道，宜缓不宜急，宜劝谕百姓听其自为之，而不当以官法绳之也。"⑤雍正三年(1725年)，为了使社仓的管理规范化，雍正帝采取江苏巡抚何天培的建议，颁行"社仓事项"："一，赈贷均预造排门册存案；二，正、副社长外，再举一殷实者总司其事；三，州、县官不许干预出纳；四，所需纸笔，必劝募乐输，或官拨罚项充用；五，积谷既多，应于夏秋之交减价平粜，秋收后照时价买补。"乾隆四年(1739年)，进一步颁行五条"社仓事例"："一，社长三年更换；二，春借时酌留一半，以防秋歉；三，限每年清还；四，将借户谷数姓名晓示；五，令地方官稽查交代分赔。"⑥

清代社仓的谷本来源有二：一为官府调拨；二是民间捐输。社仓粮米，平年用于借贷和平粜，可以起到扶贫济弱的作用；灾年则用于赈济灾民，在一定程度上减轻了常平仓的压力，弥补了政府赈灾力量的不足。尤其是雍正、乾隆年间，因为朝廷重视对社仓的管理，加之国家经济

---

① 杨景仁：《筹济编》卷30，《裕仓储》，载李文海、夏明方：《中国荒政全书》第二辑第4册.

② 赵尔巽：《清史稿》卷121，《食货二·赋役仓库》. 北京：中华书局，1976.

③ 乾隆官修：《清朝文献通考》卷35，《市籴四》. 杭州：浙江古籍出版社，2000.

④⑥ 赵尔巽：《清史稿》卷121，《食货二·赋役仓库》. 北京：中华书局，1976.

⑤ 乾隆官修：《清朝文献通考》卷35，《市粜考四》. 杭州：浙江古籍出版社，2000.

富庶、粮米充裕，社仓一度呈现繁荣的局面。

总的来说，清代社仓在储粮充足的情况下，通过借贷、平粜和赈济多种手段相结合，在防灾备荒及扶助农民发展生产方面起了一定的积极作用。但是，由于“听民自理”的社仓制度本身就有弊端，诸如存在仓谷借还难、劝捐输纳难、管理任人难等问题，使得清代社仓逐渐走向衰落①。

清代与社仓性质相似的民间粮仓是义仓。两者均为民间备荒仓储，难以截然分开，有时义仓即社仓，如乾隆十八年(1753 年)，直隶总督方观承在上疏中说：“义仓始于隋长孙平，至宋朱子而规划详备。虽以社为名，实与义同例。其要在地近其人，人习其事，官之为民计，不若民之自为计，故守以民而不守以官，城之专为备，不若乡之多为备，故贮于乡而不贮于城。”②可见，义仓和社仓初设之本意，都是在民间“听民自理”的地方性仓储，只是后来在实际运行中官府介入社仓过多才使其性质发生改变。清代义仓主要指由民间集资捐建，由地方绅富管理，专门救济本地灾民的民间仓储。和社仓的最大不同是，义仓中粮米、银两并贮，而且较少官府介入，故称其为“民间慈善机构”更为合适。清初规定“市镇立义仓”，但实际上不仅在地方市镇，通都大邑也多有义仓设置。顺、康、雍各朝屡次谕令各州、县设立义仓，但直到乾隆年间，直隶、山西、江苏、江西等省方陆续设立。义仓设有仓正、仓副加以管理，其具体营运办法似乎未有定制，往往因时因地而异。义仓粮米主要来源于民间捐输，其用途和社仓之谷相同。在正常年景下，加息出借、春借秋还，或用于救助孤寡贫病；遇有灾荒，则用于赈济本地灾民。清代各地义仓之设多寡不一、规模大小不等，一些大的义仓可积谷数十万石、存银数十万两，如两淮“盐义仓”、陕西“丰图义仓”、苏州“丰备义仓”等都是银粮雄厚、社会救助功能强大的著名义仓。清代义仓作为地方性的备荒仓储，和社仓、常平仓等互为补充、互相通融，共同构筑起了一个基层社会救助的网络，在灾荒频发的情况下，成为维护基层社会秩序的手段之一(朱凤祥，2009)。

三、兴修水利、防备旱涝

清代非常重视地方水利工程的兴修，而且统治者也清醒地认识到，水利失修与旱涝灾害的发生有着密切的关系，因此，多次下诏督促地方兴修水利、强化对江河海塘的治理，以增强小农经济抵御自然灾害的能力。比如，顺治十一年(1654 年)诏说：“东南财赋之地，素称沃壤。近年水旱为灾，民生重困，皆因水利失修，致误农工。该督抚责成地方官悉心讲求，疏通水道，修筑堤防，以时蓄泄，俾水旱无虞，民安乐利。”③康熙四十六年(1707 年)“诏江、浙诸郡县兴修水利备旱涝”④。清代对于黄河沿岸和沿江各省的水利建设最为重视。清代在江河两岸新建或重修了很多河渠、堤坝、海塘，挑浚(jùn)多条河道，不仅使当地大片农田得到灌溉，促进了农业生产的发展，而且在一定程度上减少了水旱灾害发生的概率(朱凤祥，2009)。

四、重视农桑、发展农业

清代统治者非常重视农耕，除谕劝百姓勤于农事，还经常亲耕耤(jiè)田以劝课农桑。康熙

---

① 黄鸿山，王卫平：《清代社仓的兴废及其原因》. 学海，2004(1).

② 赵尔巽：《清史稿》卷 121，《食货志二・赋役仓库》. 北京：中华书局，1976.

③ 赵尔巽：《清史稿》卷 129，《河渠志四・直省水利》. 北京：中华书局，1976.

④ 赵尔巽：《清史稿》卷 8，《圣祖本纪三》. 北京：中华书局，1976.

亲政后,强调农业重要,说:"农事,实为国之本;俭用,乃居家之道。是以朕听政时,必以二者为先务。凡亲民之官能仰体朕意,在竭力,何虑不家给人足乎!"[①]康熙十一年(1672 年)二月,"亲耕耤田"[②]。雍正二年(1724 年)二月,"上耕耤田,三推毕,复加一推"[③]。乾隆帝对发展农业和防备灾荒的关系也有十分清醒的认识,乾隆二年(1737 年)五月,上谕:"一夫不耕,或受之饥;一女不织,或受之寒。而耕九余三,虽遇荒年,民无菜色。"只有发展农业,才能"储蓄有备,水旱无虞"。

清初由于战乱和统治者强行圈地,农业生产遭到严重破坏,大量农民失去土地流落他乡。康熙八年(1669 年)停止圈地,谕户部"自后圈占民间房地,永行停止,其今年所已圈者,悉令给还民间"[④]。康熙即位之初,还严令各省全面推行垦荒政策,尽快医治战争创伤,恢复发展农业生产。要求从第二年开始:各省荒地在 5 年之内全部开垦,各地开荒田亩数随时上报户部,记录在案;到规定期限进行清查,如果发现某省荒地未尽垦辟,或剩余尚多,自总督、巡抚以下官员分别给予处分。为了鼓励民人垦荒,政府也做了相应的奖励规定。如康熙十年(1672 年)规定:"贡、监生员、民人垦地二十顷以上者,试其文义通者以县丞用,不能通晓者以百总用;一百顷以上,文义通顺者以知县用,不能通晓者以守备用。"[⑤]对地方官"有田功者升,无田功者黜(chù)",迫使地方官千方百计开垦荒地。康熙十二年(1674 年),清政府修改顺治年间的垦荒政策,规定"嗣后各省开垦荒地,俱再加宽限",从原来最高 6 年改为 10 年[⑥]。而且遇上灾荒之年,还可以临时申请延缓起科年限。康熙二十九年(1690 年)又规定,流徙他乡的人家,所在如系偏远人少之地,比如四川,"愿垦荒居住者,将地亩给为永业"[⑦]。经过一系列政策的实施,大量荒地得到开垦,多数农民拥有了土地,生产积极性和农作物产量均得以提高,国家经济形势逐渐好转,并最终促成了盛世局面的到来。

但是,社会稳定、经济繁荣、人民安居乐业,伴之而来的是人口的迅猛增长、人多地少的矛盾日益突出。故雍正即位之初即谕户部:"国家承平日久,生齿殷繁,土地所出,仅可赡给。倘遇荒歉,民食维艰,将来户口日增,何以为业?惟开垦一事,于百姓最有裨益。"因此,他极力劝谕百姓开垦地亩,并规定府、州、县官以及督抚大吏能够劝喻百姓开垦地亩多者,皆准"议叙""务使野无旷土,家给人足"。同时,对山西、河南、山东等省闲旷之地,令"各州、县、卫所确查,如有未垦荒地,有无从前种地之人,劝谕百姓开垦,有力者令自备牛、种,无力者官给牛、种,起课之后,官给执照,永为世业"[⑧]。雍正时期的垦殖政策是康熙朝垦殖政策的延续,处于从恢复农业生产向解决"人多地少"矛盾方向转化的过渡期,比康熙时期更为积极和宽松。因此,更多的荒地得到开垦。乾隆朝是一个土地拓垦全面推进的重要时期,在前朝垦政的基础上,推行了一系列更为有力的措施。根据《清朝文献通考》记载,顺治十八年(1661 年),全国田亩数为"五百四十九万三千五百七十六顷四十亩"[⑨];康熙二十四年(1685 年)为"六百七万八千四百三十

---

① 清官修:《清圣祖实录》卷 116. 北京:中华书局,1985.
② 赵尔巽:《清史稿》卷 9,《圣祖本纪一》. 北京:中华书局,1976.
③ 赵尔巽:《清史稿》卷 9,《世宗本纪》. 北京:中华书局,1976.
④ 清官修:《清圣祖实录》卷 30. 北京:中华书局,1985.
⑤⑥⑦ 乾隆官修:《清朝文献通考》卷 2,《田赋考二》. 杭州:浙江古藉出版社,2000.
⑧ 乾隆官修:《清朝文献通考》卷 3,《田赋考三》. 杭州:浙江古籍出版社,2000.
⑨ 乾隆官修:《清朝文献通考》卷 1,《田赋考一》. 杭州:浙江古籍出板社,2000.

顷一亩有奇”[①]；雍正二年(1724年)为“六百八十三万七千九百一十四顷二十七亩有奇”[②]；乾隆三十一年(1766年)为“七百四十一万四千四百九十五顷五十亩有奇”[③]；一百多年间增长近二百万顷。正是因为雍正、乾隆时期，延续了康熙时的政策，继续鼓励发展农业生产，使得盛世局面维持长达百年之久。

由于统治者重视农业生产，在乾隆以前，基本上保证了国家粮仓拥有充足的存粮，对防备灾荒的发生起到了积极作用。嘉庆以后诸帝也多劝民务农，鼓励发展农业生产，但由于吏治滋生腐败，荒政效力下降，农业生产在灾荒防备上的重要作用遂被掩遮(朱凤祥，2009)。

第六节 灾后的救灾措施

清代的救灾措施集历代之大成，在制度化、法律化的救灾程序下，具体的措施更加精密和完备，其主要表现为：一是原有的救灾措施为顺应新的社会需求，世世相承、代代更新，至清代逐渐变为规范化、系统化、周密化；二是出现了前朝从未有的新举措。下面就从蠲免、赈济、工赈、调粟、借贷、抚恤、安辑、除害、民间自救、灾后重建等方面对清代的救灾措施进行述评(朱凤祥，2009)。

一、蠲免

蠲免就是按照受灾的程度对灾民应纳赋税进行部分或全部免除，是历代救荒的基本措施，更是清代救荒的重要措施。蠲免数量初无定制，至顺治十年(1653年)，制定被灾分数，将全部额赋分为十分，按田亩受灾分数酌免。规定：“被灾八分至十分，免十之三；五分至七分，免二；四分免一。”[④]康熙十七年(1678年)，因政府开支巨大，取消四、五分灾情的蠲免，“六分免十之一，七分以上免二，九分以上免三”[⑤]。雍正六年(1728年)，“又改十分者免其七，九分免六，八分免四，七分免二，六分免一。然灾情重者，率全行蠲免”[⑥]。乾隆三年(1738年)五月下谕，以后被灾五分之数亦准报灾，蠲免钱粮十分之一，其他一如雍正朝旧规。此后遂成定制，常例之外，因灾情较重，也时有特旨全蠲或增加蠲免分数的情况。康、乾时期，国家富足、府库充盈，常普免各地钱粮。另外，各地随地丁征收的耗羡，也于灾蠲地丁正赋之年按被灾分数一概蠲免。

灾蠲有免当年应征钱粮、又有免历年灾欠钱粮，有时蠲免范围多达数省几百个州、县，如康熙七年(1668年)，“免奉天、直隶、江南、山东、河南、浙江、陕西、甘肃等省二百十六州、县灾赋有差”[⑦]。个别时候还蠲免历年累计的积欠，如康熙二年(1663年)六月，“诏免顺治十五年以前逋赋”[⑧]。

与蠲免相关的措施还有缓征，缓征即将应征钱粮暂缓征收，于以后年份带征完纳。被灾分数不足五分按不成灾计，照例不予蠲免，但一般都予缓征。乾隆四十六年(1781年)进一步扩

---

① 乾隆官修：《清朝文献通考》卷1，《四赋考二》. 杭州：浙江古籍出版社，2000：4864.

② 乾隆官修：《清朝文献通考》卷3，《田赋考三》. 杭州：浙江古籍出版社，2000：4871.

③ 乾隆官修：《清朝文献通考)卷4，《四赋考四》. 杭州：浙江古翻出版社，2000：4890-4891.

④⑤⑥ 赵尔巽：《清史稿》卷121，《食货志二》. 北京：中华书局，1976：3552.

⑦ 赵尔巽：《清史稿》卷6，《圣祖本纪一》. 北京：中华书局，1976：176.

⑧ 赵尔巽：《清史稿》卷6，《圣祖本纪一》. 北京：中华书局，1976：170.

大缓征范围,规定成灾五分以及以上成熟地亩一体缓征。漕粮、漕项等例不蠲免的项目、向民间借贷的口粮籽种及各项民欠等,也都有缓征之例。缓征时限为下年麦后,下年又无麦则缓至秋后。如遇连年灾歉可延长缓征期限,积至十数年不能完者也可变为积欠,还可将缓征钱粮和积欠一并蠲免。清代蠲免和缓征往往同时进行,而且次数较多。

为了防止州、县官吏及上司官在蠲免时徇私舞弊、侵吞蠲赋,清政府制定了一套严厉的处罚措施。康熙十五年(1676年)规定,凡蠲免时随意增减造册者,州、县、卫所官降二级调用,该管司、道、府、都司罚俸一年,督抚罚俸六个月,"如被灾未经题免之前报册填入蠲免者,州、县卫所官罚俸一年,该管上司罚俸六个月"。康熙十八年(1679年)又加重了对侵蚀蠲赋的官吏的处罚,"蠲赋而官侵蚀者,照贪官例革职提问,上司官循纵者均革职"①。对于不能及时奏报缓征者,清代处罚也很严厉。正是因为有诸多约束在身,各级官吏不敢轻易以身试法,基本上保证了清代灾蠲的正常实施。

二、赈济

赈济是用钱粮救济灾民,帮助灾民度过难关。开赈时,地方官及监赈官员分赴灾所,直接向灾民发放米谷或银两。清代前期,顺治、康熙两朝,对被灾饥民所给赈米、赈银及赈期并无定制,一般视灾情而定。乾隆四年(1739年)正式制定统一的标准,规定日赈米数,大口五合,小口半之;盛京旗地、官住地、站厂等灾赈米数高于直省,大口月给米二斗五升,小口减半;赈济米谷不足,折银钱给之,谓之折赈。

乾隆七年(1742年)规定了赈济期限和赈济类别,赈济分正赈、大赈、展赈等。正赈:地方凡遇水旱,即行抚恤,不论成灾分数,不分极贫、次贫,概赈1个月,称为正赈,也称普赈或急赈。大赈:待勘灾、审户之后,依照被灾等级延长赈济月数,称为大赈。被灾等级最高即十分者,极贫可加赈4个月,次贫加赈3个月。又规定,"若地方积欠抑或灾出非常",允许将极贫加赈5～6个月甚至7～8个月,次贫加赈3～4个月或5～6个月②。展赈:大赈完毕后,灾民生计仍然艰难,或次年青黄不接之际,灾民力不能支,可临时奏请再加赈1～3个月不等,称为展赈。此外,对于一些重大灾害,朝廷还恩准不必论月赈济。嘉庆年间,尚有摘赈、煮赈等赈济形式。摘赈,指老弱病残者情况垂危,非急赈无以生存者,须立即予以紧急赈济。煮赈,即赈粥,清代煮赈仍以设厂为主,领粥给签,男女分别排队,逐一领取;施粥的对象主要是流徙灾民;施粥也有不同的形式,最主要的是官办,有的是官绅合办,也有私家独办。雍正时,令煮赈与散赈兼行,近城之地设粥厂,四乡二十里之内各设米厂,米厂照煮赈米数按口月给。摘赈和煮赈都是应急的赈灾措施,帮助不能举炊的灾民暂时渡过难关。

清代对灾民赈济,名目繁多,目的是为了让各级各类灾民均沾实惠。对灾民赈济钱粮,数目也非常大,对大灾害的单次救济,有时就高达数百万两钱、上百万石粮。

三、工赈

工赈即以工代赈,指灾荒之年由官府出资兴办工程,日给银米,以招募灾民。工赈作为一种救助饥民的特殊形式,在先秦就已经出现,后来作为一种救助措施被历代统治者采用。但在

---

① 乾隆官修:《清朝文献通考》卷45,《国用考七·蠲贷》.杭州:浙江古籍出版社,2000.

② 乾隆官修:《清朝文献通考》卷46,《国用考八·赈恤》.杭州:浙江古籍出版社,2000.

清代却具有特殊的地位。尤其是清朝中、后期，工赈兴办频繁，以工代赈可以说已经成为单独的一项赈济措施。嘉庆、道光两帝对以工代赈给予特殊的关注，视以工代赈为救荒良策。嘉庆帝认为，“救荒之策，莫善于以工代赈”①。

以工代赈，让有劳动能力者通过参加救灾施工的形式获得赈济钱粮，以自己的劳动换取食物果腹，是一种官民两便的荒政举措。但是在实际操作过程中又给一些承办人员留下了侵蚀、靡费国帑的机会。承办官员在办料中侵蚀、靡费国帑、懈怠敷衍等弊端都在一定程度上损害了工赈救荒政策的实际效果。

四、调粟

调粟即通过粮食调拨来救济灾民。调粟赈济灾民之法，古已有之，历来分移粟就民和移民就粟两种。清代调粟以移粟就民为主，很少采用移民就粟的方式。对那些自发流入外地的荒民，要求俟本处麦收有望，即速返归乡里，不得在外地久驻。嘉庆年间，由于人口压力增大，灾荒日益严重，“恐借粜缓征，亦未能周普”②，对移民就粟的限制逐渐放松，允许直隶、山西、陕西、甘肃等地灾民移家觅食，但要经过奏报，候旨允行后方能出行。

在清代，平粜也是赈济灾民时常用的调粟方法，平粜所用粮米，既有京仓之粮，也有直省之米。这些粮米都是在常年低价收购库存，在荒年粮食短缺时，以平价出售或无偿地用于赈济。平粜不但可以减轻灾后的粮荒现象，还有平抑粮价的功能，避免因受灾或其他原因而哄抬粮价，造成地方经济秩序混乱。

清代调粟主要的操作方法是截漕平粜，即截留相关省份相当数量的漕米粮以分发灾区平粜。在清代，截漕平粜之法一直没有间断，比如，康熙三十八年(1699 年)三月，“截漕粮十万石，发高邮、宝应等十二州、县平粜”③。康熙四十七年(1708 年)正月，“诏截留湖广、江西漕粮四十万石，留于江南六府平粜”④。截漕平粜之法一直是清代对受灾地区实施粮米赈济的主要手段，除了截漕平粜，另有采买、拨运之法。采买就是责令灾区相邻省份买米，以运送灾区平粜。比如，乾隆十二年(1747 年)八月，“采买热河、八沟等处米，赈苏尼特六旗旱灾”⑤。拨运是指由政府统一安排，将通仓之米发运灾区以减价出粜，或调他省之米救济灾区平粜。通仓、京仓所放粮米，主要供京师各处米粮支放，为宗室王公及文武百官俸米及八旗兵米，此外有给发工匠之匠米、给“世袭罔替”九王子孙之恩米等，各有定例。通仓之米一般不作外用，但在直省常平仓额不足的情况下，也会拨运一部分至地方以备赈。比如，雍正九年(1731 年)二月“拨通仓米十五万石，奉天米二十万石，采买米五万石，运往山东备赈”⑥。清代粮米拨运主要是直省之间的调拨，即将粮米储备较多的省份运往粮缺之地以备荒歉。

清代调粟数额巨大，救济区域广泛。既有临灾调拨，又有预先调运。不仅使广大灾民得到了实惠，而且对各直省粮食盈亏及粮食价格起到了互补和平抑作用。因此，它不但是有效的救灾手段，也是国家非常重要的宏观经济调控措施。

---

① 杨景仁:《筹济编》卷 13,《兴工》. 载李文海，夏明方《中国荒政全书》第二辑第 4 册.

② 清官修:《清仁宗实录》卷 5. 北京:中华书局，1986.

③ 赵尔巽:《清史稿》卷 7,《圣祖本纪二》. 北京:中华书局，1976.

④ 赵尔巽:《清史稿》卷 8,《圣祖本纪三》. 北京:中华书局 1976.

⑤ 赵尔巽:《清史稿》卷 11,《高宗本纪二》. 北京:中华书局，1976.

⑥ 赵尔巽:《清史稿》卷 9,《世宗本纪》. 北京:中华书局，1976.

五、借贷

借贷是由政府向灾民出借生活、生产物品，以帮助灾民及时恢复农业生产。借贷物品一般规定秋成缴还，还贷时还有丰年加息，灾年减息、免息的规定。借贷是一项针对受灾后尚能维持生计，但又无力进行再生产的灾民施行的救灾措施，主要是指被灾不足五分以及蠲赈后仍然生计困难的民户。这类对象并不在少数，因为大的自然灾害总非时常发生，而一般性的灾害当然是被灾不足五分者占多数。因此，借贷在灾后各项施恩政策中，占有相当大的比例，是清代荒政的重要内容之一。

清代借贷的物品主要是口粮、籽种以及耕牛等物，有时也直接贷以银两，让灾民自行购物。粮食来源主要是常平仓、社仓存谷，其次是截漕粮；银钱的来源主要是国家库银出贷。例如，康熙三十九年(1700 年)，“归德属永城、虞城、夏邑三县被灾地亩至一万七千余顷，出粜常平、义、社仓谷，借给贫民牛、种，全活甚众”①。

借贷作为一种救荒措施，对灾民恢复生产、促进自救具有较大作用，但必须建立在国家银粮充裕和吏治清廉的基础上。道光以后，由于国家财力下降，政治腐败，贪贿成风，对灾民的借贷也产生了种种弊端。比如，一些地方官吏借出贷之名却不实贷，最后银粮落入私囊。道光末年，张集馨在任甘肃布政使时目睹这一弊端后写道：“水旱偏灾，出借籽口，是国家爱民之仁，所谓青黄不接，普赐春祺是也。州、县领银后，捏造诡名清册，送司备查，司书向有成规，不加挑剔，是以多年出借籽口之项，交纳者不及百分之一，即或州、县稍恤民艰，间有实发者，又多系书吏冒领，不能实惠及民。余昔在山西即捻知此弊，今来甘省，情事相同。”②可见，官吏、胥役借机侵占在各省是很普遍的行为，如此，借贷之物落入灾民手中者，已所剩无几。

六、抚恤

抚恤是指对灾害中死亡人口发给抚恤费，对房屋倒塌的发给修房费，使灾民重建家园，以尽快恢复正常的生活、生产秩序。由于各地经济发展水平不同，起初对抚恤并无定制，只是命各直省依本地情况自行规定，至乾隆四十一年(1776 年)，始将各省的抚恤标准大致统一：坍塌房屋者，每间瓦房给修房费一两五钱左右，每间草房给八钱左右；压毙人口每大口银一两左右，小口减半，压伤不论大小每口赈银五钱。抚恤作为赈济措施的补充，扩大了政府施赈范围，对灾民重置家园、恢复生产具有一定作用。

七、安辑

清代的安辑，主要沿用明代的措施，以收养灾民和资送回籍为主，即“留养资送”。“留养”是指地方官府收留外来流民以供养，一般都让其度过冬季，主要对象是那些老弱残疾之人；“资送”指春耕期由政府补助资费、护送回籍，令其复业，主要是针对那些身强力壮者，防其聚集滋事。这两种措施相互配合使用，没有必然的时间和人群界限，但一般都是先留养而后资送。

留养：地方遇灾，政府便传谕督抚饬令各州、县妥为收留、安顿外来的流民，先为之搭棚置屋，使有栖身之地，然后计日发给口粮、施以粥食，使能维持生计。比如，光绪二年(1876 年)，

---

① 赵尔巽：《清史稿》卷 276，《徐潮传》．北京：中华书局，1977．

② 张集馨：《道咸宦海见闻录》．北京：中华书局，1981．

“淮北荐饥，流民就食扬州，(刘)瑞芬筑圩城外，构棚分宿，计口授食，所全活六万余人”①。政府为了减轻负担，还极力劝谕富户量力收养流民，对收养周济外来流民较多者，赏以花红旗匾甚至赐以顶带，以示鼓励。那些灾害频发而又是贫穷之地的饥民，流入外地，常有轻家之念，不愿再回故里。对这部分流民，官府不便于强行驱赶，在规劝资送无效的情况下，便长期滞留在本地。但久吃救济会给地方增加经济压力，一些地方官便组织这些流民在当地开荒种田以缓解压力，而流民因为有事可干也不至于滋生是非。

资送：留养灾民是为了让他们暂过难关，终非长久之策。为保证春耕生产，至开春以后要让收养的流民返回原籍。资送制未开之前，一般由流民自行返乡，但流民离家远近不同，路遥者往往因无力返乡而致盘桓。在这种情况下，随辅以资送之制，即由官府发放盘费，同时委官护送，地方官逐程出具收结，直至转送回籍。中途患病者，令地方官留养医治，病愈再行转送。康熙二十年(1691 年)，“陕西旱，米价腾贵，民多流移。诏发襄阳米二万石水运至商州，改陆运至西安。命内阁学士德珠与化行及总督丁思孔往督水陆挽运，并护流民还里”②。

“留养资送”制度，对安定社会以及灾民重回故里以恢复生产有促进作用。

八、除害

除害是消除灾害及其带来的不良后果，为恢复生产创造条件。如消灭蝗虫、防治疫病流行等都可以称为除害，本节对清代蝗害和捕蝗情况进行简要介绍。

蝗灾往往与旱灾相联系。清代蝗灾比较严重，蝗虫四起，常导致收获在望的庄稼荡然无存，整个灾区田园荒芜，一片凄凉。有时蝗灾连殃数省，康熙三十年(1691 年)六、七月，全国发生大片蝗虫灾害，山东沁州、高平、宁津、邹平、蒲台、莒州、昌邑、潍县、平度等州、县，山西浮山、翼城、岳阳、万泉、曲沃、临汾、平阳、猗氏、安邑、河津、蒲县、稷山、绛县、垣曲、宁乡等州、县，河北真定、卢龙、抚宁等地受灾最重③。清代甚至出现过蝗虫食人的现象，如乾隆五十年(1785 年)“大蝗，人有不辨路径为蝗所食者”④。由于清代蝗灾比较严重，统治者对捕除蝗虫非常重视，康熙还为此亲自撰写《捕蝗说》，对蝗虫生长规律与捕蝗方法予以介绍，地方官员在实践中亦总结出大量捕蝗经验。清代对捕蝗失职的官吏处罚极严，甚至被处革职，如清乾隆十八年(1753 年)，上谕：“嗣后州、县官遇有蝗蝻，不早扑除，以致长翅飞腾，贻害田稼者，均革职拿问。著为令。”⑤清代劳动人民总结历代的捕蝗经验，在与蝗虫做斗争的实践中，对蝗虫的生活习性和生态认识日益深化，捕除蝗虫的技术和方法也更加多样化，诸如，人工防治法、农业防治法、生物防治法、化学防治法等，这些捕蝗技术和方法，在清代蝗灾防治工作中取得了良好的效果。

捕除蝗虫的行为往往是由地方官督领、灾发地民众自愿参与的大规模行动，动辄数千人，灾发区民众参与意识是和自己的利益密切联系在一起的，即使地方官不做动员，当地民众也不会坐视蝗虫轻易吞噬(shì)自己的劳动成果。所以，捕蝗不单单是地方政府组织的救灾行动，也具有灾发区民众临灾自救的性质。

---

① 赵尔巽：《清史稿》卷 446，《刘端芬传》. 北京：中华书局，1977.

② 赵尔巽：《清史稿》卷 281，《殷化行传》. 北京：中华书局，1977.

③ 赵尔巽：《清史稿》卷 40，《灾异一》. 北京：中华书局，1976.

④ 民国《潍县志稿》卷 3. 转引自倪根金：《中国历史上的蝗灾及治蝗》. 历史教学，1998(6).

⑤ 杨景仁：《筹济编》卷 22，《除蝗》. 载李文海、夏明方：(中国荒政全书》第二辑第 4 册.

九、民间自救

清朝统治者在充分发挥政府对灾荒掌控能力的同时，也往往鼓励和提倡民间自救。身处社会最下层的灾民是灾害后果的最终承受者，对他们而言，当灾害降临后，也不能完全被动地等待政府的援助，他们常常依靠宗族的力量和社团互济的方式，以及邻里互助的行为，彼此帮扶，共渡难关。

（一）宗族赈济

宗族本位是地方基层社会得以稳固的基础。以宗族为本位，培养了家族内部成员同甘共苦的精神，特别注重在灾害来临之际，互助互济，依靠小团体力量共渡难关。比如，根据《湖州府志》卷七七记载：顺治年间，归安人沈燕卿"散家财以活乡之饿者，姻党皆赖之以济"①。李自华依据光绪《婺源县志》统计，从清初到咸丰朝218年的时间里，婺源县共有235位族绅对46次灾荒进行了救济，救济手段有平粜、赈济、施粥、借贷、补还积谷等，其中赈济和施粥均为无偿施与，使众多族人临灾受惠②。

遇到突发灾害，政府的救济因为受到各种程序的约束，难以及时惠及灾民，这时候，宗族赈济、邻里互援就显得异常重要。宗族赈济使部分人暂时渡过难关，是政府救灾的前援和基础，它在一定程度上缓解了政府的救济压力，是民间灾荒自救的重要组成部分。

（二）民间义赈

清代统治者提倡民间社会团体的救灾。清代有不少官督民办性质的社会慈善机构，如普济堂、养济院、育婴堂、栖流所、工艺局等，这些机构的社会功能主要是用来养恤贫苦孤残，而栖流所则专门收养逃荒乞食的流民。早在顺治十年（1653年），清政府即在京师五城建造栖流所，每处建屋20间，收养流民③。直省州、县也多设栖流所，灾荒年景，除临时搭建窝棚，栖流所亦成为逃难灾民的栖身之地。慈善机构的经济来源一部分出自官府，更多的是由绅商捐助。清代政府规定，凡向慈善机构捐钱捐物者，依照其捐献多少施以名誉奖励，如捐粮10石至30石者，奖以花红匾额，200石至400石者赐以顶戴等④。

清代民间赈济的突出特点是商人积极参与荒政事务。商人足迹追布全国各地，一旦家乡遭遇灾害，他们常施善举以助灾民。光绪三年（1877年）山西大旱，赤地千里、寸草不生，民谣有"光绪三年，人死一半"的说法。晋商乔致庸开仓赈济，全活多人。晋商名门榆次常氏捐输3万余金，巡抚曾国荃赠匾一块，文字写："好行其德"⑤。

（三）富民济贫

富民济贫是指地方大户的施赈行为。灾荒饥歉之年，统治者常劝谕地方富户向灾民施以援助之手，以缓解政府的财政压力。其实施由地方官完成，他们常亲登富户之门，晓以情理，动员富户们出资捐物。康熙十八年（1679年），高邮地区发生旱灾，继而大水，高邮湖漫溢。高邮

① 孙绍骋：《中国救灾制度研究》. 北京：商务印书馆，2004.

② 李自华：《清代婺源的水旱灾害与地方社会自救》. 农业考古，2003(1)：195-202.

③ 昆冈等：光绪《大清会典事例》卷869. 台北：新文丰出版公司，光绪二十五年刻本.

④ 龚书铎：《中国社会通史》（清前期卷）. 太原：山西教育出版社，1996.

⑤ 政协山西省祁县委员会，祁县民俗博物馆编：《乔家大院》. 1995；张正明：《晋商兴衰史》. 太原：山西古籍出版社，2001.

知州白登明一面奏请朝廷蠲赈，同时“劝富民分食，全活无算”①。当然，也有一些民间富户在灾荒之年，主动向乡民施以善行，比如把家中积蓄的余粮用于赈济饥民，或将余粮低价投入以平抑粮价。

政府也极力劝谕富户量力收养外来流民，并视其收养周济程度，赏以花红旗匾，甚至赐以顶带，以示鼓励。“有能存恤周济者，该地方官酌量轻重，赏给花红旗匾。最优者，详请题达，给以顶带，以示鼓励”②。灾荒中富民济贫的行为虽然惠及人群有限，但总归解决了部分灾民的危难，因此，也是民间赈济的一个组成部分。

十、灾后重建

灾后田土荒芜，农耕废弃，不仅影响农民生计和国税收入，而且危及社会安定和政权巩固。因此，灾后重建也是政府的一项重要任务。灾后政府对流民的安置，以及向受灾民众借贷口粮、种籽和耕牛，组织灾民抢种抢收，以帮助灾民尽快恢复生产，是灾后重建的重要内容。统治者对此也非常重视。

灾后政府帮助灾民选择作物品种、及时补种也是灾后重建的一项内容。灾害常常导致丰收在望的庄稼毁于一旦，这些灾害发生后，如果在气候条件、生长环境等允许的条件下，及时改种其他农作物，则会降低灾害造成的损失。如乾隆五十年(1785 年)六月，福建等地久旱，本想赶种晚稻，但因干旱已久，“雨泽一少，即与播种无益”，于是政府大力推广红薯，乾隆帝为此特派大臣富勒从河南“即将番薯藤种多行采取”，并说明如何栽种浇灌之法，由驿路快传至福建，转“饬被旱各属，晓谕民人，依法栽种”③。乾隆帝还亲自抄录《甘薯录》一书，寄给河南巡抚毕沅，指令他刊刻遍发，推广甘薯种植。乾隆二十六年(1761 年)正月，“贷甘肃渊泉等三县农民豌豆籽种，令试种”④。在一定程度上缓解了因灾害带来的破坏(朱凤祥，2009)。

第七节　地方官员的捏灾冒赈

捏灾冒赈，狭义而言，即捏报灾情，冒领赈灾物资。广义而言，捏灾包括总体上谎报灾情，并进一步捏造各种具体的灾荒数据；冒赈不仅包括冒支各种赈灾粮款，还包括以是否赈济以及赈济多少为交换条件的对灾民的勒索，甚至直接以赈灾物资为交易的种种行为，运赈时偷换盗卖赈粮、以次充好，发赈时克扣短少等。本节中的“捏灾冒赈”是一个概述性用语，它是指以赈灾为借口、捏灾为手段，发生在整个赈灾全过程中的种种贪污或变相贪污行为的实现过程的总称。

地方官员的捏灾冒赈行为，是官场贪污的一种突出形式，对此进行专门研究具有历史意义和现实价值。本节对清代地方官员捏灾冒赈从类型、特点以及影响等方面进行探讨，以期对清代地方官员的捏灾冒赈现象有一个初步的认识(郭文娟，2005)。

① 赵尔巽:《清史稿》卷 476,《白登明传》. 北京:中华书局,1977.

② 清官修:《清世宗实录》卷 108. 北京:中华书局,1985.

③ 清官修:《清高宗实录》卷 1232. 北京:中华书局,1986.

④ 赵尔巽:《清史稿》卷 12,《高宗本纪三》. 北京:中华书局,1976.

一、捏灾冒赈的类型

捏灾冒赈行为是地方官员在执行国家救济政策、实施赈济的过程中实现的，它与整个赈灾过程相伴随。本节从3个方面论述捏灾冒赈的类型：报灾不实即以轻捏重、以无捏有；造册多开花户，审户勒索卖票；发赈短少克扣。

（一）报灾不实

以冒赈为目的的报灾不实主要是把轻灾捏成重灾，或把受灾地区以小报大、人口以少报多，甚至无灾荒发生也要报成有灾。

灾情有轻重，赈济分极、次贫。捏灾官员正是利用灾情的轻重与赈济的等次来冒赈。报灾不实，主要是报假灾，即“以熟作歉，以轻作重”[①]。把成熟报作荒歉，把轻灾报作重灾。捏灾冒赈者一般都在报灾时以轻捏重。嘉庆十四年，松筠（yún）参奏固原知州、隆德知县吕荣，同委员试用知县续炳南，以灾较轻之区，捏报重灾[②]。灾情以轻捏重为捏灾冒赈者常用手段，不去明察，很难发现。更有甚者，竟敢以无灾捏有灾来冒赈。嘉庆二十二年，内务府奏报：“玉田县钱粮庄头宋檀等十一名承种地亩，二十年分收成歉薄，计被灾四分。”但据户部复查称：“二十年分直隶因灾蠲缓民地之各州、县内，并无玉田县歉收分数。”把无灾捏成有灾，其意昭然。

如何得以报假灾呢？州、县官员所报灾情只有经过上级的查勘核实才能得到“确认”，捏灾得以实现，正是通过勘灾的程序完成的。丁日昌揭露：“委员勘验，利之以贿，即可以灾重禀复。”[③]即通过贿赂勘灾委员，替其掩饰而成。另外一种方式是欺骗勘灾委员。相对于无灾捏有来说，轻灾捏重更容易实现。灾情的地区差异、勘灾时的环境限制给勘灾委员带来种种限制，而地方官吏往往把勘灾委员带到灾情最严重、交通条件最恶劣的地区，拖延勘灾日程，制造重灾假象等种种手段，加上报灾真假参半，虚实本已难辨，勘灾又不能遍查灾情，使得灾情的以轻捏重、灾区的以小报大得以实现。

（二）造册多开花户，审户勒索卖票

勘灾、审户，都是要获得灾荒的具体数据，以便依据实际情况赈济灾民，分发钱粮。但在此过程中，造册多开花户、审户勒索卖票等，弊漏甚多。勘灾时为达到冒赈目的而采用的种种作弊手段更多地发生在第一个层面上，即州、县地方于报灾的同时勘查统计灾情的过程中。

负责救灾的官员在勘灾、查户的过程中造报赈济册时，户、口以少捏多，被称为多开“花户”。向例各州、县、乡村，设立门牌保甲，遇有水旱之灾，赈济饥民，按册而稽，可免浮冒。立法可谓详密，奉行日久，竟同虚文。散赈时奸吏蠹（dù）胥，浮开户口，较岁报丁册往往增多，以此冒领赈银。清朝诗人在作品中对多开户口侵冒则有更为尖刻的描述：“青钱入手始书名，大半空名点鬼籍！”[④]淋漓尽致地揭露了多开的户口纯属捏报的实质。嘉庆十年（1805年）广宁正黄、正白二旗界内办理赈务，旗界官六达色付昌，辄敢浮开户口至四百余名之多[⑤]。也是利用此种手段，希图浮冒。

因为不能排斥委员核实灾情或甚至参与协同勘灾，州、县官吏往往同勘灾委员通同作弊，

---

① 《德宗实录》卷540.光绪三十年十二月下.

② 《仁宗实录》卷219.嘉庆十四年十月.

③ 丁日昌：《抚吴公牍》卷21.北京：京华书局，1958.

④ 张应昌：《清诗铎》卷16《赈饥平粜》，唐孙华《发粟行》.北京：中华书局，1960.

⑤ 《仁宗实录》卷155，嘉庆十年十二月下.

或者州、县贿赂或者委员勒索，使捏灾得以实现，进而达到冒赈目的，共同分肥。嘉庆十四年江苏山阳王伸汉，为达到冒赈目的，主动分赃给查赈委员，其中大多数都曾多少不等地收受贿赂，而参与查勘的委员李毓昌却因为不肯扶同虚增户口，竟被其毒害致死。

审户是为了确认各受灾民户发赈数目的多寡，与灾民利益直接相关，地方胥吏趁机勒索，且形式多样，私自将灾票售卖，名曰“卖灾”；小民用钱买票，名曰“买灾”；或官吏推情转给亲友，名曰“送灾”；或恃强坐分陋规，名曰“吃灾”①。乾隆三十七年(1772 年)，就发生有雄县知县胡锡瑛于地方办赈之时“卖灾”“辄敢出票，索钱至一千余串之多”②。每遇蠲缓之年，书吏辄向业户索取钱文，实为填注荒歉，名为“卖荒”③。陆坊《报灾谣》中“三百钱报一亩灾，无钱痛哭仍空回”④就已明确灾荒有卖价。

审户时种种勒索行为更多是吏的行为，因为赈票的各项具体内容多由吏来填注，但它多是官员失察甚至默许的结果，它是以潜在的赈济钱款为前提而敲诈勒索，可以说是一种间接的或变相的冒赈行为。

(三)发赈短少克扣

发赈即按照赈票所列数目，将赈米或赈银发到灾民手中，是办理赈务的最后一道，也是最关键的程序。依据受灾程度，区分极贫、次贫给赈。“极贫无论大小，口数多寡，俱须全给。次贫则老幼妇女全给，其少壮丁男力能营趁者酌给。”⑤设厂发赈、领赈赴厂，对于发赈地点，规定如地方辽阔，即分地多设数厂，督饬散放，以便穷民就近给领。如道里不均，有往返之劳，场宇不宽，有拥挤之虑；时日不定，有守候之苦⑥。发赈时先将粮米运贮，告示放赈日期，用牌开明领赈区图，逐起传唤，令灾民随牌进领，验票付给⑦。为防止冒领，每次发赈后，于赈票上加盖第几赈放完戮记，票仍还灾民，留作下次领赈。赈济底册内亦加盖戳记。等领赈完毕后，将赈票收回，缴县核销。

赈济钱粮能否顺利发放下去，关系到赈灾的实效。而地方官员在救灾程序前期阶段所有的处心积虑的捏灾，就是为了发赈时侵贪。发赈成为救灾中最易滋生弊病的一环。

第一，运送途中偷换赈粮。运送赈济钱粮至目的地期间，这一过程成为冒赈者侵吞的机会之一。

道光十三年(1833 年)顺天府所领煮赈粟米，被做了手脚偷换掉。事情是这样的：侍郎王玮庆奏查出续领赈米，掺和谷粒，以致坚硬折耗。皇帝下令彻底查明。王玮庆从拨米仓场查起，发现“书役赴仓具领，并出有均属干净斛面，无短切结，是仓场拨发之米并无掺和”，说明斛米出仓并无问题，而“米石到场煮赈数日，米性发粘”⑧。表明是在中途被换掉，官米被换成粗米，其中的差价当然归办赈吏胥了。光绪四年(1878 年)，山西仓书李林儒、孙玉树承办粥厂放赈事宜，胆敢于运送米石时，商同侵盗至五十石之多⑨，则是在运送中途直接据为己有。

① 《文宗实录》卷 208. 咸丰六年九月下.

② 《高宗实录》卷 906. 乾隆三十七年五月上.

③ 《文宗实录》卷 208. 咸丰六年九月下.

④ 张应昌:《清诗铎》卷 16,《勘灾查户口》陆坊《报灾谣》. 北京:中华书局,1960.

⑤ 汪志伊:《荒政辑要》卷 3.

⑥ 《宣宗实录》卷 28. 道光二年正月.

⑦ 《录副档》. 乾隆三年八月二十一日,那苏图奏.

⑧ 《宣宗实录》卷 234. 道光十三年三月下.

⑨ 《德宗实录》卷 71. 光绪四年上.

第二,发赈中短少克扣。短少克扣是发赈中最易滋生的弊病,其表现多样。有减少应赈口数,乾隆二十二年(1757年)胡宝瑔(quán)奏:向来办赈,草率朦混之习,不一而足。如应赈之家有数口者,仅给一二口[①]。有使用轻戥(děng),乾隆六年,安徽凤阳府之宿州知州许朝栋,发赈之际,使用轻戥,以致百姓聚哄[②]。《宣宗实录》中记载道光年间百姓呈控克扣赈银案不断,足见此弊之甚。

还有一种克扣方法,即赈米煮粥掺和沙灰杂物等。贪赈者将煮赈用的官米扣换,以次充好,差价入囊。此法康雍年间亦曾偶见,嘉、道时竟成惯例。嘉庆四年(1799年)的一个上谕指出:"近闻普济堂经理不善,承办之员辄将粗米抵换官米,以致粥不可食。"

以上捏灾冒赈发生在赈灾过程中的报灾不实、勘灾审户时多开花户,勒索卖票、发赈短少克扣以及赈米煮粥掺和沙灰杂物等,都时常出现。为了达到冒赈目的而又掩饰冒赈行为,往往领赈未完,即强行将赈票收回,缴县核销。即使有冒赈与原始捏灾籍记录不符的,也要想方设法涂改原始记录,以掩盖贪污真相。如光绪二十四年(1898年),山东放赈中有:"所派委员与首事人等勾通,从中分肥。十户之中领者一二,逼令全村具领赈甘结。以致各处哗然,情愿不领。而该抚(指山东巡抚张汝梅)乃在省城派委员十余人、书手数百人倒填月日,连夜赶草赈册。"[③]就是为了补救报册,掩饰冒赈行为(郭文娟,2005)。

二、捏灾冒赈的特点

捏灾冒赈成为清代社会存在的凸显现象。趁着灾荒侵吞赈济物款的官员,法律上定为"冒赈"罪名,在官场上习惯称为"吃赈"。与其他犯罪行为相比,清代地方官员捏灾冒赈具有普遍性、集团性、隐蔽性等特点(郭文娟,2005)。

(一)普遍性

从《实录》记载、皇帝告谕、大臣上疏、文人笔记、诗文、报纸和外国人的记录等各个方面都可以看出清代地方官员捏灾冒赈现象的普遍性。由于整个赈灾过程是由官吏主持和负责完成的,所以只有具有官吏身份或者与其有密切关系才有冒赈的机会。贪赈的地方官员职位身份不一,从职务来看,高至总督,低的有府、州、县各官。捏灾冒赈官员中还有驻扎地方的军官。试用官员也敢贪灾。

至于冒赈官员贪污的数量,多少不一。甘肃捐监冒赈一案,共亏空银八十万九千余两、粮十九万六千石[④],共合计折银近一千一百万两。贪污数量惊人!如果以清廷每年七千万两的国库收入来算,占到国家年收入的七分之一还多,竟被甘肃百余名官员侵贪,其中首贪王亶望的贪污之数已无法准确计算。

清代赈济以钱、粮为主,贪污赈济也主要以钱、粮为主,但也有贪污其他物品而变相贪污钱粮的。

根据对大量描述和对捏灾冒赈官员的职位、身份、灾害种类、贪污钱物、侵吞的比例与数量等方面的分析,都表明捏灾冒赈不仅存在,而且十分普遍。

---

① 《高宗实录》卷542.乾隆二十二年七月上.

② 《高宗实录》卷154.乾隆六年十月上.

③ 《录副档》.光绪二十四年十二月二十日,陈秉和折.

④ 《高宗实录》卷1141.乾隆四十六年九月下.

（二）集团性

捏灾冒赈具有集团作案之特征。当灾荒发生时，国家不惜帑金赈济，却成为地方官员贪污的时机，他们利用手中的权力，朋比侵吞。康熙三十九年（1700年）陕西因灾，国家散给籽粒银两，共计五十余万给发民间。后查侵贪官员众多，其中同州知州蔺佳选、蒲城县知县关磷、韩城县知县姚士塾、华州知州王建中贪污数量大，被处斩；贪污数量少的原任西安知府彭腾吉、卞永宁，陇州知州王鹤降三级，凤翔知府许嗣国降二级调用，西安知府升神木道李杰降一级留任，罚俸一年；原任陕西驿传升福建布政使解任张霖补官日降一级，罚俸一年；原任川陕总督佛伦，调查各官侵扣挪用等情不实，降四级调用；而川陕总督吴赫及陕西巡抚党爱因包庇属员均被革职拟罪①。

为官者自督抚、藩臬（niè）以至道府、州县上下百余名官组成的一省官僚集团，具有特殊的利害关系。为了维护共同的利益，自然相互容隐，彼此袒护。甘肃省官员折捐冒赈案首犯王亶望被正法前自供："我贪心重了，想上下合为一气，各自分肥，又令该道、府等出结存案，希冀可以蒙混，况有散赈可以借端掩饰，不致败露出来，所以就大胆做了这昧尽天良的事。"②可见，王亶望是有意地使下属分润一些赃银，以此固巩这一庞大的贪污集团，期望案情不致败露。至于总督勒尔谨"竟如木偶"，是因为得到了实惠——"籍口年节，可以婪索勒派"③。甘肃省捐监冒赈案可视为以上司为主导，上司与下属层层利害攸关，是以扶同徇隐、终无一人举发的典型事件。

（三）隐蔽性

冒赈案隐蔽性强，其表现如下。

首先，灾荒发生时的不利环境影响查灾。灾荒发生时环境恶劣、天气不好、道路阻滞、住户秩序失常，给查赈带来困难。其次，每次灾荒发生，平日里养尊处优的州县官员、查灾委员根本不愿下到气候、交通、吃住条件都较为恶劣的灾区，绝少能做到亲自下去查勘。结果可想而知。

在勘灾、查户阶段，官员要对前一阶段的勘查结果进行清查、核对，这时地保们会带领他们去一两个确实受灾严重的地方，骗取官员的信任，使他们认为没有必要再去查访其他地方了。如道光五年，江苏巡抚陶澍（shù）的一个奏疏中就专门总结了破坏勘灾、查赈的违法行为，其中提到"印委各官"所遇到的困难：他们在所调查的州、县"不知道路"，不谙（ān）土语，结果不得不凭借随行"书役"办事。而这些随行"书役"往往与乡保串通勾结，蒙混官员。

再者，捏灾冒赈一般多采取两种方法：一种是夸大灾情，多报受灾人数，从中冒领赈银另一种是削减实发数目，进而克扣百姓。用这两种办法在赈灾过程中进行贪污，从账面上都难以发现破绽，也增强了捏灾冒赈的隐蔽性。乾隆四十六年的甘肃捐监冒赈案，如果不是发现了乾隆四十年皋兰令程栋散赈点名清册，就无法清楚奏销册所开户口名数悬殊的程度，折色与本色是怎样分配的。而这些清册，向来散赈完毕即行销毁。由于程栋遗忘留下，县里户房藏匿，才得知实情。如果只查册本，这一冒赈案将难以定罪。贪灾过程的隐蔽性加深了案件查处的难度，因无确凿证据，也使有的冒赈官员侥幸逃脱法网。

---

① 《圣祖实录》卷198.康熙三十九年三月至四月.

② 《乾隆朝惩办贪污档案选编》第二册.中国第一历史档案馆.《甘肃捐监冒赈案》乾隆四十六年六月初三日．闽浙总督陈辉祖奏报封贮王亶望财物情形片．北京：中华书局，1994.

③ 《高宗实录》卷1141.乾隆四十六年九月上.

最后，地方官吏通同作弊，查赈时难访虚实，地方以赈款"侍候"查赈官员，使之染于赈款，不明不白，更防不胜防，最后只有敷衍塞责，甚至朋比为奸，有口不言。这正如汪辉祖对冒赈的感慨："明明清楚贪污存在，却不知怎么得手。"[①]意思是说捏灾冒赈多，而案发少。如在办赈过程中，不仅"大吏委员查勘，举凡一切供应盘费，又率皆取给于赈银"，而且"查灾散赈，往往委员协办，未受佐理之益，反多供亿之繁"[②]。这些供亿之费，往往使勘灾委员扶同欺隐，"证实"了那些实际上是捏报的灾情。

以上对地方官员捏灾冒赈特点从具有普遍性、集团性、隐蔽性等方面进行了论述。它使捏灾冒赈虽有案但难发现，相对其他贪污方式，具有较高安全性。同时，随着清代中、后期吏治逐渐败坏，捏灾冒赈现象也越来越严重，赈灾的实际效果也越来越差（郭文娟，2005）。

三、乾隆三十九年—四十六年甘肃捐监冒赈案

乾隆四十六年查获的甘肃地方官员以赈灾为名的捐监冒赈案，是清代地方官员捏灾冒赈案中具有典型性的代表：持续时间长达七年，案情复杂，冒赈官员牵扯甘肃通省大大小小113名官员，上至总督、巡抚，下有道、州、府、县官，追缴赃银281万余两，震动全国，连乾隆帝也惊呼："为从来未有之奇贪异事"[③]（郭文娟，2005）。

（一）案发

乾隆四十六年（1781年），甘肃发生了苏四十三领导的反清起义，兰州城被围，情事危急。陕甘总督勒尔谨因"观望失机，夺官；下刑部"。乾隆帝派遣钦差大臣阿桂、户部尚书和珅前往甘肃镇压起义。先到的和珅疏言"入境即遇雨"[④]。在阿桂向乾隆帝奏报筹办"剿匪"情形的密折中，有一段这样的话："本月（六月）初六日大雨竟夜，势甚滂沛。初七、初八连绵不止，直至初九日始晴。"后又屡奏称："雨势连绵滂沛，且至数日之久。"两位大臣所奏雨水情形与各省大吏所奏常年被旱之言迥不相符，引起一向精明过人的乾隆帝对甘肃盛行的纳粮捐监的深疑："甘肃省连年具奏雨少被旱，百姓年年需要中央赈恤。惟独今年阿桂、和珅一入甘境二人均称雨势连绵，且雨量充沛。"何以从前俱以雨少被旱为词，岂有今年甘省雨独多之理？"[⑤]又有布政使王廷赞因战败认缴积存俸银四万两以资兵饷，且据和坤奏："王廷赞莅（lì）任甘肃藩司有年，其家计充裕，即再加数倍，亦属从容。"进而又联想到前不久已远调浙江升任巡抚的前甘肃布政使王亶（dǎn）望，于捐办浙省海塘工程案内竟捐银至五十万两之多。以王亶望、王廷赞有限的薪俸收入而论，岂会一次就能拿出数万乃至数十万的银两？乾隆帝疑虑两人所拥巨资必与甘肃折收捐粮、贪污中饱有关。"因思甘肃收捐监粮，其中必有私收折色，多得平余情弊。"[⑥]"该省地方官，竟以监粮一事，年年假报旱灾冒赈，作弊已属显然"[⑦]。下令一查到底，以期水落石出，解开多年来对甘肃省纳粮捐监的疑团。

---

① 汪辉祖：《学治臆说·办赈勿图自利》. 光绪刻本.

② 汪辉祖：《幕学举要·灾赈》. 光绪刻本.

③ 《高宗实录》卷1141. 乾隆四十六年九月上.

④ 《清史稿》卷339. 列传一二六.

⑤ 《高宗实录》卷1135. 乾隆四十六年六月下.

⑥ 中国第一历史档案馆：《乾隆朝惩办贪污档案选编》第二册《甘肃捐监冒赈案》. 乾隆四十六年五月二十四日. 寄谕阿桂等著将甘肃藩司王廷赞于捐监一事有无染指并捐粮应否停止一并复奏. 北京：中华书局，1994年.

⑦ 《高宗实录》卷1135. 乾隆四十六年六月下.

（二）案情

“甘肃旧例，令民输豆麦，予国子监生，得应试入官，谓之‘监粮’，上令罢之。”[①]乾隆三十九年（1774 年），陕甘总督勒尔谨以“甘肃地处边陲，民贫土瘠”[②]“内地仓储未实为辞”[③]，奏请恢复捐监旧例，兼管户部军机大臣于敏中从中斡旋，户部遵旨会议，以为可行，乾隆帝也“欲借监粮为备荒赈恤之用”就很快允许了。但“令只收本色粮米”[④]。乾隆帝特意选调精明能干、善于理财的王亶望为甘肃布政使，专责办理该省收捐监粮事宜。

王亶（dǎn）望，山西临汾人，自举人捐纳知县，累任知县、知府、布政使、巡抚。此公上任，开捐之始，即公然私收折色银两，并未缴粮上仓。王亶望倚任兰州知府蒋全迪，将通省各属灾赈，历年捏开分数，以为侵冒监粮之地，自此上下私通一气，甚至将被灾分数，酌定轻重，令州、县分报开销。王亶望在藩司任内各属给发实收（即空白的捐监执照收据），多少由其专主，报灾轻重由其议定，厚薄因人而施。即使办理灾务，各属报灾分数俱由藩司议定，或于总督具奏后藩司补取道结或取空白由藩司填定，从未亲往勘验，即放赈时亦从未亲身监视。

捐监纳粮初行刚半年，王亶望疏报收捐一万九千名，得豆麦八十二万石。引起乾隆帝怀疑：“甘肃民贫地瘠，安得有二万人捐监？又安得有如许余粮？今半年已得八十二万，年复一年，经久陈红，又将安用？即云每岁借给民间，何如留于闾阎，听其自为流转？”因发“四不可解”诘勒尔谨，勒尔谨饰辞具覆。侥幸逃脱的王亶望肆无忌惮，在乾隆四十一年报灾最重、报捐最多，可谓利令智昏，试想如果各省被灾严重，又何以能有足够的粮食供捐监呢？乾隆四十二年，王亶望赴任浙江巡抚任时，其住所家资“有数百头骡驮载”[⑤]。拥厚赀（zī）而去。

后王廷赞接任藩司，知折色之弊，并不据实陈奏，且将私收折色事，议定改归省府办理，复蹈旧辙，全省各级官员几乎个个中饱私囊。

（三）结案

由于冒赈持续时间长，案情复杂，牵扯官员众多、侵吞数额巨大，审理工作整整进行一年多，乾隆帝忍无可忍：“甘肃此案，上下勾通，侵帑剥民，盈千累万，为从来未有之奇贪异事。案内各犯，俱属法无可贷。”[⑥]王亶望、蒋全迪处斩刑，王廷赞处绞首，勒尔谨赐死，贪污数万两的巨犯斩 22 人，其他被革职、流放等近百人，清代吏治史上最大的冒赈案收场。

清代赈灾制度的运行受君主专制的中央集权体制的局限，受制度所针对的复杂的实际情况约束，受保障制度运行的技术手段限制，加上抵制捏灾冒赈行为的道德约束方式、社会舆论机制不健全等原因，使其赈济灾民、稳定社会、维持统治的效果越来越差，最后形同虚设，转化为一大弊政，成了贪污腐败的渊薮所在。鉴于往事，有资于治道，建立一套完备的监督体制，乃为研究捏灾冒赈问题的现实意义所在（郭文娟，2005）。

中国古代荒政，发展至清代达到顶峰。清朝是中国封建社会最后一个王朝，近代社会是在清王朝的基础上建立起来的，而当今中国经济和政治的诸多方面都是由此演化、延伸而来。所以，探讨清代旱灾的演变规律和提升对防灾、减灾的认识与实践，对今天有直接的借鉴意义。

---

① 《清史稿》卷 339《列传》126；又见于《高宗实录》卷 764. 乾隆三十一年七月上.

② 《高宗实录》卷 1024. 乾隆四十二年正月上.

③ 《清史稿》卷 339《列传》126.

④ 《高宗实录》卷 1137，乾隆四十六年七月下；又见《高宗实录》卷 955. 乾隆三十九年三月下.

⑤ 《清史稿》卷 339《列传》126.

⑥ 《高宗实录》卷 1145，乾隆四十六年十一月上.

第八节　小　结

清朝(1636—1912 年)是中国历史上最后一个封建专制王朝，共传十二帝，统治者为爱新觉罗氏。清朝处于小冰期气候期(1500—1850 年)，是气候寒冷的朝代。旱涝等自然灾害发生频次多，持续时间长；灾害的地区分布扩散，成灾面积大；各种特大灾害交相并发，具有明显的多样性、群发性和整体性等周期性集中爆发的特征。旱灾是仅次于水灾的严重自然灾害，清代共计发生 625 次，按清代 268 年的历史，平均每年发生旱灾 2.33 次。重大旱灾事件如下：1784—1787 年，中国出现大范围持续 4 年的严重干旱；1876—1878 年，华北、西北和长江流域连续 3 年干旱。

清代君主临灾罪己是中国传统政治文化或者说封建君主政治中一项非常重要的内容，是君主以"灾异"为契机检讨己过、图谋振作的重要手段。面对旱涝等灾害的频繁发生，皇帝常常诏令君臣共同反思，图谋振兴之道；有时也表现出虚心纳谏的姿态，公开向臣下寻求对策，这便是"诏修省"与"求直言"。清代的救灾基本操作程序可分为报灾、勘灾、审户和发赈几个步骤。上述做法在一定程度上抑制了经办官员贪赃腐化的形成，从而促使了发赈过程正常进行。

雨雪折奏制度是清代对前代气象呈报做法的融通、传承与变革，以奏折作为载体而形成的一种重要的农政制度。其特点为临时奏闻和定时折报并行，奏折与雨雪清单并用，奏报人员变动不居，并与粮价陈报、收成奏报共同组成了清代粮政信息收集制度。

储备粮食是清代最重要的防灾、备荒措施。除此之外，政府大力倡导兴修水利工程、督促发展农业生产等，也都具有防备灾荒的作用，清代旱涝灾害发生频繁，把兴修水利工程作为国之要事常抓不懈，是清代重要的备荒措施。

清代的救灾措施集历代之大成，包括蠲免、赈济、工赈、调粟、借贷、抚恤、安辑、除害、民间自救、灾后重建等。清代的救灾措施更加精密和完备，其主要表现，一是原有的救灾措施为顺应新的社会需求，世世相承、代代更新，至清代逐渐变为规范化、系统化、周密化；再就是出现了前朝从未有的新举措。

清代地方官员的捏灾冒赈行为，是官场贪污的一种突出形式。捏灾冒赈行为是地方官员在执行国家救济政策、实施赈济的过程中实现的，它与整个赈灾过程相伴随。捏灾冒赈的类型是：报灾不实即以轻捏重、以无捏有；造册多开花户，审户勒索卖票；发赈短少克扣。与其他犯罪行为相比，清代地方官员捏灾冒赈具有普遍性、集团性、隐蔽性等特点。

乾隆四十六年(1781 年)查获的甘肃地方官员以赈灾为名的捐监冒赈案，是清代地方官员捏灾冒赈案中具有典型性的代表：该案持续时间长达 7 年，案情复杂，冒赈官员牵扯甘肃通省大大小小 113 名官员，上至总督、巡抚，下有道、州、府、县官，追缴赃银 281 万余两，震动全国，连乾隆帝也惊呼："为从来未有之奇贪异事"。

中国古代荒政，发展至清代达到顶峰。清朝是中国封建社会最后一个王朝，近代社会是在清王朝的基础上建立起来的，而当今中国经济和政治的诸多方面都是由此演化、延伸而来。所以，探讨清代旱灾的演变规律和防灾减灾的认识与实践，对今天有直接的借鉴意义。

参考文献

葛全胜,等,2011.中国历朝气候变化[M].北京:科学出版社:583-620.

宫大伟,2009.论清朝的荒政制度[D].济南:山东大学.

郭文娟,2005.清代地方官员捏灾冒赈的形式、特点与影响探究[D].西安:陕西师范大学.

郝志新,郑景云,伍国凤,等,2010. 1876—1878 年华北大旱:史实、影响及气候背景[J].科学通报,55(23):2321-2328.

穆崟臣,2011.清代雨雪折奏制度考略[J].社会科学战线(11):103-110.

谭其骧,1982.中国历史地图集(第八册).清时期[M].北京:地图出版社.

夏明方,1998.从清末灾害群发期看中国早期现代化的历史条件:灾荒与洋务运动研究之一[J].清史研究(1):70-82.

徐道一,李树菁,高建国.1984.明清宇宙期[J].大自然探索(4):150-156.

张德二,2023.中国历史极端气候事件复原研究[M].北京:商务印书馆.

朱凤祥,2009.中国灾害通史·清代卷[M].郑州:郑州大学出版社.

第九章

中华民国

中华民国(1912—1949 年),是从清朝灭亡至中华人民共和国建立前中国的名称和年号。中华民国是辛亥革命以后建立的亚洲第一个民主共和国,简称“民国”。它的局限性是没有深刻把握当时中国社会和中华民族内部的各种矛盾。社会性质上民国依然是半殖民地半封建社会。

1911 年辛亥革命爆发后,革命党在南京建立临时政府,各省代表推举孙中山为临时大总统,1912 年元月中华民国正式建立。以袁世凯为首的北洋势力主政中国,北洋政府分崩离析后政局动荡不安,孙中山南下广州。1921 年中国共产党成立后,推动孙中山于 1924 年改组国民党,实行三大政策,进行北伐战争,推翻北洋军阀统治。1927 年蒋介石在南京建立国民政府。全国性抗战期间,国民政府以重庆为陪都。1949 年中国人民在中国共产党领导下,推翻南京国民政府,建立中华人民共和国。

中华民国的气候处于小冰期末的回暖期。

就救荒史的角度而言,38 年的民国历史,是中国历史上频繁、严重的一段灾荒史,也是中国荒政大转折大发展的时期,换言之,即中国荒政近代化至为关键的时期。具体地探索这一时期旱涝等灾害发生的成因、规律及其影响,揭示中华民族曾经遭受过的究竟是怎样一种巨大的苦难,将有助于深化对近代中国国情和社会发展规律的认识。

北洋政府和国民政府,为重建救荒体制进行了不同程度的努力,进而于 20 世纪 30 年代初期以后借鉴西方模式逐步建立起一套形式上比较完整的新型赈灾制度。只是由于政权本身的性质,传统荒政中的种种弊端不仅没有被遏止,反而以更加猛烈的势头在新的赈灾体制下蔓延和发展,结果成为加剧灾荒的重要因素。而传统荒政理论中许多愚昧落后的成分,干扰着甚至左右着人们的防灾救荒行为。

19 世纪 70 年代末期建立,主要由中国民族资产阶级发起和主持的民间社会新型救灾活动——义赈,经过几十年的探索和发展,终以 1920 年中国华洋义赈总会的成立为标志,进入成熟阶段,在防灾救荒方面发挥了重要作用。

中国共产党的成立及其领导下的新民主主义革命的发展,促使另一种全新的救灾形式应运而生。她萌芽于第二次国内革命战争阶段,成熟于抗日战争时期,为新政权战胜天灾人祸、取得最后胜利提供了必不可少的社会保障,最终则取代了其他一切救灾模式,成为新中国独一无二的社会救助制度。

三种模式、三条道路、三个方向，代表着三种不同的社会集团及其政治理念，恰好体现了民国社会分野鲜明的三种不同的社会改革方案，恰好反映了民国社会新旧交替、新陈代谢的历史趋势。可以借此更深刻地透视近代中国的发展历程，而且比较总结这一段与新中国相连的历史时期社会各阶级、各阶层防灾救荒行动的利弊得失和经验教训，应具有重要的现实借鉴意义（夏明方，2000）。

第一节　旱灾分析

一、气候变化与灾害

中华民国时期的气候处于小冰期末的回暖期，气候变化的主要特征是变暖与变干。20 世纪 20 年代中期到 30 年代中期干旱严重。自 1925 年到 1934 年 10 年之内出现 6 次 5 型，即全国干旱型的频率达到 60%，而 5 型的气候概率只有 10.5%。即这段时期 5 型频率达到气候值的 5～6 倍。20 世纪 20—40 年代是变暖时期，也是干旱时期（王绍武，1994）。1912—1948 年全国各省（区）受灾县数统计见表 9.1。

表 9.1　1912—1948 年全国各省(区)受灾县数统计(夏明方,2000)　　单位：个

地区		水	旱	虫	风	雹	冷	震	疫	其他	分计
黄河流域	河北	752	350	338	10	118	21	14	22	29	1510
	山东	462	341	125	12	46	11	48	14	1	812
	河南	681	858	226	101	142	55	3	80	1	1782
	山西	355	444	68	7	84	35	6	55	3	1050
	陕西	346	569	162	216	333	284	31	99	14	1233
	甘肃	81	311	22	13	170	23	161	24	12	760
	小计	2677	2873	941	359	893	429	263	294	60	7147
长江中下游地区	江苏	272	142	167	30	10	—	8	79	2	560
	浙江	394	129	63	53	5	—	—	69	—	709
	安徽	430	350	168	21	16	—	2	29	—	835
	江西	464	229	119	11	—	—	1	44	—	832
	湖北	454	442	101	41	3	2	3	45	21	1010
	湖南	772	417	121	18	9	9	2	29	15	1199
	小计	2786	1709	739	174	43	11	16	295	38	5145
西南地区	四川	502	834	6	4	34	1	73	35	1	1289
	贵州	112	154	1	1	29	—	7	1	33	602
	云南	131	51	1	1	7	47	83	2	12	552
	小计	745	1039	8	6	70	48	163	38	46	2443

续表

地区		水	旱	虫	风	雹	冷	震	疫	其他	分计
华南地区	广西	249	174	—	8	1	1	1	9	—	494
	广东	459	36	21	65	5	1	10	16	4	712
	福建	176	60	1	34	—	—	28	86	—	357
	小计	884	270	22	107	6	2	39	111	4	1563
东北地区	东北	316	44	9	—	21	1	5	29	—	400
总计		7408	5935	1719	646	1032	491	486	767	148	16698

①说明:表中“小计”系某省某年受灾县之和,不管灾型多少均以1县计算、故不等于各类型受灾县数之和。

由表9.1可知以下几点。

①从1912年到1948年的37年间,全国各地(不包括今新疆、西藏和内蒙古)总共有16698县·次发生一种或数种灾害,年均451县·次,按民国时期县级行政区划最高数(1947年国民政府时为2246个)计算,每年约有1/4的国土笼罩在各种自然灾害阴霾之下,而其极大值年份如1928年、1929年,竟高达1029县或1051县,几乎占全国县数之半,其灾害面相当大。

②从区域分布的角度来看,这一时期的自然灾害虽然并没有根本上打破旧有的灾害分布地区不平衡的基本格局,即黄河流域占第一位,灾害县多达7147个,占全国的42.8%。长江中下游次之,灾害县为5145个,占全国的30.18%。

③中国的自然灾害素来以其多样化而著称,其中,既有水、旱、风、雹等各种气象灾害,又有地震、山崩、泥石流等地质地貌灾害;既有蝗患、病害、螟害、鼠灾、瘟疫等生物微生物灾害,也有水土流失(也叫土壤侵蚀灾害)、沙漠化、盐碱化、地方病等趋势性灾害,而且这些灾害往往并不是以单一灾种的面貌出现,而是接连不断或交相并发,在时空分布上表现为同步同域、同步邻域、同步异域、接续邻城、接续同域等各种不同的组合关系,具有明显的并发、续发特征。民国时期这一特征就更加突出。

④在所有这些灾害中,最严重的莫过于水旱两灾。从1912年至1948年,全国遭水灾的共有7408次,年均200县·次,位居第一位;旱灾5955县·次,年均161县·次,位居第二;蝗灾则成为第三大灾害,共1719县·次。

⑤根据受灾范围,在五大区域中,西南地区的旱灾在各类自然灾害中占43%,排名第一位,是排名第二位水灾的1.4倍;黄河流域的旱灾在各类自然灾害中占40%,排名第一位,是排名第二位水灾的1.07倍。

⑥根据受灾范围,各省相比,四川省的旱灾在各类自然灾害中占65%,排名第一位,是排名第二位水灾的1.7倍;河南省的旱灾在各类自然灾害中占40%,排名第一位,是排名第二位水灾的1.07倍。甘肃省的旱灾在各类自然灾害中占41%,排名第一位,但是,该省是排名第二位水灾的3.8倍,在各省对比中,排名第一位。甘肃省可能是民国时期遭受旱灾最严重的省份。

上述仅仅是就受灾面积而言,若再参照灾害后果,即旱灾是最厉害的天灾。民国时期的旱灾,不仅是在北方地区大为蔓延,从全国范围来看,它还呈现出自西北向东南扩展的势头(夏明方,2000)。

二、旱灾分析

大约从 20 世纪 20 年代初开始，中国南北大部分地区的气候均出现明显的干旱化趋势。与前期相比，干旱指数迅速上升，梅雨期降雨明显减少，直到 40—60 年代，梅雨期雨量才开始明显回升，干旱指数相对下降（叶笃正 等，1992）。全国性与区域性重大干旱事件，几乎悉数发生在这一时段（1920—1943 年）。

旱灾与蝗灾大多相联。蝗灾的大发生也是从 20 世纪 20 年代开始，先后出现了两个重大盛发期，一是 1928—1936 年，无年不蝗，而且有 6 年遍及 6 省以上，其中的 1929 年、1933 年更是高达 11 省 168 县和 9 省 1 市 265 县，害及河北、江苏、山东、安徽、河南、浙江、江西、陕西、辽宁、湖北、四川、湖南，山西等地，范围极其广泛；二是 1942—1947 年，主要集中在河南、安徽、河北、山西、江苏一带，从整体上看，虽然为害程度更高，但其波及范围略小于前一个盛发期（吴福祯，1951）。

据统计，全国年度受旱县数在 100～200 个的有 1921 年（172 县）、1922 年（168 县）、1924 年（122 县）、1926 年（144 县）、1932 年（132 县）、1933 年（127 县）、1935 年（189 县）、1940 年（100 县）和 1947 年（141 县），共 9 年；在 200 个以上的有 1920 年（343 县），1925 年（257 县）、1928 年（668 县）、1929 年（533 县）、1930 年（411 县）、1934 年（431 县）、1936 年（261 县）、1937 年（283 县）、1942 年（337 县）、1943 年（207 县）、1945 年（217 县）、1946 年（217 县）。其中为害范围大、持续时间较长的跨省、区特大旱灾至少有 7 次，它们分别是：1920 年华北 5 省大旱灾（受旱县 317 个）、1925 年川、黔、滇、湘、赣 5 省大饥荒（除云南为地震及雪灾外，其余 4 省受旱县 233 个）、1928—1930 年西北华北大饥荒、1934 年以长江流域为主体的全国性大旱灾、1936—1937 年川、甘、黔、豫大旱灾（受旱县分别为 138 个、215 个）、1942—1943 年华北中原大旱灾（1942 年受旱县 249 个）（夏明方，2000）。

三、黄河流域连续 11 年特大旱灾

黄河流域连续 11 年（1922—1932 年）的干旱是二百年一遇的极端干旱事件。这次极端干旱事件的特点是处于相对变暖和百年尺度干旱背景下发生的极端干旱事件；时间长、范围广、危害重；多灾并发，旱灾、蝗灾、地震、瘟疫、匪患和兵祸，天灾与人祸交织在一起，酿成了惨绝人寰的大灾荒。这次极端干旱事件使生态环境受到了严重破坏，农业生产力遭受了极大摧残，群众生活处于极端困苦之中（董安祥 等，2010）。

（一）旱灾分析

1922—1932 年，黄河出现了连续 11 年的枯水期，黄河流域发生了特大旱灾。灾区主要在今甘肃、陕西、宁夏、内蒙古、河南、山东等省（区）。据 1929 年统计，连年大旱使黄河流域灾民达 3400 万人之多。1928—1930 年，河北、山东、陕西、河南、山西、甘肃、绥远、察哈尔、热河共死亡 1000 万人。这场旱灾从始旱年起，先经过 6 年干旱的肆虐，当耗尽了民间和政府的粮食储备之后，于第 7～9 年旱情猛然加重，从而造成了沉重的灾难。

连续干旱从黄河中游开始，逐年向四周扩展，大体持续了 11 年。1922—1925 年，黄河流域每年都出现局部旱灾，轮番出现旱情。1922 年河南有 75 个县出现干旱，流离乞讨的贫寒农民与日俱增，殷实农家仍企盼来年定有甘雨，收一季庄稼，度过灾荒。1924 年甘肃、山东等 4 省有 37 县出现旱情。1926—1927 年受旱成灾面积扩大，连片旱区扩展到整个黄河中下游地

区，山东旱灾范围广大。1928—1930年是旱灾最严重的时期，1928年5省有358县受灾，1929年5省有383县受灾，1930年6省有271县受灾。1928—1929年的大旱具有全国性。这两年的大旱主要分布在以陕西为中心的西北地区，旱灾一直持续到1930年冬。1931年和1932年，旱灾逐步减轻(表9.2)。

表9.2 1922—1932年黄河流域部分省(区)历年旱灾县数统计(夏明方，2000) 单位：个

年份	山东	河南	山西	陕西	甘肃
1922	—	75	—	—	—
1923	—	—	—	2	—
1924	10	—	6	3	18
1925	5	—	—	—	—
1926	40	4	—	1	—
1927	61	9	17	—	—
1928	50	104	77	71	56
1929	51	111	63	91	65
1930	45	104	1	61	60
1931	—	—	20	20	6
1932	—	50	—	20	—

(二)水情

在过去的几十年中，科学工作者们经过艰苦的调查和深入的研究之后，已经掌握了大量的事实和理论依据，肯定了黄河1922—1932年这一枯水段的存在。现以黄河中游陕县水文站(三门峡水电站)天然径流量为例来说明。从其时间序列(图9.1)上看，1922—1932年枯水段是客观存在的，黄河这一时段的枯水是全年范围的，而不只是单单表现在某几个季节上(图略)。在全年总的径流量序列曲线上，这一枯水段表现得最为明显。该枯水段的平均年径流量353.9亿立方米，相当于多年平均值的70%；在此期间水量最枯的1928年，径流量241.09亿立方米，相当于多年平均值的48%；水量最丰的1925年，径流量433.0亿立方米，也只相当于多年平均值的86%；因此，可以说黄河地区1922—1932年枯水段的断定是有事实根据的。

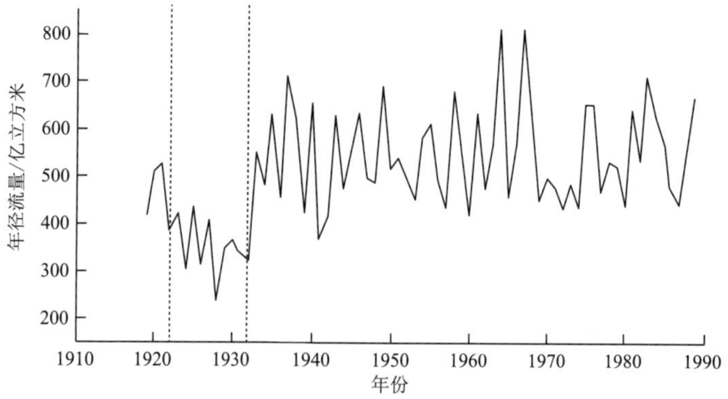

图9.1 1919—1989年河南陕县水文站记录的黄河年径流量

（三）旱灾的特点

1. 时间长、范围广、危害重

黄河流域这场旱灾持续 11 年，时间很长，历史罕见。黄河流经青海、四川、甘肃、宁夏、内蒙古、陕西、山西、河南、山东 9 省（区），流域面积 75 万平方千米。在干旱严重的 1928 年和 1929 年，全国分别有 668 县和 533 县遭受旱灾，均占全国县数的 1/4 以上，其旱灾范围不可谓不广。从表 9.3 中可以看出，1922—1932 年，黄河流域几乎年年都有至少数百万受灾人口。1928—1930 年受灾最为严重，每年都在 3300 万人以上，其中，1929 年高达 4771.5 万人，几乎占当时全国人口的十分之一。据估计，1928—1930 年黄河流域死亡约 1000 万人。1929 年，甘肃省当时人口 550 万人，灾民高达 457 万人，占总人口的 83%，死亡 230 万人，占当时甘肃全省人口的 42%。其中，死于饥饿 140 万人，死于匪害 30 万人，死于瘟疫 60 万人。上述数据说明了这次特大旱灾的危害是多么严重，群众受害是多么巨大。

表 9.3　1922—1932 年黄河流域历年受灾人口数一览表（夏明方，2000）

年份	省份	受灾人口/万人
1922	河南	75.0
1923	—	—
1924	山东、直隶	350.0
1925	河南、山东	567.0
1926	山东	126.7
1927	山东、甘肃	953.8
1928	甘肃、山西、河北、陕西、山东、河南、察哈尔、绥远	3750.7
1929	河南、山东、陕西、山西、甘肃、察哈尔、河北、绥远	4771.5
1930	河南、陕西、甘肃、山东、山西、河北、绥远、察哈尔	3318.7
1931	河南、山东、甘肃、河北、绥远、宁夏、青海	2133.9
1932	河南、陕西、山东、山西、青海	1986.1

2. 多灾并发

（1）蝗虫

蝗灾多发生于夏秋之间，对农作物危害较大。蝗灾经常与旱灾相伴发生。从表 9.4 中可以看出，在 12 年旱灾期间黄河流域有 7 年发生蝗灾。其中 1928 年有 159 县、1929 年有 87 县发生蝗灾，这两年也是旱灾最严重的时期。

表 9.4　1922—1932 年黄河流域历年遭受灾蝗灾县数（夏明方，2000）

年份	河北	山东	河南	山西	陕西	甘肃
1923	2	—	3	—	—	—
1926	—	1	—	—	—	—
1927	—	27	2	—	—	—
1928	26	60	66	4	3	—
1929	54	5	25	—	3	—
1930	38	—	—	—	19	—
1931	82	9	—	—	50	5

山东是这次特大干旱期间遭受蝗灾严重的地区。1927 年 7 月，鲁北惠民、滨县一带有“无数飞蝗入境，自东北蔽天而来”“蚕食秋禾殆尽”“复飞向西南”。鲁西南“曹兖两属 16 县，发生 70 年未有之蝗灾，禾粒无收，兼遭烽遂，饿殍填塞。其中 4 县灾情尤其严重，草根食尽”。

1928 年 7 月，鲁西南的临沂大旱，遍生蝗蝻，几乎遮严地皮。县境东南部（今临沭县）一带尤甚。各村捕杀，无济于事。田间各类作物全被吃光，又危及豆类作物。有的房屋新苫的马穆秸也被吃去一层。秋季，多数农田绝产，沭河以东数十千米遍地蓬蒿，不见人烟。秋，费县西部（今属平邑县）飞蝗遍地，吃尽庄稼。瘟疫蔓延，民多死亡。外出逃荒，忍痛卖掉儿女者不计其数。

1929 年，山东黄水与旱蝗交替出现。由于上年全省抗旱之后，冬无余藏，春荒严重。据山东华洋义赈会于 3 月调查，被灾最重县有恩县、夏津、高唐、邱县、馆陶、冠县、堂邑、东昌、朝城、濮县、武城、兖州、邹县、曲阜、泗水、新泰、平阴、费县、峄县、沂水、临沂，共计 21 县，共有灾民 200 万人。被灾次重县有德县、临清、博平、茌平、莘县、阳谷、欢城、范县、曹州、曹县、定陶、寿张、东阿、金乡、单县、长清、平原、嘉祥、郯（tán）城、清平等 25 县，共计灾民 100 万人。另据 9 月 12 日《申报》消息，胶东各县，本年春夏“亢旱无雨，二麦歉收，迄至立秋以后，农民始得稍种禾豆，不意蓬莱、黄县、即墨、平度、胶县等处，亢旱之余，又患蝗灾，所有已种未枯之禾稼，尽为蝗虫所食，当蝗虫飞来之时，遮蔽天日，及落地以后，满坑满谷”。

（2）地震

根据对地震活动规律的研究，1480—1730 年、1880 年至现在为两个地震活跃期，干旱周期与地震周期存在一定的对应关系，一般旱期地震频繁。民国时期地震的强度更是闻所未闻。1920—1933 年中国共发生了 7 级以上地震 15 次，平均每年 1 次。其中，造成千人以上死亡的地震共 4 次，1920 年甘肃海原（今属宁夏）发生了里氏 8.5 级大地震，死亡 20 多万人。1927 年甘肃古浪发生了里氏 8 级大地震，死亡 4000 余人。旱、震交加，黄河流域人民遭受了沉重灾难。

（3）瘟疫

旱灾最明显的后果是造成水质恶化，空气污染，大量生物死亡腐烂，或者垃圾粪便等排泄物的漂流、富集，从而严重危害人们的生活环境质量，导致传染病流行，造成大旱之后必有大疫。

1928 年，山东的灾情十分严重。蒙阴自 5 月以来瘟疫流行，危害甚烈。始见于南方，继而蔓延至东北各处，无家无人而不患此。一村之中，其死亡者，日或数人或十余人。死亡益多，传染益剧。至 8 月，死者已达 23000 余人 。

据华洋义赈会的调查，1929 年西北 4 省（区）旱灾期间，病者 1400 万人。

1930 年 3—4 月，陕西关中、榆林及汉中区北部等广大地区在经过持续数年的旱荒之后，终于爆发了一场被时人称之“春瘟病”的大瘟疫，传染所及达 57 县，“当此春发之际，薰蒸尤奇臭气味，最足致疾，而枵腹之灾民，难胜病魔之缠绕，是以死者日众”，据报道，在各县的死亡人数中，“饿毙者十分之三四，而病死者十分之五六”“一日死亡数目，竟越过千馀名，掩埋队因挖坑不及，乃辟万人坑数处，不分男女老幼，一律叠床架屋，累而葬之，成为肉丘”。

1930 年甘肃因旱灾而引发一场瘟疫，“多系喉痧、痢疾、猩红热等传染病”，造成 50 万～60 万人死亡；1931 年青海因“牛羊传染”波及人，计死 26 万余人。

1931 年前后陇海铁路刚修至潼关，而次年霍乱就以该地为中心向整个西北蔓延。当时的

《大公报》如是报道:“虎疫袭入陕境,尚屑创见。最初系在陇海终点之潼关。当时该处疫势极剧烈,死者约达千人。居民逃避者过半,十余日间,全城顿成死市,卒赖公私双方防治,疫势渐杀。嗣因西安至潼关间交通恢复,不数日间,复由华岳庙而华阴、而渭南、而临潼,直至西安,疫势日益猖獗,每至一处死亡均在数百人以上。凡沿汽车公路之处,无一幸免,始而城市,继而农村,未及一月,弥漫关中四十余县,且蔓延至甘肃之平凉、泾川、秦州等处。”据不完全统计,1931年前后陕西鼠疫死亡 10232 人。1931 年霍乱造成山西死亡 19755 人、陕西死亡 19495 人。1932 年山西霍乱流行,疫区达 30 余县,时间达 3 个月,仅防疫药品及旅费就耗资大洋 21121 元。1932 年,山东 27 个县(市)霍乱大流行,发病 18000 多人,死亡 2900 多人。

(4)匪患

民国年间,几乎每一次重大的突发性的自然灾害,都会发生一次疯狂的土匪活动高潮。据统计,1928—1930 年的西北大旱期间,各省兼遭匪祸的地区,甘肃有 47 个县,陕西 22 个县,绥远 14 个县,河南近 60 个县,河北 80 个县(含兵灾),山西 18 个县。1928 年,陕西灾民 565.52 万人,“冻馁而死者已万人,流离各处者约百余万人,介乎民匪之间者 60 馀万人”。

1927—1930 年,山东土匪的猖獗程度实所罕见。就地域而言,山东这几年可说是无地不匪、无县不匪。不仅鲁南、鲁东山区是土匪之渊薮,鲁西、鲁北平原地区也时有土匪出没;不仅穷乡僻壤土匪活动猖獗,城镇闹市乃至省城济南土匪也大肆其虐。据估计,当时山东全省的土匪总数在 20 万人以上。就连济南这样的省城,也已沦为土匪世界。1928 年 9 月 14 日《申报》据济南通信云:“连日以来,本埠城关商埠,土匪四起,已成土匪世界,商民恐慌,达于极度,稍称殷实者,多纷纷赴青岛避难。”光天化日之下,在省城竟敢如此从容抢劫,足见当时山东匪患已严重到何种程度。山东这几年土匪猖獗,一方面固然与天灾连年、饥民遍地、不法之徒趁机抢劫有关;另一方面,山东政局混乱,剿匪不力也加剧了土匪的滋生和横行。

(5)兵祸

天灾产生灾民,战争也制造伤兵和难民。20 世纪 20 年代的最后 5 年,中国是在战争中度过的。这中间既有军阀之间为争夺地盘和政权的混战,也有南方北伐军推翻北洋军阀统治的统一战争,还有日本帝国主义对山东的侵略。

自 1925 年张宗昌督鲁后,山东境内发生的战争有:1925 年 10—11 月,张宗昌与孙传芳之间爆发的浙奉战争,战场主要在皖北、苏北和鲁南。1925 年 11 月—1926 年 1 月,张宗昌与岳维峻之间爆发的鲁豫战争,战场主要在豫东和鲁西南。1926 年 2—4 月,直鲁联军与国民军之间爆发的战争,战场主要在冀南、天津、北京一带。1927—1928 年,张宗昌对抗北伐军的战争。1928 年 5 月,日本侵占济南,并制造震惊中外的“五三惨案”。1930 年 5—11 月,蒋介石与阎锡山、冯玉祥之间爆发“中原大战”。战场主要在豫东、皖北、鲁西等地,百万大军旷日持久的拉锯战争,将战区变成一片焦土。

战争对人民生活的直接破坏极其巨大。1928 年 8 月 3 日,《大公报》报道:“据慈善团体调查,济南惨案后,济南居民凡中产以下者,因百业停顿,生活无法,已完全流为难民,十之八九赖各慈善团所放之红粮维持生活。除流离四方者外,目下济南之难民仍在十万人以上。”到 9 月初,警局调查济南户口,由 1927 年的 303000 余人,下降到 203000 余人,一年之中减少了整整 10 万人。山东人民在经历天灾、匪患、兵祸的痛苦之后,还遭受了日本帝国主义更加残忍的杀戮。

(四)旱灾的影响

1. 对生态环境的影响

黄河流域的森林植被和野生动植物资源,在持续不断的旱灾和饥馑的袭击之下,遭到了毁灭性的浩劫。干旱灾害会恶化水质、污染空气,造成大量生物体死亡腐烂或者垃圾、粪便等排泄物的漂流、富集,严重损害环境质量,导致疾病流行,瘟疫猖獗,给灾后余生带来更为巨大的威胁。美国作家艾格尼丝·史沫特莱的《中国的战歌》这样描写了1929年河南饥荒造成的环境后果:"饥饿所逼,森林砍光,树皮食尽,童山濯(zhuó)濯,土地荒芜。雨季一到,水土流失,河水暴涨;冬天来了,寒风刮起黄土,到处飞扬。有些城镇的沙丘高过城墙,很快沦为废墟。"

干旱引起饥饿,饥饿吞噬(shì)了植被,植被的丧失又招致更大的灾害。由于环境恶化,加重了干旱的严重程度,在干旱的反作用下,加之人类活动的影响,进一步引起一系列的环境恶化,造成恶性循环。

干旱造成灾区土地的大量荒芜。陕西省20世纪30年代初历经数年的旱荒之后,荒地即由灾前150余万亩激增至330万亩,增长到原来的两倍多。受灾较重的陇县、榆林、紫阳、永寿等县农地竟一度完全荒芜,而醴泉、武功、扶风等县灾后荒地面积也一度占农地总面积80%以上。素称灌溉便利、物产丰富的渭河两岸,自灾荒以后直至1933年还有16万亩无人耕种的荒地。

由于大量有植被的土地变成了裸地,在风蚀的作用下,不少地方耕作层表土已流失殆尽,丧失了生产能力。水土流失不仅使水土资源遭到严重破坏,同时也是造成面源污染的一个重要原因。

2. 对农业的影响

灾害对农业生产力最大的破坏,是造成灾区土地的大量荒芜,因天灾造成的人口大规模减员和流离以及耕畜、农具、种籽、肥料等生产资料极度缺乏,而在灾后相当长的时期内也难以垦复的土地。

黄河流域在中华民国时期,尤其是中上游主要是农业经济。灾荒期间,人口过量死亡,例如,这场旱灾受灾严重的甘肃省,当时人口550万人,灾民高达457万人,占总人口的83%,死亡230万人,占当时全省人口的42%。这次特大旱灾,灾荒期间人口的过量死亡和大规模流离,意味着对灾区社会生产力系统的主导因素即劳动者的最直接的摧残,结果必然是灾后劳动力的锐减和奇缺。灾后幸存的人口,也因营养不良和疾病缠磨,身体健康备受摧残,体能下降,有的部分甚或全部丧失劳动能力,这从整体上又进一步削弱了农业劳动力的水平。至于灾民特别是精壮劳动力大量离村而导致的灾区人口年龄结构的严重失调,也是农村劳动力受损的一个重要方面。

对整个灾区农村来说,危害更严重的还是农具、耕畜的大幅度减少或死亡。据调查,1928—1930年西北大旱灾之后,陕西凤翔境内"农具损失35%,耕畜减少70%以上";残酷的天灾使广大农民连原本十分落后的向大自然索取生命之源的生产能力,也被剥夺净尽了。许多地方不得不以人力代替畜力。

连年的灾荒给山东人民带来了沉重的灾难,灾民为了生存,无所不用其极,于是,在灾区卖田卖房卖牛的人司空见惯,而且价格一再降低,也难寻买主。1928年4月22日《晨报》载:"三数年前,德州地价,每亩平均价值洋一百八十元,现以灾荒原因,每亩只值十五元,而且卖者多,苦无买主。"1929年1月22日《大公报》报道:山东灾情之烈,不独贫者受其害,即小康之家也被波及,"地价跌至每亩五元,尚无主顾,甚有每亩低至三元者"。

3. 旱灾对群众生活的影响

从对人类本身生存到其社会经济发展的影响，干旱一直是黄河流域最主要的自然灾害，甚至影响到社会的稳定。这场严重的旱灾使农村经济濒临破产，社会风气恶化、社会动乱，并且是导致西北社会在近代后期长期贫穷落后的重要原因之一。大旱灾发生以后救援不力、水利失修也是加剧灾荒，导致死亡人口过多的重要因素。

和水灾相比，旱灾的持续时间更长，波及范围更广，对农作物的破坏程度更重，因此，由之引起的市场变化，无论是在商品结构、商品种类方面，或是商品价格的涨跌幅度，都要比水灾厉害得多。1928—1930 年，西北旱荒最严重的时候，粮价之昂贵，闻所未闻。据华洋义赈会成员的实地调查，“灾区内粮食之价皆 10 倍于平时，小麦每 230 斤为 1 石，价 65 元，若在平时，不过五六元而已”。另据国民政府一位察灾委员的报告，1928 年冬天，陕西华阴县“每石麦子需洋 30 馀元，较之平时约涨 5 倍，格油渣每千斤亦需洋 40 馀元，较之平时，亦涨 5 倍”。至于在市场上被出售的灾民子女，其代价并不比其他物品高多少。1929 年，甘肃兰州、导河、平凉、天水一带“十岁妙龄的少女，标价三五元，与 1 斗麦价相当”。1929 年，西北 4 省“流亡转徙者 400 万人”(华洋义赈会调查)；陕西省灾民 7015052 人，流亡灾民 781347 人；绥远各县被贩卖人口“可达 10 万口之多，为伶为娼者，触目皆是”；1928—1930 年涌动于西北各省的人口贩卖潮，被时人视之为“冠绝古今中外亦不为过”的人间悲剧。据陕西省赈灾会的调查，长安等 37 县的妇女除死亡 985317 人、迁逃 725517 人外，被贩卖的竟高达 308279 人。

当灾民将一切可卖之物全行卖尽仍难求一饱时，他们便将一切可食或不可食的东西都塞入腹中，以求活命。山东金乡、单县、城武三县灾民，“概以糠秕及野菜为食，亦食草根树皮，甚至有食破毡及败棉者”。山东滕、峄、费、蒙等县灾民，“只食草根树皮，或以花生皮搀粗糠，蒸为干粮。且有采食霜芽草者，该草微含毒液，食后脸胀作痒，以至积毒死毙者，不计其数”。

在 1928—1930 年的大旱荒期间，本来落后的教育事业受到了严重摧残。陕西咸阳原有 4 所高小、30 所初小，但到了 1929 年，“高小仅存一校，初小仅存五校，然且学生甚少，开学为难”；武功县甚至“学校全停，教员有在街挑担卖豆腐者”。非独灾时如此，灾后因自然灾害所加剧的贫穷进一步限制了人们对教育的投资。在当时的首善之区挣扎求存的棚户居民中，不仅 76%的家主没有受过任何教育，即其后代也“大都失学，只有 9%的棚户家庭送儿童入学”，每家棚户全年教育费平均只有 0.39 元，权占全年总支出的 0.26%，足见其教育程度之低落(董安祥 等，2010)。

第二节　灾荒的认识与实践

一、孙中山的救灾思想

孙中山先生是伟大的爱国主义者、中国民主革命的伟大先驱。孙中山的思想是中华民族复兴的宝贵精神财富。早在辛亥革命之前，旱涝等自然灾害就是他积极思考的一个重要方面。民国成立后，他以“首重保民”的崭新政治理念继续对近代中国这一突出的社会问题倾力关注，并在实践上力图解决这一关系民生的重大现实问题。本节探讨孙中山对近代中国灾害的社会原因和救治灾害的真知灼见(孙语圣，2006)。

(一)近代中国多灾的原因

孙中山先生认为,满清封建政治的腐败和帝国主义的侵略是近代灾荒产生的社会原因。

早在孙中山的思想还停留在维新改良阶段时,他就已经认识到自然灾害频发与封建官吏"苛政"存在密切关系,指出:"盖天生民而立君,朝廷之设官,以为民也。今之悍然民上者,其视民之去来生死,如秦人视越人之肥瘠然,何怪天下流亡满目,盗贼载途也。"甲午战后,随着孙中山放弃对清廷的幻想,走上革命道路,他对清朝腐败统治是导致自然灾害发生的原因有了更深刻的认识。1895 年 2 月,他在《兴中会章程》中说:"夫以四百兆人民之众,数万里土地之饶,本可以发奋为雄,无敌于天下,乃以政治不修,纲纪败坏,朝廷则鬻爵卖官,公行贿赂;官府则剥民括地,暴如虎狼。"其结果是"盗贼横行,饥馑交集,哀鸿遍野,民不聊生"。这里,孙中山已经把灾荒归结为清廷的腐朽统治。1897 年,他发表《中国的现在和未来》一文,更加明确指出:"中国人民所遭受的饥荒、水患、疫病、生命财产的毫无保障的四种巨大的长久苦难的原因""既不可指责是由于人口过多,也不可说成是自然原因所引起的任何粮食恐慌和人民的懒惰无知"。其根本原因是满清统治者"无限榨取人民和官吏普遍的又是有系统的贪污"。辛亥革命后随之而来的封建军阀黑暗统治,使灾荒的发生有增无减,面对这种现实,孙中山沉痛指出:"武昌起义而后,所谓民国者,仅有其名,而无其实,一切政权,仍在腐败官僚、专横武人之手,盖以兵灾、水、旱,迄无宁岁,人民痛苦,且加甚焉!此即革命未竟成功,因而难收良果也。"

除了认识到封建统治的腐败与灾荒的关系,孙中山还指出"帝国主义的压迫侵略同样是使中国是现在世界是最贫弱的国家,处国际最低地位"的根源。他认为中国土地广大,矿藏丰富,农产众多,却仍然民穷财尽就是因为受外国的经济压迫。民穷财尽则必然使灾荒加重,对此孙中山先生在《民族主义》第二讲中有清晰的说明:"前三年中国北方本是大旱,沿京汉、京奉铁路一带饿死的人本来是很多,但当时的牛庄、大连还有很多的豆、麦运去外国。这是什么原因呢?就是由于受外国经济的压迫。因为受了外国经济的压迫,没有金钱送到外国,所以宁可自己饿死,还要把粮食送到外国去。"这些观点是其反帝反封建的思想基础。

事实上,在自然灾害的形成过程中,人并不仅仅是一个"受虐者",在很大程度上,人还扮演着一个重要的"施虐者"的角色。人们盲目不合理的社会经济活动在地球表层造成的环境退化和生态危机,无不成为引发或加剧旱涝等自然灾害的重要因素。关于生态环境和灾害的关系,孙中山在 1890 年就写道:"试观吾邑东南一带之山,秃然不毛,本可以植果以收利,蓄木以为薪,而无人兴之,农民只知斩伐,而不知种植,此安得其不胜用耶?"(李岚,2000)

(二)标本兼治的救灾思想

与其被动受灾、救灾,不如主动防灾、治灾,在揭示了近代灾荒产生的社会原因之后,孙中山先生认为中国的灾荒是可以预防的,他的标本兼治的救荒思想是与经济发展、人民幸福、社会安定的民主主义理论紧密相连。反帝反封建,建立贤良政府是救治灾荒的根本出路。清朝在经过 200 多年的统治后,到 19 世纪末期已经积重难返,沉重的自然灾害使这种风雨飘摇之势更加明显,走在时代前列的孙中山认为要预防灾荒,就必须打倒目前极其腐败的封建统治而建立一个贤良政府。由于贪污腐化是根深蒂固遍及于全国的,所以除非在行政的系统中造成一个根本的改变,局部的逐步的改革都是无望的。辛亥革命在一夜之间将民国送到了国人面前,但事与愿违的是民国虽成,灾害频至,祸患没有止境,封建军阀的黑暗统治使国家没有办法可以统一,使人民不能免遭荼(tú)毒。为此,孙中山先生继续发动革命,讨伐北洋军阀,拯民于水火。

预防灾荒要反对帝国主义的经济侵略，近代反帝反封建是一个问题的两个方面。辛亥革命后，孙中山开始提出废除不平等条约的主张。1911年，他要求收回海关管理权。1912年，提出废除列强在华的不平等的领事裁判权，主张取消口岸外国租界。他认为正是由于帝国主义的经济侵略和掠夺，使中国每年损失巨大。若不挽救，"至于亡国灭种而后已"。而挽救的根本方法，就是实行革命，收回国家的主权。从救治灾荒的角度出发，孙中山已将革命斗争的矛头直指帝国主义的侵略和掠夺。

政治制度的解决是根本出路，而植树造林、改善生态环境、发展新式近代农业则是救治灾荒的具体措施。人生活在一定的自然环境之中，自然现象与社会现象从来是互相影响的，灾荒防治亦是如此。他多次认为，多种森林便是治本方法，有了森林便可以免除全国的旱灾水祸。并倡议要造全国大规模的森林，而且要靠国家来经营种植，这个问题才容易成功。为了唤起国人对植树造林的重视，孙中山先生首倡植树节。

近代自然灾害频仍，从根本上说，是由于束缚在封建经济上的小农经济生产力水平十分低下的结果。如果政治清明，经济发达，灾前有充足的粮食储备，灾时能及时赈济，灾后能妥善地恢复生产，那么灾荒是可以减轻或避免的。而这一切都与农业息息相关。对此，孙中山先生早有认识，为了解决灾荒，他提倡急兴农政。为了发展农业，他认为必须做好以下4项工作：设农官，总揽大纲；讲求科学方法，进行多种经营；中西结合，发展优势产业；屯田边疆，开垦荒土。灾民虽增数倍，可无饥馑之忧也。

随着时间的推移，孙中山的重农思想也在不断朝前发展。1906年，他提出"改良社会经济组织，核定天下地价"，力求做到"家给人足，四海之内无一夫不获其所"。在《国民政府建国大纲》中，他又说："土地之岁收，地价之增益，公地之生产，山林川泽之息，矿产水力之利，皆为地方政府所有，而用以经营地方人民之事业，及育幼、养老、济贫、救灾、医病与夫种种公共之需。"中山先生认为只有农业近代化问题获得解决，由灾害引起的社会动荡才会消弭于无形。

振兴中华，造福人民，把中国建成一个民富国强的头等大国，是孙中山终生梦寐以求的愿望。他曾强调："余观列强致富之源，在于实业。今共和初成，兴办实业，实为救贫药剂，为当今首要之政策。"为此，他制订了宏伟的《实业计划》，把发展实业与救荒结合起来。

《实业计划》中的一个重要内容是发展交通运输业，孙中山认为交通发达，灾害发生的时候，就可以"以此之丰，济彼之荒"。他以泰西为例指出，"泰西虽有荒旱之灾，而无饥馑之患"，是"因为泰西各国虽山僻之区亦行铁轨，故其货物能转输利便，运接灵速，遇一方困乏，四境济之"。而中国却因为交通不便，饥馑立见。因此，孙中山先生潜心编制交通发展计划，修筑铁路开辟商港，使货物流通，苦乐可均，而饥馑之灾亦可免。

孙中山处在一个承前启后的新时代，面临国际竞争、交往的新形势，他提出争取国际援助以救灾荒在当时的中国十分先进(李岚，2000)。

(三)救灾实践

孙中山先生由于毕生忙于革命救亡运动，且真正掌握国家权力的时间十分短暂，这妨碍了他的一系列防灾救灾计划的实施，但即便如此，在他担任中华民国临时大总统和广州中华民国大总统期间，对当时严重的灾荒还是予以深切关注，并及时组织救治。除了灾时及时组织救治外，孙中山先生对灾后恢复生产也极为重视和关切。他在《令内务府通饬(chì)各省慎重农事文》中强调："若全国耕者释耒(lěi)，则虽四时不害，而饥馑之数，已不可免，国体所关，非细故也。"要求各省都督"饬下所司，劳来农民，严加保护。其有耕种之具不给者，公田由地方公款，私田由各田主设法资助，俟秋成后计数取偿”。

救荒是一项长期的工作，必须有专门机构进行管理，1920 年孙中山在任非常大总统时拟定的《内部方针》中，规定设社会事业局，专管育孤、养老、救灾、卫生防疫。不久颁布的《内政部新官制》中，又明确规定内政部下设司长二人，管理救灾事业。这一切措施与实际行动都体现了孙中山先生为人民谋幸福的革命理想和高尚的道德情操，体现了他的国家是建筑在人民基础之上的治国思想。

孙中山的救荒思想，是把灾荒问题的解决和政治、经济制度联系起来，把救荒同国家建设、国强民富联系起来，这些都是他的救荒思想光辉和深刻之处，孙中山先生的救荒思想，是中国灾荒思想中的优秀历史文化遗产，值得认真研究继承（李岚，2000）。

二、中国共产党局部执政时期的救灾思想与实践

中华民国时期，天灾人祸交相作用，成千上万的灾民流离失所，社会经济损失惨重，这也波及和影响到中国共产党建立的革命根据地。中国共产党能否有效地救治旱涝等灾荒，直接关乎革命根据地的巩固和发展，关乎新民主主义革命的兴衰成败。所以，中国共产党在局部执政时期重视救治灾荒，探索出许多成功的救荒举措，领导人民战胜了根据地一次又一次灾荒（赵朝峰，2012）。

（一）土地革命战争

土地革命战争时期，中国共产党实现局部执政后，在巩固和发展革命根据地、壮大革命力量的过程中，逐渐认识到旱涝等灾害救治的重要性，在不断总结经验教训的基础上，各苏区政府采取各种措施，积极开展灾荒救治。

1. 对灾荒的认识

1929 年，中共中央在《秋收斗争的策略路线》中明确指出了灾荒产生的社会原因：“第一，帝国主义对中国固有农产品之破坏；第二，田租、捐税等高利贷的野蛮封建剥削；第三，灌溉事业与水利绝对没有；第四，不断的军阀内战，广大群众直接在炮火下牺牲，间接受军事影响；第五，强迫种烟，勒派公债，预征钱粮，清乡办团，抽丁筑路及一切苛政。这些条件都逐渐使农村经济的生产力完全消失，农村的危机日益紧张，造成遍及全国的水旱灾荒与失业。”1931 年 7 月 30 日，中共中央针对当时全国的灾荒状况，通过了《关于全国灾荒秋收斗争与我们的策略的决议》（简称《决议》），认为：“全中国近年来所发生的兵灾、匪灾以及一切水灾、旱灾，都是帝国主义、国民党带给中国民众的。今年全国所发生的大水灾，不过是历年来继续不断的灾荒中更为空前的罢了。”“任何帝国主义与国民党的派别以及取消派等都不能解决中国的灾荒问题。帝国主义者与国民党除了用暴力来屠杀灾民，镇压灾民的斗争外，没有其他任何方法。只有推翻帝国主义、国民党的统治，建立苏维埃政权，这一灾荒的问题才能得到根本解决。事实已经证明：推翻了帝国主义与地主资产阶级统治的苏联农民才在集体化的道路上，从饥饿贫困与奴役之中，得到了最后的解放。”《决议》还揭露了帝国主义和国民党赈灾的欺骗性，指出：“赈灾机关与赈灾的宣传，实际上不过是帝国主义、国民党对他们的奴隶的欺骗。不但这样，帝国主义的华洋义赈会利用赈灾的名义，把西北的灾民变成它的奴隶，把赈灾机关变成剥削灾民的企业。国民党经常以赈灾名义搜刮来的款项，只充作了各种官僚机关（如水利局等）的费用。或者直接用来做军阀内部的战争。”全国范围灾荒的社会原因是帝国主义的侵略和国民党反动统治造成的“人祸”。具体体现在以下几个方面：①国民党军阀的极度榨取，地主豪绅的残酷剥

削，使人民财富耗尽，无力防灾备荒。②连年战争，负担加重直接制造了灾荒。③帝国主义的经济侵略，加剧了人民的贫困，降低了人们的抗灾能力。④地方军阀勒种罂粟，公开贩卖鸦片，是灾荒频仍的另一重要原因。⑤国民党政府无暇顾及基本的减灾设施，中国主要的灾荒多为旱涝等自然灾害诱发，但国民党政府对水利设施漠不关心，挪用减灾经费屡见不鲜，从而加重了灾荒。

2. 苏区的减灾工作

中国共产党把救治灾荒当作建设革命根据地的重要举措之一。

(1)设立救治机构和筹措救济经费

1932 年，中华苏维埃共和国临时中央政府通过了《内务部暂行组织纲要》，规定社会保证科负责对因战争和灾荒的受难群众的救济。1933 年，中华苏维埃共和国颁布《地方苏维埃组织法》(草案)，规定市、乡苏维埃设立救济机构——备荒委员会，由 7～9 名委员组成，其任务为筹集粮食于备荒仓而保管之，调查统计本属内居民群众粮食不足及正患饥荒者，并实施救济办法；省、县、区各级苏维埃执行委员会之下设立与救治灾荒有关的机构，如劳动部、土地部、粮食部、内务部等。根据规定，粮食部设立调剂科和备荒科，前者调查统计所属范围内粮食产销状况，拟订并执行调剂计划，后者负责筹划并管理关于备荒一切事宜；内务部下设社会保证科，其中有荒年粮食之救济，备荒仓之指导等。1931 年在鄂、豫、皖苏区设立了救济委员会，专门负责“借给灾民粮食来救济他们”。

除去政府的救荒机构外，苏区还有一些民间救济机构，如济难会、互济会等。这些组织是中国共产党领导下的群众外围组织，主要帮助受难的革命群众和灾民。

关于救济经费的筹措，在土地革命战争前期，主要是通过武装斗争的方式进行社会财富再分配，军队给养和救治灾民的粮款都是来自对土豪劣绅的征收和剥夺。此外，从发展根据地经济上找出路，建立统一的财政制度，为灾荒救治提供一定数量的财政支持。

(2)救治灾荒的举措

临灾救济。1932 年，鄂、豫、皖苏区发生灾荒，政府要求各乡苏维埃募集粮食，立即设立粥厂，“救济没有饭吃的工友、农友”。除去苏维埃政权拨专款救济灾民外，群众慈善组织也发挥了扶贫济困的积极作用。土地革命战争初期，一些根据地建立了济难会，设法救助被困的灾民。如 1930 年湘、赣根据地有难民五六千人，济难会设法安置其中的老弱病残及妇女。在中央根据地，革命互济会“曾在战争中切实地担负起群众的救济，有计划地维持受难群众的生活，举行群众慰问等”，帮助一些灾民度过了暂时的困难。

积极实施生产自救。由于苏区始终处于“围剿”与反“围剿”的战争状态，可供支配的财政资源有限。因此，中国共产党更重视灾民生产自救，要求各地“尽量把有生产能力的难民群众切实调查，有计划、有组织地去分配他们生产，组织生产合作社”。灾荒发生后，最主要的是组织灾民种植早熟的粮食替代品，如瓜、蔬菜等，以缓解粮荒的压力。在 1932 年春、夏粮荒的危机时，鄂、豫、皖苏区要求每个党员、团员至少种植 5 棵瓜藤或等量的其他杂粮，并负责管理到收获为止。同时，每个党员、团员还必须负责宣传劝告工农群众，每人至少种植一棵瓜藤，细心培养。中央土地部在 1933 年发布了《多种杂粮蔬菜解决夏荒的训令》，要求根据地“各县、各区、各乡普遍的多量的种植杂粮蔬菜”。同时，要求群众开垦荒地，增加耕地面积。闽、浙、赣等苏区仅 1933 年就分别开垦荒地 20000 担田、30000 担田、30000 担田，为提高粮食总产量创造了前提。

在种子问题上，苏维埃政府采取了借贷和免费发放的办法。为克服农业生产中人力、畜力不足的困难，各苏区政权号召开展合作运动，在农村固有的亲族间临时性伴工、换工等互助习惯的基础上，逐渐建立了伴工组、耕牛队、劳动合作社、犁牛合作社、消费合作社等劳动互助社组织。互助合作运动是战争年代的中国共产党为解决分散、落后的小农经济在农业生产中遇到的困难而采取的一项行之有效的发展农业生产的积极措施，为救治灾荒和发展农业生产起到重要作用。

开展节约运动，号召社会互济。节约是农民个体家庭在灾荒岁月的自觉调节行为，在减灾度荒中发挥了积极作用，中国共产党及苏维埃政府将其发扬光大。1932 年，中央苏区政府要求“各级政府和各群众团体，一切费用都要十二分的节俭，不急用的不要用，要用的就要节俭，不浪费一文钱，不滥用一张纸，少点一滴油，积少成多”。鄂、豫、皖苏维埃政府则开展粮食运动周，要求：“一切苏维埃和后方军事机关，须于粮食运动周开始切实互相检查前次决定节省粮食的决定(党和苏维埃机关每天吃两顿粥一顿干饭。后方军事机关，每天一顿粥，两顿干饭。只有红军和前方战士，每天必须确保有三顿干饭)。将检查结果报告分局，不能实行的需受严格的处罚。”

建立专门的粮食管理机构，统制粮食流通。中国共产党在根据地普遍成立平粜机构——粮食调剂局，专门负责粮食的地域和季节调剂。具体做法是：新谷米上市后，调剂局以高出市场 1/3 的价格，向农民收购米谷，待青黄不接之际，再按市场的 95%价格卖给农民。收购资金开始来自富农的借款，后来主要是政府拨款，其差额收入作为米谷损耗和保管费用。粮食调剂局稳定了粮价，解决了粮贱伤农的问题，调动了农民种粮的积极性。

中国共产党通过有效的政治动员与救荒举措，扩大了在群众中的影响。当 1931 年国统区灾荒严重时，有 1 万多名来自国统区的灾民到湘、鄂西苏区避难，为扩大苏区的革命力量创造了条件(赵朝峰，2012)。

（二）抗日根据地的灾荒救治

中国共产党在建设抗日根据地的过程中，依然把救治灾荒作为巩固抗日民主政权的重要政务之一。通过有效的灾荒救治，巩固和扩大了敌后抗日根据地，为抗日战争的胜利奠定了坚实的基础。

1. 救荒机构和救荒粮款的来源

抗战时期，随着各边区民主政权的建立，中国共产党陆续设置了救荒机构。总体来看，各边区一级政府设民政厅、行政督察区和县所属机关均设民政科，作为救灾工作的常设领导机构；区、乡、村政权中的优待救济委员会是贯彻落实救荒、救灾方针的基层组织。

大灾之年，为确保救灾工作的顺利进行，根据地政府还临时成立由党政军民组成的各级救灾委员会或者优待救急委员会，专门负责生产救灾工作，并把灾区村级党支部作为领导生产自救的核心堡垒。

除去政府设立的上述救灾机构外，各地政府还积极鼓励成立群众性的民间救荒组织。

在抗战初期，救灾经费主要来自国民政府的财政拨款、没收敌伪汉奸财产、边区内部筹集(包括税收、罚款、企业盈余、贸易收入和捐款等)三大部分。

随着抗日战争进入相持阶段，灾荒救济的经费主要来自各个抗日民主政府的财政预算、兄弟根据地的援助和根据地军民的募捐。

2. 救治灾荒的程序

首先，调查统计详细的灾荒信息，初步提出救治方案。其次，根据上报资料，边区政府作出答复和指示，由职能部门负责拟定具体的救治方案。再次，对用于赈济和生产自救粮款的发放，各革命根据地总结出一套成功的方法。一般是先经农会讨论决定灾民是属于赈济户、贷粮款户或是属于购买调剂粮户，交救委会审查后由灾民评议，最后经群众大会通过，并由救委会复审。最后，进行救灾总结，了解资金和粮食的使用状况，以便及时发现问题并纠正。

3. 相关法规和制度建设

在灾民优待和安置方面，1940 年 3 月 1 日，陕甘宁边区政府颁布了《陕甘宁边区政府优待外来难民和贫民之决定》，1941 年 5 月 1 日，在《陕甘宁边区施政纲领》中对难民的优待救济又作了具体的规定。之后，陕甘宁边区政府还颁布了《优待移民办法》《优待移民实施办法》等，不仅对难民应享有的经济、政治方面的优待作了明确规定，而且划定延安、甘泉、华池、志丹、靖边、富县、曲子等 7 县为移难民垦区。

在募捐工作的管理方面，1940 年 11 月，山东省战时工作推行委员会发出通知，规定："凡在山东民主政权所属地域以内之各机关、部队、团体，有向人民进行募捐之必要时，将募捐之理由及地区抚慰，与募捐数目及用途，报告该地区最高行政机关或本会批准，并通知各该地区之政府后，才能进行募捐。否则不许募捐。"1940 年 12 月 3 日，山东省临时参议会又通过了《山东省惩治贪污暂行条例》，规定强占、强征或强募财物者和违法收募税捐者，以贪污罪论处。

对于负责救荒工作的有关人员，在制度上有一定的责任认定。1943 年春，太行区制定以下纪律：凡本村尚有力量有办法可能进行救济，而因工作不力，致饿死者，村政权负责人应受以下纪律制裁；凡有上述情况，饿死一人者批评，饿死两人者警告，饿死三人以上者应受撤职处分，上级负责人应受连带处分；凡村中住有上级干部，而发生以上饿死人现象者，除本村干部负责外，该上级干部应受更严厉处分；各专县救委会，每十天向太行救委会汇报或通信一次。凡参加救委会的人，在开会时无故不出席者，应予严重批评。

4. 救荒举措

在抗日战争时期，与土地革命战争时期相比，一些根据地相对稳定，也积累了一定的经验。所以，这一时期的救荒措施有了很大的进步，成效更为明显。

(1)采取赈济、移民就食、社会互济、节约捐输等临灾救治措施，保证灾民的生命安全

紧急赈济。当时的紧急赈济主要有赈粮、赈款、以工代赈等。赈粮是政府直接发放粮食给灾民或者是设立粥厂，为流离逃荒的灾民提供基本的食物。赈款主要是发放钱款，由灾民去购买粮食、种子等。据统计，晋察冀边区 1937—1943 年就拨出赈款 200 万元，贷款 1500 万元。

相对于赈款和赈粮来讲，以工代赈在各抗日根据地比较多，效果也比较明显。以工代赈是指灾民通过参加修渠、筑路、发展生产等劳动，获得基本的生活物料。如 1940 年陕甘宁边区在陇东和绥德修筑公路和水利工程，支出 5 万多元，筑路的灾民日均工资 1.5 元，劳动积极的灾民每天可以得到工资 2.4 元，折合小米 5 升，3000 多灾民依靠这些工作得以生存。

救济、安置逃荒灾民。以晋冀鲁豫抗日根据地为例，规定：非灾区根据当地居民的数目有安置 3%灾民的义务。灾民外逃，要有驻地区级以上政府负责证明；到达目的地应由当地县、区政府经过审查登记，再分配安置于各村等。被安置地区要准备住宅，组织灾民参加生产，发放生活用品，享受村民应有的权利。上述安置措施既保证了灾民的生命安全，又扩大了中国共产党的影响。

节约捐输和社会互济。节约捐输首先从军队和政府机关开始。据不完全统计，晋冀鲁豫边区党政军机构及直属单位，共节省小米11700千克、杂粮1235千克等。山东省抗日根据地部队的节约幅度较大，使群众人均少负担5～17元。并捐输粮食97988千克，为长期的救荒工作积累了一定的物质基础，也为一般群众树立了榜样。

此外，各根据地政府还大力开展财政清理工作和精兵简政工作，以减少不必要的开支。军队和政府机关开展的节约捐输运动起到了模范带头作用，灾区和非灾区的群众都开展了节约捐输运动。

在社会互济方面，最主要的是提倡灾区农村中的互相借贷。让存粮富户帮助灾民，由政府负责保证低利借于灾民。据不完全统计，1942年，林县借到小米3.3万千克，涉县借到11.8万多千克，安阳借到900余千克，偏城600余千克，武安5万余千克，款3.7万余元，大大缓解了灾民的困难。

(2)发展生产，积极自救

1944年，中共中央发出指示，明确提出："灾荒问题，应坚决实行生产自救的基本方针，应提出生产救灾，大家互助，克服困难，政府以一切方法保证不饿死人等口号去动员组织党内外的群众进行生产自救。"当时生产自救的做法主要有3种。

一是兴修水利，力战蝗灾。旱涝蝗灾是抗日革命根据地发生频繁且危害最大的自然灾害，也是诱发灾荒的重要因素。根据地政府加紧兴修水利，并组织群众力战蝗灾。

1942年，为动员民众打井抗旱，冀南政府提出"浇一亩，活一苗"等口号，并规定一个土井贷粮40千克、一个砖井贷粮100千克的奖励政策。仅1943年，冀南人民就打土井、砖井近1万眼。

1943年，太行区的蝗灾非常严重。为此，根据地确定了"卵不变蝻""蝻不变蝗""蝗不产卵""发现在哪里即消灭在哪里"的治蝗方针，建立了捕蝗组织机构，自专署下至乡、村都迅速成立剿蝗委员会或指挥部。划分剿蝗区，千方百计动员群众参加灭蝗战斗。在当时的技术条件下，最主要的是依靠集体力量，集中捕杀。所以捕蝗机构规定了"突击期"或"突击旬"，打破地域界线、充分发挥群众的聪明才智，按照蝗虫的生活规律，摸索出挖卵、围歼、火烧、网捕、毒杀等一系列行之有效的治蝗办法，有的地方还采取定价收购蝗虫或以蝗卵换米的办法，鼓动群众打蝗和解决打蝗群众的生活困难，太行山根据地的党、政、军、民开展了7个月之久的打蝗运动，先后消灭了6批大的蝗灾，至9月底彻底控制了蝗灾。

二是抢种、补种农作物。抢种、补种工作一般是由政府、公营商店和合作社购买大批种子，动员群众积蓄足够的肥料。党、政、军机关干部、部分军队在没有战斗任务的情况下，自带食粮，积极帮助灾民生产。如晋冀鲁豫边区政府提出"不荒一亩地，不空一茎苗"的口号，在旱情缓解后，立即组织人民抢种、改种或补种。1943年秋，仅一、五、六专区即抢种、补种荞麦、萝卜等作物15万多亩，解决了当地近半年的民食，成为度过1943年严重灾荒的一个决定性环节。

三是发展手工业、副业生产。根据地政府大力扶持农村手工业和副业，一方面为灾民提供贷粮、贷款，解决副业生产面临的资金、原料缺乏等主要问题，另一方面则大力倡导互助合作运动。1942—1943年，晋察冀根据地仅冀西就有40万妇女从事纺织业，每月获利近200万元，从而度过了眼前的灾荒。

(3)实行全面的粮食调控

根据地政府限制粮食流出，鼓励流入。如1941年，山东省战时工作推行委员会颁布《关于奖励粮食入境及严禁粮食出口资敌暂行办法》；1944年，晋冀鲁豫边区政府规定：凡能充饥的食品如山药蛋、豆腐、粉条、瓜条、榆皮、糖、炒面等一律禁止出口。

统一调剂辖区内的粮食,组织平粜。为防止囤积粮食,哄抬粮价,晋冀鲁豫边区政府规定建立粮食调剂所,将轻灾区的粮食运到重灾区,粮贩售粮,须到指定的粮食调剂所或集市,售粮时,边区政府事先将缺粮灾民人数及需粮数量,进行详细的调查评议和登记,按评议结果,发给定时、定地使用的购粮证,粮食调剂所则按购粮证售粮。

严控使用粮食酿酒。如山东根据地为救济灾荒,规定"凡各地公私酿酒房,一律禁止酿酒""如仍有暗中酿造者,一经查出,由各地政府酌量情形予以惩罚"。

(4)移民备荒和义仓备荒

陕甘宁边区政府曾专门颁布《陕甘宁边区政府优待外来难民和贫民之决定》《陕甘宁边区优待移难民垦荒条例》等法令,指导移民工作。1941 年 1—4 月,绥德分区发动米脂、葭县等地 1304 户灾民,共 5318 人移居到延安、甘泉等地从事农业生产。其他抗日根据地也纷纷效仿。

中国共产党继承了兴办义仓的传统做法。陕甘宁边区政府倡议:"为防患于未然,各级政府应积极劝导人民创建义仓。"晋绥边区仅兴县建义仓的村子就有 429 个。在开办义仓的过程中,各地有很多创举。如开垦荒地作为义田,义田收入为义仓;在丰年时将农民零星余粮存入义仓,粮食、糠菜各种食物不限,因而保证了一定的存储量。

5. 晋冀鲁豫边区的抗旱救灾实例

1941—1943 年,黄河中下游地区出现了严重的旱灾,遭受日军和国军双重封锁的中共边区,特别是晋冀鲁豫边区旱灾异常严重,还出现了遮天蔽日的蝗虫。在主持工作的邓小平的领导之下,发起、组织了一场大规模的救灾渡荒运动,全边区的党、政、军、民各阶层一致动员起来,合力抗灾,形成与国统区截然相反的政治景观:其一是将政府的救济、社会的互助与人民的自救完全结合起来,融为一体,使救灾运动成为在抗日民主政府领导下的,以根据地党政军民全体力量为基础的真正群众性的社会自救运动,不仅密切了党、政府和群众之间的关系,增强了边区各地区、各阶层人民之间的团结与合作,也树立了军民共命运的光辉范例。其二是将社会的救济和灾民的生产比较完整地结合在一起,并通过真正民众性的互助合作形式组织起来,充分调动广大灾民的生产积极性,恢复农业生产,扶持农村副业和手工业,从而为抗拒天灾并最终战胜天灾奠定了物质基础,在中国赈灾史上开创了一条群众性的生产自救的新途径(夏明方,2010)。

在抗日战争时期,中国共产党在抗击日本军事侵略的同时,也与灾荒进行了艰苦的斗争,是抗日根据地建设的重要内容,其救荒成效促进了根据地社会经济的发展,为抗日战争胜利奠定了较好的物质基础(赵朝峰,2012)。

(三) 解放区的灾荒救治

解放战争,针对解放区出现的灾荒,毛泽东给予高度重视,认为这是"严重的问题",要求各地"必须用大力解决"①,否则,将影响到解放战争的胜利进行。所以,各解放区政府在总结抗战时期救荒经验的基础上,一面积极支援解放战争,一面大力开展救荒工作。

1. 救济机构和经费来源

与抗日战争时期相比,解放区的常设救荒机构变化不大,仍然是由各级民政部门具体负责。在灾荒非常严重的地区,解放区政府在建设厅下设立生产救灾委员会,有的则设立直属政

---

① 毛泽东. 毛泽东文集(第 4 册). 北京:人民出版社,1996:335.

府的救灾委员会，协调民政、银行、合作社等部门之间的关系，领导生产救灾工作。

除此之外，在解放战争初期，中国共产党领导下的群众救荒团体——中国解放区救济总会宣布成立，并在各个解放区设立了分会，计划了各自的组织及工作条例，各专署、市、县也有相应的组织，如1946年陕甘宁解放区的陇东专署成立了支会，由陇东专员、陇东军分区分司令员、分政委、教育界知名人士等组成。有的则成立救济委员会，如山东省政府发出《关于成立救济机关的指示》，要求各行政区市成立该区市救济委员会，各专署、县充实原有救济委员会。

在救济经费和物资方面，总体而言，整个解放战争时期的经费主要来自解放区自己内部筹集（包括税收、企业盈余、贸易收入和捐款等），以及对敌方物资财产的接收罚没、国际社会和友好人士的捐助等。没收的主要指日、伪、汉奸等的财产，国际社会的捐助主要来自联合国救济总署；1947年后，没收的主要是指以蒋宋孔陈四大家族为首的大官僚资产阶级、地主等的财产。由于国民党的阻挠和内战的爆发，1947年10月，联合国救济总署停止了对中国的援助，解放区所获得的少量数济物资也因此中断。而国际慈善组织公谊服务会和国内宋庆龄负责的中国福利基金会给予解放区灾民的援助和救济则始终是一贯的。

另外，一些解放区还通过发行救灾公债的方式筹措救灾资金，为此解放区政府还专门颁布了公债条例。如1946年4月，苏皖边区专门颁布《三十五年救灾公债条例》，规定了公债的名称、用途、定额、利息等内容。

2. 救治程序

各解放区救济灾荒的程序主要是继承和发展了抗日战争时期的做法，一般是经过调查统计清赈、政府批复、发放救济粮款、总结等基本环节。

第一，统计详细的灾荒信息，向政府请赈。负责调查的基层职能部门，将调查材料逐级上报，汇总至解放区政府民政厅，由民政厅通过提案的方式将灾情、救济数额、救济办法提交政府讨论，有时农业厅从发展农业的角度也提出相应的意见。

第二，根据调查资料和提案，解放区政府讨论后给予答复和批示。

第三，发放救济粮、款。根据以往救治灾荒的成功经验，各解放区形成了一套合理的发放办法。首先确定救济对象，使最困难的灾民能够得到及时救济。然后提交大会考核，如过半数通过即确定救济。救治物资的发放主要坚持了以下原则：急救精神与重点发放的原则；以战争损失严重、生活困难、抗战有功，作为救济对象的基本条件；坚持群众路线，发扬民主；救济与生产相结合。

第四，反馈信息，总结经验。这既包括对直属上级职能部门的及时反馈，又有向上级政府的报告，以便及时总结经验，更好地向全解放区推广。

3. 救荒举措

解放战争时期中国共产党的灾荒救治举措与之前相比没有太大变动，主要的变化体现在政策的调控上。

(1)在临灾救济方面，主要采取急赈、节约度荒、有计划地安置逃荒灾民和移民就食等措施。

一是紧急赈济。急赈的资金、粮食主要来源于两个方面，一是结合解放区土地改革的形势，组织群众收割投敌分子、反动地主和反革命分子的庄稼，刨地主埋藏的粮食，并征富农多余的粮食，救济灾民。如1945年12月15日，华中解放区六分区强调"救灾与查租、减租相结合，对罪大恶极、敲诈人民的、吸吮人民骨髓的汉奸，必须予以清算，以清算所得来从事生产，解决今冬明春的灾荒。”

二是节约度荒。中国共产党历来重视节约度荒，解放战争时期亦然。如中共中央华北局、西北局强调节约不但对备荒十分重要，而且对增加社会积蓄，扩大农民再生产的能力，增加农民的购买力，利于工业的发展均作用明显，要求各级政府、干部帮助群众计划节约备荒计划，特别应提倡妇女在家庭日常生活中学会省吃俭用，经管家务。同时，要求各级党政领导机关、工厂、学校、部队，更应率先垂范，厉行节约，省减口粮，精确核算，消灭一切浪费现象，以便真正做到自上而下推动与领导群众的节约运动。

除去党政军民节约基本的生活开销之外，各地还通过精简脱离生产的机关人员，从源头上减少开支，减轻人民的负担。1948 年，华东局整编委员会发布《关于厉行精简节约严格纪律》的通报，要求部队与脱离生产的人员不得超过解放区全部人口的 2%，并且脱离生产的人员中，部队人员占 2/3，地方人员只占 1/4。在部队中，前方战斗人员占 2/3，部队后方只占 1/3。根据山东省的全部人口，脱离生产人员不得超过 30 万人，这就意味着从当时脱离生产人员的 57 万人中精减掉 27 万人。

三是有计划地安置逃荒灾民和移民就食。对于外出逃荒的灾民，各解放区采取了相应的对策。在晋冀鲁豫解放区，太行行署十分重视逃荒灾民问题，要求各基层政权在春耕期内努力做到不使难民继续外逃，以免解放区边界地区出现大量荒地，进而增加解放区腹地更大的困难。对于已经转移出来的难民，提出了具体的处理办法：凡家在蒋(阎)占区的灾难民，要坚决的全部劝回原籍，每人发给 2 千克小米作为路费，如此类难民中在居住地区有所经营者(如土地、作坊、商业等)，政府可帮助其迅速结束，尽早还乡，以免误过耕种季节。但如果此类难民中，有的已能生产自给者，则听其自愿，不应强迫返回。凡难民的家乡已经解放者，一律劝回原村生产，其生产生活上有何困难，当地政府应设法解决，并介绍至该村负责安置。如难民居住在接近敌区，当地环境尚有可能坚持者，亦应说服其回村生产，政府可帮助其重建家务，安置生活。凡家在敌我争夺之游击地带的灾难民，而本村环境极不安定，难以持久坚持生产者，则可采取两头安家办法，在春耕期内，结合武装活动，乘隙回村种地，以便在该地完全安定后，得以迅速恢复生产。解放区政府在安置逃荒灾民的同时，还有计划地移民就食，将灾民迁往地广人稀的非灾地区。1948 年仅延长县就有移入灾民 5000 余人，华池县在安置移民方面成绩突出，受到边区政府的表彰。

(2)在生产自救方面，主要强调抢种补种农作物、大力发展副业生产等。

抢种、补种农作物。1947 年 9 月 7 日，陕甘宁边区政府在加强生产备荒的指示中，首先要求：“扩大麦田，消灭熟荒，争取在一个月内种完原有麦地，并将当年丢荒的向阳地，全部翻种冬麦。”1948 年 2 月 14 日，陕甘宁边区政府、中共中央西北局又发出开展春耕运动的通知，要求各地组织起来，通过生产竞赛，多翻去年丢的熟荒地，多种春麦、大麦、豌豆等早熟庄稼和春菜，缩短灾荒时间。为弥补农业生产中的困难，解放区政府除给予适当帮助外，还提倡互助合作。如绥德县王家坪利用合作社性质的“义仓”积极扶持生产，“凡农民有困难。都可向义仓商量解决”。

大力发展副业生产。解放区政府主动帮助灾民解决副业生产中的问题。在资金方面，除通过土改没收地主粮财作为资金外，政府提倡和鼓励民间的私人借贷，并在银行协助下，结合生产救灾发放无息贷款。靖边县采取干部带头，群众互助及政府贷款的办法，组织 3500 户群众运盐，一个半月中得利 1540 石小米，葭县城关 2 个乡利用农村公产及没收地主财物，组织河运、纺织、运输及其他手工业生产，赚取粮食44石，解决了63%灾民春耕生产中的吃粮问题。

蠲免救国公粮，恢复生产。为使灾民尽快恢复农业生产，解放区政府根据各地灾荒情况，采取了蠲免政策。至于减免的比例和额度，根据各地灾荒情况而定，1949年，华北人民政府对各地夏收麦征有不同规定，冀中减征38%，太原减征35%，冀南减征25%，太行、太岳、察哈尔各减征20%等。中国共产领导解放区军民开展的抗灾救荒工作取得了很大成绩。

总之，解放区根据地把革命斗争同救治灾荒等社会问题紧密结合，巩固和发展了解放区，并积累了一定的救荒经验。

第一，通过组织和领导工作发挥中国共产党及其政府的救荒主体作用，并用群众运动的方式实现。

第二，持续把生产救灾作为新民主主义革命时期的救荒方针。新民主主义革命时期，中国共产党始终处于经济困难的境地。群众组织起来进行生产救灾自然成为当时的救荒方针。

第三，注重灾荒数治同革命启蒙紧密结合。在中国共产党关于灾荒救治的指示中，一再强调要把灾荒救治同宣传、组织群众结合起来。广泛的宣传，启蒙了广大群众的阶级意识，并最终转化为行动，使革命力量不新增强，

第四，重视救荒的制度建设，在救治灾荒的过程中，机构的建立、灾荒信息的收集到救急粮款的发放，基本上都形成了一套相对稳定的制度。尽管这些制度不太成熟，但却具有现代制度的显著特点，对于防灾、抗灾、减灾、灾后重建具有重要的借鉴作用，

中国共产党作为先进生产力的代表，在局部执政时期，非常重视灾荒救治，领导根据地人民战胜了一些重大灾荒，保护了人民生命财产的安全，积累了丰富的防灾救荒经验，对今天的减灾工作具有重要的借鉴价值(赵朝峰，2012)。

第三节　救灾机构与救灾法规

救灾机构是现代社会组织救减灾工作、实施救灾措施的主体，救灾法规是对救灾工作的法制管理。二者都是现代救灾体制中非常重要的环节。1931年以前的这段民国时期，政府在机构设置上始终把民政司和民政厅作为必设机构，兼管防灾备荒事项，并且还出现过专职化的减灾机构。救灾法规在类别与内容涵盖方面与古代社会相比也取得了明显的进步。这些都反映了民国时期减灾体制向现代化嬗(shàn)变的轨迹。但由于救灾机构的频繁变更，大部分的救灾法规未能得到落实(张素欣 等，2006)。

一、救灾机构

辛亥革命建立了中华民国临时政府，其机构设置也逐渐反映出近代化的色彩及时代特征。1912年8月成立内政部，掌管赈恤、救济、慈善及卫生事宜，具体的救灾工作由内务部的民政司掌管。1921年5月内政部公布了《全国防灾经济委员会章程》，此委员会下设6股，除总务股外，还有农林股、工程股、粮食股、移殖股、劳工股。农林股掌管农田水利、森林及农业改良事项；工程股掌管河流工程、道路工程事项；粮食股掌管粮食储备和调节事项；移殖股掌管移民及开垦事项；劳工股掌管工业，职业劳动者的救助或保护事项。可见全国防灾委员会是一个比较健全的专职防灾备荒机构。但是后来随着政权的变更销声匿迹。南京国民政府成立以后，对

政府行政机构进行了广泛的改革，政府机构趋向于职责分明、分工精细的科层化设置，救灾机构继续向专职化趋势发展。1928 年 11 月设立卫生部，这是我国政府设立的第一个专职化卫生防疫机构。由专职化的防灾机构代替依据个人的能力和兴趣进行减灾防灾的封建君主、家族承负救灾防灾工作，这是救灾事业由传统向近代过渡的重要条件。民国中前期的专职化救灾机构设置具备近代化减灾的特征，值得肯定。

救灾机构虽趋向于专职化，但其变更却极为频繁。国民政府管理全国民政事务的机构主要为内政部。1928 年 4 月，内政部下设之民政司兼管赈灾救贫事项；土地司兼管水利调查测绘及水源水道保护修浚、水灾防御及救济等事项；卫生司负责传染病地方病预防、车船检疫等事项。12 月，原卫生司裁减另立卫生部，隶属国民政府行政院。1931 年卫生部又并入内政部的卫生署。1931 年 6 月 27 日在修正公布的《内政部各司分科规则》中规定，由民政司第四科掌管贫民救济、防灾备荒、地方粮食管理、地方筹募赈捐审复、游民教养事项。可见，负责减灾防灾的机构变动频繁。从这些纷乱的机构变动中，还可以看出负责救灾与减灾防灾的机构也并不是泾渭分明，如上所述，1928 年民政司只负责赈灾救贫等事项，而 1931 年又负责减灾防灾事项，可见其机构设置的科层化还不完善。南京国民政府统治前期，县政府没有专门的民政机构，有关防灾备荒事项由公安局、建设局分别掌管。到 1939 年国民政府为进一步强化地方制度，实行“新县制”，颁布了《县各级组织纲要》，始于县政府机构内设民政科。因此，1931 年以前机构设置的科层化并没有渗透到基层组织。此外，还应当指出，1927—1931 年国民政府虽然在个别减灾防灾事项上出现了专职化机构，但总的来说还没有建立职能比较健全的专职化防灾备荒机构。

1912—1931 年这段时期的减灾机构既闪烁着近代化的光芒，也笼罩着政治黑暗的浓雾，反映了那个时代进步与落后、发展与停滞并存的时代特征。减灾工作力度的强弱直接影响到灾害发生的频率和危害的程度(张素欣 等，2006)。

二、救灾法规

民国政府采取的救济措施虽然还带有明显的传统色彩，并且救济效果也很不理想，但是这一时期出现的灾荒救济法制化趋势从另一个层面反映了社会的进步。以下从仓储制度、救灾程序、救灾资金等方面，对民国时期的灾荒救济立法进行梳理和分析(岳宗福，2006)。

(一)仓储制度立法

民国以后，仓储制度一度衰败，各地仓储破坏严重。南京国民政府成立后，开始注重仓储的建设和管理，一方面颁布《义仓管理规则》及《各地方仓储管理规则》，着手恢复曾一度废弛的传统仓储制度，另一方面在发展农业合作事业的背景下，相继制定和公布了《农仓法》和《农仓业法》，办理农仓合作社，使之成为调节农村金融和粮食流通的一种工具。

1.《义仓管理规则》及《各地方仓储管理规则》

南京国民政府建立之初，即于 1928 年 7 月颁布《义仓管理规则》，加强了对传统仓储的立法和管理。1930 年 1 月，国民政府内政部在《义仓管理规则》的基础上，修订公布了《各地方仓储管理规则》，明确规定：“各地方为备荒恤贫设立之积谷仓分为县仓、市仓、区仓、乡仓、镇仓、义仓 6 种。”其中义仓由个人捐办，其他 5 种由国家兴办，县乡镇各仓为必设仓，市仓、区仓之设立由民政厅就地方情形定之。

《各地方仓储管理规则》分为总纲、县市仓、区乡镇仓、义仓和附则 5 章，规定：县、市、区、乡、镇各仓各设立于县市政府和区乡镇公所在地,由县长、市长、区长、乡长、镇长各自负责管理;其筹备积谷应以地方公款办理,如无地方公款可采取派收和捐募的办法筹集,派收应于丰年粮贱时以公平方法起集(贫乏之户不得派收),捐募应向殷实民户或热心公益之人劝办;各仓积谷数目,县市各仓由民政厅定之,区仓由县政府定之,乡镇各仓以1户积谷1石为准按数递加。义仓是指由私人捐办的仓储,各地方义仓依《监督慈善团体法》及《监督慈善团体法施行规则》办理,并分报当地区公所、乡公所、镇公所查考。

各地方仓储积谷的使用有3种方式,即贷与、平粜和散放,贷与用以调节农村金融,平粜用以平抑粮价,散放用以急赈。按照《各地方仓储管理规则》,除县市仓积谷不用于贷以外,其他各仓均可用于3种方式,其中以平粜的运用较为经常。1934年12月,国民政府行政院发布《各省市举办平粜暂行办法大纲》,规定“凡被灾区域遇粮价过高或于青黄不接时应就原有仓储积谷开办平粜,其未设仓储地方亦应筹集资金举办”“仓储平粜总数最高不得逾仓存7/10”,并对平粜的具体办法作了详细规定。

为了督促各地积极兴办仓储,国民政府还于1934年实施仓储总检查办法。根据对江苏、湖北、湖南、安徽、甘肃、陕西、山西、河南、福建等地仓储建设情况的调查,当时仓储积谷为5036255石又465482斤,积款为330172元又2990吊。上述统计结果包括了《各地方仓储管理规则》规定的6种仓储形式。需要指出的是,民国时期的仓储制度形式上虽源于传统,但内容上已折射出现代的色彩,如仓储管理不再由地方官员直接插手,而是由仓储委员会集体经管。

2.《农仓法》和《农仓业法》

20世纪30年代以后,国民政府着力推行农业合作事业。在这种历史背景下,1933年召开了九省粮食会议,会议提出了复兴仓储的建议。同年7月,国民政府行政院“为保管农产物品,调节民食流通、农村金融”,特制定《农仓法》。在此基础上,国民政府于1935年5月制定公布了《农仓业法》,1937年3月又公布了《农仓业法施行条例》。

《农仓业法》与《农仓法》的内容基本相同,依照规定,农仓分农仓和联合农仓两种,不得以营利为目的;农仓以堆藏及保管当地农民生产主要粮食为限,但得依照业务规则堆藏及保管其他农产品,保管期限由寄托之日起以6个月为限。经营农仓事业须具有下列资格之一:合作社或合作社联合社;县乡镇区农会;乡镇区公所;以发展农业经济为目的之法人;经营农业生产事业或经营与农业生产有直接关系之事业者12人以上。农仓可兼营下列业务:受寄物之调制改装及包装;受寄物之运送并为介绍售卖或代为售卖;以本农仓或其他农仓或联合农仓所发给之仓单为担保而放款或介绍借款。可见,农仓已不同于地方仓储,地方仓储的根本功能在于积谷备荒,而农仓的主要功能在于融通农村粮食与金融,正如《农仓业法》所规定:“凡为调解人民粮食流通、农村金融而经营农产品之堆藏及保管者得依本法设立农仓。”当然这同样具有救济农荒的效用。同时,农仓的兴办并非以废除地方仓储为条件,相反,农仓还可以为办理地方仓储提供便利。不论是《农仓法》还是《农仓业法》,都规定农仓经主管官署之委托可以保管地方仓储积谷,依照内政部公布的《各地方仓储管理规则》办理。

由于依照《农仓法》和《农仓业法》的规定,合作社或合作社联合社是经营农仓的首要主体,因此,从中央到地方,农仓实际上成为农业合作事业的一个组成部分,甚至本身就是合作社。如1932年,国民政府实业部命令中央农业推广委员会与宁属农业救济协会合办中央模范农业仓库,兴办储稻押款,以调剂农村金融,平准粮产价值,使农民免于粜贱籴贵,取得了一定的效果。次年9月,实业部公布的《中央模范农业仓库暂行章程》规定:“本仓库开始营业后,应为合作社之筹备并指导业务区域内之农民依本章程第10条认股加入(该章程第10条规定,凡在业务区域之忠实农民,经本区域临时监事会审查合格者,均得加入本仓库为社员),俟社股集有成数及农民能自行管理时,依农仓及合作社各关系法令实行改组。”中央模范农业仓库的办理模式对地方农仓的兴办产生了显著影响。如山东省《邹平县庄仓合作社实施办法》规定:“庄仓之性质为有限合作社,其加入之社员所负之责任,限于所出之粮石。”

(二)救灾程序立法

民国时期,灾荒救济由中央或省政府按规定的程序进行。1915年1月,民国北京政府借鉴清朝灾荒查报和蠲缓的有关制度,制定和公布了《勘报灾歉条例》。1928年10月9日,南京国民政府内政部在该条例的基础上颁行了同名法令;1934年2月24日,行政院修订后重新公布了《勘报灾歉条例》。1936年8月10日,国民政府行政院又公布了《勘报灾歉规程》。这些条例和规程都规定了灾荒救济的基本程序。

1. 勘灾与报灾

勘灾即地方官员查勘核实受灾程度,为救灾提供实际数据。按照国民政府颁行的《勘报灾歉条例》《勘报灾歉规程》的规定,地方遇有“由渐而成”的旱灾、虫灾,由县政府随时勘察,至迟不得超过10日;遇有风、雹、水灾及其他急灾,须立即勘察,最迟不得超过3日。勘察后,先将被灾大概情形分报该管省政府及民政厅、财政厅备案。勘灾的机构和程序规定为:“各县、市灾案,民、财两厅据报后,立即会派委员会同县、市复勘,将被灾地亩分数电厅,转呈省府核定,令饬遵办,并由县、市、局遵照核定被灾地亩分数,造具县、区、村地亩应行蠲缓数目清册,连同印委勘结及简明表,报由财政厅核明,咨同民政厅会报省政府,分咨内政、财政两部,核转行政院呈请国民政府备案。”报灾即下一级政府向上一级政府报告灾情,是上级政府了解灾情、实施救灾的基本依据。报灾期限因季节差别及灾情缓急而有所不同,国民政府《勘报灾歉规程》规定:“夏灾限立秋前一日、秋灾限立冬前一日为止,但临时急变因而成灾者不在此限,气候较迟之区域亦得酌量展限。”如果一地方连续遭灾,报灾可以延期,具体办法是:“除旱、虫各灾由渐而成亦仍依限勘报外,其他各项续灾距原报灾情之日未过十五日者,位于正限内勘报,不准展限,若已过初灾勘限正限之后续被重灾,准另起勘报。”法令对报灾期限做出了严格规定,便于地方官员遵照执行。

2. 蠲缓

蠲缓包括蠲免和停缓,是根据被灾程度适当减免灾区土地赋税的一种传统救灾方式。蠲缓的前提是确定灾区的被灾程度,根据《勘报灾歉条例》规定:“地方勘报夏灾,察看情形较轻尚可播种秋禾者,一律等到秋收时再行勘定分数,其向不播种秋禾者即在夏灾时勘定分数;各省市核定被灾分数应自被灾地亩全年收获不及中稔半数时起算,其收获在中稔半数以上者,以不成灾论。”

关于蠲缓比例,民国北京政府公布的《勘报灾歉条例》规定:“地方勘报灾伤,将灾户原纳正赋作10分计算,按灾请蠲:被灾10分者,蠲正赋7/10;被灾9分者,蠲正赋6/10;被灾8分者,蠲正赋4/10;被灾7分者,蠲正赋2/10;被灾6分、5分者,蠲正赋1/10。蠲余钱粮分年带征,被灾10分、9分、8分者,分作3年带征;被灾7分、6分、5分者,分作2年带征。”国民政府的规定略有不同,请蠲比例定为:被灾9分以上者,蠲正赋8/10;被灾7分以上者,蠲正赋5/10;被灾5分以上者,蠲正赋2/10。蠲余田赋分年带征,被灾7分以上者作3年带征;被灾5分以上者作2年带征。如果单从字面上看,国民政府时期灾民的负担较之北京政府时期有所减轻。

蠲缓须遵循严格的程序:遇灾申请蠲缓,由各省、市查明应蠲缓分数,报上级机关查核;蠲缓带征年限,由各省、市就地方原有惯例,另定举行办法,报部查核。蠲缓申请得到批准后,3日内准予施行。施行之前,应大张告示,遍行晓谕。由于官方文书审批期长,往往文书到达,赋税已征,为此法令规定:"其有输官在前者,应蠲部分,准其流抵次年。应完各款应缓部分,既已完纳,免再分年带征。"

抗日战争期间,南京国民政府还将蠲缓制度写入了《社会救济法》,规定"各地遇有水、旱、风、雹、地震、蝗、螟等灾,各县市政府得视被灾情形,呈请减免赋税",使之成为一项法定救济制度。蠲缓制度在近代中国发挥了一定的救灾效能。如1935年河北全省遭受不同程度灾害,国民政府下令对该省蠲缓赋税。但由于这一制度难以操作,加以地方官吏玩忽职守,使得在多数情况下或流于形式,或成为贪腐之渊薮 。

为了严格查灾与放赈程序,杜绝赈灾过程中的流弊和漏洞,国民政府行政院于1947年5月8日又公布了《灾振查放办法》,国民政府内政部在20世纪30年代规定,各级赈务(济)委员会之"赈"字一律用"振"。该办法分总则、勘灾、放振、报销及报告、附则5章,规定:报灾应列举灾害种类、被灾程度、面积、人数及财产损失;灾情重大,非地方财力、物力所能救济时,应由被灾地方报请省、市政府,由中央主管机关转呈行政院指拨赈款或以其他方法救济之,如灾情特别严重时,得径报行政院酌拨赈品、振款。放赈概用振票,每人一张,分大口小口;查户发票,应依照户籍册,须亲往领赈,如因疾病、生育、残废,得委托亲友代领;赈务会计报告,复写4份,以备分转查核。

(三)减灾资金立法

资金是灾荒救济的经济基础,没有救灾资金的保证,一切救灾活动都无法开展。因此,民国政府十分注重救灾资金的筹集,从当时出台的一些法规内容来看,筹资渠道主要包括3个:一是奖励社会捐助;二是发行赈灾公债;三是建立救灾准备金制度 。

1. 社会捐助

社会捐助是民国时期救灾资金的一个重要来源。民国北京政府在1914年8月颁行《义赈奖劝章程》,鼓励社会各界捐款赈灾,规定凡捐助义赈款银1000元以上者由大总统依据《褒扬条例》褒扬之;不满1000元者由地方行政长官依据款银数额分别给予奖励。南京国民政府成立后,相继公布《振款给奖章程》《振务委员会助振奖给章程》,规定依据捐款数额,由政府或振务会分别给予匾额、褒状、褒章等奖励。1934年11月,国民政府出台《公务员捐俸助振办法》,规定"凡公务员月俸在50元以上者每月捐2%,共捐6个月,自民国23年11月起至民国24年4月止";税务、盐务、铁路、邮政等机关及一切国营公营事业机关人员,教育行政机关、国立公立中等以上学校及学术文化机关人员,警察机关人员都要照捐。同时,国民政府还于1931年底公布了《振务委员会收存振款暂行办法》和《振务委员会提付振款暂行办法》,对振款的管理做出明确规定。

2. 赈灾公债

发行赈灾公债是民国政府开辟的一条新的救灾资金筹集渠道。1920年华北大旱,民国北京政府于同年11月颁布《赈灾公债条例》,决定发行公债400万元,年利率7厘,每年上半年5月31日和下半年11月30日各付息一次,这是民国政府最早发行的赈灾公债。南京国民政府承袭了这一办法,1929年4月,立法院通过《公债法原则》,规定政府募集内外债的主要用途之一为“充非常紧急需要，如对外战争及重大天灾等类皆属之”，明确了赈灾公债的合法性。国民政府时期，几乎每次大灾都要发行赈灾公债。如1931年公布的《国民政府民国二十年赈灾公债条例》规定：国民政府为拯救各省灾民起见特发行公债8000万元（本公债分两期发行，第一期3000万元发行后适值“九一八”事变发生，推销困难，第二期5000万元未再发行），定名为“国民政府民国二十年振灾公债”；本公债专充急振、工振及购买振粮之用；本公债利率定为周年8厘，自发行之日起，于第6个月，用抽签法分10年还本，每年抽签两次，每次抽还1/20，至第10年为止，连同息金全数偿清。

3. 救灾准备金

救灾准备金是南京国民政府时期开始设立的专用救灾资金。1930年4月，振（赈）务委员会呈请国民政府拟自本年度起，每年预算内列备荒专款500万元，专为救灾备荒之用，永不删除，亦不移作他用；并拟具《备荒基金法》草案，请核议公布。国民政府立法院讨论审查后，认为该草案规定稍欠详密，遂责成有关人员另行起草。不久，《救灾准备金法》起草完成，并经立法院通过。1930年10月18日，国民政府公布了中国历史上首部《救灾准备金法》；1935年6月，又颁行《实施救灾准备金暂行办法》，规定了《救灾准备金法》的“施行细则”。《救灾准备金法》规定，救灾准备金由中央和省（区）两级机构筹建，具体办法为，国民政府每年应由经常预算收入总额内支出百分之一为中央救灾准备金，但积存满五千万元后得停止之；省政府每年应由经常预算收入总额内支出百分之二为省救灾准备金，省救灾准备金以人口为比例，于每百万积存达二十万后得停止前项预算支出。关于救灾准备金的使用，规定了地方为主、中央为辅的原则，“遇有非常灾害，为市、县所不能救恤时，以省救灾准备金补助之，不足再以中央救灾准备金补助之”，但“依被灾情况，本年度救灾准备金所生之孳（zī）息，不敷支付时，动用救灾准备金不得超过现存额的二分之一”。

《救灾准备金法》还规定，救灾准备金应设保管委员会，在中央由国民政府派定委员7人组成，以内政部长、财政部长为当然委员；在省由省政府呈请行政院派定委员5人组成，以民政厅长、财政厅长为当然委员；救灾准备金之收支，保管委员会应按年度造具预算、决算，分别呈报监督机关。据此，国民政府于1935年6月又制定公布《救灾准备金保管委员会组织条例》，规定“保管委员会在中央应称为中央救灾准备金保管委员会，在各省应称为某省救灾准备金保管委员会”，并对保管委员会的人员组成、内设机构、主要职能等作了细致的规定。

总之，民国政府的救灾政策和措施，虽然还带有传统荒政的某些特点，但在许多方面已向近代荒政迈出了一大步。灾荒救济的法制化无疑应该是这“许多方面”当中十分重要的一个方面。“有法不依”的现象在民国时期还十分普遍，不能因为民国政府在灾荒救济立法方面有所作为，就断言其救灾活动一定会依法进行；反过来，也不能因为民国政府的救灾活动乏善可陈而否定其在立法方面的一些积极举措（岳宗福，2006）。

第四节　救灾程序与救灾措施

一、救灾的基本程序

继承古代荒政，国民政府救灾已形成了一套固定的程序，制定有相关的法律条文，凡地方遇灾，一般需经过报灾、勘灾、查赈、放赈等程序来实施(武艳敏，2006)。

(一)报灾

报灾即下级政府向上级政府报告灾情。它是上级政府了解灾情、实施救灾的第一道程序。有关报灾的若干规定，主要体现在《勘报灾歉条例》中。民国北京政府时，于1914年参酌清朝旧制，曾颁布勘报灾歉条例19条。1928年，国民政府内政、财政两部重新订定，加以删酌，约成15条；1934年，全国财政会议又将此条例再行修订，计全文修订22条。1936年又进行修正。虽经屡次修订，有关报灾的期限则大同小异。总体来说，“旱虫各灾由渐而成，应由县局长随时履勘，至迟不得逾十日。风、雹、水灾及他项急灾应立时履勘，至迟不得逾三日。履勘后先将被灾大概情形分报该管省政府及民政厅、财政厅察核。县市及委员复勘限15日”。报灾的期限因季节差别及灾情缓急而不同，“夏灾限立秋前一日，秋灾限立冬前一日为止。但临时急变因而成灾者不在此限。气候较迟之区域，亦得酌量展限”。一地连续被灾者，“除旱虫各灾由渐而成亦仍依限勘报外，其他各项续灾距原报灾情之日未过十五日者，位于正限内勘报，不准展限。若已过初灾勘报正限之后续被重灾准另起勘报”。凡报灾初勘履勘超过条例规定期限者，依照公务员惩戒条例予以惩戒。对报灾时间限日履勘及逾期惩罚的规定为政府及时掌握灾情信息，统筹安排救灾事宜提供了保证。

(二)勘灾

勘灾即地方官查勘核实田亩受灾程度，确定成灾分数，它是救灾放赈分配标准的重要依据。勘灾的目的主要有两个。一为审查报灾的真实性。因为各县呈报的灾况往往存在夸张不实之处，有的将生活还能说得过去的灾民报成极贫，而将极贫者漏报。或者为某种目的，以少报多或以多报少。如河南省政府认为各县呈报的灾况“非内容空洞，过于简略即词近虚张，不切实际”。一为确定成灾分数，为蠲免钱粮提供依据。

根据灾情的轻重，勘灾的机关和手续也不尽相同。一地发生灾害，首先应由县市政府督同县市赈务分会立即派员查勘。如果县市财力可以赈济时，勘灾即算结束；但如果灾情严重，灾区广泛，县市财力不能赈济时，县市政府还需根据查勘结果，造具被灾区域名称、面积及应赈户口清册，呈省政府督同省赈务会派员履勘。当灾情特别严重，被灾人口达全省1/3以上，或被灾区域占全省半数以上，省政府财力不能救助时，省府还须将履勘的结果，再呈报给行政院，由行政院根据情况派赈务委员会和内政部人员覆查。也就是说，灾情愈重，勘灾的机关和手续愈多，所需时间愈长。当然，一地发生特别严重的灾害，救济刻不容缓时，行政院可直接核定赈款赈济之。但省政府需将被灾详细情形，按照手续补报查核。按照法令规定“各县市灾案，民、财两厅据报后，立即会派委员会同县市复勘，将被灾地亩分数电厅，转呈省府核定，令饬遵办。并由县、市、局遵照核定被灾地亩分数，造具县、区、村地亩应行蠲缓数目清册，连同印委勘结及简明表报由财政厅核明，咨同民政厅会报省政府，分咨内政、财政两部核转行政院呈请国民政府备案”。

灾分的确定是受灾程度区分的标准。通常说来，成灾率与评估收成情况的方式一样，以十分来计算。被灾五分及以上者可以受到不同程度的蠲免。

关于蠲余之田赋，各年条例，均规定分年带征。民国二十三年条例原定被灾七成以上，分作三年带征，五成以上分作两年带征。事实上，蠲免分数及蠲余带征年限，均由各省市就原有习惯，另定单行办法。各省办灾情形极不一致。如山东、宁夏只办蠲免而不办缓征；浙江则蠲缓并行，其他各省或兼办蠲缓或只办蠲免，殊难划一。财政部以其与按灾免赋原则并无抵触，准其自主。

勘灾工作非常重要。因为从资料来看，无论政府或社会善团查赈给票的基本依据主要是地方政府勘灾后所列的灾民清册。如果地方政府勘灾过程中将应赈的灾民未列入灾民清册，则在下一步查赈过程中基本也没有给票得赈的可能性，它实际上是灾民能否均沾实惠的关键一步。

（三）查赈

查赈即核实灾民户口，划分受灾等级，发给赈票，以备赈济。查赈的目的是要确认受灾家庭的经济状况已经达到如果没有政府的钱粮救济，就无法熬过冬季和来年春季的困难境地。政府对查赈的人选、内容、程序一般有一定规定。就国民政府时期中央定有《振务委员会查放规程》32条，各省在具体查赈时，也都定有相关规则。如河南省在1937年春季为救济本省旱灾定有《河南省振务会查放规程》《河南省旱灾施振查放规程》。按照振（赈）务委员会查放规程，应赈县份，应设查赈长一人，由省赈务会函聘“操守坚正、心地慈祥、熟悉赈务者充任主持”。查赈长下设查赈员10～20人，专门负责查户给票事宜。查赈员人选来自两大方面，一为查赈长延请熟手担任，一为县赈务分会选择开列“能耐劳苦、乐为慈善、干练明达、清廉公正”人士名单呈报查赈长。由查赈长逐一接见，酌量延请。为避免查赈员徇私舞弊，规定查赈员查户给票应回避住居本区。一旦发现查赈员有不称职及舞弊，查赈长有权随时撤换或惩罚。查赈事宜统由查赈长负责安排筹划，查赈长到县后先向县长取具地图一份，将全县被灾各乡分作若干路，每路配置查赈员2人，并将该范围内之灾民户口册及赈票分交查赈员。

在开查之前，应在各乡张贴布告一张。并由查赈长、县长及县赈务分会主席偕同各查赈员宣誓、布告。之后，挨村挨户查赈工作正式开始。

查户从县境最苦之区着手。第一、第二等日由查赈长偕同各查赈员合查，以使各路给票宽紧一致，避免偏厚偏枯之弊。查赈长则随时到各路视察，如有不当，立即纠正。查赈员到保后开展工作，主要依靠乡保首事和耆（qí）老。保长首先要确保灾民户口册中无任何遗漏，并填具本保灾民户口册，保证该户口册已将全保非赈各户无论在家或逃荒出外者均已列入，并无遗漏顶替重冒情事。如有蒙蔽，甘愿罚办。之后，查赈员在保长带领下从保中较苦之处，顺道挨查。查赈员查灾给票是根据目测而行。凡是“院无系畜，室无储粮，所食掺合树叶、草根、野菜、糠末等类或所食更苦者”即当门填给赈票。凡有余粮或有生计尚可自谋生活者，则剔除不给，当剔除不给之灾民要求给票时，规则要求查赈员不得恶声斥责。给票要分大小口，关于大小口的年龄规定，一般视13岁以上为大口，12岁以下为小口，但是也有将10岁以上者填大口，9岁以下者填小口的例子。查赈员给票时，可根据具体情况，酌加减票数。如家中“有重病、新产、新丧、残废或一寡妇而抚数孩并有衰老舅姑者或衰老幼弱孑身无靠者或家无壮丁，仅余老弱面有饥色者或鸠形鹄面确为垂毙者，可于实数外酌加一二大口或小口。如灾苦较轻，亦可照实数酌减”。票上口数为防止涂改，要求大写。该口数的用途是将来发放钱粮的凭据，与保甲人口的统计意图不同。大口按一口计，小口以半口计。查赈员根据一家合计后之大小口若干和外加大小口若干发给赈票。赈票上则按照查赈之前事先规定的给粮或给钱之代数暗码于口数之下著相应的字。如一口定“命”字，一口半定“民”字，二口定“腹”字，二口半定“溺”字，三口定“饥”字，三口半定“已”字，四口半定“推”字。如遇四口以上则定二字，如四口半定“已命”，余则类推。每大口应给钱粮多少，基本没有明确规定，系根据当时放赈资源来谈。赈务委员会在1931年制定查放规程时，曾定有每大口至少给银元一元或粮20斤。但各地情况不一，实际上并未按照上述最低标准来执行。

查赈员查赈时，如看到确有无衣灾民忍冻挨饿，可酌给棉衣裤，给衣定“慈”字，给裤定“惠”字，二件则定“二”字。为防加写之弊，规定给衣的字要在户名之左接紧直行挨写上下并加黑画。

考虑到老弱病残孕或新产者领赈不便，查赈员给票时要询问托何人代领，是否可靠，并在赈票左上角批明以便给赈时稽考。

查赈员用完赈票一本，或将该分管查赈村户查放完毕，应将票根送交查赈长，并将各保给票户口、应放赈款、赈衣、赈粮数目填列应放赈款、衣、粮一览表送县赈务分会，以备预定散放，于此查赈工作基本告一段落。

（四）放赈

放赈是在查赈的基础上，按照赈票所列数字，按户或按人头将一般为钱、粮、衣等类的救灾物资发给灾民的过程。它是救灾过程的最后一道程序，事关灾民是否能确受其惠，关系重大。

放赈之初，首要选择合适的放赈地点。散放地点一般由县长及县赈务分会主席量度县境大小、远近酌定。放赈地点应使灾民领赈当日可以往返，最远不过20里左右。散放处所一般借用公屋或庙宇，门前要有可容多人的旷场，并须有两门，以便一入一出，最好选择在有军警或保卫团驻扎的市镇。

散放地点确定以后，再安排具体的散放日期。要事先预定某日放某某保，一日之内散放以一千户为度。就某日内的散放顺序则是按照当日散放各保距散放地点的远近来定。距离近者，排在早晚；较远者，排在日中。

当地点和时间都预定好之后，要提前一二天布告各保周知，并提前一天在散放门前张贴布告。领赈时由保长带领灾民循序而入，凭票领取。

散放之时，由县长及县赈务分会主席转请该县党部常委、商会主席、农会干事长、款产处主任、救济院院长及地方公正人士代表三人分日轮值。灾民缴回赈票之时，县赈务分会负责人员按照票上注明钱粮数目及赈衣件数发放，验放人员在数目旁边加盖验放讫木戳。

每天散放完毕，散放、验放人员需填写验放记录，载明本日共收票数、共放赈款、赈衣、赈粮数目及年月日，签名盖章后交查赈长汇呈省赈务会转呈赈务委员会存核。

赈票收回以后，每保订成一本，将散放月日、各保票数、口数、实放赈款、赈衣、赈粮数目填列实放赈款衣粮一览表。全部散放完后，需要将收回的赈票交县政府备案，县长核数照具印收交查赈长连同实放赈款衣粮一览表及票根、赈余送缴省赈务会查核。

散放完毕后，为便于灾民监督，县赈务分会要按照赈票姓名及发给赈款、赈衣、赈粮数目缮列布告，会衔县政府，于各保张贴。

上述查放赈款过程中，若有施赈团体前来施赈，应由县赈务分会邀集各善团，及查赈长开联席会议分认灾区办理。

当然，以上过程是常规程序，如果遇有灾情重大者，也有不经调查立刻举办者，如1929年洛阳豫西一带旱情奇重，省赈务会通知：如有赈粮运到，立为举办，不必再经调查等手续以耽搁时日（武艳敏，2006）。

民国救荒措施不但继承了历代救荒的所有方面，且有所发展。主要表现在农赈的实施。总观这一时期的措施，不外临灾治标和灾后补救两大方面。临灾治标主要包括急赈、调粟、除害等内容。灾后补救主要以工赈、农赈等为主（武艳敏，2006）。

二、临灾治标

(一)急赈

急赈为直接散放、临时赈救灾民,它是对灾民最直接、最急切的救济方式。急赈包括赈谷、赈款、赈粥、赈衣四种。急赈之事,古已有之,历代相传。国民政府时期,为更好地办理急赈,曾定有急赈的标准。1928 年,国民政府规定:凡地方偏灾由省政府办理。中央赈款应限于重大灾情或该省能力实有不及者。凡中央赈款以办工赈、不办急赈为原则。实有办急赈之必要时,则以施粮为原则。1933 年,又规定受赈区域:“凡一省受灾县份占总数百分之五十以上,或市受灾田亩占全市田亩总数百分之五十以上者,由中央直接举办急赈。在中央直接办赈省份,一县被灾田亩占全县田亩总数百分之七十以上者,始得受赈。受灾县数不及中央直接办赈之标准者,由中央酌量补助赈款,交省政府、省党部、省振务会会同负责办理,专案呈报。但受赈县份暨人口以及查放办法,均须依照中央直接办赈之标准。”

赈谷是最实惠有效的方法之一。赈谷起源很早,相传春秋时即已出现,国民政府时也普遍采用。赈谷的来源主要有三:①国家仓库储备;②临时向国内外采买;③社会善团或善士捐助。就前者来看,因民国以来仓储废弛,1933 年才有积谷之举。故后两种尤其是临时采买在这一时期占有很大比重,特别是向国外购买数量居多。

不管来源于哪种,每次大的灾荒发生之时,发放赈粮——此种赈济形式不会少。兹举数例:1929 年河南大旱,上海惠生善社捐助面粉 13000 袋,散放至灵宝、开封等处;张伯英捐助面粉 480 袋,照其意图,散放新安 280 袋、渑池 100 袋、观音堂 100 袋。1937 年,河南大旱,世界红十字会无锡分会在接到北平中华总会上海总办事处与河南旱灾会的请赈豫旱灾电报后,经多次开会商讨,议决以陕州一县为范围,并推定张怀仁、蓝宁吉二君往陕县实地查放,按照不同的等级、大小口进行分配,统计共放苞米 9725 石。

赈银也是急赈中常用的方式,它一定程度上能弥补交通不便施放赈粮困难之不足。每次灾荒发生,无论政府或社会都会有一定数量的急赈款项的救助。1928 年,为救济北方旱灾,国民政府特设豫陕甘赈灾委员会,该会共收政府拨款 20 万元、捐款 32 万余元,除办赈用款 3850.79 元外,其他分拨 3 省急赈之用,计分陕西 191072.92 元、甘肃 198980.82 元、河南 130699.29 元。1936 年夏,河南大旱,直到 1937 年 4 月,未得透雨。灾区广大灾民达 900 余万人,情势严重。政府对灾区实行赈济。中央对河南共施放急赈两次,第一次急赈款为中央赈款公债 30 万元,派遣唐宗郭为监放赈款专员,负责急赈事宜。河南省从本省救灾准备金内拨给急赈款 3 万余元,连同中央急赈款 21 万多元,选择最重县份 27 县,首先发放。经开会讨论,将此 27 县又厘为三等,计最重一等 7 县,每县拨中央赈款 12000 元;最重二等 12 县,每县拨中央赈款 8000 元;最重三等 8 县,每县拨省救灾准备金 4000 元。又有原列次重,而灾情实与最重相埒(liè)者,以上海慈善团体联合救灾会所拨 1 万元分拨宝丰、淅川各 4000 元,巩县 2000 元。第一次急赈施放完毕后,因应赈而无以赈者较多,财政部又续拨 20 万元办理急赈,省政府与上海慈善团体联合救灾会也都续拨有相当数目的急赈资金。

赈粮和赈款同属急赈的重要方式,在具体分配时是以什么为原则呢?也就是说为何有的受灾县得到赈粮,有的得到赈款或二者兼而有之。据目前看到的资料,政府赈粮和赈银的分配一般是根据距离铁道远近来定,在议决急赈银款时,铁路附近县多为施放赈粮,距铁路较远县则为分拨赈银。如 1929 年,河南大旱。汜(sì)水、新安两县因属铁道附近县,根据距铁道附近县成例，原案各分得面粉2000袋，邓县、唐河、新野等各分洋7000元，光山、固始、商城、息县各分洋5000元。但是，慈善团体分配时，方法有所不同，即对粮食极缺有钱亦难买之穷乡僻壤之区，施以赈粮。其赈粮发放之法是按照粮价折算。二者相比，显然后者更加合理有效。

概括地说，分配急赈资源，具体是以赈款或赈粮或二者兼施，是根据灾情轻重、赈款多寡、交通情形为比例，很难统一。

赈衣也是急赈的一项内容。一遇灾荒，灾民缺衣少食是常有之事。因此，赈粮、赈款的同时也伴随着赈衣。赈衣来自于社会各界的捐助或施赈机关自行定制。1929年，上海红十字会曾捐助棉衣13000件，分发河南灾区散放。开封公安局向各收容所捐旧棉衣2000件。赈衣的施放，降低了灾民受风雪冻馁致死的可能性，为灾民存活提供了有利条件。

赈粥为急赈流行形式之一。无论中央或地方、政府或善团均有所办。赈粥为救济灾民最直接有效的方式，具有其他救济方式所没有的优点。如可拯救垂死之饥民，使之不待举火而可得食，避免了有些垂死之饥民在给米后因举火之艰，不待食而立毙或暴食而死之弊，可最大限度地防止吏胥作弊，使灾民在饥年较多地得到救济实惠等，但在实践中也存在不少问题。比如，粥厂饥民丛聚，疫病易于流行，食粥饥民往来奔波，“远涉者不及食粥而或以道毙”“煮粥不熟，散签不公，搀糠和灰，卖签盗米等弊尤属世所共知”。

（二）调粟

调粟是临灾救济的重要方式之一，它主要包括移民就食、移粟救民、平粜3个方面。

1. 移民就食

移民就食是历代调剂粮食所采取的较为普遍的政策，也是统治者为分散灾害风险而实行的措施之一，民国时期也常采用。

一般说来，政府为使移往他处就食的灾民处于有序的控制之下，通常要求灾民出外需持有护照，并为持有护照的灾民提供一定的优惠措施。国民政府内政部还专门颁发《处置难民过境办法》，专门对护照问题提出了具体要求。总体上，受灾地政府为减轻赈济压力，对灾民移食他处是积极放行，但移入地最初还能勉力接济，后则会要求政府当局通令受灾地禁止灾民出境。

就食之地多集中于大都会或粮食富饶之区。如1929年，河南省巩、密、扶沟、淮阳、西华等县灾民纷纷到上海求食，其中，河南巩县因旱灾最烈，灾民大小212口由江华轮接运，住于安徽会馆，上海各慈善团体均曾予以援助。1930年，河南洛阳、渑池、荥(yíng)阳、汜水、偃师等地灾民近20万人，曾北移就食。移民就食需要流入地、流出地以及沿途所经政府之间达成协议，有统一的部署安排，使之移而不乱，有序进行。不然的话，就会出现转移沟壑、颠沛流离、惨不忍睹的场面，甚至较原地不动灾民的境况还要凄惨。

2. 移粟就民

移粟就民与移民就食是相辅而行，互相补充。与后者相比，移粟就民可以减少灾民奔波之苦，有助于保持社会劳动力，利于灾后重建。特别是铁路的出现，大大改善了粮食供应系统，使得移粟就民愈加重要和频繁。1928—1930年，为救济陕西灾荒，朱庆澜从东北募集赈粮两列车，运陕施放；1929年7月，西北军事初定，从关外运进大批赈粮输粟西北。移粟的关键是交通便利、运输工具足敷使用。但这一时期总体上，车皮紧张、路政割裂，调粟不但不能及时，且费用较巨。主要指从国外购粮而言，与其理论效果有一定差距。

3. 平粜

平粜是利用谷物贵贱的季节性和时间性差异，谷贱时增价籴之，谷贵时减价粜之。取有余，补不足，也是救灾备荒的重要措施之一。历代均有不同程度的实施。国民政府时期，为了更好地办理平粜，于 1934 年 12 月还专门颁布有《各省市举办平粜暂行办法大纲》13 条，以法律的形式从制度上规范平粜，并对平粜粮米之转运提供优惠，免纳捐税、减免运费等。

1929 年河南大旱。河南省政府专门设有平粜总局，拨有平粜专款，负责平粜事宜。各县也多设有平粜局，派人直接就当地调查粮价。如到归德（今商丘）等地，有的则是通过一些机构代办，其中，旅平河南赈灾会为各县代办的平粜粮食居多。

平粜是灾荒时期普遍采取的措施。平粜的实行，确可惠及于灾民，收效颇为可观。但是，仍有相当多因素影响平粜效用的发挥。最主要的是地方政府因本位主义，常常阻粮外运。实际上，国民政府也意识到此种问题，多有禁止粮食外运之命令。1933 年 10 月，8 省粮食会议上提出遏粜阻运案，呼吁畅通米粮流通。1937 年 5 月，还颁布有《粮食调节办法》，规定粮食在本国境内任其自由流通，非有特殊情形，先行呈经行政院核准外，各地方政府不得禁止或限制食粮出境、入境。不过，地方违令不遵情况多见。如 1929 年，河南向鄂告粜过程中，南阳赴鄂运粮出境时被阻止，旅平河南赈灾会不得不派人前往呼吁交涉，请求一视同仁，慈善为怀。

另外，落后的交通状况，也是阻碍平粜效果不可忽视的因素。如河南省平粜总局上省政府呈文称“办理平粜，最感困难者，惟在运输不便”。

总之，落后的交通条件和封建性的粮食运销体系和管理政策，切断了灾区与非灾区的市场联系，造成了某些地区灾荒频频、米珠薪桂而另一些地区则粮积于仓、谷贱伤农的矛盾现象。即所谓“有形灾厄”和“无形灾厄”的“复杂合奏”，加上主持调粟的人员不能完全尽职尽责，商人的唯利是图等因素，使得调粟的实效大打折扣。

4. 除蝗

蝗灾给相当多的地方造成严重损失，除蝗便成了政府一项重要的救灾措施。1934 年 6 月，实业部召集河南等 7 省专家、学者召开治蝗会议。会议拟请成立中央治蝗委员会，并通过《各省治蝗办法大纲》，大纲规定，治蝗由建设厅或实业厅办理，各省应注意治蝗工作如次：指导并督促各县切实治蝗，确定各县治蝗经费，考核各县治蝗成绩，调查各县蝗虫发生状况及为害情形，刊发关于治蝗应用图说；蝗患较重之县，由建设厅等设治蝗指导员若干人，分赴各县实地指导治蝗；各省地方治蝗经费，由省政府筹拨之，各县应严定县长治蝗考成条例等。同时还通过《各县治蝗办法大纲》，各县治蝗由县政府负责办理，应注意工作：督促农民捕灭蝗蝻与飞蝗，必要时组织临时治蝗队，调查境内蝗虫发生及为害状况，督促农民铲除蝗卵，印布治蝗图说，宣传治蝗知识。有蝗患之县，由县长酌派治蝗督察员若干人，负切实督促治蝗之责，并由县长亲自下乡负责捕灭。治蝗期间应编旬报，分呈中央农业试验所及主管厅查核。各县治蝗经费由县政府筹拨。大纲的颁布对治蝗工作起到了一定作用（武艳敏，2006）。

三、灾后补救

(一)工赈

工赈又称“以工代赈”，就是“选择少壮丁口，在受灾区域，筑路修堤，浚河垦荒，使灾农得以工作劳力，易取工资，而谋温饱者”。这种方法被认为是“最科学原则及最适于实用之救灾办法”，在民国时期特别盛行。民国十七年，国民政府施赈标准中规定：“中央赈款以办工赈为原则；工赈以用人多、工作易，能就地施工而与防灾有关系者为原则；但如筑圩、穿渠、修堤、浚河、疏湖、凿井、修路等，虽与防灾无关，亦在首先举办之列。”自国民政府成立至抗战前，每遇灾荒，政府和社会慈善团体均有以工代赈之实例。

1929年河南大旱，河南省赈务会开展以工代赈。首先通令被灾县督同建设局及士绅就地方情形详拟工赈计划，并就各工赈项目，如凿井、造林等列举大纲、绘具图表，经呈报查复后估计工款，择要兴工。兴工之前，还要调查灾区各户壮丁情况，列入名册，按照村镇，拨赴就近工程地点作工。并从各壮丁中选择诚实可靠者推为工目，分督十人或数十人。同时派地方绅首逐日监视，委员、县长则随时分赴各区抽查，以防滥冒。作工灾民工资一般系每日工竣后发给，为免往返需时，当日工竣后一般于附近地方寻觅公共地方寄宿。依据资料，当年省赈务会共拨工赈款149500元，在豫西、豫南等重灾区以及省城开封内开展了包括修路、修桥、疏渠、凿池等多种项目。

每遇灾荒不但政府采取此种方式救灾，慈善团体也多有运用，尤其是华洋义赈会办的次数最多。华洋义赈会的施赈原则就是以防灾、救灾为主，确有实行急赈之必要时，也尽量采用以工代赈的办法。大公报对华洋义赈会先进的救灾理念和科学赈灾方法(即以工代赈)，也给予了高度评价，认为其事业："不仅是慈善的救济事业，而是有建设性的社会事业……其事业皆科学化。主持人都是专家，更能本一贯的精神，有组织、有步骤、继续努力。这种组织与精神，应看作对于我国社会之最大贡献，各种社会事业都应该以此为榜样。"

当然，工赈在具体实施过程中，也存在一些问题。如工赈程序复杂，需组织者首先选定合适的工赈项目，需要一系列的工程测量、绘图、设计等工作，某一环节出现失误，便可影响工赈的效果。另外，工赈并不能给大多数灾民带来直接的实惠。因为工赈所需的是壮丁灾民，将老弱等更需救助者排除在外；同时灾工待遇偏低，导致事端频起。总之，有效的赈济形式需要有相应的政策和措施与之配套，才能保证其发挥最佳功效。

(二)农贷(赈)

国民政府时期，农贷政策亦是救灾常用之方式。为严禁重利盘剥，国民政府对于灾区放贷，规定最高利率，年利不得超过20%(2分)，并于1927年7月通令遵行。1928年7月又规定典押各业及商场利率，由工商部法制局会同呈复，仍规定最高利率，年利不得超过20%。

1929年9月，朱庆澜提议组织集款购借麦种委员会购运麦种运放灾区，并定有《赈灾委员会组织集款购备麦种委员会简章》。旅平河南赈灾会也曾拟具农民组合自购麦种与借款购运麦种办法，铁道部为运输麦种还特别通融办理，比照运输灾区商运粗粮之例按半价备运。河南省赈务会在1929年《豫灾善后计划书》中将贷款助耕作为临时救灾办法之一，计划书中言："为促进灾民归里尽快复业，筹集粮款拨交各县分会，贷款给绝对无力复业之民购买籽种牲畜农具等事；并令各县查明素娴铁木工艺能作农器之人酌贷资本劝令即日开业制造农具以供农人购买；并劝令村中富裕之户贷资于极贫之户，或它村富裕之户互助以利复业；并规定公家贷款仿照因利局办法不取利息，乡村私人贷款利率最高不得超过二分以上。"

农赈事业初虽为政府提倡，为方便起见，首次实施则是委托华洋义赈会承办。华洋义赈会于1932年8月分批出发，到皖赣实地办理农赈。试验结果成绩甚佳，故农赈事业飞速发展，每次大的灾荒，都不少见此种赈济方式。

农贷是这一时期经常运用之方式，农贷活动在救助灾民尽快复业、减少流亡、维护社会秩序等方面的确起到一定积极作用。尤其是新式农贷——农赈的出现，不但以其无需抵押，年息4厘(即每百元每年收息四元)之较低的利率，长达5年的还款期限补救了灾荒之不良影响，且促成合作事业发展，农民组织能力得到不同程度的训练。但是，农贷或农赈在具体实施过程中,仍有值得检讨之处。①赈款有限,制约了其实施效果。因为款额有限,贷之与灾民时也少,每一灾民平均大概有 5～6 元,因灾后农家物资普遍缺乏,大部分农民多是用贷款购买粮食或清偿旧债,很难开展实际生产事业。据说华洋义赈会在罗山等地为恢复农村生产,灾后重建而发给农民的种子,有许多被他们当粮食吃了。②贷款手续繁多,贻误农时。

除上述两种灾后补救措施之外,还有居养、蠲缓等措施。如 1929 年 8 月,中国红十字会曾电请西安、洛阳红十字会和开封总商会等成立妇孺收容所,收容妇孺约 7000 人。又在上海成立灾童留养院,派人分赴灾区,辗转接运 6～12 岁之幼童 2000 余人。所有灾童抵达后,除健康检查、编号拍照外,每日上课 6 小时,或授以技艺,使其渐能习得自谋生计之道。

就蠲缓来说,国民政府不但从制度上提高了蠲免的力度,且灾荒之后也有实施的记载。如 1929 年省赈务会第十一次会议上,提议"由民政厅查照前案派员查勘被灾各县应行蠲缓粮银造送清册,以利修养生息"。十三次会议上提议对宜阳等灾情奇重县份免除丁粮,决议先请省府令财政厅对灾重县份先行停止征派,嗣后按手续呈省府核办。研究中原农民负担的现代学者刘五书也指出,河南 1920 年和 1928 年旱灾时,均有减赋实施。不过,蠲缓的流弊太多,或先已征存,不行流抵;或径直不予布告,不予蠲缓;或分数偏少,违反律令;或故意拖延,指称别有征款;或指荒作熟,以营私利;或隐报灾荒,索赋于灾民以邀功。至于勘报迟缓,蠲缓不及时,更不必说。甚至还曾出现个别县长为多收税捐,对提议减免税捐之人打击陷害的事情。如 1931 年罗山县县长贺国华以方文苑(原该县建设局长)、刘孙惃(原教育局长)等宣传无政府主义,阻挠国税为名,将其拘押,引起舆情哗然。后经查证,发现乃是方文苑、刘孙惃等徇灾民所请,借县府中山俱乐部开会讨论查灾请赈办法,并动议续请减免税捐,触怒了县政府,因此被捏造罪名关押。

综上所述,国民政府救济灾民在传统的急赈,如赈衣、赈粥、贩谷、赈银、调粟、除蝗等救济基础上,开始重视灾后重建的农赈、工赈等积极措施。而且,即使是传统的救济措施,也因近代化的交通方式的出现及医疗技术的提高,其效果与传统意义上不可同日而语,体现出明显的时代特色,所有这些都说明民国社会救济在传统与现代交互融合中曲折前行(武艳敏,2006)。

第五节 救灾的奖惩与监督

为了使社会资源与各界人士尽可能地投入到救灾事业,并在救灾过程中认真负责,对之提供一定的奖励并加以约束是必要的。国民政府时期相关制度如何规定?实施状况怎样?以及为保证救灾效果,国民政府采取何种方式对救灾人员和救灾活动的每一过程和环节进行监督,效果如何,是本节要讨论的内容(武艳敏,2006)。

一、救灾奖励的制度规定及实施

(一)救灾奖励的制度规定

1. 对捐资、募赈款物用以救灾的奖励规定

为保证救灾成功,首先是必须调集大量的救灾物资。由于政府财力、物力有限,故历朝历代除了大加宣扬积德行善之类的道德劝捐外,往往提供相应的奖励来换取必要的社会救灾资源。其中,最重要的当属捐纳制度或捐官制度。通过捐纳制度刺激社会人士捐出富余资源,对

于缓解救灾燃眉之急有重要的积极作用。但是长远而言，此种措施大规模、无限制地推行，尤其是收捐实职，必将带来严重后果，时人对此常加诟病。如冯桂芬在《校邠(bīn)庐抗议》一书中一针见血地指出："数十年来，捐途多而吏治益坏；吏治坏而世变益亟(jí)，而度支益蹙；度支益蹙而捐途益多，是以乱召乱之道也。"文人孙兆熊则进一步指出咸、同、光三朝以来，广开捐例，捐员"视民生之休戚地方之理乱，漠然不动于心，而日朘(juān)月削，惟一己之囊橐是肥，吏治之坏，半由于此"。

鉴于通过捐纳制度获得救灾资源代价太大，容易造成吏治的败坏，故而民国以后很少沿用。但辛亥革命至北洋时期实际并未消除。北洋时期，还一度公开倡言恢复捐官。北洋政府在遭遇到北方五省罕见的大旱，及各地军阀的纷争，财政窘困达于极点情况下，以输助赈济款项为名，重拾前朝的遗病——捐官制度。

不过从其提出到通过不是那么顺利。内务部在第一次呈文中，首先以苏皖陕浙川边灾情为名，主张修改九年旧章，改奖实官。呈文中称："查民国九年《改订义赈奖励章程》第二条载'凡捐助义赈款银一万元以上者，应报由内务部呈请，特予优加奖励'等语，所谓奖励即指简荐实职而言。特原文未经揭明，且规定捐数过巨，致捐款者仍多观望。以今视昔，灾情之重，需款之殷，筹款之穷于术，势非更予变通，未由济事。明知国家明器，未可轻予假人，顾兹千万灾民，颙(yóng)望苏息……拟请将民国九年义赈奖励章程再行修正……"呈文经法制局核议，以"部中修改之意，本欲以优加奖励，鼓舞人民好善之心，然事同于前清之赈捐，流弊滋大……"，核定从缓。第一次呈文被驳后，内务部又将所谓义赈奖励章程的第二条改为凡捐助义赈银一万元以上，或经募一万元以上者，应由内务部专案呈请特奖。同时，又对呈文进一步解释："……故又酌量变更……比照原章，但有名词之异同，初无实质之差别，且系一时救济之方，非永久颁行之典，较之前清捐纳弊政，似属不同……"此次呈文经 579 号指令，准按所拟办理。至此，内务部经过两次的"努力"，终使"但有名词之异同，初无实质之差别"之捐官制度，具有了实行的依据。

国民政府时期已不再采用捐纳或捐官激励社会捐资，这一时期对民众捐资的回报更侧重于颁给褒章、褒状、匾额等道德上的激劝。其对捐募的奖励主要体现在 1928 年 11 月 21 日赈务委员会公布的《振款给奖章程》和 1932 年 6 月行政院核准公布的《振务委员会助振给奖章程》以及《办赈团体及在事人员奖励条例》里面。

《振款给奖章程》主要是针对私人或私人团体捐助赈款或自办赈务的奖励，按照规定，奖励分褒章、匾额两类 4 种。4 种即省振务会给予银质褒章、国民政府振款委员会给予金质褒章、题给匾额以及国民政府题给匾额。

同时，对匾额及褒章的给予程序做出规定：银质奖章由省振务会委员会议通过后给予，金质奖章和赈款委员会匾额均需由省振务会呈请国民政府赈款委员会常务委员会议通过后给予，国民政府匾额由国民政府赈款委员会呈请国民政府给予；另外，对于捐款虽未满足额但其行为可资表率者，也特殊对待，可由振务会专案呈请国民政府赈款委员会题给匾额。以上受奖人姓名、籍贯或团体之名称及其事迹需报内政部备案等。

《振务委员会助振给奖章程》事实上是《振款给奖章程》的增修，将奖励的类别增为匾额、褒章、褒状三类；另外就是提高了捐款给奖的标准。

国民政府奖劝捐募团体或个人主要是褒章、褒状、刊发纪念碑碣、匾额之类的精神鼓励，主要是为了满足人的心理需要，比之帝制时代尤其是清代采用捐官制度来调控灾时社会财富再分配的制度有了很大进步，它至少在理论上避免了卖官鬻(yù)爵带来的官僚机构臃肿以及有些人"始散财以得官，终聚财以剥民"的贪污之弊，从制度选择来看，有积极意义。

2. 对办赈出力之政府机关人员的奖励规定

对官员救灾的政绩奖励常常与其职位升迁、嘉奖及其级俸等联系起来。北洋时期曾制定有《办赈奖惩暂行条例》，对于政府或地方长官委任之办赈人员作出了相应奖励规定。按照条例，奖励分褒奖升用或实职、勋章、奖章几类；应受褒奖升用或实职之奖励者，依褒奖条例椽(chuán)属升用办法及其他关于文职任用之法令办理；应受勋章、奖章之奖励者，依照颁给勋章条例或内务奖章条例办理；办理赈务有特殊劳绩，因以为地方永久利赖者，得有该管长官详叙事实，呈请大总统依授勋位令授予勋位等。

国民政府时期有关此方面的规定更加详备。相关的法规主要有1929年1月公布的《县长奖惩条例》；1930年5月15日行政院公布的《办理振务人员奖恤章程》；1931年10月27日国民政府公布，同日实施的《办理振务公务员奖励条例》；1930年6月28日振务委员会公布，1933年4月12日修正的《振务委员会职员奖惩规则》等。奖励一般分明令嘉奖、升叙、进级、加俸、记功、记大功、嘉奖、褒章等种类。

3. 对办赈出力之办赈团体及在事人员的奖励

随着晚清政府救灾功能的弱化，义赈的兴起，出现了大量的办赈慈善团体，相应地减轻了政府救灾的压力。作为回报和鼓励，国民政府也制定了相关的奖励措施。相关的条例主要有两个，即1931年10月27日国民政府公布，同日施行，1932年7月20日修正公布，1933年3月又经修正的《办振团体及在事人员奖励条例》和《办振团体在事人员恤金章程》。

综上所述，国民政府时期，针对不同的对象、事业，制定了包括对捐募者、办赈出力者、兴办防灾设施有功者等相关内容的许多法律条文。同时，还具体规定了申请给奖的程序和手续，从制度上为积极防灾、救灾提供了法律保证(武艳敏，2006)。

(二)救灾奖励制度的贯彻实施

各种酬报可使被制约者加倍努力，把事情做好，可使被制约者激发人们蕴蓄的力量，集中注意于一事一业，因而酬报和奖励很有必要。故而国民政府时期不但从制度上重视其法规建设，在实践上也身体力行。

救灾办赈，资金为要。国民政府为广募资金，基本上按照制度规定，给予相应的奖励。如1929年2月26日，为昭激励，国民政府按照《振款给奖章程》，给予北平银行公会题予"勇于为善"匾额，同时对捐款人杨佑之、王作霖颁给奖证并给二等金质褒章的嘉奖。1930年12月，按照《振款给奖章程》第四条，国民政府给予捐助江浙赈款的蒋介石题给匾额并颁发特等金质褒章的奖励。1931年10月有驻在使领馆为前爪哇总领事张铭向侨商劝募赈款助赈，成绩卓著，请予奖励的呈请。总之，诸如此类的奖励实例翻检史书不会少见。另外，从振务委员会历年颁发的捐款褒章统计数字也可窥见其实施的大致概况。

据振务委员会1931年给予捐款褒章统计，截至1931年中央振务机关共给予捐款褒章302枚，其中，给予捐款人286枚，占褒章总数的94.7%；给予经募人16枚，占褒章总数的5.3%。

截至1936年12月底前，据振务委员会统计，自1931年起，共发金质褒章一等12枚、二等110枚、三等131枚；银质褒章一等40枚、二等68枚、三等188枚、四等516枚。共计1065枚。上面实例与数字统计均表明有关捐募赈款之制度是确实得到重视和执行的。

为激励办赈人员尽心救灾，认真办赈，国民政府也非常重视对办赈出力人员有关奖励法规条文的实施。1929年8月13日，国民政府根据赈灾委员会的呈报，常务委员朱庆澜募集赈粮，运输救济、奔驰关塞、劳瘁不辞；王震历办慈善事业，苦心经营、惠及灾黎、存活甚众。均属办赈异常出力，给予两人明令嘉奖之奖励，以昭激励。

对于兴办诸如医院、水利等防灾、救灾设施有功人员之奖励，国民政府也积极实行。

总之，奖励对于维护社会安定，维持持久的社会救济有很大作用。但是，奖励制度贯彻执行中仍有值得检讨的地方。最主要的是奖励并非真正按照规章而行，人为操作同样侵蚀到这一领域，降低了奖励实效。如河南省每年对河工的奖励，并不只是河工人员才能得到。省长往往将其亲信加入请奖名单之中，同样可以得到勋章或褒升等奖励。有时因省长加入私人太多，反而使真正出力人员得不到应得的奖励。这种不公的状况，容易使人生怨。而侥幸得奖者，同样会产生轻视奖励的心理。

另外，酬报的方法比较昂贵。也就是说无论褒章、褒状等之类的奖品定制需要一定花费，受奖之人领取时还要交定制费用，无形中增加了整个救灾办赈的费用（武艳敏，2006）。

二、救灾惩罚的制度规定及实施

（一）救灾惩罚的制度规定

救灾活动本身是一项复杂的系统工程，其特点是环节多、参办人员杂、涉及面广、延续时间长。因此，组织实施难度大，易出纰漏，易生弊端。为减少救灾办赈人员贪污作弊，延误救灾时机等一些不利于活动进行的情况发生，历代均有相关的制度规定。

北洋时期，制约政府或地方长官委任之办赈不力贪污腐败者的条例主要为1920年10月19日，北京政府以教令第21号公布的《办赈奖惩暂行条例》（13条）与同日公布、教令为22号的《办赈犯罪惩治暂行条例》（4条）。按照条例，对办赈人员的惩罚依其情节轻重会受到惩戒（包括褫（chǐ）职、降等、减俸3种）或刑律的处分。办赈人员有下列情况者，应受惩戒处分：①遇有灾歉不即履勘者；②履勘后不即呈报者；③呈报灾歉不实者（以轻报重或以重报轻）；④办理赈务疏忽者；⑤故意延缓致贻误灾民者；⑥失察僚佐废弛赈务者；⑦故意纵容僚佐废弛赈务而不纠举者；⑧办理赈务开支冗滥虚縻公款者；⑨其他办理赈务奉行不力者。凡具有上述之一时，由该管长官依文官惩戒条例制定之程序交付惩戒；该管长官如认为办赈人员有应受褫职处分之行为时，除交付惩戒外，应先行停职。

办赈人员侵蚀赈款者，由该管长官先行停职，交由司法官署依刑律及《办赈犯罪惩治暂行条例》办理。《办赈犯罪惩治暂行条例》规定"办赈人员侵蚀赈款至五百元以上者，处死刑、无期徒刑或一等有期徒刑"。

从条例规定可以看出，其处罚非常严厉，较重于当时《暂行新刑律》中之"侵占罪"。一方面反映出政府清廉有效办赈之决心，但也一定程度上反映出当时贪污舞弊、办赈不实不力之严重程度。而且，这两种法规有一最大的缺点就是属于临时性质，两条例中都规定，该条例于办理赈务完竣之日废止。因此，从条例出台于1920年北方数省大旱的背景到条例规定完竣后即行废止的状况，可以看出北洋时期对于赈务并非重视，而是得过且过，临事筹措，无长远打算的真实情况。

国民政府时期为保证办赈效果，也从法规制度上进行约制办赈人员。就这一时期来讲，有关惩罚的法规条例主要有1929年1月公布的《县长奖惩条例》；1929年2月28日公布的《防疫人员奖惩条例》；1930年6月28日振务委员会公布，1933年4月12日修正的《振务委员会职员奖惩规则》;1931 年 10 月 27 日国民政府公布同日施行的《办赈人员惩罚条例》等。

《振务委员会职员奖惩规则》是专指对赈务委员会内部职员的奖惩。按照规定,凡是本会职员办事疏懒旷废职守、忽视责任延误公务、行为失检妨害会誉者,可视情节轻重给予警戒、记过、记大过、罚俸、降级、停职程度不等的处罚。

《办赈人员惩罚条例》是针对负有办理赈务之公务员及其他人员或法团的惩罚措施。该条例严格规定,有以下情事之一者,即由该主管长官或所属社团移送法院,按情节轻重分别依照刑法本刑加重三分之一处罚:卷逃赈款者、购买赈粮赈物浮报价目或与商民通同作弊获取折扣者、造假账或涂改单据以图侵吞赈款赈物者、浮报灾民名赈额以图冒领赈款赈物者、经收赈物人员以劣品抵换赈物者、冒充办理赈物而赈运物品以漏税渔利者。该条例还对办赈公务员其他违法行为,如挪用赈款、玩忽职守、救济不力、延误时机等进行惩戒。

对于办赈民间团体违反有关规定者,则按照《慈善团体监督法》予以取缔。该法还规定监察院有权随时派员监察和调阅各赈务机关及办赈团体的单据账目,发现违法或失职者依法予以惩处。

比较来看,国民政府时期的惩罚制度在借鉴前代基础上有所丰富和完善,且已成为一种经常性的制度,为救灾办赈的正常实施提供了制度保证(武艳敏,2006)。

(二)救灾惩罚制度的贯彻实施

国民政府时期的惩罚规定,对各种违规违法情况的惩处均有实施。如 1934 年对救灾不力的安徽怀宁县县长王粹民减月俸 20%,以 4 个月为限。安徽无为县长、当涂县长、灵璧县长、宣城县长等救灾不力也分别受到减俸、免职、降级等处分。对赈务委员会职员王之鼎卷逃赈款,按照办赈人员惩罚条例第三条,移送法院,按情节轻重,分别依刑法本刑加重三分之一处断。对主管科长郝祖龄按惩戒法第二条第二项第十一条规定免职,并停用一年。

有关惩罚的规定在现实中有所实施,但细细考察,贪污舞弊、渎职之风却非常盛行。为什么救灾的奖惩已经制度化、程序化、法规化,但却始终无法避免赈灾中弊病的滋生与蔓延呢?归结起来,原因大致如下。

1. 受整个环境的熏染

不仅在救灾办赈当中存在贪官污吏,实际上民国时期整个政治社会贪污之风盛行,其他领域的贪污腐败更是比比皆是。救灾办赈人员之违规违法事虽可说是受了当时整个社会贪污之大环境的影响,实际上也是大的恶质环境中的一份子,二者可以说是不分你我。

2. 惩罚太轻

"刑乱国,用重典",历史上惩治贪污的经验教训是重典刑。但是国民政府时期的惩戒制度,除了军官佐外,一律适用于《公务员惩戒法》。该法中弹劾惩戒,最大的处分不过免职与停止任用而已。对此,时人均感惩罚太轻,不足以惩贪戒弊。这种轻微的处分是不足以防止贪婪之发生。太史公谓:"吏治若救火扬沸,非武健严酷,不能胜任。"因此,惩罚太轻使贪污之人感觉被惩并不足畏也是一原因。

3. 惩罚制度执行不够公平

就对从西方引进的公务员制度来看,对公务员的惩戒按照公务员的职务和从事行业不同,分属于六种惩戒机关,其中与要考察的办赈人员最密切的就是中央和地方惩戒委员会,据统计,从 1932 年中央与地方公务员惩戒委员会相继成立以来,至 1938 年为止,历年收到的案件有 950 件,为数不多。对更高层的由中央执行委员会选任的政务官员和监察委员进行惩戒的中央监察委员会惩戒的数量更是少之又少。《公务员惩罚条例》尽管也有对上述办赈不力、贪污之类的惩戒。但就惩戒的对象和数量来说，主要是对事务官的惩戒，真正对政务官的惩戒占很小的分量。在反贪的具体运作过程中，有关职能部门只敢抓“小鱼虾”、只敢拍“苍蝇”，不敢打“老虎”。

法律对高层官员几为形同虚设。古训“己身正，不令而行；己身不正，虽令不从”。作为制定法律的高层官员本应首先遵从法律约束，树立权威，以使人仿效。高层官员逃避法律制裁的结果必将造成政府威信的丧失，反贪制度的无果或低效。

4. 惩罚制度本身的缺陷

惩罚之意在于惩前毖后，使人对以往表示悔改，对将来有所警戒，使有过之人知道自新。惩罚的目的在于制恶，但是惩罚具有缺点，表面上或能得到制约的结果，但是仍不能根本改变被制约者的恶劣心性，不能算是彻底的方法。

5. 监督机制不健全

就监督来说，主要来自于三大方面：一为人民监督；一为报纸舆论监督；一为权力监督。人民监督渠道当时并无可能。报纸舆论则因国民党严行审查制度，也起不到应有的效应。权力的监督主要是监察院与审计机关的设立与职权的运用。监察院是宪法赋予权力，对官吏实施监督的最高机关。但因监察制度的缺陷，监督功能不能得到很好的发挥。审计机关设立的目的是使现金在官僚机构内流动合理并得到控制，但据浙江实施结果看，不但使机关效率更差，且系统本身也陷入贪污的泥潭。

因此，惩罚制度在缺乏良好的政治环境、良好的政治机制之下，要想取得成效也很难(武艳敏，2006)。

第六节　华洋义赈会的救灾活动

中国华洋义赈救灾总会(简称华洋义赈会)是民国时期专门赈济旱涝等灾害的最大的民间赈灾机构。华洋义赈会举办了急赈、工赈、农赈，倡办了农村合作社，提出并实施了“建设救灾”“防灾救灾”等颇有特色的指导思想与原则，发展、完善了一套赈灾运作机制，在民国防灾、减灾中发挥了重要作用(刘招成，2003)。

一、概况

1920 年，中国北方爆发了大范围的旱灾，重灾区包括冀、鲁、豫、晋、陕等地。中外人士在北京、上海、西安等处设立了华洋义赈会等救济机构。各地中外义赈团体共筹得款项 17358633 元。1920 年 12 月—1921 年 8 月，各华洋义赈团体共支出赈款 15230787 元，救济灾民 7731611 名，占全部灾民的 1/4 以上。在赈济过程中，北京的各大救灾机构领袖熊希龄、汪大燮、梁士治等同外国在华义赈团体组成了统一的赈务领导机关——北京国际统一救灾总会，除直接担任直隶西部地区的救济外，还被推为办赈总机关。1921 年 8 月，赈务活动基本结束，但各地华洋义赈团体都还有余款，北京国际统一救灾总会便提议“建设组织全国赈款余款保管会”。9 月 21 日，全国赈款余款保管会会议在北京召开，到会者有上海、天津、山东、河南、山西、汉口等华洋义赈团体、北京国际统一救灾总会的代表。会议决定将余款统一保管，在北京国际统一救灾总会的基础上设一总机关处理拯济事宜，定名“中国华洋救灾会”，总会临时事务所设于北京，还起草了《赈余信托大纲》。11 月 16 日各义赈会代表又在上海集会。决定定名为“中国华洋义赈救灾总会”(简称华洋义赈会)，同时又将《赈余信托大纲》进行了修改，改名为《中国华洋义赈救灾总会章程》，选举艾德敷为总干事，总会事务所设于北京，标志着华洋义赈会的诞生。18 日又成立执行委员会，议定了《华洋赈团入会准则》。执行委员会后来制定了《中国华洋义赈救灾总会办事大纲》，并议定蓝地白十字旗作为会旗。

华洋义赈会赈务活动可分 4 个时期，即成立时期，1920 年 8 月—1921 年 11 月；发展时期，1921 年 11 月—1936 年 11 月，其特点是赈务活动偏重于防灾，包括工赈、合作社等事务的不断壮大，分会从 7 个增加到 13 个，范围扩大到 18 个省(区)等；收缩时期，1936 年 11 月—1937 年 8 月，调整会务方针及工作重心，即由以防灾为主转向救灾与防灾并重的时期，此间又将总会从北京迁往上海；转向和结束时期，1937 年 8 月—1948 年 7 月，“八一三抗战”爆发，华洋义赈会先是组织了难民救济临时委办会，后又与美国华灾协济会、美国红十字会两会的驻沪委办会和中国红十字会等合组中国红十字会上海国际委员会进行战时救济。1941 年 12 月，太平洋战争爆发，日军进驻租界后，华洋义赈会被迫中止了工作。1945 年 9 月，华洋义赈会在重庆组建临时执委会。上海解放后，华洋义赈会经过与各地分会协商，于 1949 年 7 月 27 日宣告解散。

华洋义赈会是华洋合组的一个民间国际义赈组织，该会分会遍及全国，是一个全国组织。机构健全，组织严密。

二、主要赈务活动及其成绩

(一)施赈原则

华洋义赈会基于其经济实力，以及当时农民极低的生活水平，确定了成灾标准：“①凡因水旱天灾而五谷不登，以致人民十分之七咸感乏粮之苦，且其十分之三已陷于饥寒交迫之惨境者；②民间盖藏将尽，而一时土质民情二者俱使农事难施者；③上项灾情，如同时发现于互相毗连之十县，或不相毗连之县分占一省县区总数三分之一者，本会始能为之筹赈。其他成灾程度，不及此项标准者，悉为局部偏灾，应由当地筹赈。”

对重灾区的调查，华洋义赈会主要是通过各地分会和总会派出的调查人员进行。调查灾情，“所注重之点，在人民本身与其家庭之生活状态，而不以灾区之外表为观察之重心”。对于前来报告灾情并请求赈济的地方，华洋义赈会一定派人亲自前往调查，再将受灾县份制成两种表格，即“被灾最重者”和“被灾次重者”。然后函请受灾最重县的县知事列制《最重灾村表》和《次重灾村表》，并召集当地传教士和商界领袖等头面人物开会复核后签上各自的名字。再让受灾最重及次重各村的村正，将极贫灾户和次贫灾户制成表格上报总会或直接承办此次工赈的华洋义赈分会。总会在收到以上各种表格后，就将表中有关内容填入《灾户调查表》，并派人据表前往调查证实。

在办赈中，华洋义赈会一直遵循着“以经济的方法，为大量之赈济，不欲养成依赖性质，使人民愈堕穷途”的原则，所以它就特别重视工赈，使灾民既可度过灾荒，又兴办了公共工程，恢复了田园，达到救灾、防灾的目的。为使赈务活动顺利进行，华洋义赈会还制定了三则信条，即：“第一，调查灾情，不厌详明，先有成竹，而后可按情放赈；第二，施放之时，应按核实分配之原则；第三，一切款项特品之开支，应有正确之账目。”当时的官赈和其他慈善团体办理的义赈，大多采取了平均分配的原则，忽略了灾民不同的家境，违背了经济的原则，使成效不大。

（二）急赈

华洋义赈会称急赈为施赈、义赈，是指灾发后，将募集而来的赈品（主要指赈粮）按照一定的方法散发给灾民，以助其度过难关。其主要内容包括开办粥厂、施放赈粮、赈衣及现金，设立收容所、施舍医药等，根据灾区情况择其一种或数种分别举办，以资救急。能领到急赈的人很少，仅仅是"被灾最重县内，灾情最重村庄中之待赈最急灾户"和"被灾次重县内，灾情最重村庄中之待赈最急之灾户"，以及"被灾最重县内，灾情次重村庄中之待赈最急之灾户"和"被灾次重县内，灾情次重村庄中之待赈次急之灾户"，这四类灾户中的"残废无力者、年老者、病人、孕妇"和"妇女幼童"。

办急赈的粮食由华洋义赈会采购散放，以杜绝浪费克扣等弊病，一般不直接施以金钱，免得挪为他用，除非是边远荒僻地方采买运输粮食均极困难的情况下，才散发以金钱。如1920年赈济华北五省旱灾就只办了急赈，支出赈款达1500多万元。由于急赈意在救急，是治标之举，灾民产生依赖性，所以华洋义赈会视之为荒政下策。上策为各种防灾工作，包括兴建各种工程、推广教育、兴办合作社等。

（三）工赈

工赈即以工代赈，指在灾区以按劳取酬方式吸纳灾民举办公共工程，既可以使灾民凭此度日，又改善了排灌及交通，以达到防灾的目的。故华洋义赈会认为："盖慈善事业，必须于民生根本上着眼，非徒博一施济美名耳。若公益之事，克成厥功，既济难于一时，复防患于久远，任力者自能生存，倚赖者难免淘汰。赈款得其实用，无一文虚糜，尤合立会之初旨。"故工赈成为首要的赈灾措施。

1921—1929年，华洋义赈会所办工赈项目总计达62项，平均每年有近7项工程，其工程项目包括修筑公路、筑堤、开（疏）渠、掘井等几类。1921—1935年，华洋义赈会先后在14个省中，筑成新路1993英里①，修理旧路1296英里，其中工程量以西（安）兰（州）公路为最大。民国时期大规模修筑公路就始于华洋义赈会。到1935年，华洋义赈会在长江、黄河、淮河、海河等干支流两岸兴修的堤防达904英里。在山东、直隶、陕西、绥远等省开凿了不少水渠，如泾惠渠、石芦渠、民生渠等。在直隶（河北）、山东等地开掘了5000多口水井。1921—1941年，华洋义赈会工赈项目中有11项属于重大防灾工程。

华洋义赈会根据各重灾区的情况，选择项目和技术，就地取材，采用简单的劳动密集型技术，并结合当地劳动力足以胜任的条件，利用因灾荒造成的大量闲置劳动力而施行的工赈，带有灾区重建的性质，有助于减轻灾民的依赖性，也有助于改善灾区的基础设施和社会服务，在当地形成新的生产力，推动经济的恢复和发展。

（四）倡办农赈与合作社

民国时期，舆论普遍认为高利贷是中国发展农村经济的重要障碍。华洋义赈会认为，"与其临时救济，不如于平时能与全国农民以经济上之便利，得以信用赊贷，除一部分罕见奇灾外，其他普遍天灾，总可十防八九"。1923年，农利分委办会制定了《农村信用合作社章程》，是年6月，华洋义赈会在北京附近的香河县协助农民建立起了中国第一个雷发巽（xùn）式的无限责任农村信用合作社。随后河北农民纷纷与义赈会联系，准备组社。合作社遂成为其仅次于工

---

① 1英里=1.61千米。

赈的第二大赈务活动。这种信用合作社的主要原则是：①社员对社中债务负有无限责任，每个社员均以全部财产为整个合作社的债务保证；②社员入社需认购社股、缴纳股金；③合作社收受存款以增加放款能力；④义赈会供给合作社资金以贷放于社员。河北的合作社迅速发展，从1923年的8个增加到1936年的3214个，社员相应地从256人增加到66266人，其资本总额亦从286元增加到1150816.14元。

农村信用合作社组建起来后，入社的贫苦农民很珍惜这济困救难的机会，非常守信用，几乎没有发生过呆账、坏账，使其他一些金融机构也开始注意农村信贷，上海银行、交通银行等十多家银行开始委托华洋义赈会放款；随后又出现了直接从事农村借贷的银行，如金城银行、中国农民银行等。因此，中国农村出现的现代金融机构始于华洋义赈会创办的农村信用合作社，它逐渐将部分农村纳入了现代金融体系，抑制了农村高利贷剥削，为农村发展注入了一定的流动资金。所以，华洋义赈会认为这是防救农村灾荒的"根本办法"，如果各省都能举办农业信合作社的话，那么时机成熟时就可将各社联合起来组成中央银行，一有灾荒，就可以从外面输入资金以救灾，无灾而五谷丰收之省，可以将其剩余粮食物资运往灾区，以达到"防灾救灾"的目的。

作为一个民间慈善救济机构，其活动范围达18个省，设有13个分会，这一现象在民国时期是罕见的。作为民间国际赈灾机构，华洋义赈会促进了国内外慈善人士与组织在赈济中国天灾问题上的国际交流与合作。在理论上和实践上发展了近代民间赈灾机制。提出并实践"建设救灾"的指导方针，促进了灾区农村的恢复与发展(刘招成，2003)。

第七节　救灾中的腐败现象

民国时期的旱涝等自然灾害给广大民众带来了巨大灾难，贪污腐败是使灾难程度加重的社会原因之一。南京国民政府时期救荒中普遍存在着这些现象：贪污急赈物资及赈款，致使灾民得不到及时救济；侵吞、挪用工赈款项，致使防灾工程明显减弱了防灾作用；谎报或隐瞒灾情，致使救灾时间延误，灾荒程度加重。腐败不仅严重损害人民的利益，也会危及政权的稳定(李勤，2006)。

一、贪污急赈物资及赈款

政府官员贪污急赈物资及赈款，致使灾民得不到及时救济。急赈是政府对灾民最直接的救济措施，它虽属灾后补救，但灾民面临生死，如果没有急赈，就无法活命，所以成为救灾的主要措施。为了防止赈灾中出现贪污舞弊现象，政府采取了一系列措施。然而，道德约束、条例的限制都无法防止贪污腐败的发生。一些贪官污吏还是把罪恶的手伸向了赈灾物资及赈款上，贪赃枉法，克扣赈款，欺压灾民，挪用、贪污及其他舞弊行为时有发生。

1931年，安徽受灾严重，省政府主席陈调元却将30万元急赈费扣住不发。1932年，安徽五河县县长庄诗孙卷赈款2000元外逃，芜湖粮站办事处主任李思义倒卖赈麦490余石。由于赈灾物资不能及时到达灾民手中，成千上万的灾民没有死于灾害之中，反而因最基本的救灾物资缺乏而饿死或冻死。

1942年，自春至秋，河南旱魃肆虐，赤地千里。秋后，水、旱、蝗、风、雹等灾又交相侵袭，灾民千余万。面对如此严重的灾荒，中央政府迫于舆论压力，拨出2亿元作为灾荒救济款；同时，给河南省政府下达了减轻赋税的命令。结果，救济款送到河南已是次年3月，而且，中央政府拨给的2亿元救济款中实际只有8000万元。这些已经运到的钱也没有发挥出救灾作用，当地官员把这笔钱存入银行，让它生息增值；同时又为怎样最有效地使用这笔钱而争吵不休。在一些地区，救济款分配给闹饥荒的村庄，地方官员还要从中扣除农民所欠的税款，农民实际所得甚少。德国王安娜对此有更为详尽的描述："我们是从美国朋友口中得悉河南省饥荒的……路上满是尸体和像骸骨一样瘦得可怕的人；所有的树皮都被饿得绝望的人吃光了。……在这种令人毛骨悚然的状态中，更为可怕的是招待我们的政府高级官员们的宴会，山珍海味堆积如山。而这些高级官员就住在饿死者和倒在地上快要饿死的人的近处。美国记者报道的这次饥荒，虽然是因为年成不好，但造成这一结果的原因主要是政府毫不留情地向农民征收租税和利息，使得他们连种子和自用的粮食都不能留存。"第二年，河南又遭受了严重的灾害。视察豫灾的张光嗣发现，"各县乡长及保甲长大多数人选极坏，关于赈款、赈粮及耕救贷款及其他一切征物派款之营私舞弊已成普遍现象，甚至县长虽明弊端百出，亦故作痴聋以致民怨沸腾"。

国民政府覆灭前夕，官员内腐败之风尤为盛行。1947年10月10日，岳阳警察局局长张警之利用职权，大肆贪污赈灾物资，其中一次就截留分配赈灾物资的领券187张。还有消息说，有些官员手拿大把赈灾领据，在翰林街用作嫖娼的资本。市面上的赈条，由1元银币到30元成交，不同的价格，公开拍卖。有钱的人几张、几十张地出卖。《岳阳民报》于10月24日发表《对急赈物资发放的面面观》一文，对物资发放作了详尽揭露：最后一次急赈物资的发放中充斥着贪污、舞弊、闹打，"充分表现了社会的黑暗，政治组织的松弛"。官场之贪赃枉法，跃然纸上。吏治腐败，贪污盛行，阻碍了救灾政令的通行，从而造成了灾害发生之后的饥饿、灾疫等灾情的进一步扩散(李勤，2006)。

二、侵吞、挪用工赈款项

官员们侵吞、挪用工赈款项，致使防灾工程无法起到防灾作用。利用赈款、赈粮，疏浚河道、铺设公路、开挖水渠、植树造林等工程吸纳灾民做工，使灾民通过自己的劳动获得钱粮，以工代赈，目的是为了使灾民既可得到救济，又可通过治河建堤等工程积极预防灾害的发生。工赈属于灾后重建，程序复杂，实施起来较为困难。工赈过程中，贪污腐败行为使工赈的作用难以发挥。

侵吞、挪用工赈款项，损公肥私，中饱私囊。民国时期灾害最多和最厉害的，非水即旱。水旱之所以成灾，一方面是由于自然条件造成，另一方面则因为水利废弛。兴修水利是兴农富国的大计，也是防备灾荒的有效措施。国民政府曾力图疏浚河道，兴办水利事业，计划并实施一些大型水利及治河工程。然而，经费被挪用侵占向来是水利部门的通病。1931年，国民政府曾拨款1520余万元作为长江堤防维修费，结果却被军阀和官僚侵吞，江淮水灾导致1400万人伤亡，4.5亿元经济损失。1933年8月20日《申报》记载："鄂省堤款，因数年未加清理，侵蚀挪用视为常事……各县县长、财政局长、征收局长侵蚀挪用贪污上万元者，比比皆是。"此外，运河沿岸各县治运亩捐，大多被各县当局所挪用，即使有少数解省之款，又被省府当局挪充急需，以致治河工程款，反告向隅。国民党政府曾在湖北的关税、特税、粮税等税中加收附加税作为堤防积存金，每年1000万元。这笔款只在1928年修筑孙加拐堤防用去一部分，尚存的2千余万元，被蒋介石以军饷动用50万元，宋子文以军费动用1000余万元，进入湖北省主席方本仁、委员肖萱、水利局局长及大小官私囊的共350万元，剩下的投入川江龙公司作鸦片生意，被拐骗一空。大量的工赈经费被贪官污吏捞进了自己的腰包，致使治河修堤的经费缺乏。

贪官们玩弄变相敛财之计，如浮报工程用料，工程建设中偷工减料。此外，贪官们巧立名目，拖欠克扣灾工工资，搜刮民财。在河南泌阳，一名保长竟别出心裁地向每个灾工勒索“点名费”。在江苏、浙江，拖欠克扣灾工工资，愚弄灾民的事件，不胜枚举。

政府在灾前防御、灾后救济上承担着极其重要的责任。然而在南京国民政府统治时期，官员们的贪污行为，却成为水利建设及实施工赈以达到防灾、救灾目的极大障碍，使政府既不能防患于未然，又不能有效实施救灾政策(李勤，2006)。

三、谎报或隐瞒灾情

官员们谎报或隐瞒灾情，致使救灾时间延误，灾荒程度加重。中央政府为了有效救灾，就必须对地方灾情有详细的了解，要求地方官员如实报告灾情，查勘核实受灾程度，确定受灾等级，确定蠲免数额，以备赈济。然而，在救灾过程中，存在着不少弊端，地方官员为了自身的利益，或者是“以丰为歉”，指熟作荒，损害国家利益，加重百姓的负担；或者是“以歉为丰”，指荒作熟，隐瞒灾情，粉饰太平，并索赋于灾民以邀功；或者是故意拖延，指称有别的征款，勒索灾民。

各地官员报灾不实和做荒舞弊的事情，时有所闻。有时救灾反成了地方各级官吏发财的捷径。农民蝗灾发生后，国民政府曾以捕蝗蝻、蝗卵的多少为标准进行奖励，但各地官吏竟视此为生财之道，虚报数字，冒工领赏。结果，蝗灾不但不能根治，反而愈治愈烈。1943年2月2日，大公报发表《看重庆，念中原》社论，其中，特别谈到河南的灾荒：“饿死的暴骨失肉，逃亡的扶老携幼，妻离子散……甚有因不堪忍受非常的痛苦而全家服毒自杀。”这篇社论说了一点真话，却惹怒了国民政府的权贵，立即令《大公报》停刊3天。河南旱灾严重，粮食平均收成只有一二成，可是，粮政局长卢郁文等为了向上邀功，竟谎报灾情，以全省麦、秋二季收成六成向上呈报，然后大肆开征，逼得灾民家破人亡。

一些贪官们故意隐瞒灾情，借机大发饥荒之财。1943年，广东发生大饥荒，加以瘟疫流行，灾民遍野，然而，在以后持续两年的灾荒中，政府和军队的长官们为谋私利，走私或贩卖大米的现象从未中断。“国民党湖南省主席吴奇伟，纵使其粤籍部属勾结奸商，在长沙购运谷米5万石，前往广州牟利，以致全省死于饥饿和疫病的人口究竟若干，无法统计。”可见，造成灾民大量死亡的原因，除天灾外，更有不可忽视之政治因素。一位外国朋友就认为，“这一方面是天灾，同时，又是囤积投机而引起的人祸”。

以上所述南京国民政府时期救荒中存在的腐败现象，使我们对腐败政治怎样加重自然灾害的恶果有了清晰的认识。那么，国民政府救荒中为什么会产生腐败现象呢？可能有以下原因。

法制的不健全及法律的虚置。民国社会仍然是一个非法制化社会，人治现象相当普遍，统治者基本上不受法律制约。许多法律的实际效果极差，结果是法令虽多，但法外侵扰也多，法律在许多时候形同虚设，法律具有很大的虚置性。由于有法不依，政府对那些贪官污吏惩罚不严，责任追究不够，致使一些官员以身试法，贪污现象屡禁不止。

政治体制、监督组织的不完善，使腐败得以滋生和蔓延。由于缺乏权利者之间互相制约，相互制衡机制，一些地方利益集团蒙骗政府，获取利益。由于赈灾体制不健全，赈灾专项经费管理不当，使用上又往往采取暗箱操作，尤其缺乏有力的监督，造成资金流向不明，许多急赈物资及赈款被缺乏自律的官员们捞进了自己的腰包。政府的各项制度归根到底是由各级官员执行,官员的腐败直接影响了救灾的实效。此外,在这样的社会中,贪污也会引起公众对政府的疏远和不信任,因而不愿与政府合作。因此,从南京政府救荒中的腐败现象可以看出,腐败是社会机体上的毒瘤,腐败不仅危害广大百姓的利益,也危害着统治者的权威和地位(李勤,2006)。

四、民间赈荒组织中的腐败现象

民间赈荒组织作为政府赈济的有力援手,理论上应当弥补政府赈济的不足,发挥民间组织及时、便捷的赈济优势。但事实远非如此,在理想的官—民互动赈济理论下,民间赈荒组织却频繁上演一出出腐败劣迹。

(一)民间赈荒组织机制的制度漏洞

1. 呈科层分布的官僚式弊病

华洋义赈会作为民间最大的赈灾组织之一,一直以良好的口碑为民众所信赖,但其组织机制在构成和管理中仍存在许多问题,同时也是其他许多民间赈荒组织所不可避免的。华洋义赈会在组织架构上具有一定的科层、等级制度,遇灾时,可由各分会先期筹措赈济物资,总会负责整体调度,必要时由总会与政府对话。这种组织机制理论上有利于全国性资源整合和促进赈济效率,但也正因其组织零星分散于全国,造成调度的灵活性和整体管控力不够,从而无法确保各分部组织赈济工作有条不紊地开展。在实际考察中,这种组织结构仍不可避免地出现类似于政府官僚主义的弊病。这种借助官僚庇护,伙同分肥的行为正是利用了地域和组织机构的分散性和输送中监管的不到位,借职权之便从中渔利。

2. 互动失调的分裂式障碍

进入民国以来,政府在权威重建和资源重整初期,对社会的介入力不从心。政府对民间组织在特殊时期的权利让渡并不充分,两者间的互动也并不协调,赈济组织形同虚设。1925 年,北方五省旱灾,时陕西当局因"内部四分五裂,统驭无力,遂专注精神于巩固势位早置小民生死于不顾,省城虽立有赈抚局,按之实际,直等虚设"。组织机构内部互动关系的协调事关民间组织的影响力和生命力,在物资支配权中总部与分部之间一旦产生矛盾与分歧,往往会造成两者的分裂,最终为赈济工作带来消极影响。1934 年,上海华洋义赈会与总会分裂,"外侨叠汇巨款回国,常被该会冒领",不仅严重损害了华洋义赈会的声誉,也为赈济筹措工作带来了不便。

(二)民间办赈行为主体以权谋私

民间办赈者当中的一些投机者往往借职权之便在输送和看守赈灾款物时从中窃取肥私。1931 年江淮水灾时,苏州地区募集的救灾物资常有被盗现象,吴县县令严令:"举凡赈款、赈品或来自慈善捐输或出于公家拨济,宜如何实事求是,务使涓滴归于贫民,以冀挽回劫运。乃迸闻各处办赈人员对于款项物品往往有窃盗侵蚀等事。若不严予惩治,何以肃赈务而惠灾黎?"并进行道德说教:"灾民陷于水深火热之中,一息仅存,与死为邻,凄惨不可言状。办理赈务人员应如何激发天良,洁身奉公,以求实惠及于灾民。"

作为民间办赈行为主体之一的放赈主持者,他们在赈灾中主要负责发放赈灾物资以供灾民凭赈票认领。赈票分不同等级,官方发的赈票,印有"实""惠""及""民"4 个字;义赈票面印有"正""人""心""厚""风""俗"6 个字。即每字应得 1、2、3、4 元或 1、2、3、4、5、6 元不等。灾民所得赈票等级视勘灾后受灾程度而定,这些等级赈票数款对外保密,灾民毫不知晓。设计之初是为了预防发放赈济物资时的现场混乱、防止工作人员中饱私囊。但放赈时,灾民往往汇集一处，人多而拥挤，由卫队警察负责把手重门，在赈款递领时，所得往往都是最低数。即或有知，欲前询问，不是为其他灾民所挤出，亦为警卫所驱逐，所以每次放赈，一般灾民只能领得到十成之四、五，甚至更少，不少赈济物资被放赈官员与土劣截留，尽入私囊。

救荒以“赈济”为初衷，腐败则导致赈荒完全背离“赈济”目标，甚至走向赈济的反面——“攫取”。一个时期腐败现象的产生是社会和人为等多种因素在特定时期综合作用的结果。腐败是加重灾荒发生的原因之一（杨彦红，2018）。

38 年的中华民国史是旱涝等自然灾害频繁严重的灾荒史，也是中国荒政大转折的时期，即中国荒政近代化至为关键的时期。20 世纪 30 年代初期以后，借鉴西方模式建立起一套比较完整的新型赈灾制度，但传统荒政中的种种弊端继续存在、蔓延和发展，愚昧迷信的东西还在影响人们的防灾救荒行为。与此同时，民族资产阶级发起和主持的民间社会的新型救灾活动——义赈，经过几十年的探索与发展，以中国华洋义赈总会的成立为标志，进入成熟阶段，在救灾方面发挥了重要作用。中国共产党领导下的新民主主义革命的发展，创造了全新的救灾模式，为中国共产党领导全国人民取得最后的胜利提供了社会保障。

3 种救灾模式代表了 3 种不同的社会集团及其政治理念，体现了民国社会 3 种不同的社会改革方案。总结民国社会各阶层救灾的利弊得失和经验教训，具有更为重要的现实借鉴意义（夏明方，2000）。

第八节　小　结

民国（1912—1949 年）是指中华民国，中国历史上自 1912 年清朝灭亡，孙中山在南京宣布中华民国南京临时政府成立至 1949 年中华人民共和国成立期间中国的名称。民国期间气候处于小冰期末的回暖期，气候变化的主要特征是变暖与变干。水灾、旱灾和蝗灾是民国的三大灾害。全国性与区域性重大干旱事件，几乎悉数发生在 1920—1943 年，这一时段内黄河流域连续 11 年（1922—1932 年）的干旱是二百年一遇的极端干旱事件。

38 年的民国历史，是中国历史上频繁、严重的一段灾荒史，也是中国荒政大转折大发展的时期。探索这一时期旱涝等灾害发生的成因、规律及其影响，揭示中华民族曾经遭受过的究竟是怎样一种巨大的苦难，将有助于深化对近代中国国情和社会发展规律的认识。

旱涝等自然灾害防御是孙中山先生积极思考的一个重要方面。民国成立后，他以“首重保民”的崭新政治理念继续对近代中国这一突出的社会问题倾力关注，并在实践上力图解决这一关系民生的重大现实问题。

中国共产党作为先进生产力的代表，在局部执政时期，非常重视灾荒救治，领导根据地人民战胜了一些重大旱涝等灾荒，保护了人民生命、财产的安全，积累了丰富的防灾救荒经验，对今天的减灾工作具有重要的借鉴价值。

1931 年以前的这段民国时期，政府在机构设置上始终把民政司和民政厅作为必设机构，兼管防灾备荒事项，并且还出现过专职化的减灾机构。救灾法规在类别与内容涵盖方面与古代社会相比也取得了明显的进步。但由于救灾机构的频繁变更，大部分的救灾法规未能得到落实。

国民政府救灾已形成了一套固定的程序，制定相关的法律条文，凡地方遇灾，一般需经过报灾、勘灾、查赈、放赈等程序来实施。民国救荒措施不但继承了历代救荒的所有方面，且有所发展，主要表现在农赈的实施。总观这一时期的措施，不外临灾治标和灾后补救两大方面。临灾治标主要包括急赈、调粟、除害等内容。灾后补救主要以工赈、农赈等为主。

为了使社会资源与各界人士尽可能地投入到救灾事业，国民政府制定救灾奖励和惩罚的制度，并实施。国民政府还对救灾人员和救灾活动的每一过程和环节进行监督。奖励和惩罚制度，在缺乏良好的政治环境和政治机制之下，很难取得成效。

中国华洋义赈救灾总会(简称华洋义赈会)是民国时期专门赈济中国旱涝等灾害的最大的民间赈灾机构。华洋义赈会举办了急赈、工赈、农赈，倡办了农村合作社，提出并实施了“建设救灾”“防灾救灾”等颇有特色的指导思想与原则，发展、完善了一套赈灾运作机制，在民国防灾、减灾中发挥了重要作用。

民国时期的贪污腐败是使灾难程度加重的社会原因之一。南京国民政府时期救荒中普遍存在着这些现象：贪污急赈物资及赈款，致使灾民得不到及时救济；侵吞、挪用工赈款项，致使防灾工程明显减弱了防灾作用；谎报或隐瞒灾情，致使救灾时间延误，灾荒程度加重。腐败不仅严重地损害人民的利益，也危及到政权的稳定。

38年的中华民国史是中国荒政近代化至为关键的时期。20世纪30年代初期以后借鉴西方模式建立起一套比较完整的新型赈灾制度，民族资产阶级发起和主持的民间社会的新型救灾组织“中国华洋义赈总会”，在救灾方面发挥了重要作用。中国共产党领导下的新民主主义革命的发展，创造了全新的救灾模式，为中国共产党领导全国人民取得的最后胜利提供了社会保障。3种救灾模式代表了3种不同的社会集团及其政治理念，体现了民国社会3种不同的社会改革方案。总结民国社会各阶层救灾的利弊得失和经验教训，具有更为重要的现实借鉴意义。

参考文献

董安祥，等，2010. 黄河流域1922—1932年特大旱灾的特点及其影响[J]. 干旱气象，28(3)：270-278.

李岚，2000. 孙中山的救荒思想[J]. 安徽史学 (2)：50-53.

李勤，2006. 南京国民政府时期救荒中的腐败问题析论[J]. 华中科技大学学报(社会科学版) (2)：45-59.

刘招成，2003. 中国华洋义赈救灾总会述论[J]. 社会科学 (3)：96-103.

孙语圣，2006. 试论孙中山的救荒思想[J]. 广东社会科学 (1)：101-106.

王绍武，1994. 近百年气候变化与变率的诊断研究[J]. 气象学报，52(3)：261-273.

吴福祯，1951. 中国的飞蝗[M]. 上海：上海永祥印书馆.

武艳敏，2006. 民国时期社会救灾研究：以1927—1937年河南为中心的考察[D]：上海：复旦大学.

夏明方，1998. 从清末灾害群发期看中国早期现代化的历史条件——灾荒与洋务运动研究之一[J]. 清史研究 (1)：70-82.

夏明方，2000. 民国时期自然灾害与乡村社会[M]. 北京：中华书局.

夏明方，2011. 历史视野下的“中国式救灾”——明清以来中国救灾事业嬗变过程中的国家与社会[J]. 新华月报(2)：48-51.

杨彦红，2018. 民国前期赈荒中的腐败问题与治理研究(1912—1937)[D]：淮北：淮北师范大学.

叶笃正，陈泮勤，1992. 中国的全球变化预研究(第二部分，分报告)[M]. 北京：气象出版社.

岳宗福，2006. 民国时期的灾荒救济立法[J]. 山东工商学院学报，20(3)：89-93.

张素欣，蔡元清，2006. 民国时期(1912—1931年)的减灾机构与减灾法规[J]. 河北理工大学学报(社会科学版)，6(2)：209-211.

赵朝峰，2012. 中国共产党救治灾荒史研究[M]. 北京：北京师范大学出版社.